Vorwort zur zweiten Auflage

Nach mehr als zehn Jahren, die seit der Veröffentlichung der ersten Auflage der „Management Support Systeme" vergangen sind, ist es sicherlich an der Zeit, den derzeitigen Stand dieser Systemkategorie neu zu beleuchten. Allerdings erweist sich eine Dekade im Bereich der Informationsverarbeitung als ein langer Zeitraum, zumal dann, wenn ein Thema mit ausgeprägter Dynamik und rasch aufeinander folgenden Technologieschüben betrachtet wird.

Somit erweist sich die vorliegende zweite Auflage, die dem Zeitgeist folgend den Haupttitel „Management Support Systeme und Business Intelligence" trägt, als fast vollständig neue Ausarbeitung mit geänderter Struktur und stark abweichenden Inhalten. Da das Thema insgesamt an Breite und Tiefe in erheblichem Maße zugelegt hat, konnte eine Schwerpunktsetzung auf die unter dem Oberbegriff „Business Intelligence" diskutieren, aktuellen Ansätze erfolgen. Dennoch sollen die als „Management Support Systeme" bezeichneten, klassischen Systemkonzepte nicht vollständig vernachlässigt werden, zumal sich zahlreiche Entwicklungen aus dem historischen Kontext erklären lassen.

Das Buch gliedert sich in zwölf Kapitel, die sich teils aus technischer, teils aber auch aus betriebswirtschaftlich-organisatorischer Perspektive dem Themenkomplex widmen. Das erste Kapitel liefert eine allgemeine Einführung in die technischen Facetten des Betrachtungsgegenstandes und ordnet dabei die management- und entscheidungsunterstützenden Systeme in das breite Feld der betrieblichen Anwendungssoftwarelandschaft ein. Das zweite Kapitel nähert sich dem Thema dagegen aus einer eher betriebswirtschaftlich-fachlichen Perspektive und zeigt typische Strukturen und Abläufe im Umfeld der Fach- und Führungskräfte in Unternehmungen auf. Als technologienahe Managementkonzepte werden in diesem Kontext auch das Informations- und das Wissensmanagement als eigenständige Disziplinen aufgegriffen und erörtert, bevor eine erste Konzeption eines computergestützten Anwendungssystems für Fach- und Führungskräfte vorgestellt wird.

Das dritte Kapitel widmet sich den klassische Ausprägungen der Management Support Systeme, die bis in die 1990er Jahre hinein das Thema bestimmten. Im Vordergrund stehen hierbei die Management Information Systeme, die Decision Support Systeme und die Executive Information Systeme, die wichtige Impulse für die weiteren Entwicklungen geliefert haben und sich heute in neuer Gestalt und mit veränderter Funktionalität in den derzeitigen Ansätzen wiederfinden.

Mit dem vierten Kapitel erfolgt eine Zuwendung zum Schwerpunkt des Lehrbuches: Die aktuellen Konzepte und Technologien der management- und entscheidungsunterstützenden Systeme, die unter der begrifflichen Klammer Business Intelligence diskutiert werden. Basierend auf einer vorgestellten Schichtenarchitektur vertiefen die folgenden Kapitel die Themenbereiche Datenbereitstellung, Datenanalyse sowie Datenpräsentation und -zugriff.

Mit dem Data Warehousing erörtert das fünfte Kapitel dabei zunächst die erforderlichen Bausteine einer zeitgemäßen und leistungsfähigen Bereitstellung von entscheidungsorientiertem Datenmaterial. Im Vordergrund stehen hier neben den zugehörigen Speicherkomponenten vor allem auch die Funktionalitäten und Werkzeuge zum Extrahieren der Daten aus den Vorsystemen, zur Transformation im Sinne einer angemessenen Aufbereitung und zum Laden der Daten in die Zielumgebung.

Mit dem On-Line Analytical Processing und dem Data Mining greift das sechste Kapitel die momentan prominentesten Konzepte im Bereich der Analyse entscheidungsrelevanter Daten auf und widmet sich vertieft den zugrunde liegenden Technologien und Verfahren sowie den betriebswirtschaftlichen Einsatzbereichen.

Zahlreichen Anwendern von Business Intelligence-Systemen ist insbesondere ein einfacher und intuitiver Zugriff auf das angebotene Datenmaterial wichtig. Mit den im siebten Kapitel diskutierten Reporting- und Portal-Systemen stehen unterschiedliche Lösungsansätze für diese Anforderungen zur Verfügung.

Vermehrt richtet sich die öffentliche Diskussion um Business Intelligence heute auf die betriebswirtschaftlichen Nutzungsmöglichkeiten der Systeme. Im achten Kapitel werden mit den Balanced Scorecard-Systemen, den Planungs- und Budgetierungssystemen, den Konsolidierungssystemen, den Risikomanagementsystemen sowie den Systemen für das Analytische Customer Relationship Management spezielle Systemkategorien aufgegriffen, die auf den zuvor erörterten grundlegenden Business Intelligence-Konzepten aufsetzen.

Als immer wichtiger erweisen sich abgestimmte und professionelle Verfahrensweisen für die Gestaltung und den Betrieb von BI-Lösungen. Ausgehend von den unterschiedlichen Entwicklungsstufen, die in der Praxis zu beobachten sind, wird im neunten Kapitel ein Vorgehensmodell für den gesamten Lebenszyklus von BI-Systemen präsentiert. Die Erörterung der einzelnen Aktivitäten innerhalb der jeweiligen Phasen bildet hier den zentralen Betrachtungsgegenstand.

Obwohl derzeit niemand abzuschätzen weiß, wohin sich Business Intelligence-Systeme in der Zukunft entwickeln werden, lassen sich verschiedene Strömungen identifizieren, die sicherlich für die Ausgestaltung neuer Systemgenerationen von Bedeutung sind. Das zehnte Kapitel greift mit den Ansätzen zur Integration von unstrukturierten Daten in sowie den Lösungsvorschlägen zur Senkung der Latenzzeiten bei Business Intelligence-Systemen zwei wegweisende Vorstöße auf.

Die betriebswirtschaftliche Bedeutung von Business Intelligence-Systemen lässt sich einerseits an den Wirtschaftlichkeitfragen beim Aufbau und Einsatz sowie andererseits an der strategischen Wichtigkeit messen, wie im elften Kapitel beleuchtet.

Schließlich fasst das zwölfte Kapitel die zentralen Aussagen nochmals zusammen und gibt einen kurzen Ausblick auf wichtige zukünftige Entwicklungspfade.

Bi-Systeme bedienen in der Praxis ein breites Spektrum an Anwendungsfeldern, dessen Facettenreichtum den Umfang eines Lehrbuches zu sprengen droht. Insofern stellt das vorliegende Werk den Versuch dar, die wesentlichen Aspekte des Themengebietes in einer konsolidierten Form zu betrachten. Die Autoren freuen sich auf konstruktiv-kritische Anregungen aus der Leserschaft, zumal längst nicht alle interessanten Teilgebiete in der gebührenden Ausführlichkeit behandelt werden konnten.

Wie immer war es für alle Beteiligten ein Kraftakt, die Manuskripte in eine geschlossene Form zu bringen. Bedanken möchten wir uns vor allem bei Herrn Dr. Müller, dessen Geduld wir letztlich doch arg strapaziert haben, der jedoch wie immer mit hoher Verlässlichkeit die professionelle Abwicklung beim Springer-Verlag sichergestellt hat. Dank gilt auch Frau Köhler und Herrn Fenn von der Technischen Universität Chemnitz, die uns bei der redaktionellen Bearbeitung des Textes unterstützt haben. Leider war es Herrn Prof. Dr. Chamoni diesmal aufgrund vielfältiger anderweitiger Verpflichtungen nicht möglich, sich an der zeitaufwendigen Erstellung des Lehrbuches zu beteiligen. Wir danken ihm nachträglich für die umfangreichen Arbeiten, die er im Rahmen der Konzeption und Umsetzung der ersten Auflage geleistet hat.

Wir hoffen, mit dem vorliegenden Buch Lehrende und Lernende an Universitäten und Fachhochschulen ansprechen zu können, die in ihrem Curriculum die Arbeitsgebiete „Management Support Systeme und Business Intelligence" eingebunden haben oder forschend in den Bereichen tätig sind. Darüber hinaus möchten wir auch interessierten Führungskräften und Mitarbeitern in betriebswirtschaftlichen Fachabteilungen sowie Beratern und Softwareentwicklern nutzbringende Impulse beim Aufbau von unternehmensindividuellen Business Intelligence-Lösungen geben. Allen Lesern wünschen wir, dass die neue Auflage Inspirationen und Hilfestellungen bei der eigenen Tätigkeit liefert.

Bochum, Chemnitz, Düsseldorf
im Sommer 2007   Die Autoren

Vorwort zur ersten Auflage

Führungskräfte und Entscheidungsträger (Management) in Unternehmungen sehen sich einer Vielzahl sachlicher und zeitlicher Zwänge gegenüber, wenn es darum geht, den an sie gestellten Anforderungen gerecht zu werden. Aufgrund vielfältiger unternehmerischer Verflechtungen und hoher Wettbewerbsintensität erweisen sich betriebliche Probleme heute unüberschaubarer denn je. Um die anstehenden Aufgaben dennoch wirkungsvoll bearbeiten und dadurch das Bestehen der Unternehmen im Markt gewährleisten zu können, bedarf es angemessener Hilfsmittel, die dem Management bei der Ausübung anfallender Tätigkeiten im Rahmen von Planungs- und Entscheidungsprozessen zur Seite stehen. Dabei erweist sich die effiziente und effektive Handhabung von Informationsverarbeitungs- und Kommunikationstechnologien bzw. von -systemen (IuK-Systeme) als immer wichtiger im betrieblichen Alltag.

Seit mehr als dreißig Jahren werden Anstrengungen unternommen, um eine bessere Unterstützung betrieblicher Entscheidungsträger bei der Bewältigung derartiger Arbeiten mittels elektronischer Rechenanlagen zu forcieren. Die ursprünglich euphorischen Erwartungen, die in den 60er Jahren mit entsprechenden MIS-Konzepten verknüpft waren, wichen zwischenzeitlich einer Phase der Enttäuschung und Resignation aufgrund der vehementen Diskrepanzen zwischen erträumten und realisierten Systemleistungen. Nicht erst mit dem verstärkten Aufkommen leistungsstarker Arbeitsplatzrechner (Personal Computer) in den 80er Jahren ist die Diskussion um Systeme zur Managementunterstützung (Management Support Systeme) neu entflammt. Im Laufe der Zeit wurden dabei unterschiedlichste Konzepte und Systeme entwickelt, die zwar sehr leistungsfähig sind und sich in der betrieblichen Praxis bewährt haben, sich jedoch in einer verwirrenden Vielfalt unterschiedlicher Akronyme wie MIS, DSS, EIS, etc. niederschlugen. Bislang ist es leider nicht gelungen, für alle System- und Konzeptklassen trennscharfe und allgemein anerkannte Charakterisierungen und Abgrenzungen zu finden, die den Anwender bei der Auswahl, bei der Gestaltung und beim Einsatz dieser Systeme besser unterstützen. Aufgabe der Wirtschaftsinformatik muss es deshalb u. a. sein, die unterschiedlichen Ansätze zu klassifizieren, zu beschreiben und mit eindeutigen und unmissverständlichen Begriffen zu belegen.

Vor diesem Hintergrund soll das vorliegende Buch einen Diskussionsbeitrag zur definitorischen Abgrenzung und Beschreibung der vielfältig verwendeten informationstechnischen Begriffe zu den zahlreichen Systemen zur Unterstützung des Managements (Management Support Systeme) leisten. Hierbei ist der betrachtete Problembereich vom funktionalen und organisatorischen Aufbau sowohl der Managementprozesse als auch der DV-Prozesse zu beleuchten.

Das Buch ist in fünf Teile eingeteilt, die auch unabhängig voneinander bearbeitet werden können. Zunächst werden in Teil A die Grundlagen der Planungs- und Entscheidungsunterstützungssysteme behandelt, d. h. vor allem die Einsatzmöglichkeiten von IuK-Systemen zur Durchführung von Managementaufgaben. Die Darstellungen führen zu einem ersten Konzept eines Management Support Systems.

Der Teil B hat die Beschreibung der vier strukturbestimmenden Merkmalsklassen von Management Support Systemen zum Gegenstand: Systemumfeld, Systembestandteile und Systemaufbau, Systemgestaltung, Nutzungs- und Einsatzmöglichkeiten.

Ausgehend von diesem Ordungsrahmen schließt sich in Teil C die Erarbeitung eines integrierten Konzeptes an, mit dessen Begriffsschema einzelne Systemkategorien positioniert und voneinander abgegrenzt werden können. Vorgestellt werden die bekannten Management Information Systeme (MIS), Decision Support Systeme (DSS) und Executive Information Systeme (EIS).

In Teil D erfolgt die Diskussion aktueller Erweiterungen von Management Support Systemen, die auf modernen und innovativen IuK-Technologien basieren, so u. a. wissensbasierte und gruppenorientierte Systeme, Multimedia- und Data Warehouse-Ansätze.

Einsatzmöglichkeiten und die betriebswirtschaftliche Bedeutung der Systeme sind Inhalt von Teil E, der mit einer kritischen Würdigung und dem Aufzeigen von Entwicklungstendenzen endet.

Das Buch ist vor allem für die Leser geschrieben, die in der Praxis die Management Support Systeme nutzen bzw. beabsichtigen, sie zu nutzen, d. h. für Führungskräfte und Entscheidungsträger in Unternehmen. Aber auch die Gestalter und Entwickler der Systeme, die ihre Arbeit in Kooperation mit den Benutzern durchführen, gewinnen - so hoffen wir - viele hilfreiche Erkenntnisse über Systeme und insbesondere über Anwendungsbereiche und Managementprozesse. Schließlich richtet sich das Buch nicht zuletzt an die Studierenden der Fachrichtungen Wirtschaftswissenschaft und Wirtschaftsinformatik, denen wir einen systematischen und klassifizierenden Überblick über den Bereich der Management Support Systeme bieten wollen.

Der vorliegende Text ist aus mehreren internen Forschungsberichten der Autoren entstanden, die sich in den letzten Jahren mit der Thematik auseinandergesetzt und die erarbeiteten Inhalte auch bei Tagungen und in der Lehre zur Diskussion gestellt haben. Viele wertvolle Anregungen aus Forschung und Praxis sind bei der Erstellung des Manuskriptes eingeflossen.

Bedanken möchten wir uns für die Hilfe bei der technischen Erstellung des Buches bei Frau Susanne Schutta, Sekretärin am Lehrstuhl für Wirtschaftsinformatik in Bochum, und bei cand. rer. oec. Carsten Dittmar.

Bochum, Duisburg, Düsseldorf
im Sommer 1996   Die Autoren

Inhaltsverzeichnis

1 Management Support Systeme und Business Intelligence – Anwendungssysteme zur Unterstützung von Managementaufgaben

Der Einsatz von computergestützten Informations- und Kommunikationssystemen ist längst nicht nur auf die Unterstützung der operativen Geschäftsabläufe beschränkt, vielmehr hat sich die Nutzung derartiger Systeme längst auch in den „Chefetagen" etabliert, so dass verstärkt das Management, d. h. die Gesamtheit der Fach- und Führungskräfte in Organisationen mit dispositiven Aufgabenstellungen, als Anwenderkreis in den Vordergrund rückt. Die Systeme, die eine Unterstützungsfunktion bei Managementaufgaben liefern, stehen mit ihren unterschiedlichen historischen Ausprägungen, Architekturformen, verwendeten Technologien und Aufgabenfeldern im Fokus des vorliegenden Buches.

Die nachfolgenden Abschnitte des ersten Kapitels dienen der Erläuterung grundlegender Begriffe, die den Gegenstand des Buches beschreiben und abgrenzen. Zunächst werden in Abschnitt 1.1 die **computergestützten Informations- und Kommunikationssysteme** allgemein vorgestellt, die als sozio-technische Systeme zu verstehen sind. Danach gibt Abschnitt 1.2 einen Überblick über die **Anwendungssysteme in Unternehmungen**, welche die Mitarbeiter bei ihrer Arbeit unterstützen. Abschnitt 1.3 setzt sich mit dem **Management** auseinander, das sich in seiner institutionellen und erweiterten Form als die Gruppe der Fach- und Führungskräfte in Unternehmungen versteht. Abschließend werden **Management Support Systeme** und **Business Intelligence-Systeme** in Abschnitt 1.4 kurz vorgestellt.

1.1 Computergestützte Informations- und Kommunikationssysteme

Die hohe Bedeutung moderner Computertechniken und -technologien und der große Nutzen, der bei ihrem sinnvollen Einsatz erzielbar ist, werden heute in den Unternehmungen nicht mehr in Frage gestellt. Allerdings kann nur eine wohldurchdachte ganzheitliche Abstimmung der technischen Bestandteile (Hard- und Softwaretechniken) mit den betriebswirtschaftlichen Aufgaben und Prozessen unter Einbeziehung des Menschen zu einer erfolgswirksamen und wirtschaftlichen Systemlösung führen.

Ein zentraler Untersuchungsgegenstand der **Wirtschaftsinformatik** ist es, die Planung, die Entwicklung, die Einführung und den Einsatz computergestützter betrieblicher Informations- und Kommunikationssysteme zu erforschen. Als wissenschaftliche Disziplin hat sie dabei die Aufgabe, definitorische Klarheit zur Abgrenzung der eingesetzten Systemkategorien zu schaffen sowie Beschreibungsverfahren zu entwickeln und Bewertungskriterien bereitzustellen.[1]

---

[1] Vgl. hierzu die Ausführungen in Gabriel/Knittel/Taday/Reif-Mosel (2002), S. 5ff.

Auch die leitenden bzw. dispositiven Tätigkeiten des Managements lassen sich durch computerbasierte Anwendungssysteme unterstützen. Als Basis für einen ganzheitlichen Ansatz fungieren die hier zunächst sehr allgemein vorgestellten **Informations- und Kommunikationssysteme (IuK-Systeme)**, die in der Literatur unterschiedlich abgegrenzt und beschrieben werden.

IuK-Techniken (Informations- und Kommunikationstechniken) und damit **DV-Systeme** bzw. **Computersysteme** zeichnen sich durch einen universellen Einsatz aus, da sie frei programmierbar sind und somit die Informationsverarbeitung und die Kommunikation vielfältig unterstützen. Neben der Hardware (Rechner mit Zentraleinheiten, Ein-/Ausgabeeinrichtungen und Speichermedien sowie Übertragungsleitungen) und der Software (System- und Anwendungssoftware)[2] sind zum erfolgreichen Einsatz auch die konkreten **Anwendungen** in den verschiedenen Unternehmungsbereichen zu beachten, die letztlich die betrieblichen Problemstellungen bzw. die zu lösenden Informationsprobleme darstellen. Weiterhin sind die **Menschen** (Beschäftigte, Angestellte) in einem IuK-System zu berücksichtigen, die sich durch IuK-Techniken bei ihrer Arbeit unterstützen lassen, diese bedienen und auch die Verantwortung tragen. Die Menschen und DV-Anlagen erzeugen und/oder benutzen bei der Ausführung der betrieblichen Aufgaben und im Problemlösungsprozess vielfältige Daten bzw. Informationen und sind durch Kommunikationsbeziehungen miteinander verbunden. Das IuK-System in seiner ganzheitlichen Sichtweise ist in der folgenden Abbildung 1/1 mit seinen drei Komponenten dargestellt.

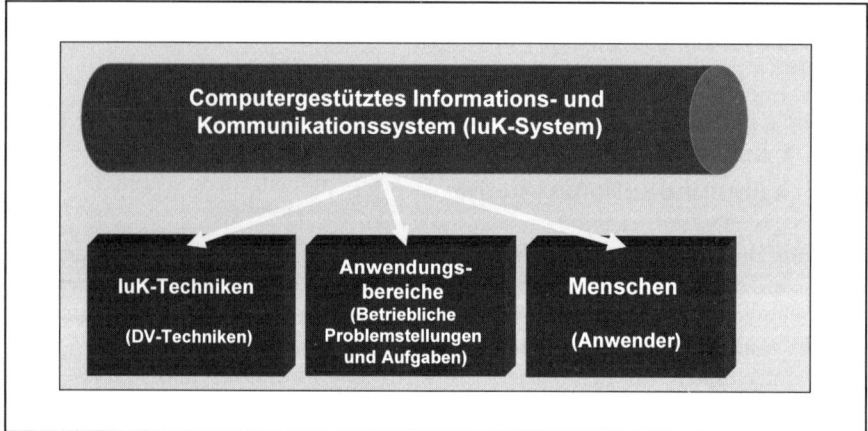

Abb. 1/1:   Komponenten eines IuK-Systems

Häufig werden einem IuK-System nur die IuK- bzw. DV-Techniken zugerechnet. Es sollen jedoch auch die Anwendungsbereiche und Benutzer (Menschen) als

---

[2] Hardware und Software werden häufig unter dem Begriff IuK-Techniken zusammengefasst, die das DV-System (Rechner und Netze) beschreiben. Vgl. Hansen/Neumann (2005).

wichtige Komponenten eines IuK-Systems betrachtet werden, so dass an dieser Stelle ebenfalls die aufbau- und ablauforganisatorischen und die personellen Probleme in einem ganzheitlichen Ansatz zu untersuchen und zu lösen sind.

Werden die Anwendungsbereiche dem betrieblichen Problemfeld entnommen, dann sind die Informations- und Kommunikationsprozesse einer Unternehmung Gegenstand der Untersuchung. Ein derartiges **betriebliches IuK-System** dient zur Abbildung der Leistungsprozesse und der Austauschbeziehungen im Betrieb (in der Unternehmung) und zwischen dem Betrieb und seiner Umwelt.[3] Da dabei die betriebswirtschaftlichen Aufgaben im Vordergrund stehen, d. h. die Tätigkeiten, die sich auf die Leitung, Planung, Organisation, Steuerung und Verwaltung einer Unternehmung beziehen und die überwiegend im Büro vonstatten gehen, wird häufig auch von **Bürosystemen** (office systems) gesprochen.[4]

Betriebliche Informationsprozesse laufen jedoch nicht nur im Bürobereich ab, sondern beispielsweise bei Industrie- und Handelsunternehmungen auch direkt am Ort der Leistungserstellung, der in Abgrenzung zum Bürobereich als Fabrik- bzw. Lager- und Logistikbereich bezeichnet wird. Relevante Informationseinheiten sind hier bei der Produktion, bei der Lagerung und beim Transport der Produkte zu verarbeiten. Auf der Ebene der Informations- und Kommunikationssysteme greifen dabei einerseits konzeptionelle Gestaltungsstrategien, die unter dem Oberbegriff **CIM (Computer Integrated Manufacturing)**[5] diskutiert werden, und andererseits Robotersysteme sowie Prozesssteuerungs- und logistische Steuerungssysteme, die bei der technischen Realisierung zur Anwendung gelangen.

Die Tendenz zu fortschreitender **Integration**, wie sie in den letzten Jahren für den Produktionsbereich am CIM-Konzept intensiv erforscht und teilweise realisiert wurde, ist auch im Bürobereich zu beobachten und mit dem Akronym **CIO (Computer Integrated Office)** belegt. Eine unternehmungsweite, den Büro- und Fabrikbereich umfassende Integration wird dann folgerichtig als **CIE (Computer Integrated Enterprise)** bezeichnet. Für zukünftige Konzepte stehen auch die Begriffe "office of the future" bzw. "factory of the future", entsprechend auch "enterprise of the future", die die "totale" Automatisierung und Vernetzung einer "computergläubigen Welt" versprechen.

Die Informationsübertragung wird durch den aktiven Ausbau der **Telekommunikation** mit ihren leistungsstarken, weltweiten und offenen Netzen gefördert. Die Verknüpfung betrieblicher IuK-Systeme erfolgt dann zu überbetrieblichen IuK-Systemen. Hier hat in den letzten Jahren das **Internet**, das eine weltweite Kommunikation, Informationsrecherche und auch die weltweite Durchführung von Geschäftsprozessen gewährleistet, einen entscheidenden Betrag geleistet. Die so bezeichnete **Internet-** bzw. **Netzwerkökonomie** ist gekennzeichnet durch Digitalisierung und Vernetzung, die zu einer Globalisierung der Wirtschaft beitragen. Das

---

[3] Vgl. Hansen/Neumann (2005), S. 83ff.

[4] Vgl. hierzu Gabriel/Knittel/Taday/Reif-Mosel (2002).

[5] In einem CIM-Konzept werden die eher betriebswirtschaftlichen Systeme, wie die Produktionsplanungs- und -steuerungssysteme (PPS-Systeme), mit den vielfältigen, eher technisch orientierten CA-Techniken (wie z. B. CAD, CAP, CAM, CAQ, CAE) verbunden. Vgl. Scheer (1990), S. 209ff.; Hansen/Neumann (2005), S. 86ff.

weltweite Telekommunikationssystem (TK-System), das aus einer Netzinfra-
struktur und den Diensten besteht, ist die Basis eines weltweiten IuK-Systems.
Netze, deren Nutzung unternehmungsintern erfolgt und die auf der Internet-
Technologie aufbauen, tragen die Bezeichnung **Intranet**.[6]
Die weltweite Vernetzung und Digitalisierung führte zu neuen wirtschaftlichen
Konzepten, die unter dem Schlagwort „**New Economy**" bzw. „**E-Economy**" diskutiert werden.[7] Häufig findet sich auch das Begriffsgebilde „**E-Business**", wobei
das Teilgebiet „**E-Commerce**" mit seinen neuen Geschäftsmodellen bzw. -sys-
temen derzeit eine bedeutende Rolle spielt. Bei den unterschiedlichen Verbin-
dungsmöglichkeiten einer Unternehmung zu weiteren Unternehmungen, z. B. zu
Lieferanten, wird von Business-to-Business-Systemen (B-to-B-Systemen) gesprochen, bei den Verbindungen zu den Kunden bzw. Konsumenten von Business-to-
Customer- bzw. Business-to-Consumer-Systemen (B-to-C-Systemen). Das Ziel,
durchgängige, möglicherweise weltweite elektronische Prozessketten (E-Chains)
zu bilden, führte zum Aufbau von anspruchsvollen (über-)betrieblichen. Wertschöpfungsketten, die im Falle von Beziehungen zu Lieferanten aktuell unter der
Bezeichnung **Supply Chain Management (SCM)** und im Falle von Beziehungen
zu Kunden als **Customer Relationship Management (CRM)**[8] intensiv diskutiert
werden.

Der Einsatz betrieblicher IuK-Systeme erfolgt in allen Funktionsbereichen und
auf allen Hierarchieebenen von Unternehmungen der verschiedenen Branchen
durch den Menschen. Als dritte Komponente eines IuK-Systems verarbeitet der
Mensch dabei Informationen und kommuniziert. Als **Endbenutzer** wird er durch
DV-Systeme bei seiner Arbeit in unterschiedlichen Anwendungsbereichen unterstützt.

Darüber hinaus sind Menschen mit einer speziellen Ausbildung und/oder mit
entsprechender praktischer Erfahrung als **DV-Fachkräfte** tätig. Diese wirken aktiv am Aufbau und an der Entwicklung computergestützter IuK-Systeme mit und
unterstützen ihren Einsatz. Auch die Endbenutzer sollen am Gestaltungs- bzw.
Entwicklungsprozess beteiligt werden, da sie ja letztlich die Systeme anwenden
und bedienen. Die **Partizipation** (Beteiligung) der Endanwender erstreckt sich vor
allem auf die Definition der Anforderungen (Requirements Engineering) und auf
die Konzeption der Benutzungsoberfläche im Rahmen eines Software Engineering[9]. Eine partizipative Vorgehensweise bei der Beschaffung bzw. bei der Entwicklung computergestützter Systeme trägt auf jeden Fall zur Erhöhung der **Akzeptanz** beim Endbenutzer bei.

IuK-Systeme werden auf allen hierarchischen Stufen einer Unternehmung eingesetzt, d. h. sowohl von Führungskräften, von Fachkräften, von Sachbearbeitern
und von Hilfskräften. Im Folgenden soll eine Auseinandersetzung mit dem Teil
der IuK-Systeme erfolgen, die als Anwendungssysteme bei den verschiedenen betrieblichen Aufgabenstellungen Unterstützungsdienste bieten. Als spezielle Aus-

---

6   Vgl. Lux (2005); S. 17.
7   Vgl. Zerdick/Picot/Schrape (2001).
8   Vgl. Hansen/Neuman (2005), S. 706ff.
9   Vgl. Balzert (2000).

prägung der Anwendungssysteme werden die Lösungen verstanden, die sich vorwiegend an **Fach- und Führungskräfte (Management)** in Unternehmungen richten. Diese Systeme werden klassischerweise unter dem Begriff Managementunterstützungssysteme bzw. **Management Support Systeme (MSS)** und in jüngerer Zeit unter dem Begriff **Business Intelligence (BI)** zusammengefasst.

1.2   Einsatz von Anwendungssystemen in Unternehmungen

Einen wichtigen Bestandteil betrieblicher IuK-Systeme stellen die **Anwendungssysteme** bzw. **Anwendungssoftwaresysteme** als Teil der IuK-Techniken dar, mit denen sich die betrieblichen Aufgaben ausführen und Probleme lösen lassen. Als allgemein anerkannt kann die von Mertens und Griese[10] vorgeschlagene Einteilung der Anwendungssysteme nach Art des betrieblichen Einsatzes in Administrations- und Dispositionssysteme einerseits und in Planungs- und Kontrollsysteme andererseits angesehen werden.

In Analogie zum hierarchischen, pyramidenförmigen Aufbau einer Unternehmung kann auch die Architektur von betrieblichen DV-Anwendungssystemen als Anwendungssystempyramide betrachtet werden, wie in Abb. 1/2 gezeigt.

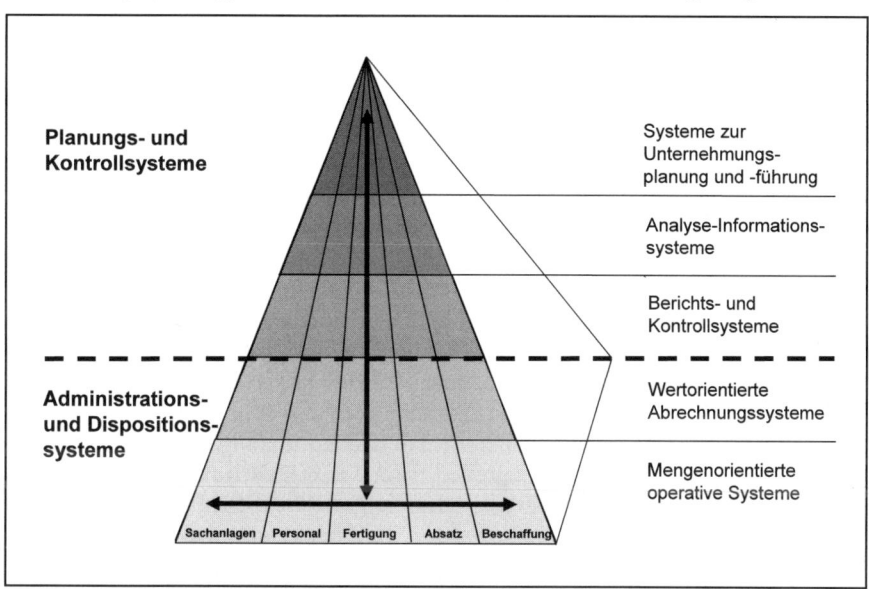

Abb. 1/2:   Anwendungssystempyramide[11]

Auf der untersten Stufe bilden mengenorientierte operative Systeme die Basisabläufe des operativen Unternehmungsgeschehens ab und werden dabei durch die

---

[10] Vgl. Mertens (2005); Mertens/Griese (2002).
[11] In Anlehnung an Mertens/Griese (2002), S. 6; Scheer (1998), S. 5.

wertorientierten Abrechnungssysteme unterstützt. Häufig erfolgt eine Zusammenfassung der beiden Systemklassen unter der Bezeichnung **Administrations- und Dispositionssysteme**. Die auf den oberen Stufen positionierten Berichts-, Analyse- und Führungssysteme greifen auf die notwendigen betrieblichen Abrechnungsdaten der operativen Ebene zu und lassen sich insgesamt als **Planungs- und Kontrollsysteme** benennen. Diese Systeme nutzen vor allem die Fach- und Führungskräfte. Schrittweise werden mit den folgenden Ausführungen die einzelnen Teilsysteme spezifiziert, bevor die Vorstellung der **Enterprise Resource Planning-Systeme (ERP-Systeme)** erfolgt, die einen umfassenden ganzheitlichen Lösungsansatz betrieblicher Problemstellungen versprechen.[12]

1.2.1 Administrations- und Dispositionssysteme

Grundlage jeder betrieblichen DV-Anwendung ist ein funktionierendes **Administrationssystem**, das den Einsatz der Elementarfaktoren (Potenzial- und Verbrauchsfaktoren) im Leistungsprozess einer Unternehmung abbildet, dokumentiert und bewertet. Die zugeordneten **Dispositionssysteme** übernehmen Steuerungs- und Lenkungsaufgaben im Falle klar strukturierter Entscheidbarkeit und Delegationsfähigkeit bei Routine- bzw. Standardaufgaben.

Die organisatorische Verflechtung des Leistungsprozesses mit den begleitenden DV-Prozessen bedingt die lokale Betrachtung von Funktionalbereichen und Branchenspezifika. Mertens[13] stellt in den Sektoren Forschung und Entwicklung (FuE), Vertrieb, Beschaffung/Lager, Fertigung, Finanzen und Personal die notwendige DV-Durchdringung für die Fachabteilungen detailliert und mit Beispielen belegt dar. Stahlknecht und Hasenkamp[14] gliedern in branchenneutrale Anwendungen wie Finanz- und Rechnungswesen, Personal und Vertrieb und in branchenspezifische Anwendungen für Fertigung (CIM), Handel, Kreditinstitute und Versicherungswirtschaft. Scheer[15] unterscheidet funktionsbezogene Informationssysteme für Produktion, Technik, Beschaffung, Vertrieb, Personalwirtschaft, Rechnungswesen und Verwaltung (Büroautomation). Damit spiegeln auf der untersten Stufe der Systempyramide die Administrations- und Dispositionssysteme die bekannte funktionelle und institutionelle Gliederung der Betriebswirtschaftslehre wider.

Klassische Einsatzgebiete für die **Administrationssysteme**, die teilweise auch als **Transaktionssysteme** bezeichnet werden und auf umfangreiche, in Datenbanken organisierte Datenbestände zugreifen, sind u. a. die Verwaltung von Kunden-, Lieferanten- und Produktstammdaten oder die Erfassung, Bearbeitung und Kontrolle von Kundenaufträgen, Lagerbeständen, Produktionsvorgaben und Bestellungen als Bewegungsdaten. Diese transaktionsorientierten Systeme werden auch

---

[12] Vgl. hierzu die Ausführungen in Gabriel/Knittel/Taday/Reif-Mosel (2002), S. 229 - 236.
[13] Vgl. Mertens (2005).
[14] Vgl. Stahlknecht/Hasenkamp (2005), S. 326ff.
[15] Vgl. Scheer (1998), S. 4ff. Der Autor betont allerdings die Notwendigkeit einer eher prozessorientierten, funktionsbereichsübergreifenden Sichtweise auf die Systemlandschaft und stellt diese im weiteren Vorgehen in den Vordergrund seiner Betrachtungen. Erst dadurch kann nach seiner Meinung eine Integration der unterschiedlichen betrieblichen Informationssysteme erreicht werden.

als **Online Transaction Processing-Systeme (OLTP-Systeme)** bezeichnet. Neben der vertikalen Funktionalgliederung kann auch in horizontaler Richtung eine weitere Unterteilung von Administrations- und Dispositionssystemen in mengenorientierte operative (Transaktions-) Systeme und wertorientierte Abrechnungssysteme vorgenommen werden. Während Administrationssysteme dabei die in der Regel auf Mengen- und Zeitgerüsten basierten Sachbearbeitertätigkeiten in den einzelnen operativen Funktionsbereichen einer Unternehmung begleiten, ist es Aufgabe der Abrechnungssysteme, die ablaufenden Leistungsprozesse zu bewerten, zu steuern und zu kontrollieren. Hierzu zählen Finanzbuchhaltungs- und Kostenrechnungssysteme.

Zur Unterstützung des operativen Managements dienen **Dispositionssysteme**, welche die Entscheidungsträger im unteren und mittleren Management sowie die ausführenden Verrichtungsträger mit ausgereifter Methodik und hoher Verfügbarkeit in gut strukturierten Entscheidungssituationen entlasten. Beispiele hierfür sind Bestelldispositionssysteme, einfache und übersichtliche Produktionssteuerungssysteme oder auch das Mahnwesen einer Debitorenbuchhaltung. Üblicherweise sind die zu fällenden Entscheidungen leicht aus einer begrenzten Anzahl von Alternativen mittels Regeln oder Prioritäten abzuleiten. Sollte es sich um komplexere Probleme handeln, die nur durch aufwändige Modellierung und algorithmische Behandlung lösbar werden, so kommen eher Techniken zum Einsatz, die den noch zu behandelnden Planungssystemen zuzurechnen sind. Der Nutzen von Administrations- und Dispositionssystemen ist durch ihre hohen Leistungsfähigkeiten (Massendurchsatz, Durchlaufzeiten, Automationsgrad) unumstritten.

Die zwingend erforderliche vertikale bzw. funktionsbereichsübergreifende Integration der Softwaresysteme ist nach langjähriger Diskussion nicht vollständig, aber zumindest in großen Teilen betrieblicher Alltag geworden, auch wenn historisch gewachsene heterogene Anwendungssysteme beharrlich den notwendigen Migrationen und Systemwechseln entgegenstehen. Insbesondere die Forderung nach einem unternehmungsweiten bzw. bereichsweiten Datenmodell[16] und dessen Implementation in eine relationale bzw. objektorientierte Datenbank ist Gegenstand des aktuellen DV-Wandels. Der Aufbau und Einsatz eines derart konsistenten Modells[17] stellt nicht nur die Grundlage für eine volle horizontale Integration über die betrieblichen Funktionsbereiche zu einem widerspruchsfreien und zeitaktuellen operativen System dar, sondern dient auch der anzustrebenden vertikalen Datenintegration über die verschiedenen Unternehmungsebenen. Besonders gefördert wird der Integrationsansatz durch die **geschäftsprozessorientierte Sichtweise** auf Informationssysteme.

Als managementunterstützend können die charakterisierten Administrations- und Dispositionssysteme nur insofern angesehen werden, als sie die Datenbasis für die Beurteilung des gegenwärtigen und vergangenen Betriebsgeschehens darstellen. Demgegenüber sind die Planungs- und Kontrollsysteme direkt auf die Belange der Fach- und Führungskräfte ausgerichtet.

---

[16] Vgl. Vetter (1990), S. 22f.
[17] Ein entsprechendes Referenzmodell mit theoretischer Fundierung wurde von Scheer aufgestellt. Vgl. Scheer (1998).

1.2.2 Planungs- und Kontrollsysteme

Die **Planungs- und Kontrollsysteme** decken ein breites Spektrum von Anwendungssystemen ab. Die nachfolgende Abbildung 1/3 fasst hierunter die Berichts- und Kontrollsysteme, die Analyseinformationssysteme und in der Spitze der Pyramide die Systeme zur Unternehmungsplanung und -führung.

Ohne den nachfolgenden Ausführungen vorzugreifen, wird hier eine spezielle Typologie von Planungs- und Kontrollsystemen vorgestellt, die auf einer ersten Ebene zwischen Berichtssystemen, Abfrage-/Auskunftsystemen und Dialogsystemen unterscheidet.[18]

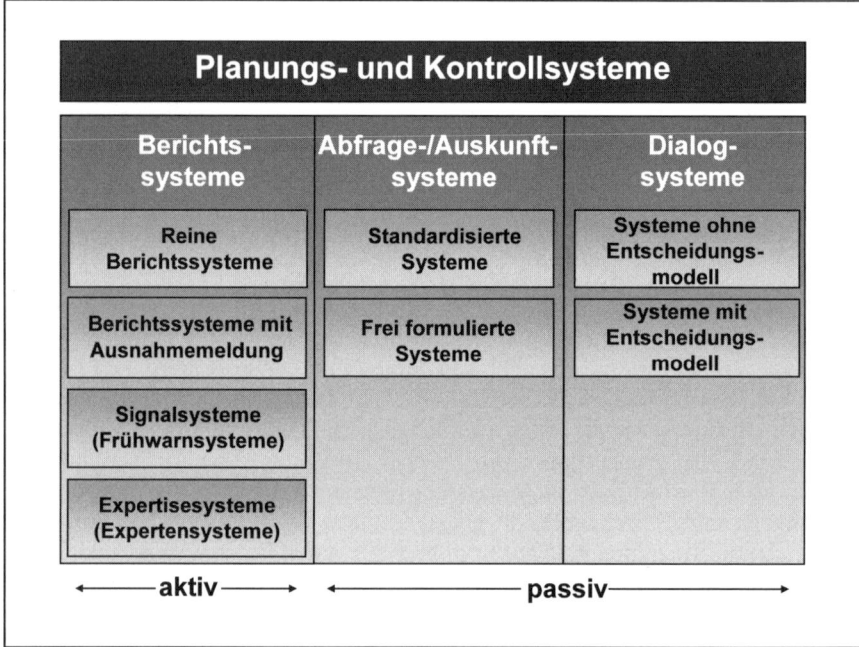

Abb. 1/3:   **Typologie von Planungs- und Kontrollsystemen**

Berichtssysteme bestimmen als aktive Systeme den Zeitpunkt der Berichterstellung selbständig. Dabei ist zwischen periodischen und aperiodischen Berichten zu unterscheiden.

Periodische aktive Berichtssysteme generieren Berichte nach Ablauf fest vorgegebener zeitlicher Intervalle. Dabei sind neben Varianten, die eine feste, starre Berichtsform einhalten, auch solche mit variabler Struktur realisierbar (Reine Berichtssysteme). Derartige Berichte können Ausnahmemeldungen enthalten, die aus relativen Abweichungen zu Vergangenheits-, Soll-, Plan- oder anderen Vergleichsdaten resultieren und/oder die durch absolute Unter- oder Überschreitung

---

[18] Vgl. Mertens/Griese (2002), S. 1ff.

vorgegebener Grenz- oder Schwellenwerte (z. B. Lagermindestbestand) hervorgerufen werden (Berichtsysteme mit Ausnahmemeldung).

Aperiodische aktive Berichtssysteme, die sich auch als Signalsysteme bezeichnen lassen, werden durch bestimmte, vorab definierte Datenkonstellationen mobilisiert (z. B. Abweichungen von Normwerten). Als spezielle Ausprägung sind hier betriebliche Früherkennungssysteme und insbesondere indikatorbasierte Frühwarnsysteme zu verstehen.[19]

Erfolgt der Anstoß zur Generierung eines zusammenfassenden Berichts mit besonderer Herausstellung bemerkenswerter Entwicklungen in numerischer, verbaler und/oder grafischer Form, dann wird ein solches System als Expertisesystem bezeichnet.[20] Je nach Ausgestaltung können Expertisesysteme aperiodischen oder periodischen Charakter besitzen. Dabei finden bei der Erstellung derartiger Lösungen häufig Expertensystemtechniken (XPS-Techniken) Verwendung, was den Einsatz einer Wissensbasis mit entsprechenden Ableitungstechniken bedingt.

Von den dargestellten aktiven Berichtssystemen[21] lassen sich als zweite Ausprägungsform passive Systeme abgrenzen, bei denen Aktionen durch den Systembediener selbst ausgelöst werden und nicht durch das System. Mertens und Griese unterscheiden hier zwischen Abfrage-/Auskunfts- und Dialogsystemen.

Abfrage- oder Auskunftssysteme ermöglichen dem Anwender, Daten aus einem vorhandenen Datenbestand zu extrahieren. Zumeist basieren diese Systeme auf einer Datenbank. Abfragen sind in der Regel vorformuliert und standardisiert und müssen in diesem Fall vom Anwender lediglich angestoßen werden. Das Ergebnis der Abfrage kann ein starrer Report oder ein Bericht mit variabler Struktur sein.

Die freie Abfrage stellt höhere Ansprüche an die Fähigkeiten des Bedieners, da es hier tieferer Einblicke in die Funktionalität des Abfragesystems bedarf. Ist das System etwa auf der Basis eines Datenbanksystems realisiert, muss der Benutzer mit der entsprechenden Datenbanksprache (Datenmanipulationssprache)[22] vertraut sein. Andererseits bieten die freien Abfragesysteme große Flexibilität beim Aufsuchen und Zusammenstellen relevanter Daten.

Im Gegensatz zu Abfragesystemen beschränken sich **Dialogsysteme** nicht auf den einmaligen Aufruf vorformulierter Abfragen. Vielmehr findet hier eine

---

[19] Dabei werden die Signalsysteme stark durch operative und kontrollorientierte Ansätze geprägt. Die anspruchsvolleren Formen der schadensmindernden Frühwarnung auf Prognosebasis sowie der strategischen Frühwarnung lassen sich nur durch Einbeziehung unternehmungsexterner Informationen sowie aufwändiger mathematisch-statistischer Analysemethoden verwirklichen, wenngleich sich auch dann die mangelhafte Quantifizierbarkeit qualitativer Daten als problematisch erweist. Vgl. Lachnit (1997), S. 168; Hahn (1992), S. 29 sowie Kuhn (1990), S. 109ff.

[20] Vgl. Mertens/Griese (2002), S. 5.

[21] Szypersky warnt vor dem ausschließlichen Gebrauch aktiver Berichtssysteme. Er betont, dass es für den Manager wichtig ist, ständig nach neuen Informationsverknüpfungen zu suchen, anstatt "als Kontrollperson auf einer Schaltbühne aufmerksam zu dösen" und fordert dementsprechend eine Kombination aus aktiver und passiver Unterstützung für den Entscheidungsträger. Vgl. Szypersky (1978).

[22] Vgl. Gabriel/Röhrs (1995), S. 262f.

Mensch-Maschine-Kommunikation statt. Dabei kann der Anwender aus den Ergebnissen einer Abfrage eine neue Abfrage ableiten und diese zur Bearbeitung an die Maschine weitergeben. In der Regel erfolgt in diesem Prozess eine schrittweise Annäherung an die gewünschten Inhalte.

Als wesentliches Klassifikationskriterium bei den Dialogsystemen ist das Vorhandensein eines Entscheidungsmodells[23] anzusehen. Dialogsysteme ohne Entscheidungsmodell dienen wie Berichts- und Abfragesysteme in erster Linie dem Data Support, also der problemunabhängigen Versorgung des Managers mit Datenmaterial. Selbstverständlich kann das zugetragene Datenmaterial vom Entscheidungsträger problemorientiert genutzt werden.

Demgegenüber stehen die Dialogsysteme mit Entscheidungsmodell, denen jeweils ein auf formalen Strukturen basierendes Modell mit Zielsystem und direktem Zuschnitt auf einzelne Problemklassen zugrunde liegt. Durch den entscheidungsorientierten Aufbau werden derartige Systeme auch den Decision Support Systemen (DSS, vgl. Abschnitt 3.2) zugerechnet.

Dialogsysteme mit Entscheidungsmodell existieren in unterschiedlichen Ausprägungen. Erfolgt abweichend vom Standardfall eine Unterstützung nicht nur des einzelnen Entscheidungsträgers, sondern einer Gruppe von Entscheidungsträgern (Gruppenentscheidungen), dann handelt es sich um Group Decision Support Systeme (GDSS)[24], die sich auch in Vorgangsketten integrieren und durch Groupware und CSCW-Komponenten unterstützen lassen.[25] Nach der organisatorischen Ausrichtung sind daneben bereichs- von unternehmungsorientierten Systemen abzugrenzen. Überdies kann auch eine Unterscheidung nach der methodischen Vorgehensweise bei der Problemlösung (simulativ oder analytisch, optimierend oder heuristisch, wissensbasiert[26] oder konventionell) vorgenommen werden.

Ganz allgemein lässt sich an dieser Stelle festhalten, dass weit reichende Entsprechungen zwischen den später noch zu beschreibenden Management Support Systemen (MSS) und den Planungs- und Kontrollsystemen nach dem hier vorgestellten Begriffsverständnis gegeben sind.

1.2.3   Standardanwendungssoftwaresysteme und Enterprise Resource Planning-Systeme (ERP-Systeme)

In den vorhergehenden beiden Abschnitten 1.2.1 und 1.2.2 dieses ersten Kapitels wurden unterschiedliche Klassifikationsansätze von Anwendungssoftwaresystemen vorgestellt. Da die Anwendungssysteme aus verschiedenen Sichten betrachtet werden, überschneiden sie sich teilweise. In den letzten Jahren werden in der Praxis auf breiter Basis **Standardanwendungssoftwaresysteme** eingesetzt, die

---

[23] Zum Begriff des Entscheidungsmodells siehe Hammann (1969); Mag (1995).

[24] Zum Begriff der GDSS siehe Krcmar (1990), S. 195, und die Ausführungen in Abschnitt 3.2.

[25] Vgl. Hasenkamp/Kirn/Syring (1994).

[26] Im Falle einer Einbeziehung wissensbasierter Techniken in die Dialogsysteme mit Entscheidungsmodell wird häufig auch von Knowledge Based Decision Support Systemen (KBDSS) oder gar von "intelligenten" Decision Support Systemen gesprochen.

zum Teil auf herstellerunabhängigen Standards basieren und modular aufgebaut sind. Umfangreiche betriebswirtschaftliche Softwaresysteme werden häufig als **ERP-Systeme (Enterprise Resource Planning-Systeme)** in der Praxis genutzt.[27] Derartige Systeme decken häufig mehrere der in den beiden vorherigen Abschnitten skizzierten Aufgabenfelder in einem System ab.

Im Folgenden stehen zunächst die charakteristischen Eigenschaften von Standardanwendungs- und ERP-Systemen im Vordergrund. Anschließend wird mit dem System mySAP ERP der Firma SAP ein kommerzielles, weltweit genutztes Softwareprodukt kurz vorgestellt.

Als **Standardsoftware** (packaged software) bezeichnet man fertige Programme, die auf Allgemeingültigkeit und mehrfache Nutzung hin ausgelegt sind.[28] Dagegen umfasst **Individualsoftware** (custom software) jene Programme, deren Erstellung speziell für einen bestimmten Anwendungsfall erfolgt und die spezifische Eigenschaften des konkreten Falls adressieren. Die Vorteile der Standardsoftware gegenüber der Individualsoftware liegen vor allem in der Kostengünstigkeit trotz relativ hoher Beschaffungskosten (keine eigenen Softwareentwicklungskosten), in der Zeitersparnis (schnelle Beschaffung und Anpassung im Vergleich zur relativ langen Entwicklungszeit von Individualsoftware) und in der Zukunftssicherheit (seriöse Anbieter von Standardsoftware nutzen allgemeingültige Standards und entwickeln ihre Produkte ständig weiter). Weiterhin liegt ein wichtiger Vorteil in der Kompensierung vorhandener Personalengpässe bzw. eines Mangels an Knowhow in der eigenen Unternehmung.

Bei der Beschaffung von Standardsoftware ist eine Entscheidung zwischen Kauf und Miete der Software zu fällen, die auf Basis einer Wirtschaftlichkeitsanalyse zu treffen ist. Zudem ist es bei der Beschaffung von Standardsoftware wichtig, 'offene Systeme' auszuwählen, d. h. Softwaresysteme, die auf herstellerunabhängigen Standards basieren. Neben den Standards, die durch unabhängige Gremien (z. B. Normenausschüsse) definiert werden, gibt es so genannte 'Marktstandards' oder 'Industriestandards', die von Herstellern aufgrund ihrer Marktmacht vorgegeben werden (z. B. Produkte der Unternehmungen IBM und Microsoft).

Große Softwarehäuser (wie z. B. SAP oder Microsoft) schaffen einheitliche Rahmenwerke für eine unternehmungsweite Anwendungsintegration, deren Regeln veröffentlicht werden und allgemein zur Verfügung stehen. Ziel einer derartigen **Anwendungsarchitektur** (application architecture) ist es, Anwendungen integriert nach einheitlichen Richtlinien zu entwickeln, wodurch sie miteinander kommunizieren können, dem Benutzer immer gleichartig erscheinen und auf unterschiedlichen Plattformen von Hardware und Systemsoftware eingesetzt werden können.[29] Eine einheitliche Benutzungsoberfläche bzw. Benutzerschnittstelle (Common User Interface/CUI oder Common User Access/CUA) soll eine unifor-

---

[27] Vgl. Hansen/Neumann (2005), S. 528ff.
[28] Vgl. Hansen/Neumann (2005), S. 533ff. Der Begriff 'Standardsoftware' wird häufig sehr kritisch betrachtet, da umfangreiche, komplexe Anwendungssoftware stets an individuelle Anforderungen angepasst werden muss.
[29] Vgl. Hansen/Neumann (2005), S. 154ff.

me Sicht auf unterschiedlichen Systemen sicherstellen. Eine einheitliche Programmierschnittstelle (Common Programming Interface/CPI) soll die Produktivität der Anwendungsentwicklung erhöhen. Eine einheitliche Kommunikationsunterstützung (Common Communication Support/CCS) dient der Verbindung zwischen unterschiedlichen Geräten, Programmen und Netzen. Hierbei handelt es sich um Protokolle zur Datenübertragung in Rechnernetzen wie z. B. das OSI-ISO-Referenzmodell und das Internet-Protokoll TCP/IP.[30]

Kommerzielle Standardsoftwaresysteme werden vor allem für operative Einsatzfelder und hier zur Transaktionsverarbeitung angeboten.[31] Aufgrund der Komplexität und der individuellen Anforderungen analyseorientierter Anwendungsdomänen sind fertige Standardmodule hier seltener zu finden. Unterschieden werden kann dabei zwischen Standardsoftwaresystemen für bestimmte betriebliche Funktionsbereiche bzw. für Einzelprozesse (dedicated package), wie z. B. für die Materialwirtschaft, Lohn- und Gehaltsabrechnung, Kostenrechnung oder für die Produktionsplanung, und Systemen, die als Komplettpakete alle betriebswirtschaftlichen Funktionsbereiche bzw. Prozessketten abdecken (integrated business package). In der Praxis ist ein starker Trend zur Implementierung von Komplettpaketen zu beobachten, der durch die zunehmende Geschäftsprozessorientierung gefördert wird. Aktuelle Anwendungssoftwarepakete sind als **Client-Server-Architektur** implementiert und weitgehend hardware- und betriebssystemunabhängig. In der Regel arbeiten die Anwendungssysteme mit einem leistungsfähigen Datenbanksystem, das die umfangreichen betrieblichen Datenbestände speichert und verwaltet.

Charakteristisch für Komplettsoftwarepakete ist ihr modularer Aufbau, so dass sich der Einsatz zunächst auf die Verwendung einzelner Teilsysteme beschränken kann, um das Gesamtsystem danach sukzessive in Betrieb zu nehmen. Die Teilsysteme beschränken sich i. d. R. auf einzelne Funktionsbereiche und besitzen als modulare Systeme genau definierte Schnittstellen. Standardsysteme sind entweder branchenneutral oder branchenabhängig (z. B. Standardsoftware für Banken oder für Handelsunternehmungen). Die Anpassung an betriebsspezifische Gegebenheiten und Anforderungen erfolgt durch das **Customizing** (kundenindividuelle Anpassung). Kommerzielle Standardsoftwareprodukte, die umfangreiche Anwendungsbereiche umfassen und eine hohe Bedeutung im betrieblichen Einsatz aufweisen, werden als **Enterprise Resource Planning-Systeme (ERP-Systeme)** bezeichnet.

Eines der weltweit meistgenutzten Standardsoftwaresysteme bzw. ERP-Systeme für betriebswirtschaftliche Anwendungen ist das Produkt mySAP ERP der deutschen Firma SAP. Es handelt sich dabei um ein Komplettpaket mit offener Client-Server-Architektur, das modular aufgebaut ist.

---

[30] Vgl. Hansen/Neumann (2005), S. 610ff.
[31] Vgl. Hansen/Neumann (2005), S. 528ff., und die Ausführungen in Abschnitt 1.3.1.

Das **mySAP ERP-System** besteht aus Komponenten, die hierarchisch angeordnet sind.[32] Mit den vier Hauptkomponenten lassen sich die wichtigsten betrieblichen Aufgabenfelder abdecken:

- mySAP ERP Financials für das Finanz- und Rechnungswesen,
- mySAP ERP Human Capital Management für die Unterstützung aller Personalaufgaben,
- mySAP ERP Operations für die Logistikabläufe im Rahmen von Beschaffung und Produktion sowie Transport, Bestandsführung und Lagerverwaltung, Kundenauftragsmanagement und Kundenservice,
- mySAP ERP Corporate Services mit zusätzlichen Funktionalitäten, z. B. für das Reise- und Immobilienmanagement.

Darüber hinaus wurden im Hause SAP vielfältige Branchenlösungen entwickelt, welche auf die spezifischen branchenspezifischen Belange (z. B. Banking, Healthcare, Retail) ausgerichtet sind. Weitere Komponenten adressieren spezielle betriebswirtschaftliche Aufgabenstellungen beispielsweise im Rahmen des Customer und Supplier Relationship Management, des Product Lifecycle Management sowie des Supply Chain Management. Eine Zusammenfassung der analyseorientierten Systembausteine erfolgt unter dem Oberbegriff SAP Netweaver Business Intelligence.

Mit dem mySAP-System liegt ein kommerzielles Softwareprodukt vor, das alle betriebswirtschaftlichen Funktionen abdeckt und das durch sein Referenzmodell auf Basis von EPK-Diagrammen[33] eine systematische Erfassung und Katalogisierung der Geschäftsprozesse und Geschäftsobjekte (Business Objects)[34] unterstützt.

1.3 Management: Fach- und Führungskräfte in Unternehmungen

Unternehmungen lassen sich als komplexe sozio-ökonomische Gebilde im Spannungsfeld zwischen Absatz- und Beschaffungsmärkten, Geld- und Kapitalmärkten und der öffentlichen Hand beschreiben.[35] Eine wesentliche Aufgabe bei ihren wirtschaftlichen Aktivitäten besteht in der zielgerechten Planung, Steuerung und Koordination anfallender Geld- und Güterströme.

Da moderne Unternehmungen arbeitsteilig organisiert sind, lassen sich leitende von ausführenden Tätigkeiten abgrenzen. Gutenberg bezeichnet "Arbeiten, die mit der Lenkung und Leitung der betrieblichen Vorgänge im Zusammenhang stehen"[36] und die sich auf die Unternehmung als Ganzes oder seine verschiedenen Verant-

---

[32] Vgl. Appelrath/Ritter (2000), S. 36ff.; Gabriel/Knittel/Taday/Reif-Mosel (2002), S. 233 - 235.

[33] Zum Aufbau Ereignisgesteuerter Prozessketten (EPK) siehe z. B. Gabriel/Knittel/Taday/Reif-Mosel (2002), S. 315 - 318.

[34] Vgl. Erler (2000).

[35] Vgl. Busse von Colbe/Laßmann (1991), S. 20ff.

[36] Gutenberg (1983), S. 3ff.

wortungsbereiche beziehen, als **dispositiven Faktor** innerhalb eines Systems von Produktionsfaktoren. Im heutigen Sprachgebrauch hat sich der Begriff **Management** als Synonym für den dispositiven Faktor durchsetzen können.[37] Allgemein lässt sich Management dann als **zielorientierte Gestaltung und Steuerung** sozialer Systeme verstehen.[38] Auf Unternehmungen bezogen umfasst diese Definition alle Tätigkeiten, die der Steuerung des betrieblichen Leistungsprozesses dienen und dabei planender, organisierender und kontrollierender Art sein können. Als unverzichtbarer „Rohstoff" bei diesen Tätigkeiten erweisen sich die verfügbaren planungs- und steuerungsrelevanten Informationen. Aus diesem Blickwinkel ist Management als Transformation von Informationen in Aktionen aufzufassen.[39]

Neben der tätigkeitsbezogenen Erklärung des Management-Begriffs (Management im funktionalen Sinne[40]), die den Komplex von Aufgaben beschreibt, der zur zielorientierten Steuerung eines Systems nötig ist, existiert auch eine personenbezogene Verwendung des Begriffs (Management im institutionellen Sinne[41]), bei der Untersuchungen über die hierarchische und funktionale Struktur des Managements sowie über die Art der horizontalen und vertikalen Arbeitsteilung des Managements im Mittelpunkt stehen. Das Management bildet dann die begriffliche Zusammenfassung der unternehmerischen **Führungs- und Leitungskräfte** als Beschreibung der speziellen Personen(-gruppe), ihrer Rollen und Tätigkeiten.[42] Somit fungiert ein Manager als Person, die anderen Personen gegenüber, d. h. anderen Mitarbeitern in der Unternehmung, weisungsbefugt ist.[43] Nicht-Manager sind Mitarbeiter in der Unternehmung, die auf Anweisung verrichtungsorientiert arbeiten.

Als Informationsverarbeiter ist der einzelne Manager auf Verfügbarkeit und Güte der Information und der inner- und außerbetrieblichen Kommunikationskanäle in hohem Maße angewiesen, um mit gleichgestellten, aber auch mit unter- und übergeordneten Mitarbeitern z. B. im Rahmen einer Planabstimmung Informationsaustausch betreiben zu können. Empirische Untersuchungen belegen, dass ein großer Teil der Arbeitszeit von Managern durch derartige kommunikative Tätigkeiten beansprucht wird.[44] Weitere wesentliche Arbeitsinhalte betrieblicher Entscheidungsträger werden im zweiten Kapitel erörtert.

---

[37] Dieser tätigkeitsbezogenen Erklärung des Begriffs Management liegt der sogenannte Funktionsansatz zugrunde. Vgl. Steinmann/Schreyögg (2005), S. 6.

[38] Vgl. Mag (1992), S. 60; Wild (1982), S. 32.

[39] Vgl. Greschner/Zahn (1992), S. 9.

[40] Für eine Auseinandersetzung mit dem Managementbegriff im funktionalen Sinne vgl. die Ausführungen in Kapitel 2.

[41] Vgl. Staehle (1999), S. 71.

[42] Vgl. Koreimann (1999), S. 8. Wenngleich sich eine trennscharfe Abgrenzung in der betrieblichen Praxis nicht immer nachvollziehen lässt, werden Führungskräfte als Mitarbeiter verstanden, die richtungsweisende Ganzheitsentscheidungen durchführen (Top-Management), während leitende Mitarbeiter sich eher mit der Anordnung und Kontrolle der Ausführung dieser Vorgaben befassen. Vgl. Korndörfer (2003), S. 444ff.

[43] Vgl. Koreimann (1999), S. 10.

[44] Vgl. Steinmann/Schreyögg (2005), S. 13. Müller-Böling und Ramme veranschlagen nach einer umfangreichen Befragung einen Durchschnittswert von 40% für den zeitli-

Für die folgenden Ausführungen bezüglich der DV-Unterstützung wird die personenbezogene Verwendung des Begriffs Management erweitert, d. h. neben den Führungskräften zählen im Rahmen dieser Schrift auch die Fachkräfte, die sich mit anspruchsvollen Analyse-, Planungs- und Gestaltungsaufgaben beschäftigen, zum Management. Schließlich ist es ein wesentlicher Aufgabenschwerpunkt der Fachkräfte, mit ihrem jeweiligen Spezialwissen alle relevanten Fakten zusammenzutragen und sie auf die wesentlichen Punkte zu verdichten, um Entscheidungen vorzubereiten. Auch Fachkräfte bzw. Anwendungsexperten sind somit aufgrund ihrer Fachkompetenz in entsprechende Analyse-, Planungs- und Entscheidungsprozesse involviert. So haben flacher gewordene Unternehmungshierarchien und kürzere Reaktionszeiten im operativen Tagesgeschäft den Fachkräften bzw. Anwendungsexperten Tätigkeitsspektren eröffnet, die vormals ausschließlich dem Management vorbehalten waren. Damit setzt sich der Benutzerkreis der Management Support Systeme sowohl aus **Fach-** als auch aus **Führungskräften** einer Unternehmung zusammen.

1.4 Management Support Systeme (MSS) und Business Intelligence (BI)

Computergestützte Anwendungssysteme bieten vielfältige Unterstützungsmöglichkeiten für das Management, die Fach- und Führungsaufgaben in Unternehmungen wahrnehmen. Dies gilt vor allem für die Planungs- und Kontrollsysteme, wie in Abschnitt 1.2.2 vorgestellt, die auf den Administrations- und Dispositionssystemen (Abschnitt 1.2.1) aufbauen. Moderne betriebliche Anwendungssysteme werden als Enterprise Resource Planning-Systeme (Abschnitt 1.2.3) angeboten, die häufig auch spezielle Bausteine zur Managementunterstützung umfassen.

Als **Management Support Systeme (MSS)** bzw. **Managementunterstützungssysteme (MUS)** werden alle DV-Anwendungssysteme bezeichnet, die das Management, d. h. die Fach- und Führungskräfte einer Unternehmung, bei ihren vielfältigen Aufgaben unterstützen. Dabei handelt es sich vor allem um Tätigkeiten, die der Planung, der Organisation, der Steuerung und der Kontrolle betrieblicher Leistungsprozesse dienen. Die entsprechenden Informationsverarbeitungs- und Kommunikationsprozesse setzen leistungsfähige IuK-Systeme voraus, die sich durch Prozessorientierung und einen hohen Integrationsgrad auszeichnen. Fach- und Führungskräfte als Benutzer von Management Support Systemen haben einen ausgeprägten Bedarf an problem- und entscheidungsrelevanten Informationen, die in richtiger Form, zur richtigen Zeit, am richtigen Ort zur Verfügung gestellt werden müssen.

Klassische Ausprägungen der Management Support Systeme sind als MIS (Management Information Systeme), DSS (Decision Support Systeme) und EIS (Executive Information Systeme) in der Praxis zu finden (vgl. Kapitel 3). Moderne Ausprägungen werden zusammenfassend als Lösungsansätze des **Business Intel-**

---

chen Anteil von Kommunikationsaktivitäten an den gesamten Managementtätigkeiten. Vgl. Müller-Böling/Ramme (1990), S. 77f.

ligence (BI) angeboten (vgl. Kapitel 4). Hierzu gehören, wie in den nachfolgenden Kapiteln vorgestellt, das Data Warehousing, OLAP- und Data Mining-Anwendungen sowie Dashboard- und Portalkonzepte.

Im folgenden zweiten Kapitel werden die Arbeitsaufgaben und -prozesse der Fach- und Führungskräfte detailliert untersucht, um daraus leistungsfähige Architekturformen von Management Support Systemen ableiten zu können, die sich erfolgreich in Unternehmungen nutzen lassen.

2 Arbeitsaufgaben und -prozesse der Fach- und Führungskräfte

Fach- und Führungskräfte sind mit vielfältigen und anspruchsvollen Arbeitsaufgaben betraut, die sich sowohl auf Sach- als auch auf Personalprobleme beziehen und häufig Analyse-, Planungs- und Entscheidungscharakter aufweisen. Die Arbeiten zur Lösung der anstehenden Probleme erfolgen i. d. R. in Teamarbeit und als Prozess von Teilschritten. Abschnitt 2.1 dient der Erörterung grundlegender **Aufgaben und Funktionen der Fach- und Führungskräfte**. Anschließend werden in Abschnitt 2.2 die resultierenden **Analyse-, Planungs- und Entscheidungsprozesse** abgeleitet. Da die **Daten-, Informations- und Wissensverarbeitung** sowie die **Kommunikation** einen hohen Stellenwert bei der Arbeit der Fach- und Führungskräfte einnehmen, wird ihre Bedeutung in Abschnitt 2.3 besonders herausgestellt. Abschnitt 2.4 widmet sich dem **Informationsmanagement** als Führungsaufgabe, bevor die Erläuterung des **Wissensmanagements** in Abschnitt 2.5 folgt. Erste Überlegungen zu einer erfolgreichen **DV-Unterstützung der Fach- und Führungskräfte** schließen sich in Abschnitt 2.6 an.

2.1 Aufgaben und Funktionen der Fach- und Führungskräfte

Auf allen Hierarchieebenen von Unternehmungen müssen Fach- und Führungskräfte Ziele setzen, planen, entscheiden, organisieren, realisieren bzw. anweisen, kontrollieren und Mitarbeiter in geeigneter Weise führen. Entsprechende Tätigkeiten werden unter dem Managementbegriff subsumiert. Der Begriff Management charakterisiert einerseits eine Institution (**Managementbegriff im institutionalen Sinne**) und andererseits die Funktionen und Prozesse, die in Organisationen zur Steuerung des Leistungsprozesses notwendig sind (**Managementbegriff im funktionalen Sinne**).[45]

Aus einer Betrachtung nach dem funktionalen Verständnis sieht eine grundsätzliche Einteilung des Aufgabenspektrums zur Unternehmungsführung die Unterscheidung zwischen außergewöhnlichen, z. T. einmaligen Strukturaufgaben bzw. Strukturentscheidungen und laufenden Koordinationsaufgaben vor. Die einmaligen Strukturaufgaben bzw. -entscheidungen lassen sich primär dem Bereich des **strategischen Managements** zuordnen. Im Mittelpunkt des strategischen Managements steht die Festlegung der langfristigen Unternehmungsentwicklung bzw. die Sicherstellung des zukünftigen Wohlergehens der Unternehmung. Als vorbereitende Tätigkeit ist hier eine markt- und umweltorientierte Chancen-/Risikenanalyse in Kombination mit einer unternehmungsorientierten Stärken-/Schwächenanalyse oft unerlässlich, die dazu dienen sollen, zukünftige Betätigungsfelder und vorhandenen Anpassungsbedarf aufzudecken.[46] Daneben fällt in diesen Kom-

---

[45] Vgl. Staehle (1999), S. 71; Albrecht (1993), S. 14; Bleicher (1993), Sp. 1272f. Für eine Auseinandersetzung mit dem Managementbegriff im institutionellen Sinne vgl. die Ausführungen in Kapitel 1.

[46] Vgl. Steinmann/Schreyögg (2005), S. 172.

plex die langfristige Sicherung von Personal-, Kapital- und Materialressourcen sowie deren Identifizierung und angemessene Nutzung.[47]

Koordinationsaufgaben wie Motivation und Führung von Personen, Planung, Entscheidung und Kontrolle, die eher dem **operativen Management** zuzurechnen sind, bestimmen das Tagesgeschäft des Entscheidungsträgers. Im Vergleich zum strategischen Management steht hier nicht die Frage der Wettbewerbsfähigkeit, sondern der Wirtschaftlichkeit im Vordergrund. Dieser Aufgabenbereich umfasst insbesondere ablaufbestimmende Dispositionen, die kurzfristig orientiert sind und unmittelbar wirksam sind.

Bei der Betrachtung des Managementbegriffs aus funktionaler Sicht, bei der die Führungsaktivitäten, die Führungsfunktionen und die Führungsinstrumente im Vordergrund stehen, wird oftmals zwischen einem personen- und einem sachbezogenen Aufgabenbereich des Managements getrennt.[48] Sowohl strategische als auch operative Aufgabenbereiche beinhalten personen- und sachbezogene Komponenten. Demzufolge wird im Folgenden das Aufgabenspektrum von Fach- und Führungskräften getrennt nach

- **Personalaufgaben** (verhaltensorientiertes Management) und
- **Sachaufgaben** (verfahrensorientiertes Management)

weiter untersucht. Die weit reichenden Strukturaufgaben des strategischen Managements finden bei der Skizzierung der entsprechenden Aufgabenbereiche zunächst weniger Beachtung, gewinnen jedoch auch für die DV-Unterstützung zunehmend an Bedeutung.

2.1.1 Personalaufgaben

Der Manager ist seinen in der Unternehmungshierarchie unterstellten Mitarbeitern gegenüber weisungsbefugt und hat demzufolge das Recht, ihnen Aufgaben mit konkreten Zielvorgaben zuzuteilen und den Arbeitsfortschritt zu kontrollieren, um gegebenenfalls regulierend einzugreifen. Derartige Aufgabenstellungen, die vor allem das Informieren, Instruieren und Motivieren beinhalten, dienen der Verhaltenssteuerung des Personals und sind demzufolge Bestandteile des **Personalmanagements**.

Die Verantwortung gegenüber den unterstellten Mitarbeitern verlangt eine abgestimmte Förderung, die sich in Schulungsmaßnahmen und auch Beförderungen ausdrücken kann. Eine regelmäßige Mitarbeiterbeurteilung führt z. B. zu einem hohen Informationsstand über Kenntnisse und Fertigkeiten des unterstellten Personals. Ein entsprechendes Skill Management ist unabdingbare Voraussetzung für

---

[47] Vgl. Staehle (1999), S. 53, S. 81ff. Letztlich spiegelt sich in den genannten Aufgabenbereichen die marktorientierte (Market-Based View) und ressourcenorientierte (Resource-Based View) Sichtweise zur Erklärung von Wettbewerbsvorteilen wider.

[48] Vgl. Mag (1992), S. 60; Wild (1982), S. 33. Die Unterscheidung zwischen Personal- und Sachfunktionen innerhalb des funktionalen Managementbegriffs ist jedoch eher als gedankliche Strukturierung zu verstehen, da in der Praxis beide Funktionen im tatsächlichen Vollzug zumeist gemeinsam auftreten. Vgl. Albrecht (1993), S. 15.

eine effiziente Personaleinsatzplanung, die eine gerechte Auslastung der Personal-kapazitäten mit adäquaten Tätigkeiten erwirken soll.

Neben diesen eher technischen Aufgaben der **Personalführung** ist die Motiva-tionsaufgabe sehr wichtig. Hier sollen persönliche Beweggründe geschaffen wer-den, mit denen ein möglichst zielkonformes Mitarbeiterverhalten aus der Perspek-tive der Unternehmung realisierbar ist.[49] Maßnahmen zur Arbeitsplatzgestaltung sowie soziale Einrichtungen können für die Motivation und damit Leistungs-bereitschaft des Personalstammes ebenso wichtig sein wie etwa monetäre Anreize. Gerade bei monetären Entlohnungssystemen sind neben der Zielkompatibilität und der Transparenz die Beeinflussbarkeit und Manipulationsfreiheit, die Wirtschaft-lichkeit und die allgemeine Akzeptanz als Anforderungen zu nennen.[50]

Die vorgestellte Liste der Personalaufgaben lässt sich sicherlich noch erweitern bzw. spezialisieren. Um den Rahmen der Untersuchung an dieser Stelle nicht zu sprengen, wird auf die einschlägige Spezialliteratur[51] verwiesen.

2.1.2   Sachaufgaben

Aufgrund der hohen Komplexität, der sich Manager vor allem in höheren Hierar-chiestufen häufig bei der Bearbeitung fachlicher Probleme gegenübersehen, kann nur die Anwendung ausgereifter Problemlösungssystematiken und -techniken zu einer sorgfältigen Entscheidungsvorbereitung führen.

Die Komplexität ergibt sich für das Management aus der Tatsache, dass sich betriebliche Probleme in der Regel durch eine große Anzahl unterschiedlicher Att-ribute auszeichnen. Für den Manager als Problemlöser erweisen sich davon einige allgemeine Merkmale als besonders relevant, um eine Typisierung vorzunehmen.

Zunächst ist es von Belang, wie gut sich das einzelne Problem wahrnehmen bzw. identifizieren lässt **(Wahrnehmbarkeit und Identifizierbarkeit des be-trieblichen Problems).** Die Beachtung eines Problems hängt somit entscheidend davon ab, ob der zugehörige Tatbestand wahrnehmbare (starke oder schwache) Signale aussendet. Sind derartige Signale quantitativ messbar und eindeutig ziel-orientiert interpretierbar, dann lässt sich daraus ein Handlungsbedarf unmittelbar ableiten. Problematisch sind dagegen solche Signale, die qualitativer oder vager Natur sind (weak signals)[52], da hierbei ein günstiger Zeitpunkt zur Erkennung möglicher Chancen und Risiken leicht verpasst wird und eine (dann verspätete) Reaktion u. U. erst in der Zukunft erfolgt. Als bestimmende Größe ist folglich an dieser Stelle die Verfügbarkeit solcher Informationen zu sehen, die auf eine Pro-blemsituation im Sinne eines sofortigen oder zukünftigen Handlungsbedarfs mög-lichst frühzeitig und zielorientiert hinweisen.

Anschließend muss geklärt werden, wie dringlich und wichtig sich das Problem präsentiert, da hierdurch Schnelligkeit und Sorgfalt bestimmt werden, die im Sin-

---

[49] Vgl. Staehle (1999), S. 103ff.
[50] Vgl. Pellens/Crasselt/ Rockholtz (1998), S. 13f.
[51] Siehe z. B. Berthel (2003); Henze (1990); Richter (1989); Steinmann/Schreyögg (2005), S. 406ff.; Wiedemann (1996); Schanz (2000).
[52] Vgl. Hahn (1992), S. 40f.

ne einer Priorisierung bei der Problemlösung anzuwenden sind (**Dringlichkeit und Wichtigkeit des betrieblichen Problems**). Dabei ist die Dringlichkeit eine Angabe über den Zeithorizont, in dem ein Problem bewältigt und einer Lösung zugeführt sein muss. Dagegen lässt sich die Wichtigkeit als Angabe über direkt oder indirekt zurechenbare Beiträge zur Erreichung von vorgegebenen Unternehmungszielen verstehen. Da beide Merkmale von verschiedensten extensionalen und intensionalen Faktoren determiniert werden, ist eine Beeinflussung nur sehr eingeschränkt gewährleistet.

Als erster Schritt im Problemlösungsprozess erfolgt eine Problembeschreibung im Sinne einer Partitionierung eines Problems in elementare Teilkomplexe sowie des Aufzeigens gegenseitiger Abhängigkeiten (**Strukturierbarkeit des betrieblichen Problems**). Unter Strukturierbarkeit ist folglich eine Angabe darüber zu verstehen, wie leicht und eindeutig die Betrachtungseinheiten und ihre Beziehungen beschrieben (abgebildet) werden können. Durch das Attribut der Strukturierbarkeit wird der Bearbeitungsaufwand in erheblicher Weise determiniert.

Letztlich sind die mehr oder minder strukturierten Probleme einer Lösung zuzuführen, d. h. die **Lösbarkeit des betrieblichen Problems** ist ein weiteres wichtiges Merkmal. Von der Art des gewählten Beschreibungsverfahrens bzw. Modellierungsansatzes hängt es ab, welche Methoden bzw. Verfahrenstechniken bei der Problemlösung zum Einsatz gelangen können. Ein Großteil der auftretenden Probleme lässt sich – da sie in ähnlicher Form bereits aufgetreten und gelöst worden sind – unter Ausnutzung des Erfahrungswissens des Entscheidungsträgers intuitiv und ad-hoc oder mittels standardisierter Verfahrensbeschreibungen automatisiert bearbeiten. Bei Vorliegen spezieller Problemstrukturen kann etwa mit mathematischen Methoden (Algorithmen) auf analytischem Wege oder mittels Simulationen eine Lösung herbeigeführt werden.[53] Andere Probleme dagegen treten in dieser Form erstmalig – vielleicht gar einmalig – auf und können mit bekannten Lösungsansätzen nicht routinemäßig behandelt werden.

Aus dieser Komplexität ergibt sich die hohe Herausforderung und eine weit gefächerte Aufgabenpalette für die Fach- und Führungskräfte und somit ein breiter ableitbarer Unterstützungsbedarf.

Sinnvolle Ordnungen bzw. Konzepte zur Bewältigung anstehender komplexer Sachaufgaben, die einerseits in der Steuerung von Transformations- und Produktionsprozessen und andererseits in der Gestaltung von Güter-, Betriebs- und Wirkungssystemen zu sehen sind,[54] bieten die unterschiedlichen bekannten **Phasenschemata**[55]. Ein derartiges Phasenschema wird exemplarisch im folgenden Abschnitt 2.2 vorgestellt.

---

[53] Vgl. hierzu die verschiedenen Methoden und Verfahrenstechniken, die im Operations Research zusammengefasst sind (z. B. Optimierungsmethoden und Simulationsverfahren).

[54] Vgl. Kuhn (1990), S. 2.

[55] In der Literatur werden hierzu unterschiedliche Schemata angeboten, die sich hinsichtlich des Detaillierungsgrades und der Terminologie unterscheiden. Vgl. Mag (1995), S. 46ff.; Kirsch (1974), S. 196; Wild (1982), S. 47; Kuhn (1990), S. 15f.; Korndörfer (2003), S. 430ff.

2.2 Analyse-, Planungs- und Entscheidungsprozesse

Grundsätzlich werden in einem Phasenschema die zu durchlaufenden Stadien in ihrer zeitlichen Abfolge angeordnet und phasenorientiert als Prozess dargestellt. Insofern folgt die systematische Abfolge von Phasen des Managementprozesses dem Vorbild eines kybernetischen Regelkreislaufes.[56]

Ein Beispiel eines Phasenschemas für Managementprozesse, das sich als Grobschema an den vier Phasen Situationsanalyse, Planung i. e. S.[57], Organisation bzw. Steuerung und Kontrolle orientiert, ist in Abbildung 2/1 gegeben und wird im Folgenden erläutert.

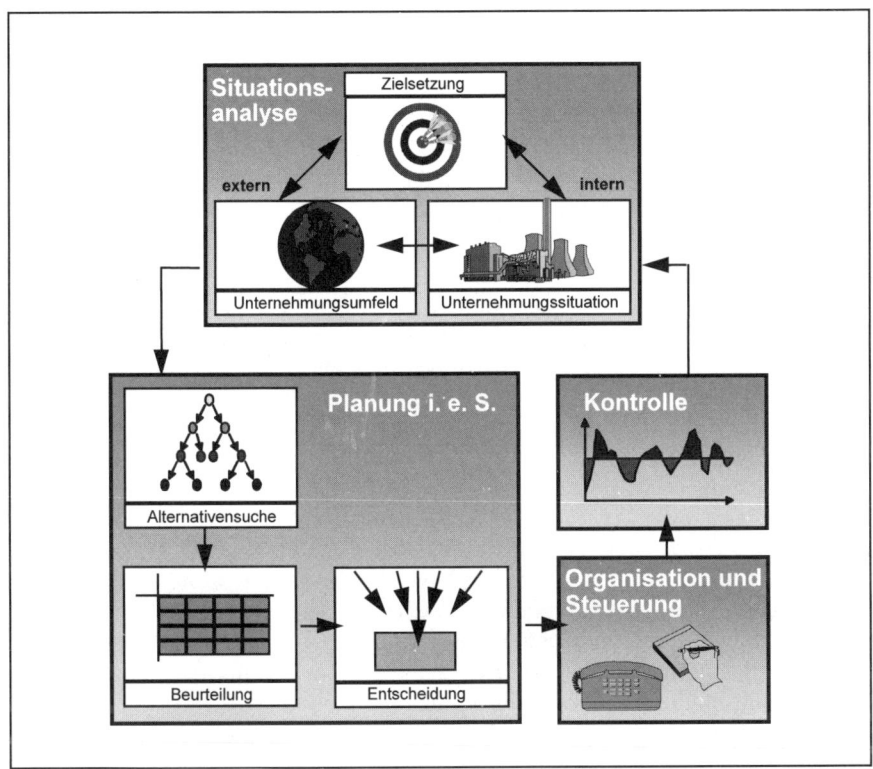

Abb. 2/1:   Phasenschema für Managementprozesse

---

[56] Vgl. Staehle (1999), S. 81; Lachnit/Müller (2006), S. 11; Lehner (1995), S. 54ff.; Mag (1992), S. 60; Wild (1982), S. 34f.

[57] Diese Phase wird hier als Planung im engeren Sinne bezeichnet, da die Planung in einer weiten Begriffsauslegung das gesamte Schema umfassen kann.

2.2.1   Situationsanalyse (Analysephase)

Handlungen der Fach- und Führungskräfte können niemals isoliert betrachtet werden, sondern immer nur im Kontext des inner- und außerbetrieblichen Umfeldes, das sich in gesellschaftlichen und unternehmerischen Wertvorstellungen, Informationsflüssen und Kommunikationsbeziehungen dokumentiert und dem im Rahmen der Analysephase besondere Beachtung geschenkt werden muss. Als handlungsbestimmend erweist sich vor allem das unternehmerische **Zielsystem**, da hierdurch für alle Entscheidungen ein grober Bezugsrahmen abgesteckt ist. Aber auch für einzelne Problemkomplexe bzw. fachliche Fragenstellungen ergibt sich die Notwendigkeit, klare Vorstellungen darüber zu entwickeln, was unter den gegebenen Prämissen erreicht werden soll. Dabei muss jedes einzelne Teilziel möglichst konfliktfrei mit übergeordneten Zielvorgaben harmonieren.

Im idealen Fall ist das Ergebnis eines derartigen, gegebenenfalls langjährigen und niemals vollständig abgeschlossenen Zielsetzungsprozesses ein konsistentes Unternehmungszielsystem über alle Unternehmungsebenen.[58] Da jedoch jedes Zielsystem durch die individuellen Ziele der beteiligten Personen – insbesondere auch durch die Ziele der Verrichtungsträger – beeinflusst wird, sind in der Praxis unstrukturierte, nicht transparente und teilweise sogar widersprüchliche Zielsysteme an der Tagesordnung.

An dem gefundenen Zielsystem werden in der gleichen Phase im Rahmen einer Ist-Analyse die realen Unternehmungsgegebenheiten gemessen und Abweichungen zu den gesteckten Zielen aufgedeckt, analysiert und hinsichtlich ihrer Bedeutung klassifiziert.[59] Ein derart entwickelter Katalog dient der Klärung und Festlegung des aktuellen Handlungsbedarfs bzw. der Aufstellung einer "To Do"-Liste mit zugeordneten Prioritäten.

In Abhängigkeit von dem zu bearbeitenden Problemkomplex ist vor oder nach der Situationsanalyse der eigenen Unternehmung auch eine Umfeldbetrachtung anzustellen, die eine Untersuchung der relevanten Märkte beinhaltet. Für eine derartige Betrachtung eignet sich z. B. der **Five-Forces-Ansatz** nach M. Porter[60], der ein Ordnungsraster darstellt, um die Attraktivität einer Branche und dadurch auch die Profitabilität der Unternehmung zu bestimmen. Eine entsprechende Analyse sollte sich demnach auf herkömmliche und neue Branchenwettbewerber, auf potenzielle Substitutionsprodukte, Lieferanten und Kunden konzentrieren. Zunächst sind diese Bereiche einzeln zu analysieren, um anschließend deren kombinierte Auswirkungen zu interpretieren.

Insbesondere sind auch gegenwärtige oder erwartete zukünftige staatliche Aktivitäten (z. B. Gesetzesänderungen, Steuer- und Subventionspolitik) sowie gesell-

---

[58] Vgl. Wild (1982), S. 53ff. Die Aufstellung eines unternehmungsweiten, konsistenten Zielsystems muss als komplexer Prozess mit diversen Rückkopplungen und Revisionen über die unterschiedlichen Managementstufen betrachtet und den strategischen Managementaufgaben zugerechnet werden. In den folgenden Ausführungen ist die Betonung eher auf die Einbindung eines verrichtungsorientierten Subzieles in das übergeordnete System gelegt.

[59] Vgl. Hahn (1992), S. 23f.

[60] Vgl. Porter (2004), S. 4f.

schaftliche Trends (z. B. Änderung des Verbraucherverhaltens) möglichst frühzeitig zu antizipieren. Da hier mit ungewissen bzw. unsicheren Informationen zu operieren ist, muss nach Wegen gesucht werden, um zukünftige Datenkonstellationen möglichst gut zu prognostizieren.

Eine methodische Unterstützung kann in dieser Phase besonders durch die aus der Statistik und Ökonometrie bekannten Verfahren zur Datenanalyse und Prognose geleistet werden.[61] Daneben erfolgt in den Unternehmungen oftmals der Aufbau von Signalsystemen, die eine Früherkennung inner- und außerbetrieblicher Strömungen ermöglichen sollen.[62]

2.2.2 Planung i. e. S. (Planungsphase einschließlich Entscheidung)

Die Planungsphase dient der Formulierung und Untersuchung möglicher Handlungsalternativen sowie der Auswahl des unter den gegebenen Prämissen bestmöglichen Aktionsbündels. Planung wird dabei als gedankliche Vorwegnahme zukünftigen Handelns und resultierender Ergebnisse verstanden,[63] wobei ein Schwerpunkt im möglichst genauen und zweifelsfreien Abschätzen von Handlungskonsequenzen zu sehen ist. Spätestens hier muss vom Entscheidungsträger eine Loslösung von der begrenzten, problemspezifischen Sicht und eine Hinwendung zu einer globaleren, gegebenenfalls unternehmungsweiten Betrachtungsweise erfolgen, um eine Koordination mit zeitgleich ablaufenden, anderen Planungs- und Entscheidungsprozessen in der Unternehmung zu erreichen.

Nach der Ermittlung der **relevanten Handlungsalternativen** und deren Auswirkungen hat eine **Alternativenbewertung** sowie die **Auswahl** der unter den gegebenen Umständen "optimalen" Alternative hinsichtlich des vorab erarbeiteten Zielsystems zu erfolgen. Dieser Schritt wird als **Entscheidung** bezeichnet und umfasst neben der Wahl einer Handlungsmöglichkeit die Erklärung der Vollzugsverbindlichkeit als Soll-Vorgabe.[64] Insofern ist die Planungsphase als Ausdruck der **Willensbildung** untrennbar mit der Entscheidung verbunden.

Als Grundprobleme der Planung erweisen sich Ungewissheiten bezüglich zukünftiger Umweltlagen und die Komplexität realer Strukturen, die oft nur sehr unzureichend beschreibbar bzw. abbildbar sind und daher präzise Aussagen über

---

[61] Vgl. die Übersichten bei Kirsch (1974), S. 195ff.; Mag (1984), S. 14f.; Kuhn (1990), S. 19ff. Kuhn betont sogar, dass "Planinformation zur Hauptsache Prognose" [Kuhn (1990), S. 18] ist und stellt damit die Wichtigkeit von Prognoseverfahren für den Planungsprozess heraus.

[62] Vgl. zu dem Themenkomplex Früherkennung bzw. Frühaufklärung Krystek/Müller-Stewens (1993).

[63] Vgl. Mag (1984), S. 4; Kuhn (1990), S. 7; Mag (1995), S. 2ff.

[64] Vgl. Mag (1995), S. 8. Da der Entscheidung somit eine Brückenfunktion zwischen einer gedanklichen und einer realisierenden Phase zukommt, fordert z. B. MAG eine explizite Aufnahme der Entscheidung als eigenständige Managementfunktion innerhalb des Managementzyklus. Vgl. Mag (1992), S. 61. In jedem Fall ist die Entscheidung als ein dominierender Schwerpunkt der Managementtätigkeiten und -aufgaben auszumachen. Aus diesem Grund wird Management häufig auch mit dem Treffen von Entscheidungen gleichgesetzt. Vgl. Greschner/Zahn (1992), S. 9.

Auswirkungen von Einzelmaßnahmen nahezu unmöglich werden lassen.[65] Verschiedene betriebswirtschaftliche Teilbereiche (Unternehmensforschung, Entscheidungstheorie, Statistik) versuchen, derartige Ungewissheiten und Komplexitäten mit mathematischen Modellen und Methoden operabel zu gestalten und bieten eine Fülle unterschiedlicher Planungstechniken an.[66]

2.2.3 Organisation und Steuerung (Organisations- und Steuerungsphase)

Die Umsetzung der Planungsergebnisse als Ausdruck der **Willensdurchsetzung** bedarf der Gestaltung eines Handlungsgefüges, das die notwendigen Aufgaben im Sinne der Arbeitsteilung spezifiziert und strukturiert sowie deren Koordination zur Harmonisierung der zukünftigen Handlungen und zur Ausrichtung hinsichtlich der Ziele der Organisation gewährleistet.[67] Insbesondere die **Gestaltung** der **Aufbau- und Ablauforganisation** steht in dieser Phase somit im Mittelpunkt.

In diesem Kontext müssen plankonforme Organisationseinheiten mit angemessenen Weisungsbefugnissen und Kommunikationsmöglichkeiten geschaffen und mit geeignetem Personal anforderungsgerecht besetzt werden. Zudem sind auf der Basis dieser organisatorischen Rahmenbedingungen konkrete Zeit- und Zielvorgaben für den gesamten Durchführungszeitraum zu erarbeiten und an die nachgelagerte Hierarchiestufe mit der Maßgabe der ordnungsgemäßen Durchführung weiterzuleiten.

Im Sinne des Managementkreislaufs ist somit die strukturelle Basis für den Arbeitsvollzug gelegt, so dass sich die **Realisierungsphase** anschließt, deren Durchführungs- bzw. Ausführungshandlungen nicht als Bestandteil des allgemeinen Managementprozesses anzusehen sind. Begleitend muss der Manager während der Realisierung Feinsteuerungsmaßnahmen vornehmen, indem er im Bedarfsfall korrigierend oder helfend eingreift sowie im Sinne des personellen Aspekts des Managements das Verhalten der Mitarbeiter in der Realisierungsphase durch eine zielorientierte, interpersonelle Einflussnahme lenkt.

2.2.4 Kontrolle (Kontrollphase)

In der Kontrollphase schließlich erfolgt zur **Willenssicherung** der Vergleich von Planungsergebnissen (Plan- bzw. Sollgrößen) und Durchführungsresultaten (Istgrößen). Auftretende Abweichungen werden analysiert und führen gegebenenfalls zu erneutem Handlungsbedarf. In diesem Falle bildet die Ergebnisanalyse den Startpunkt für einen abermaligen Durchlauf der einzelnen Phasen.

Dieser **phasenorientierte Ansatz** der Managementfunktion stellt allerdings allenfalls einen idealtypischen Verlauf dar. So ist das dargestellte Phasenschema z. B. nicht als streng lineares Ablaufmodell zu verstehen. Rückschritte zu vorangehen-

---

[65] Siehe hierzu Mag (1984), S. 14f.

[66] Vgl. hierzu die Ausführungen bei Berens/Delfmann (2004); Mag (1977); Mag (1995), S. 19ff.

[67] Vgl. Schulte-Zurhausen (2005), S. 4.

den Phasen können jederzeit erfolgen, wenn es die Situation erfordert. Zudem lassen sich einzelne Phasenschritte (wie Alternativensuche und Beurteilung) auch parallel abarbeiten.

Umfangreiche Problemstellungen, welche die Eigenschaften der Einmaligkeit, der Komplexität und des hohen Aufwandes besitzen und in ihrer Bearbeitung zeitlich begrenzt sind, werden im Rahmen von Projekten gelöst. In den Aufgabenbereich des **Projektmanagements** fällt es dabei, die anfallenden Planungs- und Steuerungstätigkeiten zu initiieren und durchzuführen. Zur Projektdurchführung wird dann ein Projektteam gebildet, das sich in der Regel aus Mitarbeitern unterschiedlicher Fachgebiete mit jeweils speziellen Sachkenntnissen zusammensetzt. Dadurch, dass das Wissen verschiedener Experten konzentriert wird und zwischen heterogenen Problemsichten und -lösungswegen ein Konsens zu erreichen ist, lassen sich insbesondere in fachbereichsübergreifenden Projekten gute Ergebnisse erzielen. Voraussetzung jedoch ist eine straffe und produktive Projektorganisation sowie Kompromissbereitschaft und Kommunikationsfähigkeit der Projektmitglieder. Eine methodische Unterstützung des Projektmanagements kann durch die klassischen Verfahren der Netzplantechnik[68] erfolgen, die vor allem auf Zeit-, Struktur-, Kosten- und Kapazitätsaspekte des Projektes abstellen.

2.2.5 Aufgaben in den Managementebenen

Das vorgestellte Ablaufschema findet auf allen Management-Hierarchieebenen Anwendung (vgl. Abschnitt 1.2). Allerdings unterscheiden sich die ebenenspezifischen Fachfunktionen vor allem in der Abstraktheit der Ziele, in der Reichweite des Planungszeitraumes, in der Bedeutung von Entscheidungen und im Detaillierungsgrad der Kontrolldaten voneinander.[69]

Die Position eines Managers im Hierarchiegefüge einer Unternehmung hat Einfluss auf die Anzahl der Freiheitsgrade bei den zu treffenden Entscheidungen. Dabei ist das Aufgabenspektrum unterer Management-Ebenen durch einen genau definierten Ablauf des Entscheidungsvollzugs mit eindeutigen unternehmungsinternen und/oder -externen Verfahrensvorschriften (Programmen) gekennzeichnet, da hier in erster Linie wiederkehrende Routineentscheidungen anstehen (operatives Management). Derartige Aufgabenstellungen bzw. Entscheidungen werden als **strukturiert** (oder programmierbar) bezeichnet.

Die in höheren Managementebenen gegebenen Aufgaben und zu treffenden Entscheidungen dagegen sind oftmals vollkommen neuartig, von äußerst komplexer Struktur und von erheblicher Bedeutung für die Unternehmung (strategisches Management). Aus diesen Gründen erweisen sich standardisierte Verfahren bei der Aufgabenbearbeitung und Entscheidungsfindung zumeist als ungeeignet. Vielmehr ist hier oftmals eine maßgeschneiderte Vorgehensweise bei der Problemlösung angebracht. Kreativität und Innovationsfähigkeit des Entscheidungsträgers sind daher besonders gefordert. Derartige Aufgabenstellungen und Entscheidun-

---

[68] Einführende Übersichten zur Netzplantechnik geben z. B. Altrogge (1996); Küpper/Lüder/Streitferdt (1975); Zimmermann (1971); Schwarze (2000).
[69] Vgl. Koreimann (1999), S. 27.

gen werden **unstrukturiert** (oder nicht-programmierbar) genannt und setzen umfangreiches Know-how in Verbindung mit großer Erfahrung voraus. Folglich müssen sich Manager in gehobenen Positionen nicht nur durch fundiertes Fach- und Allgemeinwissen sowie ausgeprägte methodische Kenntnisse auszeichnen, sondern auch durch ein hohes Maß an persönlicher Eignung zu kreativen, innovativen Problemlösungen.

Zwischen den Extrempositionen der strukturierten und unstrukturierten Probleme und Entscheidungen ist ein breites Spektrum mit teil- oder **semi-strukturierten** Problemen und Entscheidungen angesiedelt. Die hier anstehenden Probleme und Entscheidungen weisen eine oder mehrere, nicht jedoch ausschließlich unstrukturierte Phasen auf. Eine Problemlösung in dieser Sparte lässt sich folglich nicht vollständig automatisieren, vielmehr erweist sich der Einsatz der kognitiven Fähigkeiten des Managers als unerlässlich.

2.3   Bedeutung von Daten, Information, Wissen und Kommunikation

Die Qualität der Tätigkeit der Fach- und Führungskräfte einer Unternehmung wird maßgeblich bestimmt durch die angemessene Einschätzung gegenwärtiger und zukünftiger außer- und innerbetrieblicher Faktoren sowie durch die Fähigkeit, daraus frühzeitig erfolgsrelevante Entscheidungen für die eigene Unternehmung abzuleiten. Auch wenn derartige Einschätzungen mit steigender Erfahrung der Entscheidungsträger oftmals rein gefühlsmäßig begründet sind, fußen sie dennoch auf dem zuvor gesammelten Wissen über das Entscheidungsobjekt. Je mehr der Manager über die zur Verfügung stehenden Handlungsalternativen und über deren Auswirkungen bezüglich des zugrunde liegenden Zielsystems weiß, desto besser (zumindest aber nicht schlechter) wird seine Entscheidung ausfallen. Folglich ist er ständig bemüht, sich allgemeine fachliche und problemspezifische Kenntnisse anzueignen, um diese in konkreten Entscheidungssituationen anzuwenden. Daten, Information, Wissen und Kommunikation spielen somit bei der Durchführung von Fach- und Führungsaufgaben eine wichtige Rolle.

Die Begriffe Daten, Informationen und Wissen werden in der Alltagssprache häufig synonym verwendet. Im wissenschaftlichen Schrifttum findet sich dagegen mehrheitlich eine terminologische Trennung anhand der Ebenen der Semiotik.[70]

Demnach ergeben sich auf der syntaktischen Ebene aus Zeichen **Daten**, indem sie anhand bestehender Ordnungsregeln zusammengefügt werden (Syntax). Durch die Einordnung der Daten in einen Kontext, also eine Bezugsetzung zur Realität und eine Zuordnung einer inhaltlichen Bedeutung, lassen sich auf der semantischen Ebene **Informationen** als Kenntnisse über Sachverhalte gewinnen, die ein Akteur zur Entscheidungsfindung benötigt (Semantik). Werden diese Informationen ziel- bzw. zweckorientiert vor dem Hintergrund des eigenen Verständnisses des Sachverhalts miteinander vernetzt, entsteht auf einer pragmatischen Ebene

---

[70] Zur Vorstellung eines Kontinuums von Daten über Informationen zu Wissen vgl. z. B. Probst/Raub/Romhardt (1999), S. 38f.

Wissen (Pragmatik). Wissen bildet sich folglich aus verstandenen und interpretierten Informationen und lässt sich als subjektrelativ und perspektivisch, zweckbezogen, kontextabhängig und handlungsorientiert charakterisieren. Darüber hinaus ist Wissen durch einen hohen Vernetzungsgrad und eine höhere Komplexität im Vergleich zu Informationen charakterisiert, da es nicht nur Faktenwissen umfasst, sondern z. B. auch in Form von schwer beschreibbarem Erfahrungswissen eine enge Bindung an einzelne Individuen aufweist.[71]

Anhand eines Beispiels sind diese Eigenschaften unmittelbar abzuleiten: Eine Gliederungszahl, die eine Teilgröße wie das Eigenkapital ins Verhältnis zu der Gesamtgröße Gesamtkapital setzt, bildet objektive Fakten zu Vorgängen oder Ereignissen ab (Daten). Wird diese Zahl durch eine sachliche Beschreibung ergänzt (Eigenkapitalquote der Unternehmung X zum Stichtag Y), entsteht die eigentliche Information, da nun z. B. ein Mitarbeiter aus dem Controlling in die Lage versetzt wird, diese als Vermögensstrukturzahl einzuordnen. Mit Hilfe seines individuellen Erfahrungswissens und weiterer notwendiger Informationen, beispielsweise über die historische Entwicklung dieser Kennzahl, die geplante Eigenkapitalquote sowie über die bestehende Kapitalstruktur der Unternehmung, kann der Mitarbeiter eine Interpretation vornehmen und die Kennzahl inhaltlich werten (Wissen). Er ist in der Lage, Maßnahmen vorzuschlagen, um eine Veränderung der Kennzahl in die gewünschte Richtung zu erwirken. Dabei kann ein deutscher Controller vor dem Hintergrund einer bestimmten historisch und kulturell bedingten Einstellung zu „optimalen" Verschuldungsgraden von Unternehmungen zu anderen Handlungsempfehlungen kommen, als sein amerikanischer Kollege.

Allgemein wird ein "Austausch von Informationen" zwischen verschiedenen Individuen als **Kommunikation** bezeichnet. Im Gegensatz zur reinen (technischen) Datenübertragung beinhaltet die Kommunikation auch das Aufbereiten und Einordnen in einen Kontext der empfangenden Signale, so dass die Kommunikation im Rahmen dieser Schrift ausdrücklich auf den Informationsaustausch zwischen Menschen beschränkt wird. Maschinen (DV-Systeme) können zwar dazwischengeschaltet sein und den Kommunikationsprozess verbessern, die reine Maschine-Maschine-Kommunikation wird dagegen nicht betrachtet.

Im Zeitalter arbeitsteilig organisierter Unternehmungen muss die Kommunikation als unverzichtbares Vehikel für eine flexible, zeit- und sachgerechte Zurverfügungstellung von Informationen als essentieller Rohstoff der Wissensbildung gesehen werden. Informationen erweisen sich dann zur Fundierung von Entscheidungen als "auslösendes, begleitendes, veränderndes und beschreibendes Medium interner und externer Prozesse"[72].

Historisch wurde im Zeitalter der Automatisierung und Computerisierung bzw. Digitalisierung zunächst von der **Datenverarbeitung (DV)** und von DV-Automaten, DV-Systemen und DV-Prozessen gesprochen. Mit der zunehmenden Möglichkeit der digitalen Verarbeitung weiterer Ausprägungen wie Texte, Grafiken, Bilder und Sprache rückte der Begriff **Informationsverarbeitung (IV)** in Verbin-

---

[71] Vgl. Dittmar (2004), S. 17ff.
[72] Greschner/Zahn (1992), S. 11.

dung mit IV-Systemen bzw. Informationssystemen (IS) in den Vordergrund. Die zunehmenden digitalen Kommunikationsmöglichkeiten prägten die Bezeichnung **Informations- und Kommunikationssysteme (IuK-Systeme)**[73], die als allgemeiner Betrachtungsgegenstand der Wirtschaftsinformatik gesehen werden. Insbesondere durch die Aktivitäten innerhalb der Künstlichen Intelligenz (KI) erfolgte ab den 1980er Jahren eine verstärkte Auseinandersetzung mit dem Wissen (Knowledge) sowie mit **Wissensverarbeitung** und wissensbasierten Systemen (Knowledge Based Systems).

Führungsaufgaben bezüglich der Informationsverarbeitung und der Wissensverarbeitung werden durch das **Informationsmanagement** bzw. das **Wissensmanagement** realisiert. Der bekannte Begriff **Datenmanagement** bezieht sich nicht auf Führungsaufgaben, sondern beinhaltet eher die Verwaltung der Daten, so z. B. durch Datenbanksysteme. Das Datenmanagement soll deshalb im Rahmen der Beschreibung der Arbeitsaufgaben und -prozesse der Fach- und Führungskräfte hier nicht weiter behandelt werden.

2.4 Informationsmanagement

Aufgrund der hohen operativen und vor allem strategischen Bedeutung des Einsatzes moderner IuK-Systeme erlangte das Informationsmanagement als Führungsaufgabe in den letzten Jahren immer größeres Gewicht. Im Folgenden wird der Begriff erläutert, bevor eine Erörterung möglicher Konzepte des Informationsmanagements mit den zugehörigen Zielen erfolgt. Abschließend werden die Aufgaben sowohl des operativen, als auch des strategischen Informationsmanagements beleuchtet.

2.4.1 Gegenstand und Grundbegriffe des Informationsmanagements

Die Aufgaben der Fach- und Führungskräfte einer Unternehmung (Management) liegen auch darin, eine angemessene Informations- und Kommunikationsinfrastruktur für die gesamte Unternehmung zur Verfügung zu stellen, d. h. auf allen internen Ebenen mit den notwendigen externen Schnittstellen, um dadurch sinnvolle horizontale und vertikale Integrationsmöglichkeiten zu gewährleisten und um einen effizienten und effektiven Gebrauch der Faktoren Information und Kommunikation zu ermöglichen. Diese Aufgaben der Fach- und Führungskräfte werden im Informationsmanagement[74] zusammengefasst. Demzufolge umfasst das Informationsmanagement „die Gesamtheit aller Führungsaufgaben in einer Organisation bzw. Wirtschaftseinheit bezogen auf deren computergestütztes bzw. computerunterstützbares Informations- und Kommunikationssystem".[75]

Die **Managementaufgaben** bezüglich Informationsverarbeitung und Kommunikation lassen sich – in Anlehnung an die grundlegenden Aufgaben und Problem-

---

[73] Vgl. die Ausführungen in Kapitel 1.
[74] Vgl. Heinrich (2005); Krcmar (2005).
[75] Gabriel/Beier (2003), S. 27.

lösungsphasen des Managements (vgl. die Abschnitte 2.1 und 2.2) – wie folgt festlegen:

- **Zielsetzung**: Ermittlung der informationsbezogenen Anforderungen der einzelnen Unternehmungsbereiche, die sich aus den strategischen und operativen Zielen der Unternehmung ableiten lassen.
- **Planung**: Gedankliche Gestaltung der Informations- und Kommunikationsstrukturen sowie eines entsprechenden IuK-Systems, um die zuvor erarbeiteten Anforderungen bezüglich der Informationsbereitstellung und -verarbeitung befriedigen zu können.
- **Entscheidung**: Auswahl eines Infrastrukturkonzeptes und Zusammenstellung der geeigneten Komponenten zum Aufbau eines IuK-Systems, wobei alle Systemkomponenten in ganzheitlicher Sicht berücksichtigt werden (Techniken, Anwendungen, Menschen).
- **Organisation und Steuerung**: Strukturierung der Informationsverarbeitungsprozesse und der Kommunikationsabläufe, Gestaltung der IuK-Infrastruktur bzw. des IuK-Systems.
- **Kontrolle**: Evaluierung des IuK-Systems und Überwachung der Informations- und Kommunikationsprozesse.
- **Personalführung**: Beschaffung und Einsatz (einschließlich Qualifizierung und Motivierung) des notwendigen Personals.
- **Qualitätsmanagement**: Gewährleistung und Förderung der Qualität der Informationsverarbeitung durch gezielte Maßnahmen.
- **Wirtschaftlichkeitsanalyse**: Betrachtung der Kosten und des Nutzens der Gestaltung und des Einsatzes der IuK-Systeme (DV-Controlling).[76]

Für Unternehmungen ist die **Wirtschaftlichkeit** des Einsatzes moderner IuK-Systeme von entscheidender Bedeutung und ein wichtiges Qualitätskriterium, d. h. die **Kosten** der Informationsverarbeitung müssen dem **Nutzen** gegenübergestellt werden.[77] Einige Kostengrößen, wie z. B. die Kosten beim Kauf von Hard- und Software, die Personal- oder die Servicekosten, die vertraglich festgelegt werden, lassen sich genau bestimmen. Andere Kostengrößen, die vor allem durch die Unsicherheiten bei der aufwändigen Entwicklung und bei der späteren Wartung und Pflege der Systeme bedingt sind, erweisen sich als relativ schwer ableitbar. Hierfür wurden in der Wirtschaftsinformatik in den letzten Jahren verschiedene Verfahren zur Aufwandsschätzung entwickelt.[78]

Noch weitaus schwieriger ist die Feststellung des Nutzens, der sich in der Regel erst langfristig ergibt und durch die **Qualität** bestimmt wird. Neben den direkt feststellbaren, häufig allgemein formulierten Rationalisierungspotenzialen, die sich jedoch schwer quantifizieren lassen, sind in letzter Zeit vor allem die strategischen Vorteile des Einsatzes moderner IuK-Systeme im Rahmen eines Informa-

---

[76] Vgl. Gabriel/Beier (2003), S. 129ff.
[77] Vgl. Abschnitt 11.1. Heinrich klassifiziert dieses wirtschaftliche Anliegen als generelles Formalziel des Informationsmanagements. Vgl. Heinrich (2005), S. 21f.
[78] Einen Überblick hierzu liefert Schwarze (2000), S. 258ff.

tionsmanagements im Fokus. Dabei darf jedoch nicht vergessen werden, dass auch zahlreiche Nachteile, Risiken und Gefahren mit dem Einsatz computergestützter Systeme verbunden sind. Als bekannte, hier jedoch nicht weiter behandelte Probleme erweisen sich die des Datenschutzes und der Datensicherheit. Nicht zu vergessen sind die vielfältigen Auswirkungen auf den Arbeitsplatz bzw. auf den Menschen, der als Betroffener sehr stark durch den Einsatz der modernen Techniken und Systeme bei seiner Arbeit beeinflusst wird.

Ziel eines Informationsmanagements muss es sein, sowohl die wirtschaftlichen **Chancen** des Einsatzes von IuK-Systemen zu erkennen und zu ergreifen, als auch ihre benutzergerechte Verwendung zu garantieren. Ebenso soll es in der Lage sein, die **Risiken** zu identifizieren und ihnen entgegenzuwirken, um eventuelle Nachteile zu verhindern (Risikomanagement).

2.4.2   Konzepte des Informationsmanagements

Nach der Vorstellung der Ziele des Informationsmanagements im folgenden Abschnitt werden Gründe für Unterschiede zwischen Informationsangebot und -nachfrage diskutiert. Anschließend erfolgt die Erörterung von Problemen der Informationsbeschaffung sowie von Informationsbeschaffungskosten.

Ziele des Informationsmanagements

Die Ziele des Informationsmanagements sind die aus den Gesamtzielen der Unternehmung abgeleiteten Ziele, die das computergestützte IuK-System der Unternehmung betreffen. Auch das Informationsmanagement verfolgt strategische und operative Sach-, Formal- und sonstige Ziele, die untereinander zum Teil in konfliktärer Beziehung stehen.

Die **strategischen Sachziele** des Informationsmanagements werden aus der allgemeinen Unternehmungsstrategie abgeleitet. Die das computergestützte IuK-System betreffende Strategie der Unternehmung sollte deshalb in die auf die Gesamtunternehmung bezogene Unternehmungsstrategie eingebettet sein.[79]

Das oberste Sachziel des Informationsmanagements kann darin gesehen werden, das Leistungspotenzial der betrieblichen Informationsverarbeitung und Kommunikation für die Erreichung der strategischen Unternehmungsziele durch die Schaffung und Aufrechterhaltung eines geeigneten computergestützten IuK-Systems in Unternehmungserfolg umzusetzen.[80] Zentrales Anliegen des Informationsmanagements muss es also sein, die Wettbewerbsfähigkeit der Unternehmung durch wirksame Gestaltung der Informationsverarbeitungs- und Kommunikationsprozesse zu verbessern. Das Informationsmanagement soll die technischen, organisatorischen und personellen Voraussetzungen dafür schaffen, dass die jeweils benötigten Informationen zum richtigen Zeitpunkt am richtigen Ort den richtigen Personen in geeigneter Form aufbereitet zur Verfügung stehen.

Geben die strategischen Sachziele Handlungsspielräume und eine grobe Handlungsrichtung vor, so entstehen die **operativen Sachziele** innerhalb dieses Rah-

---

[79] Vgl. Lehner (1993).
[80] Vgl. Heinrich (2005).

mens durch sukzessive Top-Down-Konkretisierung der strategischen Sachziele. Da die Formulierung operativer Ziele anhand der Vorgaben der strategischen Ziele erfolgt, kann von einer Ziel-Mittel-Beziehung zwischen strategischen und operativen Zielen des Informationsmanagements gesprochen werden.[81] Die operativen Ziele weisen einen höheren Konkretisierungsgrad als die strategischen Ziele auf und beziehen sich i. d. R. auf einzelne Teilproblembereiche.

Die **Formalziele** des Informationsmanagements werden – wie auch die Sachziele – aus den allgemeinen Unternehmungszielen abgeleitet. Da in marktwirtschaftlichen Systemen der Unternehmungserfolg an der obersten Stelle der Formalzielhierarchie steht, sind **Wirtschaftlichkeit** und **Wirksamkeit** der in der Unternehmung ablaufenden Informationsprozesse zentrale Formalziele des Informationsmanagements.

Auch im Bereich der Formalziele ist zwischen strategischen und operativen Zielen zu unterscheiden. **Strategisches Formalziel** des Informationsmanagements ist es, durch eine hohe Wirksamkeit der Informationsverarbeitungs- und Kommunikationsprozesse der Unternehmung zur Sicherung und Stärkung des allgemeinen Unternehmungserfolges beizutragen. **Operative Formalziele** bestehen darin, einzelne computergestützte Anwendungssysteme für abgegrenzte Teilbereiche so zu entwickeln, anzupassen bzw. einzusetzen, dass sie eine hohe Wirtschaftlichkeit und Wirksamkeit der Informationsverarbeitungs- und Kommunikationsprozesse gewährleisten. Operative Formalziele bei der Beschaffung neuer Rechner sind z. B. Kostengünstigkeit und guter Kundendienst des Herstellers.

Die **sonstigen Ziele** des Informationsmanagements sind unternehmungsindividuell verschieden, da sich in ihnen die jeweilige Unternehmungskultur widerspiegelt. I. d. R. stehen sie ergänzend neben den Sach- und Formalzielen, insbesondere dann, wenn zwischen Wirtschaftlichkeit und sonstigen Zielen keine größeren Zielkonflikte auftreten.

Zusammenfassend kann festgehalten werden, dass die Ziele des Informationsmanagements sehr vielfältig sind. Sie lassen sich aus den allgemeinen Zielen der Unternehmung ableiten und somit in ein übergeordnetes Zielsystem einordnen. Die Ziele des Informationsmanagements orientieren sich an seinem Gestaltungsgegenstand, also an den Aufgaben und Elementen des computergestützten IuK-Systems der Unternehmung, das in ganzheitlicher Form betrachtet wird. Die Ziele des Informationsmanagements bestimmen seine Aufgaben, die sich an Informationsangebot und -nachfrage orientieren.

Informationsangebot und -nachfrage
Um eine gegebene Ausgangssituation "optimal" einschätzen zu können, müssen die relevanten Informationen einerseits für die Fach- und Führungskräfte verfügbar sein und andererseits so angeboten werden, dass sie vorhandenes Problemlösungspotenzial erkennen und einordnen bzw. im Falle von Signal- oder Initialinformationen Handlungsbedarf ableiten können. Erst durch die Fähigkeit, aus der Fülle der verfügbaren bzw. zugänglichen internen und externen Daten erfolgs-

---

[81] Vgl. Griese (1990).

relevante Informationen zu generieren und im Entscheidungsprozess zu nutzen, lassen sich auch Vorsprünge gegenüber den Wettbewerber realisieren.[82]

Die **Informationsverfügbarkeit** erweist sich dabei heute im vielzitierten "Informationszeitalter" zumeist als das geringere Problem. Vielmehr drohen die betrieblichen Entscheidungsträger in einer stetig wachsenden Informationsflut zu ertrinken, die zwar dazu führt, dass sie einen wesentlichen Teil ihrer Arbeitszeit mit der Vermittlung und Verarbeitung von Informationen verbringen, aber dennoch für die einzelne Entscheidungssituation unzureichend informiert sind oder zumindest das Gefühl unzureichender Informiertheit in sich tragen.[83]

Neben dem Angebot an nicht relevanten oder gar falschen Daten zeichnen hierfür insbesondere eine möglicherweise zu breit angelegte Informationsofferte oder ein unangemessener weil zu hoher Detaillierungsgrad verantwortlich **(Relevanzlücke)**. Dies jedoch führt u. U. dazu, dass wichtige problemspezifische Daten leicht zu übersehen sind. Dazu trägt auch häufig der Umstand bei, dass die vorhandenen Informationseinheiten den betroffenen Mitarbeitern in großer Gleichförmigkeit dargeboten werden. In diesem Fall ist es Aufgabe der Manager, relevante von weniger relevanten Informationen zu isolieren, was bei der geschilderten Ausgangslage als schwieriges und zeitaufwendiges Unterfangen zu begreifen ist. Daneben kann sich auch eine zu hohe Aggregationsstufe bei quantitativen Daten als verantwortlich für das Nicht-Erkennen wesentlicher Signale erweisen. Im ungünstigen Fall nämlich saldieren sich hier positive und negative Effekte, wodurch Problemlösungsbedarf verschleiert wird.

Zu falschen Interpretationen kann der analysierende Entscheidungsträger auch dann gelangen, wenn die angebotenen Daten sich aufgrund unterschiedlicher Begriffsverständnisse (z. B. bei ausländischen Tochtergesellschaften), abweichender methodischer Bearbeitung oder schlicht fehlerhafter Datenerhebung als inkonsistent **(Konsistenzlücke)** oder aufgrund langer Informationswege als veraltet **(Aktualitätslücke)** erweisen. Insgesamt kann festgehalten werden, dass Informationen nur dann "optimal" zur Entscheidungsfindung beitragen, wenn sie präzise, konsistent, aussagefähig, verlässlich, umfassend und aktuell sind und für das gegebene Entscheidungsproblem hohe Relevanz aufweisen.[84]

Die potenzielle Diskrepanz zwischen **Informationsangebot** und Bedarf an notwendigen Problemlösungsinformationen **(Bedarfslücke)** kann durch zusätzliche Effekte verschärft werden. Bei der bisherigen Betrachtung wurde unterschwel-

---

[82] Vgl. Greschner/Zahn (1992), S. 10.

[83] Der beschriebene Zustand wird häufig durch Formulierungen wie "Mangel im Überfluss" oder "Informationsnotstand in der Datenflut" pointiert dargestellt und kann sich im ungünstigsten Fall in einem "Management by Information Gap" niederschlagen. Vgl. Behme/Schimmelpfeng (1993), S. 3; Koreimann (1971), S. 10; Greschner/Zahn (1992), S. 12; Bullinger/Niemeier/Koll (1993), S. 44.

[84] Vgl. Korndörfer (1992), S. 451. Szyperski bietet ein umfangreiches Typisierungsschema, mit dem sich die Informationseinheiten gliedern lassen. Er unterscheidet zwischen den Dimensionen Aussagenebene (Objektbezug, Präzision, Informationsgehalt, Verlässlichkeit), Begriffssystem (Konsistenz, Klarheit), verwendete Sprache (Verständlichkeit, Mächtigkeit, Redundanz), Zeichensystem (Darstellbarkeit, Überschaubarkeit) und Signalsystem (Formen der Informationsträger). Vgl. Szyperski (1980), Sp. 904f.

lig davon ausgegangen, dass sich in einer konkreten Problemsituation ein spezifischer **Informationsbedarf** formulieren lässt, der personenunabhängig alle relevanten Fragenkomplexe beantwortet. In der Realität jedoch zeigt sich, dass unterschiedliche Problemlöser auch verschiedene Problemlösungswege beschreiten und dabei voneinander abweichende Informationselemente einsetzen, entsprechend den jeweiligen individuellen Fähigkeiten, Präferenzen und Wertesystemen.[85] Dieser subjektiv empfundene Informationsbedarf, der hier als **Informationsbedürfnis**[86] bezeichnet werden soll und die Menge aller Informationen umfasst, die situations- und personenspezifisch als ausreichend, aber unabdingbar zur Problemlösung gesehen werden[87], kann erheblich vom objektiven Informationsbedarf abweichen, da viele irrelevante oder weniger relevante Informationseinheiten als wesentlich erachtet werden. Aus diesem Grunde erscheint es höchst zweifelhaft, ob das individuelle Informationsbedürfnis des Managers dem Problem tatsächlich angemessen ist und ob es demnach in vollem Umfang befriedigt werden muss.[88] Wenn der Manager nur ein Teil dieses Informationsbedürfnisses auch tatsächlich als Informationsnachfrage formuliert, dann wird verständlich, dass er aus seiner Sicht an einem permanenten Informationsmangel leidet,[89] zumal sich lediglich die Schnittmenge aus den drei Größen **Informationsangebot, Informationsnachfrage** und (objektivem) Informationsbedarf als problembezogener **Informationsstand** zielwirksam einsetzen lässt (vgl. Abbildung 2/2).

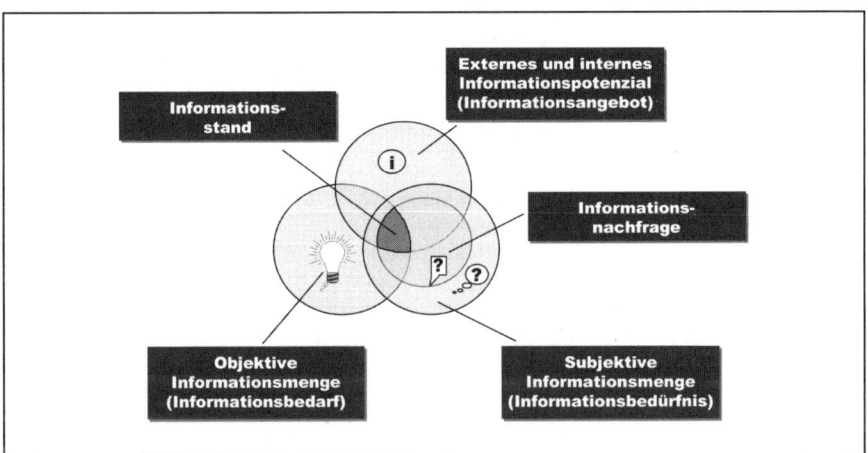

Abb. 2/2:   Verhältnis von Informationsstand, -bedarf, -nachfrage und -angebot[90]

---

[85] Vgl. Rüttler (1991), S. 42.
[86] Vgl. Szyperski (1980), Sp. 905.
[87] Vgl. Gemünden (1993), Sp. 1726.
[88] Vgl. Ackhoff (1967), S. 147ff.
[89] Vgl. Rüttler (1991), S. 41, sowie die dort aufgeführte Literatur.
[90] Vgl. Koreimann (1999), S. 89; Groffmann (1992), S. 15f.

Informationsbeschaffung und -kosten

Rationale Entscheidungsfindung wird oft durch störende Außeneinflüsse beeinträchtigt. Dazu gehört neben einem permanenten Zeitdruck im Tagesgeschäft in Verbindung mit häufigen Unterbrechungen aufgenommener Tätigkeiten auch die Angst vor negativen Auswirkungen von Entscheidungen, die aus falschen oder unzureichenden Informationen erwachsen sind. Ob der Informationsstand für die Lösung eines Problems genügt, hängt jeweils von der subjektiven Einschätzung des Entscheidungsträgers ab. Dabei ist die Zeitspanne, in der eine Entscheidung sinnvollerweise zu treffen ist, gegebenenfalls sehr begrenzt, wie in Abb. 2/3 anhand eines idealisierten Informationsbeschaffungsschemas dargestellt wird.

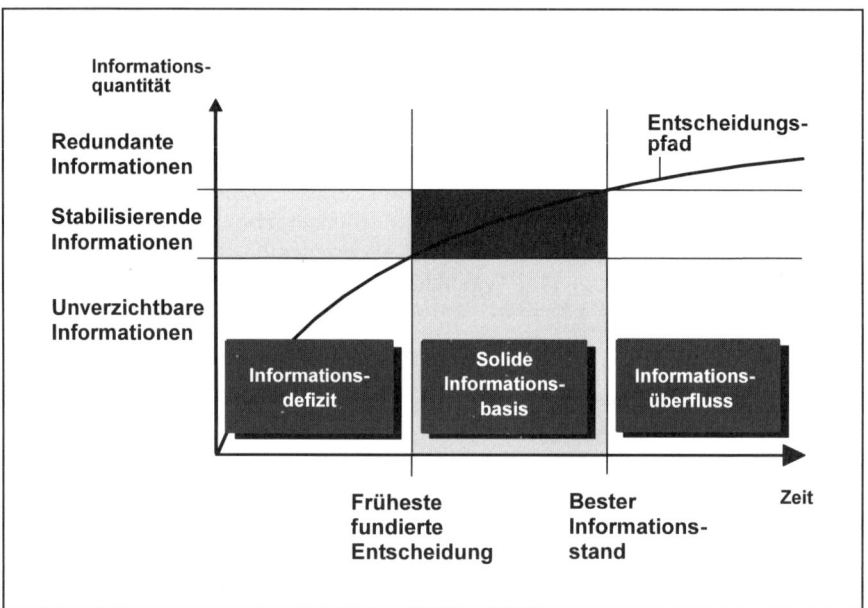

Abb. 2/3:   Informationsorientierte Entscheidungsstadien

Zu Beginn der Suche nach problemspezifischen Informationen wird ein rasches Anwachsen der Informationsquantität und damit des Kenntnisstandes zu verzeichnen sein, da zunächst die leicht zu erlangenden aber dennoch wesentlichen Informationseinheiten zusammengetragen werden. Diese Phase ist gekennzeichnet durch ein offensichtliches Informationsdefizit. Entscheidungen können hier nur intuitiv und mit hohem Wagnis getroffen werden.

Schließlich liegen Aussagen zu allen wesentlichen Problemaspekten vor. Weitere relevante Informationen, die nun schwerer zu beschaffen sind, dienen der Validierung aufgestellter Hypothesen oder dem Erhellen spezieller Teilbereiche und tragen damit zur Stabilisierung der bereits soliden Informationsbasis bei. In dieser Phase gefällte Entscheidungen erweisen sich als fundiert, da hinreichende Anstrengungen zur Erlangung eines umfassenden und sachgerechten Informationsstandes unternommen worden sind.

Die Phase mündet im besten Kenntnisstand über alle relevanten Problemaspekte sowie deren Lösungsmöglichkeiten. Werden weitere Informationen eingeholt, dann erweisen sie sich in der Regel als redundant und führen eher zur Verwirrung denn zur Entscheidungsverbesserung, zumal sich der problemspezifische Informationsstand oftmals nicht über eine natürliche Grenze hinaus erweitern lässt. Häufig tendieren Entscheidungsträger dennoch gerade dazu, durch eine möglichst große Informationsquantität Folgen der eigenen Handlungen abzusichern. Dieser Umstand führt gegebenenfalls dazu, dass der beste Zeitpunkt bzw. angemessene Zeitraum zum Handeln verpasst wird und die ergriffenen Maßnahmen dann nicht mehr „optimal" greifen bzw. der erzielbare Handlungsnutzen stark zusammengeschmolzen ist. Zudem dürfen die anfallenden Kosten für die Beschaffung zusätzlicher relevanter Informationen, die in der Regel im Zeitablauf progressiv steigen, nicht vernachlässigt werden.

Die ex ante-Bestimmung eines „optimalen" Entscheidungszeitpunktes dürfte sich in der Praxis als theoretische Fiktion erweisen, da sich vorab der Beitrag einer zusätzlichen Informationseinheit zum Informationsstand (Grenznutzen der Information) kaum quantifizieren lässt. Somit bleibt es heute noch dem Fingerspitzengefühl der betrieblichen Entscheidungsträger überlassen, situationsbedingt den Abbruch oder die Fortsetzung des Informationsbeschaffungsvorganges zu wählen.

Erschwerend wirkt in diesem Zusammenhang die Tatsache, dass sich Unternehmungen heute immer schneller auf wechselnde Umweltbedingungen im wirtschaftlichen, sozialen und technologischen Umfeld einstellen müssen, um im Markt bestehen zu können. Begleitet von dieser Dynamik und Unstetigkeit erweist sich auch die zunehmende Kompliziertheit vieler Thematiken[91] als folgenschwer für eine erfolgreiche Führung von Unternehmungen, da hierdurch eine Zunahme der benötigten Reaktionszeit auf Ereignisse und Entwicklungen induziert wird. Demgegenüber erfordert die hohe Umweltdynamik ein rasches Handeln und damit einhergehend eine stetig schrumpfende verfügbare Reaktionszeit.

Aus diesen Faktoren lassen sich für die Führung von Unternehmungen zwei Konsequenzen ableiten: Einerseits sind Veränderungen im unternehmerischen Umfeld rechtzeitig zu antizipieren bzw. zuverlässig zu prognostizieren, um möglichst früh darauf zu reagieren (**Anpassungsproblematik**).[92] Andererseits steht dem die häufig große Komplexität traditionell organisierter Unternehmungen gegenüber, die nur durch eine zielgerichtete und übersichtliche Gestaltung des internen Unternehmungsgeschehens einschließlich der Informations- und Kommunikationswege flexible Reaktionen zulässt (**Koordinationsproblematik**).[93]

Als Ergebnis ist auch hier festzuhalten, dass eine Verbesserung der Entscheidungssituation von Managern nur durch eine möglichst frühzeitige Zueinanderführung von Informationsangebot, -nachfrage und -bedarf erreichbar ist.

---

[91] Vgl. Greschner/Zahn (1992), S. 11. Als Beispiele sollen an dieser Stelle lediglich nationale und internationale Gesetzesvorschriften sowie technologische Verfahren genannt sein.

[92] Vgl. Lix (1992), S. 136.

[93] Vgl. Horvath (2006), S. 3f.

2.4.3   Strategisches und operatives Informationsmanagement

Die strategischen und operativen Aufgaben des Informationsmanagements werden von den jeweils verfolgten Zielen in diesen Bereichen bestimmt.

Aufgaben des strategischen Informationsmanagements
Wichtigstes Kennzeichen einer strategischen Sichtweise ist **der erweiterte Betrachtungsgegenstand**. So werden im Rahmen strategischer Überlegungen nicht nur unternehmungsinterne Sachverhalte und Handlungen – wie z. B. der Aufbau des Rechenzentrums der Unternehmung – berücksichtigt. Vielmehr erfolgt eine Positionierung der Unternehmung im Wettbewerb und damit eine Einordnung in einen Gesamtzusammenhang, der unternehmungsexterne Aspekte einschließt.[94]

Entsprechend lassen sich auf der Beschaffungsseite Lieferanten, auf der Absatzseite tatsächliche und potenzielle Kunden, die Konkurrenzanbieter der eigenen Branche und Märkte für Ersatzprodukte in die Analyse einbeziehen. Darüber hinaus sind die Rahmenbedingungen, innerhalb derer die Unternehmung agiert, zu berücksichtigen. Dazu zählen der Staat, die Rechtsprechung, der allgemeine Entwicklungsstand der Technik und der gesamtwirtschaftliche Kontext (z. B. Branchenkonjunktur, Inflation, Wechselkurssystem). Auch das momentane und geplante Verhalten der Öffentlichkeit (z. B. in Form von Verbraucherverbänden oder Medien) kann von Relevanz für die Unternehmung sein.

Häufig wird betont, dass für das strategische Informationsmanagement eine **ganzheitliche Betrachtungsweise** der Probleme von hoher Bedeutung ist.[95] Ganzheitliche Betrachtung bedeutet allerdings auch, dass es eine strategische Planung für (funktionale) Teilbereiche der Unternehmung geben kann, sofern bei der Planung alle oben genannten Einflussgrößen zu berücksichtigen sind. Insbesondere müssen Rückkoppelungen auf die nicht direkt betroffenen Teilbereiche der Unternehmung und die Umwelt beachtet werden.

Für das strategische Informationsmanagement bedeutet dies stets eine Betrachtung der gesamten Unternehmung und ihrer Wettbewerbsposition. Dazu wird untersucht, inwieweit die Informationsverarbeitung einen strategischen Erfolgsfaktor für die Unternehmung darstellt.

Erfolgsfaktoren zeichnen sich dadurch aus, dass Entscheidungen, die diesen Faktor betreffen, bedeutenden Einfluss auf den Erreichungsgrad von Gesamtunternehmungszielsetzungen aufweisen.[96] Allerdings ist auch der Begriff des Erfolgsfaktors sehr vage und kann nur für den konkreten Einzelfall bestimmt werden, d. h. je nach Definition des Aktionsraumes der Unternehmung (also seiner spezifischen Produkt-Markt-Technik-Kombination). Die ganzheitliche Ausrichtung der Informations- und Kommunikationsstrategie (IuK-Strategie) wird durch deren unmittelbare Ableitung aus der allgemeinen Unternehmungsstrategie unterstützt.

---

[94] Vgl. Ansoff (1984).
[95] Vgl. Biethahn/ Mucksch/Ruf (2004); Streubel (1996).
[96] Vgl. Heinrich (2005).

Auch für das Informationsmanagement als speziellen Teilbereich der Unternehmungsführung gilt, dass die Fokussierung der Gesamtunternehmung im Rahmen strategischer Überlegungen nicht zu verwechseln ist mit der Betrachtung des gesamten computergestützten IuK-Systems der Unternehmung. Bei Verfolgung dieser Sichtweise wäre eine Konzentration auf einzelne Anwendungssysteme bzw. einzelne Elementarten des computergestützten IuK-Systems nicht strategisch. Dies trifft jedoch nach dem hier verfolgten Verständnis nicht zu, denn auch Teilsysteme bzw. -komponenten des computergestützten IuK-Systems können von erheblicher Bedeutung für die gesamte Unternehmung sein. Nach der hier vertretenen Auffassung ist eine gesonderte Analyse einzelner Elemente des gesamten IuK-Systems immer dann Aufgabe des strategischen Informationsmanagements, wenn diese kritische Erfolgsfaktoren für die Unternehmung darstellen und ihre Gestaltung Einfluss auf die Wettbewerbssituation der Gesamtunternehmung hat. Demnach ist jeweils im Einzelfall zu bestimmen, ob ein Teilsystem von Bedeutung für die Wettbewerbsposition der Gesamtunternehmung und damit zum strategischen Bereich zählt.

Auf Grund der hohen Bedeutung strategischer Aufgabenstellungen für den Fortbestand der Gesamtunternehmung erweist es sich häufig als sinnvoll, diese Aufgabenstellungen den **oberen Hierarchieebenen** in der Aufbaustruktur der Unternehmung zuzuordnen. Der Umkehrschluss, dass ein Problem zum strategischen Bereich gehört, nur weil es in den oberen Hierarchieebenen der Unternehmung gelöst wird, ist jedoch ebenso falsch wie die Annahme, dass die Mitglieder unterer Hierarchieebenen nur mit operativen Führungs- und Durchführungsaufgaben befasst seien. Die Zuordnung von Aufgaben zu Stellen hängt von zahlreichen Einflussgrößen ab, wobei die grundsätzliche Entscheidung über den Dezentralisierungsgrad der Organisationsstruktur eine wichtige Rolle spielt.

Zusammenfassend lässt sich eine Strategie als die „**globale Wegbeschreibung**" verstehen, deren Verfolgung zur Entfaltung von Erfolgspotenzialen führt und die den Handlungsspielraum für Entscheidungen von **unternehmungsweiter** Relevanz vorgibt. Dementsprechend legt die **IuK-Strategie** die Ziele der Informationswirtschaft der Unternehmung fest und gibt die grundsätzliche Ausrichtung von Maßnahmen zur Erreichung dieser Ziele vor. Sie stellt den grundlegenden Rahmen für alle Arten von auf die Informationsverarbeitung bezogenen Entscheidungen dar. Die Realisierung der Informationsstrategie soll auch positive Auswirkungen auf die Erreichung gesamtunternehmungsbezogener Zielsetzungen haben. Voraussetzung für jedes strategische Handeln im Bereich des Informationsmanagements ist, dass Information als strategischer Erfolgsfaktor zur Beeinflussung der kritischen Wettbewerbfaktoren der Unternehmung erkannt wird.

Aufgaben des operativen Informationsmanagements
Im Gegensatz zu der bisher beschriebenen strategischen Sicht erfolgt im Rahmen der **operativen Sichtweise** eine Zerlegung komplexer Probleme in kleinere, übersichtlichere Problembereiche. **Operative Aufgaben** werden aus den operativen Zielen abgeleitet, die selbst wiederum ein Mittel zur Erreichung strategischer Ziele darstellen. Strategische Führungsaufgaben bilden damit den Rahmen für opera-

tive Führungsaufgaben, durch die sie wiederum konkretisiert und in ihrer Komplexität reduziert werden.

Die operativen Aufgaben des Informationsmanagements stellen letztendlich eine **Detaillierung und Umsetzung** strategischer Vorgaben dar. Aus den operativen Führungsaufgaben folgen direkt die Anweisungen zur Durchführung bestimmter Tätigkeiten, was dann jedoch selbst nicht mehr zum Gegenstand des Informationsmanagements zählt.

Operative Aufgaben des Informationsmanagements dienen zwar zur Erreichung der durch die strategischen Ziele angestrebten Wettbewerbsposition der Unternehmung. Diese Wettbewerbsposition wird jedoch im Rahmen operativer Aufgabenstellung nicht mehr hinterfragt, so dass berechtigterweise von einer **geringeren Wettbewerbsorientierung** operativer gegenüber strategischen Aufgaben gesprochen werden kann. Die Steuerung der konkreten Entwicklung von Anwendungssystemen als Teilsysteme des gesamten IuK-Systems auf Basis der im Rahmen der strategischen Maßnahmenplanung erarbeiteten Konzepte ist Aufgabe des operativen Informationsmanagements.[97]

2.5 Wissensmanagement (Knowledge Management)

Unter der Bezeichnung Wissensmanagement (WM) bzw. Knowledge Management (KM)[98] wird seit Mitte der 1990er Jahre die unternehmungsweite Generierung, Diffusion und Nutzung von Wissen als Managementansatz intensiv diskutiert. Eine wahre Flut von Publikationen widmet sich der Thematik aus unterschiedlichsten Perspektiven. Nicht nur wissenschaftliche Veröffentlichungen beschäftigen sich mit entsprechenden Fragestellungen, auch Managementzeitschriften und Tageszeitungen haben das Schlagwort Wissensmanagement oder Knowledge Management aufgegriffen. Am Markt wird eine Vielzahl von heterogenen Softwareprodukten für die unterschiedlichsten Aufgabenstellungen mit dem neuen „Buzz-Word" effektvoll angepriesen. Beratungsdienstleistungen im Bereich Knowledge Management gehören mittlerweile zum Standardproduktportfolio der großen Managementberatungsgesellschaften. Zurzeit scheint jedoch die inflationäre Flut dieser „Wissenshysterie" abgeklungen und eine erste Konsolidierungsstufe erreicht worden zu sein.

Die folgenden Ausführungen beschäftigen sich zunächst mit dem Gegenstand und mit Grundbegriffen des Knowledge Management. Darauf aufbauend werden unterschiedliche KM-Konzepte diskutiert, bevor eine Untersuchung des Themengebiets hinsichtlich strategischer Gestaltungsaspekte erfolgt.

---

[97] Vgl. Schwarze (2000).

[98] Als Übersetzung des Begriffs 'Knowledge Management' hat sich im deutschsprachigen Raum die Bezeichnung 'Wissensmanagement' etabliert. Hier sollen daher beide Begriffe eine synonyme Verwendung finden.

2.5.1 Gegenstand und Grundbegriffe des Knowledge Management

Bei einer ersten Annäherung erscheint die Grundidee des Knowledge Management simpel: Es ist scheinbar offensichtlich, dass Wissen einen unverzichtbaren Faktor im modernen Wirtschaftsgeschehen darstellt. So begründen moderne Industriestaaten z. B. ihren Reichtum zumeist nicht auf der Basis von physischen Ressourcen, sondern durch die Fähigkeit, aufgrund geschickter Kombination der weltweit verfügbaren Ressourcen (Dienst-)Leistungen erfolgreich am Markt anzubieten. Im Mittelpunkt dieses Kombinationsprozesses steht dabei die menschliche Kreativität und Intelligenz, so dass zunehmend nicht mehr von Industrie- oder Dienstleistungsgesellschaft, sondern von „Wissensgesellschaft" die Rede ist. Ohne Zweifel wird deutlich, dass die Ressource Wissen etwas Bedeutendes ist, so dass es nahe liegt, selbige in einem aktiven Managementprozess in den Mittelpunkt zu stellen. Diese Argumentation ist einleuchtend und rechtfertigt unmittelbar die Bereitstellung eines ansehnlichen Budgets für Projekte, die sich mit einer verbesserten Nutzung der Ressource Wissen in Unternehmungen beschäftigen.

In der unternehmerischen Praxis wird vielfach in einem ersten Ansatz das Thema Knowledge Management dem Verantwortungsbereich der IT-Abteilung zugeordnet. Damit stehen insbesondere computergestützte IuK-Systeme zur Identifikation, Bearbeitung, Erweiterung, Speicherung, Bewertung und Verteilung von Wissen im Mittelpunkt von Wissensmanagement-Initiativen.[99] Hinter dieser **technikorientierten Sichtweise** verbirgt sich die Auffassung, dass es möglich ist, den Menschen beim Umgang mit der Ressource Wissen durch innovative IuK-Technologien effizient und substantiell zu unterstützen.[100] Mit großem Eifer werden sodann „Wissensbanken" entwickelt, die z. B. speziellen Interessengruppen eine Möglichkeit zum Dokumentenaustausch liefern oder eine Plattform zur direkten Kommunikation zur Verfügung stellen. Später ist das Erstaunen groß, dass derartige Systeme nach anfänglicher Begeisterung mitunter als weiterer „Datenfriedhof" ihr tristes Dasein fristen und der erhoffte Wissensaustausch nicht dauerhaft initiiert wurde.[101] Damit reift die Erkenntnis, dass die IT zwar die Rolle eines „Enabler" für das Knowledge Management einnehmen kann, es jedoch andere Faktoren gibt, die gleichsam zu berücksichtigen sind.

Neben der angeführten technikorientierten Perspektive zu potenziellen Interventionsbereichen und Instrumenten des Knowledge Management wird im Rahmen einer eher **humanorientierten Perspektive** sowohl das Individuum als auch die Organisation als Wissensträger in den Mittelpunkt der Betrachtung gerückt. Nach diesem humanorientierten Ansatz steht im Vordergrund der Aktivitäten zum Wissensmanagement die Kommunikation zwischen Organisationsmitgliedern und die Gestaltung und Nutzung der Interaktionsprozesse in einer Organisation, welche die Wissensentwicklung, -diffusion und -nutzung betreffen. In der Praxis ge-

---

[99] Derartige Systeme werden unter den Oberbegriff Knowledge Management-Systeme (KMS) subsumiert.

[100] Für diese Auffassung vgl. Schütt (2000), S. 155f.; Disterer (2000), S. 540; Gentsch (1999a), S. 13; Soeffky (1999), S. 22ff.; Heilmann (1999), S. 7.

[101] Siehe dazu die Gefahr der „Todesspirale einer Wissensbasis". Vgl. Probst/Raub/ Romhardt (1999), S. 315f.

hen hier die Aktivitäten zum Knowledge Management vom Personalwesen bzw. von der Personalentwicklung aus und zielen vorrangig auf den Ausbau und die Nutzung der Fähigkeiten, Erfahrungen und Kenntnisse der Mitarbeiter in Unternehmungen, so dass der verhaltensorientierte, kulturelle und organisatorische Wandel zur Verankerung und Förderung einer Kultur zum organisationalen Wissensaustausch vollzogen werden kann. Die Ansätze, die in diesem Bereich aufgenommen werden, stammen hauptsächlich aus den Gebieten der Organisationstheorie, der -psychologie und der -soziologie.[102] Es handelt sich z. B. um Konzepte aus dem Bereich des **organisationalen Lernens**, der Organisationsentwicklung oder des Human Resource Management.[103]

In letzter Zeit wird auf Basis der entstandenen (negativen) Erfahrungen mit einer zu einseitig ausgelegten Perspektive entsprechender Knowledge Management-Aktivitäten verstärkt der Bedarf nach einem **ganzheitlichen Ansatz** formuliert. Eine umfassende Betrachtungsweise entspricht dieser Forderung, so dass bei Knowledge Management-Interventionen beide vorgestellten Perspektiven gleichsam zu beachten sind.

Insgesamt erweisen sich somit drei **Gestaltungsdimensionen** zum Knowledge Management als relevant, die bei entsprechenden Projekten – wenn auch in unterschiedlicher Gewichtung – gleichsam betracht werden müssen. Die Bildung der drei Gestaltungsdimensionen resultiert insbesondere aus den unterschiedlichen Verantwortungsbereichen in Unternehmungen, die den jeweiligen Interventionsbereichen zuzuordnen sind. Im Schrifttum werden folgende Interventionsfelder genannt:[104]

- Human Resource Management (Interventionsbereich Mensch),
- Aufbau- und Ablauforganisation (Interventionsbereich Organisation),
- IuK-Technologie (Interventionsbereich Technik).

Die ersten beiden Aspekte gehören zur humanorientierten Perspektive, der Interventionsbereich der Technik steht für die technikorientierte Sichtweise. Die Gestaltungsdimensionen sind zwar in der Organisationsstruktur von Unternehmungen unterschiedlich verankert, aber in ihrer Wirkung eng miteinander verknüpft und nur im Einklang dauerhaft erfolgreich.[105]

Maßnahmen des **Human Resource Management** dienen der Gestaltung einer adäquaten Unternehmungskultur, die einen kontinuierlichen Wissenstransfer unterstützt und den Menschen in den Mittelpunkt stellt. Es muss ein Bewusstsein für

---

[102] Nach dieser Perspektive handelt es sich beim Wissensmanagement um einen 'Zweig der Managementlehre'. Vgl. Rechkemmer (1999), S. 381.

[103] Vgl. Albrecht (1993), S. 95; Schüppel (1996), S. 188; Lehner (2000), S. 323; Maier/ Hädrich (2001), S. 497.

[104] Vgl. Bullinger et al. (1998), S. 8. Andere Autoren sprechen in diesem Zusammenhang von den drei Säulen des Wissensmanagements. Vgl. Wolf/Decker/Abecker (1999), S. 752.

[105] Diese Erkenntnis führte letztendlich zur Forderung nach einem ganzheitlichen Ansatz des Knowledge Management.

die Wichtigkeit des effektiven und effizienten Einsatzes des Produktionsfaktors Wissen für den individuellen und den unternehmerischen Erfolg entstehen und entsprechend bei der Personalführung und -entwicklung berücksichtigt werden. **Organisatorische Maßnahmen** zielen auf die Gestaltung und Entwicklung von Methoden zur Wissensakquisition, zur Wissensspeicherung und zum Wissenstransfer in der Unternehmung ab und integrieren Knowledge Management in die Unternehmungsorganisation. Darunter fallen alle Maßnahmen und Tätigkeiten, bei denen die Strukturen und die Prozesse der Aufbau- und Ablauforganisation einer Unternehmung hinsichtlich des Umgangs mit Wissen gestaltet werden, um eine eindeutige Zuordnung von Aufgabe, Verantwortung und Kompetenz zu erreichen. Die Gestaltung und Nutzung von IuK-Systemen in Unternehmungen basiert auf der Erkenntnis, dass entsprechende **IuK-Technologien** in Teilbereichen besser als der Mensch zur Gewinnung, Transformation, Speicherung und Verteilung von insbesondere großvolumigen, strukturierten Daten geeignet sind. Im Vordergrund stehen bei diesem Interventionsbereich die Gestaltung und Nutzung von Softwaresystemen zur unternehmungsweiten Speicherung und Diffusion von Wissen.

2.5.2 Konzepte des Knowledge Management

Nach dem Verständnis von Wissen als verstandene Information, welches subjektrelativ, perspektivisch, zweckbezogen, kontextabhängig und handlungsorientiert ist, wird deutlich, dass eine computergestützte Verarbeitung von Wissen nach dieser engen Auslegung nicht möglich sein kann, sondern vielmehr nur die einzelnen Wissensbestandteile in Form von Informationen bzw. Daten durch IuK-Systeme verarbeitbar sind. Die darauf aufbauende Interpretation und Bewertung bleibt demnach letztlich der menschlichen Wissensverarbeitung überlassen.[106]

Neben den charakteristischen Eigenschaften, die gemeinhin mit dem Wissensbegriff in Verbindung gebracht werden, sind viele Klassifikationsansätze zur Unterscheidung verschiedener Wissensarten in der theoretischen Diskussion entstanden. Eine wesentliche Unterscheidung beruht dabei auf dem **Explikationsgrad** des Wissens und trennt zwischen implizitem Wissen und explizitem Wissen.[107] Das **implizite Wissen** ist dadurch gekennzeichnet, dass es unbewusst verinnerlicht und nur bedingt formalisierbar und dokumentierbar ist.[108] Neben technischen Fertigkeiten, wie z. B. gewissen Handgriffen, Vorgehensweisen oder handwerklichem Geschick, die ein Experte automatisch und „gewissermaßen im Schlaf" beherrscht, werden zum impliziten Wissen auch Gefühle, Überzeugungen, Wertesysteme oder Ideale gezählt. Da diese Wissensform kaum zu artikulieren ist, wird häufig auch von tacit knowledge, also wortlosem oder stillschweigendem Wissen, gesprochen.[109]

---

[106] Vgl. Reinmann-Rothmeier/Mandl (1997), S. 13; Davenport/Prusak (1999), S. 32f.

[107] Diese epistemologisch basierte Unterscheidung geht auf Michael Polanyi zurück. Vgl. Polanyi (1985), S. 14ff.

[108] Da diese Wissensart personengebunden ist und somit durch den Wissensträger „verkörpert" wird, bezeichnet man es häufig auch als „embodied knowledge".

[109] Vgl. Lehner (2000), S. 236; Nonaka/Takeuchi (1997); S. 71ff.; Heilmann (1999), S. 8f.; Nonaka (1991), S. 98.

Das **explizite Wissen** ist demgegenüber grundsätzlich beschreibbar und formalisierbar und kann somit z. B. in Form von Dokumenten abgelegt werden.[110] Problematisch ist in diesem Zusammenhang, dass mit dem Begriff des expliziten Wissens als vom Menschen unabhängig gespeicherter oder dokumentierter Wissensform gegen die Subjektgebundenheit von Wissen verstoßen wird.[111] Eine exaktere Unterscheidung von explizitem und implizitem Wissen sollte folglich eher auf die potenzielle Möglichkeit der Explizierung anspielen und untersuchen, ob das Wissen grundsätzlich formalisierbar und dokumentierbar ist. Aus diesem Grund wird im Folgenden der gedanklich eindeutige Begriff des explizierbaren Wissens anstelle des expliziten Wissens verwendet.[112]

Das Verhältnis der beiden Wissensarten wird oftmals plakativ mit der Gestalt eines Eisbergs verglichen: Der sichtbare, aber weitaus kleinere Teil bildet das explizierbare Wissen ab, während der größere Teil, dessen Dimensionen für den Betrachter verborgen bleiben, unter der Wasseroberfläche schwimmt und das implizite Wissen darstellt.

Um sich den eigentlichen Prozessen im Zusammenhang mit dem Umgang von Wissen in Unternehmungen zu nähern, sind einige theoretische Modelle erarbeitet worden, die für diese Zielsetzung einen grundlegenden Strukturierungsrahmen liefern, jedoch weniger als konsistentes Theoriegebilde bezeichnet werden können. Dennoch ist die praktische Relevanz derartiger Modelle unbestritten, da sie ein Raster zur Einordnung wissensrelevanter Problembereiche und deren Ursachen anhand der Ergebnisse eines Abstraktionsprozesses ermöglichen. Von der Vielzahl der existierenden Ansätze werden an dieser Stelle die bekanntesten Modelle skizziert.

Der etablierte Ansatz der „**Spirale des Wissens**" von Nonaka und Takeuchi stellt eine sehr frühe Auseinandersetzung mit dem Thema dar und kann somit als Ausgangspunkt vieler Forschungsbemühungen bezeichnet werden. Ihre Untersuchungen, wie (japanische) Unternehmungen personengebundenes Wissen verfügbar und zugänglich machen können, setzten bei der Unterscheidung und Interaktion von implizitem und explizierbarem Wissen an. Hier werden vier soziale Hauptprozesse der Wissensumwandlung identifiziert.[113]

Das menschliche Individuum stellt den Ausgangspunkt zur Generierung neuen Wissens dar. Durch Prozesse der **Sozialisation** erfolgt die Übertragung impliziten Wissens an andere Individuen. Im Erfahrungsaustausch zwischen Personen wird implizites Wissen nicht durch Sprache, sondern durch Beobachtung, Nachahmung

---

[110] Da somit das Wissen auch „außerhalb" des Wissensträgers verfügbar ist, findet sich auch die Bezeichnung „disembodied knowledge".

[111] Vgl. Riempp (2004), S. 93; Aulinger/Pfriem/Fischer (2001), S. 77f.; Weggemann (1999), S. 39.

[112] Eine deckungsgleiche Abbildung des Wissens beim Empfänger ist somit nicht automatisch gewährleistet. Vgl. Weggemann (1999), S. 39.

[113] Nonaka und Takeuchi berücksichtigen in ihren Arbeiten jedoch nicht die beschriebene begriffliche Akzentuierung des explizierbaren Wissens, sondern es wird schlicht vom expliziten Wissen gesprochen. Zu den folgenden Ausführungen vgl. Nonaka (1991), S. 97ff.; Nonaka/Takeuchi (1997), S. 74ff.

und Übung weitergegeben und bleibt somit implizit.[114] Die Umwandlung von implizitem in explizierbares Wissen vollzieht sich durch Prozesse der **Externalisierung** bzw. **Artikulation**. Explizierbares Wissen kann nach Meinung von Nonaka und Takeuchi beliebig verbreitet werden, so dass sich andere Individuen dieses aneignen können. Je nach Komplexität und Kompliziertheit des Wissensgebiets sowie nach Ausdrucksfähigkeit des Wissensträgers sind dabei mehr oder weniger große Wissensverluste hinzunehmen.[115]

Anschließend wird das explizierbare Wissen mit dem explizierbaren Wissen Dritter (Individuen, Gruppen, Organisationen) über Prozesse der Typisierung und Normierung vereint. Dieser Vorgang der Sammlung und Vernetzung von existierendem explizierbarem Wissen wird als **Kombination** bezeichnet und liefert systemisches Wissen.[116] Zum Abschluss verinnerlicht das einzelne Individuum das neu geschaffene Wissen durch Erfahrungen und direkte Wissensanwendung. Durch diese **Internalisierung** wird aus dem explizierbarem Wissen aus Sicht des Individuums implizites Wissen, dessen Einsatz nunmehr unbewusst erfolgt.

Die einzelnen Formen der Wissensgenerierung ergänzen sich gegenseitig und werden idealtypisch zyklisch durchlaufen. Der abschließende Prozess der Internalisierung setzt die Wissensspirale erneut in Gang, diesmal allerdings auf einem höheren Niveau. Die Berücksichtigung einer weiteren Dimension für die verschiedenen Organisationseinheiten Individuum, Gruppe und Gesamtunternehmung sowie Interaktionen zwischen Unternehmungen, führt zu einer Wissensspirale, welche die Generierung von neuem Wissen aus der Interaktion von implizitem zum explizierbarem Wissen erklärt, ausgehend von der individuellen Ebene zu immer größeren Interaktionsgemeinschaften. Die hieraus resultierende Spirale bewegt sich zyklisch zwischen den beiden Dimensionen hin und her. Die nachfolgende Abbildung 2/4 macht diesen Zusammenhang deutlich.

Das Konzept der Wissensspirale erfordert einen geeigneten Rahmen, den die Autoren durch die Beschreibung notwendiger organisatorischer Voraussetzungen skizzierten. Zwar werden vereinzelt an Hand von Beispielen japanischen Unternehmungen Hinweise zur Organisationsgestaltung gegeben, jedoch bewegen sie sich auf relativ allgemeinem Niveau. Diese Abstraktheit kann als Begründung dafür angeführt werden, dass der Ansatz in der einschlägigen Literatur zwar stark verbreitet ist, jedoch in der Praxis kaum einen direkten Einfluss genießt.[117]

---

[114] Es handelt sich um „erlebtes" oder „sympathetisches" Wissen. Beispielsweise blickt ein Lehrling seinem Meister „über die Schulter" und schaut sich durch Beobachten gewisse Fertigkeiten und Verfahren ab.

[115] Voraussetzung für eine Externalisierung ist das Vorhandensein einer gemeinsamen Sprache, die mit Hilfe von Metaphern, Analogien oder Modellen bisher implizites Wissen in kommunizierbares Wissen transformiert.

[116] Dieser Kombinationsprozess vollzieht sich z. B. bei Projekten, die durch interdisziplinäre Teams umgesetzt werden, bei denen alle Projektbeteiligten von dem Wissen der einzelnen Fachleute profitieren und dieses universelle Wissen in weiteren Projekten Verwendung findet.

[117] Vgl. Lehner (2000), S. 242.

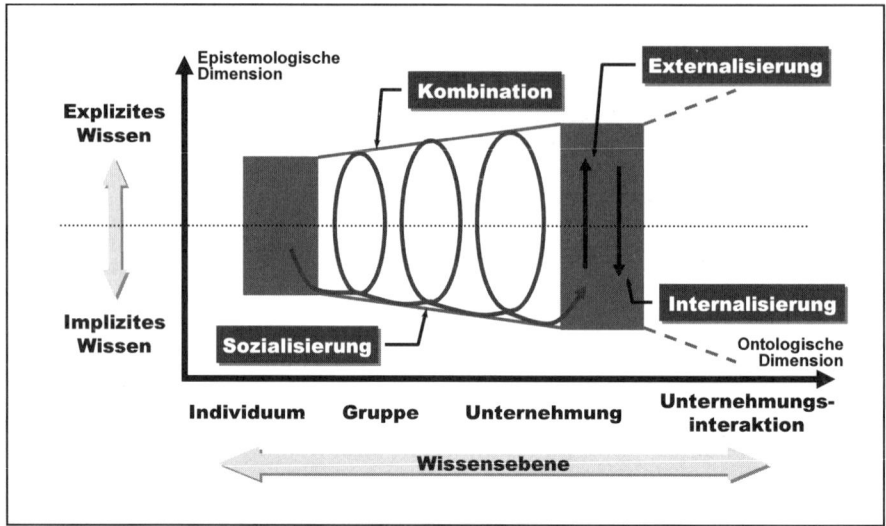

Abb. 2/4:   Spirale des Wissens

Den prominentesten Ansatz im deutschsprachigen Raum stellen die „**Bausteine des Wissensmanagements**" von Probst, Raub und Romhardt dar. Das Modell orientiert sich am klassischen Managementkreislauf mit den Phasen Planung, Steuerung und Kontrolle. Somit hilft dieser Ansatz bei der Fragestellung, welche Prozesse im Umgang mit Wissen festgestellt werden können. Die Kernprozesse im operativen Bereich lauten Wissensidentifikation, Wissenserwerb, Wissensentwicklung, Wissens(ver)teilung, Wissensnutzung und Wissensbewahrung. Sie werden durch die Festlegung von Wissenszielen und die Durchführung einer Wissensbewertung in einen koordinierenden, strategischen Rahmen eingebettet.[118] Bevor die Aufgabenbereiche der einzelnen Bausteine skizziert werden, liefert die folgende Abbildung 2/5 einen Überblick über das Modell.[119]

Mit dem Baustein der **Wissensziele** wird den Aktivitäten zum Knowledge Management eine Richtung vorgegeben. Diese Zielsetzungen ergänzen insofern die festgelegten strategischen Unternehmungsziele hinsichtlich der Nutzung der Ressource Wissen. Im operativen Bereich geht es mit Hilfe des Bausteins der **Wissensidentifikation** darum, Transparenz über intern und extern verfügbare Wissenspotenziale zu schaffen. Dadurch wird ein Wissen-über-Wissen (Metawissen) aufgebaut, um zu vermeiden, dass Entscheidungen auf ungenügenden Informationen basieren, doppelte Ressourcen auftreten und verfügbare Potenziale ungenutzt bleiben. Im Mittelpunkt des Bausteins des **Wissenserwerbs** steht die Beschaffung von Wissen, das nur unternehmungsextern vorhanden ist. Durch eine externe Beschaffung wird die Lücke zwischen den strategischen Wissenszielen

---

[118] Dabei ist zu beachten, dass die Bausteine keinesfalls isoliert nebeneinander stehen, sondern durch ein enges Geflecht von Interdependenzen gekennzeichnet sind.
[119] Zu den folgenden Ausführungen vgl. Probst/Raub/Romhardt (1999), S. 53ff.

und dem identifizierten Wissen in der Unternehmung geschlossen. Auch der Baustein **Wissensentwicklung** beschäftigt sich mit der Akkumulation von Wissen, fokussiert sich allerdings auf diejenigen Managementanstrengungen, mit denen die Organisation sich bewusst um die eigene Produktion bisher intern und evtl. auch extern noch nicht existenter Wissenspotenziale bemüht.

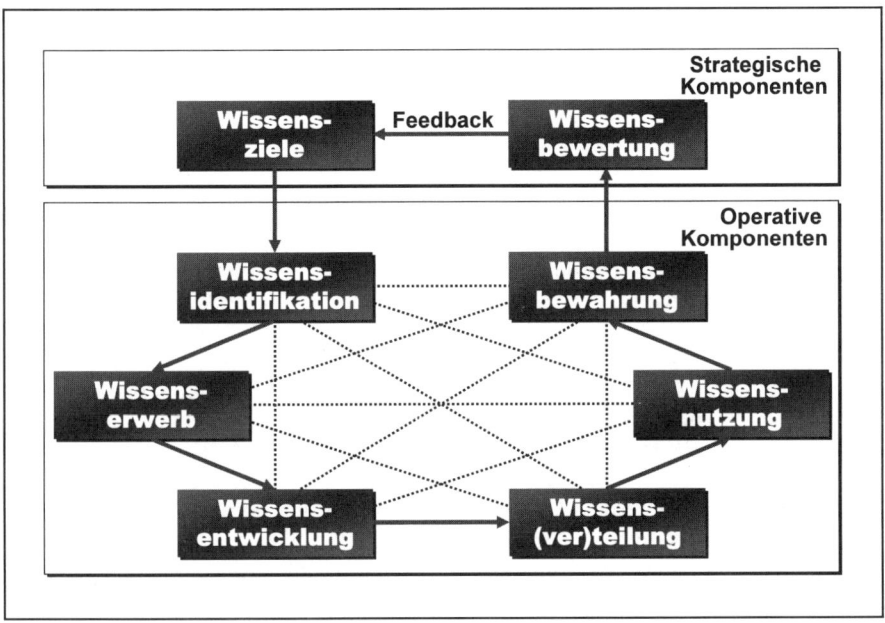

Abb. 2/5: **Bausteine des Wissensmanagements**

Die Phase der **Wissensverteilung** leitet dazu über, die isoliert vorhandenen Informationen für die gesamte Organisation durch einen gezielt gestalteten Distributionsprozess nutzbar zu machen. Der alternative Begriff des Bausteins, die Wissensteilung, macht das Problem der Bereitschaft zur Wissensweitergabe deutlich. Als entscheidende „Implementierungsphase" aus dem Bereich der operativen Komponenten ist der Baustein **Wissensnutzung** zu nennen, der den Fokus auf die produktive Anwendung von organisatorischen Wissensbeständen setzt, also die Umsetzung des Wissens in Handlungen und Entscheidungen. Schließlich sind in der Phase der **Wissensbewahrung** Maßnahmen zu treffen, die die Erhaltung des identifizierten, erworbenen bzw. entwickelten und genutzten Wissens sicherstellen und somit der Gefahr des Wissensverlustes vorbeugen. Diese Phase ist zu unterteilen in die Subphasen Wissensselektion, Wissensspeicherung und Wissensaktualisierung. Somit ist die grundsätzliche Entscheidung zu treffen, ob es sich um wertvolle und somit bewahrungswürdige Wissensbestandteile handelt. Zur Speicherung ist u. a. die Art der Bewahrung festzulegen. Die Aufgaben der Phase der Aktualisierung umfassen die redaktionelle Bearbeitung der Wissensinhalte, in deren Rahmen dafür Sorge zu tragen ist, dass veraltete Bestandteile entfernt oder gekennzeichnet und fehlerhafte Einträge berichtigt werden.

Zur Bewertung der durchgeführten Aktivitäten im Rahmen des operativen Wissensmanagements werden unter dem Baustein **Wissensbewertung** Maßnahmen subsumiert, um auf Basis geeigneter Indikatoren eine zielgerechte Steuerung der Aktivitäten zum Wissensmanagement zu ermöglichen. Somit ist der Regelkreislauf geschlossen.

Die vorgeschlagene Systematisierung bietet den Vorteil einer Unterteilung des Knowledge Management-Prozesses in logische Phasen, so dass das Modell ein Raster für die Suche nach den Ursachen von Problembereichen im Umgang mit Wissen in Unternehmungen liefert. Das Bausteinmodell dient demnach vor allen Dingen als Strukturierungsinstrument bei der Aufdeckung und Abgrenzung potenzieller Interventionsbereiche.[120]

2.5.3 Strategische Aspekte des Einsatzes von Knowledge Management

Bei der Gestaltung von Knowledge Management-Maßnahmen erweisen sich die Hoffnungen als naiv, die davon ausgehen, dass durch eine einmalige Investition in ein Knowledge Management-System das Wissen einer Unternehmung kurzfristig und vollständig erfasst werden kann. Entscheidend für die Gestaltung des Systems sind vielmehr die individuellen Anforderungen, die sich aus dem jeweiligen Geschäftsmodell der Unternehmung und einer Analyse der notwendigen, wissensintensiven Prozesse ergeben. Bevor eine vorschnelle Realisierung von Knowledge Management-Systemen erfolgt, sollte vorab die grundsätzliche Zielsetzung zum Knowledge Management festgelegt werden, um eine strategiekonforme Umsetzung zu gewährleisten. Zu dieser Fragestellung entwickelte Hansen, Nohria und Tierney auf Basis einer empirischen Studie ein bipolares Raster zur Wissensmanagement-Strategiefindung, die im Folgenden skizziert und in der Literatur unter der Bezeichnung „**Strategieschema**" diskutiert wird.[121] Dabei steht die Frage im Vordergrund, welche grundsätzlichen Strategien zum Wissensaustausch in Unternehmungen denkbar sind. Die Autoren identifizieren in ihrem Ansatz zwei prinzipiell unterschiedliche Strategien in Form der Kodifizierungsstrategie und der Personalisierungsstrategie, die sie von der Wettbewerbsstrategie einer Unternehmung ableiten und anhand von Praxisbeispielen empirisch verifizieren.

Unternehmungen, die auf die **Kodifizierungsstrategie** setzen, stellen den Einsatz von Informationstechnologie in den Mittelpunkt, um „kodifiziertes Wissen"[122] entpersonalisiert zu speichern und für die Mitarbeiter zugänglich zu machen. Aufgabe des Managements einer Unternehmung bei Verfolgung der Kodifizierungsstrategie ist es, die Dokumentationsprozesse zu institutionalisieren und zu standar-

---

[120] Vgl. Lehner (2000), S. 248; Bullinger et al. (1998), S. 9.

[121] Vgl. Hansen/Nohria/Tierney (1999); Schindler (2001), S. 78ff.

[122] Dieses kodifizierte Wissen wird in Anlehnung an die hier geltende Begriffsauffassung durch entsprechende Artefakte (Dokumente, Tabellen usw.) repräsentiert und in Form von Daten in IuK-Systemen abgespeichert.

disieren sowie mit Hilfe entsprechender IuK-Systeme zu unterstützen. Die Kodifizierungsstrategie zielt auf die Wiederverwendung von Wissen ab, um Arbeit zu sparen und Kommunikationskosten zu verringern. Unternehmungen, die auf diese Strategie setzen, bieten auftragsgemäß gefertigte Produkte und standardisierte Dienstleistungen bei klar definiertem Problemlösungsvorgehen an. Die zentrale Aufgabenstellung besteht somit darin, das standardisierte Wissen dem Mitarbeiter bei Bedarf zur Verfügung zu stellen ('Linking Person-to-Document'-Ansatz).[123] Die Zielsetzung sollte für die Unternehmungen in diesem Fall lauten, möglichst viele ähnliche Projekte zu übernehmen, um das Wissen oft zu verwenden und dadurch über Skaleneffekte eine Einnahmenmaximierung zu erzielen.

Im Gegensatz dazu bleibt bei der **Personifizierungsstrategie** das Wissen an die Person gebunden, die es aufgebaut und entwickelt hat. Moderne Informationstechnik dient in diesem Fall hauptsächlich der Schaffung von Möglichkeiten zum interpersonellen Wissensaustausch und zur Bildung von Expertennetzwerken, nicht aber der Wissensspeicherung. Demnach liegt der Schwerpunkt der Personifizierungsstrategie weniger beim Management von Wissen als beim Management der Kommunikation von Wissenden. Der Nutzwert der Personifizierungsstrategie besteht vor allem darin, Lösungen für Probleme zu suchen, für die noch keine Lösungen existieren, indem die entsprechenden Experten der Unternehmung sich insbesondere im persönlichen Kontakt austauschen und ihre Erfahrungen zur Lösung neuer Fragestellungen zusammenbringen („Linking Person-to-Person"-Ansatz). Das Produkt der Unternehmung ist dann besonders wertvoll für Kunden, deren Probleme schwieriger und einmaliger Natur sind, so dass im Einzelfall sehr hohe Honorare erzielt werden können. Die kreativen Lösungen basieren vor allem auf dem impliziten Wissen der Mitarbeiter der Unternehmung und sind nur schwer vollständig auf andere Problemstellungen zu übertragen.

Eine gleichzeitige, gleichgewichtige Verfolgung beider Strategien führt nach Hansen, Nohria und Tierney nicht zum Erfolg. Die Autoren raten vielmehr den Unternehmungen bzw. den einzelnen unabhängigen Geschäftsfeldern einer Unternehmung zu einer deutlichen Konzentration auf eine der beiden strategischen Alternativen. Gleichgewichtete Mischstrategien in einer Unternehmung bzw. innerhalb eines Geschäftsfeldes führen langfristig zu Problemen, indem z. B. Experten mit der Beantwortung von Standardfragen überlastet werden oder die computergestützte Wissensbasis nur pauschale und für die Mehrheit der Problemfälle zu allgemeingültige Aussagen enthält. Die folgende Abbildung 2/6 zeigt zusammenfassend die entsprechenden Zusammenhänge zwischen der Wettbewerbsstrategie und der strategischen Ausrichtung des Wissensmanagements auf.

---

[123] Vgl. Schindler (2001), S. 78.

Abb. 2/6:   **Strategieschema für Wissensmanagement**

Das skizzierte Strategieschema liefert einen Ansatz, der prinzipiell vor überstürz-
ten Projekten zum Aufbau einer „Wissensdatenbank" schützt. Es klärt aus einer
strategischen Bewertung heraus, welche Inhalte in derartigen Systemen überhaupt
abgelegt werden könnten, ob diese Inhalte mit einer angemessenen Relation zwischen Aufwand und Ertrag zu generieren sind und deren Nutzung im Sinne der
Unternehmungsziele gewährleistet werden kann. Der Ansatz legt somit einen
deutlichen Schwerpunkt auf die Perspektive der Organisationsgestaltung und kann
als Ausgangspunkt einer Knowledge Management-Umsetzung in Unternehmungen dienen. Schließlich werden durch das Modell entscheidende Hinweise geliefert, ob Knowledge Management-Initiativen in Unternehmungen den Schwerpunkt
eher auf humanorientierte Ansätze des Knowledge Management im Sinne der Personifizierungsstrategie oder eher auf technologieorientierte Ansätze im Sinne der
Kodifizierungsstrategie setzen sollten.[124]

2.6   Konzeption computergestützter Anwendungssysteme für Fach- und Führungskräfte

Nach der Analyse der Arbeitsaufgaben und -prozesse der Fach- und Führungskräfte sowie unterschiedlicher Managementansätze in Bezug auf Wissen und Information in den vorstehenden Abschnitten lässt sich eine erste Konzeption zur Gestal-

---

[124] Vgl. Maier/Hädrich (2001), S. 498.

tung computergestützter Management Support Systeme erstellen. Im Folgenden werden zunächst erste Überlegungen zu einer erfolgreichen Computerunterstützung präsentiert und anschließend Anforderungen an ein funktionsfähiges Management Support System abgeleitet.

2.6.1 Erste Überlegungen zu einer erfolgreichen DV-Unterstützung der Fach- und Führungskräfte

Nicht erst seit dem Aufkommen der Diskussion um neue **Führungs- und Organisationsprinzipien**, wie sie etwa durch das „Lean Management" verkörpert werden, besteht Einigkeit darüber, dass nur eine zügige Umsetzung strategischer Ziele mittels straffer, aber ausreichend fundierter Entscheidungsprozesse langfristigen Unternehmungserfolg sichern kann.[125] Ein zentrales Managementproblem stellt dabei die oben bereits erörterte Notwendigkeit zur personen- und sachgerechten Zurverfügungstellung und Aufbereitung des relevanten Informationsmaterials dar. In größeren Unternehmungen werden zu diesem Zweck in der Regel Stäbe eingerichtet, um wesentliche externe und interne Informationen für die Entscheidungsträger zielorientiert zu selektieren, systematisch zu ordnen und anforderungsgerecht aufzubereiten. IuK-Systeme zur Managementunterstützung müssen darauf ausgelegt sein, diese Assistenzaufgaben erschöpfender, schneller und methodisch exakter auszuführen. Die beträchtliche Speicherkapazität, Verarbeitungsgeschwindigkeit und Kommunikationsfähigkeit moderner IuK-Technologien sollen dabei in allen Analyse-, Planungs- und Entscheidungsphasen gewinnbringend eingesetzt werden.

Die von den Entscheidungsträgern häufig bemängelten und zu schließenden Lücken zielen auf die Relevanz (sachliche Notwendigkeit und Eignung), den Zeitbezug (Aktualität, Rechtzeitigkeit), die Verwendungsbereitschaft (Verfügbarkeit, Zugänglichkeit) sowie auf den Aussage- und Wahrheitsgehalt (Genauigkeit, Eindeutigkeit, Detailliertheit, Vollständigkeit, Zuverlässigkeit) der Probleminformationen.[126]

Eine umfassende **Informationsversorgung** des Managements schließt sowohl Signalinformationen als auch spezifische Probleminformationen bei erkanntem Handlungsbedarf ein.

Aufgrund der geschilderten komplexen inner- und außerbetrieblichen Strukturen ist es für den betrieblichen Entscheidungsträger unmöglich, alle Spannungsfelder, an denen ein Handlungsbedarf entstehen könnte, permanent im Auge zu behalten. Vielmehr wäre es wünschenswert, dass die Systeme bei sich abzeichnendem Handlungsbedarf deutliche und unmissverständliche Nachrichten aussenden und dabei gegebenenfalls als Verstärker **schwacher Signale** (weak signals)[127] tätig werden.

Als wesentlich erweist sich hier die Einbeziehung von Informationen aus dem Unternehmungsumfeld in die Überwachung. Dazu muss über die angeschlossenen

---

[125] Vgl. Bullinger/Koll (1992), S. 49.
[126] Vgl. Bullinger/Niemeier/Koll (1993), S. 46; Gemünden (1993), Sp. 1725.
[127] Vgl. Hahn (1992), S. 40.

Datenübertragungseinrichtungen ein Zugriff auf aktuelle (unternehmungsexterne) Markt-, Lieferanten-, Kunden- und sonstige Außeninformationen gewährleistet werden.

Eine weitere Erschließung dieser technisch bereits realisierbaren Möglichkeiten kann dazu dienen, das zugängliche Informationsangebot dahingehend auszuweiten, dass es den objektiven Informationsbedarf weitgehend umfasst. Dabei darf es allerdings nicht dazu kommen, lediglich die Quantität der angebotenen Informationen zu erweitern. Vielmehr muss durch Vorselektion eine **entscheidungsorientierte Informationspalette** zusammengestellt werden, um durch Trennung der relevanten von unwichtigen Daten (Filterfunktion) eine sinnvolle Reduktion der Komplexität von Entscheidungssituationen zu erreichen.[128]

Im betrieblichen **Controlling**[129], das als Querschnittsfunktion zur Unterstützung der unternehmerischen Führungstätigkeiten durch Informationen beitragen soll, wurden hierzu leistungsfähige Instrumentarien entwickelt, die auf eine zeitliche, horizontale und vertikale Koordination des Informationsflusses abzielen. Die hierdurch angestrebte permanente Beobachtung bzw. Überwachung interner und externer Prozesse dient dazu, auftretende Abweichungen von vorab definierten Soll-Zuständen unmittelbar aufzudecken.[130] Als wichtiges Hilfsmittel erweisen sich in diesem Zusammenhang betriebliche Kennziffern, die mit ihren betriebsindividuellen und verdichteten Aussagen einen raschen und aussagekräftigen Überblick über das komplizierte Betriebsgeschehen sowie über externe Strömungen vermitteln und eine stetige Kontrolle gewährleisten.[131] Eine spezielle und sehr leistungsfähige Technik ist dabei mit der Methode der **kritischen Erfolgsfaktoren** (KEF; critical success factors [CSF]) gegeben, die als unmittelbar erfolgsrelevante Größen für das Wohl und Wehe einer Unternehmung von entscheidender Bedeutung sind.[132]

Neben der **Informationsanalyse** ist auch die Möglichkeit einer Computerunterstützung bei der **Problemstrukturierung** denkbar, wenn es gelingt, in konkreten Problemsituationen vom Rechner Gemeinsamkeiten und Unterschiede zu historischen Entscheidungssituationen aufzeigen zu lassen.

Eine Weiterverfolgung des Assistenzgedankens führt zu Erklärungstexten, die dem Entscheidungsträger aufzeigen, welche Informationen für die konkrete Entscheidungssituation aus welchen Gründen von Relevanz sind, welches Problemlösungsverhalten in ähnlichen Situationen zu welchen Ergebnissen geführt hat und welches Vorgehen nun angemessen erscheint. Wenn es gelingt, derartige Funktionalitäten zu implementieren und diese vom Anwender akzeptiert werden, dann ist dadurch eine weitgehende Angleichung von Informationsnachfrage und -bedarf zu erreichen.

---

[128] Vgl. Behme/Schimmelpfeng (1993), S. 3.

[129] Zum Controlling-Begriff siehe z. B. Horvath (2006), S. 18 - 20; Lachnit/Müller (2006), S. 3 - 10; Weber/Schäffer (2006), S. 17 - 24. Speziell zum IT- bzw. DV-Controlling vgl. Gabriel/Beier (2003), S. 129ff.

[130] Vgl. Heinrich (2005), S. 59f.

[131] Vgl. Korndörfer (2003), S. 451f.

[132] Vgl. Rockart (1980), S. 10ff.; Gladen (2005), S. 14.

Voraussetzung zur Erfüllung dieser Forderungen jedoch ist, dass die Systeme umfassende Kenntnisse über die zweckorientierte Wirkung von Informationen sowie ein ausgeprägtes Problemverständnis aufweisen und dazu in der Lage sind, selbständig Schlussfolgerungen aus bestimmten Datenkonstellationen anzustellen sowie aus Entscheidungen zu lernen.[133] Derartige Fähigkeiten werden Systemen aus dem Bereich der **Künstlichen Intelligenz**[134] und **Neuronalen Systemen**[135] zugesprochen („intelligente" adaptive Systeme).

Mit Hilfe von modernen IuK-Technologien lassen sich Daten wesentlich schneller beschaffen und in kürzerer Zeit analysieren und aufbereiten, als durch menschliche Informationszuträger. Durch den Einsatz derartiger moderner IuK-Techniken kann sich somit der **Entscheidungszeitraum** erheblich vergrößern, der dem Manager zum Treffen einer Entscheidung zur Verfügung steht. Die eingesparte Zeit lässt sich dazu verwenden, auftretende Probleme sorgfältiger zu analysieren und bei auftretenden Unsicherheiten eine breitere Informationsbasis zugrunde zu legen oder andere Tätigkeiten auszuführen.

Ein direktes Weiterleiten der zusammengetragenen Informationen an den Entscheidungsträger ist in der Regel nicht sinnvoll. Vielmehr muss zumeist eine methodische Aufbereitung des Datenmaterials erfolgen. Auch hierbei erweist sich ein Rechnereinsatz als höchst wirkungsvoll, z. B. wenn es sich um automatische Normierungen oder Aggregationen von Beobachtungswerten handelt. Daneben können dem Systemanwender weiterführende **Analysemethoden** zur Verfügung gestellt werden, die im Bedarfsfall abrufbar sind. Von wesentlicher Bedeutung ist in diesem Zusammenhang, dass der Benutzer nicht über Detailkenntnisse bezüglich des internen (algorithmischen) Ablaufs einzelner Methoden informiert zu sein braucht, sondern diese als „Black Box" nutzen kann, wobei ihm das System sowohl Informationen zu Anwendungsfeldern der Methode gibt als auch auf Abruf eine Interpretation der Ergebnisse liefert und dadurch Erfahrungs- und Wissensdefizite des Entscheidungsträgers ausgleicht.

Aus dem Managementphasenschema kann die Forderung nach einer **phasenübergreifenden Computerunterstützung** abgeleitet werden. Dabei müssen in jeder Phase des Prozesses adäquate Werkzeuge funktionale Unterstützung bieten, ohne dabei einzelne Phasen zu isolieren. Da sich in der Praxis eine enge Verzahnung mit teilweisen Überlappungen und Rücksprüngen zwischen den Teilprozessen ausmachen lässt, ergibt sich für eine durchgängige Managementunterstützung die Forderung nach effizienten Schnittstellen in beiden Prozessrichtungen.

DV-Systeme zur Managementunterstützung müssen auch dem hierarchischen Aufbau von **Managementstrukturen** Rechnung tragen, indem sie in horizontaler und vertikaler Richtung koordinierend wirken. Dabei kann es sich auf horizontaler Ebene etwa um das Abgleichen von Teilplänen, in vertikaler Richtung z. B. um die Integration von Teilplänen in einen Gesamtplan oder um die Termin- und Kostenverfolgung von Realisierungsanweisungen als Projektmanagementaufgabe handeln. Zudem muss ein DV-System dem unterschiedlichen Informationsbedarf der

---

[133] Vgl. Greschner/Zahn (1992), S. 14.
[134] Vgl. Gabriel (1992), S. 11ff.
[135] Vgl. Rehkugler/Zimmermann (1994).

beteiligten Manager auf allen Ebenen gerecht werden. Dies wird besonders dadurch deutlich, dass mit steigender Hierarchiestufe die Strukturiertheit der zu lösenden Probleme abnimmt, der Bedarf an Allgemeinwissen bzw. externen Informationen zur Problemlösung jedoch steigt. Grundsätzlich muss dabei die jederzeitige Anpassbarkeit an betriebsspezifische Strukturen und Abläufe sowie an das benutzerindividuelle Problemlösungsverhalten gewährleistet bleiben.

Der hohe Kommunikationsanteil an der Gesamtarbeitszeit von Managern ist unbestritten. Neben dem unmittelbaren (face-to-face) Nachrichtenaustausch zwischen Kommunikationspartnern sind es vordringlich die Formen des **Informationstransfers** mit räumlicher und/oder zeitlicher Überbrückungsfunktion, die bei der Konzeption von Managementunterstützungssystemen besondere Beachtung verdienen. Lange Zeit wurde dieser Bereich durch das Telefon als dominantes Medium bei der raumübergreifenden verbalen Kommunikation sowie durch Briefverkehr, Telegraf, Telex und Telefax zur Übermittlung von textlichen oder bildlichen Informationen beherrscht. Durch die verstärkte Durchdringung des Bürobereichs mit moderner Computertechnologie ergeben sich leistungsfähige Alternativen zu diesen fast schon klassischen Hilfsmitteln des Nachrichtenaustausches. So haben sich heute Systeme zur elektronischen Abwicklung des internen und externen Postverkehrs und für Terminabsprachen sowie für den Austausch von Bewegtbildinformationen[136] in den Unternehmungen längst etablieren können. Dass sich hieraus interessante, teilweise auch neuartige Optionen hinsichtlich der Organisation unternehmungsinterner **Ablaufstrukturen** ergeben, sollte bei der Entstehung von Unterstützungssystemen für das Management unbedingt bedacht werden, zumal sich diese sowohl auf den Bereich der Mitarbeiterführung (Personalaufgaben) als auch bezüglich der betrieblichen Gestaltungs- und Steuerungsfunktionen (Sachaufgaben) auswirken.

Die in diesem Abschnitt aufgeführten Überlegungen zu einer erfolgreichen DV-Unterstützung der Fach- und Führungskräfte lassen sich sicherlich als sehr weit reichend bezeichnen. Allerdings erweisen sie sich gerade aus diesem Grund als angemessen, um die Komplexität des betrachteten Objektbereichs zu erfassen, und können daher als erster Entwurfsrahmen bzw. als zu konkretisierendes **Gestaltungsziel** gelten. Um die mögliche, gegebenenfalls zukünftige Realisierbarkeit der postulierten Kriterien auch gewährleisten zu können, darf die Realität der betrieblichen **Informationswirtschaft** nicht vernachlässigt werden. Aus den ersten Überlegungen lassen sich konkrete Anforderungen ableiten.

2.6.2   Anforderungen an ein Unterstützungssystem für Fach- und Führungskräfte

Betriebliche Analyse-, Planungs- und Entscheidungsprobleme sind zu breit gefächert, um einen vollständigen Anforderungskatalog für eine alles umfassende Computerunterstützung der Fach- und Führungskräfte geben zu können. Vielmehr lassen sich an dieser Stelle nur allgemeine anwendungsbezogene (nicht system-

---

[136] Mögliche Einsatzbereiche für den Austausch von Bewegtbildinformationen sind in der Nutzung von Bildtelefonen sowie in der Durchführung von Videokonferenzen zu sehen.

technische) Kriterien formulieren, denen eine geeignete Systemlösung genügen muss.

Management Support Systeme (MSS) bzw. Managementunterstützungssysteme (MUS) sollen so aufgebaut und funktionsfähig sein, dass sie den **Anforderungen** genügen, die vom Management (Benutzer) aufgestellt werden. Die Aufgabenbereiche der Fach- und Führungskräfte lassen sich vor allem anhand der Problemlösungs- und Entscheidungsprozesse aufzeigen (vgl. Abschnitt 2.2), da ihre Haupttätigkeiten im Analysieren von Situationen einschließlich der Definition angestrebter Ziele, im planenden Durchdringen möglicher Maßnahmenalternativen zur Zielerreichung mitsamt der zugehörigen Entscheidung sowie im Organisieren und Steuern sowie im Kontrollieren liegen. Darüber hinaus lassen sich einzelne wichtige Tätigkeiten herausstellen, die den Planungs- und Entscheidungsprozess begleiten, wie z. B. der direkte Zugriff auf interne und externe Informationen und die Kommunikation (vgl. Abschnitt 2.3). Ein besonderes Problem stellen die Problembearbeitung bzw. die Entscheidungsfindung in Gruppen und im Rahmen von Vorgangsketten (**Geschäftsprozessen**) dar, die eine intensive Koordination und Kooperation voraussetzen.[137]

Unterstützt werden sollen die Ausführungen der genannten Tätigkeiten durch Informations- und Kommunikationssysteme (IuK-Systeme), d. h. vor allem durch leistungsfähige **Hardware- und Softwaresysteme** (vgl. Abschnitt 1.1).

Zusammenfassend lassen sich folgende allgemeine **anwendungsbezogene Anforderungen** an ein Managementunterstützungssystem aufstellen, die sich an den Zielen des Informationsmanagements und Wissensmanagements orientieren:

- Schnelle, exakte und umfassende personen- und sachgerechte Zurverfügungstellung und übersichtliche Aufbereitung des relevanten Informationsmaterials;
- Unterstützung in allen Planungs- und Entscheidungsphasen (Analyse-, Planungs-, Realisierungs- und Kontrollphase);
- Zugriff auf aktuelle interne und externe Informationen;
- Möglichkeiten zur permanenten Beobachtung und Überwachung interner und externer Prozesse, Feststellung und Analyse von Abweichungen von Sollzuständen;
- Unterstützung bei der Problemstrukturierung (Problemerkennung und -aufbereitung);
- Möglichkeiten zur Erklärung und Interpretation der Informationen und Prozesse mit entsprechenden Simulations-, Optimierungs- und Analysemöglichkeiten;
- Auswertung der Informationen nach unterschiedlichen Kriterien;
- Methodische Aufbereitungsmöglichkeiten der Informationen (z. B. in Form von Berechnungen, Optimierungen, Simulation, Aggregationen und Disaggregationen);

---

[137] Vgl. die Beiträge in Hasenkamp/Kirn/Syring (1994); Heilmann (1994); Ferstl/Sinz (1993).

- Zugriff auf das gesamte relevante Wissen, d. h. auf Fakten- und Erfahrungs-wissen;
- Unterstützung auf allen Ebenen und in allen Bereichen mit entsprechenden Koordinations- und Integrationsmöglichkeiten;
- Anpassbarkeit an betriebsspezifische Strukturen und Abläufe (Prozesse) so-wie an benutzerindividuelle Problemlösungsverhalten;
- Unterstützung der Kommunikation, unabhängig von Zeit und Raum.

Daneben muss sich ein Managementunterstützungssystem wie jedes Software-system durch eine hohe **Qualität** auszeichnen, damit es entsprechend seiner Be-stimmung eingesetzt werden kann. Der allgemeine **Nutzen** eines Softwarepro-duktes erfordert nach Balzert[138] folgende Eigenschaften:

- **Brauchbarkeit**, d. h. Zuverlässigkeit, Effizienz und Benutzungsfreund-lichkeit;
- **Wartbarkeit**, d. h. Testbarkeit, Verständlichkeit und Änderbarkeit.

Weiterhin soll das Softwareprodukt portabel (**Portabilität** des Systems) sein, d. h. relativ unabhängig von einer Hardware- und Softwareumgebung.

Die hier aufgestellten Anforderungen beziehen sich auf ein allgemeines "ideales" Managementunterstützungssystem und bilden in diesem Sinne einen Ordnungs-rahmen ab, der bei der praktischen Umsetzung hinsichtlich der individuellen An-forderungen zu konkretisieren ist.

Im folgenden Kapitel werden die ersten Realisierungen der Management Support Systeme vorgestellt, die in Abgrenzung zu modernen Ansätzen als klassische Ausprägungen bezeichnet werden, in der praktischen Nutzung jedoch noch eine große Bedeutung besitzen.

---

[138] Vgl. Balzert (2000), S. 253ff.

3 Klassische Ausprägungen der Management Support Systeme

Der große Bedarf an DV-Unterstüztungsmöglichkeiten für die Fach- und Führungskräfte hat bereits schon sehr früh zur Entwicklung und zum Einsatz entsprechender Anwendungssysteme geführt. So wurden bereits in den 1960er Jahren Managementinformationssysteme gefördert, die das Management mit Information versorgen sollten. Vor allem die Entwicklungen bei den Datenbanktechnologien, der Personal Computer und der Vernetzungsmöglichkeiten führten später zum Aufbau von leistungsfähigen computergestützten Informations- und Kommunikationssystemen, die als **Management Information Systeme** (MIS: Abschnitt 3.1), **Decision Support Systeme** (DSS: Abschnitt 3.2), **Executive Information Systeme** (EIS: Abschnitt 3.3) und **Executive Support Systeme** (ESS: Abschnitt 3.4) in der betrieblichen Praxis genutzt werden. Eine zusammenfassende Darstellung der **klassischen Ausprägungen der Management Support Systeme** (Abschnitt 3.5) beschließt dieses Kapitel.

3.1 Management Information Systeme (MIS)

Mit dem Aufkommen von umfangreichen Dialog- und Transaktionssystemen in den 1960er Jahren und der elektronischen Speicherung von großen betrieblichen Datenmengen wuchs der Wunsch nach **automatisch generierten Führungsinformationen**, d. h. nach aus der Datenbasis abgeleiteten Informationen, die direkt zu Planungs- und Kontrollzwecken benutzt werden können. Aus historischer Sicht stellen die Management Information Systeme (MIS) die ersten Bemühungen um eine derartige EDV-Unterstützung des Managements dar. Der euphorische Eifer, der bei der Entwicklung entsprechender Systeme zunächst in den 1960er Jahren aufgewendet wurde, wich rasch einer Phase der Ernüchterung und Frustration in den 1970er Jahren, die aus der Diskrepanz zwischen hochgesteckten Erwartungen und technischer Machbarkeit resultierte.[139] Inzwischen konnte hier jedoch eine entscheidende Verbesserung erreicht werden, so dass die Management Information Systeme in letzter Zeit eine Renaissance erlebten.[140] Dieser geschichtliche Hintergrund führte dazu, dass der Begriff MIS im Laufe der Zeit vielfältige Interpretationen erfahren hat, so dass eine eindeutige Abgrenzung schwierig und anzweifelbar ist.

---

[139] Einige Wissenschaftler proklamierten bereits früh das Scheitern der MIS-Idee, so dass der MIS-Begriff über einen langen Zeitraum fast ausschließlich negativ belegt war. Vgl. Ackhoff (1967); Möllmann (1992), S. 366.

[140] Dabei muss jedoch vor einer Verwechslung mit den in Abschnitt 3.3 zu behandelnden Executive Information Systemen (EIS) gewarnt werden. Von einer Gleichsetzung der Systemkategorien MIS und EIS, wie in der Literatur bisweilen durchgeführt, wird im Rahmen dieser Schrift abgesehen. Zum Begriffsverständnis siehe Bullinger/Friedrich/Koll (1992), S. 6; Froitzheim (1992), S. 58.

3.1.1 Definition und Einordnung der MIS

Dem heutigen Paradigma der integrierten Informationssysteme folgend, die i. d. R. als Systempyramide dargestellt werden, muss die frühe Phase (1950er und 1960er Jahre) der EDV-Implementierungen für kaufmännische Anwendungen als Grundsteinlegung betrieblicher DV-Architekturen verstanden werden. Die Basis dieser entwickelten **Administrations-** und **Dispositionssysteme**[141] war zu dieser Zeit nicht über alle Funktionsbereiche deckend, sondern sie glich als Aneinanderreihung von Insellösungen mit flachen Strukturen und unzureichenden Schnittstellen eher einem EDV-technischen Flickenteppich. Dennoch erwies sich ab einem gewissen Verfügbarkeitsgrad der DV-Unterstützung in den wichtigsten Geschäftsbereichen der Wunsch des Managements nach Datenversorgung als vehement. Mit Nachdruck artikulierten die Führungskräfte ihre Forderungen in Bezug auf die Versorgung mit Informationen:

- periodische, standardisierte Berichte,
- Verfügbarkeit der relevanten Informationen auf allen Managementebenen,
- verdichtete, zentralisierte Informationen über alle Geschäftsaktivitäten,
- größtmögliche Aktualität und Korrektheit der Informationen.

Mit diesen Zielvorgaben erfolgte die Projektierung zahlreicher DV-Anwendungssysteme, die oberhalb von Administrations- und Dispositionssystemen angesiedelt und direkt mit diesen operativen Systemen verbunden waren, um dem Management **Monitorfunktionen auf vergangenheitsbezogene Geschäftsaktivitäten** zu eröffnen und somit als wirksames Ex-post-Überwachungsinstrument dienen zu können. Der aus diesen Ideen Ende der 1960er Jahre entstandene MIS-Begriff lässt sich in folgender Definition zusammenfassen:

Management Information Systeme (MIS) sind EDV-gestützte Systeme, die Managern verschiedener Hierarchieebenen erlauben, detaillierte und verdichtete Informationen aus der operativen Datenbasis zu extrahieren.[142] Die Informationsverarbeitung erfolgt ohne (aufwendige) Modellbildung und ohne Anwendung von anspruchsvollen Methoden (logisch-algorithmische Bearbeitung).

Außer der reinen Datenzusammenstellung bieten MIS folglich weder ordnende Problemstrukturierungshilfen (Modelle) noch algorithmische Problemlösungsverfahren (Methoden). Ein Einsatz der Systeme über die den Managementprozess abschließende Kontrollphase hinaus bleibt aus diesem Grund weitgehend verwehrt. Vielmehr muss der Entscheidungsträger hierfür ausgehend von den problem-

---

[141] Vgl. die Ausführungen in Kapitel 1.

[142] Abweichend von dieser Definition erfolgt im angelsächsischen Sprachgebrauch häufig die Verwendung des Begriffs MIS für ganzheitliche Informationssysteme. Vgl. Kraemer (1993), S. 53; Koreimann (1971), S. 21. Auch teilautomatisierte Berichtssysteme oder Anwendungssysteme auf Datenbanken werden zuweilen als MIS bezeichnet. Vgl. Stahlknecht (1990), S. 265.

spezifisch weitgehend unselektierten und unsortierten Berichtsdaten selbständig weitere Aufbereitungs- und Verarbeitungsschritte durchführen. Zudem erweisen sich die Berichte nur bei zufällig "richtiger" Sortierung des Datenbestandes in Verbindung mit einem angemessenen Aggregationsgrad im konkreten Problemfall als hilfreich. Dieser Umstand dürfte sich bei **Standardberichten** jedoch eher selten einstellen.

Sicherlich müssen die ersten Ansätze zur DV-gestützten Generierung von Managementinformationen vor dem Hintergrund wenig leistungsfähiger Hardware und Software gewertet werden. Aus diesem Grund erstreckte sich ein Großteil der MIS-Bemühungen auf technische, weniger auf inhaltliche Fragen. Eine grafische Darstellung der Einordnung der **MIS in die Systempyramide** zeigt die folgende Abbildung 3/1.

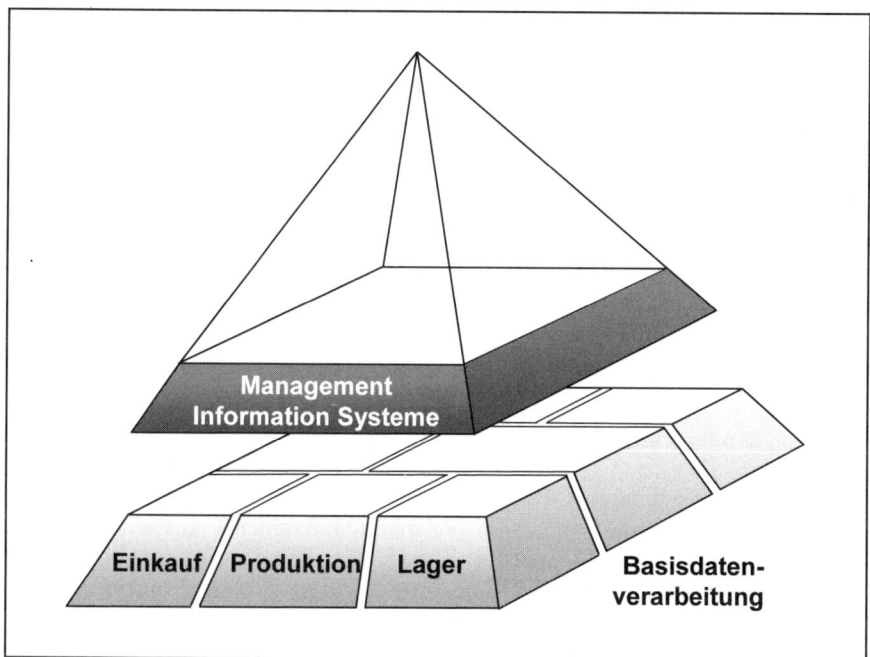

Abb. 3/1:   **MIS in der Anwendungssystempyramide**

Als fester Bestandteil der betrieblichen Systempyramide sind auch heute in fast jeder Unternehmung Management Information Systeme im Einsatz. Basierend auf den operativen Basissystemen zur Administration und Disposition greifen sie verdichtend auf deren Daten zu und bieten ein DV-gestütztes Standardberichtswesen mit einfachen algorithmischen Auswertungen.[143] Dazu werden vorformulierte parametrisierbare Datenbankabfragen periodisch an die vorhandenen operativen Da-

---

[143] Allerdings wird dann oft der noch weitgehend diskreditierte Begriff "Management Information System" vermieden.

tenbanken gerichtet und anschließend die Abfrageergebnisse als Berichte forma-
tiert. Die innerbetriebliche Distribution erfolgt dann häufig noch in Papierform,
wenngleich eine verstärkte Hinwendung zur Übertragung auf elektronischem Wege festzustellen ist.[144]

Beschränkt auf einzelne betriebliche Funktionalbereiche und konzentriert auf
das Tagesgeschäft bieten die Berichte bereichsspezifische Mengen- und/oder
Wertgrößen und stellen somit **operative Kontrollinstrumente** mit **kurz- und
mittelfristigem Entscheidungshorizont** für das **untere und mittlere Management** dar.[145]

Im operativen Controlling beispielsweise werden Controlling-Informations-
systeme genutzt, um auf Kennziffern und Indikatoren zugreifen zu können und um
Abweichungen zwischen Istdaten und zuvor aufgestellten Budgetwerten aufzudecken und zu analysieren.[146] Bei geeigneter Ausgestaltung lassen sich zudem Mo-
natsabschlüsse und -berichte sowie Kosten- und Erlösübersichten direkt am Bildschirm anzeigen.[147] Im Vertriebsbereich dagegen geben Vertriebsinformations-
systeme häufig in Form von Kontrollberichten Auskunft über mengen- und
wertmäßige Absatzzahlen unter besonderer Berücksichtigung der Differenzen
zwischen geplantem und realisiertem Absatz. Als weitere Einsatzbereiche können
der Produktions- und der Personalsektor angeführt werden.

3.1.2 Bestandteile und Aufbau der MIS

Der Ursprung erster Implementierungen von Informationssystemen mit spezieller
Ausrichtung auf das Management liegt meist in einem vorhandenen Dateiauswer-
tesystem, das auf der Basis der vorhandenen operativen Bewegungs- und Be-
standsdaten (Auftragseingänge, Lagerbestände etc.) Reports erzeugt.

Durch den direkten Zugriff auf die abgelegten Basisdaten entfällt die Notwendigkeit einer eigenständigen Datenhaltung somit für die klassischen Vertreter der
betrachteten Systemklasse völlig. Aufgrund der zumeist sequentiellen und redundanten Datenhaltung sind allerdings der Flexibilität möglicher Auswertungen enge
Grenzen gesetzt, zumal die applikationsspezifische Ausrichtung von Satzaufbau
und Datenfluss der operativen Systeme nur eine sehr einseitige und starre Sicht
auf ausschließlich internes Datenmaterial zulässt.

Entsprechend den Möglichkeiten der Datenspeicherung und Datenverknüpfung
können teilweise zwar Datenverdichtungen vorgenommen werden, um der Sichtweise des Managements eher entgegenzukommen. Im Normalfall jedoch fungieren die verfügbaren Daten als Eingabegrößen für die zugrunde liegenden Verar-

---

[144] Die technische Voraussetzung hierzu ist in vielen Unternehmungen durch die Verfügbarkeit von lokalen Netzwerken und Intranet in Verbindung mit E-Mail-Software
und den zugehörigen Verteilungsoptionen bereits gegeben.

[145] Gemäß dem in Abschnitt 1.2.2 vorgestellten Typisierungsschema für Planungs- und
Kontrollsysteme lassen sich die Systeme in Abhängigkeit vom Aktivitätsauslöser ent-
weder den Berichtssystemen mit und ohne Ausnahmemeldung oder den standardisierten
Auskunftssystemen mit vorformulierten Abfragen zurechnen.

[146] Vgl. Joswig (1992); Biethahn/Huch (1994); Becker (1991), S. 344.

[147] Vgl. Heinz (1992), S. 24.

beitungsprozeduren und unterliegen weder einer eigenständigen Modellierung noch einer weitergehenden algorithmischen Bearbeitung.

Da die einzelnen MIS-Teile ursprünglich zumeist als zusätzliche Module an die bestehenden operativen Systeme angeflanscht wurden, erwies es sich als zweckmäßig, zunächst mit den gleichen Entwicklungswerkzeugen zu arbeiten. Als dominierend sind daher hier die verbreiteten prozeduralen Programmiersprachen der dritten Generation wie z. B. Cobol, PL/1, C oder Pascal anzuführen. Als vorherrschende Hardwareplattform wurde der Unternehmungs-Großrechner sowohl während der Entwicklungsphasen als auch im Betrieb eingesetzt.

Die Zusammenfassung der gespeicherten und wiederholt ausführbaren Berichtsstrukturen lässt sich dann als **Reportbasis** verstehen, wobei sich deren Verwaltung auf die Organisation originärer und compilierter Codeteile beschränkt. Die abgelegten Programme wurden periodisch von Operatoren gestartet, um den Datenoutput anschließend in Listenform an das Management weiterleiten zu können. Durch diese in der Regel **passive Berichterstattung** (vgl. Abschnitt 1.2.2) mit mehreren Verdichtungsstufen ist eine Ad-hoc-Befriedigung von Informationsbedürfnissen nicht sicherzustellen, vielmehr wird durch die enge Orientierung am betrieblichen Instanzenweg der Informationsbereitstellungsprozess für einen Entscheidungsträger um so länger, je höher er in der Organisationspyramide angesiedelt ist.

Darüber hinaus erweisen sich die Administrations- und Dispositionssysteme häufig als stark auf einzelne Funktions- und Geschäftsbereiche ausgerichtet und nicht hinreichend integriert, so dass ein hierauf aufsetzendes MIS nur einzelne Facetten des gesamten Informationsgefüges abbilden kann.

In den 1990er Jahren gelangten die klassischen Management Information Systeme wieder unter etwas anderem Blickwinkel in die Diskussion. Aus betriebswirtschaftlich-organisatorischen Überlegungen wird eine massive Entschlackung des betrieblichen Berichtswesens gefordert.[148] Das Postulat eines **"Lean Reporting"** jedoch ist nur erfüllbar, wenn vorhandene Berichtssysteme kritisch überdacht und an veränderte Aufbau- und Ablaufstrukturen (Prozessorientierung) angepasst werden.

Dabei ist zwischen solchen Standardberichten zu unterscheiden, die langfristig die gleiche Form und Struktur aufweisen (Berichte, die gegebenenfalls auch nach außen gegeben werden, z. B. externes Rechnungswesen; häufig auch Berichte mit globaler Gültigkeit und Relevanz, z. B. Konzernberichte) und anderen, deren Einsatz zeitlich befristet ist, die aber dennoch für eine kurze oder mittlere Zeitspanne nach festen Zeitintervallen und in einer festgelegten Form erstellt werden müssen (z. B. projektbezogene Zwischenberichte oder Berichte auf Abteilungs- oder Bereichsebene). Insbesondere diese temporären Standardberichte bereiten häufig Probleme, da ihre Struktur zu komplex ist, um sie mit rudimentären Kenntnissen von **Datenbanksprachen** (wie z. B. SQL) formulieren zu können. Andererseits jedoch muss eine Einreihung in die bisweilen lange Warteschlange des zentralen Anwendungsstaus aus Dringlichkeitsgründen abgelehnt werden. Hier bietet sich

---

[148] Vgl. Kornblum (1994), S. 97f.; Bayrhof (1994), S. 127ff.

ein breites Betätigungsfeld für leistungsfähige und endanwenderorientierte Reporting-Werkzeuge mit speziellem Funktionsumfang, wie er von modernen **Berichtsgeneratoren** und grafischen Tools zur Datenbankabfrage geboten wird. Auch neue Generationen der Systeme zur Basisdatenverarbeitung mit integrierten Teilmodulen über betriebliche Funktionsbereiche hinweg bieten Lösungspotenziale für den dargestellten Problembereich, zumal sie eine Zusammenführung der vormals separierten Datenbestände in unternehmungsweiten Datenbanken gewährleisten. Wenn die integrierten Systeme nicht bereits selbst geeignete Auswertungsmöglichkeiten bieten, so ist zumindest prinzipiell bei offen gelegten Datenstrukturen der Zugriff auf die Daten über die definierten Datenbankschnittstellen realisierbar.

In diesem Kontext erscheint die derzeitige Rolle der Management Information Systeme in einem anderen Licht als bei den klassischen Ansätzen. Die aktuellen Entwicklungen belegen, dass die Notwendigkeit von MIS im Sinne eines standardisierten **Data Support** erkannt wurde und mit der integrierten Datenhaltung auf der Basis unternehmungsweiter Datenbanken und Datenmodelle sowie den darauf aufbauenden Werkzeugen die technischen Voraussetzungen gegeben sind.[149]

3.1.3 MIS-Beispiel

Ein Vertriebsinformationssystem zur Steuerung und Kontrolle der Vertriebsaktivitäten einer Unternehmung kann beispielsweise als MIS im beschriebenen Sinne aufgebaut sein. Aus dem operativen Vertriebssystem müssen hierzu die benötigten Informationen extrahiert und aufbereitet werden. Um eine möglichst hohe Flexibilität zu erreichen, sind alle relevanten Einflussgrößen in die Betrachtung aufzunehmen (vgl. Abb. 3/2).

Aus diesem Datenbestand lassen sich nun in Abhängigkeit von der jeweiligen Perspektive sowie dem gewählten Aggregationsgrad unterschiedliche Berichte generieren. Während für kurzfristige Absatzmengenbetrachtungen monatsbezogene Einzelaufstellungen über alle Regionen und Produkte benötigt werden, fordert das Produktmanagement eher artikel- oder artikelgruppenspezifische Übersichten. Dem Regionalmanagement dagegen sollen Quartalsberichte für den jeweiligen Zuständigkeitsbereich (z. B. Vertriebsbereich West) über alle Artikel zugehen. Bei einer differenzierteren Betrachtung des Datenmaterials finden sich leicht weitere Merkmale (z. B. Absatzweg, Vertreter).[150] Zusammenfassend lässt sich aus dem Beispiel ableiten, dass die Fähigkeiten eines guten MIS im einfachen Aufbau eines Datenmodells der o. g. Art mit vielfältigen Zusammenstellungen liegen.

---

[149] Dabei ist die Rolle der MIS als rein informationsorientierte Systeme jederzeit zu beachten. Es kann und soll nicht ihre Aufgabe sein, analytische Funktionalität im Sinne entscheidungsorientierter Systeme (Decision Support Systeme; siehe hierzu Abschnitt 3.2) zu bieten. Vgl. Piechota (1993), S. 86.

[150] So auch bei Betrachtung zusätzlicher Datenarten wie Plan- oder Sollgrößen, die zu Abweichungsanalysen genutzt werden können. Zudem sind gegebenenfalls andere betriebswirtschaftliche Kenngrößen (z. B. Absatzwert, Retouren) mit abweichenden Einflussgrößen ebenfalls von Interesse.

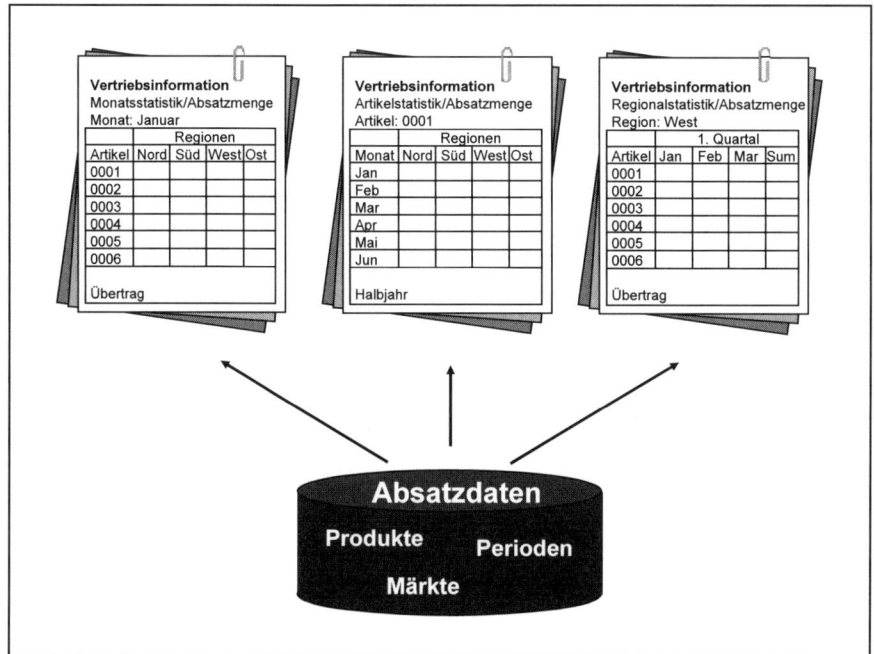

**Abb. 3/2:	MIS-Beispiel**

### 3.1.4	Kritische Würdigung der MIS

In den Grundzügen konnten zunächst Ende der 1960er Jahre die Forderungen des Managements erfüllt werden, aber sehr bald wurde erkannt, dass viele Gründe für das Scheitern des MIS-Gedankens (der frühen Jahre) sprachen.[151] Insbesondere wurde kritisiert, dass die Systeme das **vorhandene Informationsdefizit durch eine Informationsflut** ersetzten, weil eine sachgerechte und angemessene Filterung, Säuberung und Verdichtung der Daten unterblieb.[152] Eine Verbesserung der Entscheidungsqualität jedoch kann keinesfalls durch eine undifferenzierte Überfrachtung der Manager mit häufig irrelevanten Fakten erreicht werden.

Der ursprüngliche MIS-Gedanke, der sich auf eine zentralistische, dem gesamte Unternehmung umspannende Informationsstrategie konzentrierte, ist sicherlich zum Ende der 1960er Jahre gescheitert. Dazu beigetragen hat die Diskrepanz zwischen euphorischer Erwartungshaltung des Managements und technischem Vermögen der EDV-Abteilungen. Weder war die gegebene Hard- und Software in der Lage, Datenbestände in gewünschtem Volumen und notwendiger Schnelligkeit

---

[151] In seiner kritischen Bestandsaufnahme "Management Misinformation Systems" bezog Ackhoff bereits 1967 Stellung. Vgl. Ackhoff (1967).

[152] Koreimann beschreibt die Situation als "[Informations-] Mangel im [Daten-] Überfluss". Vgl. Koreimann (1971), S. 10.

vorzuhalten, noch artikulierte und spezifizierte das Management seine Wünsche nach entscheidungsrelevanter Information in einer operativ umsetzbaren Form.[153] Dieses Dilemma wurde in zwei Richtungen gelöst.

Zur Lösung des Informationsproblems ist eine Aufsplittung in dezentralisierte, in Größe und Struktur handhabbare Module erforderlich. Zweckmäßigerweise entsprechen die Module betrieblichen Bereichen, so z. B. Produktion, Vertrieb oder Personal. Stufenweise werden hierbei die in den operativen Systemen verfügbaren Daten verdichtet und anwendergerecht aufbereitet. In dieser Form werden MIS heute als moderne, datenbankbasierte Anwendungssoftware zur Erzeugung von Standardberichten am Markt angeboten und in der Praxis intensiv genutzt. Eine Erweiterung erfährt der klassische MIS-Ansatz häufig auch durch die Einbeziehung unternehmungsexterner Daten[154], die sowohl für den Marketing- und Vertriebsbereich als auch für den Controlling- und Finanzsektor von hoher Relevanz sein können. Das Problem der adäquaten Unterstützung von Entscheidungsprozessen dagegen kann nur durch eine Modellierung und Analyse der relevanten Entscheidungsvariablen und Lösungsalternativen gelöst werden. Im nächsten Abschnitt werden die Entwicklung, der Aufbau und die Einsatzmöglichkeiten von Entscheidungsunterstützungssystemen (Decision Support Systeme) erläutert, die historisch den MIS folgten. Ein erfolgreicher Ansatz der Weiterentwicklung von MIS ist im EIS zu sehen, das im darauf folgenden Abschnitt behandelt wird.

3.2   Decision Support Systeme (DSS)

Im Gegensatz zu den Management Information Systemen (MIS) orientieren sich Entscheidungsunterstützungssysteme (EUS bzw. Decision Support Systeme: DSS) an der Abbildung des **Verhaltens von Fach- und Führungskräften** bei der **Lösung von Fachproblemen**. Als wichtige Ausprägungen von Managementunterstützungssystemen haben sie breiten Raum eingenommen und sind hinsichtlich ihrer sachmethodischen und organisatorischen Ausgestaltung im praktischen Einsatz führend. Die DSS-Ansätze reichen von eher deskriptiven Modellen der kognitiven Vorgänge bis hin zu operationalisierten Optimierungsverfahren.

Aufbauend auf einer Definition und Einordnung der DSS (Abschnitt 3.2.1) sollen die einzelnen relevanten Bausteine präsentiert werden (Abschnitt 3.2.2). Nach der Vorstellung eines DSS-Anwendungsbeispiels (Abschnitt 3.2.3) erfolgt abschließend eine kritische Würdigung der Systemkategorie (Abschnitt 3.2.4).

---

[153] Die aufgrund fehlender Zielvorgaben gewählte Bottom-Up-Strategie zur Generierung entscheidungsrelevanter Informationen aus den operativen Vorsystemen zielt in weiten Teilbereichen am Bedarf des Managements vorbei. Vgl. Großmann (1995), S. 13.

[154] Neben dem Anschluss an Online-Datenbanken kommerzieller Anbieter kann hierbei auch die Nutzung der unterschiedlichen Internet-Dienste (z. B. World Wide Web) erwogen werden.

3.2.1 Definition und Einordnung der DSS

Nicht die Versorgung des Managements mit zeit- und sachgerechter Information in Form von verdichteten und gefilterten Daten wie bei den MIS steht im Vordergrund der DSS, sondern die effektive **Unterstützung im Planungs- und Entscheidungsprozess** mit dem Ziel, das Urteilsvermögen des Managers und dadurch die Entscheidungsqualität zu verbessern.[155] Beim Vergleich der Abgrenzungsversuche in historischer Abfolge ist der Ausgangspunkt die Begriffsfestlegung von Gorry und Scott Morton[156], die DSS über den Strukturierbarkeitsgrad des Problems definierten. Daneben hat insbesondere die Arbeit von Sprague und Carlson[157] wesentlich zur Klärung und Einordnung von DSS beigetragen. Als allgemeingültige Definition der DSS lässt sich festhalten:

Decision Support Systeme (DSS) oder **Entscheidungsunterstützungssysteme (EUS)** sind interaktive EDV-gestützte Systeme, die Manager (Entscheidungsträger) mit Modellen, Methoden und problembezogenen Daten in ihrem Entscheidungsprozess unterstützen.

Charakteristisch für DSS ist die ausgeprägte **Modell- und Methodenorientierung**, durch die eine situationsspezifische Unterstützung des Managers im Sinne einer Assistenz gewährleistet wird. Der Anwendungsschwerpunkt von DSS wird sicherlich im operativen Management bei strukturierten und semi-strukturierten Problemen zu lokalisieren sein, wenngleich ein Einsatz bei unstrukturierten Problemen oder für die strategische Planung (strategisches Management) nicht auszuschließen ist. Da diese Entscheidungssituationen oftmals maßgeblich durch **qualitative Faktoren** mitbestimmt werden, sind Verfahren zu entwickeln, um diese bewertbar und rechenbar zu formulieren und damit Lösungsverfahren zugänglich zu machen.[158] Die Dringlichkeit und Wichtigkeit der zu bearbeitenden Probleme dürfte häufig ein mittleres Niveau nicht übersteigen.

Für den Einsatz von Decision Support Systemen stehen die Problemstrukturierung sowie die Alternativengenerierung und -bewertung bei erkanntem Problemlösungsbedarf als Problemlösungsphasen im Vordergrund. Weniger Gewicht wird in der Regel auf die Anwendung als Instrument zur Problemerkennung und Wahrnehmung von Signalen gelegt, die häufig nur die intuitive Rezeptivität des Managers ansprechen.[159] Innerhalb der Anwendungssystempyramide lassen sich die DSS über die Management Information Systeme (MIS) anordnen (vgl. Abb. 3/3).

---

[155] Vgl. Mußhoff (1989), Sp. 255.

[156] Vgl. Gorry/Scott Morton (1971).

[157] Vgl. Sprague/Carlson (1982).

[158] Hier sind es insbesondere wissensbasierte Ansätze, die verheißungsvolle Perspektiven eröffnen. Die Integration wissensbasierter Techniken führt zur Systemklasse der wissensbasierten DSS (Knowledge Based Decision Support Systems: KBDSS).

[159] In diesem Zusammenhang ist darauf hinzuweisen, dass die DSS generell Raum für die subjektive Urteilskraft des Benutzers lassen sollen, um seine Erfahrungen bei der konkreten Problemlösung nutzen zu können. Vgl. Piechota (1993), S. 95.

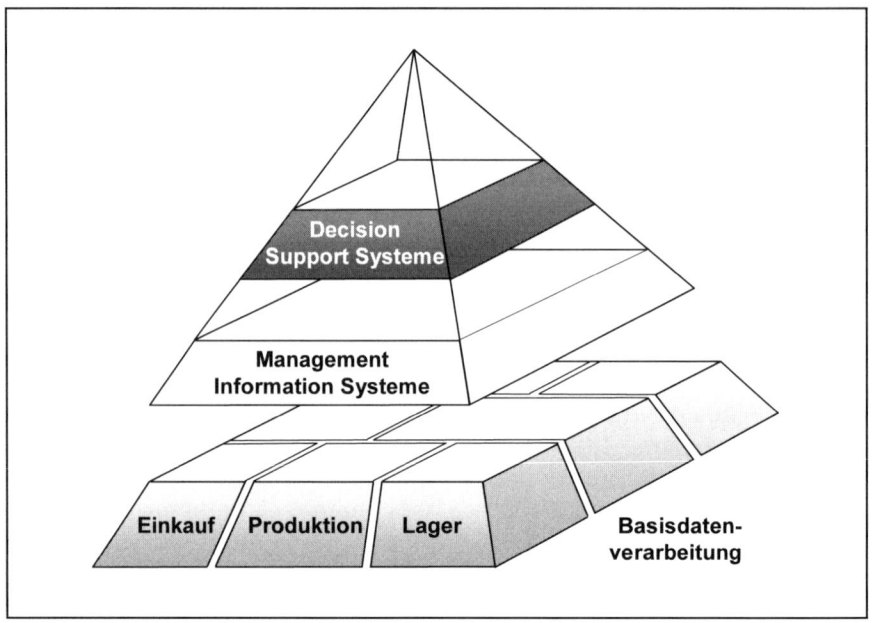

Abb. 3/3:   DSS in der Anwendungssystempyramide

Implizit unterstellen die konventionellen DSS bei der Abbildung des menschlichen Lösungsansatzes zumeist ein formallogisches Vorgehen, wobei das Aus-
gangsproblem zunächst in ein explizites Modell überführt, dieses dann mit Hilfe
einer geeigneten Methode gelöst und anschließend die Modellaussage in die Realität zurück transformiert wird. Die im betrieblichen Alltag häufig verfolgte intuitive bzw. direkte Lösungsstrategie findet dagegen in wissensbasierten Ansätzen
stärkere Beachtung.[160] Basierend auf dem Wissen und der Erfahrung des Entscheidungsträgers wird hierbei versucht, durch die Nutzung des **individuellen Pro-
blemlösungsverhaltens** aus der Problemstellung direkt Handlungsalternativen abzuleiten.[161] Die eingesetzten **wissensbasierten Techniken (Techniken der
Künstlichen Intelligenz)** lassen sich sowohl zur Repräsentation und Modellierung
von Information bzw. Wissen (Wissensrepräsentation und Wissensmodellierung)
als auch zur "intelligenten" Lösungsfindung (Methoden) wirksam einsetzen.

Von Luconi et al.[162] sowie von Krallmann und Rieger[163] wurde verstärkt auf die
mögliche und sinnvolle Integration von traditionellen und wissensbasierten Techniken zur Entscheidungsunterstützung hingewiesen. Entsprechende Systeme tra-

---

[160] Vgl. Gabriel (1992).
[161] Für DSS ergeben sich daraus die Probleme der Abbildung von mentalen Prozessen, welche kaum analysierbar und als konsistent erkennbar sind. Einige Ansätze versuchen, sich
über psychologische Typologien dem Thema zu nähern und speziell die Präsentationsformen den persönlichen Bedürfnissen des Entscheidungsträgers anzupassen.
[162] Vgl. Luconi/Malone/Scott Morton (1986), S. 14f.
[163] Vgl. Krallmann/Rieger (1987).

gen die Bezeichnung **Expert Support Systeme (XSS)** bzw. **wissensbasierte DSS (Knowledge Based DSS [KBDSS])**. Die folgenden Ausführungen beziehen sich eher auf Systeme, die dem traditionellen modell- und methodenorientierten Lösungsweg den Vorrang geben. Im Gegensatz zur direkten Problemlösung bietet der Umweg über die Abstraktion, die Modellbildung und die methodische Problemlösung viele Vorteile. Förderlich für den Aufbau eines Entscheidungsunterstützungssystems wirken insbesondere die eingrenzenden Abstraktionen, die sich in Modellstrukturen wieder finden. Zudem ist eine methodische Vorgehensweise als Problemlösungsstrategie für die Implementierung auf dem Computer besser geeignet als vage und unscharfe Handlungsempfehlungen.

Zur Verbreitung und starken Akzeptanz der DSS hat die Disziplin **Operations Research (OR)** entscheidend beigetragen. Ihr Hauptanliegen ist in der Modellierung sowie in der Entwicklung und Implementierung von Verfahren zur Problemlösung zu sehen, die von formalen Optimierungsrechnungen bis zu adaptiven Heuristiken reichen.[164] Zur flächendeckenden Durchdringung auch der betrieblichen Fachabteilungen mit DSS-Systemen hat in den letzten Dekaden insbesondere die Verfügbarkeit leistungsfähiger und preisgünstiger Standardsoftwareprogramme beigetragen.[165]

Aus dem Anspruch, das Problemlösungsverhalten von Entscheidungsträgern abzubilden und dadurch wirksam unterstützen zu können, lässt sich ein Anforderungsbündel ableiten, das als Messlatte für DSS Verwendung finden kann:

- Unterstützung von verschieden strukturierten Entscheidungssituationen,
- für alle Managementebenen,
- für alle Gruppen und Individuen,
- für alle Phasen des Entscheidungsprozesses und
- für unterschiedliche Entscheidungsstile und -ansätze,
- bei Adaptierbarkeit und Flexibilität der Systeme,
- bei leichter Systemkonstruktion und Systemnutzung,
- bei Kontrolle des DSS durch den Entscheidungsträger,
- bei evolutionärer Weiterentwicklung.

Hieraus lassen sich vier Basiskriterien ableiten, durch die entscheidungsunterstützende Systeme prägnant beschrieben werden können. Diese essentiellen Merkmale sind im ROMC-Konzept[166] verankert und lassen sich als Orientierungshilfen bei der Systementwicklung einsetzen.[167]

---

[164] Vgl. z. B. Berens/Delfmann (2004).

[165] So werden als allgemein akzeptierte Front-End-Werkzeuge am Arbeitsplatz besonders häufig Tabellenkalkulationsprogramme bei der Generierung spezifischer Decision Support Systeme eingesetzt.

[166] ROMC ist ein Akronym aus **R**epresentations, **O**perations, **M**emory Aids und **C**ontrol Mechanisms.

[167] Vgl. Sprague/Carlson (1982), S. 102ff.

- **Repräsentationen (Representations)**
  Wesentliche Problemaspekte müssen – entsprechend dem Informationsbedarf und Problemlösungsverhalten des betroffenen Entscheidungsträgers –
  in tabellarischer und/oder grafischer Form repräsentierbar (modellierbar)
  sein. Dabei kann es sich im Einzelfall um Abbildungen, Diagramme, Zahlen-
  folgen oder Gleichungen handeln.[168]

- **Operationen (Operations)**
  Die Arten der Manipulationen, die mit der gewählten Repräsentationsform
  durchgeführt werden können, werden durch die verfügbaren Operationen
  (Methoden) bestimmt. Prinzipiell sollen diese für alle Repräsentationsformen
  verfügbar sein und alle Entscheidungsphasen in geeigneter Weise flankieren.

- **Gedächtnisstützen (Memory Aids)**
  Zu den als Gedächtnisstützen bezeichneten Dienstfunktionen, die dem Benutzer bei der Anwendung der zugänglichen Operationen und Repräsentationsformen assistieren sollen, gehören neben der Beschreibung von Datenstrukturen auch individuelle Problem- und Datensichten (views). Über eine
  parametrische Einrichtung von Benutzerprofilen wird so ein individueller
  Zugriff auf die Daten ermöglicht.

- **Kontrollmechanismen (Control Mechanisms)**
  Die bedarfsgerechte Steuerung des Systems durch den Anwender wird durch
  vorhandene Kontrollmechanismen ermöglicht. Als wesentlich erweist sich
  dabei die Gestaltung der Benutzungsoberfläche, wobei hierunter die Form
  der Bedienerführung, etwa über Menüs oder Funktionstasten, sowie Art und
  Umfang von Fehlermeldungen und ein angemessenes Hilfesystem zu fassen
  sind.

Aus den im ROMC-Konzept verankerten Basisanforderungen lassen sich Vorgaben für Bestandteile und Aufbau von DSS ableiten, die im folgenden Abschnitt
ausführlich vorgestellt werden.

3.2.2   Bestandteile und Aufbau der DSS

Die getroffenen Abgrenzungen verdeutlichen, dass Decision Support Systeme in
einem breiten Anwendungsbereich zum Einsatz kommen. Dementsprechend treten
die Systeme in vielen unterschiedlichen Ausprägungsformen und mit sehr heterogenen Funktions- und Leistungsspektren auf. Dennoch soll versucht werden, die
generellen Merkmale in Form logischer Bestandteile (Komponenten) und technischer Systemebenen (Architekturen) aufzuzeigen, die in allen entsprechenden Systemen in mehr oder minder ausgeprägter Form enthalten sind.

Als wesentliches Leistungsmerkmal computergestützter Entscheidungsunterstützungssysteme wird allgemein die effektive Handhabung der Systembestandteile **Methoden, Modelle, Berichte und Daten** sowie der **Dialoggestal-**

---

[168] Vgl. Hummeltenberg (1995), S. 276.

tung verstanden. Dem trägt die von Sprague und Carlson[169] vorgestellte Grundarchitektur[170] Rechnung, die in der folgenden Abb. 3/4 dargestellt ist. Neben vier Speicherkomponenten, die unterschiedliche Objekte verwalten, nämlich Daten, Modelle, Methoden und Reports, findet sich zusätzlich ein Dialogsystem für die Kommunikation mit dem Endbenutzer.[171] Wichtig ist, dass diese fünf Komponenten einzeln und in ihrer Gesamtheit durch ein zentrales Verwaltungssystem gesteuert und kontrolliert werden.

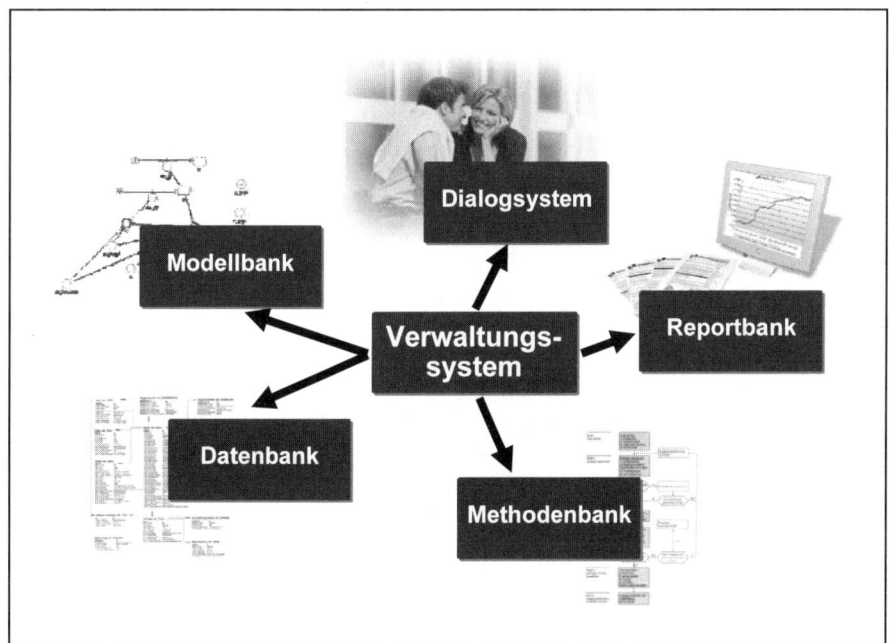

Abb. 3/4: **DSS-Komponenten**

---

[169] Vgl. Sprague/Carlson (1982), S. 195ff. Die Autoren beschränken sich in ihren Ausführungen zwar auf die Komponenten Dialog-, Datenbank- und Modellmanagement, beschreiben jedoch implizit auch die benötigten Bausteine für eine Methoden- und Reportverwaltung.

[170] Zusätzliche Komponenten, wie etwa eine Fallbasis, mögen im Einzelfall ihre Berechtigung haben, werden hier allerdings nicht zur Grundarchitektur gezählt. Zur Organisation von Fallbasen vgl. Schiemann/Woltering (1994); Althoff/Bartsch-Spörl (1996).

[171] Die logische Trennung zwischen Dialogsystem, Daten-, Report-, Modell- und Methodenbank kann im konkreten Anwendungsfall nicht immer streng nachvollzogen werden, weil die einzelnen Komponenten bisweilen stark miteinander verflochten sind. Da insbesondere die Systembestandteile, die mit der Organisation von Modellen und Methoden befasst sind, zum Teil nicht scharf abgrenzbar sind, kann es sinnvoll sein, diese mit dem Begriff Modell- und Methodenbank logisch zusammenzufassen. Vgl. Sprague/Carlson (1982), S. 28f.

Dialogsystem

Insbesondere bei eher schwach- bzw. schlecht-strukturierten Problemen, wie sie im Managementbereich häufig anzutreffen sind, müssen dem Systembediener wirksame Steuerungsmöglichkeiten zur Verfügung stehen, z. B. um spontane Eingriffe in laufende Verarbeitungsvorgänge vornehmen zu können. Eine leistungsfähige Dialogkomponente erweist sich daher als unverzichtbar.

Vor allem durch den häufigen Wechsel zwischen strukturierten Modellrechnungen und interaktiven Bewertungs- und Auswahlaktionen werden die Anforderungen an das **Dialogmanagement** in besonderem Maße geprägt. Kontextsensitive Hilfefunktionen und Menütechniken müssen den Anwender an den Umgang mit dem System heranführen. Schwierigkeiten ergeben sich häufig durch die Diskrepanz zwischen dem strukturierten, streng nach logischen Gesichtspunkten zusammengestellten Aufbau von Benutzungsschnittstellen und dem oft unstrukturierten, sprunghaften und intuitiven menschlichen Problemlösungsverhalten. Die angestrebte Flexibilität beim Einsatz von DSS kann nur erreicht werden, wenn auf starre hierarchische Prozesssteuerungen zugunsten von variabler Kombinierbarkeit der verfügbaren logischen Bausteine verzichtet wird.

Nach der Befehlsauslösung durch den Anwender muss von der Dialogkomponente zunächst eine syntaktische und semantische Befehlsüberprüfung durchgeführt werden. Erst wenn die Anweisung zu dem aktuellen Interaktionskontext passt, kann eine Übersetzung in den internen DSS-Programmcode erfolgen. Nach erfolgter Inanspruchnahme von Modell-, Methoden-, Daten- und/oder Reportverwaltung sowie Rückmeldung mit den zugehörigen Befehlsresultaten wird auf der Dialogebene eine Transformation der Datenausgabe in die vom Benutzer gewünschte Form mitsamt Präsentation der Ergebnisse durchgeführt.

Modellbank

Der oftmals hohen Modellorientierung von entscheidungsunterstützenden Systemen mit der Betonung von Planungs- und Kontrollbetrachtungen wird durch eine Modellbank Rechnung getragen, die das Generieren, Ablegen, Verwalten und Auffinden von betriebswirtschaftlichen Modellen ermöglicht.

Geht es bei der Modellbildung um die terminologische und deskriptive Definition von Objekten und Beziehungen, so sind die Modelle dem Data Support, also dem Konstatieren von Sachzusammenhängen als problemunabhängige Informationsversorgung, stärker verpflichtet. Erst bei einer intensiveren Hinwendung zur Natur der funktionalen Zusammenhänge kann von **logischen Modellen im engeren Sinne** gesprochen werden. Sind die Funktionen empirisch abgeleitet, so haben darauf aufbauende Modelle Beschreibungscharakter, können aber nur bedingt zur Entscheidungsunterstützung herangezogen werden. Durch funktionale Abhängigkeiten, die auf theoretischer Fundierung basieren oder aus Entscheidungsverhalten abgeleitet wurden, können kausale Zusammenhänge aufgezeigt und für die Generierung und Bewertung von Handlungsalternativen genutzt werden. Sollen nicht nur Erklärungen für resultierende Größen bei simulativen **What-If-Rechnungen** oder **How-to-achieve-Rechnungen** den Entscheidungsträger in seinem Planungsprozess begleiten, so sind Zielfunktionen zu definieren, die innerhalb eines Entscheidungsraumes eine gerichtete **Optimierungsrechnung** ermöglichen. Erst die

Modelle der letztgenannten Kategorie, die im Operations Research intensiv behandelt und operationalisiert werden, unterstützen den Entscheidungsprozess mit „optimaler" Wirkung. Je nach Art der Daten, Entscheidungsvariablen und funktionalen Zusammenhänge können:

- deterministische und stochastische,
- statische und dynamische,
- lineare und nichtlineare,
- ein- und mehrkriterielle,
- scharfe/exakte und unscharfe (fuzzy),
- optimierende und satisfizierende

Modellbildungen unterschieden werden. Ein erheblicher Vorrat an mathematischen und statistischen Verfahren, die in der Methodenbank gegeben sein sollen, dient der Behandlung von verschiedenen, im Modell erhobenen Fragestellungen. Bekannteste Lösungsverfahren sind das **Simplex-Verfahren** in der linearen Optimierung oder die Anwendung von **Markovprozessen** in der Warteschlangentheorie. Diesen und ähnlichen analytischen Verfahren steht die Simulation gegenüber, die zwar ohne Gewähr auf Optimalität, aber mit hoher Flexibilität stochastische und dynamische Systeme abbilden und analysieren kann. Die starke theoretische Prägung dieser Modellbehandlungen verschließt dem Manager normalerweise den Zugang zu dieser Unterstützungsform, so dass er eher geneigt ist, die Modellinhalte zu simplifizieren und Lösungswege nachvollziehbar zu gestalten oder die Entscheidungsvorbereitung (Alternativengenerierung und Auswahlempfehlung) an die Stabsabteilungen (Analytiker und Mathematiker) zu delegieren.

Vor diesem Hintergrund des Modellverständnisses hat ein Modellbankmanagement die Aufgabe, die Definition und Manipulation von Modellen, d. h. von Daten, Entscheidungsvariablen und deren funktionaler Zusammenhänge, zu ermöglichen. Hierbei können wissensbasierte Ansätze sehr hilfreich sein. Die Modelle müssen mit unterschiedlichen Problemdaten und Lösungsalgorithmen betrieben werden können. Um diese Unabhängigkeit zu erhalten, sollte eine getrennte Verwaltung von Standardmethoden und speziellen Algorithmen in der Methodenbank als weitere Komponente eines DSS existieren.

Methodenbank
Die numerische Bearbeitung und Auswertung entwickelter Modellstrukturen mit **algorithmischen Verfahren** gewährleistet eine Methodenbank. Je nach Ausrichtung eines Unterstützungssystems reicht der Vorrat an Methoden von einfachen Konsolidierungs- und Aggregationsverfahren über anspruchsvolle finanzmathematische Berechnungen, Regressions-, Korellations- und Zeitreihenanalysen bis hin zu den komplexen, linearen und nichtlinearen Optimierungs- und Simulationsverfahren.

Um die zukünftigen Konsequenzen jetziger Handlungen abschätzen zu können, werden im Bereich der elektronischen Entscheidungsunterstützung häufig statistische Prognoseverfahren eingesetzt. Neben Interpolations- und Extrapolationsverfahren gehören dazu insbesondere auch Methoden zur Zeitreihenglättung und

Trendberechnungen (z. B. durch lineare Regressionen) sowie komplexe ökonome-
trische Verfahren zum Testen von Hypothesen und zur Parameterschätzung.

Von besonderer Bedeutung für die Datenaufbereitung und -analyse ist eine
trennscharfe Abgrenzung von wichtigen und unwichtigen Einflussfaktoren. Die
analytische Statistik bietet hierzu ein breites Methodenspektrum, das von Zeitrei-
hen- und Regressionsanalysen über Varianz- und Diskriminanzanalysen bis zu
Faktoren- und Clusteranalysen reicht. Bei der Gewinnung des relevanten Datenmaterials werden diese durch Stichprobenverfahren wirksam unterstützt.

Neben den statistischen Methoden sind es die mathematischen Algorithmen,
die einen erfolgreichen Einsatz bei Planungsaufgaben versprechen. Zu nennen
sind neben den Differential- und Variationsrechnungen insbesondere die Methoden der linearen Algebra, die bei linearen bzw. linearisierbaren Problemstellungen
zum Einsatz gelangen. Daneben existieren aufwendige mathematische Techniken,
wie etwa die Optimierungsverfahren (z. B. Simplex-Methode und Entscheidungsbaumtechniken) oder die Simulationsverfahren (z. B. Risikoanalyse).

Datenbank
Die Notwendigkeit zur Verwaltung relevanter Daten dokumentiert sich in einer
Datenverwaltungseinheit. Aufgrund ihrer unbestrittenen Leistungsfähigkeit bei der
Administration großer Datenbestände lassen sich Datenbanksysteme als Bestand-
teile übergeordneter Unterstützungskonzepte nutzbringend einsetzen.

Das Datenbankmanagement überwacht die Erstellung, Modifizierung, Selektion, Sicherung und Löschung von Daten, die in bestimmten Strukturen angeordnet sind und deren Beschreibung mit geeigneten Modellen **(Datenmodellen)** erfolgt. Wenn ein DSS auch als isoliertes System funktionstüchtig sein soll, muss
eine eigenständige Datenverwaltungskomponente mit autonomen Zugriffsmechanismen, d. h. Datendefinitions- und Datenmanipulationssprachen, sowie Integri-
tätsregeln und Datenschutzmaßnahmen vorliegen. Durch die Fokussierung auf abgegrenzte Entscheidungssituationen wird die volle Breite einer operativen Datenbasis nicht benötigt werden, wohl aber die zeitnahe Extraktion von Datenaggre-
gaten aus den Transaktionssystemen. Dazu kommen Daten aus externen Quellen,
persönliche Datenbestände von Führungskräften und allgemeine Planungsdaten,
die manuell erfasst und aufbereitet oder durch Modellrechnungen ermittelt werden. Eine Erweiterung von Datenbanken liegt in der Errichtung von **Wissensbanken**, mit denen sich auch unscharfe oder vage Informationen adäquat verwalten
lassen.

Zudem muss ein gegenseitiger Datenaustausch mit den Modell- und Methoden-
verwaltungseinheiten gewährleistet sein, um einerseits eine Versorgung von Modellen und Methoden mit Problemdaten und andererseits die Möglichkeit zur Ablage von Zwischen- und Endergebnissen auf Abruf sicherzustellen.

Reportbank
Die dauerhafte Ablage der **Ergebnisse von Problemrechnungen** sowie **vorformulierter Reportschablonen** leistet eine Berichtebank (Reportbank), welche bei
der Aufbereitung von Entscheidungsunterlagen in Form von tabellarischen Ge-
genüberstellungen oder grafischen Präsentationen oftmals durch Reportgenerato-

ren unterstützt wird. Derartige Generatoren orientieren sich heute an Standard-Grafikkernen und setzen Zahlenwerte in diverse Grafikdarstellungen um. Da heutzutage fast ausschließlich Personalcomputer oder Workstations mit multimedialen Fähigkeiten als DSS-Front-End Einsatz finden, sind die Reportgeneratoren wesentlich einfacher und komfortabler geworden. Standardberichtsformen werden von DSS-Anbietern mitgeliefert und grafische Aufbereitungen sind im Zeitalter des Desktop-Publishing kaum noch diskussionswürdig.

Mit diesem letzten Seitenblick auf die Darstellungsfähigkeit von Problemlösungen sind die Kernkomponenten eines klassischen DSS vorgestellt. Durch geschickte Verknüpfung und Kombination werden leistungsfähige Einzelkomponenten erst zu den Systemen, die flexibel und umfassend auf Ad-hoc-Anfragen des Managements antworten können, sei es als vernetzte Kopplung mit Synchronisation und Schnittstellenmanagement, als einfachere Brückenverbindung oder als Sandwicharchitektur, die zwischen Dialog- und Datenbankkomponente mehrere Modell- und Methodenmodule legt. Auf die Möglichkeiten, wissensbasierte Ansätze zu integrieren, wurde bei der Beschreibung der einzelnen Modelle bereits eingegangen.

Bei der Gestaltung problembezogener Decision Support Systeme werden zumeist **DSS-Generatoren** eingesetzt, die es als problemspezifische Werkzeugkästen dem Benutzer auf einfache Art und Weise gestatten, einsatzfähige Software zur Entscheidungsunterstützung zu erstellen. Während sie zunächst als spezielle höhere Programmiersprachen mit vergleichsweise leicht zu erlernendem und anzuwendendem Befehlsvorrat angeboten wurden, erfolgt ihre Bedienung heute ausschließlich auf der Basis grafischer Benutzungsoberflächen. Als dominierende Werkzeugklasse zur Erstellung anwendungsfallbezogener Decision Support Systeme werden heute fast ausschließlich Tabellenkalkulationssysteme (Spreadsheets) eingesetzt, die durch ihre simple Konzeption des Arbeitens in und mit Tabellen bestechen.[172]
Als historische Vorgänger der Tabellenkalkulationssysteme lassen sich die **Planungssprachen** verstehen, die als endbenutzerorientierte Entwicklungsumgebungen der vierten Softwaregeneration (4GL-Systeme) ebenfalls mit einem umfangreichen Vorrat an betriebswirtschaftlichen Planungs- und Analysefunktionen aufwarteten.[173] Bei dieser Softwarekategorie erfolgte eine konsequente Trennung von Daten und Modell, wodurch auch komplexe Strukturen abbildbar und nachvollziehbar blieben. Planungssprachen waren interpretativ ausgelegt, um die interaktive Modellrechnung mit beliebigen Änderungen an Daten, Variablen und Beziehungen zu gestatten. Mit einem Editor konnten Variablendefinitionen und logische Strukturen deklariert werden. Auf einer zweiten Ebene boten die Planungssprachen Tabellenformate an, um relevante Daten zu erfassen oder zu modifizieren. Zwar werden derzeit keine Produkte mehr am Markt unter dem Label

---

[172] Die Tabellenkalkulationssysteme werden in Abschnitt 4.2 nochmals separat aufgegriffen und vertieft erörtert.
[173] Vgl. Tilemann (1990), S. 331.

Planungssprache vertrieben, allerdings leben die grundlegenden Konzepte dieser Softwareklasse in den heute angebotenen Systemen weiter.

Durch den Freiheitsgrad, den DSS-Generatoren beim Aufbau von Planungsmodellen bieten, ist ein hoher Ausbildungsstand, verbunden mit analytischen Fähigkeiten, die Voraussetzung für einen erfolgreichen DSS-Designer. Der betriebliche Entscheidungsträger dagegen, der in der Hauptsache sein vordringliches Planungsproblem gelöst haben will, wird sich als Endbenutzer weniger häufig mit dem DSS-Generator auseinandersetzen. Er verlässt sich primär auf die konfektionierte, für ihn und sein Problem zugeschnittene Software, die sich mit wenig Aufwand bedienen lässt. Dieser Technologieschicht sind die spezifischen DSS zuzurechnen.

Spezifische DSS (SDSS) sind Anwendungssysteme mit konkreter Problemausrichtung, die den Entscheidungsträger in seinen speziellen Aufgabenbereichen im Entscheidungsprozess unterstützen. Sie gründen sich meist auf DSS-Generatoren, um die spezifische Problemstellung anwendergerecht zu bearbeiten. Die direkte Orientierung am Problemausschnitt und dessen Modellierung und Bewältigung stehen im Vordergrund.

Spezifische DSS gehen damit über die reine Informationsbereitstellung **(Data Support)** hinaus, indem sie modellgestützte Analysen der generierten Alternativen anbieten und entscheidend bei der Bewertung und Abwägung von Handlungsstrategien helfen. Anwendungen finden sich etwa im Bereich der Finanz- und Investitionsplanung, bei denen konsolidierte Bilanzen und Investitionsrechnungen zum Instrumentarium zählen. Eine weitere Klasse von spezifischen DSS behandelt die Planungs- und Steuerungsproblematik in der Fertigung. Dort kommen Simulationssprachen[174], Netzplanalgorithmen und verdeckte Optimierungskerne zum Einsatz. Im Bereich der Absatz- und Marketingplanung werden mehr statistische, prognostische Modelle mit Datenanalysen benötigt, wohingegen die Kosten- und Budgetplanung mit einfachen Abweichungsanalysen und Kennzahlensystemen auskommen. Das schwierigste Einsatzgebiet ist die Unternehmungsgesamtplanung, die versucht, Unternehmungen in ihren Leistungsprozessen und Abrechnungszyklen soweit zu aggregieren, dass diese modelltechnisch abbildbar, aber nicht realitätsfremd und planungsirrelevant werden. Auf der Basis von linearen Gleichungssystemen und Matrizenmodellen konnten einige Erfolge beim Aufbau von spezifischen DSS für die Unternehmungsgesamtplanung erzielt werden.

3.2.3   DSS-Beispiel

In Anlehnung an das MIS-Beispiel zur Gestaltung eines Vertriebsinformationssystems (vgl. Abschnitt 3.1.3) kann ein spezifisches DSS zur Absatzplanung die Anwendung erweitern. Zu den deskriptiven Verfahren der Absatzkontrolle, die bewertete Absatzmengen nach unterschiedlichen Kriterien anbieten, treten statistische Verfahren zur Datenanalyse und Prognose (vgl. Abb. 3/5).

---

[174] Die unterschiedlichen Ausrichtungen von Simulationssprachen werden z. B. von Witte aufgeführt. Vgl. Witte (1990), S. 385f.

122	▼	fx						
A	B	C	D	E	F	G	H	I

2	Vertriebsplanung							
4	Artikelgruppe:	Diverse						
5	Planjahr	2008						
7	Region:	Marktvolumen aktuell in Euro	Eigenanteil aktuell in %	Eigenanteil aktuell in Euro	Prognose Marktvolumen (lin. Reg.)	Prognose Eigenanteil (lin. Reg.)	Prognose Eigenanteil in Euro	Veränderung des Eigenanteils (wert-mäßig) in %
8	Nord	270000	35,45%	95715	350000	40,00%	140000	31,63%
9	Süd	350000	23,40%	81900	400000	30,00%	120000	31,75%
10	Ost	230000	12,45%	28635	350000	15,00%	52500	45,46%
11	West	430000	52,60%	226180	500000	55,00%	275000	17,75%
12	Gesamt	1280000	33,78%	432430	1600000	36,72%	587500	26,39%

Abb. 3/5:   DSS-Beispiel

Im Beispiel werden dabei einfache Prognoseverfahren (lineare Regression) benutzt, um aus historischem Datenmaterial auf mögliche zukünftige Marktvolumina
und geschätzte Eigenanteile zu schließen. Die Entwicklung der daraus resultierenden prognostizierten Eigenanteile auf den regionalen Märkten kann dann als wichtige Vorgabegröße in weiterführende Planungen einfließen.

Beim Aufbau derartiger DSS-Module ist zunächst das vorhandene Datenmodell
mit den DSS-Komponenten zu koppeln, d. h. die Datenschnittstelle zwischen operativer Datenbasis und DSS-Datenbank wird etabliert. Abhängig von speziellen
aktuellen Fragestellungen der Absatzplanung lassen sich modellgestützt verschiedene Szenarien berechnen. Vorhandene prognostizierte Marktdaten fließen dabei
ebenso in die Analyse ein wie das Erfahrungswissen der Vertriebsfachleute. Mehr-
maliges Abgleichen führt in Verbindung mit Sensitivitätsprüfungen zur Verab-
schiedung des Absatzplans, der anschließend der Beschaffungs- und Produktions-
programmplanung als Bezugsrahmen zur Verfügung gestellt wird.

3.2.4   Kritische Würdigung der DSS

Die breite Behandlung des DSS-Ansatzes rechtfertigt sich einerseits in der Viel-
schichtigkeit dieser Systeme in der betrieblichen Praxis und andererseits in der
zum Teil diffusen Abgrenzung von **Planungssystemen**. Besondere Aufweichun-
gen entstanden in den 1980er Jahren durch den Einzug von **Tabellenkalkulationsprogrammen** in die Fachabteilungen. Zu dieser Zeit wurden unter dem Begriff DSS zahlreiche elektronische Kalkulationsarbeitsblätter ad-hoc für den einmaligen Gebrauch erstellt. Hier liegt ein erster Vorwurf gegenüber den Entscheidungsunterstützungssystemen. Nicht die Verbreitung der Technologie
verbessert die Planung, sondern der bewusste Einsatz von problemadäquaten Modellen und beherrschbaren Methoden. Auch eine zweite Illusion erwies sich als
trügerisch: Die Vision des Top-Managers, der am Bildschirm aufwändige Analy-

sesysteme bedient, wurde nur in Ausnahmefällen zur Realität.[175] Diese Ausnahmefälle sind in leichteren Fällen Alibitäter und in schwereren Fällen verhinderte Analytiker, die Strategien zugunsten von Details vernachlässigen. Der letzte Kritikpunkt knüpft an die Erwartungshaltung der MIS an. Auch die DSS konnten keine unternehmungsüberspannenden Modelle zur Simultanplanung anbieten. Sie haben sich auf Teilprobleme spezialisiert, die sie mit viel Kompetenz bearbeiten. Zur Zeit werden auch zunehmend Planungs- bzw. DSS-Komponenten in ERP-Systeme integriert (vgl. Abschnitt 1.2.3). Der Rückzug der DSS in die Stabsstelle und Fachabteilung mit abgrenzbaren Problemlösungsstrategien hat den Entscheidungsunterstützungssystemen das Schicksal der MIS erspart. Diese wiederum erlangten unter der Bezeichnung Executive Information System (EIS) neuen Auftrieb.

3.3   Executive Information Systeme (EIS)

Mit fortschreitender Vernetzung der DV-Systeme, Dezentralisierung von EDV-Leistungen an den Arbeitsplatz und Allgegenwärtigkeit von leistungsstarken und benutzungsfreundlichen Personal Computern ist eine neue Basis für eine Verbesserung des MIS-Ansatzes entstanden. Nicht zuletzt die Softwareanbieter und EDV-Beratungsgesellschaften waren eine treibende Kraft für die Proklamation von Informationssystemen für das Management. Die neue Welle kam unter dem Pseudonym Executive Information System (EIS) Mitte der 1980er Jahre aus den USA und wurde eingedeutscht zu **Führungsinformationssystem (FIS), Chefinformationssystem (CIS)** oder **Vorstandsinformationssystem (VIS)**.[176] Der Technologieschub ermöglichte völlig neue Präsentationsformen und Zugriffe auf Informationen, die dem Management eine neue Qualität von Informationsaufbereitung und Aktualität versprechen.[177]

Wie die übrigen Systemklassen sollen auch die EIS zunächst allgemein beschrieben (Abschnitt 3.3.1) und danach hinsichtlich ihrer Komponenten diskutiert werden (Abschnitt 3.3.2). Das anschließende kurze Beispiel (Abschnitt 3.3.3) leitet über zu einer zusammenfassenden kritischen Würdigung der Executive Information Systeme (Abschnitt 3.3.4).

3.3.1   Definition und Einordnung der EIS

Zur Versinnbildlichung ihrer übergreifenden Ausrichtung bilden die EIS üblicherweise die Spitze der betrieblichen Anwendungssystempyramide (vgl. Abb. 3/6). Häufig wird in der Literatur nur das Top-Management als EIS-Endanwender genannt. Da die Einführung eines EIS jedoch oftmals auch die Anpassung des betrieblichen Führungssystems (Organisationsstrukturen, Prozessabläufe und Infor-

---

[175] Vgl. Müller-Böling/Ramme (1990).
[176] Vgl. Möllmann (1992), S. 366. Teilweise werden diese Systeme auch unter dem alten Begriff MIS weiter angeboten und eingesetzt.
[177] Vgl. Miksch (1991), S. 12.

mationsinhalte) bedingt, ist nicht einzusehen, warum die implementierten Kommunikationswege und Informationskanäle nicht auch vom übrigen Management genutzt werden sollen. Dann jedoch bietet es sich an, die verfügbaren Systeme benutzerspezifisch für alle Fach- und Führungskräfte zugänglich zu machen, zumal eine Vereinfachung der Computerbedienung durch grafische Benutzungsoberflächen, Präsentationstechniken und flexible Abfragen sicherlich gern angenommen wird.[178] In diesem Sinne wird das Akronym EIS in der folgenden Definition eher als "Everybody's Information System" verstanden.[179]

Executive Information Systeme (EIS) sind dialog- und datenorientierte Informationssysteme für das Management mit ausgeprägten Kommunikationselementen, die Fach- und Führungskräften aktuelle entscheidungsrelevante interne und externe Informationen über intuitiv benutzbare und individuell anpassbare Benutzungsoberflächen anbieten.

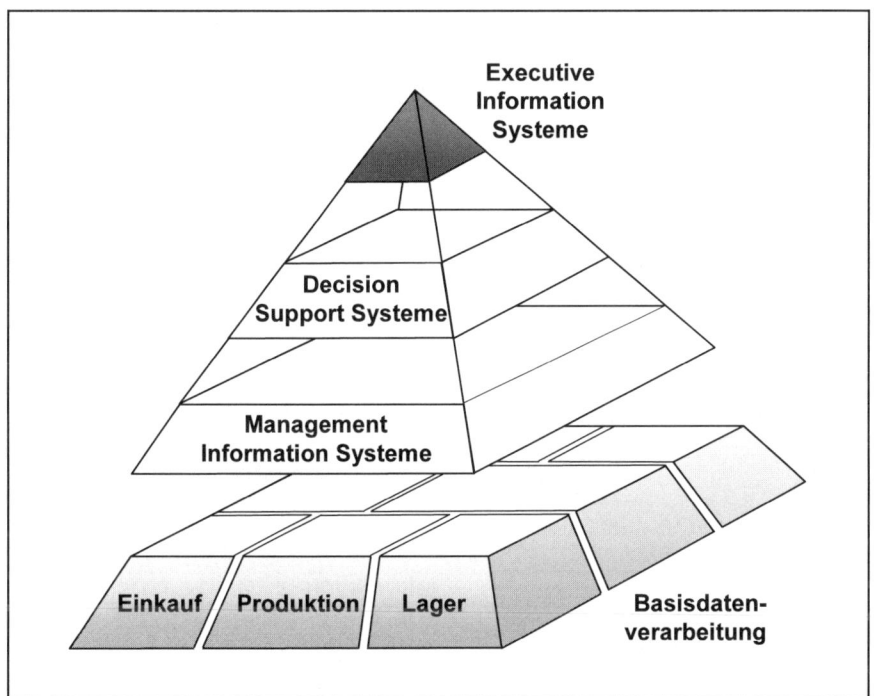

Abb. 3/6:   EIS in der Systempyramide

---

[178] Vgl. Bullinger/Koll/Niemeier (1993), S. 34.
[179] Al-Ani dagegen bietet als Langfassung „Enterprise Information System" an, wodurch für ihn die integrative Wirkung in vertikaler und horizontaler Richtung besonders treffend hervorgehoben wird. Vgl. Al-Ani (1992), S. 105.

EIS sind immer unternehmungsspezifisch aufgebaut und aufgrund der von ihnen geforderten Flexibilität und Aktualität nicht allein als Softwareprodukt, sondern mehr als ein durch Werkzeugeinsatz gestützter evolutionärer und adaptiver Entwicklungsprozess zu sehen. Das Einsatzgebiet ist hauptsächlich in den frühen Phasen des Planungs- und Entscheidungsprozesses angesiedelt, in denen der Entscheidungsträger **explorativen Data Support** benötigt, um frühzeitig unternehmungsbedeutsame Entwicklungstendenzen zu erkennen und Analysen zu initiieren.[180] Aber auch in der Kontrollphase können EIS zur Überprüfung der Auswirkungen angeordneter Maßnahmen sinnvoll eingesetzt werden. Im Vergleich zu den DSS erweisen sie sich als eher modell- und methodenarm.

Die besonderen Vorteile des EIS-Gedankens liegen in der managementgerechten Aufbereitung von "harten" und "weichen" Informationen zum Status der unternehmungsspezifischen **kritischen Erfolgsfaktoren (KEF)**[181], die dazu beitragen sollen, Handlungsbedarf frühzeitig zu erkennen, in Verbindung mit der dem individuellen Arbeitsstil anpassbaren Benutzungsoberfläche. Nur so kann eine spontane und intuitive direkte Nutzung durch das Management sichergestellt werden. Ein EIS muss als Monitoring-System den Blick auf die Gesamtleistung einer Unternehmung ermöglichen, aber gleichzeitig auch die Verbindung zu weichen Informationen bzw. schwachen Signalen wie Gerüchten, Eindrücken und Spekulationen, die interner oder externer Art sein können, herstellen (vgl. Abb. 3/7).

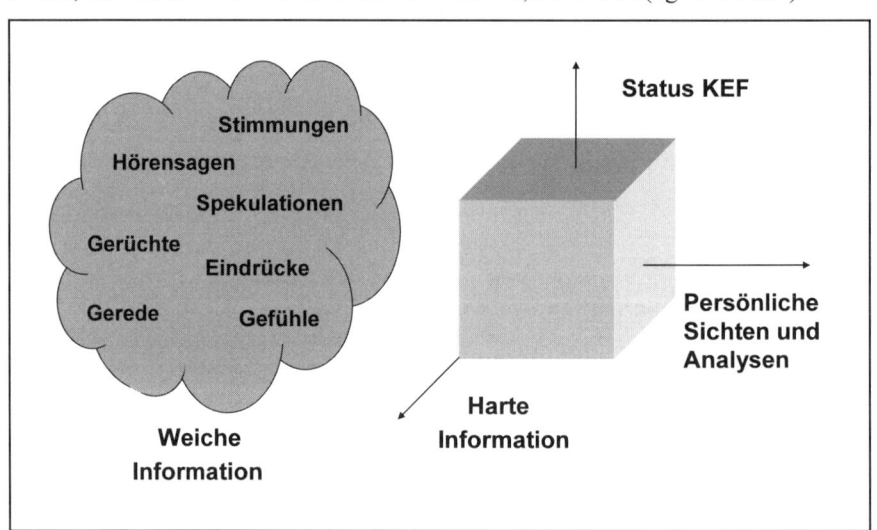

Abb. 3/7:   **Informationsquellen für das Management**

---

[180] Vgl. Jahnke (1993), S. 31.
[181] Vgl. Abschnitt 2.6.1. Yamaguchi fordert die Beschränkung auf fünf bis zehn spezifische und auf den Nutzer zugeschnittene primäre Kenngrößen, die sich bei Bedarf entlang eines Kennzahlenbaumes in sekundäre Kenngrößen aufgliedern lassen. Vgl. Yamaguchi (1995), S. 64; Gabriel/Beier (2003), S. 99f.

Nicht zuletzt haben die Studien von Mintzberg wichtige Aufschlüsse über das Arbeitsverhalten von Managern gegeben.[182] Demzufolge sind sie nicht die systematisch reflektierenden Planer, sondern stark an Aktionen orientiert, die in kurzen diskontinuierlichen Abfolgen und großer Variabilität verlaufen. Auch die Nutzung von formalisierten und stark aggregierten Daten steht nicht im Mittelpunkt der Informationsbeschaffung. Meist werden weiche Informationen, die sich aus Besprechungen und Telefonaten ergeben, viel stärker den mentalen Prozess des Managers beeinflussen.[183] Die Verarbeitung und Anwendung von entscheidungsrelevanter Information bleibt oft der Intuition und der persönlichen Bewertung vorbehalten, deren Umsetzung in ein rechenbares Modell derzeit als Utopie eingestuft werden muss. Neben diesen Erfahrungen sind auch die ernüchternden Feststellungen von Little[184] und den daraus folgenden Überlegungen zum Decision-Calculus-Konzept (Einfachheit, Robustheit und Kommunikationsfreudigkeit) in die EIS-Gedankenwelt eingeflossen.

3.3.2   Bestandteile und Aufbau der EIS

Bedingt durch die ausgeprägte Endanwenderorientierung der EIS lassen sich die einzelnen Systembestandteile aus Managersicht noch schlechter identifizieren als etwa bei den Decision Support Systemen. Insbesondere bei hochwertigen Systemlösungen sind die technisch zum Teil sehr anspruchsvollen Übergänge zwischen einzelnen Systemkomponenten derart reibungslos realisiert, dass die Software sich vollkommen homogen und "aus einem Guss" präsentiert.

Leichter fällt dagegen in der Regel die softwaretechnologische Abgrenzung von EIS-Entwicklungsumgebung und spezifischem Endanwendersystem, wenngleich sich die Übergänge auch hier zunehmend fließender gestalten.

Der individuelle Zuschnitt eines spezifischen Führungsinformationssystems auf die speziellen Informationsbedürfnisse eines Managers bedingt den Aufbau eines dedizierten Modells für die betreffende Unternehmung. Dabei wird das verfügbare Informationsspektrum meist als Grundmodell in Form eines **mehrdimensionalen Datenwürfels**[185] aufgebaut und fest verankert. Nachträgliche Änderungen dieser Grundstruktur sind – abgesehen von der Option, einzelne Elemente der Datenstruktur mittels der Grundrechenarten miteinander zu kombinieren, sowie rudi-

---

[182] Siehe z. B. Mintzberg (1972). Als ausgesprochen schwierig erweisen sich insbesondere Probleme, die nur von unterschiedlichen Personen gemeinschaftlich und ganzheitlich gelöst werden können. Eine Computerunterstützung kann hier nur durch sogenannte Task Force Support Systeme geleistet werden, mit denen sich auch die intensive Kommunikation zwischen den Gruppenmitgliedern abwickeln lässt. Vgl. Mußhoff (1989), Sp. 260; Watson (1992), S. 35ff.

[183] Anzuführen sind hier Unternehmungs- und Produktimage, Mitarbeitermotivation sowie Betriebsklima. Vgl. Yamaguchi (1995), S. 67.

[184] "Das große Problem wissenschaftlicher Management-Methoden besteht darin, dass die Manager sie praktisch nie anwenden". Little (1970), S. 466.

[185] Vgl. Back-Hock (1993a), S. 112. Zu den möglichen Dimensionen eines derartigen Datenwürfels vgl. Behme/Schimmelpfeng (1993), S. 7, und die Ausführungen in Kapitel 6.

mentäre statistische Verfahren wie Trendextrapolationen etc. – nur mit erheblichem Aufwand durchzuführen.[186] Aufgrund dieser engen Orientierung an den vorgegebenen Modellstrukturen sowie der strikten Beschränkung auf einen begrenzten Methodenvorrat entfällt die Notwendigkeit einer ausgeprägten eigenständigen Modell- und Methodenverwaltung. Innerhalb der vorgegebenen Datenstrukturen jedoch ist eine beliebige Navigation möglich, um das Datenmaterial aus verschiedenen Perspektiven und mit unterschiedlichen Aggregationsgraden betrachten zu können. EIS erweisen sich als höchst flexibel bezüglich der Darstellung der verfügbaren Daten. Durch die Vielzahl der unterschiedlichen Präsentationsformen[187] können ihnen in der Regel ausgezeichnete Reporteigenschaften zugebilligt werden. Häufig ist eine enge Verzahnung von Benutzungsschnittstelle und Reportgenerierung zu beobachten, wobei sich Teile des am Bildschirm präsentierten Reports als Schaltflächen mit hinterlegter Funktionalität (z. B. für den Drill-Down) erweisen. Schwerpunktmäßig werden dem Endbenutzer Standardberichte mit der Möglichkeit angeboten, im Einzelfall **Ad-hoc-Abfragen** als Auswertungen erstellen zu lassen. Überdies erweisen sich die Systeme als hochgradig kommunikationsorientiert. Module zum elektronischen Informationsaustausch sind als E-Mail-Komponenten zumeist direkt in die Endbenutzersysteme integriert. Per Knopfdruck lassen sich Dokumente und/oder Arbeitsanweisungen unmittelbar unternehmungsintern und -extern versenden. Weitere Komponenten des Personal Information Management (PIM) wie Kalender und Telefonverzeichnisse gehören heute bereits zum Lieferumfang der grafischen Benutzungsoberflächen und werden lediglich im Bedarfsfall durch zusätzliche Tools erweitert.

Aufgrund der hohen Datenorientierung der betrachteten Systemklasse kommt der effektiven Verwaltung und raschen Verfügbarkeit der Informationseinheiten eine besondere Bedeutung zu. Als wesentlicher Bestimmungsfaktor für den erfolgreichen Einsatz eines EIS ist folglich die Qualität der Datenbank zu verstehen. Im Rahmen der Systementwicklung wird daher meist viel Zeit in die durchdachte Konzeption von Datenstrukturen und Datenzugriffen investiert.[188]

Spezifische EIS-Lösungen werden häufig von unterschiedlichen Datenbasen versorgt.[189] Als potenzielle Datenlieferanten kommen dabei in Frage:

- Die eigene **EIS-Datenbasis**, in der das zugängliche Datenmaterial in unterschiedlichen Verdichtungsstufen vorgehalten wird. Hier sind auch Vorkeh-

---

[186] Nobs betont, dass die Inflexibilität von Datenstrukturen in einer ständig sich wandelnden Systemumgebung sich zu einer ernsthaften Einschränkung der Brauchbarkeit von Informationssystemen für das Management ausweiten kann. Vgl. Nobs (1995), S. 43ff.

[187] Einen Überblick über die zur Visualisierung einsetzbaren grafischen Darstellungsmöglichkeiten und intuitiven Bedienelemente liefert Back-Hock (1993b), S. 263ff.

[188] Kemper und Ballensiefen veranschlagen den Anteil der Erstellung eines geeigneten Datenpools am gesamten Entwicklungsaufwand mit bis zu 90%, insbesondere aufgrund der oftmals schwierigen Anbindung an die übrigen Datenhaltungssysteme. Vgl. Kemper/ Ballensiefen (1993), S. 18f.

[189] Die Verwendung inkonsistenter und fehlerhafter Datenquellen kann jedoch kaum durch die Oberflächenwerkzeuge ausgeglichen werden (garbage in - garbage out). Vgl. Fritz (1993), S. 330.

rungen bezüglich der wahlfreien Zusammenstellung der Informationseinheiten zu treffen (mehrfache Indizierung bzw. Verpointerung).

- Die **operative (Unternehmungs-) Datenbasis (Datenbank)**, in der sich die (Unternehmungs-) Daten in größtmöglicher Disaggregation befinden. Über definierte Schnittstellen kann hier auch auf die kleinstmögliche Informationseinheit zugegriffen werden.[190]

- Ein **Data Warehouse**[191], in dem ein breites Spektrum unterschiedlicher Informationseinheiten vorgehalten wird und die sowohl Soll-Größen als auch aufwändig aufbereitetes und verdichtetes Ist-Datenmaterial zur Verfügung stellen kann.

- **Externe Datenbestände** wie Online-Datenbanken und WWW-Datenbanken, aus denen unternehmungsexterne Informationen extrahiert werden können.

Das Dilemma des EIS-Entwicklers besteht in der Forderung nach einer sowohl umfassenden und aktuellen als auch schnellen Informationsversorgung für den Manager. Keinesfalls darf es dabei zu einer Überfrachtung des Anwenders mit wenig relevanten Information kommen, durch die der Blick auf die wesentlichen Fakten und Zusammenhänge verwehrt wird. Aus diesem Grunde bieten die EIS-Entwicklungswerkzeuge komplexitätsreduzierende Funktionen zum Aufbau eines so genannten **Exception Reporting**, das den Manager frühzeitig auf Abweichungen vom Soll-Zustand aufmerksam machen soll. Entsprechend dem aus der Managementlehre bekannten Führungskonzept des Management by Exception (Führung im Ausnahmeeingriff) sollen die Entscheidungsträger nur bei Überschreitung vorgegebener Schranken alarmiert werden (Information by Exception).

Der Aufbau eines problemadäquaten Exception Reporting im Sinne von Signalsystemen oder Früherkennungssystemen bedingt eine auf die Unternehmungsziele gerichtete Identifizierung wichtiger betrieblicher Schlüsselfaktoren (**Key Performance Indicator, KPI**), da nur durch die Konzentration auf wenige wesentliche Beobachtungsgrößen die gewünschte globale Sichtweise auf das Unternehmungsgeschehen erreicht werden kann. Anschließend werden für jeden Indikator Sollvorgaben sowie absolute oder relative Schwellenwerte (Obergrenzen, Untergrenzen) festgelegt, bei deren Überschreiten oder Unterschreiten durch die gemessenen aktuellen Indikatorausprägungen aktive Signale vom System ausgesandt werden sollen.

Durch farbliche Markierungen (**Color-Coding**) auftretender Abweichungen kann sich der Manager "auf einen Blick" einen umfassenden Eindruck über die aktuelle Situation in einem strategischen Geschäftsfeld oder einer geografischen Region verschaffen. Dabei erfolgt die Darstellung auf dem Bildschirm zumeist in Ampelfarben (**Traffic-Light-Coding**), wobei Chancen und Erfolge in grün, neutrale Bereiche in gelb und Risiken in rot dargestellt werden.

---

[190] Allerdings ist der Durchgriff in die operative Datenbasis umstritten, da die unaufbereiteten Rohdaten Potenziale für Fehlinterpretationen und Missverständnisse in sich bergen. Vgl. Back-Hock (1993a), S. 113.

[191] Vgl. Kapitel 5.

Die Aufbereitungsformen entsprechen den Fähigkeiten des Personal Computing, Tabellen, Texte, Daten und Grafiken zu verarbeiten, und sind hinsichtlich Farbgebung, Layout und Wahrnehmung von Toleranzgrenzen dem persönlichen Empfinden des Entscheidungsträgers anpassbar. Als Zusatzfunktion lassen sich interaktiv individuelle Margen festlegen, über die bestimmte Eigenschaften der Darstellungsobjekte gesteuert werden (z. B. hinsichtlich der Farbgebung). Dadurch kann der Entscheidungsträger selbständig definierte Informationsfilter zur Reduktion der Informationsflut einsetzen.

3.3.3   EIS-Beispiel

In Fortführung des MIS- und DSS-Beispiels (vgl. die Abschnitte 3.1.3 und 3.2.3) wird ein Vertriebsinformationssystem als EIS ausgestaltet sein, wenn es über die geforderten Funktionen Exception Reporting, Navigationsmöglichkeiten und E-Mail verfügt. Vor dem Aufbau eines Vertriebsinformationssystems müssen die kritischen Erfolgsfaktoren bzw. Schlüsselfaktoren für die Überwachung der Vertriebsaktivitäten definiert werden. Neben Auftragseingang, Servicegrad, Anteil realisierter Angebote und Qualität der Reklamationsbearbeitung können eine Vielzahl von anderen Faktoren gefunden werden, die als Steuer- und Kontrollgrößen dienen. Aus dem laufenden operativen Vertriebsgeschäft (Auftragsabwicklung und Angebotsbearbeitung) werden die Kennzahlen periodenaktuell berechnet und an die Datenbasis des EIS gemeldet

Den Einstieg in das System findet der Anwender über eine ansprechende und leicht bedienbare Benutzungsoberfläche, die ihm bereits auf dem Startbildschirm wichtige aktuelle Nachrichten anbietet. Von dort kann der User per Mausklick zu den implementierten Sichten auf die Kennzahlen verzweigen, die ihm zunächst auf einen Blick hoch verdichtete Daten der jeweiligen Perspektive im Plan-Ist-Vergleich und mit Markierung auffälliger Abweichungen anbieten (vgl. Abb. 3/8).

Sollten z. B. größere Einbrüche beim Auftragseingang in einer gewissen Region auftreten, so wird der Anwender durch Warnfarben darauf hingewiesen. Durch logische Verknüpfungen der Kennzahlen können bei der Ursachenforschung verantwortliche Produktbereiche, Regionen und Absatzkanäle lokalisiert werden. Verbunden mit den zugehörigen Kontextinformationen wird die Geschäftsführung Überprüfungen und Aktionen anordnen, beispielsweise als elektronische Post an das regionale Vertriebsbüro.

Abb. 3/8:   EIS-Beispiel

3.3.4   Kritische Würdigung der EIS

Ein weiteres Mal zielt die Informationsverarbeitung mit dem EIS-Ansatz auf das Top-Management. Nach dem MIS-Misserfolg in den 1970er Jahren verlässt man sich nicht mehr auf technologische Versprechen, sondern nimmt explizit das Management in die Verantwortung, um im Windschatten des organisatorischen Wandels Führungsinformationssysteme (FIS) als EIS zu etablieren. Der Anspruch ist sehr hoch gesetzt, und viele EIS-Projekte sind aus den o. g. Gründen früher oder später gescheitert.

Insbesondere darf nicht vergessen werden, dass ein wie auch immer geartetes Informationssystem nur als **Teil eines umfassenden Führungssystems** verstanden werden kann und eine Abstimmung mit Organisationsstrukturen und Ablaufprozessen als unabdingbare Voraussetzung für die erfolgreiche Einführung zu werten ist. Gewachsene, teils informelle Informationskanäle können schließlich nicht ohne Einbußen in elektronische Meldesysteme gegossen werden. Wird dennoch am überkommenen Berichtswesen festgehalten und versucht, parallel ein EIS zu installieren, so wird dieses politisch unterlaufen und damit inkonsistent und obsolet.

Auch der Manager als EIS-Nutzer muss sich der kritischen Überprüfung stellen, ob er tatsächlich DV-mündig geworden ist. Vielfach wird das EIS einem elektronischen Spielzeug gleichkommen oder als Statussymbol wenig Nutzung finden. Da EIS-Anwendungen erst langsam in die Chefetagen einziehen, wird auch die Informatik noch nachweisen müssen, ob sie tatsächlich in der Lage ist, die unternehmungsumspannenden Datenvolumina in akzeptablen Zeiten führungsgerecht aufzubereiten.

Executive Information Systeme (EIS) werden hier historisch als Weiterentwicklung von Management Information Systemen (MIS) betrachtet. Aufgrund neuer IuK-Technologien und auch besserer Konzepte haben die EIS doch eine große Chance, in Unternehmungen von Führungskräften effektiv und effizient eingesetzt zu werden. Hierzu kommt auch noch, dass heute immer mehr Personen, und hier insbesondere die Führungsnachwuchskräfte in den Unternehmungen, zumindest Grundkenntnisse auf dem Gebiet der Informatik aufweisen können. Letztlich fordert auch die mittlerweile anerkannte strategische Bedeutung des EDV-Einsatzes das Management zur Nutzung von Informationssystemen heraus.

Bevor eine zusammenfassende Darstellung der MSS in Abschnitt 3.5 erfolgt, soll zunächst im nächsten Abschnitt 3.4 eine erste Form der Integration zweier klassischer MSS-Systemkategorien vorgestellt werden.

3.4   Executive Support Systeme (ESS)

Der Begriff Executive Support System (ESS) wurde durch Rockart und DeLong[192] geprägt und wird oft mit Executive Information System (EIS) gleichgesetzt. Im eigentlichen Sinne geht der hier gemeinte Support aber über die reine Informationsbereitstellung und Informationsmanipulation von EIS hinaus und kann als Zusammenfassung von Data Support und Decision Support aufgefasst werden[193], wie in der folgenden definitorischen Abgrenzung zum Ausdruck gebrach wird:

Executive Support Systeme (ESS) sind arbeitsplatzbezogene Kombinationen aus problemlösungsorientierten DSS- und präsentations- und kommunikationsorientierten EIS-Funktionalitäten, die an Anwendertypen und Problemspektren ausgerichtet sind. Unter Umständen werden neben konventionellen DSS auch wissensbasierte DSS einbezogen.

Executive Support Systeme streben somit eine **ganzheitliche, phasen- und problemübergreifende Unterstützung des Management-Arbeitsplatzes** an, indem

---

[192] Vgl. Rockart/DeLong (1988).
[193] Vgl. Bullinger/Koll/Niemeier (1993), S. 34.

einerseits die hervorragenden Visualisierungs- und Präsentationsformen von EIS zur raschen Aufdeckung grundlegender Zusammenhänge genutzt und andererseits betriebswirtschaftliche Kausalmodelle und Methoden zur Analyse, Prognose, Simulation und Optimierung im Sinne einer DSS-Unterstützung angeboten werden (vgl. Abb. 3/9). Dabei sind die konventionellen Möglichkeiten der DSS um wissensbasierte Ansätze z. B. zur Diagnose und Analyse von Informationen zu erweitern.

Die Leistungsfähigkeit von ESS ist deutlich höher als die der separat betrachteten und genutzten EIS und DSS, da durch die Verbindung der Benutzungsfreundlichkeit, der grafischen Informationsaufbereitung und der Reduktion komplexer Informationszusammenhänge eines EIS mit der entscheidungsunterstützenden Modell- und Analysefunktion eines DSS Synergiepotenziale ausgeschöpft werden können. Außerdem wird beim ESS sowohl vergangenheitsorientiert dokumentiert als auch zukunftsorientiert analysiert.

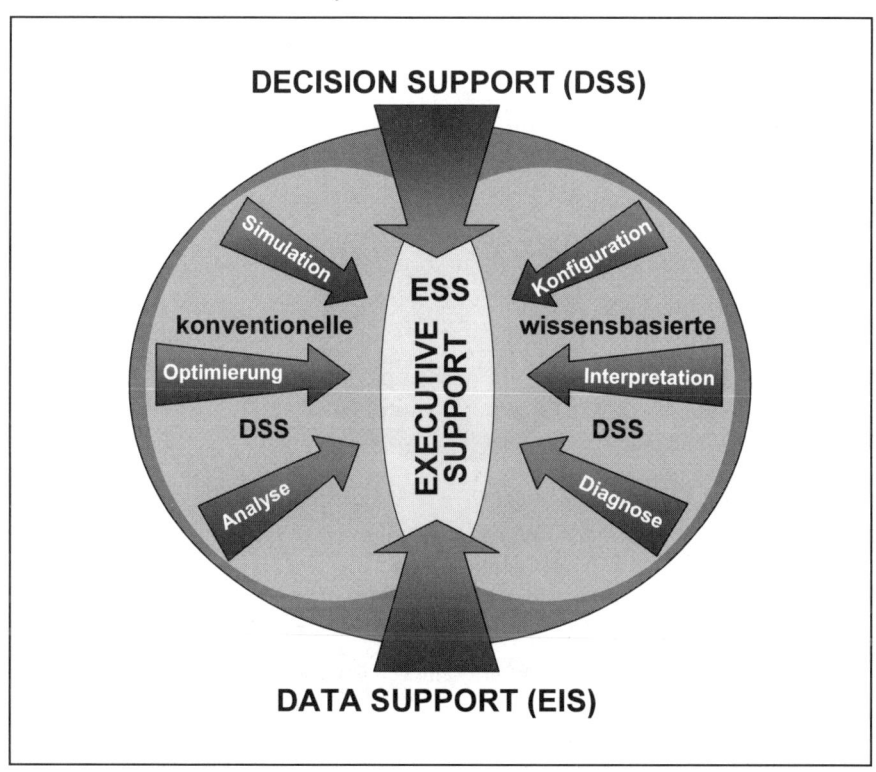

Abb. 3/9: **Data Support und Decision Support bei Executive Support Systemen**[194]

In der folgenden Abbildung 3/10 werden die Systeme MIS, EIS, DSS und ESS in einem Koordinatensystem positioniert, das die Funktions- und Zeitorientierung

---

[194] Vgl. Krallmann/Rieger (1987).

berücksichtigt. Die angegebenen Bereiche stellen tendenzielle Positionierungen dar, wobei das ESS den gesamten Bereich der Vereinigung von EIS (einschließlich MIS) und DSS aufspannt und darüber hinaus Synergiepotenziale aus dieser Verschmelzung aktiviert.

Der Schwerpunkt bei der Konzipierung eines ESS kann nur im **Integrationsgedanken** zu finden sein. Ein ESS-Designer muss nicht nur die diversen Problemlösungsfelder für den gezielten DSS-Einsatz sowie die Datenversorgung und managementgerechte Informationsdarstellung eines EIS im Auge halten, sondern sich auch um die Abfolge logisch zusammenhängender Arbeitsabläufe im Management kümmern, die es abzubilden gilt. Zur Unterstützung dieser unterschiedlichen Managementaktivitäten kann er aus dem Fundus der DSS- und EIS-Komponenten die jeweils passenden zusammenstellen und für den Entscheidungsträger konfektionieren. Ein ESS ist damit auch kein fertiges Produkt, sondern ein Konzept bzw. eine Strategie zum Aufbau von Managementunterstützungssystemen, die methodisch-technisch und organisatorisch-gestaltend eingesetzt werden muss.

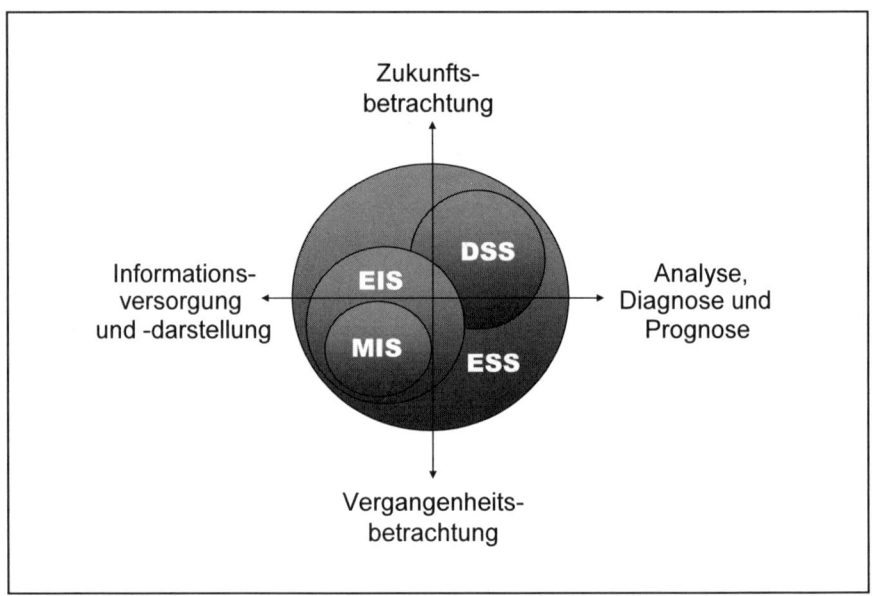

**Abb. 3/10:	Funktions- und Zeitorientierung von MIS, EIS, DSS und ESS[195]**

Die terminologischen Abgrenzungen sind in der Praxis nicht in voller Schärfe aufrechtzuhalten und wohl eher von akademischem Interesse. Für den Praktiker ist weniger die Bezeichnung eines computergestützten Informationssystems für Planung und Entscheidung ausschlaggebend, als die Funktionsfähigkeit des Systems für seine Anwendungen. Er benötigt die Funktionalität und Organisation, die das aktuelle Problem lösen. Als ernsthaftes praktisches Problem bei der Umsetzung

---

[195] Vgl. Cornelius (1991).

des ESS-Konzeptes ergibt sich ein Trade-off zwischen der Einfachheit und Transparenz in der Benutzerführung einerseits und der Flexibilität der abgebildeten Strukturen und der Mächtigkeit angebotener Funktionalitäten auf der anderen Seite.[196] Dennoch kann die Differenzierung von ESS, EIS, DSS und MIS den Blick für die Einsatzgebiete, Werkzeuge und Entwicklungsprozesse schärfen und bei der Auswahl und Bewertung der Systeme unterstützen. Zusammenfassend lassen sich die einzelnen Systemkategorien damit anordnen und von ihrer Ausrichtung her klassifizieren, wie in Abbildung 3/11 dargestellt:

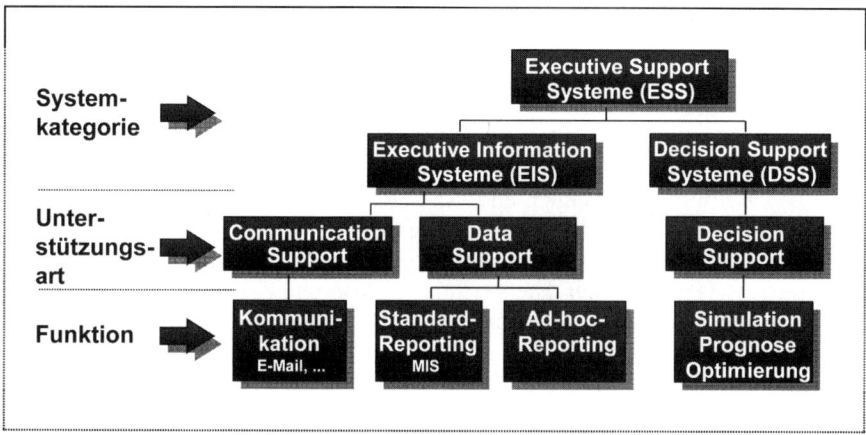

Abb. 3/11:   **Bausteine von Executive Support Systemen**

Als Kombinationen von Executive Information Systemen (EIS) und Decision Support Systemen (DSS) stellen Executive Support Systeme (ESS) neben den Basissystemen einen essentiellen Bestandteil von Management Support Systemen (MSS) dar. Das EIS ist überwiegend datenorientiert **(Data Support)** und kommunikationsorientiert **(Communication Support)**. Bei den datenorientierten Systemen lassen sich Management Information Systeme (MIS in klassischer und moderner Form), die vorwiegend das betriebliche Standardberichtswesen abdecken, und Ad-hoc-Informationssysteme zur Befriedigung des spontanen Informationsbedarfs unterscheiden. Die Kommunikationsorientierung stützt sich auf lokale und weite Kommunikationssysteme, die auch die Basis für gruppenorientierte Systeme bilden. Decision Support Systeme (DSS) dagegen weisen eine eher modell- und methodenorientierte Ausrichtung (Model and Method Support, **Decision Support** i. e. S.) auf.

Mit dieser funktionserweiternden Zusammenführung in einem ESS ist ein erster Integrationsschritt gelungen. Dennoch existieren weitere Konzepte und einsatzfähige Komponenten, die das Spektrum der Managementunterstützungssysteme sinnvoll ergänzen können.

---

[196] Vgl. Piechota (1993), S. 95.

3.5   Zusammenfassende Darstellung der Management Support Systeme

Zusammenfassend lässt sich feststellen, dass DSS und EIS bezüglich ihres technologischen Entwicklungsstandes als dialogorientierte Anwendungssysteme ähnliche Eigenschaften aufweisen. Die ersten MIS-Ansätze waren aufgrund ihres historischen Hintergrundes stark geprägt durch eine batchorientierte Nutzung. **MIS** werden heute überwiegend als datenbankbasierte Anwendungssoftware zur Erzeugung von Standardberichten eingesetzt. Doch auch hier sind Tendenzen in Richtung modernerer Dialogsysteme mit enger Anlehnung an EIS-Konzepte zu erkennen.[197]

EIS, die auch als Chef- bzw. Führungsinformationssysteme bezeichnet werden, lassen sich als Weiterentwicklung der MIS betrachten, wobei neue Funktionalitäten hinzukommen (z. B. vor allem Kommunikation). Aufgrund verbesserter Hardware- und Softwaretechnologien und der stärkeren Einbeziehung der Manager in den Gestaltungsprozess haben die EIS eine größere Chance, in Unternehmungen effektiv und effizient eingesetzt zu werden.

Im Gegensatz zu den eher datenorientierten MIS und EIS basieren die **DSS** auf Modellen und Methoden, die in unterschiedlichen Formen in der betrieblichen Praxis zum Aufbau von Planungs- und Entscheidungsunterstützungssystemen genutzt werden. Da ihr Einsatz i. d. R. Planungs- und Entscheidungswissen voraussetzt, sind es meist die modell- und methodenorientierten Fachleute, die als Benutzer auftreten. Gute Benutzungsoberflächen mit Hilfs- und Erklärungsfunktionen führen zu einer weiteren Verbreitung und Akzeptanz der DSS.

Aus der Literatur erklären sich **Managementunterstützungssysteme** durch "..alle Einsatzformen von Datenverarbeitungs-, Informations- und Kommunikationstechnologien zur Unterstützung unternehmerischer Aufgaben.."[198], wobei sie eine ".. individuelle, konzeptionelle Lösung zur Steuerung und Kontrolle von Unternehmungen auf informationstechnologisch modernstem Niveau.."[199] versprechen und das gesamte Unterstützungsspektrum von Managern durch den Einsatz von Computern und Informations- bzw. Kommunikationstechnologien[200] abdecken. Als Grundlage dienen in der Regel individuell konfigurierte hybride Softwaresysteme, die frei skalierbar sind und sich den dynamisch wandelnden Bedürfnissen des Entscheidungsträgers anpassen müssen. Als anspruchsvolle, den Entscheidungsprozess begleitende und beeinflussende Werkzeuge reichen MSS weit über die Unterstützungsfunktionalität von Basissystemen (z. B. zur Textverarbeitung, Tabellenkalkulation oder Terminverwaltung) hinaus, können diese jedoch auch als Komponenten beinhalten.

---

[197] Einige Softwareanbieter bieten ihre Software aus unternehmenspolitischen Gründen noch unter dem Namen MIS an. Eine Abgrenzung zu den EIS-Konzepten ist dabei nicht mehr möglich.

[198] Scott Morton (1983) zitiert von Krallmann/Rieger (1987), S. 29.

[199] Krallmann/Rieger (1987), S. 29.

[200] Vgl. Krallmann (1987), Sp. 165.

Die Anwendungssystempyramide hat als Architekturvorlage für den Aufbau von Management Support Systemen gedient. Eine Zusammenfügung der stufenweisen Zerlegung in die Schichten MIS, DSS und EIS führt in einer ersten "naiven" Sicht dazu, diese Elemente, die die Spitze der Systempyramide bilden, als Hauptkomponenten eines MSS zu verstehen (vgl. Abb. 3/12).

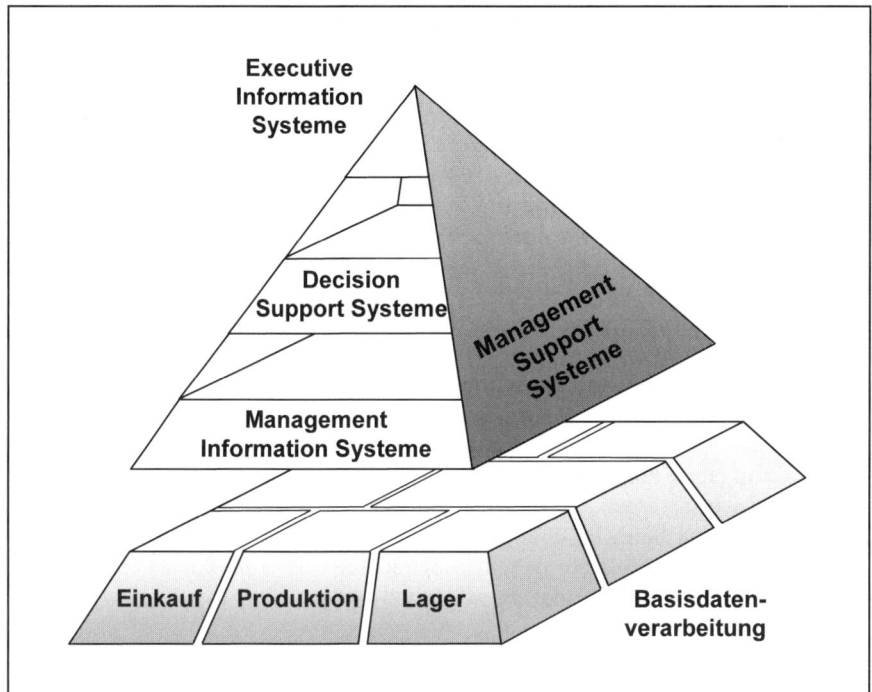

Abb. 3/12:   **Management Support Systeme in der Systempyramide**

Die Schlagkraft und Effizienz eines Managementunterstützungssystems liegt aber viel mehr in der dem Arbeitsplatz angepassten Kombination von Teilsystemen, die sich dynamisch erweitern und austauschen lassen. Bezogen auf die Managementphasen und Managementebenen (vgl. die Abschnitte 2.1 und 2.2) können Anforderungsprofile entwickelt werden, die durch den Einsatz von Modulen oder durch die Unterstützung aus der Basistechnologie abzudecken sind (vgl. Abschnitt 1.2).

Als Adressaten von Management Support Systemen (MSS) kommen alle Mitarbeiter von Unternehmungen in Betracht, denen Führungs-, Planungs-, Steuerungs- und Kontrollaufgaben übertragen sind.[201] Damit orientieren sich die Systeme weniger an der hierarchischen Position des Nutzers, sondern an den ihm übertragenen Aufgaben.

Der erste Integrationsansatz wird unter dem Begriff **Executive Support System (ESS)** vorgestellt. Die vorrangig als Bindeglied zwischen DSS und EIS zu

---

[201] Vgl. Semen/Baumann (1994), S. 48.

verstehenden ESS bilden – gegebenenfalls ergänzt um Basissysteme – den wichtigsten Bestandteil von Management Support Systemen (vgl. Abb. 3/13).

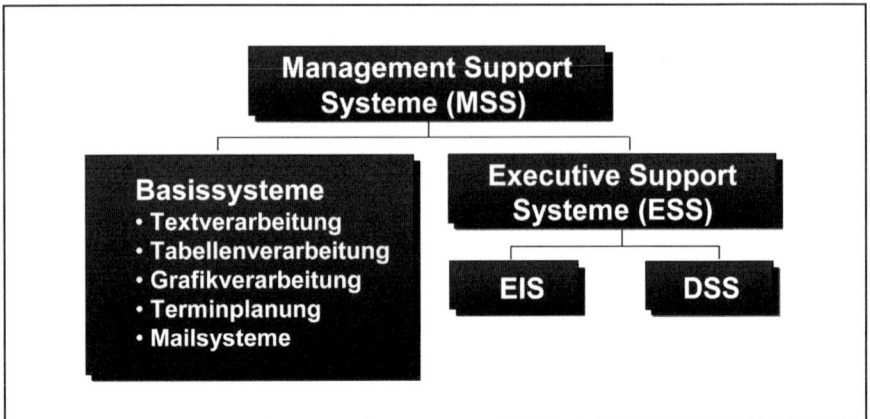

Abb. 3/13:   Bestandteile von Management Support Systemen

Basissysteme sind allgemeingültige Softwaresysteme, die unabhängig von Managementaufgaben zur allgemeinen **Informationsverarbeitung** und **Kommunikation** eingesetzt werden. Sie bilden ebenso die Basisfunktionalitäten für die weiteren Anwendungsbereiche und werden auch als die grundlegenden Funktionen von **Bürosystemen (office systems)** betrachtet, die von Fach- und Sachbearbeitern, aber auch vom Management genutzt werden.

Im folgenden Kapitel 4 folgt eine Darstellung und Erläuterung aktueller Strömungen im Umfeld der Management Support Systeme (MSS), die im Weiteren unter dem Oberbegriff Business Intelligence diskutiert werden. Die zugehörigen Konzepte und Technologien bieten vielfältige Möglichkeiten für einen erfolgreichen Einsatz managementunterstützender Systeme in Unternehmungen und sind deshalb heute Gegenstand zahlreicher Diskussionen in Theorie und Praxis.

4 Business Intelligence

Die vorangegangenen Kapitel dieses Buches haben gezeigt, dass technologische Lösungen zur Unterstützung betrieblicher Fach- und Führungskräfte längst keine neue Entwicklung darstellen, sondern bereits seit mehr als drei Jahrzehnten fest im Architekturportfolio der Unternehmungen verankert sind. Die zugehörigen Systemkategorien wurden unter dem vor allem in der wissenschaftlichen Diskussion noch immer sehr gebräuchlichen Oberbegriff Management Support Systeme (MSS) zusammengefasst.

Nicht zuletzt aufgrund der Tatsache, dass analyseorientierte Anwendungen und Systeme heute nicht mehr ausschließlich auf die Nutzung durch das Management fokussiert sind, finden sich seit Ende der 1990er Jahre vielfältige Ansätze zur Findung und Durchsetzung neuer Begrifflichkeiten. Dabei konnte sich das Begriffsgebilde Business Intelligence (BI) in den letzten Jahren zunächst in der Praxis und später auch in der wissenschaftlichen Diskussion als Synonym für innovative IT-Lösungen zur Unternehmungsplanung und -steuerung fest etablieren.[202] Vor allem die Anbieter von Softwareprodukten vermarkten ihre Lösungen gerne unter dem Label „BI"[203], obwohl die Produkte ganz unterschiedliche betriebliche Aufgabenstellungen und Zielgruppen adressieren.

Der folgende Abschnitt 4.1 nimmt zunächst eine Einordnung und Abgrenzung von Business Intelligence vor. Anschließend beleuchtet Abschnitt 4.2 Basistechnologien, die beim Aufbau von Business Intelligence-Lösungen zum Einsatz gelangen. Abschnit 4.3 widmet sich danach den einzelnen Nutzergruppen, die mit den BI-Systemen arbeiten, bevor Abschnit 4.4 schichtenorientiert die identifizierbaren BI-Architekturbausteine diskutiert.

4.1 Einordnung und Abgrenzung

Business Intelligence (BI) gehört zu der wachsenden Anzahl englischsprachlicher IT-Schlagworte, bei denen eine Übersetzung bislang keinen Eingang in den deutschen Sprachgebrauch gefunden hat. Eine naive Übersetzung mit „Geschäftsintelligenz" liegt zwar nahe, würde die inhaltliche Bedeutung aber nur sehr unzureichend widerspiegeln. Vielmehr soll „Intelligence" hier im Sinne von Einsicht oder Verständnis interpretiert werden, wodurch das Ziel des Einsatzes von Business Intelligence klarer zum Ausdruck gelangt.[204]

---

[202] Vgl. Kemper/Mehanna/Unger (2004), S. V; Mertens (2002), S. 1.

[203] Vgl. Strauch/Winter (2002a). Kemper und Lee stellen heraus, dass sich unter Business Intelligence mehr als nur eine Worthülse verbirgt, da es sich als unternehmungsweites, integriertes Konzept deutlich von herkömmlichen und oft isolierten Ansätzen der klassischen Managementunterstützungs-Lösungen abhebt. Vgl. Kemper/Lee (2001), S. 54f.

[204] Hansen und Neumann verweisen auf den modischen Charakter von BI und verstehen Intelligence eher im Sinne von Auskunfts- oder Nachrichtendienst, in Analogie zur amerikanischen Central Intelligence Agency (CIA). Vgl. Hansen/Neumann (2005), S. 831.

Eine Einordnung und Abgrenzung von Business Intelligence erweist sich vor diesem Hintergrund als nicht trivial, zumal jede gewählte Definition angreifbar bleibt. Dennoch kann eine erste Annäherung an das Begriffsgebilde erfolgen, indem Konzepte und Technologien aufgezeigt und erörtert werden, die sich dem BI ganz oder in Teilen zuordnen lassen. Ein Grundkonsens besteht dabei darin, dass die Techniken und Anwendungen des Business Intelligence entscheidungsunterstützenden Charakter aufweisen sowie zur besseren Einsicht in das eigene Geschäft und damit zum besseren Verständnis in die Mechanismen relevanter Wirkungsketten führen sollen.

Gemäß einem sehr **engen Begriffsverständnis** umfasst Business Intelligence lediglich den Teil analyseorientierter Produkte und Anwendungen, der eine Aufbereitung und Präsentation von multidimensional organisiertem Datenmaterial mit den gängigen Techniken wie Slice und Dice oder Color Coding[205] ermöglicht. Als BI-Tools kommen dann herstellerspezifische Client-Lösungen, Briefing-Books, Excel-Add-Inns oder Browser-Erweiterungen in Betracht.[206] Explizit ausgeklammert werden dagegen die Front-End-Produkte, die zur Generierung von Reporting-Anwendungen genutzt werden oder Data Mining ermöglichen.[207]

Diesem engen BI-Verständnis kann entgegengehalten werden, dass vielfältige analyseorientierte Konzepte und Anwendungslösungen existieren, die dazu dienen, das eigene Geschäft besser zu verstehen. Vor allem sind dies die Komponenten, die modell- und methodenbasiert eine zielgerichtete Analyse von vorhandenem Datenmaterial ermöglichen (**analyseorientiertes BI-Verständnis**). In diesem Fall sind zu den BI-Tools neben On-Line Analytical Processing (OLAP)-Werkzeugen insbesondere Data Mining-Produkte und Generatoren zur Erstellung von Ad-Hoc-Berichten sowie die darauf basierenden Anwendungen zu zählen.[208] Zwangsläufig jedoch taucht die Frage auf, warum nicht auch andere Systeme zum Business Intelligence gerechnet werden, die ebenfalls darauf ausgelegt sind, geschäftliche Prozesse zu untersuchen und besser zu verstehen. Zu denken ist in diesem Zusammenhang beispielsweise an die Werkzeuge zur Verarbeitung unstrukturierter Daten, die heute zum Teil auch unter dem Oberbegriff Knowledge Management-Systeme (vgl. Abschnitt 10.1.2) diskutiert werden, sowie zur Analyse und zum Monitoring der Geschäftsprozesse (Business Activity Monitoring- und Process Performance Management-Systeme). Daneben sind ebenfalls konkrete Anwendungsbereiche einzubeziehen wie z. B. das analytische Customer Relationship Management (CRM), welches häufig auf statistische Methoden zurückgreift. Letztlich gehören zudem Balanced Scorecard- und Kennzahlensysteme[209] sowie die Systeme zur Planung und Budgetierung, zum Risiko-Management, zur Kon-

---

[205] Vgl. Gluchowski/Gabriel/Chamoni (1997), S. 216 - 218.
[206] Vgl. Schinzer/Bange (1999), S. 59, sowie Abschnitt 6.1.
[207] Vgl. Schinzer/Bange (1999), S. 47.
[208] Vgl. Jung/Winter (2000), S. 11.
[209] Eine Übersicht über gebräuchliche Kennzahlen und Kennzahlensysteme findet sich beispielsweise bei Gladen (2005).

zernkonsolidierung oder zumindest Teile davon zu Business Intelligence, sofern sie den analytisch arbeitenden Anwender bei seinen Aufgaben unterstützen.[210]

In Wissenschaft und Praxis scheint sich derzeit ein noch weitergehendes Verständnis des BI-Begriffes zu etablieren,[211] das dazu führt, alle Systemkomponenten zu Business Intelligence zu zählen, die operatives Datenmaterial zur Informations- und letztlich Wissensgenerierung aufbereiten und speichern sowie Auswertungs- und Präsentationsfunktionalität anbieten. Übersetzt in die heutige System- und Konzeptlandschaft werden demnach sowohl die benötigten ETL-Werkzeuge, Data Warehouses als auch die analytischen Applikationen abgedeckt (**weites BI-Verständnis**).[212]

In Abgrenzung zur rein werkzeug- und anwendungsorientierten Sichtweise auf Business Intelligence kann auch ein stärker prozessfokussiertes Begriffsverständnis Verwendung finden. Business Intelligence ist dann ein Prozess, der aus fragmentierten, inhomogenen Unternehmungs-, Markt- und Wettbewerbdaten Wissen über eigene und fremde Positionen, Potenziale und Perspektiven generiert.[213] Dieses zusätzliche Wissen muss zwangsläufig in Aktionen münden, die verändernd auf die vorhandenen Strukturen und Abläufe einwirken. Dabei kann es sich um Einzelmaßnahmen mit operativem Charakter handeln, wie beispielsweise kurzfristige Marketingaktivitäten, aber auch um sehr weit reichende organisatorische Modifikationen, z. B. in der betrieblichen Aufbau- und Ablauforganisation.

In jedem Fall ändert sich durch das Einwirken auf die Ausgangssituation in den Folgeperioden das verfügbare Datenmaterial, so dass neue Analysepotenziale erwachsen und der gesamte Durchlauf erneut angestoßen wird. Im Idealfall führt diese Vorgehensweise zu einem kontinuierlichen Prozess[214], der eine permanente Anpassung der Organisation an sich ändernde Umfeldsituationen gewährleistet und nicht zuletzt bewirkt, dass sich bietende Chancen und Risiken frühzeitig erkannt und für die eigenen Ziele nutzbar gemacht werden. Selbstverständlich müssen auch bei der **prozessorientierten BI-Sichtweise** Techniken und Werkzeuge verwendet werden, um geeignete Analysen der umfangreichen und verstreuten Datenquellen zu ermöglichen. Dabei erfahren die eingesetzten Basisdaten eine schrittweise Veredlung, um die relevanten Zusammenhänge transparent zu gestalten.

Aus der Vielfalt an Konzepten und Technologien, die sich nach den unterschiedlichen Sichtweisen dem Business Intelligence zurechnen lassen, erwächst das Anliegen, diese anhand eines Ordnungsrahmens zu strukturieren und zu positionieren. Als Schema kann hierbei eine zweidimensionale Aufgliederung gewählt werden, die auf der vertikalen Achse gebräuchliche Verarbeitungsformen der Basisdaten abträgt. Die horizontale Achse versinnbildlicht, aus welcher Perspektive

---

[210] Die wesentlichen der hier aufgeführten betriebswirtschaftlichen Themenbereiche und zugehörigen Systemlösungen werden an anderer Stelle ausführlich diskutiert. Vgl. die Abschnitte 8.1 bis 8.5.

[211] Vgl. z. B. Gluchowski/Kemper (2006).

[212] Vgl. Krahl/Windheuser/Zick (1998), S. 11; Whitehorn/Whitehorn (1999), S. 2; Hannig (2000), S. 9.

[213] Vgl. Grothe/Gentsch (2000), S. 11.

[214] Dieser Prozess lässt sich auch als „Closed Loop" bezeichnen. Vgl. Oehler (2006), S. 50.

das jeweilige Thema sowie die zugehörige Systemkategorie heute schwerpunkt-mäßig diskutiert werden (vgl. Abb. 4/1). Die Palette betrachteter Technologien und Konzepte lässt sich von technikgetriebenen Komponenten der Datenbereitstel-lung, wie beispielsweise ETL-Werkzeuge und Data Warehouse-Datenbanken, bis zu anwendungszentrierten Lösungen zur Datenauswertung und -analyse (z. B. Pla-nungs- und Konsolidierungssysteme) spannen.

Im oberen Teil der Abbildung finden sich dann die Ansätze, die eine reine Speicherung und Bereitstellung analyserelevanter Daten abdecken. Im unteren Be-reich sind die Aspekte abgetragen, bei denen die methodische Komponente stärker im Vordergrund steht und die das angebotene Datenmaterial als Ausgangspunkt für weiterführende Analysen nutzen. Der mittlere Bereich ist durch Werkzeuge geprägt, die das Datenmaterial mit vergleichsweise wenig eigener Aufbereitungs-funktionalität entsprechend der zugrunde liegenden Datenstrukturen anzeigen können. Im linken Teil der Abbildung finden sich Systeme und Konzepte, die ver-stärkt in IT-Abteilungen oder Stabsstellen mit dominanter technischer Ausrichtung diskutiert werden. Dagegen lassen sich im rechten Sektor Themen positionieren, die zwar ebenfalls durch die zugehörigen, z. T. lokal begrenzten Systemlösungen abzudecken sind, deren inhaltliche Ausgestaltung allerdings sehr eng mit geschäft-lichen bzw. fachlichen Anforderungen verknüpft ist und deren technische Umset-zung sich als eher nachrangig erweist. Der mittlere Bereich auf der horizontalen Achse wird durch Systemkategorien determiniert, die sowohl einen ausgeprägten fachlichen als auch technischen Bezug aufweisen.

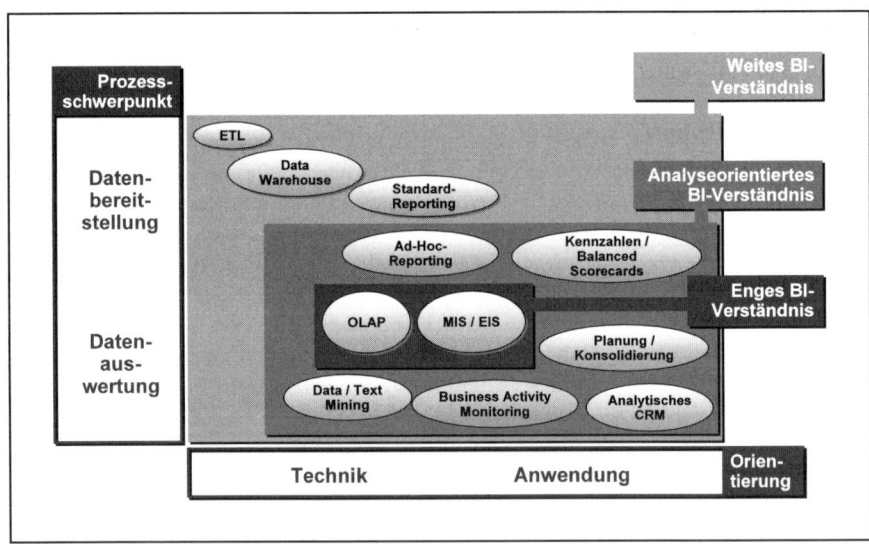

Abb. 4/1: **Einordnung unterschiedlicher Facetten und Abgrenzungen von Business Intelligence**[215]

Zusammenfassend lässt sich Business Intelligence damit (zumindest nach dem weiten BI-Begriffsverständnis, das den nachfolgenden Ausführungen zugrunde liegt) als begriffliche Klammer verstehen, die unterschiedliche Technologien und Konzepte im Umfeld der entscheidungsunterstützenden Systeme zusammenführt und dabei eine entscheidungsorientierte Sammlung und Aufbereitung von Daten über das Unternehmen und dessen Umwelt sowie deren Darstellung in Form von geschäftsrelevanten Informationen für Analyse-, Planungs- und Steuerungszwecke zum Gegenstand hat.

Im Einzelnen handelt es sich hierbei um Komponenten zur **Extraktion, Bereinigung, Transformation, Integration, Speicherung** und **entscheidungsorientierte Aufbereitung** relevanter Informationen sowie um die Bausteine zur **Präsentation** und **Analyse** dieser Inhalte.

4.2 Basistechnologien

Business Intelligence (BI) umfasst in breiter Auslegung – wie oben beschrieben – alle Systemkomponenten, die operatives Datenmaterial zur Informations- und Wissensgewinnung aufbereiten und speichern sowie Auswertungs- und Präsentationsfunktionalitäten anbieten. In Abbildung 4/1 wurde eine zweidimensionale Einordnung unterschiedlicher Facetten und Abgrenzungen von BI vorgenommen, die neben einer Prozessdimension auch eine technik- und anwendungsorientierte Perspektive aufweist. Die dort aufgeführten BI-spezifischen Technologien, wie z. B. ETL-Werkzeuge, Data Warehouse-Datenbanken, OLAP-Systeme und Mining-Techniken, wie auch die klassischen MSS-Konzepte nutzen und integrieren Basistechnologien, die Gegenstand der folgenden Betrachtungen sind.

Neben den vielfältigen Formen der Datenbank- und der Tabellenkalkulationssysteme, die im Rahmen der Datenbereitstellung und Datenauswertung wertvolle Dienste leisten, gehören dazu auch die Kommunikationssysteme bzw. Internettechnologien sowie die Kooperations- bzw. Groupwaresysteme, die im Folgenden kurz dargestellt werden.

4.2.1 Datenbanksysteme

Die umfangreiche Menge wichtiger Daten in einer Unternehmung macht es notwendig, diese Inhalte zu ordnen und langfristig abzulegen, um im Bedarfsfall schnell und strukturiert auf sie zugreifen zu können. Mit dieser Problematik beschäftigt sich die Datenbank-Forschung, die auch heute noch als ein wichtiger Bereich der Informatik anzusehen ist. Effiziente und wirtschaftliche Formen der Informationsverarbeitung in der betrieblichen Praxis stützen sich stets auf eine systematisch aufgebaute **Datenorganisation**, wie sie durch leistungsfähige, aktuell verfügbare **Datenbanksysteme** gegeben ist.

Vor diesem Hintergrund repräsentieren Datenbanksysteme auch für BI-Lösungen eine zentrale Basistechnologie, da sie das relevante Datenmaterial langfristig und sicher speichern können sowie leistungsfähige Mechanismen zum Wiederauffinden der abgelegten Inhalte bieten. Aufgrund ihrer großen Bedeutung sollen

Grundlagen, Datenmodelle und Erweiterungen der Datenbanksysteme im Folgenden etwas ausführlicher beschrieben werden.

Allgemeine Grundlagen

Ein Datenbanksystem[216] besteht aus einer **Datenbank**, einem **Datenbankverwaltungssystem** und einer **Kommunikationsschnittstelle**. In einer Datenbank lassen
sich umfangreiche Datenbestände dauerhaft ablegen. Die gespeicherten Daten
werden vom Datenbankverwaltungssystem organisiert und kontrolliert. Das Arbeiten mit einer Datenbank erfolgt über eine Kommunikationsschnittstelle durch die
Nutzung bzw. Unterstützung von Datenbanksprachen.

Sowohl kommerziell vertriebene als auch quelloffene (Open Source) Datenbanksysteme werden in unterschiedlichen Leistungsklassen von zahlreichen Herstellern am Markt angeboten und sind unter verschiedenen Betriebssystemen lauf-
fähig. Sie lassen sich sowohl auf Server-Rechnern als auch auf Personal
Computern (PC) einsetzen. Der Einsatz der Datenbanksysteme ist in der Praxis
weit verbreitet und für diverse Anwendungen sinnvoll. Der Einsatznutzen hängt
jedoch nicht nur von der Leistungsfähigkeit des gegebenen Datenbanksystems und
der benutzten EDV-Anlage ab, sondern in starkem Maße von den Personen, die
für den inhaltlichen Aufbau und die Entwicklung des Informationssystems verantwortlich sind, und auch von den Endbenutzern.

Datenbanksysteme bringen bei der praktischen Nutzung zahlreiche Vorteile mit
sich, von denen hier nur einzelne exemplarisch herausgegriffen werden. Im Gegensatz zur konventionellen Datenorganisation, bei der es üblich ist, für jedes
Programm (bzw. für jeden Benutzer) eigene und programmspezifische Dateistruk-
turen aufzubauen, bieten Datenbanksysteme eine einheitliche Kommunikationsschnittstelle, über die verschiedene Programme (bzw. Benutzer) auf die zentrale
Datenbasis zugreifen können (Mehrbenutzer-/Mehrprogrammzugriff).

Die Gestaltung der Datenbasis (**Datenstrukturen**) wird weitgehend unabhängig von den auf sie zugreifenden Programmen (bzw. Benutzern) vorgenommen.
Die Kommunikationsschnittstelle gewährleistet in Verbindung mit der Datenbankverwaltungskomponente, dass jedes zugreifende Programm (jeder Benutzer)
nur die jeweils benötigten Daten sieht. Änderungen an der Datenstruktur wirken
sich nur insofern aus, wenn sich diese unmittelbar auf relevante Teile der Datenstruktur beziehen, beispielsweise in Form von Lösungen von Tabellen oder Tabellenspalten (Daten-Programm-Unabhängigkeit).

Unter dem Oberbegriff **Datenintegrität** weisen Datenbanksysteme Mechanismen auf, die dazu dienen, dass die Daten vollständig, korrekt und stets verfügbar
sind und keine unerlaubten Operationen ausgeführt werden dürfen. Zwar ist die
Forderung nach Integrität für jede Art von Datenverarbeitung zu erfüllen, sie besitzt jedoch bei Datenbanksystemen eine besonders große Bedeutung, da hier umfangreiche Datenbestände, auf die viele Benutzer zugreifen können, zentral ge-

---

[216] Die folgenden Ausführungen zu Datenbanksystemen sind dem Grundlagenwerk von
Gabriel und Röhrs zum Thema entnommen. Vgl. Gabriel/Röhrs (1995). Weiterführende
Informationen zu Datenbanksystemen finden sich beispielsweise auch bei Kem-
per/Eickler (2006); Kleinschmidt/Rank (2005); Pernul/Unland (2003).

speichert und verwaltet werden. Die Probleme der Datenintegrität werden unter dem Aspekten **Datenkonsistenz** (Vermeidung logischer Widersprüche im Datenbestand), **Datensicherheit** und **Datenschutz** behandelt.[217]

Als weiterführende Merkmale von Datenbanksystemen sind vor allem die Leistungsfähigkeit sowie die Flexibilität besonders herauszuheben.

Die **Leistungsfähigkeit (Performance)** der Systeme beruht auf einer zielgerichteten Gestaltung des Datenbanksystems (z. B. durch das Vorhandensein effizienter Suchalgorithmen und Zugriffsverfahren) mit unmittelbarer Ausrichtung auf die auszuführenden Aufgaben. Sie lässt sich vor allem messen durch

- den **Durchsatz** (throughput), d. h. die Menge der Daten bzw. Anzahl der Aufträge, die in einer bestimmten Zeit verarbeitet bzw. abgearbeitet werden können;
- die **Antwortzeit** (response time), d. h. die durchschnittliche Wartezeit bzw. Reaktionszeit bei Anfragen an das System im Dialog, und
- die **Verfügbarkeit** (availability), d. h. die Fähigkeit, zu jeder beliebigen Zeit die gewünschten Inhalte bereitzustellen (die Verfügbarkeit soll möglichst nahe 100 % sein).

Datenbanksysteme zeichnen sich durch eine außerordentlich hohe **Flexibilität** aus. Diese Anforderung kann sich einerseits beziehen auf

- die **Anwendungs- bzw. Einsatzflexibilität**, d. h. auf die vielseitigen Anwendungsmöglichkeiten in unterschiedlichen Bereichen, und andererseits auf
- die **Systemflexibilität**, d. h. auf die schnellen und unproblematischen Änderungsmöglichkeiten der Datenbank, z. B. durch Neuaufnahme von Daten und Datenverknüpfungen sowie auch durch Umstrukturierungen der Datenbank.

Um die Vorteile eines Datenbanksystems voll ausschöpfen zu können und als Voraussetzung jedes Einsatzes von Datenbanksystemen in der betrieblichen Praxis, erweist sich eine systematische Entwicklung bzw. Aufbauarbeit als unerlässlich, vor allem hinsichtlich der Strukturierung bzw. Modellierung der konkreten Anwendung, wie die folgenden Ausführungen zeigen.

Datenmodelle
Das gegebene "Problem der Realität" muss zunächst analysiert, strukturiert und modelliert werden, bevor daraus ein brauchbares Informationssystem entsteht. Die Abbildung des Realproblems erfolgt als Datenmodell, das wesentliche Informationen über die relevanten Objekte und deren Beziehungen im gegebenen Diskursbereich aufweist.

In einem ersten Schritt wird dabei die Erstellung eines **semantischen Datenmodells** vorgenommen, das sich als Beschreibungsmodell auf einer Fachkonzept-Ebene eng an den zugrunde liegenden fachlichen Anforderungen orientiert und

---

[217] Vgl. Gabriel/Röhrs (1995), S. 285ff.

weitgehende Unabhängigkeit von der späteren technischen Implementierung besitzt.

Zum Aufbau eines semantischen Datenmodells wird in der Praxis häufig das **Entity-Relationship-Modell (ER-Modell)** als Modellierungsmethode gewählt. Das ER-Modell stellt eine grafische Beschreibungssprache dar, bei der unterscheidbaren Dinge bzw. Objekte als „entities" bezeichnet werden. Zwischen den „entities" können Beziehungen („relationships") bestehen. Die konkrete Modellierung erfolgt auf einer Typ-Ebene, bei der gleichartige „entities" zu „entity-types" und gleichartige „relationships" zu „relationship-types" zusammengefasst werden. „Entity-types" und „relationship-types" sind Eigenschaften zugeordnet, die so genannten Attribute, deren Ausprägungen sich bei einzelnen Objekten oder Beziehungen manifestieren. ER-Modelle lassen sich grafisch durch ER-Diagramme darstellen.

So existiert in der Abbildung 4/2[218] für die beiden Objekttypen (entity-types) „Kunde" und „Auftrag" der Beziehungstyp (relationship-type) „erteilt" bzw. in Langfassung „Kunde erteilt Auftrag". Der Objekttyp „Kunde" besitzt im Beispiel die Attribute Name, Geburtsdatum (Geb.-Datum) und Kundennummer (Kunden-Nr.), der Objekttyp „Auftrag" die Attribute Auftragsnummer (Auftrags-Nr.) und Auftragsdatum (Datum). Die Attribute Kunden-Nr. und Auftrags-Nr. sind unterstrichen dargestellt, da sie als identifizierende Attribute fungieren und durch ihre jeweilige Ausprägung das zugehörige Objekt eindeutig bestimmen.

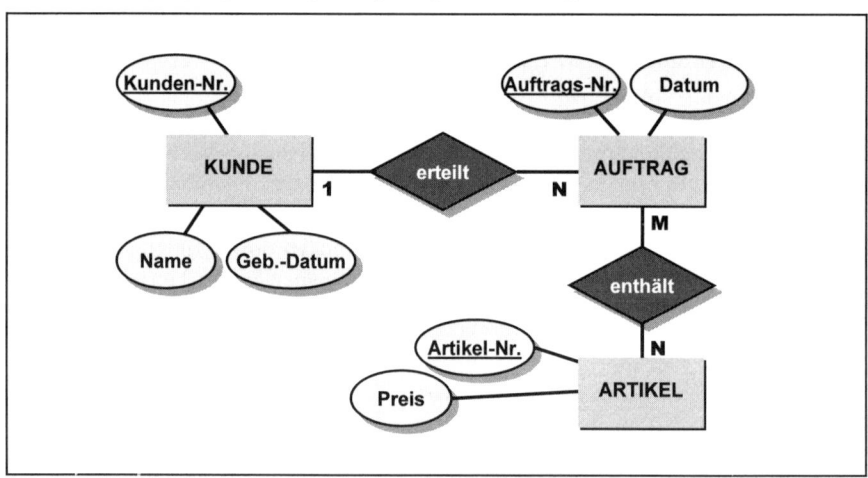

Abb. 4/2:   Semantisches Datenmodell als ER-Diagramm

Der zwischen den Objekttypen „Kunde" und „Auftrag" angeordnete Beziehungstyp „erteilt" hat die Kardinalität 1:N, die den Grad bzw. die Komplexität einer

---

[218] Die Abbildung orientiert sich an der ursprünglichen Entity-Relationship-Darstellung von Chen. Vgl. Chen (1976), S. 9 - 36. Als alternative Darstellungsformen lassen sich die MC-Notation und die Krähenfuß-Notation anführen.

Verbindung zwischen zwei Entitätstypen abbildet. Die Interpretation erfolgt dahingehend, dass ein Auftrag immer genau einem Kunden zugeordnet ist, während ein Kunde mehrere Aufträge erteilt haben kann (aber nicht muss). Daneben können in ER-Diagrammen auch 1:1- und M:N-Bezeihungstypen auftreten. 1:1-Kardinalitäten (z. B. zwischen den Objekttypen Person und Personalausweis oder zwischen Ehemann und Ehefrau) spielen in der Praxis eine eher untergeordnete Rolle und sollen daher hier nicht weiter verfolgt werden. Eine M:N-Verknüpfung findet sich im Beispiel zwischen Auftrag und Artikel. Ein Auftrag kann mehrere Artikel beinhalten, ein Artikel kann mehreren Aufträgen zugeordnet sein.[219]

Ein **logisches Datenmodell** beschreibt die logische Struktur der Daten in der Datenbank und ist zwar noch unabhängig von der physischen Implementierung, orientiert sich jedoch an der für die Speicherung einzusetzenden Datenbanktechnologie.[220] Bei der Umsetzung des semantischen Datenmodells in ein konkretes Systemkonzept bzw. in ein logisches Datenmodell lassen sich verschiedene Modellierungsansätze unterscheiden. Die hierarchischen Modelle und die Netzwerkmodelle haben nur noch historische Bedeutung und werden hier nicht weiter betrachtet. Die größte praktische Bedeutung besitzen heute relationale Datenmodelle, die im Weiteren erläutert werden, und immer stärker auch objektorientierte Datenmodelle bzw. objekt-relationale Modelle.

Die Überführung eines ER-Modells in ein logisches **Relationenmodell**, dessen konzeptionelle Grundlagen bereits 1970 von Codd[221] entwickelt wurden, lässt sich i. d. R. problemlos und ohne Übertragungsverluste durchführen. Einzelne Objekttypen (entity-types) entsprechen dabei einer Relation, die durch eine „einfache" Tabellenstruktur dargestellt werden kann. So repräsentiert die Relation in Abb. 4/3 den Objekttyp „Kunde" in Tabellenform (mit zusätzlichen Attributen).

KUNDE

Kunden-Nr.	Name	Vorname	Geb.-Datum	Strasse	PLZ	Ort
09559789	Klein	Kurt	11.11.73	Kaiserstr. 120	45130	Dortmund
09664978	Bauer	Birgit	05.03.76	Stiepeler Str. 75	44801	Bochum
09758231	Schulz	Mira	13.02.77	Markstr. 50	44801	Bochum

Abb. 4/3: **Struktur der Tabelle „Kunde"**

---

[219] Neben der Kardinalität lassen sich Beziehungstypen zwischen verschiedenen Entity-Typen auch durch die Optionalität der bestehenden Verbindung kennzeichnen. So gehört zu einem konkreten Auftrag im vorgestellten Beispiel immer mindestens ein Artikel, jedoch kann es durchaus Artikel ohne Zuordnung zu einem Auftrag geben, da diese z. B. neu in das Sortiment aufgenommen worden sind.

[220] Vgl. Hahne (2002), S. 9.

[221] Vgl. Codd (1970).

In der Tabelle befinden sich in den Spalten der Kopfleiste die Attributbezeichnungen (hier sieben Attribute), in den einzelnen Zeilen einzelne Objekte des Typs Kunde. Die identifizierenden Attribute des ER-Modells bilden die **Primärschlüssel** der Tabellen, die einen eindeutigen Zugriff auf die zugehörigen Informationsobjekte (Tabellenzeilen) erlauben. Im Schnittpunkt aus Zeile und Spalte sind die jeweiligen Attributausprägungen für den betrachteten Kunden abgetragen. Korrespondierende Tabellen lassen sich auch für die Objekttypen „Auftrag" und „Artikel" erstellen, wie Abb. 4/4 zeigt.

AUFTRAG				ARTIKEL	
Auftrags-Nr.	**Datum**	**Kunden-Nr.**		**Artikel-Nr.**	**Preis**
12345	20.05.07	09559789		1	120,00
12346	20.05.07	09559789		2	150,00
12347	20.05.07	09758231		3	180,00
12348	21.05.07	09664978		4	100,00
12349	21.05.07	09664978		5	250,00
				6	200,00

Abb. 4/4: **Struktur der Tabellen „Auftrag" und „Artikel"**

Die Tabelle „Auftrag" besitzt drei Attribute (Spalten) und fünf ausgewählte Einzelaufträge, die Tabelle „Artikel" sechs Produkte mit den zugeordneten Nummern und Artikelpreisen.

Der Beziehungstyp (relationship-type) zwischen den Aufträgen und Artikeln lässt sich durch eine weitere Tabelle (AUFTRAG_ARTIKEL) darstellen, in der die Auftrags-Nr. und die Artikel-Nr. als zusammengesetzter Primärschlüssel fungieren. Diese zusätzliche Tabelle spaltet die bestehende M:N-Verknüpfung in zwei 1:N-Verknüpfungen auf und wird häufig auch als Intersection-Tabelle bezeichnet.

Wie die Darstellung in diesem Tabellenbeziehungsdiagramm verdeutlicht, sind nun alle Relationen über 1:N-Verknüpfungen miteinander verbunden. Das Attribut Kunden-Nr., das in der Relation AUFTRAG enthalten ist, wird auch als Fremdschlüssel bezeichnet.

Die in der Abbildung enthaltenen Beziehungen zwischen den Objekttypen ermöglichen direkt auch tabellenübergreifende Datenabfragen. So ist unmittelbar nachvollziehbar, dass der Kunde Klein über den Auftrag mit der Nummer 12345 vom 20.05.07 die Artikel 1 und 3 mit den Artikelpreisen 120,00 bzw. 180,00 bestellt hat. Am gleichen Tag ist vom Kunden Klein noch ein Auftrag eingegangen. Der Artikel mit der Nummer 3 ist nicht nur vom Kunden Klein, sondern am 21.05.07 auch über die Bestellung 12349 vom Kunden Bauer bestellt worden. Derartige Datenabfragen basieren auf der Relationenalgebra und werden über Datenbanksprachen realisiert. Als weit verbreitete Datenbanksprache, die von allen gebräuchlichen Datenbanksystemen unterstützt wird, sei hier auf die Structured Query Language (SQL) verwiesen.

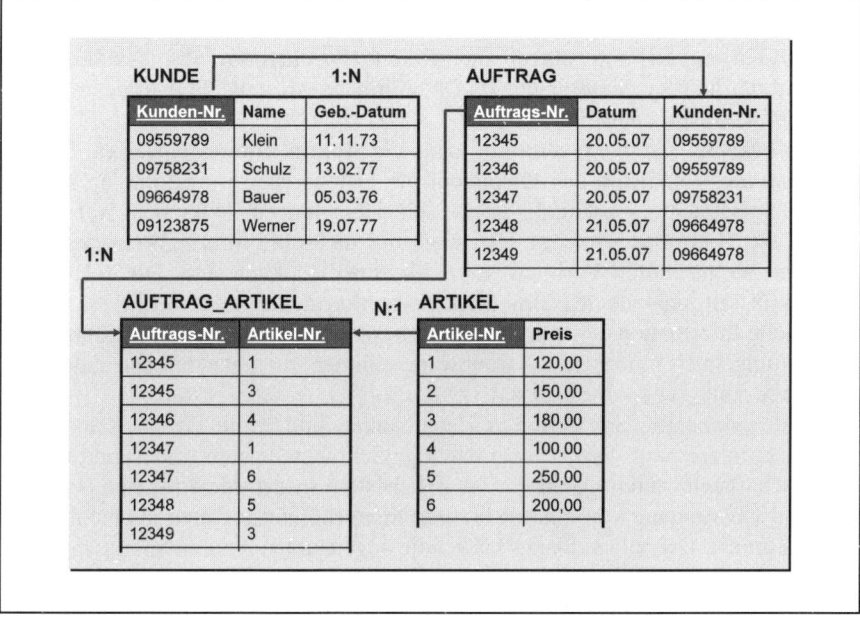

Abb. 4/5:   Tabellenbeziehungsdiagramm

Relationen werden, insbesondere bei Verwendung für operative Aufgabenstellungen, einem mehrstufigen **Normalisierungsprozess** unterworfen, der dazu dient, Redundanzen (i. S. v. überflüssiger Mehrfachspeicherung derselben Inhalte) zu vermeiden sowie Tabellen überschaubarer und besser handhabbar zu gestalten. Letztlich dient die Normalisierung auch dazu, durch die Art der Tabellengestaltung einen weitgehend konsistenten Datenbestand zu garantieren.

Aktuelle Erweiterungen der etablierten relationalen Datenbanksysteme, die sich teilweise auch durch abweichende Formen der Datenstrukturierung und -modellierung auszeichnen, versprechen, für bestimmte Anwendungsklassen und Einsatzszenarien bessere Lösungsmöglichkeiten zu bieten, wie die folgenden Ausführungen kurz darstellen.

Erweiterungen konventioneller Datenbanksysteme
Neben den klassischen Datenbanksystemen, die überwiegend auf relationalen Datenmodellen aufbauen, sind immer häufiger **objektorientierte Datenbanksysteme** im Einsatz, die dem objektorientierten Ansatz folgen, der sich insbesondere bei der Softwareentwicklung verstärkt durchsetzt. Dem objektorientierten Gestaltungsparadigma folgend kommen hierbei auch objektorientierte Datenmodelle

zum Einsatz. Datenbanken, die beide Ansätze simultan verfolgen, werden als **objekt-relationale Datenbanksysteme** bezeichnet.[222]

Eine weitere Klassifikation der Datenbanksysteme lässt sich nach den gespeicherten Datentypen vornehmen. Neben den textorientierten Datenbanksystemen (**Text-Datenbanken**) unterstützen auch **Bild-** bzw. **Videodatenbanksysteme** und **Sprachdatenbanksysteme** spezielle Dateiformate, so z. B. PDF-Dateien, GIF-bzw. MPG-Dateien und MP3-Dateien.[223]

Sehr bekannt und weit verbreitet sind die **dokumentenorientierten Datenbanksysteme**, bei denen das Dokument als Datenorganisationsform im Mittelpunkt der Betrachtung steht. Es kann sich dabei um ein Dokument mit einem (z. B. Text, Bild oder Sprache), aber auch mit mehreren Informationstypen handeln, den so genannten Verbund- bzw. Multimediadokumenten. Die zuletzt genannten lassen sich als **Multimediadatenbanksysteme** bezeichnen, die unterschiedliche Informationstypen in integrierter Form organisieren. Die Dokumentenverarbeitung spielt vor allem in Groupwaresystemen, die noch zu behandeln sind, eine große Rolle (vgl. Abschnitt 4.2.3).

Bei den dokumentenorientierten Datenbanken bilden die Datenaustauschformate (data interchange format) eine wichtige Schnittstelle zum Import und Export von geschäftsrelevanten Daten.[224] Das Ziel besteht in der gemeinsamen Speicherung und Übertragung von inhaltlich zusammengehörenden Daten in einem einzigen Dokument. Grundlage hierzu bilden die sogenannten Auszeichnungssprachen (markup language), so vor allem die Sprache HTML (hypertext markup language) im World Wide Web (WWW), die zum Aufbau von **WWW-Datenbanken** bzw. **Web-Datenbanken** dienen können. Eine weitere wichtige Sprache stellt XML (extensible markup language) dar, eine Metasprache für die Definition von anwendungsorientierten Auszeichnungssprachen. Die darauf aufsetzenden **XML-Datenbanken** verfügen sowohl über stark-strukturierte bzw. datenzentrierte XML-Dokumente (so z. B. in Form von Bestellungen oder Rechnungen) als auch über schwach-strukturierte bzw. dokumenten-zentrierte XML-Dokumente (so z. B. Bücher, Briefe oder Gutachten).

Informations- und Datenbanksysteme lassen sich auch als **Informationswiedergewinnungssysteme (Information Retrieval Systeme)** verstehen, die ein inhaltsorientiertes Suchen in strukturierten und unstrukturierten Datenbeständen gewährleisten. Ständig wachsende Datenbestände in internen und auch in externen Informationssystemen, so im World Wide Web, stellen hohe Anforderungen an leistungsfähige Retrievalsysteme. Neben der gezielten, klar formulierten Suche in den konventionellen Datenbanksystemen zeichnet sich der Zugriff auf Information Retrieval Systeme (IR-Systeme) durch vage Formulierungen und durch nicht klar formulierte Suchbegriffe aus.

Eine besondere Form der Informationssysteme, die auch eine direkte Verarbeitung der Informationen erlauben, stellen die Tabellenkalkulationssysteme (spread sheet system) dar, denen die folgenden Ausführungen gewidmet sind.

---

[222] Vgl. Gabriel/Röhrs (2003), S. 295ff.
[223] Vgl. Hansen/Neumann (2005), S. 455ff.
[224] Vgl. Hansen/Neumann (2005), S. 467ff.

4.2.2   Tabellenkalkulationssysteme

Grundidee bei **Tabellenkalkulationssystemen** ist die Bearbeitung eines elektronischen Arbeitsblattes, das in Zeilen und Spalten gegliedert ist. Im Schnittpunkt von Zeilen und Spalten befinden sich einzeln adressierbare Zellen, die jeweils Zahlenwerte, Texte, Datums- und Uhrzeitangaben sowie Funktionen aufnehmen können. Die Zelladressen ergeben sich aus der Zusammenführung der zugeordneten Spalten- und Zeilenbezeichnungen und lassen sich durch eine Vielzahl verfügbarer mathematischer und statistischer Grundfunktionen verknüpfen sowie für weiterführende Berechnungen nutzen. Da sowohl Zahlenwerte und Texte als auch Formeln beliebig kopierbar sind und sich dabei absolute wie auch relative Bezüge nutzen lassen, können mit Tabellenkalkulationsprogrammen rasch umfangreiche Berechnungsblätter aufgebaut werden. Hinter der sichtbaren Datenebene, die originäre und berechnete Werte direkt und undifferenziert am Bildschirm darstellt, verbirgt sich eine verdeckte Formelebene, in der Zellverknüpfungen in formaler Notation abgelegt sind (vgl. Abb. 4/6).

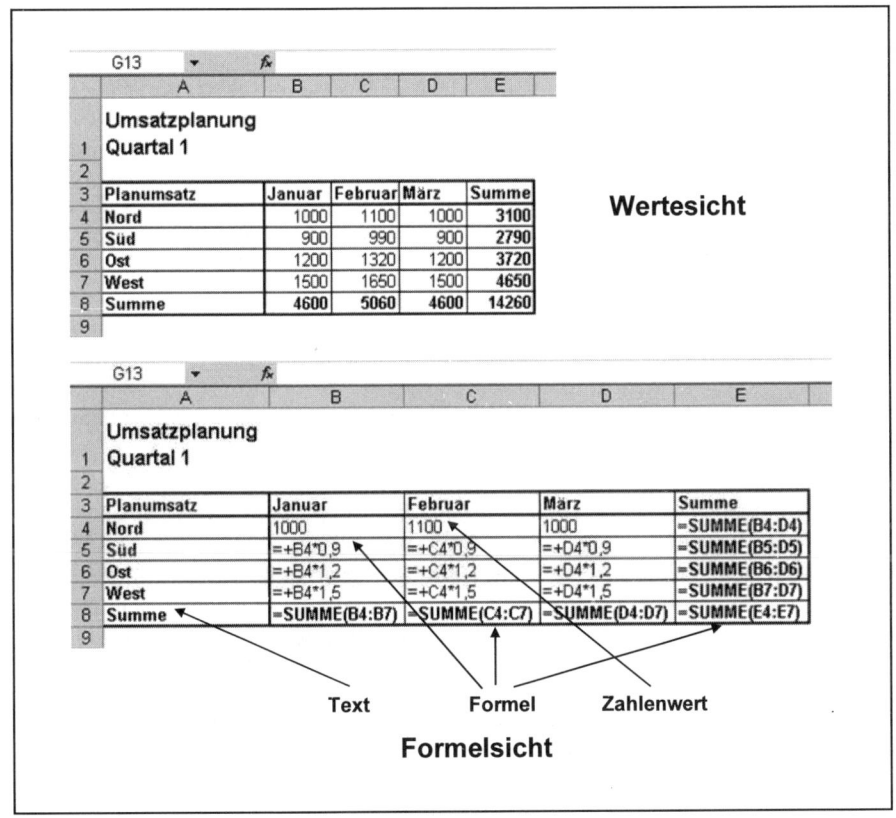

Abb. 4/6:   **Formel- und Wertesicht bei Tabellenkalkulationsprogrammen**

Ein breites Einsatzfeld für Tabellenkalkulationssoftware ergibt sich im Bereich der **What-If-Rechnungen**, bei denen eine Neuberechnung abhängiger Zellen bei einer Datenänderung in einer unabhängigen Zelle erfolgt. Durch diese Funktionalität lassen sich unterschiedliche Szenarien durchkalkulieren, beispielsweise um dadurch im Rahmen von Planungsaktivitäten die Konsequenzen bester, schlechtester und wahrscheinlicher zukünftiger Datenkonstellationen für die eigene Unternehmung zu ermitteln. Das interaktive Durchspielen unterschiedlicher Kombinationen aus Ausprägungen unabhängiger Variablen führt dann zu größerer Planungssicherheit und besserer Risikoeinschätzung.

Zwar weisen die Tabellenkalkulationsprogramme keine eigene Datenbankfunktionalität im engeren Sinne auf, wenngleich ganze Arbeitsblätter oder einzelne Bereiche flexibel durchsucht und sortiert werden können, allerdings lassen sich direkte Durchgriffe auf relationale Datenbanksysteme leicht realisieren und die dann extrahierten Daten frei nutzen.

Zahlreiche kleine und große Zusatzfunktionalitäten, wie etwa das automatische Ausfüllen von Zellbereichen durch die Fortführung von Zahlenreihen oder Datumsangaben sowie das automatische Formatieren eines Arbeitsblattes mit einen ansprechenden Design, unterstützen den Anwender bei seinen Aufgabenstellungen. Als besonders hilfreich erweist sich hierbei die Möglichkeit zur flexiblen Visualisierung von Datenmaterial durch diverse **Diagrammtypen**, welche die gebräuchlichen Arten zur grafischen Darstellung von Geschäftsdaten umfassen.

Besonders interessant für analyseorientierte Mitarbeiter sind **Pivot-Tabellen**, die eine flexible Navigation in mehrdimensional organisierten Datenbeständen unterstützen und damit einfache OLAP-Funktionalitäten auf dem Desktop anbieten. Dem Anwender eröffnet sich hier die Option, durch eine Umpositionierung und Umsortierung von Zeilen und Spalten beliebige Schnitte durch den Datenbestand zu ziehen und dadurch unterschiedliche Perspektiven bzw. Datenaufrisse auszuwählen. Als Datenquellen kommen neben Tabellenkalkulations-Arbeitsblättern auch Textdateien sowie Daten aus Datenbanken in Betracht, was auch einen Zugriff auf zentral abgelegte Inhalte ermöglicht.

Insgesamt erweisen sich damit Tabellenkalkulationsprogramme als sehr leistungsfähig beim interaktiven Umgang mit quantitativen Daten. Die intuitive Nutzbarkeit ergibt sich nicht zuletzt aus der engen Orientierung an konventionellen, papiergebundenen Formen der Sammlung und Auswertung von Zahlenmaterial. Als entscheidender Nachteil der Tabellenkalkulationsprogramme erweist sich allerdings die fehlende organisatorische Trennung von Logik und Daten. Die damit einhergehende „versteckte" Programmierung im Hintergrund führt leicht zu sehr verschachtelten Arbeitsblättern und damit zu nicht mehr nachvollziehbaren Zellverknüpfungen. Häufig werden aus diesem Grund Arbeitsblätter als schnelle Lösungen für Ad-Hoc-Problemstellungen realisiert. Tritt die gleiche Problemstellung zukünftig nochmals auf, wird ein neues Arbeitsblatt erstellt. Diese verteilte und nicht integrierte Datenverwaltung führt zu redundanten und inkonsistenten Datenbeständen. Zudem ist ein Mehrbenutzereinsatz nur eingeschränkt möglich.

Die gebräuchlichen Tabellenkalkulationswerkzeuge sind heute in so genannte **Office-Pakete** bzw. **-Suiten** eingebunden, die Anwendungsprogramme für die typischen Basisarbeiten im Büro beinhalten. Dazu gehören Bausteine zur Verwal-

tung von Adressen, Terminkalender sowie Textverarbeitungs- und Präsentations-
systeme. Erweiterte Bürosoftwaresysteme enthalten auch Werkzeuge zur Erstellung von Geschäftsgrafiken (business graphics) und beliebigen sonstigen Zeich-
nungen. Systeme zur Kommunikation sind Gegenstand des folgenden Abschnitts.

4.2.3   Kommunikations- und Kooperationssysteme

Neben den Tabellenkalkulations- und Datenbanksystemen stellen auch die Systeme zur Kommunikation und Kooperation wichtige Basistechnologien des Business Intelligence dar und werden häufig im Verbund genutzt, so z. B. beim Einsatz
von Datenbanken in Rechnernetzen.

Voraussetzung für jede Art der Kommunikation und Kooperation sind **Rechnernetze**, die zunächst mit ihren beiden wichtigen Konzepten Internet und Intranet vorgestellt werden. Anschließend erfolgt die Beschreibung unterschiedlicher
Kooperationsansätze, die sich in der Groupware zusammenfassen lassen.

Rechnernetze - Internet und Intranet
Rechnernetze (computer networks)[225] sind räumlich verteilte, durch Datenübertra-
gungsmedien miteinander verbundene Systeme von Rechnern. Dabei lassen sich
öffentliche Netze (public networks) und private Netze (private networks, corporate
networks), geschlossene und offene Netze, lokale Netze und weite Netze und auch
interne und externe Netze unterscheiden. Sie können unterschiedliche Organisationsformen bzw. Technologien aufweisen, z. B. als Stern-, Schleifen-, Baum- und
Maschenstrukturen, und nutzen verschiedene Kommunikationsprotokolle. Unterscheiden lassen sich analoge von digitalen Übertragungsverfahren sowie verschiedene Übertragungsmedien, so vor allem kabelgebundene physikalische Verbindungen (Kupferkabel, Glasfaser) und drahtlose Verbindungen (terrestischer Funk,
Satellitentechnik). Wichtige Leistungskriterien sind die Übertragungskapazität
bzw. -rate (bit/sec), die Latenz der Übertragung und die Ausfallsicherheit bzw.
Fehlerrate. Mit dem Internet und dem Intranet liegen zwei Rechnernetzformen für
die Gestaltung von Business Intelligence-Lösungen als Basistechnologien vor.

Das **Internet** versteht sich als weltweites offenes Rechnernetz bzw. als Verbund vieler lokaler Netze, die auf Basis der TCP/IP-Protokolle untereinander
kommunizieren. Die Adressierung der einzelnen Datenstationen läuft über IP-
Adressen bzw. Domain-Namen. Wichtige Dienste sind die Maildienste, die
WWW-Dienste und ftp-Dienste. Das Protokoll http (hypertext transfer protocol)
ist ein Protokoll auf der oberste Schicht des Schichtenmodells (Anwendungs-
schicht) und definiert die Kommunikationsfunktionalität des World Wide Web.

Das **Intranet** ist ein internes Rechnernetz auf Basis der Internet-Protokolle und
bietet somit gleiche Dienste in einer internen Organisation an, z. B. in einer Unternehmung, die nicht nur lokal an einem Ort gegeben sein muss, sondern auch
weltweit an mehreren Standorten vertreten sein kann. Damit versteht sich das Intranet als unternehmungsinternes Netz bzw. geschlossenes Netz und ist nur für eine
definierte Benutzergruppe zugänglich.

---

[225] Vgl. Hansen/Neumann (2005), S. 559ff.

Grundlegend unterstützen Internet und Intranet den Informationsaustausch bzw. die Kommunikation (z. B. über Mailsysteme) sowie den Informationszugang (über Web-Systeme). Systeme für Gruppenarbeit (groupware) lassen sich darauf aufbauen.

Groupware-Systeme

Zur Durchführung gemeinsamer Aufgaben in einer Arbeitsgruppe bzw. in einem Team lassen sich spezielle Systeme nutzen, die in einer **Groupware** zusammengefasst werden können und sich als CSCW-Systeme (computer supported cooperative work) bezeichnen lassen. Die technologische Basis bilden sowohl Rechnernetze bzw. Client-Server-Strukturen als auch Internet- bzw. Intranet-Systeme. Unterscheiden lassen sich hierbei asynchrone Dienste wie Elektronische Post (E-Mail), WiKis als textorientierter Web-Dienst und Weblogs, die Einträge in so genannte Web-Tagebücher erlauben, und synchrone Dienste wie Telekonferenzen bzw. Videokonferenzen und Chat-Dienste.[226]

Zwei anspruchsvolle und erfolgreiche Ansätze im CSCW findet man im **Workflow Computing** und im **Workgroup Computing**.[227] Bei den **Workflow Management Systemen** werden Geschäftsprozesse nach vordefinierten Regeln unterstützt. Es handelt sich dabei eher um standardisierte operative Prozesse in der Unternehmung, die regelmäßig ablaufen und sich gut automatisieren lassen (z. B. Bestellvorgänge). Die hier generierten Daten gehen häufig in ein Data Warehouse ein und liefern somit die notwendigen Informationen für nachfolgende Business Intelligence-Lösungen.

Direkt mit dem Business Intelligence verbunden sind die vielfältigen Nutzungsmöglichkeiten der **Workgroup Management Systeme**, durch die in Arbeitsgruppen bzw. Teams gemeinsam an der Durchführung einer Aufgaben bzw. Lösung eines Problems mit Hilfe computergestützter Systeme gearbeitet wird. Es handelt sich dabei nicht um standardisierte Routineaufgaben, sondern eher um anspruchsvolle Aufgabenstellungen, die einen bestimmten Grad an Komplexität aufweisen und Expertenwissen und Kreativität voraussetzen. Nach den Kriterien Ort und Zeit lässt sich die Zusammenarbeit in Gruppen „am gleichen Ort" bzw. „an verschiedenen Orten" und „zur gleichen Zeit" bzw. „zu verschiedenen Zeiten" unterscheiden. Für alle vier Möglichkeiten sind leistungsfähige Softwaresysteme vorhanden, die die Arbeit aktiv unterstützten. So lassen sich beispielsweise Videokonferenzen oder Shared Whiteboards für Gruppen einsetzen, die zur gleichen Zeit (synchron), aber an verschiedenen Orten ihre gemeinsame Arbeit ausführen. Diskussionsforen, Wikis und Weblogs sind z. B. geeignet für Arbeitsgruppen, die an verschiedenen Orten und zu verschiedenen Zeiten zusammenarbeiten (asynchron). Voraussetzung für ein erfolgreiches Arbeiten in Gruppen ist neben der Organisation – nicht nur der Technologien – auch die Kooperation, d. h. die geplante und gezielte Zusammenarbeit zur Ausführung einer gemeinsamen Aufgabe bzw. zur Lösung eines gemeinsamen Problems.

---

[226] Vgl. Hansen/Neumann (2005), S. 404ff.
[227] Vgl. Gabriel/Knittel/Taday/Reif-Mosel (2002), S. 202ff.

Eine sehr gute Unterstützung für ein kooperatives Arbeiten zur Durchführung von Business Intelligence-Aufgaben bieten Dokumenten- und Wissensmanagementsysteme. **Dokumentenmanagementsysteme** (vgl. Abschnitt 4.2.1) bieten eine ausgezeichnete Basis zur Nutzung von Workflow- und vor allem für Workgroup-Systeme. **Wissensmanagementsysteme** bieten Erfolg versprechende informationstechnische Unterstützungsmöglichkeiten für das **Wissensmanagement** (vgl. Abschnitt 2.5).

4.3 Nutzergruppen

Prinzipiell lassen sich BI-Lösungen in allen Bereichen und auf allen Ebenen von Organisationen sinnvoll einsetzen. Anders als Management Support Systeme, deren bevorzugter Adressatenkreis sich bereits aus der gewählten Begrifflichkeit ergibt, wenden sich BI-Systeme damit vor allem auch an die betrieblichen Fachanwender, die mit analyseorientierten Aufgaben in der Unternehmung betraut sind.

Unabhängig vom konkreten Einsatzbereich lassen sich idealtypische Anwendergruppen[228] von BI-Lösungen hinsichtlich der Nutzungsart identifizieren, die in den folgenden Ausführungen als Informationskonsumenten, Analytiker und Spezialisten charakterisiert werden.[229]

4.3.1 Informationskonsumenten

Informationskonsumenten rufen zuvor aufbereitete und strukturierte Informationen ab, ohne diese weitergehend analysieren oder nach eigenen Kriterien neu und frei kombinieren zu wollen. Um diesen Informationsbedarf befriedigen zu können, bedarf es weitgehend standardisierter Sichten auf den verfügbaren Datenbestand, die in festen Rhythmen aktualisiert und zur Verfügung gestellt werden.

In fast jeder Unternehmung findet sich heute ein derartiges **Standardberichtswesen**, das fest definierte Auswertungen zumeist periodisch nach Ablauf vorgegebener zeitlicher Intervalle erstellt und in identischer Form unterschiedlichen Empfängern zur Verfügung stellt. Diese basieren auf einer zuvor durchgeführten Informationsbedarfsanalyse oder sind schlicht historisch gewachsen.

Als zentrale Anforderung an das Standardberichtwesen kann formuliert werden, dass der Zugang zu den enthaltenen Informationen besonders einfach gestaltet sein muss, um auch Mitarbeitern ohne technologische oder methodische Kenntnisse einen Zugriff zu ermöglichen.

Für eine adressatengerechte Verteilung der vorhandenen Informationen erweist es sich als unumgänglich, ein ausgereiftes Berechtigungs- und Rollenkonzept unternehmungsweit zu implementieren, das eine Zuordnung einzelner Auswertungen zu den betroffenen Mitarbeitern unterstützt. Als wesentliche Funktionalität wird

---

[228] Siehe auch Chamoni/Gluchowski/Hahne (2005), S. 11ff.

[229] Wieken dagegen grenzt Knopfdruckanwender, Gelegenheitsanwender, Fachbenutzer, Berichtersteller und Datenbank-Administratoren voneinander ab. Vgl. Wieken (1999), S. 36f. Abweichende Nutzerkategorien finden sich auch bei Behme und Mucksch. Vgl. Behme/Mucksch (1998), S. 11f.

dabei zunehmend die ortsungebundene Nutzbarkeit vorhandener Inhalte in Verbindung mit der Option zur Ausgabe auf unterschiedlichen Medien bzw. mit diversen Endgeräten gefordert.

Als bevorzugte Sichtweisen der Informationskonsumenten auf betriebliches Datenmaterial sind vor allem **Vergleichsdarstellungen mit Abweichungen** anzuführen. Derartige Vergleichsdarstellungen tragen neben den aktuellen Ist-Daten auch Plan- bzw. Soll-Größen und/oder andere Zahlengrößen ab, die als Orientierungsmaßstab dienen können (wie z. B. die korrespondierenden Daten aus dem Vorjahr oder Branchenvergleichszahlen). Aus den errechenbaren relativen und absoluten Abweichungen lassen sich dann interessante und aufschlussreiche Aussagen ableiten.

Daneben präsentieren **Zeitreihen** die zugehörigen quantitativen Größen der untersuchten Betrachtungsobjekte meist durch spaltenweise Anordnung aufeinander folgender Perioden, um daraus Entwicklungen und Trends ablesen und Extrapolationen in die Zukunft durchführen zu können. Besonders übersichtlich lassen sich derartig evolutorische Prozesse wie auch Abweichungen durch Einsatz von Geschäftsgrafiken visualisieren, zumal sich hierdurch interessante Datenkonstellationen häufig schneller erfassen lassen.

4.3.2 Analytiker

Anders als der Informationskonsument verlangt der Analytiker nach **flexiblen Navigationsmöglichkeiten** im verfügbaren Datenraum. Durch die wahlfreie Sichtenbildung und -untersuchung verfolgt er das Ziel, auch nicht unmittelbar einsichtige Chancen und Risiken für die Unternehmung frühzeitig zu erkennen sowie Fehlentwicklungen aufzudecken und ihnen aktiv zu begegnen. Gute Dienste leisten dem Analytiker Mechanismen zur **stufenweisen Disaggregation** des angebotenen Datenmaterials, um sich bis zum Kern von Problemen vorarbeiten zu können.

Als typische Analytiker erweisen sich diejenigen Mitarbeiter aus den Fachabteilungen, die an **semi- oder unstrukturierten Problemen** arbeiten. Da die Lösung der fachlichen Problemstellung uneingeschränkt im Vordergrund steht, bewegen sich die Anwender hier innerhalb des angebotenen Modell- und Methodenspektrums und zeigen wenig Interesse daran, anspruchsvolle Modelle oder Methoden selbst zu entwickeln oder zu implementieren.

Innerhalb des vorgegebenen Funktionalitätsbündels jedoch werden alle Spielarten ausprobiert und auch genutzt, allerdings stets mit dem Anliegen, bei konkreten betriebswirtschaftlichen Problemstellungen rasch zu tragfähigen Lösungen zu gelangen. Fragen der technischen Implementierung dagegen weisen für den Analytiker eher nachrangige Bedeutung auf, wodurch es ratsam erscheint, die Komplexität der technologischen Gesamtlösung vor ihm zu kaschieren.

Das eingesetzte **methodische Instrumentarium** konzentriert sich auf Standardverfahren, wie beispielsweise Durchschnittsbildung, Anteilsberechnung und Rangfolgenbildung. Intensiv genutzt werden dagegen alle Darstellungstechniken zur grafischen Aufbereitung des Datenmaterials, vorzugsweise in Form von Balken-, Säulen- und Kreisdiagrammen. Im Einzelfall gelingt es dem Analytiker, besonders aufschlussreiche Datensichten zu generieren, die er dann als Standard-auswertung auch einem größeren Benutzerkreis (z. B. den Informationskonsu-menten) zur Verfügung stellt.

Zusammenfassend handelt es sich hier um den typischen Benutzer von Tabel-lenkalkulationssystemen, der gerne weiter führende Strukturierungshilfen und Na-vigationsoptionen aufgreift, um sich frei und selbständig im Datenraum zu bewe-gen.

4.3.3 Spezialisten

Als dritte Anwendergruppe von Business Intelligence-Lösungen sollen hier die Spezialisten präsentiert werden, wobei sich das Spezialistentum sowohl auf die eingesetzten **statistischen, mathematischen oder ökonomischen Methoden** als auch auf die verwendeten Softwarewerkzeuge bezieht.[230] Diese BI-Nutzer widmen sich formal komplizierten Aufgabenstellungen und greifen bei der Bearbeitung auf anspruchsvolle Werkzeuge mit weit reichender analytischer Funktionalität zurück.

Beispielsweise werden hierbei statistische Verfahren in umfangreichen Model-len zur Entdeckung von Korrelationen und Abhängigkeiten verwendet, um **Ursa-che-Wirkungszusammenhänge** oder **Ziel-Mittelbeziehungen** erklären zu kön-nen. Falls die analytische Funktionalität der eingesetzten Tools nicht ausreicht, entwirft und implementiert der Spezialist eigene Lösungsverfahren und stellt diese anschließend anderen Anwendern zur Verfügung. Dabei greift er gegebenenfalls direkt mit Hilfe einer geeigneten Abfragesprache auf die verfügbaren Datenbe-stände zu und muss folglich auch über ein breites Verständnis der angelegten Da-tenstrukturen und -beziehungen verfügen. Oft wird dabei vernachlässigt, die in den Abfragen, Modellen und Algorithmen kodierte Expertise des Spezialisten zu dokumentieren, um die jeweiligen Zusammenhänge auch für Dritte verständlich darzustellen.

Der typische Spezialist ist ausgebildeter Statistiker, Mathematiker oder Infor-matiker. Überdies finden sich auch Betriebswirte mit ausgeprägtem formalen Ver-ständnis. Die bevorzugten Softwareprogramme des Spezialisten sind der Statistik und dem Operations Research (mit Optimierungskomponenten sowie Techniken der stochastischen Simulation) zuzurechnen. Auch werden intensiv die verfügba-ren Werkzeuge für das Data Mining genutzt.

Als große Herausforderung für den Spezialisten erweist es sich, die Analyseer-gebnisse derart aufzubereiten und zu erläutern, dass diese als wertvolle Hilfen im Rahmen der Entscheidungsfindung auch genutzt werden können.

Nachdem nun die wesentlichen Nutzerrollen vorgestellt und charakterisiert wur-den, zeigt der nächste Abschnitt, mit welchen Komponenten und Architekturkon-zepten die einzelnen Anforderungen abgedeckt werden können.

---

[230] Da diese Anwender die verfügbaren Werkzeuge besonders intensiv nutzen, werden sie häufig auch als Power-User bezeichnet.

4.4   BI-Architekturbausteine

Moderne BI-Lösungen weisen heute **unterschiedliche Komponenten** mit mehr oder minder exakt abgegrenzten Funktionsspektren auf. Die Leistungsfähigkeit und die Qualität des Zusammenspiels zwischen diesen Komponenten haben erheblichen Einfluss auf die Brauchbarkeit des Gesamtsystems.

BI-Systeme lassen sich nach unterschiedlichen Gesichtspunkten in einzelne Bausteine bzw. Schichten (Layer) zerlegen. Im Rahmen dieser Schrift wird einer Aufgliederung in die Funktionsblöcke **Datenbereitstellung, Analyse (Datenauswertung)** und **Präsentation** gefolgt[231], wobei im konkreten Anwendungsfall möglicherweise keine exakte Trennung zwischen den Blöcken gezogen werden kann und der Umfang einzelner Funktionsblöcke mehr oder minder stark ausgeprägt ist.

Grob kann hier bereits festgehalten werden, dass es Aufgabe der Bereitstellungsschicht ist, das in den relevanten Vorsystemen verfügbare Datenmaterial zu übertragen, zu vereinheitlichen und zu veredeln, um dieses anschließend in einer entscheidungsorientiert aufgebauten Datenbasis (Datenspeicher) persistent abzulegen. In der Analyseschicht finden sich dann alle Bausteine und Komponenten, mit denen sich dieses Datenmaterial nach verschiedensten Kriterien und mit unterschiedlichsten Methoden untersuchen und auswerten lässt. Zwar weisen die hier anzusiedelnden Tools ebenfalls Präsentationsfunktionen auf, allerdings sind diese im Vergleich zu den Analysefunktionalitäten eher weniger stark ausgeprägt. Schließlich beinhaltet die Präsentationsschicht alle Funktionen für den Zugriff auf die Inhalte durch den Endbenutzer sowie Techniken zur Anzeige der aufgerufenen Informationen am Ausgabemedium. Werkzeuge aus diesem Sektor verfügen über rudimentäre Analysetechniken (wie z. B. die Berechnung einfacher Zwischensummen), setzen ihre Schwerpunkte jedoch eindeutig auf die Präsentation der Inhalte. Abb. 4/7 veranschaulicht die einzelnen Schichten bzw. Komponenten mit der zugehörigen logischen Anordnung anhand dreier Gestaltungsvarianten.

Als präsentationsorientiertes Architekturkonzept stellt Variante A eine Lösung dar, bei der die zugriffs-, ausgabe- und darstellungsorientierte Funktionalität klar dominiert. Zwar werden die in der Bereitstellungsschicht vorgehaltenen Inhalte möglicherweise vor der Ausgabe noch durch einfache Verdichtungen oder Berechnungen leicht modifiziert, dennoch erweisen sich die analyseorientierten Funktionalitäten als eher untergeordnet. Demgegenüber stellt das analyseorientierte Architekturkonzept in Variante C die analytische Bearbeitungsfunktionalität in den Vordergrund. Bevor die Daten zur Anzeige gelangen, werden sie intensiv methodisch bearbeitet, um so zu neuen Erkenntnissen zu gelangen. Die Anzeige der Daten konzentriert sich hier auf die reine Visualisierung der Analyseergebnisse und verzichtet weitgehend auf eine optisch ansprechende Präsentation. Variante B arbeitet mit separaten Werkzeugen für die Analyse und Anzeige. Der Pfeil zwischen den Schichten versinnbildlicht, dass zwischen den zwei Komponenten eine definierte Schnittstelle mit klaren Übergaberegeln für das Datenmaterial vorzusehen ist.

---

[231] Vgl. u. a. Kemper/Mehanna/Unger (2004), S. 10.

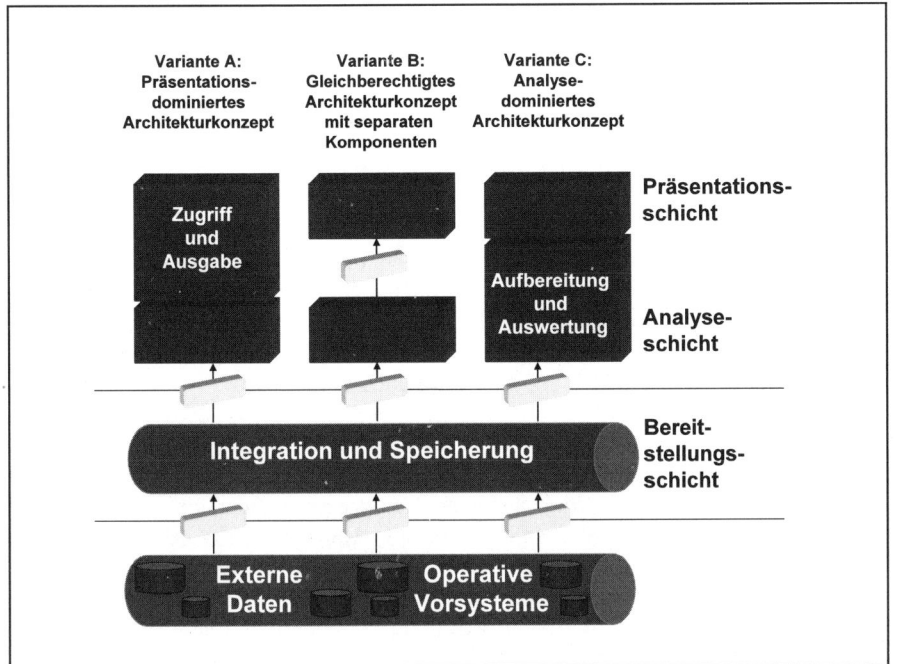

Abb. 4/7: Schichtenmodell von BI: Bereitstellungs-, Analyse, Präsentationsschicht

Zu beachten ist, wie bereits angemerkt, dass einzelne Werkzeuge nicht immer trennscharf der Analyse- bzw. der Präsentationsschicht zuzuordnen sind. Sowohl können Analysewerkzeuge auch einfache Präsentationsaufgaben übernehmen, als auch Präsentationstools neben dem Zugriff und der Ausgabe auch simple Analyseschritte vollziehen. Zudem besitzen die vorgestellten Varianten lediglich exemplarischen Charakter, und die einzelnen Schichten können im konkreten Anwendungsfall mehr oder minder stark ausgeprägt sein. Die folgenden Ausführungen greifen die Schichten nochmals einzeln auf und definieren grundlegende Anforderungen, die für jeden Einzelbereich erfüllt sein müssen.

4.4.1 Bereitstellungsschicht: Integration und Speicherung von Daten

Bereits oben wurde als zentrale Aufgabenstellung der Bereitstellungsschicht die selbständige Verwaltung von entscheidungsorientiertem Datenmaterial nebst allen notwendigen Vorarbeiten angeführt. Die logische wie auch physikalische Separation von den Datenspeicherkomponenten der datenliefernden Vorsysteme hat vor allem technische Gründe (vgl. Abschnitt 5.1) und garantiert für Leistungsfähigkeit und Stabilität der Lösung.

In aller Regel liegen die zur Befüllung der BI-Datenbasis benötigten Problemdaten bereits an anderer Stelle in Datenbank- oder Dateisystemen vor und müssen folglich nicht erneut erfasst, sondern können übernommen werden.[232] Falls sich für die zu lösenden Probleme vorwiegend unternehmungsinterne Informationen als relevant erweisen, sind entsprechende **horizontale und/oder vertikale Schnittstellen** zu den betreffenden internen Informationssystemen bereitzustellen.

Als Datenlieferanten kommen hierbei neben den für die Abwicklung des Tagesgeschäftes zuständigen **operativen Anwendungen** auch Speziallösungen beispielsweise für Planung und Budgetierung in Betracht. Bei den operativen Systemen ist weiterhin zwischen **betriebswirtschaftlichen Standardlösungen** und **individuellen Anwendungen** zu unterscheiden, da sich diese Systemkategorien in der Regel erheblich hinsichtlich ihrer Offenheit und damit Zugänglichkeit unterscheiden. Grundsätzlich sind mit dem initialen Befüllen vor Produktivsetzung sowie dem periodischen Aktualisieren im Betrieb zwei unterschiedliche Anwendungsszenarien für die Befüllung der BI-Datenbasis gegeben.[233]

Mit steigender Vertriebs- und Marktorientierung des Anwenders wächst der Bedarf nach **unternehmungsexternen Informationen**. Dabei kann es sich sowohl um generelle wirtschaftspolitische, juristische und soziale Auskünfte als auch um die spezielle Situation in einem Marktsegment oder um Auskünfte zur Konkurrenzsituation handeln. Sollen derartige Angaben direkt in die BI-Datenbasis einfließen, dann ist die Nutzung externer Informationsquellen unabdingbar.

Als effizienter, aber auch kostspieliger Weg hierzu kann sich ein direkter Anschluss per digitaler Datenfernübertragung an kommerzielle Online-Datenbanken bzw. Online-Dienste, wie die Gesellschaft für Konsumgüterforschung (GfK), Reuters oder Nielsen, aber auch an staatliche und sonstige öffentliche Datenbestände erweisen. Für den Anwender ergeben sich Vorteile dadurch, dass die externen Datenbasen in der Regel sorgfältig gepflegt und frühest möglich aktualisiert werden. Als Alternative zum Online-Zugang wird auch eine Offline-Datenübernahme per elektronischem Medium (Diskette, CD-ROM) offeriert, was sich jedoch aufgrund der eingeschränkten Aktualität häufig als unzureichend erweist. Auch die Übernahme von Daten aus zugänglichen nicht-elektronischen Medien (z. B. Zeitungen und Zeitschriften) manuell oder per Scanner in das System ist aufgrund des extrem hohen Aufwandes keine verbreitete Alternative.

Ein wichtiges Kommunikationsmedium bietet das **Internet**, das einen weltweiten Zugriff im World Wide Web (WWW) gewährleistet. Bei Bedarf lassen sich die relevanten Informationsauszüge per Knopfdruck in die lokale Umgebung transferieren und hier zunächst unstrukturiert für den späteren Gebrauch dauerhaft speichern. Als viel versprechend erweisen sich hier die Ansätze, um Daten aus dem World Wide Web automatisiert durch Nutzung von **Text Mining-Verfahren** zu übernehmen und dem vorhandenen Datenbestand sinnvoll zuzuordnen.[234]

---

[232] Vgl. Gabriel/Röhrs (1995).
[233] Vgl. Müller (1999), S. 159 - 160.
[234] Derartige Techniken werden häufig als Web Content Mining bezeichnet und damit von Web Usage Mining bzw. Web Log Mining abgegrenzt. Vgl. Gluchowski/Müller (2000), S. 18ff. Zum Text-Mining siehe Felden (2006), S. 283ff. Zur Integration von unstrukturierten Daten in BI-Systeme vgl. auch die Ausführungen in Abschnitt 10.1.

Sowohl bei der Übernahme interner wie auch externer Daten ist in jedem Fall zu beachten, dass ein unmittelbarer, problemorientierter Einsatz der originären Ausgangsdaten in der Regel nicht möglich ist, zumal die Daten in den unterschiedlichen Vorsystemen auch auf verschiedenen Weisen abgelegt sowie möglicherweise fehlerbehaftet sind und somit eine syntaktische wie auch semantische Harmonisierung und Aufbereitung erfolgen muss.

Selbst eine konsistente und inhaltlich relevante Datenbasis kann das Informationsbedürfnis der Nutzer nicht immer befriedigen. Vielmehr müssen gegebenenfalls Mechanismen zur anforderungsgerechten Analyse angeboten werden, wie der folgende Abschnitt darstellt.

4.4.2 Analyseschicht: Methodische Auswertung

Aufgabe der Analyseschicht ist es, dem Benutzer die Komponenten zur Verfügung zu stellen, die es ihm ermöglichen, die Daten entsprechend seiner Anforderungen untersuchen und auswerten zu können.

Je nach Anwendungsfall differieren die benötigten Analysefunktionalitäten in erheblichem Maße. Das Spektrum reicht von Optionen zur freien Navigation im Datenbestand bis zu Möglichkeiten zur weiterführenden methodischen Aufbereitung und Auswertung der gespeicherten Inhalte mit mathematischen oder statistischen Verfahren.

Im Rahmen der rein **navigationsorientierten Analyse** gespeicherter Daten sind Funktionalitäten erforderlich, die eine flexible Sichtenbildung mit ausgeprägter Interaktivität verbinden. Anwender wollen sich frei im Datenbestand bewegen und mit wenigen Mausklicks beliebige Ausschnitte und Zusammenstellungen der Inhalte zur Anzeige bringen können (Ad-Hoc-Analysen). Als Voraussetzung für eine flüssige Interaktion gilt hier ein ausgezeichnetes Antwortzeitverhalten. Einzelne Zwischenergebnisse werden dann als Inspiration für neue, unmittelbar erzeugbare Perspektiven verwendet.

Als besonders häufig genutzte Form der navigationsorientierten Analyse gilt die **Verdichtung** oder **Aufspaltung** betriebswirtschaftlicher Größen. Im Rahmen der Verdichtung geht es darum, aus vorhandenen Detailinformationen verallgemeinerte Aussagen abzuleiten, die einen größeren Geltungsbereich betreffen und damit eher einen Überblick verschaffen können. Als entgegen gesetzte Operationen gelten aufspaltende Umwandlungen, die aus allgemeinen Aussagen auf Detailinformationen schließen lassen. Um derartige Operationen vollziehen zu können, muss gewährleistet sein, dass die zugehörigen Über- und Unterordnungsbeziehungen zwischen detaillierten und verdichteten Objekten strukturell abgelegt sind. Im Idealfall ergeben sich dann themenspezifische und hierarchisch gegliederte Informationsbäume, die der Anwender bedarfsgerecht auf einem wählbaren Aggregationsniveau abrufen kann.

Unter Umständen kann eine derartige hierarchische Strukturierung auch durch den Benutzer interaktiv zur Laufzeit des Systems erfolgen. Aus diesem Grunde sind auch Optionen zur Definition und Speicherung eigener einfacher Zuordnungsvorschriften für Betrachtungsobjekte vorzusehen. Zudem sollen die Parametereinstellungen für besonders interessante Sichten auf das Datenmaterial dauerhaft abgelegt werden können, um bei erneutem Aufruf nicht alle benötigten Justistierungen nochmals vornehmen zu müssen.

Auch wenn die navigationsorientierte Analyse vielfältige Einsatzbereiche abdecken kann, werden für weiterführende Auswertungen des Datenmaterials zusätzliche Funktionalitäten benötigt.

Im Vordergrund steht hierbei, aus dem vorhandenen Datenmaterial durch **Verknüpfung** und **Umformung** zusätzliche Informationen abzuleiten, die zu gänzlich neuartigen Einsichten führen oder zur Problemlösung schlicht besser geeignet sind. Quantitative Größen lassen sich hierbei sowohl mit einfachen Konsolidierungs- und Aggregationsmechanismen aber auch mit anspruchsvollen finanzmathematischen Berechnungen, Regressions-, Korrelations- und Zeitreihenverfahren sowie mit komplexen linearen und nicht-linearen Optimierungs- und Simulationsmethoden bearbeiten.[235]

In jedem Fall erweist sich die Anwendung derartiger quantitativer Methoden als ausgesprochen rechenintensives Unterfangen, das sich gut formalisieren lässt und daher prädestiniert für eine maschinelle Ausführung erscheint. Dem Anwender kommt meist die Aufgabe zu, die anzuwendende Methode für die gegebene Problemsituation auszuwählen, die Anwendung auf die vorhandenen Informationen anzustoßen sowie die Ergebnisse wahrzunehmen und zu interpretieren.

Prinzipiell lassen sich derartige Methoden in einer **Methodenbank** organisieren. Die Aufgabe der zugehörigen Methodenbankverwaltung besteht dann in der Bevorratung und Zurverfügungstellung passender Regeln, Methoden bzw. Verfahren zur Ermittlung von Zielgrößen. In der Methodenbank finden sich u. a. exakte Algorithmen (endlich konvergierend), heuristische Verfahren, Simulations- und Prognoseverfahren, Matrizenoperationen oder grafentheoretische Verfahren.

Methoden müssen generiert werden können, sollen speicherbar und modifizierbar sein und sich im Rahmen von Modellrechnungen möglichst einfach nutzen lassen. Da sie in der Regel als Black-Box über einen einfachen Funktionsaufruf mit Parameterübergabe angestoßen werden, ist eine detaillierte Erklärung der internen Funktionsweise der Methoden nur in Ausnahmefällen erforderlich (z. B. bei artikuliertem Misstrauen bezüglich der Verlässlichkeit von Ergebnissen). Wichtiger erscheint dagegen die genaue Spezifikation und Dokumentation der Inputgrößen sowie eine Erläuterung der einzelnen Outputgrößen, um dem Problem des methodischen Verständnisses zur Beurteilung von generierten Lösungsvorschlägen zu begegnen. Begleitend soll der Anwender vom System bei der Methodenauswahl über die jeweiligen Einsatzbereiche der Methoden umfassend und verständlich unterrichtet werden. Eine besondere Bedeutung haben die interaktiven Methoden, bei denen der Benutzer im Dialog den Problemlösungsprozess beeinflus-

---

[235] Eine geschlossene Verfahrensvorschrift, die angibt, wie Inputgrößen bei gegebenem Zielsystem in Outputgrößen umzuwandeln sind, wird als Algorithmus oder Methode bezeichnet. Vgl. Gabriel (1984), S. 13. Berens und Delfmann verstehen Algorithmen als spezielle Methoden, die sich durch Endlichkeit, Eindeutigkeit, Effektivität, Abgeschlossenheit und Existenz eines Stoppkriteriums auszeichnen. Methoden sind dann systematische Handlungsanweisungen, die in objektiver Weise zur Lösung von Aufgaben eine endliche, geordnete Anzahl von Vorschriften und Regeln festlegen. Vgl. Berens/Delfmann (2004), S. 104ff.

sen kann. Die Vorteile des Einsatzes dieser Methoden liegen vor allem bei der Lösung schlecht strukturierter Problemstellungen, wobei beim Anwender entsprechendes Wissen über das Problem bzw. seine Lösung vorausgesetzt wird. Häufig setzen betriebswirtschaftlich genutzte Methoden auf zuvor definierten **Modellen** auf. Während die Modelle dann als Abstraktionen realer Problemstellungen zu deuten sind, bieten Methoden Vorgehensweisen zu ihrer Bearbeitung. In diesem Sinne ist eine Methode auch als zielgerichtete Transformation von Modellzuständen anhand fest definierter algorithmischer Einzelschritte interpretierbar.[236]

Die im Analyseprozess eingesetzten Modelle versuchen, die betriebliche Wirklichkeit vereinfachend und zweckkonform abzubilden. Durch eine Beschränkung auf die für die Modellierung wesentlichen Umweltobjekte werden dabei nur die relevanten Bereiche erfasst. Die Güte der Abbildung und die Relevanz des gewählten Realitätsausschnittes erweisen sich als maßgeblich für die Anwendbarkeit und Aussagekraft derartiger Realmodelle[237].

Als Darstellungsform wird in aller Regel eine mathematisch-symbolische Notation mit hohem Abstraktionsgrad gewählt. Als Anforderung an eine geeignete Modellverwaltung kann demnach formuliert werden, dass es Funktionseinheiten geben muss, mit denen Variablen (Modellelemente als Repräsentanten realer Phänomene) und Formeln (Beziehungen zwischen den Elementen) verwaltet werden können.

In Analogie zur Methodenverwaltung kann auch für die Organisation von Modellen eine eigenständige **Modellbank** gefordert werden, in der sich die angelegten Modellbestandteile (Variablen und Formeln sowie gegebenenfalls Zielsetzungen und Restriktionen) dauerhaft speichern lassen.

Zu definierende Variablen sind unabhängig oder abhängig, deterministisch oder stochastisch, exakt oder unscharf, ganzzahlig oder nicht-ganzzahlig, statisch oder dynamisch. Die zwischen den Variablen bestehenden Abhängigkeiten erweisen sich als lineare oder nicht-lineare Relationen oder Funktionen und sind entweder determiniert oder vage formuliert. Soll das anzulegende Modell als Entscheidungsmodell ein Zielsystem aufweisen, dann kann als mögliche Zielsetzung der Modellrechnung ein (ein- oder mehrkriterielles) Optimierungs- oder Satisfizierungskriterium in Betracht kommen. Weiterhin sind bei den Modellrestriktionen neben Gleichheits- und/oder Ungleichheitsbeziehungen auch unterschiedliche Wertebereiche der Modellvariablen denkbar, wobei diese jeweils scharfer oder unscharfer (fuzzy) Natur sein können.

Auch hier kann von der eingesetzten Modellbankkomponente gefordert werden, dass ganze Modelle oder einzelne Modellbestandteile speicherbar, modifizierbar und löschbar sind. Zu den Aufgaben der Modellverwaltung gehört es dann, gespeicherte Modelle zu laden, zu bearbeiten und wieder zu sichern.

---

[236] Vgl. Gluchowski (1993), S. 27.
[237] Im Gegensatz zu den Ideal- bzw. Formalmodellen, die Abbildungen nicht realitätsgebundener Systeme sind.

Abschließend sei angemerkt, dass sich eine dedizierte Methoden- und Modell-
bankverwaltung bei den heute verbreiteten Softwarewerkzeugen nicht immer unmittelbar identifizieren lässt, sondern häufig verborgen im Hintergrund mitläuft.

In jedem Fall setzt die Nutzung von Methoden und Modellen zur Untersuchung
betriebswirtschaftlichen Datenmaterials ein gewisses formal-analytisches Verständnis voraus und kann sich als anspruchsvoll und aufwändig erweisen. Eine
einfachere Form des Einsatzes gespeicherter Daten stellt dagegen die reine Anzeige dar, wie der folgende Abschnitt zeigt.

4.4.3   Präsentationsschicht: Zugriff und Ausgabe

Die zentrale Aufgabe der Präsentationsschicht besteht in der problem- und adres-
satengerechten **Ausgabe relevanter Inhalte** am genutzten Ausgabemedium. Zudem werden die Zugriffsmechanismen bestimmt, die zur jeweiligen Ausgabe führen. Weder die Navigationsflexibilität noch die methodische Aufbereitung des
Datenmaterials stehen im Vordergrund (können aber integriert sein), sondern die
zweckgemäße Versorgung mit Informationen.

Da sich das Spektrum der Nutzer dieser Präsentationsschicht als sehr heterogen
erweist, müssen **unterschiedliche Formen der Darstellung** des Informationsmaterials abgedeckt werden. Schließlich hängt der Wert der angebotenen Informationen für den jeweiligen Empfänger und in der spezifischen Problemsituation nicht
nur von den angebotenen Inhalten sondern auch von der gewählten Präsentationsform ab.

Für quantitative betriebswirtschaftliche Größen bietet sich als gebräuchlichste
Darstellungsform die **zweidimensionale (Zahlen-)Tabelle** – ergänzt um beschreibende Textangaben – an. Derartige Tabellendarstellungen finden sich in unterschiedlichen Spielarten. Häufig erfolgt der Gebrauch von Kreuztabellen, bei
denen in den Tabellenspalten sowie in den Tabellenzeilen jeweils ein Untersu-
chungskriterium in seinen verschiedenen Ausprägungen abgetragen wird. Anreichern lassen sich derartige Ausgabeformen durch Zwischen- und Gesamtsummen
sowie berechnete Abweichungen.

Neben der rein tabellarischen Darstellung des Datenmaterials werden oftmals
auch **Geschäftsgrafiken** zur Präsentation verwendet. Diese zeichnen sich gegenüber der rein textlichen Darstellung betriebswirtschaftlicher Daten vor allem dadurch aus, dass sie es ermöglichen, interessante Faktenkonstellationen mit wesentlich höherer Geschwindigkeit zu erfassen.[238] Häufig gelangen hierbei die
herkömmlichen zwei- oder dreidimensionalen Darstellungsarten zum Einsatz, wie
Balken-, Säulen-, Linien-, Punkt- oder Flächendiagramme. Zur Visualisierung von
Inhalten mit regionalem Bezug lassen sich darüber hinaus Darstellungsformen
nutzen, die innerhalb einer angezeigten (Land-) Kartensicht Einfärbung vornehmen oder den Aussagegehalt zu einzelnen Bereichen durch zugeordnete Geschäftsgrafiken anreichern.

Als besondere Ausprägung der automatisierten Informationsversorgung kann
die Ergänzung der quantitativen Angaben durch sprachliche Erläuterungen in

---

[238] Vgl. Back-Hock (1993c), S. 196.

Langtextform verstanden werden. Überdies lassen sich u. U. weitere Darstellungsarten wie bewegte oder unbewegte Bilder sowie Audioinformationen integrieren, um den Aussagegehalt der Ausgabe zu erhöhen.

Hinsichtlich der Interaktionsmöglichkeiten im ausgegebenen Informationsausschnitt können weiter gehende Differenzierungen vorgenommen werden. Im Falle einer **starren Ausgabe** finden sich für den Nutzer keine Optionen zur Weiterbearbeitung der angebotenen Inhalte. Um andere Inhalte anzeigen zu lassen, muss er die aktuelle Sicht komplett verlassen und explizit eine andere Informationszusammenstellung aufrufen. An der Grenze zur navigationsorientierten Analyse dagegen finden sich Lösungen, die beispielsweise durch **Verlinkung** einen Verweis auf verbundene Informationssichten unterstützen und dadurch zumindest eingeschränkte Interaktionsfähigkeit aufweisen.

Derartig interaktive Nutzungsformen sind durch eine aktive Rolle des Anwenders geprägt. Alternativ dazu kann auch das zugehörige System selbständige Aktivitäten zur Unterstützung entfalten. Zunächst kann in diesem Kontext auf die systemgesteuerte, besondere Herausstellung bemerkenswerter Konstellationen oder Entwicklungen in numerischer, verbaler und/oder grafischer Form verwiesen werden. Noch weiter gehende Systemaktivitäten sind bei der automatisierten Zusendung neuer Informationen zu entfalten. Möglichst zeitnah sollen hierbei den Benutzern des Systems interessante und hilfreiche Inhalte zugestellt werden, ohne dass diese hierbei eigene Aktionen durchführen müssen.

Zusammenfassend lässt sich festhalten, dass sich das Spektrum möglicher Ausgabeformen für BI-Systeme als vielfältig und facettenreich erweist. Allerdings kann dies kaum überraschen, da die Vorlieben und Vorkenntnisse der potenziellen Anwender ebenfalls sehr heterogen sind. Als Herausforderungen für die eingesetzten IT-Systeme resultiert hieraus allerdings eine **funktionale** und damit auch **technische Komplexität**, die es zu beherrschen gilt.

Vor diesem Hintergrund kann nun eine grobe Zuordnung von Informationskonsumenten, Analytikern und Spezialisten, die als idealtypische BI-Nutzergruppen identifiziert und beschrieben wurden, zu den erörterten Architekturkomponenten erfolgen (Vgl. Abb. 4/8). Ein direkter Durchgriff auf die in der Bereitstellungsschicht abgelegten Daten soll dabei ausgeschlossen sein, auch wenn er in der praktischen Nutzung durch direkten Einsatz von Datenbank-Befehlen vor allem für Ad-hoc-Abfragen von Datenbeständen durchaus anzutreffen ist. Hier wird davon ausgegangen, dass die Anwender für die Aufbereitung und Anzeige die Werkzeuge zur Analyse und Präsentation entweder einzeln oder in Kombination einsetzen.

Der als **Spezialist** bezeichnete Nutzertyp wird vorwiegend direkt auf die methodenorientierten Funktionsbausteine zurück greifen, um anspruchsvolle Datenanalysen vorzunehmen, auch wenn er dabei funktionale Komplexität und wenig benutzungsfreundliche Oberflächen in Kauf nehmen muss. Sein Misstrauen gegenüber den angenehmen und leicht erlernbaren Zugriffs- und Ausgabewerkzeugen geht im Einzelfall soweit, dass er ihnen unterstellt, im Hintergrund verfügbare Verfahren zu unterschlagen oder Analyseergebnisse zu verfälschen. Der **Analytiker** dagegen wird vor allen die Funktionalitäten der navigationsorientierten Analyse einsetzen und sich möglichst frei im Datenbestand bewegen wollen. Einfache

Methoden werden zwar wahrgenommen und angewendet, allerdings nur, wenn diese zu unmittelbar nachvollziehbaren und einsichtigen Resultaten führen, welche das Analyseergebnis unmittelbar verbessern. Gerne verwendet der Analytiker auch spezifische Werkzeuge zur Anzeige und Ausgabe, wenn dadurch keine Einschränkung der Analysefunktionalität erfolgt und die Navigationsoptionen vereinfacht oder verbessert werden. Schließlich stützt sich der **Informationskonsument** auf Tools, die in der Bereitstellungsschicht abgelegtes Datenmaterial nach festen Mustern aufbereiten und ausgeben. Großes Gewicht erfährt dabei eine zweckkonforme optische Aufbereitung des angezeigten Datenmaterials entsprechend fest definierter Vorgaben.

Grob werden diese Tendenzaussagen durch die folgende Abb. 4/8 und die enthaltene Zuordnung von Nutzertypen zu Gestaltungsvarianten bzw. Komponenten visualisiert.

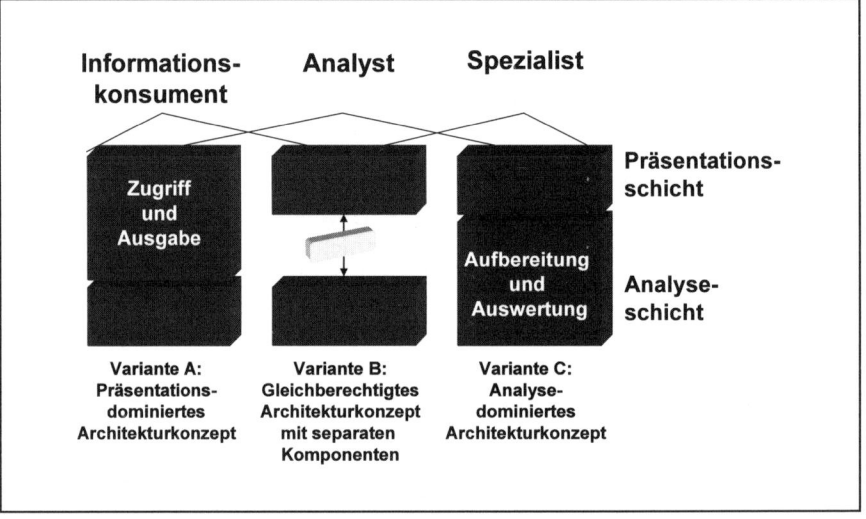

Abb. 4/8:   BI-Bausteine und -Nutzertypen

Nach der grundlegenden Einordnung und Abgrenzung von Business Intelligence sowie der Erörterung zugehöriger Basistechnologien lag ein Schwerpunkt des vierten Kapitels auf der Darstellung unterschiedlicher Nutzergruppen der BI-Systeme und eines dreischichtigen Architekturmodells. In den folgenden Kapiteln werden die einzelnen Schichten erneut aufgegriffen und weiter vertieft. Dabei erfolgt die separate Betrachtung von Data Warehousing (Datenbereitstellung), von On-Line Analytical Processing und Data Mining (Datenanalyse) sowie von Reporting und Portalen (Präsentation).

5 Datenbereitstellung: Data Warehousing

Als Aufgabe der Bereitstellungsschicht einer BI-Lösung wurde die Zurverfügungstellung eines geeigneten und stimmigen Datenbestandes zu Informations- und Analysezwecken heraus gestellt. Um diesem Anspruch genügen zu können, muss sowohl eine entscheidungsorientiert gestaltete Datenbasis strukturell definiert und implementiert als auch die dauerhafte Befüllung mit vorhandenen und neu hinzukommenden Problemdaten gewährleistet werden. Die dazu benötigten technologischen Grundkonzepte und Realisierungsalternativen lassen sich dem Thema „Data Warehousing" zuordnen und bilden den Gegenstand des folgenden Kapitels.

Dabei sollen zunächst in Abschnitt 5.1 die konzeptionellen Grundlagen des Data Warehousing dargestellt und historisch eingeordnet werden. Abschnitt 5.2 liefert dann einen kurzen Überblick über Einsatzbereiche und Nutzenaspekte, bevor in Abschnitt 5.3 eine Darstellung der unterschiedlichen Architekturvarianten und Komponenten einer Data Warehouse-Lösung erfolgt.

5.1 Data Warehouse-Konzept

Die **Informationsbereitstellung** ist und bleibt ein wesentlicher Gesichtspunkt von Managementunterstützungs- bzw. Business Intelligence-Systemen. Die Sammlung, Verdichtung und Selektion entscheidungsrelevanter Informationen kann nur auf Basis einer konsistenten unternehmungsweiten Datenhaltung geschehen. Diese teils schmerzhafte Erkenntnis mussten zahlreiche Praxisansätze in den 1980er und frühen 1990er Jahren akzeptieren, die mit dem Ziel einer umfassenden Informationsversorgung und Entscheidungsunterstützung betrieblicher Fach- und Führungskräfte konzipiert und realisiert worden sind, allerdings aufgrund der unzureichenden Beachtung von Datenhaltung und -aktualisierung scheiterten.[239] Obwohl hierfür unterschiedliche Gründe verantwortlich zeichnen, präsentierte sich das Fehlen einer integrierten entscheidungsorientierten Datenbasis mit konsistenzgeprüften Fakten oftmals als zentrales Problem. So wurde der Aufwand häufig unterschätzt, der aufgrund der Heterogenität operativer Systeme bei der systematischen Zusammenführung und Ablage der zugehörigen Datenbestände anfällt.

Erste Schritte zur Standardisierung des Informationszugriffs für die Führungsebenen wurden von Seiten der IT-Branche schon relativ früh unternommen. Der Weg, die entscheidungsrelevanten Informationen den Endbenutzern direkt zur Verfügung zu stellen, führte jedoch schnell zu dem mit den MIS der ersten Generation herbeigeführten **Information-Overload**.[240]

---

[239] Vaske stellt heraus, dass 70% der Projekte zum Aufbau von Executive Information Systemen im Jahre 1990 erfolglos verliefen. Vgl. Vaske (1996), S. 7.

[240] Vgl. Kapitel 3. In diesem Sinne stellen die Data Warehouse-Konzepte das (vorläufige) Ergebnis mannigfacher Lösungsversuche dar, die immer größer werdenden "Datenfluten" zu beherrschen, d. h. die relevanten Führungsinformationen aus den vorhandenen, oft nicht mehr überschaubaren Datenmengen herauszufiltern und effizient zu verwalten.

An dieser Stelle setzt das **Data Warehouse-Konzept**[241] an und fordert den Aufbau einer Datenbasis mit entscheidungsrelevanten Inhalten zur Unterstützung dispositiver Aufgaben.[242] Im Idealfall soll eine derartige Datenbasis unternehmungsweit ausgerichtet sein und das Informationsbedürfnis verschiedenster Anwendergruppen abdecken.[243] Oberstes Anliegen dieser Data Warehouse-Konzepte ist es folglich, Entscheidern in Organisationen einen einheitlichen Zugriff auf all ihre Daten zu ermöglichen, gleich an welcher Stelle sie ursprünglich gespeichert sind oder welche Form sie haben.[244] Aus technischen Gründen erweist es sich als sinnvoll, ein derartiges zentrales Data Warehouse (DW) von den datenliefernden Vorsystemen zu entkoppeln und auf einer separaten Plattform zu betreiben.[245] Die gesammelten Problemdaten müssen dabei aus den unterschiedlichen vorgelagerten operativen Datenbasen extrahiert und in einer eigenständigen Datenbasis derart strukturiert abgelegt werden, dass sich daraus der Informationsbedarf der Anwender decken lässt.

Bei der Implementierung einer Data Warehouse-Lösung ist zu beachten, dass die für die Unternehmungsführung notwendigen Informationen aus den verschiedenen betrieblichen Bereichen (wie z. B. Vertrieb, Produktion und Rechnungswesen) oder organisationsexternen Quellen wie beispielsweise Nachrichten- oder Online-Diensten stammen. Entsprechend dem Data Warehouse-Grundgedanken sind diese Informationen aus dem organisatorischen Kontext zunächst zu sammeln und aufzubereiten. Damit wird klar, dass das Konzept nicht den Zugriff auf die operationalen Originaldaten erlaubt, sondern diese vorselektiert und physikalisch eigenständig in Kopie gebündelt verwaltet. Durch die Bildung einer zweiten Datenbasis können die Operationen der **Transaktionssysteme** (z. B. Produktionssteuerung oder Auftragsabwicklung) **unabhängig** von den **Analyseprozessen** auf dem Data Warehouse-Datenbestand ausgeführt werden, so dass diese Analysen den reibungslosen Ablauf der operativen Geschäfte nicht beeinträchtigen.

Die wörtliche Übersetzung des Begriffs Data Warehouse (DW), also "Datenlagerhaus", noch treffender vielleicht die recht freie Übersetzung "Datenwarenhaus", bieten Ansatzpunkte für die umfassende Erläuterung der weiteren Ideen,

---

[241] Als alternative Bezeichnungen, die sich jedoch nicht flächendeckend durchsetzen konnten, lassen sich Atomic Database, Business Information Resource, Data Supermarket, Decision Support System Foundation, Information Warehouse und Reporting Database anführen. Vgl. Holthuis (1998), S. 72. Der Kern des DW-Konzeptes wurde bereits seit dem Jahre 1988 beim Unternehmen IBM unter der Bezeichnung European Business Information System (EBIS) später als Informtion Warehouse Strategy entwickelt. Vgl. Mucksch/Behme (2000), S. 5; Mertens/Griese (2002), S 24ff.

[242] Vgl. Mucksch/Holthuis/Reiser (1996), S. 421f.

[243] Vgl. Martin/Maur (1997), S. 105.

[244] Vgl. Radding (1995), S. 53f.

[245] Vgl. Kurz (1999), S. 75; Holthuis/Mucksch/Reiser (1995). Hummeltenberg wertet den Aspekt der Entkopplung sogar als konstituierend für den Aufbau von Data Warehouse-Lösungen. Vgl. Hummeltenberg (1998), S. 49. Eine Entkopplung führt einerseits zu einer Entlastung der operativen Systeme und eröffnet andererseits die Option, das analyseorientierte System auf die Belange von Auswertungen und Berichten hin zu optimieren. Vgl. Wieken (1999), S. 16.

die mit dem Data Warehouse verbunden sind. Es finden sich tatsächlich viele Merkmale, die mit denen eines Warenhauses übereinstimmen. Deshalb wird dieser Vergleich in den folgenden Ausführungen mehrfach aufgegriffen. Das Data Warehouse versteht sich als eine Zentrale zur Bereitstellung aller notwendigen (nachgefragten) Informationen, auf die hauptsächlich ein lesender Zugriff möglich ist. Wie in einem "Warenhaus" holt sich der "Kunde" nach seinem "Bedarf" und in "Selbstbedienung" die "Ware" Information aus den "Regalen" in seinen "Warenkorb". Die "Regale" sind nach Themengebieten geordnet, das "Warenangebot" ist kundenorientiert.

Abweichend von den Daten der operativen Systeme lassen sich für die im Data Warehouse abgelegten Informationseinheiten die vier idealtypischen Merkmale Themenorientierung, Vereinheitlichung, Zeitorientierung und Beständigkeit formulieren, die im folgenden erläutert werden sollen:

1) Themenorientierung
Die Informationseinheiten in einem Data Warehouse sind auf die **inhaltlichen Kernbereiche** der Organisation fokussiert. Dies bildet einen Unterschied zu den üblichen applikations- bzw. prozessorientierten Konzepten der transaktionsorientierten operativen DV-Anwendungen, die auf eine effiziente Abwicklung des Tagesgeschäftes ausgerichtet sind und sich dabei an Objekten wie "spezifischer Kundenauftrag" oder "einzelne Produktionscharge" orientieren. Die hierbei verarbeiteten Daten sind in spezifischer, isolierter Form jedoch kaum dazu geeignet, Entscheidungen zu unterstützen.

Vielmehr erfolgt im Data Warehouse-Umfeld die Konzentration auf inhaltliche **Themenschwerpunkte (Objektklassen)** wie z. B. Produkte und Kunden.[246] Operative Daten, die lediglich für die Prozessdurchführung wichtig sind und nicht der Entscheidungsunterstützung dienen können, finden in ein Data Warehouse keinen Eingang. Im übertragenen Sinne bedeutet dies, dass bei der Auswahl der "Waren" eine nutzungsorientierte Vorselektion stattfindet. Es gelangen nur die Waren in das Warenhaus, die voraussichtlich auch nachgefragt werden.

2) Vereinheitlichung
Ein zentrales Merkmal des DW-Konzeptes ist, dass die Daten vereinheitlicht werden, bevor ihre Übernahme aus den operativen Systemen erfolgt. Diese Vereinheitlichung kann verschiedene Formen annehmen und bezieht sich häufig auf Namensgebung, Bemaßung und Kodierung.[247] Zudem sind Vereinbarungen über die im Warehouse abgelegten Attribute zu treffen, da in den unterschiedlichen operativen Systemen oftmals gleiche Entitäten durch verschiedene Merkmale beschrieben sind. Das Ziel dieser Vereinheitlichung ist ein **konsistenter Datenbestand**, der sich stimmig und akzeptabel präsentiert, selbst wenn die Datenquellen große Heterogenität aufweisen. Auf das Beispiel eines Warenhauses bezogen bedeutet dies, dass die Waren vor der Einlagerung einer intensiven Wareneingangskontrolle

---

[246] Vgl. Hummeltenberg (1998), S. 51.
[247] Allgemein lassen sich Maßnahmen zur Format- und Strukturvereinheitlichung voneinander abgrenzen. Vgl. Holthuis (1998), S. 75.

unterworfen und dabei unbrauchbare Teilmengen aussortiert und die übrigen gegebenenfalls bearbeitet, aufbereitet und neu verpackt werden.

3) Zeitorientierung

Die Zeitorientierung der in einem Data Warehouse abgelegten Informationseinheiten dokumentiert sich auf unterschiedliche Arten. Zunächst ist hier – im Gegensatz
zu operativen Anwendungen, die mit präziser Aktualität im Moment des Zugriffs
aufwarten – lediglich eine **zeitpunktbezogene Korrektheit** gegeben, vielleicht
bezogen auf den Zeitpunkt des Datenimports. Jeder Import bietet folglich einen
Schnappschuss des Unternehmungsgeschehens. Selbst der neueste Schnappschuss
kann zum Zeitpunkt der Nutzung durch den Endanwender Stunden, Tage oder gar
Wochen alt sein. Dieser zunächst als Manko der DW-Ansätze erscheinende Umstand erklärt sich jedoch aus den Nutzungsformen: Anwendungsschwerpunkte
sind in der Analyse von Zeitreihen über längere und mittlere Zeiträume (Jahres-
oder Monatsbetrachtungen) gegeben. Entsprechend reichen für diese Auswertungen Informationen mit mäßiger Aktualität vollkommen aus. Zudem kann so der
unliebsame Effekt, dass zwei kurz hintereinander gestartete Abfragen bzw. gene-
rierte Reports zu unterschiedlichen Ergebnissen führen – wie bei direktem Durchgriff auf den operativen Datenbestand möglich – ausgeschaltet werden.

Überdies hat die Zeitorientierung[248] Auswirkungen auf die identifizierende Beschreibung von Datenwerten. Jeder Schlüssel in einem Data Warehouse enthält
einen **Zeitbezug**. Im Falle von Bestandsgrößen können dies Datumsangaben, im
Falle von Bewegungsgrößen Angaben zum entsprechenden Zeitraum (z. B. Monat
Mai 1996, 45. Kalenderwoche 1994, Jahr 1995) sein.[249] Stammdaten werden hingegen häufig mit Gültigkeitsstempeln versehen, auch um Änderungen im Zeitablauf (beispielsweise im Hinblick auf eine strukturelle Zuordnung) nachvollziehen
zu können.

Ziel des Warenhauses ist also nicht, die ständig aktuellen Modetrends zu verfolgen, sondern ein etabliertes, mit Zeitstempeln versehenes Sortiment mit periodischen Warenlieferungen dauerhaft zu pflegen.

4) Beständigkeit

Die beständige Bevorratung von Zeitreihendaten über lange Zeiträume hinweg erfordert **durchdachte, anwendungsgerechte Kumulationsverfahren** und **opti-
mierte Speichertechniken**, um den Umfang des zu speichernden Datenmaterials
und damit die Zeit, die für einzelne Auswertungen und Abfragen benötigt wird, in
erträglichen Grenzen zu halten. Die in einem Data Warehouse abgelegten Inhalte
werden nach erfolgreicher Übernahme schließlich nur in Ausnahmefällen aktualisiert oder modifiziert.[250] Dagegen verweilen die Daten der operationalen Anwendungen nur für einen begrenzten Zeitraum in den transaktionsorientierten Systemen der betrieblichen Basisdatenverarbeitung (z. B. bis zur Abwicklung eines

---

[248] Zum Themenkomplex der Abbildung zeitbezogenen Informationsobjekte vgl. Knol-
mayer/Myrach (1996).

[249] Vgl. Mucksch/Behme (2000), S. 10f.

[250] Vgl. Mucksch/Behme (2000), S. 13.

konkreten Auftrages) und werden anschließend ausgelagert oder gelöscht, um die **Performance** (Leistungsfähigkeit) dieser Systeme (insbesondere hinsichtlich der **Antwortzeiten** [response time]) nicht unnötig zu belasten. Auf ein Warenhaus lässt sich die Forderung nach Beständigkeit bzw. Dauerhaftigkeit ebenfalls übertragen. Ein Warenhaus mit dieser Zielsetzung würde über eine ausgeprägte Lagerhaltung verfügen und die bevorrateten Güter langfristig im Bestand halten.

Mit der inhaltlichen Ausrichtung einer Data Warehouse-Lösung ist folglich die zugehörige Aufgabenstellung festgelegt, themenorientierte und integrierte (i. S. v. vereinheitlichte) Informationen über lange Zeiträume und mit Zeitbezug zur Unterstützung der Anwender aus unterschiedlichen Quellen periodisch zu sammeln, nutzungsbezogen aufzubereiten und bedarfsgerecht zur Verfügung zu stellen.[251]

Beim Aufbau eines Data Warehouse-Konzeptes sind sowohl **betriebswirtschaftlich-organisatorische** als auch **technische Gestaltungsaspekte** sorgfältig zu durchdenken. Aus betriebswirtschaftlich-organisatorischer Sicht ist zu überlegen, welche Informationen auf welchen Verdichtungsstufen im Datenspeicher abgelegt werden müssen und welchen Mitarbeitern diese zugänglich gemacht werden sollen. Dabei eignet sich eine direkte und ausschließliche Verwendung der in den operativen Systemen abgelegten Rohdaten nur sehr eingeschränkt für eine angemessene Unterstützung betrieblicher Analyse- und Entscheidungsprozesse. Vielmehr müssen die Daten aufbereitet werden, um als entscheidungsgerechte Informationen dem Endbenutzer wertvolle Dienste leisten zu können.

Zudem ist zu klären, was konkret unter einzelnen Begriffen zu verstehen ist bzw. woraus sich die einzelnen Größen zusammensetzen, was sie repräsentieren und wie sie ermittelt werden. Die **Definition betriebswirtschaftlicher Größen** erweist sich in größeren Unternehmungen als durchaus ernstzunehmendes und schwieriges Unterfangen, insbesondere wenn in den einzelnen unternehmerischen Organisationseinheiten unterschiedliche Begriffsverständnisse existieren.[252]

Daneben muss ebenfalls ein tragfähiges **technisches Realisationskonzept** erarbeitet werden.[253] Wie bereits ausgeführt, sind bei der Realisierung eines Data Warehouses Anforderungen zu erfüllen, die in ähnlicher Weise auch für die Datenhaltungssysteme der operativen Anwendungsebene Gültigkeit aufweisen. Daneben allerdings sind weitere Aspekte zu beachten, die eine reine Adaption der im operativen Bereich erfolgreichen Konzepte als untauglich erscheinen lässt.

Die in einem Data Warehouse-Umfeld erforderlichen Funktionen und Zugriffsmöglichkeiten unterscheiden sich grundlegend von denen in den operativen bzw. operationalen Systemen.[254] Daneben ist auch bei den **Zugriffsmustern** eine erhebliche Differenz auszumachen. Während nämlich die operativen Datenbasen zu den Kernarbeitszeiten verhältnismäßig gleichförmig ausgelastet sind, ergeben

---

[251] Vgl. Inmon (1996), S. 29 - 39.
[252] Vgl. Lehmann (2001), S. 17 - 19.
[253] Konkrete Architekturkonzepte werden an anderer Stelle noch ausführlich diskutiert. Vgl. Abschnitt 5.3.
[254] Vgl. Mucksch/Holthuis/Reiser (1996), S. 422.

sich bei den Data Warehouse-Datenbasen häufig kurzfristige Belastungsspitzen (z. B. als Folge einer ressourcenintensiven Abfrage) nach längeren Zeiten mit geringer Auslastung.[255]

Aus den dominanten Zugriffsarten im Data Warehouse lassen sich Geschwindigkeitsverbesserungen im Zugriff erschließen. Die beiden wesentlichen Grundoperationen auf den dortigen Datenbeständen sind mit dem **periodischen Datenladen (Import)** in belastungsarmen Zeiten und der **Datenabfrage** gegeben. Bei der Konzeption eines Data Warehouse wird daher der Schwerpunkt auf die Optimierung des Datenzugriffs und des Datenimports gelegt. Aktualisierungen im Sinne von Modifikationen von Dateninhalten zählen allerdings nicht zu den häufigsten Operationen, zumal die einmal aus den Vorsystemen in das Warehouse importierten Daten dokumentarischen Charakter tragen.[256] Als Konsequenz dieses Tatbestandes reicht eine vergleichsweise einfache Gestaltung der Zugriffskontrolle aus, da ein konkurrierender Schreibzugriff mit der Notwendigkeit zur Implementierung aufwendiger Sperrmechanismen fast zu vernachlässigen ist. Ganz anders die Situation in operationalen Systemen, in denen **transaktionssichere Datenmanipulationen** zwingend notwendig sind. Selbstverständlich müssen wie bei den operativen Systemen auch im Data Warehouse Mechanismen angeboten werden, die einen konkurrierenden Lesezugriff regeln. Zudem sollen neue Datenstrukturen und -verknüpfungen einfach anzulegen sowie bereits angelegte Strukturen flexibel änderbar sein. Da in der Datenbasis auch strategische Informationen abgelegt sind, ist besonderes Augenmerk auf **Datenschutzgesichtspunkte** zu legen. Ein ausgereiftes **Berechtigungskonzept** erscheint unverzichtbar.

Zusammenfassend ist damit unter einem Data Warehouse ein unternehmungsweites Konzept zu verstehen, das als logisch zentraler Speicher eine einheitliche und konsistente Datenbasis für die vielfältigen dispositiven Anwendungen bietet und losgelöst von den operativen Datenbanken betrieben wird.[257]

Dabei darf das Data Warehouse nicht mit dem Gesamtkomplex der Business Intelligence-Systeme gleichgesetzt werden. Vielmehr sind es beim Data Warehousing primär die technischen Implikationen auf der **Back-End-Seite (Hintergrundstruktur)**, auf denen der Fokus liegt. Von den Oberflächenwerkzeugen wird dagegen zunächst weitgehend abstrahiert, wenngleich das Data Warehouse sicherlich effiziente Zugriffsformen ermöglichen und so ausgerichtet sein soll, dass die Analysierbarkeit und Auswertbarkeit der Daten auch durch Nicht-Computerexperten gewährleistet ist.[258] Schließlich gilt es als explizites Ziel des Ansatzes, den Datenbestand so vorzuhalten, dass der Endbenutzer (bzw. das ent-

---

[255] Vgl. Inmon (1996), S. 24; Mucksch/Behme (2000), S. 16.

[256] Aus diesem Grunde wird häufig für das Data Warehouse eine ausschließlich lesende Zugriffsform für die Endanwender gefordert, um jeglicher potenziellen Verfälschung von historischem Datenmaterial vorzugreifen. Vgl. Poe/Reeves (1997), S. 23.

[257] Vgl. Holthuis/Mucksch/Reiser (1995); Martin/Maur (1997), S. 105.

[258] Einige Produktanbieter weichen von dieser Sichtweise ab und verstehen unter einem Data Warehouse eher einen ganzheitlichen Ansatz zur Versorgung des Managements mit entscheidungsrelevanten Daten und zur unternehmungsweiten Steuerung des Informationsflusses. Als ganzheitliche Lösung umfasst das Data Warehouse-Konzept dann alle eingesetzten Technologien auf der Endbenutzer- und der Serverseite.

sprechende Endbenutzersystem) wie in einem realen Warenhaus auf die für ihn relevanten Informationen zugreifen und diese nutzen kann.

Aufgabe und Bestandteil des Gesamtkonzeptes ist es, die atomaren Daten aus den vielfältigen und heterogenen operativen und externen Vorsystemen systematisch zusammenzuführen. Aus diesem Grund werden in der Regel periodisch oder ad-hoc Verbindungen aufgebaut, um die relevanten Daten zu extrahieren. Durch vielfältige **Aufbereitungsmechanismen** werden diese gesäubert und entsprechend den Anforderungen strukturiert abgelegt. Die Integration der Daten in einem System führt dazu, dass ein gleichartiger Zugriff auf ein sehr breites inhaltliches Spektrum ermöglicht wird, was einen leicht verständlichen Zugang für den Endbenutzer entscheidend begünstigt. Da im Idealfall alle Managementanwendungen einer Unternehmung mit diesen Daten arbeiten, gibt es nur „**eine Version der Wahrheit**"[259], d. h. dass in unterschiedlichen Berichten und Auswertungen auch abteilungsübergreifend keine abweichenden Zahlen vorkommen können.

Je nach Aufgabe und Inhalt lassen sich unterschiedliche Datenkategorien in einem Data Warehouse voneinander abgrenzen. Zunächst muss zwischen Metadaten und Problemdaten differenziert werden.

Gespeicherte Informationsobjekte, die Strukturangaben über die abgelegten Problemdaten enthalten und diese hinsichtlich Typ, Wertebereich und logischem Kontext beschreiben, werden als **Metadaten** bezeichnet. In ihrer Gesamtheit steuern sie als konzeptionelles Modell der Problemdaten zur korrekten Zuordnung von externer, endbenutzerorientierter Datensicht und interner, physikalischer Datenablage bei. Über den Informationsgehalt eines **Datenkataloges (Data Dictionary)** für operative Systeme hinaus sind hier genaue Angaben über die Verknüpfungen zwischen den unterschiedlichen Datenaggregationsstufen oder gar Algorithmen zur dynamischen Konsolidierung hinterlegt. Da jede Operation, die dazu dient, Daten in das Data Warehouse neu einzustellen oder aber Daten abzurufen, nur unter Einbeziehung des Metadatenbestandes abgewickelt werden kann, garantiert dieser auch die DW-weite Konsistenz. Neben diesen eher technischen und meist automatisch erzeugten Metadaten, richten sich fachliche Metadaten an den Endanwender, beinhalten z. B. Definitionen, Kommentare sowie Verantwortlichkeiten und sind oftmals manuell zu erfassen.

Entgegen den Metadaten dienen die **Problemdaten** dazu, den Endbenutzern entscheidungsrelevante Informationen zu liefern. Je nach Detaillierungsstufe und Aktualitätsgrad erweist sich eine differenzierte Behandlung von abzulegenden Informationsobjekten als sinnvoll.[260] Wenn davon ausgegangen wird, dass die Nutzungsintensität mit steigendem Verdichtungs- und Aktualitätsgrad der gespeicherten Informationsobjekte zunimmt, dann lassen sich gemischte Speichertechniken finden, die sowohl hinsichtlich Wirtschaftlichkeit als auch bezüglich Zugriffsgeschwindigkeit zu guten Ergebnissen führen.

Um eine wirksame Unterstützung des Endanwenders erreichen zu können, bedarf es beim Aufbau einer Data Warehouse-Lösung in einem ersten Schritt einer **Ermittlung des Informationsbedarfs** der Informationsnachfrager. Nur so kann

---

[259] Vgl. Gabriel/Chamoni/Gluchowski (2000), S. 77.
[260] Vgl. Inmon (1996), S. 7.

es gelingen, konzeptionelle Datenmodelle abzuleiten und zu implementieren, die einen einfachen, schnellen und konsistenten Zugriff auf die gewünschten Informationseinheiten garantieren. Insbesondere ist hierbei zu eruieren, welche Daten auf welchen Aggregationsstufen nachgefragt werden. Der Schwerpunkt liegt also bei der Anwendung geeigneter Methoden für die Erfassung betrieblicher Anforderungen, um die Bedürfnisse der Endbenutzer durch zweckmäßige **Datenstrukturen** zu befriedigen.

Nachdem die Datenstrukturen ermittelt und angelegt worden sind, lässt sich der folgende Betrieb als iterativer Prozess verstehen. Zuerst gelangen die Daten über automatisierte Verfahren aus den operationalen Vorsystemen in das Data Warehouse und werden dabei aufbereitet und angepasst. Verdichtungsverfahren dienen anschließend dazu, aus den Detaildaten die benötigten aufsummierten Größen auf den einzelnen Aggregationsstufen zu berechnen und zu speichern.

Zentrales Erfolgskriterium beim Aufbau von Data Warehouse-Konzepten ist der Nutzen für den Anwender.[261] Aus diesem Grund ist neben dem leichten, intuitiven Zugang unbedingt besonderes Augenmerk auf hohe Flexibilität und Schnelligkeit bei der Bearbeitung von Endbenutzerabfragen zu legen. Bevor auf die unterschiedlichen technischen Bestandteile sowie Realisierungsalternativen eingegangen wird, soll der folgende Abschnitt aufzeigen, in welchen Unternehmungsbereichen ein Data Warehouse zum Einsatz gelangen kann und welche potenziellen Vorteile sich dadurch ergeben.

5.2 Einsatzbereiche und Nutzenaspekte eines Data Warehouse

Die potenziellen Einsatzbereiche für den abgestimmten und bereinigten Datenpool im Data Warehouse erweisen sich als breit gefächert und facettenreich. Prinzipiell lässt sich ein Datenbestand mit entscheidungsrelevanten Inhalten überall dort nutzen, wo dispositive bzw. analyseorientierte Aufgaben in Organisationen zu lösen sind. Damit finden sich Anwendungsfelder sowohl im Rahmen der reinen Informationsversorgung von Fach- und Führungskräften **(data support)** als auch als Datenbasis für anspruchsvolle statistische oder finanzmathematische Auswertungen **(decision support)**, so zum Beispiel bei Berechnungen im Rahmen von Marktprognosen und Investitionsentscheidungen.

Bei geeigneter Umsetzung erweist sich ein Data Warehouse als Kommunikationsplattform über Abteilungs- und ggf. sogar Unternehmungsgrenzen hinweg. Da die gespeicherten Inhalte erst nach sorgfältiger Überprüfung und aufwändiger Harmonisierung in die Datenbasis gelangen, dient das Data Warehouse als **organisationsweite Vertrauensbasis**, auf die sich die Mitarbeiter vor allem bei kontroversen Sichtweisen berufen können (**„Single Point of the Truth"**). Dazu trägt insbesondere eine zuvor durchgeführte semantische Normierung bei, die Klarheit über verwendete betriebswirtschaftliche Begrifflichkeiten und Berechnungsvorschriften erbringen muss. Nur so lassen sich die zugeordneten quantitativen Größen auch sinnvoll interpretieren.

---

[261] Vgl. Lochte-Holtgreven (1996), S. 26f.

Im Vergleich zu einer ausschließlich auf den operativen Anwendungssystemen basierenden Informationsversorgung ergeben sich weitere Nutzenpotenziale. Da in ein Data Warehouse Inhalte aus unterschiedlichen operativen Vorsystemen Eingang finden und diese darüber hinaus mit unternehmungsexternen Informationen angereichert werden können, zeigt sich ein umfassendes und ganzheitliches Bild der eigenen Organisation. Die Leistungen einzelner Bereiche lassen sich besser sowohl miteinander als auch mit unternehmungsexternen Einheiten im Sinne eines Benchmarkings vergleichen. Dabei garantiert die gewählte Architekturform ein ausgezeichnetes Antwortzeitverhalten, wodurch es gelingt, auch große Datenbestände zeitnah und zielgerichtet analysieren zu können.

Der Bedarf an einer umfassenden und harmonisierten Datenbasis ist in **allen betrieblichen Funktionsbereichen** und in **allen Branchen** gegeben. Entsprechende Projekte wurden beispielsweise bei Handelsketten und Versandhäusern, Banken und Versicherungen, Energieversorgern, Telekommunikationsunternehmungen, kommunalen Organisationen, Chemieunternehmungen und Stahlerzeugern aufgesetzt.[262] Als interessant erweist sich der Aufbau eines verlässlichen entscheidungsorientierten Datenbestandes jedoch nicht nur für Großunternehmungen, sondern ebenso für kleinere und mittlere Organisationen.

Als Nutzer analyseorientierter Systeme kommen Mitarbeiter **unterschiedlichster Hierarchiestufen** aus **allen Funktionsbereichen** von Organisationen in Betracht. Data Warehouse-Lösungen finden sich heute vordringlich für den Vertriebs-, Einkaufs- und Marketingbereich, für Kunden-, Lieferanten- und Produktanalysen sowie für Kosten-, Erlös- und Liquiditätsuntersuchungen. Allerdings existieren auch zahlreiche Ansätze, die sich eher auf Funktionsbereiche wie beispielsweise Personal oder Produktion konzentrieren. Überdies wird verstärkt auch den betriebswirtschaftlichen Themenfeldern **Planung und Budgetierung** (vgl. Abschnitt 8.2) sowie **Konsolidierung** (vgl. Abschnitt 8.3) und **Balanced Scorecard** (vgl. Abschnitt 8.1) Rechnung getragen.

5.3 Architekturen und Komponenten einer Data Warehouse-Lösung

Analyseorientierte Informationssysteme lassen sich heute auf der Basis unterschiedlicher Architekturvarianten realisieren. Unterscheidungskriterien stellen insbesondere die Anzahl der **Ebenen** und die **Art** der eingesetzten **Datenhaltungseinrichtungen (Daten-Layer)**[263], die Möglichkeiten des Datenzugriffs einschließlich der zugehörigen, weiterführenden Analyseoptionen sowie die Techni-

---

[262] Vgl. z. B. Martin (1997).

[263] Inmon geht hier von maximal vier Stufen der Datenhaltung aus. Neben den operativen Datenspeichern und dem zentralen Data Warehouse-Datenbestand sind für ihn abteilungsbezogene Datenbestände - hier als Data Marts bezeichnet - sowie die individuellen Daten auf dem einzelnen Endbenutzerrechner relevant. Vgl. Inmon (1996), S. 17ff.

ken und Werkzeuge zur Umwandlung und Aufbereitung der Daten beim Austausch zwischen den einzelnen Hierarchieebenen dar.[264]

Ein erster, fast naiver Ansatz zum Aufbau dieser Systeme kann in einem Durchgriff auf die Datenspeicher der operativen Systeme mit lokaler Ablage der Extrakte gesehen werden.[265] In der Regel erfolgt hierbei über feste Verknüpfungen ein periodischer Datenimport auf die lokale Festplatte, um auf diesen Daten benötigte Auswertungen mit den gängigen Desktop-Softwarewerkzeugen (z. B. mit Tabellenkalkulationsprogrammen) durchzuführen. Auch können die Datenextrakte durch individuelle Softwarelösungen genutzt werden, die etwa mit den verbreiteten GUI-Entwicklungswerkzeugen (Delphi oder Visual Basic) erstellt worden sind.

Die Funktionsfähigkeit derartiger Lösungen wird in hohem Maße durch die Mächtigkeit der Extraktionswerkzeuge und durch die Flexibilität der verwendeten Schnittstelle bestimmt. Einschränkungen ergeben sich häufig durch die begrenzte lokale Speicherkapazität sowie im Falle von Struktur- oder Bedarfsänderungen durch den hohen Anpassungsaufwand bei vielen angeschlossenen Endbenutzergeräten. Dennoch kann ein derartiges Vorgehen zu akzeptablen Lösungen führen, insbesondere wenn die Endbenutzerrechner auch im mobilen Einsatz benötigt werden (etwa im Außendienst). Allerdings erweist sich die analytische Endbenutzerfunktionalität zumindest beim Einsatz von Standard-Desktop-Tools als eher rudimentär, wenngleich beispielsweise die gebräuchlichen Tabellenkalkulationsprogramme (vgl. Abschnitt 4.2.2) verstärkt mehrdimensionale Sichten auf die Datenbestände unterstützen.

Ganz ohne separate Datenhaltung kommen Architekturkonzepte aus, die einen direkten Ad-Hoc-Durchgriff auf die operativen Datenbestände ermöglichen und dadurch die Bildung zusätzlicher multidimensionaler Datenpools in einer Unternehmung vermeiden (**Virtuelles Data Warehousing**[266]). Leistungsstarke und grafisch-orientierte Abfragetools, die bis auf die operativen Datenbasen durchgreifen können, versprechen hier besonders leichten Zugriff auf relevante Informationen. Eine spezielle Middleware sorgt für die korrekte Abwicklung von Benutzeranfragen (z. B. EDA/SQL).[267]

Dem Vorteil dieser Lösung, dass direkt und ohne vielfältige konzeptionelle Vorüberlegungen sowie ohne redundante Datenhaltung auf die benötigten Daten zugegriffen werden kann, stehen allerdings gravierende Nachteile gegenüber.[268] Zunächst ergeben sich große semantische Probleme. Die Bedeutung der oftmals unverständlichen Feldbezeichnungen operativer Datenbanksysteme nämlich kann nur über ein ausreichend dokumentiertes und vollständiges Data Dictionary er-

---

[264] Vgl. Nußdorfer (1996), S. 34.

[265] Ein derartiger Durchgriff auf die operativen Datenbestände kann zwar online erfolgen, allerdings ist häufig noch der Datenaustausch per Diskette, CD oder Speicherstick zu beobachten. Vgl. Holthuis (1998), S. 48f.

[266] Vgl. Mucksch/Behme (2000), S. 55f.; o. V. (1996), S. 34 - 36.

[267] Quix und Jarke schlagen hier eine zumindest logische Data Warehouse-Komponente vor, die Metadaten-Informationen über die Datenstrukturen der Quellsysteme enthält. Vgl. Quix/Jarke (2000), S. 11.

[268] Vgl. Nußdorfer (1996), S. 34.

schlossen werden, das allerdings wohl eher selten in dieser Form vorliegt und erst mühsam erarbeitet werden muss. Die bei dieser Architekturform häufig erforderliche Nutzung von SQL (vgl. Abschnitt 4.2.1) als Datenbankabfragesprache durch den Endbenutzer kann zudem nur dann erfolgreich sein, wenn dieser sich ausgezeichnet mit den Sprachmechanismen auskennt, da ansonsten Datenbankabfragen leicht zu Ergebnissen führen, die fehlinterpretiert werden können.

Des Weiteren werden die operativen Systeme, deren originäre Aufgabe in der Abwicklung des Tagesgeschäftes zu sehen ist, durch zeitaufwendige und rechenintensive Abfragen stark belastet, so dass diese Lösung nur in Ausnahmefällen akzeptabel sein dürfte (z. B. bei Zugriffen durch spezielle Anwendungen, bei denen es auf größte Aktualität ankommt). Da entsprechende Abfragen allerdings häufig im Rahmen eines Standard-Berichtswesens bereits durch die operativen Systeme abgedeckt werden, entfällt die Notwendigkeit zur Installation zusätzlicher Durchgriffe. Wenn überhaupt, dann lässt sich diese Architekturform darüber hinaus lediglich als Ad-Hoc-Informationsquelle für technisch geschulte Anwender sinnvoll einsetzen. Eine Nutzung des Datenmaterials im Rahmen einer flexiblen Navigation in mehrdimensionalen und hierarchisch organisierten Datenbeständen lässt sich auf diese Art allerdings kaum realisieren.

Die grobe Zuordnung der in den folgenden Ausführungen betrachteten Systemkomponenten zu den in Abschnitt 4.4 diskutierten BI-Architekturbausteinen in Abb. 5/1 erleichtert die Einordnung in den Gesamtkontext.

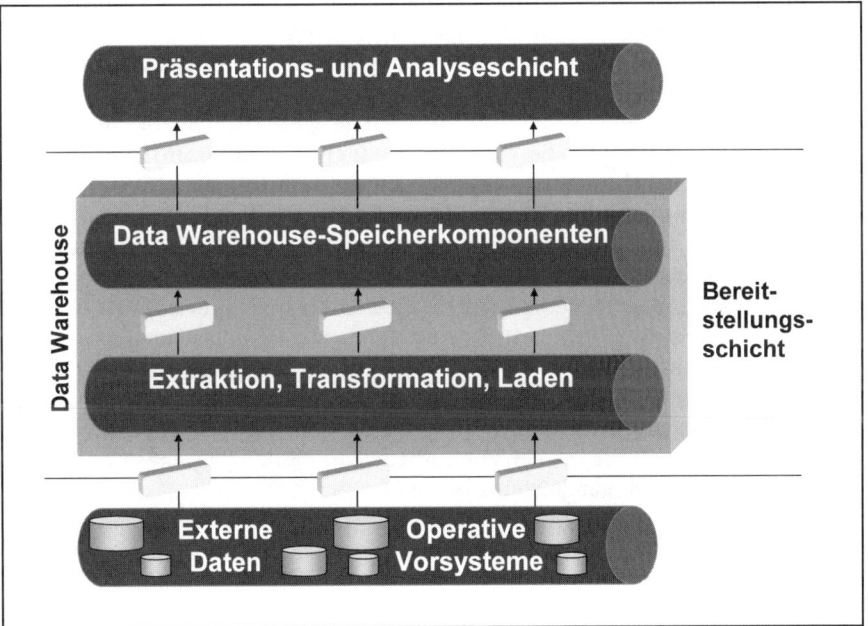

Abb. 5/1:   **Einordnung der Data-Warehouse-Bausteine in das BI-Architekturkonzept**

Der folgende Abschnitt 5.3.1 präsentiert die heute gebräuchlichen Speicherkomponenten in Data Warehouse-Umgebungen. Anschließend beleuchtet Abschnitt 5.3.2 die erforderlichen Funktionalitäten zur Extraktion des Rohmaterials, Transformation in die benötigte Form und Befüllung bzw. Beladung dieser Speicherbausteine. Darauf aufbauend präsentiert Abschnitt 5.3.3 eine Referenzarchitektur, an der sich moderne Systemlösungen derzeit i. d. R. orientieren.

5.3.1 Speicherkomponenten in Data Warehouse-Architekturen

Bedingt durch die Probleme, die aus einem direkten Zugriff auf die operativen Datenbestände erwachsen, wird heute zur Ablage entscheidungsorientierter Inhalte zumeist eine Architekturform gewählt, die auf separaten Datenbanksystemen mit ausgeprägter analytischer Orientierung basiert. Losgelöst von den operativen Datenbeständen verwalten diese Datenbanksysteme ein auf die Belange der betrieblichen Entscheidungsträger zugeschnittenes Informationsangebot.

Derartige Datenbanklösungen lassen sich als Data Warehouse-Datenbank oder auch kurz als **(Enterprise oder Core) Data Warehouse** bezeichnen. Im Zuge des Datenimports aus den angeschlossenen Vorsystemen in diese Datenbank werden die Daten von Inkonsistenzen bereinigt und unter Umständen verdichtet. Hierzu kommen oftmals spezielle Zusatzwerkzeuge zum Einsatz, deren Funktionalität vielfältige Möglichkeiten zur Umwandlung und Aufbereitung von Daten umfasst (vgl. Abschnitt 5.3.2). Die Datenablage erfolgt dann anwendungs- und auswertungsorientiert, d. h. losgelöst von den operativen Geschäftsabläufen sowie hinsichtlich relevanter Themen organisiert.

Das in diesem zentralen Data Warehouse abgelegte Datenmaterial umfasst beliebige Verdichtungsstufen, die von aktuellen (z. B. Vortagsdaten) und detaillierten (z. B. Einzelartikel- und -kundendaten) Informationseinheiten bis zu stark verdichteten Kennzahlen reichen. Den Endanwenderzugriff auf die Informationen gewährleisten beispielsweise spezielle Query-Tools, die auf die Datenstrukturen in relationalen Datenmodellen ausgerichtet sind und mit graphischen Benutzungsoberflächen auch ungeübten Anwendern leichten Zugang zu den Datenbeständen verschaffen. Mit diesen Abfragewerkzeugen können zwei unterschiedliche Aufgabenstellungen bearbeitet werden. Einerseits lassen sich parametrisierbare Abfragen vorformulieren, die der Anwender im Bedarfsfall aufrufen kann und mit denen sich ein Standardberichtswesen rasch implementieren lässt. Daneben ist auch eine Werkzeugnutzung durch den eingearbeiteten Endbenutzer – etwa zur spontanen Ad-Hoc-Abfrage – gebräuchlich.[269]

Um den Endanwender von der Arbeit mit den oft unverständlichen Feldbezeichnungen auf der Ebene der Datenbanken zu befreien, erfolgt bisweilen von

---

[269] Entsprechende Query-Tools auf der Endanwenderseite werden z. B. von den Anbietern Business Objects (Business Objects) und Cognos (Impromptu, Report Net) offeriert. Zudem lassen sich die Abfragewerkzeuge nutzen, die zum Lieferumfang der gebräuchlichen Office-Suiten gehören (wie etwa Microsoft Query als Bestandteil von Microsoft Office).

den Tools der Aufbau einer Zwischenschicht (**semantischer Layer**, vgl. Abschnitt 7.1). Diese Schicht versetzt den Endanwender in die Lage, bei der Formulierung von Abfragen mit den vertrauten Geschäftsausdrücken zu operieren. Die Transformation in die zugehörigen Datenbankbezeichnungen wird dann unsichtbar bei Ausführung der Abfrage im Hintergrund vollzogen.

Allerdings erweist sich auch die Datenablage in einem zentralen, relationalen Data Warehouse als zu wenig performant, wenn es darum geht, umfangreiche Datenbestände rasch und flexibel zu analysieren. Häufig werden deshalb Datenextrakte zur weiteren Verarbeitung gebildet, die sich als personen-, anwendungs-, funktionsbereichs- oder problemspezifische Segmente des zentralen Data Warehouse-Datenbestandes verstehen lassen und als **Data Marts**[270] bezeichnet werden.

Auf diesen dezentralen Data Mart-Teildatenbeständen können dann anforderungsgerechte Untersuchungen erfolgen, z. B. indem mit Statistikpaketen[271] Regressionsanalysen und Trendberechnungen durchgeführt oder aufwendige Verfahren zur **Datenmustererkennung (Data Mining)** auf der Basis statistischer Methoden oder neuronaler Netze angewendet werden.

Häufig bereitet auch die geforderte **multidimensionale Sichtweise** auf den verfügbaren Datenbestand, die entsprechend den **OLAP-Forderungen** (vgl. Abschnitt 6.1) beliebigen Rotationen und Schnittbildungen nebst Analysefunktionalität ermöglichen soll, einem zentralen Data Warehouse große Probleme. Insbesondere das rasche Wechseln zwischen unterschiedlichen Perspektiven auf die verfügbaren Datenbestände in Verbindung mit disaggregierenden Aufgliederungen des Datenbestandes sowie die Ad-Hoc-Anforderung betriebswirtschaftlicher Kennziffern, Rangfolgen und Anteilsgrößen sind mit erheblichen Schwierigkeiten verbunden. Aufgrund ihres eingeschränkten Datenvolumens erweisen sich dezentrale Data Marts per se als geeigneter für die Durchführung derartiger Operationen.

Beim Zusammenspiel zwischen einem Data Warehouse und den zugehörigen Data Marts lassen sich unterschiedliche Grundformen voneinander abgrenzen. Die folgende Abbildung 5/2 visualisiert die verschiedenen idealtypischen Architekturvarianten, wobei sich bei konkreten Implementierungen in den Unternehmungen vielfältige Mischformen aus den Konzepten finden lassen.

Sehr häufig setzen Data Marts auf dem zentralen Data Warehouse auf und speichern Teilextrakte des Gesamtdatenbestandes nochmals separat in physischer Form ab. Eine Architektur mit zentralem Data Warehouse und angeschlossenen Data Marts wird auch „**Hub and Spoke**"-**Architektur** bezeichnet, da die Anordnung der Komponenten an eine Naben-Speichen-Kombination erinnert.[272] Da die Data Marts dann Kopien von Teilen des Data Warehouse-Datenbestandes speichern, werden sie auch als **abhängige Data Marts** klassifiziert.

Im Gegensatz dazu sind aber auch Architekturvarianten zu finden, bei denen – zumeist aus historischen Gründen – verschiedene Data Marts die Quelle für ein

---

[270] Vgl. Anahory/Murray (1997), S. 69.
[271] Entsprechende Statistikwerkzeuge werden z. B. von den Anbietern SPSS oder SAS vertrieben.
[272] Vgl. Mucksch/Behme (2000), S. 56 - 58.

zentrales Data Warehouse bilden (**unabhängige Data Mart-Schicht**). Alternativ zum zentralen Data Warehouse-Gedanken kann im Falle von mehreren unabhängigen Data Marts auch vollständig auf eine zentrale analytische Datenbasis verzichtet und ausschließlich auf dezentrale Data Marts gesetzt werden.[273] Allerdings erweist sich dann u. U. die Anzahl der benötigten Schnittstellen zwischen den selbständigen Data Marts und zahlreichen angeschlossenen Datenquellen rasch als nicht mehr administrierbar und höchst ressourcenintensiv in der Pflege.[274] Zudem bilden die isolierten Data Marts unverbundene Teildatenbestände mit unabgestimmten und möglicherweise inkonsistenten Inhalten.[275]

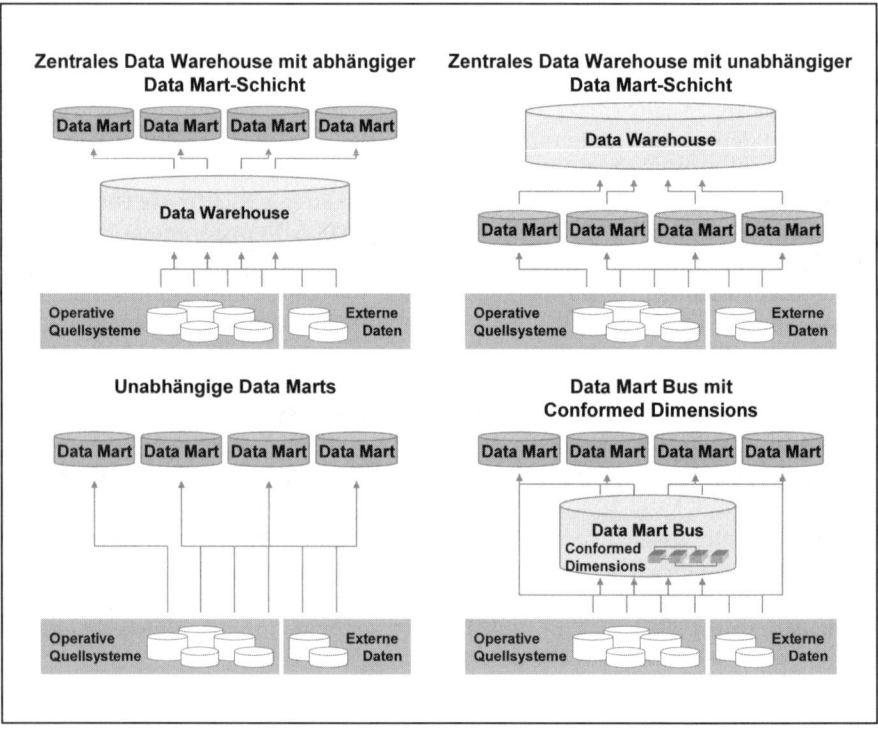

Abb. 5/2:   Architekturvarianten für die Anordnung von Data Warehouse- und Data Mart-Komponenten

---

[273] Vgl. Reinke/Schuster (1999), S. 40.

[274] Vgl. Mucksch/Behme (2000), S. 20.

[275] Kimball u. a. bezeichnen derartige Architekturen als „stovepipe data marts" (Ofenrohr-Data Marts) und wollen dadurch versinnbildlichen, dass eine flächendeckende und übergreifende Informationsversorgung auf diese Weise nicht gelingen kann. Vgl. Kimball/Reeves/Ross/Thornthwaite (1998), S. 154f.

Die vierte architektonische Variante sieht eine zentrale Aufbereitung von Dimensionen in einem **Data Mart Bus**[276] vor, bevor diese an die Data Marts weiter verteilt und aktualisiert werden. In diesem Data Mart Bus können sich auch quantitative Größen (Fakten) finden, allerdings stellt dies keine zwingende Anforderung dar, zumal ein direkter Durchgriff der Anwender auf diese Komponente nicht vorgesehen ist. Als Anliegen dieser Architekturform lässt sich vielmehr eine strukturelle und inhaltliche Identität verteilter Dimensionen in der gesamten Unternehmung verstehen.[277]

Data Warehouses und Data Marts halten das gespeicherte Datenmaterial in verdichteter Form vor und eröffnen dadurch dem Anwender die Option, frei und flexibel im aufgespannten Datenraum zu navigieren. Um jedoch bis auf den Kern von Problemen vordringen zu können, ist eine weitergehende Detaillierung der Inhalte bis auf Belegebene erforderlich.

Über viele Jahre hinweg wurde versucht, zu diesem Zweck eine inhaltliche und technische Verknüpfung zwischen analyseorientierten und operativen Datenbeständen zu erstellen, um aus dem Analysedatenbestand direkt in die korrespondierenden operativen Daten verzweigen zu können. Da es sich hierbei um technisch sehr aufwändige Mechanismen handelt, erfolgt heute häufiger der Aufbau eines **Operational Data Store** (ODS).[278] Als Teil des analyseorientierten Datenbestandes verwaltet der ODS harmonisierte Detaildaten i. d. R. in normalisierter Form mit geringer zeitlicher Reichweite und kann dadurch gleichzeitig die Belange eines operativen Berichtswesens abdecken, zumal sich auf die in relationalen Tabellen abgelegten Inhalte mit den verfügbaren Auswertewerkzeugen direkt zugreifen lässt.[279] Als Vorteil gegenüber dem herkömmlichen operativen Reporting kann vor allem die bereichsübergreifende Vereinheitlichung der Inhalte ins Feld geführt werden. Zudem findet beim Durchgriff von verdichteten, multidimensional aufbereiteten Daten zu den Daten auf Belegebene kein Systembruch statt. Da die abgelegten Inhalte im Operational Data Store bereits in qualitätsgeprüfter und harmonisierter Form vorliegen, lassen sich diese auch hervorragend zur Befüllung des Data Warehouse einsetzen.

Oftmals wird im Rahmen des periodischen Aktualisierungsprozesses ein weiterer Speicherbereich genutzt, um extrahierte Rohdaten vor deren Weiterverarbeitung zwischen zu lagern. In dieser als **Staging Area** bezeichneten Eingangsablage werden die aus den Vorsystemen gelieferten Informationsobjekte ohne Modifikationen hinsichtlich Format oder Inhalt abgelegt, um diese einer ggf. benötigten Qualitätsprüfung oder einer Umformung zugänglich zu machen (vgl. Abb. 5/3). Mit den erforderlichen Berechtigungen lassen sich die in der Staging Area gespeicherten Daten auch verändern oder löschen.

Häufig dient die Staging Area lediglich zur temporären Zwischenspeicherung der Daten bis die Befüllung des Enterprise Data Warehouse erfolgen kann, aller-

---

[276] Vgl. Ariyachandra/Watson (2005), S. 20.
[277] Derartige Dimensionen werden dann „conformed dimensions" (im Sinne von gleichförmig) genannt. Vgl. Kimball/Reeves/Ross/Thornthwaite (1998), S. 156f.
[278] Vgl. Chamoni/Gluchowski/Hahne (2005), S. 32.
[279] Vgl. Bouzeghoub (2000), S. 47f.

dings ist auch eine persistente, dauerhafte Datenhaltung denkbar, um z. B. aus Gründen der Revisionssicherheit eine Lieferspur zu den Quelldaten abzulegen. Dieser separate und entkoppelte Datenbestand bietet zudem Vorteile in Bezug auf die Wiederverwendbarkeit der Datenbefüllungsprozesse, beispielsweise im Falle aufgetretener Fehler. Gleichsam kann der Transformationsstatus zurück geschrieben werden, um Datenqualitätsanalysen auf Datensatzebene zu ermöglichen. Den Vorteilen einer Staging Area stehen allerdings auch einige Nachteile gegenüber. So entsteht ein zusätzlicher Speicherplatzbedarf, der einen erhöhten Wartungs- und Administrationsaufwand bedingt. Ein Rückschreiben des Transformationsstatus in die Staging Area bewirkt außerdem zeitintensive Update-Operationen.

Die folgende Abbildung 5/3 liefert zusammenfassend den architektonischen Aufbau eines zentralen Data Warehouse mit einer abhängigen Data Mart-Schicht inklusive einer vorgelagerten Staging Area und eines Operational Data Stores.

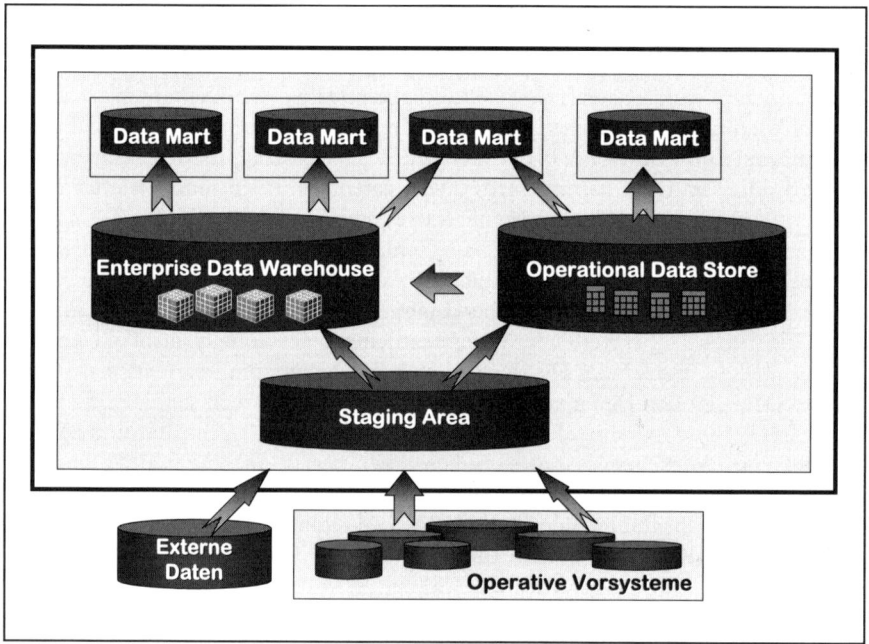

Abb. 5/3:   Speicherkomponenten für Problemdaten in Data Warehouse-Architekturen

Als wesentliche Architekturkomponenten einer Data Warehouse-Lösung gelten die Bausteine, die für die Überführung der Inhalte aus den zumeist operativen Vorsystemen in die Informationsspeicher zuständig sind. Gemeinhin werden diese Funktionen unter der begrifflichen Klammer ETL-Prozess oder auch Transformations- bzw. Populationsprozess zusammengefasst.[280] Der folgende Abschnitt ist den zentralen Aspekten dieser Transformation gewidmet.

---

[280] Dabei steht das Akronym ETL für Extraction, Transformation, Loading.

5.3.2   Extraktion, Transformation und Laden von Daten in das Data Warehouse

Das Befüllen der Data Warehouse-Speicherkomponenten stellt ein schwieriges und komplexes Unterfangen dar, da die Datenbestände u. U. aus einer Reihe unterschiedlicher und häufig sehr heterogener Vorsysteme stammen können.

Bevor sich das System durch den betrieblichen Anwender sinnvoll nutzen lässt, sind die benötigten Datenstrukturen in der Zielumgebung anzulegen und erstmalig mit Problemdaten zu befüllen. Da sich das **initiale Laden (initial load)** als einmaliger, häufig nicht zeitkritischer Prozess erweist, können hier Vorgehensweisen mit geringem Automatisierungsgrad und weitgehend manueller Koordination gewählt werden. Wichtig ist dagegen, dass der Anwender bereits bei der ersten Nutzung des Systems auf einen breiten Informationspool zurückgreifen kann. Da eine wesentliche Analyseart in der Untersuchung längerer Zeitreihen besteht, müssen die Inhalte gegebenenfalls sogar aus Langzeitarchivsystemen extrahiert werden.

Als vergleichsweise anspruchsvoll gegenüber dem erstmaligen Laden erweist es sich, einen **Übernahmeprozess** zu konzipieren und zu implementieren, der eine dauerhafte periodische Aktualisierung der entscheidungsorientierten Datenbasis ermöglicht.[281] Da jede Übernahme sowohl auf der Seite der Vorsysteme als auch in der Zielumgebung Zeit kostet und Ressourcen verbraucht, sind in Abstimmung mit dem Anwender anforderungsgerechte und wirtschaftliche Übernahmezeitpunkte und -datenvolumina zu bestimmen.

Prinzipiell kann auch bei diesen periodischen Ladevorgängen der komplette Zieldatenbestand einschließlich der zugehörigen Datenstrukturen jeweils neu aufgebaut werden. Diese Strategie erweist sich allerdings lediglich dann als sinnvoll, wenn das gesamte zu übernehmende Datenvolumen relativ gering ist und/oder weitreichende Strukturänderungen in den Daten der Vorsysteme auch im Falle einer partiellen Datenübernahme zu erheblichen Reorganisationsmaßnahmen in der Zielumgebung führen würden. Einen besonderen Problemkreis bildet bei dieser Vorgehensweise die Behandlung der Informationsobjekte, die zwischenzeitlich in den Vorsystemen gelöscht oder archiviert worden sind, bei einer Übernahme also folglich keine Berücksichtigung finden. Da Data Warehouse-Systeme häufig eine Betrachtung langer Zeiträume gewährleisten sollen, müssen für diese Objekte gesonderte Verfahren gefunden werden, um den zugehörigen Informationsgehalt nicht zu verlieren. Häufiger wird dagegen bei der periodischen Datenübernahme eine inkrementelle Vorgehensweise **(incremental load)** einzuschlagen sein, die nur jene Problemdaten berücksichtigt, die sich seit der letzten Datenübernahme geändert haben bzw. neu hinzugekommen sind.

Bevor ein Transformationskonzept implementiert werden kann, sind zusammen mit den Endanwendern die zu übernehmenden Dateninhalte sowie die Häufigkeit

---

[281] Häufig werden bei der Übernahme umfangreicher Datenbestände Massenlader (bulk loader) eingesetzt, die sich dadurch auszeichnen, dass nicht benötigte Funktionen wie Konsistenzprüfungen während des Ladevorganges unterdrückt werden, um zusätzliche Geschwindigkeitsvorteile zu erreichen. Vgl. Kimball/Reeves/Ross/Thornthwaite (1998), S. 621 - 623; Bauer/Günzel (2004), S. 58.

und die Aktualität des Datentransfers zu diskutieren. Vor allem die Granularität und Breite der Dateninhalte hat erheblichen Einfluss sowohl auf Datenvolumen in der Zielumgebung als auch auf die Komplexität und Ressourcenintensität des Transformationsprozesses.

Die Häufigkeit und Aktualität der Datenübernahme werden primär durch die **Granularität** (Körnigkeit) der Zeitdimension im Data Warehouse bzw. Operational Data Store bestimmt.[282] Oftmals finden sich hier Tages-, Wochen- oder Monatsgrößen. Tagesdaten werden i. d. R. nachts überspielt, vor allem um die operativen Verarbeitungsaufgaben der datenliefernden Systeme nicht zu beeinträchtigen. Eine Übernahme von Monatsdaten kann gegebenenfalls auch am Wochenende vorgenommen werden.[283] In jedem Fall ist dafür Sorge zu tragen, dass das verfügbare Zeitfenster für die Datenübernahme ausreicht, zumal hier auch andere Aufgaben erfolgen müssen, wie beispielsweise Backup- oder Replikations-Läufe, die nicht gestört werden dürfen.

Jede Datenübernahme erweist sich als Sammlung unterschiedlicher Bearbeitungs- und Transportschritte, die teilweise aufeinander aufbauen. Nur wenn alle Schritte durchlaufen und erfolgreich abgeschlossen werden, liegen die Daten anschließend der Data Warehouse-Datenbasis in der gewünschten Form und Qualität vor. Insofern erscheint es angebracht, von einem Prozess der Datenübernahme zu sprechen. Teilweise wird die Aktionskette auch als **Transformationsprozess** bezeichnet, um herauszustellen, dass hierbei neben dem reinen Austausch von Daten zwischen verschiedenen Speicherkomponenten auch vielfältige Umwandlungsoperationen durchzuführen sind. In idealisierter Form läuft der Prozess ab, wie in Abb. 5/4 dargestellt.

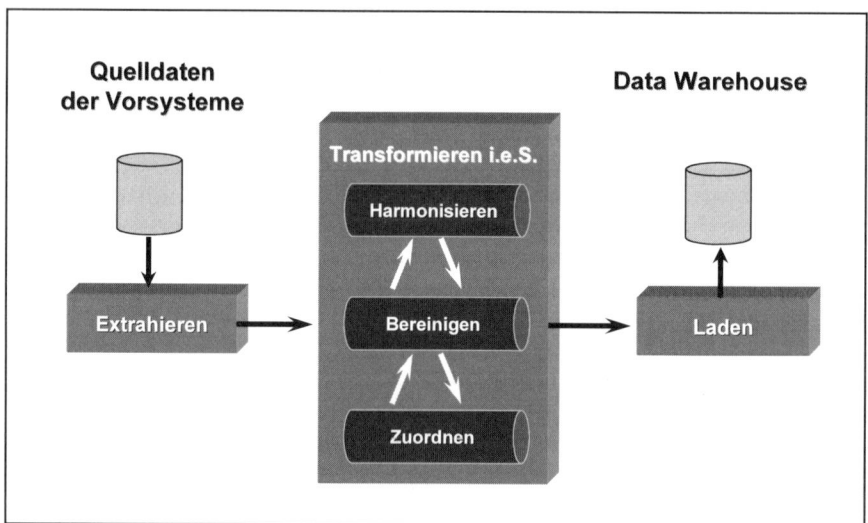

Abb. 5/4:   **ETL-Prozess zur Befüllung analyseorientierter Datenspeicher**

---

[282] Vgl. Mucksch/Behme (2000), S. 42.
[283] Vgl. Holthuis (1998), S. 93f.

Die drei Teilschritte der Datenbewirtschaftung bzw. des ETL-Prozesses sollen in den folgenden Abschnitten aufgegriffen und eingehender erläutert werden. Ausgehend von der **Datenextraktion** (vgl. Abschnitt 5.3.2.1) ist danach vor allem die **Transformation im engeren Sinne** (vgl. Abschnitt 5.3.2.2) hinsichtlich einzelner Tätigkeiten zu erörtern. Im Zuge des **Ladeprozesses** (vgl. Abschnitt 5.3.2.3) erfolgt schließlich im Bedarfsfall auch eine Anreicherung des Datenbestandes mit zusätzlichen, berechneten Größen.

5.3.2.1 Datenextraktion aus den Vorsystemen

In einem ersten Prozessschritt sind die benötigten Daten aus den Vorsystemen zu extrahieren. Durch **Filtervorschriften** werden diese Datenextrakte auf den relevanten Umfang reduziert.[284] Dabei erweist es sich häufig als entscheidend, in welcher Software- und Hardware-Umgebung die Daten vorliegen. Vor allem die Art und Beschreibung der jeweiligen Datenablage wie auch die Existenz von geeigneten Zugriffsverfahren bestimmen maßgeblich den Aufwand, der für eine Datenextraktion erforderlich ist.

Hinsichtlich der Datenablage lassen sich grob dateiorientierte Speichertechniken, wie sie häufig bei Individualsoftware verwendet werden, von datenbankbasierten Ablageformen unterscheiden. Die datenbankbasierte Speicherung gliedert sich weiterhin in relationale, objektorientierte und objekt-relationale Konzepte auf, wobei auch die älteren hierarchischen und netzwerkorientierten Datenbanktechnologien nicht zu vernachlässigen sind.[285]

Als spezielles Problem erweist sich häufig besonders bei älteren und/oder individuell entwickelten Systemen eine **unzureichende Dokumentation** der verfügbaren Datenbestände. Allerdings werden Beschreibungen der zugrunde liegenden Datenstrukturen dringend benötigt, wenn ein gezielter Zugriff erfolgen soll. Falls als Datenspeicher Datenbanksysteme benutzt werden, kann u. U. auf die Data Definition Language-Skripte zurückgegriffen werden, mit denen die Datenstrukturen angelegt worden sind. Allerdings wird dadurch die Semantik der zu einzelnen Datenfeldern gehörenden Inhalte nicht erklärt. Gegebenenfalls lassen sich auch **Reverse-Engineering-Tools** nutzen, um die relevanten Datenstrukturen automatisch zu extrahieren. Wünschenswert für das weitere Vorgehen ist dann eine Sammlung von einheitlichen tabellarischen und/oder grafischen Übersichten über die vorhandenen Datenobjekte jeder relevanten Anwendung.

Ein weiterer Problemkreis eröffnet sich bei der Durchführung inkrementeller Updates, da hierbei die zu übernehmenden Daten zunächst identifiziert werden müssen. Als Übernahmekandidaten gelten alle Daten, die sich seit der letzten Aktualisierung des Data Warehouse-Systems in den Vorsystemen geändert haben.

Verhältnismäßig einfach gestaltet sich deren Lokalisierung dann, wenn in den Vorsystemen eine **Zeitstempelung** bei Änderungen oder Neueinträgen erfolgt. Andernfalls sind unterschiedliche Verfahren möglich, die sich jedoch allesamt als deutlich aufwendiger erweisen. Kurz diskutiert werden hier Modifikationen an den

---

[284] Vgl. Kemper (1998), S. 192f.
[285] Zu den einzelnen Datenbanktechnologien vgl. Gabriel/Röhrs (1995), S. 114 - 157, und die Ausführungen in Abschnitt 4.2.1.

Anwendungsprogrammen, Protokollierung relevanter Datenbank-Transaktionen, Auswertung der Datenbank-Log-Dateien sowie Vergleiche von Schnappschüssen.[286]

Die erste Möglichkeit zur Identifikation geänderter und/oder neuer Daten besteht darin, die auf die relevanten Datenbestände der Vorsysteme zugreifenden Anwendungen dahingehend zu modifizieren, dass jede Datenänderung separat in einem gesonderten Speicherbereich protokolliert wird. Da sich die Anwendungen prinzipiell beliebig erweitern lassen, können möglicherweise Extrakte erzeugt werden, die bereits gut an die zu aktualisierende Datenbasis angepasst sind und dadurch den weiteren Transformationsaufwand für diesen Teildatenbestand vermindern. Gegen diese Vorgehensweise spricht allerdings der erhebliche Aufwand, der aus der Modifikation bestehender Anwendungen resultieren kann. Schließlich erweisen sich die Vorsysteme häufig als unzureichend dokumentiert und sind folglich kaum zu warten.

Auch auf der Ebene des Datenbankverwaltungssystems lassen sich z. B. über **Trigger** Mechanismen implementieren, die jede Änderung am Datenbestand in separaten Speicherbereichen dokumentieren, entweder in Form einer Kopie des geänderten Datensatzes oder aber als reine Referenz. Bei der Aktualisierung der Data Warehouse-Datenbasis wird dann auf diesen Speicherbereich zurückgegriffen, so dass langwierige Suchprozesse im gesamten Datenbestand des betroffenen Systems entfallen. Nach der erfolgten Datenübernahme kann der Speicherbereich entweder gelöscht oder archiviert werden. Durch die zentrale Organisation der Änderung von Dateninhalten wird eine bessere Administrierbarkeit im Vergleich zur ersten skizzierten Alternative erreicht. Allerdings bleibt im Einzelfall zu prüfen, ob durch die zusätzlichen Operationen eine Beeinträchtigung der Systemperformance bei der Transaktionsverarbeitung auftritt, was zur Ablehnung dieser Option führen kann.

Eine weitere Alternative zur Identifikation geänderter Daten ist mit der **Analyse von Datenbank-Log-Dateien** gegeben. Derartige Log-Dateien protokollieren aus Datensicherheitsgründen alle Transaktionen mit, um im Falle eines auftretenden Hardware- oder Softwaredefektes die gespeicherte Datenbasis auf den letzten konsistenten Zustand zurückführen zu können oder aber alle Transaktionen, die seit einem vorgegebenen Aufsetzzeitpunkt abgeschlossen wurden, nochmals ausführen zu können. Als nachteilig erweist sich beim Zugriff auf diese Log-Dateien, dass sie häufig in einem proprietären, datenbankspezifischen Format vorliegen und daher vor einer sinnvollen Nutzung zunächst konvertiert werden müssen. Zudem werden meist vielfältige, systemtechnische Informationen mitgespeichert, die sich als nicht relevant für eine Übernahme in den Zieldatenbestand erweisen und zunächst herauszufiltern sind. Ein weiterer Kritikpunkt an der Analyse von Datenbank-Log-Dateien resultiert aus deren originärem Einsatzzweck. Schließlich werden Log-Dateien angelegt, um im Falle einer Fehlfunktion einen konsistenten Datenbestand rekonstruieren zu können, so dass eine, durch zusätzliche Nutzung immerhin mögliche Beschädigung unbedingt zu verhindern ist.

---

[286] Vgl. Holthuis (1998), S. 90f.; Müller (1999), S. 103 - 112; Wieken (1999), S. 191 - 192.

Als letzte Option zur Identifikation von geänderten Daten soll das **Schnapp-schuss-Vergleichsverfahren** kurz erläutert werden. Hierbei geht es um einen Vergleich zweier, zu unterschiedlichen Zeitpunkten angelegter Kopien von Teilen des Datenbestandes. Diese Kopien lassen sich auf Unterschiede hin untersuchen, um daraus die zu übernehmenden Daten abzuleiten. Dieses Verfahren erweist sich allerdings als sehr ressourcenintensiv, da beide Datenbestände physisch vorgehalten und sukzessive durchsucht werden müssen, was erhebliche Speicherkapazität und Rechenleistung bindet.

Damit jedoch wird deutlich, dass alle vorgestellten Verfahren zur Identifikation von Datenänderungen mehr oder minder erhebliche Probleme und Schwierigkeiten mit sich bringen. Welches Verfahren im Einzelfall zur Anwendung gelangt, muss in Abhängigkeit vom vorliegenden System sowie des Systemumfeldes sorgsam erörtert werden.

5.3.2.2   Transformation i. e. S.

Nachdem die relevanten Daten aus den Vorsystemen extrahiert worden sind, kann in einem nächsten Schritt ihre Umwandlung bzw. die Transformation im engeren Sinne erfolgen.[287] Hierzu sind unterschiedliche Prozess-Schritte zu durchlaufen, die teils parallel, teils sukzessive abgearbeitet werden können. Grob lassen sich Tätigkeiten zum Zusammenführen der Daten aus den Vorsystemen sowie Bereinigungs- und Zuordnungsmaßnahmen voneinander abgrenzen. Da in aller Regel Daten aus unterschiedlichen Vorsystemen einfließen, sind diese vor der Speicherung in der Zieldatenbank zu verknüpfen und zu vereinheitlichen.

Eine **Verknüpfung der Daten** aus unterschiedlichen Vorsystemen ist dann notwendig, wenn zu einem Informationsobjekt (z. B. zu einem Kunden) in unterschiedlichen Vorsystemen verschiedene Merkmale abgelegt sind, die in der Zielumgebung simultan betrachtet werden sollen. Als problematisch erweisen sich derartige Verknüpfungen vor allem dann, wenn in den einzelnen Vorsystemen unterschiedliche Nummerierungs- bzw. Schlüsselungsverfahren z. B. für Kunden oder Artikel genutzt werden. Die Verbindungen müssen dann über separate Zuordnungs- bzw. **Lookup-Tabellen** geschaffen werden.

Im Rahmen der Vereinheitlichung ist dagegen zunächst anwendungsübergreifend nach auftretenden **Synonymen** und **Homonymen** zu suchen, um inhaltliche Überschneidungen und Unterschiede aufzudecken. Bei überregional operierenden Unternehmungen finden sich in den operativen Datenbeständen häufig auch unterschiedliche Abrechnungswährungen und abweichende Berechnungsregeln aufgrund gesetzlicher Vorschriften (z. B. Bilanzierungsvorgaben), die es zu harmonisieren gilt. Auch ein Granularitätsabgleich, der durchzuführen ist, wenn die einzelnen Vorsysteme Daten auf unterschiedlichen Aggregationsebenen speichern, erweist sich möglicherweise als zeit- und ressourcenintensiv. Dies gilt insbesondere dann, wenn das notwendige Granularitätsniveau bei Teilen der zu verarbeitenden

---

[287] Kemper weist darauf hin, dass sich für diesen Teilprozess bislang kein einheitliches Begriffsverständnis etablieren konnte. Alternativ werden hier auch die Begriffe Datenveredlung, Datenaufbereitung sowie „data scrubbing" verwendet. Vgl. Kemper (1998), S. 191.

Daten erst mittels aufwendiger Schlüsselungsalgorithmen auf Basis vereinbarter Referenzwerte herbeizuführen ist. Weniger anspruchsvoll sind dagegen zumeist Formatvereinheitlichungen, beispielsweise hinsichtlich der Datentypen oder der numerischen Genauigkeit.

Als weitere Aktion im Rahmen der Transformation i. e. S. ist die **Bereinigung der Daten (data cleansing)** anzuführen.[288] Im Rahmen der Bereinigung sind mehr oder minder offensichtliche syntaktische und/oder semantische Fehler im Datenbestand aufzudecken und zu eliminieren. Derartige Fehler resultieren häufig aus unzureichenden Integritätskontrollen in den operativen Vorsystemen. Oftmals finden sich beispielsweise Datentypverletzungen, wie etwa alphanumerische Einträge in numerischen Feldern. Auch sind Einträge zu beobachten, welche gegen die zulässigen Wertebereiche für einzelne Felder verstoßen, wie z. B. negative Lagerbestände. Entsprechende Fehleinträge lassen sich durch einfache Plausibilitätskontrollen lokalisieren. Als problematischer erweisen sich dagegen Inhalte, die zwar dem zugehörigen Bildungsgesetz entsprechen, aber dennoch inhaltlich falsch sind. Ein Beispiel hierfür wäre gegeben, wenn bei der Dateneingabe im Vorsystem aus Vereinfachungsgründen statt korrekter Datumsangaben jeweils „11.11.11" erfasst würde.

Ein spezieller Problemkreis ist in diesem Zusammenhang mit der Behandlung fehlender Werte gegeben, die aus unterschiedlichen Gründen entstehen können. Zunächst kann es sich um nicht besetzte Datenfelder handeln, die zwar im (operativen) Vorsystem strukturell vorgegeben sind, für die aber in der Realwelt keine Merkmalsausprägungen existieren, wie z. B. bei fehlenden Telefonnummern von Kunden, die keine Telefone besitzen, oder bei gleichen Familien- und Geburtsnamen von Angestellten. Als kritischer erweisen sich dagegen die fehlenden Werte, die in der Realwelt existieren, in der Datenquelle jedoch nicht erfasst sind, wie etwa nicht vorhandene Einkaufspreise für Einsatzgüter oder fehlende Kundenadressen. Derartige Unkenntnisse über Attributausprägungen können dann, wenn sie ungefiltert in die Zielumgebung transferiert werden, zu falschen Auswertungen führen, beispielsweise im Rahmen von Durchschnittsbildungen, Summationen sowie regionalen Kundenbetrachtungen.

Ein weiterer Schritt im Rahmen der Transformation i. e. S. besteht in der **Zuordnung der Informationsobjekte** aus den Vorsystemen zu den Strukturbestandteilen der Zielumgebung. Dieser unter der Bezeichnung **Mapping**[289] bekannte Vorgang umfasst einen Paradigmenwechsel von den fileorientierten oder relationalen Speichertechniken der Ausgangsdatenbestände zur oftmals multidimensionalen Sichtweise der Zieldatenbanken.[290]

Dabei lässt sich für die einzelnen, zu übertragenden Informationsobjekte ein Rollentausch konstatieren. Aus Informationsobjektklassen bzw. Entity-Typcs werden z. B. Dimensionsebenen, aus Beziehungsklassen oder Relationship-Types dagegen möglicherweise Würfel. Allerdings beschränken sich die Angleichungen nicht nur auf diese strukturelle Ebene, sondern es müssen auch hier inhaltliche

---

[288] Vgl. Bange (2006), S. 92 - 94.
[289] Vgl. Schelp (2000), S. 116.
[290] Vgl. Widom (1995), S. 2.

Abstimmungen vorgenommen werden. Mehrere Felder des Ausgangsdatenbestandes können im Zielsystem zu einem Attribut oder Element zusammengefasst werden, ebenso lassen sich aus einem Ausgangsdatenfeld mehrere Zieldatenattribute oder -elemente ableiten.[291] Schließlich tritt auch bei diesem Abgleich das Problem heterogener Nummerierungs- und Schlüsselungstechniken im Ausgangs- und Zieldatenbestand auf, das mit dem Mapping gelöst werden soll.

Nachdem die einzelnen Tätigkeiten der Transformation im engeren Sinne durchgeführt sind, lässt sich der nun vereinheitlichte und aufbereitete Datenbestand in die Zielumgebung überführen.

5.3.2.3 Datenladen in die Zielumgebung

Im Zuge des Ladens sind in aller Regel die vorab definierten analyseorientierten Datenstrukturen mit den vorhandenen Problemdaten zu befüllen. Ein vollständiges Löschen und neues Definieren der Strukturen stellt dagegen eher die Ausnahme dar.

Neben dem reinen **physischen Transport** der Daten in das Data Warehouse sind im Rahmen des Ladens zudem **Berechnungen** durchzuführen. Als Berechnungen kommen sowohl Kalkulationen von Aggregationen als auch zusätzlicher Kenngrößen in Betracht. Einige Speicherkomponenten legen verdichtete quantitative Größen physikalisch auf den Speichermedien ab, um im Falle eines Zugriffs auf das Zahlenmaterial auf höheren Aggregationsebenen eine rasche Verfügbarkeit garantieren zu können. In diesen Fällen müssen die im Datenmodell vereinbarten Mechanismen zur Kalkulation derartiger Aggregate zur Anwendung gelangen.

Auch eine **Anreicherung** des Ausgangsdatenmaterials durch die Berechnung zusätzlicher Kenngrößen muss im Zuge des Transformationsprozesses erfolgen. Beispielsweise kann es sich hierbei um die Ermittlung von prozentualen Anteilen an Gesamtsummen oder um Deckungsbeiträge handeln, die aus den Rohdaten gewonnen werden.[292] Zum Teil muss bei derartigen Berechnungen und Anreicherungen bereits gespeichertes Datenmaterial einbezogen werden, wie etwa im Falle von Quartals- oder Jahreswerten bei neu hinzukommenden Betrachtungsmonaten.

Im Rahmen des physikalischen Ladeprozesses in die Zieldatenbank lassen sich zusätzliche Geschwindigkeitsvorteile aktivieren. So können beispielsweise alle Transaktionsmechanismen des Datenbanksystems ausgeschaltet werden, da ansonsten alle Datenbankzugriffe einer Transaktionskontrolle unterworfen wären, was die Aktualisierung des Datenbestandes erheblich verlangsamen würde. Zudem kann die Datenbank für die Zeit der Datenübernahme für alle Online-Zugriffe gesperrt werden, um mögliche Reorganisations- oder Reindizierungsläufe zu beschleunigen oder gar erst zu ermöglichen.

---

[291] Häufig kann beispielsweise beobachtet werden, dass Schlüssel in operativen Systemen aus mehreren Teilen bestehen, die für sich genommen jeweils eine Codierung für ein spezielles Objektattribut darstellen und im Rahmen der Transformation aufgespaltet und decodiert werden müssen. Vgl. Poe/Reeves (1997), S. 60f.

[292] Vgl. Kemper/Finger (2006), S. 126.

Mit dem Extrahieren, Transformieren i. e. S. und Laden sind die zentralen Aktivitäten des Datenbewirtschaftungsprozesses vorgestellt und diskutiert worden. Der folgende Abschnitt präsentiert die vorgestellten Architekturkomponenten nochmals in ihrem Zusammenspiel.

5.3.3   Data Warehouse-Referenzarchitektur

Eine logisch-analytische Betrachtung des gesamten aufgezeigten Architekturspektrums führt zum Ergebnis, dass die stufenweise Aufbereitung und Veredelung von relevanten Inhalten einen ausgeprägten Prozesscharakter aufweist. Neben den eher statischen Ergebnisstrukturen in Form von Datenbankschemata und konkreten Auswertungsresultaten spielen vor allem auch transformierende und aufbereitende Operationen eine gewichtige Rolle, da sie dafür zuständig sind, die Inhalte sukzessive in eine für den Anwender nützliche und hilfreiche Form zu überführen. Insofern lässt sich eine an einzelnen Bearbeitungsstufen orientierte Referenzarchitektur aufzeigen, die gleichzeitig den logischen Datenfluss von den Vorsystemen bis zum Endanwender visualisiert und sich am klassischen Idealbild eines zentralen Data Warehouse mit Hub and Spoke-Architektur orientiert (vgl. Abbildung 5/5).

Der **Datenfluss** führt ausgehend von den operativen und externen Informationssystemen, die als Lieferanten für das Rohdatenmaterial dienen, über die eingesetzten ETL-Komponenten zunächst bis zu den Speicherbausteinen Data Warehouse und Operational Data Store. Von dort aus werden die Daten in Abhängigkeit vom jeweiligen Anwendungsbereich extrahiert, ggf. weiter verdichtet und dann in den Data Marts nochmals abgespeichert. Endbenutzerwerkzeuge können sowohl direkt auf den Datenbestand im Data Warehouse, als auch auf die Data Marts zugreifen.

Neben den Speicherkomponenten für die Problemdaten weist eine Data Warehouse-Architektur auch ein **Archivierungssystem** auf, das sowohl der Datenarchivierung als auch der Datensicherung dient. Die Datensicherung wird zur Wiederherstellung der Inhalte eines Data Warehouses im Falle von Programm- oder Systemfehlern benötigt. Im Einzelfall und vor dem Hintergrund einer möglich raschen Reparation des Datenbestandes im Schadensfall ist dabei zu entscheiden, ob lediglich atomare Detaildaten oder auch die bereits berechneten, verdichteten Daten gesichert werden.[293] Die zu speichernden Datenvolumina in einem Data Warehouse können im Laufe der Nutzungszeit einen erheblichen Umfang erreichen. Um das Volumen in erträglichen Grenzen zu halten, werden Archivierungssysteme eingesetzt, die atomare wie verdichtete Daten aus der Data-Warehouse-Datenbank entfernen, ohne dass diese für spätere Analysen verloren gehen.[294] Technologisch erfolgt dabei eine Auslagerung eines Teils der Daten aus der Data-Warehouse-Datenbank in externe Offline-Datenträger, aus denen sich der ursprüngliche Datenbestand jederzeit regenerieren lässt. Mit der Reduzierung des

---

[293] Vgl. Inmon/Hackathorn (1994), S. 17f.
[294] Vgl. Anahory/Murray (1997), S. 205ff.

Data-Warehouse-Datenbestandes geht dann eine merkliche Verbesserung des Antwortzeitverhaltens einher.[295]

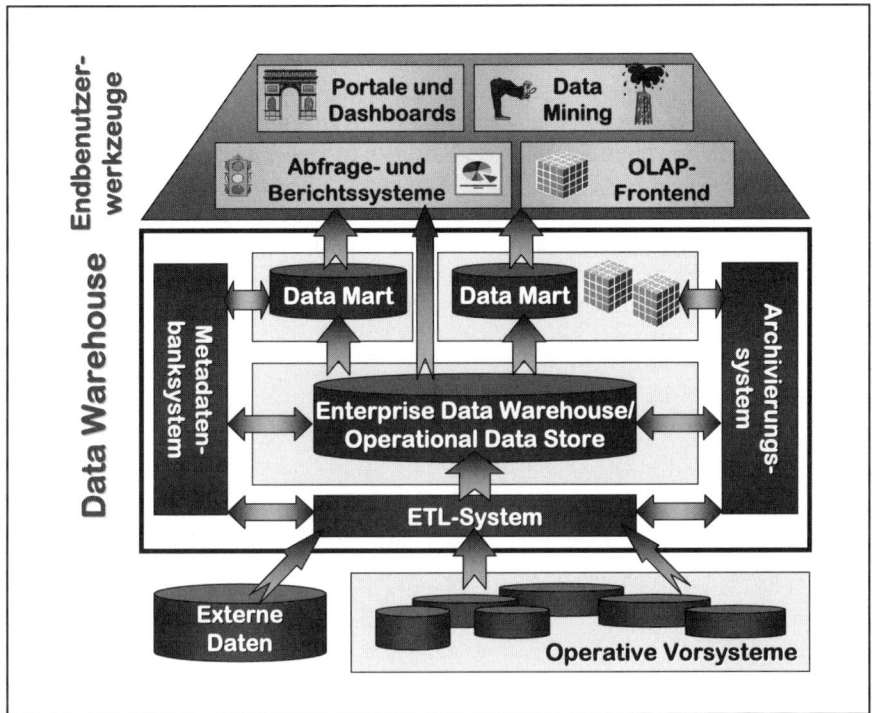

Abb. 5/5:   Architekturkomponenten und Datenflüsse in Data Warehouse-Lösungen[296]

Neben diesen entscheidungsorientierten Daten enthält ein Data Warehouse auch Metadaten, die in einem **Metadatenbanksystem** verwaltet werden. Im Idealfall handelt sich dabei nicht nur um rein technische Angaben, die neben ihrer Informationsfunktion auch zur Steuerung des Data Warehouse-Betriebs dienen.[297] Vielmehr werden im Metadatenbanksystem auch betriebswirtschaftliche Angaben abgelegt, die dem Endanwender dabei helfen, Analyseanwendungen effektiver einzusetzen und deren Ergebnisse zu interpretieren oder die für ihn relevanten Daten zu finden. In diese Kategorie der semantischen Metadaten fallen beispielsweise Dokumentationen zu vordefinierten Anfragen und Berichten sowie die Erläuterung von Fachbegriffen und Terminologien.[298]

---

[295] Vgl. Mucksch/Behme (2000), S. 28.
[296] Vgl. auch Dittmar (2004), S. 335; Nußdorfer (1996), S. 18.
[297] In diesen Bereich fallen z.B. alle notwendigen Schemadaten zur Struktur des verwendeten Datenmodells und zur Steuerung der Transformations- und Distributionsprozesse.
[298] Vgl. Mucksch/Behme (2000), S. 22f.; Holthuis (1998), S. 96ff.

Zu beachten ist, dass die vorgestellten Architekturbestandteile lediglich eine grobe Einteilung der im Umfeld von Data Warehouse-Lösungen vorzufindenden Komponenten vornehmen.[299] Auch lassen sich konkrete Softwarewerkzeuge nicht immer trennscharf einzelnen Komponentenblöcken zuordnen, sondern übernehmen zum Teil die Funktionen mehrerer Blöcke.

Abbildung 5/5 beinhaltet auch verschiedene Kategorien von Endbenutzerwerkzeugen, die dem Anwender einen Zugriff auf die abgelegten Inhalte eröffnen und ihm zum Teil ein weiterführendes analytisches Instrumentarium an die Hand geben, allerdings hier nicht zum Data Warehouse im eigentlichen Sinne zählen. Symbolisiert werden in der Abbildung **OLAP-Front-End-Tools** (vgl. Abschnitt 6.1), **Data Mining-Werkzeuge** (vgl. Abschnitt 6.2), **Abfrage- und Berichtssysteme** (vgl. Abschnitt 7.1) sowie **Portale und Dashboards** (vgl. Abschnitt 7.2), die als Gegenstand der folgenden Kapitel aufzugreifen und vertiefend zu erörtern sind.

---

[299] In der Literatur finden sich teilweise andere Strukturierungen, die weitere Hauptkomponenten enthalten oder abweichende Aufteilungen vornehmen. Vgl. Mucksch/Behme (2000), S. 14 - 33; Quix/Jarke (2000), S. 3f.; Bouzeghoub (2000), S. 47f. Bauer und Günzel beschreiben insgesamt zwölf unterschiedliche Bausteine, die für sie zentrale Bedeutung beim Systemaufbau besitzen. Vgl. Bauer/Günzel (2004), S. 31 - 71.

6 Datenanalyse: On-Line Analytical Processing und Data Mining

Data Warehouse-Lösungen verfolgen das Ziel, einen logisch zentralen, einheitlichen und konsistenten Datenbestand aufzubauen, der als Grundlage unterschiedlicher Ansätze zur Entscheidungsunterstützung in einer Unternehmung fungieren kann.

Für zahlreiche Anwendungen in den Unternehmungen dient der Datenbestand eines Data Warehouse lediglich als Ausgangspunkt für weiterführende und ggf. aufwändige Analysen. Derart anspruchsvolle Untersuchungen des verfügbaren Datenmaterials werden in Unternehmungen bereits seit vielen Jahren beispielsweise zur **Planung und Prognose**, aber auch zur **Diagnose und Interpretation** betrieben. Die konzeptionellen Grundlagen und Wurzeln der heute genutzten Verfahren und technischen Lösungen basieren daher zumeist auf den klassischen Systemen für die Analyse betriebswirtschaftlichen Datenmaterials: Planungssysteme, Systeme des Operations Research, Systeme der Künstlichen Intelligenz sowie Statistikpakete. Dabei erweist sich für die derzeit genutzten Konzepte und Technologien eine Unterteilung in Ansätze zur Hypothesenverifizierung und zur Hypothesengenerierung als hilfreich.

Im Rahmen der **Hypothesenverifizierung** soll die Gültigkeit einer von einem Anwender zuvor implizit oder explizit formulierten Hypothese über Tatbestände, Beziehungen oder Entwicklungen im abgebildeten Realitätsausschnitt untersucht und möglichst belegt werden. Dem Anwender kommt hierbei eine ausgesprochen aktive Rolle zu, da er die Überprüfung seiner Annahme unmittelbar am System vornimmt. Als derzeit dominierende Softwaretechnologie zur Verifizierung betriebswirtschaftlicher Hypothesen soll in Abschnitt 6.1 das On-Line Analytical Processing präsentiert werden.

Demgegenüber fällt bei der **Hypothesengenerierung** dem System die Aufgabe zu, Beziehungen zwischen Objekten des abgebildeten Realitätsausschnittes aufzudecken und zu dokumentieren, um diese einer menschlichen Begutachtung zugänglich zu machen. Zur Generierung derartiger Hypothesen werden derzeit vor allem die Verfahren und Systeme des Data Mining genutzt, deren Diskussion in Abschnitt 6.2 erfolgt.

6.1 On-Line Analytical Processing (OLAP)

Informationssysteme, die betrieblichen Fach- und Führungskräften bei ihren Entscheidungsaufgaben wertvolle Unterstützung liefern wollen, müssen sich an dem Geschäftsverständnis bzw. an der Sichtweise auf die eigene Unternehmung orientieren. Vor allem multidimensionale Perspektiven auf verfügbare quantitative Datenbestände haben sich als geeignet erwiesen, um den Mitarbeitern einen flexiblen und intuitiven Zugang zu den benötigten Informationen zu eröffnen.

Unter **Multidimensionalität** ist hierbei eine bestimmte Form der logischen Anordnung quantitativer, betriebswirtschaftlicher Größen zu verstehen, die betriebswirtschaftlich relevantes Zahlenmaterial simultan entlang unterschiedlicher Klassen logisch zusammengehöriger Informationsobjekte aufgliedert und dadurch mit der naturgemäß mehrdimensionalen Problemsicht der Unternehmungsanalytiker weitgehend korrespondiert. Bedeutsame **Dimensionen** sind z. B. Kunden, Artikel und Regionen, entlang derer sich betriebswirtschaftliche Kenngrößen (wie z. B. Umsatz oder Deckungsbeitrag) im Zeitablauf untersuchen lassen. Als charakteristisch erweist sich, dass die Elemente einer Dimension **hierarchische Beziehungen** aufweisen[300] und dadurch **Navigationspfade** für den Endanwender wie auch Verdichtungspfade für die zugehörigen Zahlenwerte bestimmt werden (Umsatz einer Artikelgruppe als Summe der Umsätze zugehöriger Einzelartikel).

Vor allem die Executive Information Systeme (vgl. Abschnitt 3.3) nutzten bereits vor mehr als zehn Jahren derartige mehrdimensionale Sichtweisen, verzichteten jedoch zumeist darauf, dies explizit zu verbalisieren. Erst das Konzept des On-Line Analytical Processing (OLAP) jedoch postulierte die Multidimensionalität als zentrales Gestaltungsparadigma entscheidungsunterstützender Informationssysteme.[301]

6.1.1   Einordnung und Abgrenzung von On-Line Analytical Processing

Das Konzept des On-Line Analytical Processing (OLAP) hebt teils aus fachlicher, teils auch aus systemtechnischer Perspektive die Aspekte hervor, die für eine anforderungsgerechte Nutzung entscheidungs- und analyseorientierter Systeme unabdingbar sind. Folglich repräsentiert On-Line Analytical Processing eine **Software-Technologie**, die Managern wie auch qualifizierten Mitarbeitern aus den Fachabteilungen **schnelle, interaktive und vielfältige Zugriffe** auf relevante und konsistente Informationen ermöglichen soll. Im Vordergrund stehen dabei **dynamische und multidimensionale Analysen** auf historischen, konsolidierten Datenbeständen.[302] Durch die gewählte Begrifflichkeit werden OLAP-Systeme bewusst von On-Line Transaction Processing- bzw. OLTP-Systemen abgegrenzt, die transaktionsorientiert die Abwicklung der operativen Geschäftstätigkeit unterstützen.[303]

---

[300] Aus diesem Grunde wird das OLAP-Konzept gar als historischer Nachfolger des Ansatzes hierarchischer Kennzahlensysteme verstanden. Vgl. Hofacker (1999), S. 60.

[301] Vgl. Codd/Codd/Salley (1993); Codd (1994).

[302] Vgl. Franconi/Baader/Sattler/Vassiliasis (2000), S. 88.

[303] Als besondere Anekdote der DV-Geschichte ist der Umstand zu verstehen, dass es mit E. F. Codd einer der geistigen Urväter der relationalen Datenbanksysteme war, der den Begriff des On-Line Analytical Processing prägte. Vgl. Gluchowski/Chamoni (2006), S. 145. Unbestritten erweisen sich operative, transaktionsorientierte Anwendungssysteme auf der Basis relationaler Datenbanktechnologie als stabile, sichere und schnelle Lösungen. Allerdings offenbaren diese Systeme Schwächen bei der flexiblen und benutzeradäquaten Zurverfügungstellung entscheidungsrelevanter Informationen. Schließlich, so argumentiert Codd, sind relationale Systeme auch nicht darauf ausgelegt, multidimensionale Analysen mit der geforderten Funktionalität und in der gewünschten Schnelligkeit zu gewährleisten. Vgl. Codd/Codd/Salley (1993).

6.1.1.1 Regeln und Kriterien für OLAP-Systeme

Als Leitbild zur Gestaltung von OLAP-Systemen wurden zwölf **Evaluationsregeln** definiert, die bei Erfüllung die OLAP-Fähigkeit von Informationssystemen garantieren sollen. Auch wenn die Ehrenhaftigkeit der Motivation, welche die Autoren zur Publikation der Regeln veranlasst hat, heftig umstritten ist,[304] sollen die Regeln schon wegen ihrer historischen Bedeutung im folgenden dargestellt und erläutert werden.

1) Mehrdimensionale konzeptionelle Perspektiven
Logische Sichten auf entscheidungsrelevante Zahlengrößen sollten sich am mentalen Unternehmungsbild betrieblicher Fach- und Führungskräfte orientieren und damit multidimensionaler Natur sein. Die Betrachtung betriebswirtschaftlich bedeutsamer Größen wie z. B. Umsätze und Kosten, die zugleich entlang unterschiedlicher Dimensionen wie etwa Zeit, Organisationseinheit und Produkt aufgegliedert sind, führt dann zu mehrdimensionalen Datenstrukturen, in denen der Anwender frei und flexibel navigieren kann.[305]

2) Transparenz
OLAP-Werkzeuge müssen sich nahtlos in die bestehende Arbeitsplatzumgebung des Anwenders einfügen und diese ergänzen. Ziel ist es, eine möglichst homogene Benutzungsoberfläche mit allen notwendigen Funktionalitäten zu schaffen. Keinesfalls soll der Anwender sich mit technischen Details auseinander setzen müssen. Darüber hinaus sind alle verfügbaren Informationen dem Benutzer nach gleichen optischen Gestaltungskriterien zu präsentieren. Dies führt dazu, dass der Anwender keinen formalen Unterschied mehr zwischen Informationseinheiten aus unterschiedlichen Quellen ausmacht, wenngleich ihm der Datenursprung (da wo es sinnvoll ist und die Interpretierbarkeit der Analyseresultate verbessert) als Zusatzinformation geliefert werden kann.

3) Zugriffsmöglichkeit
Durch eine offene Architektur der Systeme soll der Datenzugriff auf möglichst viele heterogene unternehmungsinterne und -externe Datenquellen und Datenformate unterstützt werden. Da diese Daten die Basis eines gemeinsamen analytischen Datenmodells bilden, sind mannigfaltige Konvertierungsregeln aufzustellen und zu implementieren. Nur so ist für den Anwender eine einheitliche, konsistente Datensicht zu gewährleisten.

4) Stabile Antwortzeiten bei der Berichterstattung
Ein wesentlicher Aspekt für die Nutzung eines derartigen Systems ist die Stabilität der Antwortzeiten und die gleich bleibende Berichtsleistung bei Datenabfragen. Selbst bei überproportionaler Zunahme der Anzahl der Dimensionen und/oder des Datenvolumens sollten die Anwendungen keine signifikanten Änderungen der Antwortzeiten aufweisen. Durch schnelle Antwortzeiten des Systems wird ange-

---

[304] Vgl. Jahnke/Groffmann/Kruppa (1996), S. 321.
[305] Vgl. Holthuis (1998), S. 52.

strebt, den logischen Gedankenfluss und die Aufmerksamkeit des Systemanwenders auch bei komplexen Abfragen nicht unnötig zu unterbrechen.

5) Client- / Server-Architektur
Der Einsatz in Client- / Server-Architekturen sollte unterstützt werden, da die Menge an Daten und die Komplexität der Abfragen es sinnvoll erscheinen lassen, Speicherung und Zugriffe zentral statt auf lokalen Rechnern auszuführen. Es muss sowohl eine verteilte Programmausführung als auch eine verteilte Datenhaltung realisierbar sein. Insbesondere für den mobilen Einsatz auf Laptops ist eine Replizierung der Datenbestände zu ermöglichen. Auch muss der Zugriff auf die Datenbasis mit unterschiedlichen Front-End-Werkzeugen gewährleistet sein. Proprietäre Lösungen, bei denen Server- und Desktop-Komponenten aus einer Hand angeboten werden, die jedoch dokumentierte Schnittstellen vermissen lassen, sind im Zeitalter offener Systeme nicht mehr gefragt.
Grundvoraussetzung für die Erfüllung der Forderung ist eine vollständige, integrierte Datendefinitionssprache (DDL) und Datenmanipulationssprache (DML), die Offenheit in Bezug auf Systemadministration und -nutzung bietet. Eine Orientierung an anerkannten Standards ist wünschenswert.

6) Grundprinzipien der gleichgestellten Dimensionen
Die strukturelle und funktionale Äquivalenz der Dimensionen muss gewährleistet sein. Dabei existiert ein einheitlicher Befehlsumfang zum Aufbauen, Strukturieren, Bearbeiten, Pflegen und Auswerten der Dimensionen. Spezialfunktionen in einzelnen Dimensionen sind weitgehend zu vermeiden, um auch umfassende Datenmodelle nachvollziehbar und überschaubar gestalten zu können.

7) Dynamische Verwaltung „dünn besetzter" Matrizen
Ein spezielles Problem multidimensionaler Datenmodelle bei der physikalischen Datenspeicherung stellen „dünn besetzte" Matrizen dar. Sie resultieren aus dem Umstand, dass nicht jedes Dimensionselement mit allen Elementen anderer Dimensionen werttragende Verbindungen eingeht. Nicht jedes Produkt einer Unternehmung wird beispielsweise in jedem Land auch angeboten. Somit sind verschiedene Länder-Produktkombinationen zwar strukturell vorgesehen, aber nicht mit Zahlengrößen belegt. Die für große Matrizen typischen Lücken müssen durch das System effizient gehandhabt und die Daten optimal gespeichert werden, ohne die mehrdimensionale Datenmanipulation zu beeinträchtigen. Durch Kombinationen verschiedener Arten der Datenorganisation ist es möglich, für unterschiedlich dicht besetzte Matrizen physikalische Speicherschemata zu implementieren, die einen schnellen Datenzugriff garantieren.

8) Mehrbenutzerfähigkeit
Die Daten müssen verschiedenen Benutzern zur Verfügung stehen, die gleichzeitig lesende und/oder schreibende Operationen durchführen können. Damit verbunden ist immer auch ein Sicherheitskonzept, das dem Datenbankadministrator die Möglichkeit gibt, den Datenzugriff und die Datenverfügbarkeit für die Benutzer unterschiedlich stark zu begrenzen.

9) Unbeschränkte kreuzdimensionale Operationen über Dimensionen hinweg
Über die verschiedenen Dimensionen hinweg werden Operationen für eine ausgereifte Datenanalyse benötigt, z. B. zur Kennzahlenberechnung. Insbesondere auch für die konsolidierende Hierarchiebildung innerhalb von OLAP-Modellen müssen Berechnungsvorschriften angelegt und transparent verwaltet werden können.

10) Intuitive Datenmanipulation
Eine einfache und ergonomische Benutzerführung und Benutzungsoberfläche soll das intuitive Arbeiten in der Datenbasis mit wenig Lernaufwand ermöglichen. Ein Beispiel hierfür ist die für den Anwender verständliche Adressierung von Daten im multidimensionalen Raum und ein einfacher Drill-Down in weitere Detaillierungsebenen bzw. Roll-Up auf höhere Konsolidierungsstufen.[306] Der Anwender benötigt hierfür direkten Zugriff auf die Elemente einer Dimension sowie Mechanismen zur beliebigen Zusammenstellung von neuen Konsolidierungsgruppen. Neben dem Slicing (beliebige Schnittbildung durch den Würfel) soll auch das Dicing (bzw. Pivoting oder Rotating), also das „Drehen des Würfels" zur wahlfreien Zusammenstellung von Betrachtungsperspektiven, gewährleistet sein. Die Veranlassung entsprechender Navigationsschritte durch den Anwender muss, ohne dabei auf Menübefehle oder umständliche Zwischenschritte zurückzugreifen, direkt in der Benutzungsoberfläche möglich sein.

11) Flexibles Berichtswesen
Aus dem multidimensionalen Modell sollen leicht und flexibel Berichte generiert werden können. Neben vorformulierten Standardauswertungen, die lediglich anzustoßen sind und dann das Ergebnis in einer vorher definierten Form liefern, gehören dazu auch dynamisch erzeugte (Ad-hoc-) Auswertungen und Grafiken entsprechend den Benutzeranforderungen. Die OLAP-Schnittstelle soll den Benutzer dabei unterstützen, Daten in beliebiger Art und Weise zu bearbeiten, zu analysieren und zu betrachten.

12) Unbegrenzte Dimensions- und Aggregationsstufen
Als Maximalziel kann vom OLAP-System verlangt werden, eine unbegrenzte Anzahl an Dimensionen und Dimensionselementen verwalten zu können. Zusätzlich soll keine Einschränkung bezüglich der Anzahl und Art der Konsolidierungsebenen bestehen. In der betrieblichen Praxis dagegen dürften maximal 15 bis 20 Dimensionen ausreichen, zumal bei Modellen mit einer zu hohen Anzahl an Dimensionen die Übersichtlichkeit und Nachvollziehbarkeit von Modellergebnissen nicht mehr gewährleistet ist.

Die zwölf aufgestellten Anforderungen an OLAP-Systeme sind z. T. sehr heftig kritisiert worden.[307] Grundsätzlicher Angriffspunkt ist die unscharfe Trennung

---

[306] Vgl. dazu die Ausführungen zu den grundlegenden Navigationskonzepten multidimensionaler Informationssysteme in Abschnitt 6.1.3.
[307] Vgl. Jahnke/Groffmann/Kruppa (1996), S. 321; Holthuis (1998), S. 55.

zwischen fachlich-konzeptionellen Anforderungen und technischen Realisierungs-aspekten. So bleibt etwa unklar, ob die konzeptionellen mehrdimensionalen Datensichten auch eine zwingende Nutzung spezieller Speicher- und Datenverwaltungstechniken impliziert oder ob die verbreiteten relationalen Datenbanksysteme auch hier zum Einsatz gelangen können. Zudem wurden von unterschiedlichen Produktanbietern Sinnhaftigkeit und Notwendigkeit einzelner Forderungen bestritten, nicht zuletzt, weil deren Produkte eine abweichende Funktionalität aufweisen. In der Kritik stand insbesondere die Regel 6, welche die Dimensionen eines mehrdimensionalen Modells gleichstellt. Bestimmte Dimensionen jedoch – wie z. B. die Zeitdimension mit ihrer inhärenten Zeitlogik, für die gar eine compilierte Zeitintelligenz[308] gefordert wird – unterscheiden sich erheblich von den übrigen Dimensionen.

Aufgrund der vielfältigen Verwirrungen und wegen des breiten Interpretationsspielraums, den die OLAP-Regeln zulassen, wurden neue Akronyme in die Diskussion gebracht, die versprechen, das Wesen bzw. das angestrebte Leitbild dieser Systemkategorie besser umschreiben zu können. Hervorzuheben ist in diesem Kontext der Ansatz von Pendse und Creeth, die mit **FASMI** eine eigene Wortschöpfung kreiert haben. Dabei steht FASMI für **Fast Analysis of Shared Multidimensional Information**.[309]

Dem Anwender müssen Daten demnach schnell zur Verfügung stehen (maximal 20 Sekunden Wartezeit wird bei komplexen Abfragen in großen Datenbeständen eingeräumt). Die Analysefunktionalität soll die Anforderungen erfüllen, die im spezifischen Anwendungsfall benötigt werden. Je nach Einsatzbereich kann es sich dabei z. B. um (finanz-) mathematische oder statistische Berechnungen, „What-If-" und „How to achieve"-Betrachtungen oder erweiterte Navigationshilfen (Drill-Down, Roll-Up) handeln. Als typisch für den betrachteten Anwendungsbereich werden insbesondere komplexe Berechnungen verstanden, wie sie im Rahmen von Trendanalysen oder Anteilsbestimmungen auftreten.[310] Wesentlich erscheint Pendse und Creeth, dass der Benutzer keinesfalls mit Programmiertätigkeiten belastet werden darf. Alle Aktionen müssen auf intuitive Weise und mit einfachen Mausbewegungen durchführbar sein. Auf diese Art soll der Anwender auch neue Konsolidierungspfade und Zusammenstellungen generieren können.

OLAP-Umgebungen müssen Mehrbenutzerunterstützung mit der Option zur Anlage abgestufter Benutzerprofile und der Möglichkeit konkurrierender Schreibzugriffe bieten, wobei diese Forderung längst nicht von allen Produkten geleistet wird, die OLAP-Funktionalität versprechen. Als zentrales Kriterium stellen Creeth und Pendse ebenfalls die konzeptionelle Multidimensionalität mit der Unterstützung komplexer Hierarchien in den Vordergrund. Schließlich fordern die Autoren auch die Möglichkeit zur Verwaltung großer Informationsbestände.

In der öffentlichen Diskussion allerdings konnte sich der Begriff FASMI nicht auf breiter Ebene durchsetzen. Demgegenüber erfreut sich das Akronym OLAP wachsender Verbreitung. Fast alle Anbieter, die sich im Umfeld der entschei-

---

[308] Vgl. Werner (1995), S. 45.
[309] Vgl. Clausen (1998), S. 14; Pendse/Creeth (1995); Reinke/Schuster (1999), S. 46.
[310] Vgl. Leitner (1997), S. 44.

dungsunterstützenden Systeme positionieren, haben diesen Begriff für sich eingenommen und werben mit den (nach eigenen Angaben) hervorragenden OLAP-Fähigkeiten ihrer Produkte. Allerdings lassen sich hinsichtlich Funktionalität, Leistungsfähigkeit und zugrunde liegender Technologie fundamentale Unterschiede feststellen, so dass der ursprüngliche Ansatz zunehmend zu verwässern droht. Dennoch war die Bildung des neuen Schlagwortes wichtig für die Initiierung der nun verstärkten Bemühungen in der Entwicklung von multidimensionalen Speicherkomponenten und Anwendungen.

Nachdem die grundlegenden Anforderungen an OLAP-Systeme aufgezeigt wurden, deckt der folgende Abschnitt die Wurzeln und Ursprünge der multidimensionalen Informationssysteme in einer historischen Betrachtung auf.

6.1.1.2 Historische Einordnung

Systeme, die auf einem multidimensionalen Gestaltungsparadigma basieren, erweisen sich durchaus nicht als neu. Die konzeptionellen Wurzeln lassen sich bis zum Jahre 1962 zurückverfolgen, als Ken Iverson seine Veröffentlichung mit dem Titel "**A Programming Language**" publizierte.[311] In den späten sechziger Jahren erfolgte dann die erste Implementierung von **APL** durch die Firma IBM. Als mathematisch definierte Computersprache bietet APL multidimensionale Variablen sowie elegante aber sehr abstrakte Operatoren. Aufgrund der Komplexität der Sprachbestandteile sind APL-Programme allerdings im Nachhinein äußerst schwer zu lesen und zu verstehen. Wenngleich eine flächendeckende Verbreitung von APL unterblieb, wurde die Sprache in den siebziger und achtziger Jahren in einer Reihe von Geschäftsanwendungen genutzt, um komplexe Kalkulationen durchzuführen.

In den frühen siebziger Jahren erfolgte zunächst im akademischen Umfeld die Entwicklung eines Produktes mit Namen **Express**, das in der Lage war, matrizenbasierte Analysemodelle für Marketinganwendungen zu generieren.[312] Inzwischen wurde Express von der Unternehmung Oracle übernommen und in die eigene Produktpalette integriert.[313]

Zeitgleich zur Express-Entwicklung wurden von der Firma Comshare unterschiedliche Werkzeuge für die Analyse von Finanzdaten erstellt, die in dem seit 1981 vermarkteten Großrechnerprodukt **System W** mündeten. Bereits zu dieser Zeit mit einem für damalige Verhältnisse revolutionären so genannten Hypercube-Ansatz mit mehrdimensionalen Sichtweisen auf das Zahlenmaterial ausgestattet, richtete sich das Tool in erster Linie auf die Erstellung von Applikationen im Finanzsektor, wurde allerdings später durch die PC-orientierten Werkzeuge **One-Up** (textorientiert unter MS-DOS) sowie **Commander Prism** (grafikorientiert unter MS-Windows; heutige Produktbezeichnung: Comshare Planning) des gleichen Anbieters abgelöst. Bereits System W bot die Möglichkeit zur Speicherung und Analyse umfangreicher multidimensionaler Datenbestände und umfasste bei-

---

[311] Vgl. Clausen (1998), S. 44.
[312] Vgl. Thomsen (1997), S. XIXf.; Oehler (2006), S. 25.
[313] Vgl. Pendse (2002).

spielsweise Anwendungen zur Konsolidierung, Budgetierung, Prognoserechnung, strategischen Planung sowie Produkt- und Kundenerfolgsrechnung.[314]

Ebenfalls in den frühen achtziger Jahren sind die Wurzeln heutiger Tabellenkalkulationsprogramme anzusiedeln, durch die der Siegeszug des Personal Computers erheblich forciert wurde. Noch heute arbeiten die analyseorientierten Mitarbeiter in Unternehmungen vornehmlich mit Spreadsheet-Programmen, um Analysen und Kalkulationen durchzuführen. Zum Ende der Dekade wurde versucht, mit neuen Software-Produkten die zunächst auf zwei Dimensionen begrenzten Arbeitsblätter der zugehörigen Programme auf mehrere Dimensionen auszuweiten, allerdings mit mäßigem Erfolg. Werkzeuge wie **Compete** (Computer Associates) und **Improv** (Lotus) wurden zwar mit erheblichem Marketingaufwand ins Bewusstsein der Verbraucher gerückt, ohne sich jedoch entsprechende Marktanteile sichern zu können.[315] Auch heute weisen moderne Tabellenkalkulationsprogramme mehrdimensionale Analysemöglichkeiten auf. Vor allem die Pivot-Tabellen als Funktionalität des Produktes Microsoft **Excel** werden häufig eingesetzt. Zu bemängeln bleibt hierbei, dass bei Nutzung der Spreadsheet-Speichertechnologie nur ein vergleichsweise eingeschränktes Datenvolumen nutzbar ist.[316] Zudem werden die z. T. schwächeren Navigations- und Analyseoptionen im Vergleich zu spezialisierten Programmen kritisiert.

In der zweiten Hälfte der achtziger Jahre entstand in den Vereinigten Staaten mit den Executive Information Systemen (vgl. Abschnitt 3.3) eine neue Kategorie von Softwarewerkzeugen, die sich bis heute als richtungsweisend für die weitere Entwicklung multidimensionaler Informationssysteme erwiesen hat. Als besonders leistungsfähiger Anbieter in diesem Marktsegment konnte sich die Firma Pilot (heute SAP AG) mit dem **Command Center** positionieren. Zu Beginn der neunziger Jahre sahen sich alle Anbieter in diesem Segment der verstärkten Hinwendung zu grafischen Benutzungsoberflächen mit Mausbedienung in Verbindung mit Client-/Server-Architekturformen ausgesetzt. Zugleich boten die modernen Technologien Ansatzpunkte und Marktnischen für neue Anbieter, die sich dem Wettbewerb stellten. Als einer der prominentesten Vertreter dieser damaligen Newcomer ist die Firma Arbor Software anzuführen, die mit ihrem Produkt **Essbase** den ersten multidimensionalen Datenbank-Server herstellte und mit dieser Klassifizierung vermarktete.[317] Eher auf die lokale Verarbeitung multidimensionaler Datenbestände zielten dagegen die Produkte **TM/1** aus dem Hause Sinper (heute Applix) sowie **Powerplay** des Anbieters Cognos.

Als besonders bemerkenswert muss der Umstand gewertet werden, dass die Entwicklung von Anfang an stärker durch fachliche Anforderungen denn durch technische Grundströmungen und Neuerungen getrieben wurde.[318] Erst in den letz-

---

[314] Vgl. Thomsen (1997), S. XXI.
[315] Vgl. Oehler (2006), S. 25.
[316] Hinsichtlich des Datenvolumens existieren allerdings inzwischen Durchgriffsmöglichkeiten auf Datenbankserver, so etwa im Microsoft-Bereich auf die Analysis Services des SQL-Server 2005. Die Tabellenkalkulationsprogramme werden dann als reines Anzeigemedium und nicht als Speicherkomponente genutzt. Vgl. Pendse (2002).
[317] Vgl. Oehler (2006), S. 25.
[318] Vgl Thomsen (1997), S. XIX.

ten Jahren ist auch bei den multidimensionalen Informationssystemen eine verstärkte Hinwendung zu globalen technischen Trends wie relationaler Datenbanktechnologie oder Internet-Technologie zu beobachten.

Im Laufe der neunziger Jahre haben viele unterschiedliche Anbieter mit ihren Produkten den Markt der multidimensionalen Informationssysteme betreten. Das Spektrum der Produkte, die sich heute zum Aufbau multidimensionaler Informationssysteme einsetzen lassen, reicht von problemorientierten Lösungen für spezielle Anwendungsbereiche bis hin zu allgemeinen, anwendungs- und anwenderneutralen Werkzeugen mit spezifischem, abgegrenztem Aufgabengebiet (z. B. Datenimport).

Als konstituierend für OLAP-Systeme wurde bereits die Multidimensionalität gewürdigt. Der folgende Abschnitt zeigt auf, wie derartig multidimensionale Strukturen aufgebaut sind und durch welche Besonderheiten sie sich auszeichnen.

6.1.2   Bestandteile multidimensionaler Datenmodelle

Der Kerngedanke multidimensionaler Informationssysteme beruht auf der logischen Anordnung von betriebswirtschaftlichem Zahlenmaterial entlang sachlich zusammengehöriger Beschreibungsobjekte, die jeweils gedachte oder tatsächliche Phänomene der Realwelt repräsentieren.[319] Sachlich zusammengehörige und im Sinne des Untersuchungsgegenstandes gleichartige Beschreibungsobjekte werden unter der begrifflichen Klammer **Dimension** zusammengefasst und miteinander verknüpft.[320] Damit gehören zu einer Dimension neben der Menge der zugehörigen Beschreibungsobjekte auch die zwischen diesen auftretenden Beziehungen.

6.1.2.1   Grundaufbau

Bei den Beschreibungsobjekten, die als Bestandteile in eine Dimension eingehen und in den folgenden Ausführungen als Dimensionselemente bezeichnet werden, lassen sich grob die atomaren **Basiselemente** von **verdichteten Elementen** abgrenzen. Bei der Bestimmung der Basiselemente ist sehr sorgfältig vorzugehen, da hierdurch sowohl die Dimensionsbreite (werden z. B. alle Kunden oder nur die aktiven Kunden erfasst?) als auch die Dimensionstiefe (werden z. B. Einzelkunden oder nur Kundengruppen angelegt?) festgelegt und damit ein Rahmen für spätere Auswertemöglichkeiten abgesteckt wird.

Vor allem die Dimensionstiefe, die häufig als **Granularität**[321] der Dimension bezeichnet wird, hat erheblichen Einfluss auf die zu speichernde Datenmenge aber auch auf die Nutzbarkeit der Dimension bezüglich des Untersuchungs- und Einsatzzwecks und ist daher immer genau mit dem jeweiligen Anwendungsbereich abzustimmen. Häufig bilden die Basiselemente auch gleichzeitig die unabhängigen Elemente einer Dimension. Die ihnen zugeordneten Zahlengrößen sind dann

---

[319] Vgl. Saylor/Bedell/Rodenberger (1997), S. 39.

[320] Vgl. Totok (2000b), S. 87; Schelp (2000), S. 140.

[321] Bauer und Günzel definieren Granularität als Stufe des Verdichtungsgrades von Daten. Vgl. Bauer/Günzel (2004), S. 528. Siehe auch Mucksch (1999), S. 177; Kemper/Finger (2006), S. 116.

von außen vorgegeben.[322] Alle Basiselemente einer Dimension sind gleichgewichtig und lassen i. d. R. eine natürliche vorgegebene Ordnung vermissen.[323] Häufig werden in multidimensionalen Informationssystemen zum besseren Verständnis natürlich-sprachliche Bezeichnungen für die Dimensionselemente gewählt.

Im Gegensatz zu den Basiselementen versinnbildlichen die verdichteten bzw. abgeleiteten Elemente logische Zusammenfassungen bzw. Kombinationen von Basiselementen oder anderen verdichteten Elementen, allerdings mit eigener inhaltlicher Bedeutung. Die zugehörige Verdichtungsvorschrift legt fest, auf welche Art die Kombination der beteiligten Dimensionselemente zu einem verdichteten Element erfolgt. Im Normalfall werden die den verdichteten Elementen zugeordneten Zahlengrößen auf der Grundlage der den Basiselementen zugeordneten Zahlengrößen sowie der Verdichtungsvorschriften im multidimensionalen System ermittelt.

Prinzipiell können im Rahmen von **Verdichtungsvorschriften** alle mathematischen und statistischen Rechenoperationen Anwendung finden. Häufig jedoch gelangen einfache algebraische Rechenregeln (vor allem die Addition) zum Einsatz. Auch wenn sich diese Rechenvorschriften im Nachhinein auf die zugehörigen Datenwerte auswirken, darf nicht übersehen werden, dass sich hinter einer derartigen algebraischen Operation immer auch eine semantische Ebene verbirgt. Durch eine Verknüpfung von Ausgangselementen zu einem zusammengesetzten Dimensionselement werden die Ausgangselemente logisch zusammengefasst (geklammert). Das Ergebnis dieser Zusammenfassung bildet ein neues Dimensionselement. Dies bedeutet, dass eine Addition in diesem Sinne keine reine Wertaddition bedeutet, sondern eine **sachlogische Verdichtung bzw. Aggregation von Objekten.**[324] Durch die stufenweise Zusammenfassung von Dimensionselementen entstehen innerhalb der Dimensionen Elementhierarchien, über die eine spätere Navigation im Datenbestand durch den Endbenutzer (Drill-Down- und Roll-Up-Operationen, vgl. Abschnitt 6.1.3) vollzogen werden kann. Insofern erscheint es angebracht, von einer Dimensionsstruktur zu sprechen. Die stufenweise Verdichtung der Elemente einer Dimension führt bei konsequenter und gleichförmiger Anwendung zu balan-

---

[322] Ausnahmen von dieser Regel ergeben sich z. B. in multidimensionalen Planungsanwendungen, bei denen Zahlengrößen für verdichtete Elemente extern vorgegeben werden (z. B. Plangrößen auf Jahresbasis) und dann u. U. systemintern auf die dann nicht unabhängigen Basisgrößen (z. B. auf einzelne Monate) herunter gebrochen werden.

[323] Eine Ausnahme bildet hier die Zeitdimension mit ihrer natürlichen Ordnung einzelner Objekte wie Tage oder Monate. Eine künstliche Reihenfolge der Basiselemente einer Dimension wird dagegen häufig durch ihre alphanumerische Sortierung erreicht. Werden beispielsweise die Basiselemente einer Kundendimension durch die Kundennamen repräsentiert, kann eine alphabetische Anordnung erfolgen; im Falle einer Repräsentation durch Kundennummern erweist sich dagegen eine numerische Sortierung als sinnvoll.

[324] Vgl. Oehler (2006), S. 136ff.

cierten Hierarchiebäumen, in denen sich einzelne Stufen identifizieren und benennen lassen (vgl. Abb. 6/1).[325]

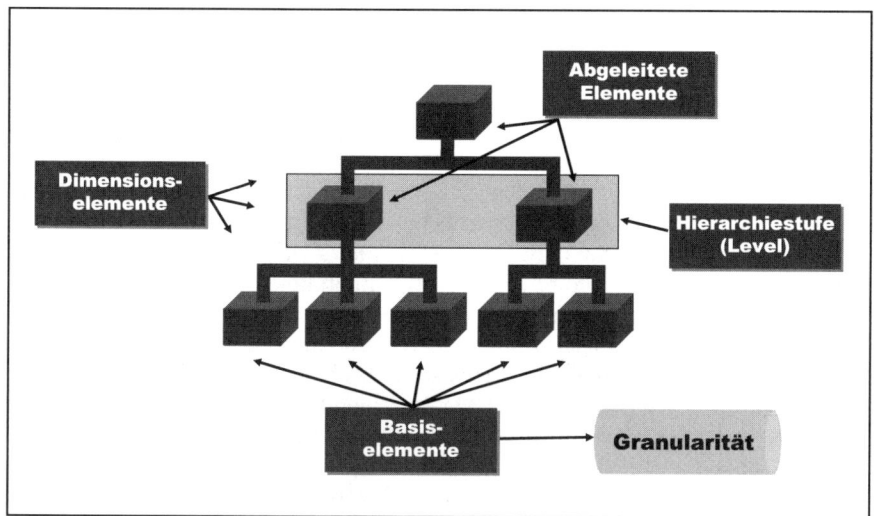

Abb. 6/1: **Dimensionskomponenten**

Charakteristisch für derartige Standarddimensionen ist der streng hierarchische Aufbau. Jedem untergeordneten Dimensionselement ist genau ein übergeordnetes Element zugeordnet. Die Ausnahme von dieser Regel bildet ein Top-Dimensionselement, das alle anderen Elemente in sich bündelt. Ferner ist die Anzahl der zu durchlaufenden Aggregationsstufen von jedem Basiselement zum Top-Dimensionselement gleich.

Entsprechend aufgebaute Dimensionen finden sich in jedem multidimensionalen Informationssystem. Vor allem in Artikel-, Regionen-, Kunden-, Lieferanten- und Organisationsdimensionen, die hier als Standarddimensionen bezeichnet werden sollen, wird grundsätzlich kaum von dem vorgestellten Schema abgewichen.[326] Als spezielle Dimensionen erweisen sich Kennzahlen-, Szenario- und Zeitdimensionen, die deshalb nochmals separat aufgegriffen und erörtert werden sollen.

Eng mit jeder betrachteten Zahlengröße verknüpft ist eine Angabe zur betrachteten **betriebswirtschaftlichen Variable** bzw. **Kennzahl**, ohne die der inhaltliche Bezug der Größe nicht gegeben sein kann. Gleichartig aufgegliederte Kennzahlen lassen sich logisch in einer Kennzahlendimension zusammenfassen und durch Verknüpfungsbeziehungen verketten. Allerdings erweisen sich diese Beziehungen

---

[325] Entsprechend der gewählten Begrifflichkeit des Hierarchiebaumes werden die Basiselemente auch als Blätter und das Element auf der obersten Ebene als Wurzel bezeichnet. Vgl. Totok (2000b), S. 92f.

[326] Allerdings finden sich hier in praktischen Anwendungen häufig Dimensionsanomalien (siehe Abschnitt 6.1.2.2).

häufig als komplexer als in den Standarddimensionen. Auch lassen sich die unterschiedlichen Elemente einer Kennzahlendimension nur schwerlich in Ebenen einordnen und strukturieren.

Ähnlich verhält es sich bei den Szenario- bzw. Datenartdimensionen. Derartige Dimensionen werden benutzt, um die betrachteten Datenwerte näher zu charakterisieren und können Elemente wie z. B. „Plan", „Ist" oder „Hochrechnung" aufweisen. Als abgeleitete Größe bietet sich hier z. B. die „Prozentuale Plan-Ist-Abweichung" an.

Fast in jeder multidimensionalen Anwendung findet sich ebenfalls eine Zeitdimension, die den Zeitbezug der betrachteten numerischen Größen herstellt. In Abhängigkeit vom Auswertungszweck werden hier Zeitintervalle oder Zeitpunkte abgebildet. Als dominierend erweisen sich in multidimensionalen Systemen zeitraumbezogene Betrachtungen von Kennzahlen (Bewegungsgrößen wie Umsatz / Monat). Allerdings sind auch zeitpunktbezogene Untersuchungen nicht unüblich (z. B. für Bestandsgrößen wie Lagerbestand). Als Besonderheit der Zeitdimension kann herausgestellt werden, dass für die einzelnen Dimensionselemente durch die kalendarische Vorgabe eine natürlich vorbestimmte Reihenfolge gegeben ist.

Dimensionen lassen sich nach unterschiedlichen Kriterien klassifizieren.[327] Im Rahmen der Gestaltung multidimensionaler Informationssysteme erweist es sich frühzeitig als wichtig, ob sich eine Dimension durch wenige, aufzählbare Elemente auszeichnet. In diesem Fall lassen sich die einzelnen Dimensionselemente bereits im Rahmen der konzeptionellen Diskussion mit den Fachanwendern benennen, um dadurch potenziellen Missverständnissen und Fehleinschätzungen vorzubeugen. Derartige Dimensionen werden im weiteren Verlauf als **elementbestimmte Dimensionen** bezeichnet.

Andere Dimensionen dagegen weisen u. U. eine Vielzahl einzelner Dimensionselemente auf, die während der frühen Projektphasen nicht alle namentlich bekannt sein müssen. In der fachlichen Diskussion um die benötigten Inhalte reicht es hier vollständig aus, eine ungefähre Anzahl der Elemente dieser Dimension anzugeben. Zudem lassen sich meist auch die einzelnen relevanten Verdichtungsebenen bestimmen, wodurch es angemessen ist, in diesen Fällen von **ebenenbestimmten Dimensionen** zu sprechen.[328]

Für einzelne multidimensionale Anwendungen ist es möglicherweise unzureichend, in Auswertungen und Analysen ausschließlich mit den angelegten Elementnamen zu operieren. Vielmehr erweist es sich als wünschenswert, zusätzliche Angaben zu den einzelnen Dimensionselementen ablegen zu können, die dann als **Attribute** bezeichnet werden.[329] Dabei kann es sich sowohl um alphanumerische

---

[327] So unterscheidet Holthuis zwischen nichthierarchischen, hierarchischen und kategorischen Dimensionen. Vgl. Holthuis (1998), S. 121 - 125. Mit ausgeprägtem Bezug zur relationalen Implementierung grenzt Thomsen dagegen Identifikator- von Variablen-Dimensionen ab. Vgl. Thomsen (1997), S. 424 - 431.

[328] Die Unterscheidung zwischen elementbestimmten und ebenenbestimmten Dimensionen wird im Rahmen der semantischen Datenstrukturmodellierung nochmals zentrale Bedeutung erlangen (vgl. Abschnitt 9.3.3.2).

[329] In Abgrenzung zur Hierarchiebildung werden Auswertungen auf derartigen Attributen dann auch als vertikale Analysen benannt. Vgl. Oehler (2006), S. 143.

Qualifizierungen handeln (z. B. Langbezeichnungen von Artikeln oder Kunden), als auch um numerische Größen (wie etwa Gewichte oder Kreditlinien). Gebräuchlich sind daneben auch Datumsangaben (z. B. Inbetriebnahme von Maschinen). Eingesetzt werden können derartige Attribute sowohl bei der Selektion bestimmter Dimensionsausschnitte, als auch zur logischen Zusammenfassung von Dimensionselementen mit gleichen Attributausprägungen nebst Aggregation zugehöriger Zahlenwerte und zur Steuerung von Berechnungsfunktionen (z. B. im Rahmen von Währungsumrechnungen).

Grundsätzlich können Attribute für alle Elemente bzw. Ebenen einer Dimension gleichermaßen relevant sein oder lediglich für einen Ausschnitt der Dimension. Ein Attribut mit dimensionsweiter Gültigkeit ist beispielsweise oftmals mit der Langbezeichnung gegeben, wenn die einzelnen Elemente der Dimension zunächst nur mit einer Kurzangabe (z. B. Artikel- oder Kundennummer) repräsentiert werden. Derartige Langbezeichnungen können dann auf allen Dimensionsebenen (auch für Artikel- oder Kundengruppen) eingesetzt werden. Andere Attribute dagegen lassen sich nur für bestimmte Teile einer Dimension, i. d. R. für die Elemente einer einzelnen Dimensionsebene, sinnvoll verwenden. Als Beispiel können die Attribute „Artikelgruppenmanager" und „Niederlassungsleiter" dienen, die jeweils den Elementen einer einzelnen Ebene der Artikel- bzw. Organisationsdimension zugeordnet sind.

Als charakteristisch für multidimensionale Informationssysteme erweist sich, dass die betrachteten Zahlengrößen entlang der zugehörigen Dimensionen angeordnet sind und sich so simultan in unterschiedlichen Aufgliederungsrichtungen analysieren lassen. Ein derartiges Gebilde aus Zahlenwerten und Dimensionen wird als **Würfel** bezeichnet, auch wenn die einzelnen Würfelkanten (Dimensionen) nicht die gleiche Länge haben müssen (gleiche Anzahl an Dimensionselementen) und auch die Beschränkung auf drei Dimensionen in multidimensionalen Anwendungen zumeist nicht eingehalten wird. Die quantitativen Zahlengrößen lassen sich dann als Attributausprägungen einzelner Würfelzellen verstehen. Allerdings erweist sich der reine Wert ohne den zugehörigen semantischen Bezug als unzureichend. Der Bezug und damit die Verständlichkeit und Brauchbarkeit für den Anwender wird durch die zugeordneten Dimensionselemente (u. U. zuzüglich der Würfelbezeichnung) hergestellt, wie in Abb. 6/2 ohne Beachtung hierarchischer Dimensionsstrukturen schematisch dargestellt.

In der späteren Anwendung durch den Endbenutzer lässt sich dann jeder Würfel als n-dimensionales Gebilde durch die explizite Auswahl eines Dimensionselementes aus einer Dimension auf n-1 Dimensionen reduzieren. Durch die wiederholte Anwendung derartiger Reduktionsschritte können aus multidimensionalen Gebilden zweidimensionale Tabellen abgeleitet werden, die sich dann problemlos am Bildschirm darstellen lassen.[330]

Als **Würfelstruktur** wird in den folgenden Ausführungen die konkrete Zuordnung einzelner Dimensionen zu einem Würfel bezeichnet. Häufig werden Dimen-

---

[330] In der Terminologie der multidimensionalen Informationssysteme wird der Vorgang zur Reduktion eines mehrdimensionalen Gebildes auf eine zweidimensionale Tabelle als „Slicing" bezeichnet.

sionen in multidimensionalen Informationssystemen mehrfach verwendet, d. h. sie gehen in unterschiedliche Würfel ein. Eine Verknüpfung unterschiedlicher Würfel (OLAP-Join[331]) wird dann über die gemeinsamen Dimensionen erreicht.

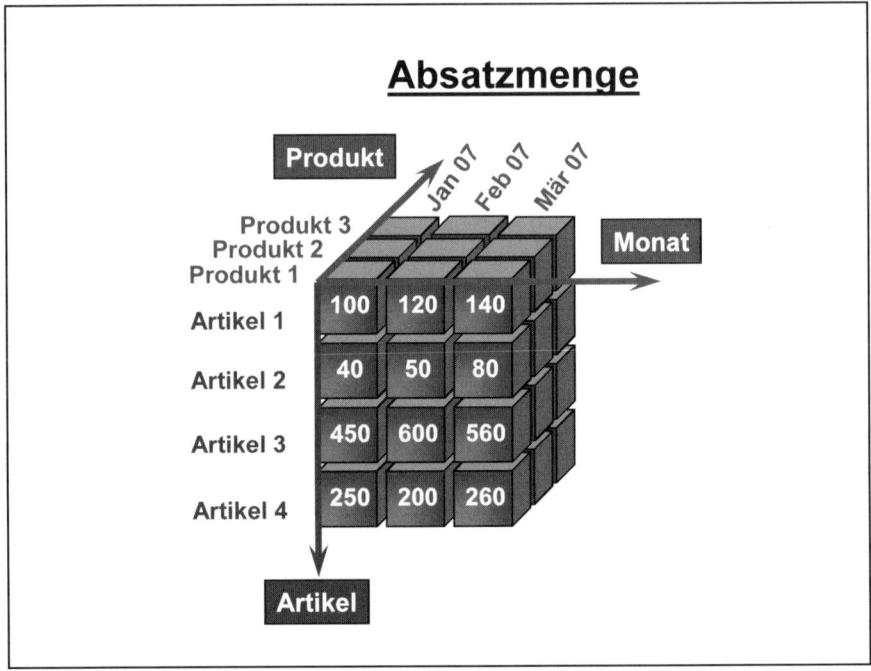

Abb. 6/2:   **Würfeldarstellung mehrdimensional strukturierter Daten**[332]

Mit den Würfeln, Würfelstrukturen, Dimensionen, Dimensionselementen und Dimensionsstrukturen sind die grundlegenden Bestandteile multidimensionaler Informationssysteme eingeführt. Abweichungen vom beschriebenen Standardaufbau dieser Komponenten werden in den folgenden Abschnitten dargestellt.

6.1.2.2   Strukturanomalien

Das im vorherigen Abschnitt vorgestellte Standardschema ist bei der Gestaltung multidimensionaler Informationssysteme im praktischen Einsatz nicht immer konsequent durchzuhalten. Vielmehr zeigen sich regelmäßig Abweichungen, die sich als Strukturanomalien sowohl auf die Würfel als auch auf die Dimensionen beziehen können.

---

[331] Vgl. Holthuis (1998), S. 186.

[332] Als alternative Metapher zur Abbildung mehrdimensional strukturierter Daten lässt sich beispielsweise auch eine Rechenschieberdarstellung wählen. Vgl. Back-Hock (1993c), S. 267.

• **Anomalien in Würfelstrukturen**

Im Normalfall sind bei multidimensionalen Datenstrukturen jedem Würfel mehrere unterschiedliche Dimensionen zugeordnet. Prinzipiell können jedoch auch zwei- oder eindimensionale Gebilde betrachtet werden. In Analogie zum Würfel müssten zweidimensionale Gebilde dann als Fläche (bzw. bei der konkreten Betrachtung der diskreten Dimensionselemente als Tabelle) und eindimensionale Gebilde als Strecke (bzw. Liste) verstanden werden.[333] In der Regel finden derartige Strukturen allerdings seltener bei der Informationsstrukturierung als vielmehr bei der späteren Informationsnutzung Verwendung.

Abweichungen von der Würfelgrundform treten zudem auf, wenn inhaltlich vollständig oder teilweise gleiche Dimensionen (u. U. mit unterschiedlicher Dimensionsbezeichnung) mehrfach in einen Würfel eingehen.[334] Beispiele hierfür finden sich etwa bei multidimensionalen Logistikanwendungen (Betrachtung von Warenlieferungen, wobei jeder Ausgangsort einer Lieferung gleichzeitig auch Zielort sein kann) oder Konsolidierungssystemen (Verrechnung zwischen unterschiedlichen Konzerngesellschaften, wobei beiderseitige Leistungs- und Zahlungsströme auftreten).

Prinzipiell bereiten diese Mehrfachnutzungen von Dimensionen in einem Würfel keine Probleme, allerdings muss gewährleistet sein, dass jede Element- und Strukturänderung innerhalb aller betroffenen Dimensionen simultan durchgeführt wird.

• **Anomalien in Dimensionsstrukturen**

Häufiger als Anomalien in den Würfelstrukturen treten Abweichungen vom Normalfall in den Strukturen der Standarddimensionen auf. Die unterschiedlichen Effekte, die hier zu beobachten sind, wirken sich mehr oder minder stark auf die Nutzbarkeit des abgelegten Datenmaterials auf. In konkreten Anwendungen lassen sich folgende Dimensionsstrukturanomalien finden:

- strukturlose Dimensionen,

- parallele Hierarchien,

- unbalancierte Bäume,

- keine eindeutigen Hierarchiebeziehungen und

- Rekursionen.

---

[333] Vgl. Oehler (2006), S. 127.
[334] Vgl. Holthuis (2000), S. 174.

- **Strukturlose Dimensionen**

Strukturlose bzw. flache Dimensionen bestehen ausschließlich aus Basiselementen ohne Elementverknüpfungen und weisen folglich auch keine verdichteten Elemente auf.[335] Beispielsweise ist es für bestimmte Anwendungen (etwa für Konkurrenzanalysen auf der Basis von Bilanzdaten von Wettbewerbern) sinnvoll, als höchste Aufgliederung der Zeit einzelne Wirtschaftsjahre zu wählen und diese unverknüpft nebeneinander zu betrachten. Auch bei der simultanen Betrachtung unterschiedlicher betriebswirtschaftlicher Variablen entlang der gleichen Dimensionen, z. B. Erlöse und Absatzmengen, die aufgegliedert nach Kunden, Artikeln und Perioden analysiert werden, ist eine Verknüpfung möglich (z. B. durch die Division von Umsatz durch Absatzmenge zu Stückerlösen), jedoch nicht zwingend.

Flache Dimensionen erweisen sich in der Regel als unkritisch, allerdings muss bei jedem Zugriff auf einen entsprechenden Würfel mindestens ein Element der flachen Dimensionen ausgewählt oder aber ein Element dieser Dimension als Standardelement gekennzeichnet werden. Wird dagegen beim Zugriff auf einen Würfel keine Angabe zur Auswahl für eine Standarddimension getroffen, kann implizit unterstellt werden, dass das Top-Level-Dimensionselement und damit die Verdichtung über alle Basiselemente gemeint ist.

- **Parallele Hierarchien**

In der betrieblichen Praxis ist häufig zu beobachten, dass Dimensionselemente auf verschiedene Arten verdichtet werden müssen.[336] In diesem Fall weisen die Dimensionen multiple Hierarchien mit parallelen Verdichtungspfaden auf. Jedes Dimensionselement kann hier mit mehreren übergeordneten Dimensionselementen verknüpft sein.[337]
Beispielsweise lassen sich Kunden nach Kategorien (A-, B- oder C-Kunde) aber auch nach Branchen gruppieren. Hierbei ist besonders darauf zu achten, dass die jederzeitige Konsistenz des zugeordneten Zahlenmaterials gewährleistet bleibt. Beispielsweise muss die Summe der Umsätze, die den Kundenkategorien zugeordnet wird, der Summe der Kundenumsätze nach Branchen entsprechen (vgl. Abb. 6/3).
Der Aufbau paralleler Hierarchien kann dazu führen, dass auch auf der Top-Level-Ebene die Parallelität nicht aufgelöst werden kann, z. B. im Falle der Verdichtung von Monaten zu Kalender- und zu davon abweichenden Geschäftsjahren.

---

[335] Zusätzlich finden sich auch die Begriffsgebilde nicht-hierarchische Dimension und partitioning dimension als Bezeichnung für eine derartig strukturlose Dimension. Vgl. Holthuis (1998), S. 121f.

[336] Holten und Knackstedt zeigen für eine Artikeldimension acht alternative Wege zur Gruppierung von Einzelartikeln auf. Vgl. Holten/Knackstedt (1999), S. 11.

[337] Vgl. Totok (2000b), S. 93.

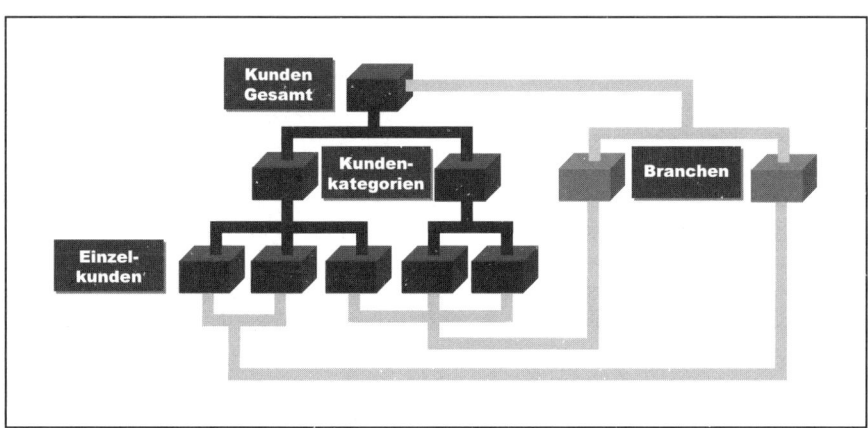

Abb. 6/3: **Parallele Hierarchie**

– **Unbalancierte Baumstrukturen**

Falls in einer Dimension unterschiedlich viele Aggregationsstufen auf den Wegen von den Basiselementen zum Top-Level-Dimensionselement zu durchlaufen sind, wird die Hierarchie- bzw. Baumstruktur als unbalanciert bezeichnet.[338] Beispiele hierfür ergeben sich etwa in Zeitdimensionen, wenn die länger zurückliegenden Perioden nur noch in einer stärkeren Verdichtung betrachtet werden (vgl. Abb. 6/4).

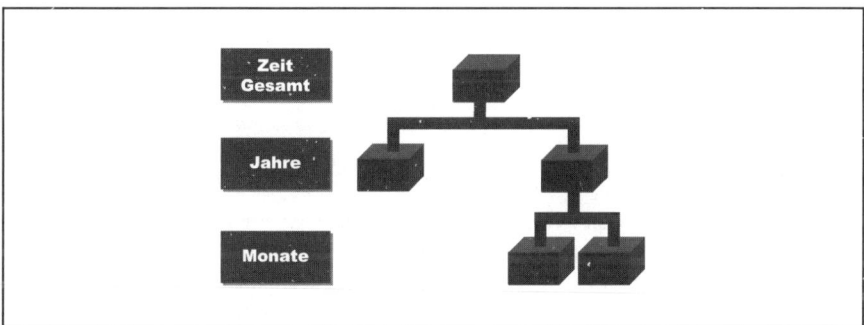

Abb. 6/4: **Unbalancierte Hierarchiestruktur**

Als problematisch erweisen sich diese unbalancierten Strukturen vor allem bei der Nutzung durch den Endanwender, da sie sich möglicherweise als verwirrend und unverständlich erweisen. Zudem kann nicht jedes Endbenutzerwerkzeug mit derartigen Strukturen umgehen.

---

[338] Vgl. Oehler (2006), S. 138.

– **Keine eindeutigen Hierarchiebeziehungen**

Im Normalfall sind alle Standarddimensionen dadurch gekennzeichnet, dass innerhalb eines Hierarchiezweiges jedes untergeordnete Element in genau ein übergeordnetes Element eingeht. Eine Abweichung von dieser Vorgabe erweist sich als höchst problematisch, zumal dann keine klaren Verdichtungsvorgaben für die quantitativen Größen mehr vorhanden sind.[339] Soll beispielsweise eine Dimension zur Abbildung betrieblicher Organisationsstrukturen bis auf Mitarbeiterebene aufgebaut werden, dann tritt der beschriebene Effekt etwa dann ein, wenn Mitarbeiter mit Springerfunktion in unterschiedlichen Organisationseinheiten aktiv sind. Eine mögliche Lösung des Problems besteht darin, jeweils eine Mitarbeiter- und eine Organisationsdimension aufzubauen.

Ein Sonderfall ist dann gegeben, wenn zwar keine eindeutigen Über-/Unterordnungsverhältnisse existieren, jedoch z. B. über eine prozentuale Zuordnung angegeben werden kann, mit welchen Anteilen das untergeordnete Element in die übergeordneten Elemente einfließt. In diesem Fall erweist es sich als zielführend, das untergeordnete Element künstlich in zwei Elemente zu splitten, auch wenn dieses Vorgehen möglicherweise zu einer Abweichung von der fachlichen Sichtweise des Endanwenders führt.

– **Rekursionen**

Rekursionen bzw. Zyklen treten dann auf, wenn zwischen zwei Dimensionselementen beidseitige Verdichtungsregeln existieren.[340] So können bei der Betrachtung innerbetrieblicher Leistungsflüsse gegenseitige Lieferungen zwischen Betrieben auftreten oder bei der Abbildung von Konzernstrukturen gegenseitige Beteiligungen zwischen Konzerntöchtern. Nach Möglichkeit sollten derartige gegenseitige Abhängigkeiten zwischen Dimensionsobjekten bereits im Vorfeld aufgelöst werden.

• **Wertanomalien**

Wertanomalien liegen dann vor, wenn die quantitative Größe, die einem abgeleiteten Element zuzuordnen ist, sich nicht aus den Werten der untergeordneten Elemente in Verbindung mit den zugehörigen Verdichtungsregeln ableiten lässt. So kann der Erlös, der in einer Vertriebsregion Europa erzielt worden ist, möglicherweise nicht nur aus der Summe der Erlöse in den einzelnen europäischen Ländern errechnet werden, da zudem noch die Vertriebstätigkeit der europäischen Zentrale zu Erlösen geführt hat.

Der Grund für dieses Dilemma ist darin zu sehen, dass die Organisationsstrukturen hier nicht exakt mit den Vertriebsstrukturen übereinstimmen. Statt eine separate Vertriebsdimension aufzubauen, kann jedoch auch die Organisationsdimensi-

---

[339] Schelp diskutiert diesen Sonderfall unter dem Begriff Heterarchie. Vgl. Schelp (2000), S. 142f.
[340] Vgl. Oehler (2006), S. 139f.

on um ein künstliches Dimensionselement für den Vertrieb der Zentrale neben den Länderelementen aufgebaut werden.[341]

Ein weiterer Grund für die Existenz von Wertanomalien liegt in der Nicht- oder Semi-Additivität bestimmter quantitativer Größen begründet.[342] Als Beispiel für die **Nicht-Additivität** kann ein Würfel mit Verkaufspreisen dienen, die nach Perioden, Artikeln und Regionen aufgegliedert sind. Obwohl etwa in der Periodendimension als Dimensionsebenen Monate, Quartale und Jahre mit einfachen additiven Aggregationsvorschriften vorliegen, lassen sich die zugehörigen Monatsverkaufspreise nicht sinnvoll zu Quartals- oder gar Jahresverkaufspreisen aufsummieren. Ebenso wenig entspricht eine Addition von Artikelverkaufspreisen zu einem Artikelgruppenverkaufspreis der fachlichen Sicht der Anwender. Durch zusätzliche Vorschriften müssen hier Ausnahmen zur sonst üblichen Vorgehensweise definiert werden. Als fachlich sinnvolle Lösung bietet sich in diesem Falle eine Durchschnittsberechnung an.

Semi-Additivität liegt beispielsweise in einem Würfel vor, in dem Lagerendbestände für verschiedene Perioden, unterschiedliche Lagerorte und diverse Lagerartikel gespeichert werden.[343] Zwar kann sich hier eine additive Verdichtung der Bestände über die Lagerorte möglicherweise als sinnvoll erweisen. Dagegen ist eine Summation über unterschiedliche Periodenendbestände abzulehnen. Vielmehr kann es angebracht sein, z. B. den Quartalsendbestand mit dem Endbestand des letzten Monats dieses Quartals gleichzusetzen.

6.1.2.3   Strukturbrüche

Ein spezielles Problem, das sich als so genannter Strukturbruch häufig beim Aufbau und vor allem beim Betrieb multidimensionaler Informationssysteme ergibt, soll separat herausgehoben werden. Allgemein wird als Strukturbruch die Änderung von Würfel- oder Dimensionsstrukturen im Zeitablauf bezeichnet.

Ein **Bruch der Würfelstruktur** ist dann gegeben, wenn sich die Zuordnung von Dimensionen zu einem Würfel ändert. Dabei ist eine Hinzunahme von Dimensionen dann erforderlich, wenn eine höherdimensionale Aufgliederung des Zahlenmaterials benötigt wird. Als Beispiel mag ein Vertriebswürfel gelten, der ab einem bestimmten Zeitpunkt neben den bislang ausschließlich betrachteten Ist-Absatzzahlen auch Plan-Absatzzahlen aufweisen soll. Allgemein sind das Hinzufügen und das Eliminieren von Dimensionen eines Würfels dann akzeptabel, wenn das vorhandene Datenmaterial auch nach der Änderung noch nutzbar bleibt. Im Beispiel bedeutet dies das Hinzufügen einer Wertart-Dimension, wobei die historischen Daten dem Wertart-Element „Ist" zuzuordnen sind.

Als problematisch erweisen sich dagegen häufig **Änderungen an vorhandenen Dimensionsstrukturen**. Diese ergeben sich beispielsweise durch Neu- oder Umgestaltungen der betrieblichen Organisationsstrukturen oder durch modifizierte regionale Zuständigkeiten im Vertriebssektor. Entsprechende Veränderungen auf

---

[341] Derartige Pseudo- oder Dummyelemente finden sich beispielsweise häufig in multidimensionalen Planungsanwendungen.

[342] Vgl. Lehmann (2001), S. 38.

[343] Vgl. Kimball (1996), S. 49.

der geschäftlichen Ebene wirken sich unmittelbar auf die betreffenden multidimensionalen Datenstrukturen aus. Zur Erläuterung soll nochmals auf ein Erlösbeispiel zurückgegriffen werden, das auftretende Dimensionsstrukturbrüche und deren Konsequenzen als Ergebnis einer unsauberen Gestaltung der multidimensionalen Datenstrukturen entlarvt.

Falls eine Organisationsdimension bis auf den einzelnen Mitarbeiter aufgegliedert wird und eine separate Mitarbeiterdimension hierdurch entfällt, tritt ein Dimensionsstrukturbruch z. B. auf, wenn ein einzelner Mitarbeiter von der Abteilung „Vertrieb Süd" zu „Vertrieb Nord" wechselt. Wird nun ohne weitere Maßnahmen eine Änderung der Konsolidierung entsprechend der neuen Zuordnung vorgenommen, dann gilt diese neue Zuordnung auch für die historischen Daten. Dies bedeutet, dass alle Umsätze, die der betreffende Mitarbeiter in der Vergangenheit für die Abteilung „Vertrieb Süd" erzielt hat, in zukünftigen Betrachtungen dem Bereich „Vertrieb Nord" zugerechnet werden. Alternativ wäre auch eine Vorgehensweise vorstellbar, die dem Mitarbeiter zwei unterschiedliche Dimensionselemente entsprechend der temporalen Gültigkeit zuordnet. Hierbei jedoch ergeben sich zumindest bei Auswertungen der Umsatzzahlen dieses Mitarbeiters über den gesamten Erfassungszeitraum Probleme.

Auch könnten parallele Konsolidierungspfade je Gültigkeitszeitraum der Organisationsstruktur definiert werden. Allerdings sollten diese nach Möglichkeit vermieden werden, auch weil sich die Navigation im Datenbestand dadurch zunehmend unübersichtlicher gestaltet. Aus dem gleichen Grunde können auch unterschiedliche Würfel mit den jeweils gültigen Strukturen ausgeschlossen werden. Somit verbleibt als akzeptabler Weg schließlich nur, die Mitarbeiter in einer separaten Dimension abzubilden und damit eine inhaltlich korrekte Wiedergabe der Geschäftsstrukturen auch im Zeitablauf zu gewährleisten.

Eine alternative Lösung könnte im Aufbau einer Erweiterung der Datenstrukturen um spezielle temporale Aspekte liegen. Der Zeitbezug kommt in derartig zeitbezogenen Strukturen dadurch zum Ausdruck, dass mit jedem Informationsobjekt Zeitstempel gespeichert werden, die Auskunft über die Gültigkeit bestimmter Ausprägungen (z. B. Attributausprägungen) oder Verknüpfungen (z. B. hierarchische Verknüpfungen zwischen Dimensionselementen) geben.[344] Durch diese Vorgehensweise ist die lückenlose Nachvollziehbarkeit auch historischer Strukturen und Änderungen gegeben.

Abschließend soll darauf hingewiesen werden, dass sich Strukturbrüche auch durch spezielle Konsolidierungsregeln beherrschen lassen, die als dynamische Berechnungsvorschriften fest in den Datenstrukturen verankert sind und im folgenden Abschnitt beschrieben werden.

---

[344] Die Behandlung von zeitlichen Strukturbrüchen innerhalb einzelner Dimensionen ist ein nicht zu unterschätzendes Phänomen, für das vielfältige Lösungsmöglichkeiten existieren. So unterbreiten beispielsweise Chamoni und Stock einen Vorschlag zum Einsatz von Zeitstempeln für die Verwaltung von Änderungen in den Dimensionsstrukturen. Vgl. Chamoni/Stock (1998), S. 516 - 519.

6.1.2.4 Weiterführende Konsolidierungs- und Berechnungsregeln

Variablenverknüpfungen lassen sich in multidimensionalen Informationssystemen meist durch einfache arithmetische Verkettungen von Dimensionselementen erwirken. Im Regelfall greift die **Summation** der zugeordneten quantitativen Größen untergeordneter Dimensionselemente, um die entsprechende Wertgröße eines Verdichtungselementes zu ermitteln.[345] Im Einzelfall jedoch ist die Berechnung der zugehörigen Wertausprägungen von Dimensionselementen mit deutlich höherem Aufwand verknüpft. Zur Anwendung gelangen können dann alle Spielarten mathematischer oder statistischer Berechnungsformeln, bedingte Kalkulationen mit rein dimensionsinternen oder dimensionsübergreifenden Bezügen sowie strukturgetriebene Operationen.

Als mathematisch-statistische Funktionen kommen beispielsweise neben **Rundungen** und **Kumulationen** auch **reguläre** und **gleitende Durchschnitte** in Betracht.[346] Häufig werden ebenfalls Minimum- oder Maximumbetrachtungen zur Wertzuweisung genutzt. Bei bedingten Kalkulationen erfolgt zur Ermittlung der quantitativen Größen bestimmter Dimensionselemente in Abhängigkeit der Wertausprägungen anderer Dimensionselemente die Anwendung unterschiedlicher Berechnungsvorschriften. Als Beispiel diene ein Planungswürfel, bei dem durch die Vorgabe der für die kommende Periode erwarteten Brutto-Kundenumsätze die zugehörigen absoluten Rabattgrößen kalkuliert werden. Dies jedoch impliziert, dass die Rabatthöhe in Abhängigkeit von der jeweiligen Umsatzhöhe mit verschiedenen Rabattsätzen zu berechnen ist.

Während im vorangegangenen Beispiel eine bedingte Kalkulation durch die Betrachtung der zugehörigen Wertausprägungen innerhalb einer (Kennzahlen-) Dimension definiert werden konnte, erweist sich die Berechnung der zugeordneten Zahlengrößen im dimensionsübergreifenden Fall als zunehmend komplexer. In Abhängigkeit von der jeweiligen Kombination mit Elementen anderer Dimensionen kann sich die Kalkulationsvorschrift dann ändern. Dieser Fall der **dimensionsübergreifenden Bezüge** tritt beispielsweise ein, wenn der umsatzabhängige Rabattsatz aus dem obigen Beispiel zwischen unterschiedlichen Jahren variiert.

Schließlich lassen sich im Rahmen der strukturgetriebenen Operationen auch Berechnungsvorschriften anlegen, die sich über die relative Position eines Elementes innerhalb der Dimension definieren. Nützlich sind derartige Funktionen z. B. im Rahmen von Zeitreihen, indem festgelegt wird, dass für alle Elemente einer Ebene (etwa alle Monate) der erwartete Erlös jeweils um einen festgelegten prozentualen Aufschlag höher ausfallen soll als im Vorjahr.

Durch Kombinationen von bedingten und strukturgetriebenen Funktionen lassen sich beliebig komplexe Ausdrücke erstellen. So kann etwa festgelegt werden, dass der kundenbezogene Rabattsatz im Beispiel auch durch die Zugehörigkeit zu einer speziellen Kundengruppe beeinflusst wird.

Die Ausführungen zu den weiterführenden Konsolidierungs- und Berechnungsregeln haben gezeigt, dass durch die Anwendung entsprechender Funktionen sehr

---

[345] Als Ausnahme hiervon wurden bereits die Semi- und Nicht-Additivität als besondere Wertanomalien herausgehoben. Vgl. Abschnitt 6.1.2.2.

[346] Vgl. Lehmann (2001), S. 37.

mächtige Mechanismen zur Strukturdefinition genutzt werden können. Der nächste Abschnitt dagegen verdeutlicht, dass häufig unterschiedliche Wege zur Abbildung gleicher Strukturen beschritten werden können, die allerdings hinsichtlich ihrer Zweckmäßigkeit jeweils eingehend zu prüfen sind.

6.1.2.5　Freiheitsgrade

Bei der Gestaltung multidimensionaler Datenstrukturen ergeben sich **Freiheitsgrade**, die in Abhängigkeit von den artikulierten fachlichen Anforderungen und unter Beachtung der Funktionalitäten späterer Implementierungswerkzeuge auszufüllen sind.[347] Im Beispiel sei die Möglichkeit zur Darstellung der Artikel nach Farben gefordert. Handelt es sich hierbei um eine Aufgliederung derart, dass jeder Artikel in mehreren Farben verkauft wurde, dann kann eine separate Farbdimension sinnvoll sein. Zwar wird hierdurch eine weitere Dimension definiert, die zu komplexeren Würfelstrukturen führt, allerdings sind dann Auswertungen unproblematisch, welche z. B. die Umsatzerlöse für einzelne Farben präsentieren. Besonders sinnvoll sind derartige Dimensionen dann, wenn sie in unterschiedlichen Würfeln Verwendung finden (beispielsweise in einem zusätzlichen Einkaufswürfel, in dem die Vormaterialien nach Farben aufgegliedert werden).

Wenn indes die meisten Artikel nur in einer Farbe verkauft werden, kann es auch zweckmäßig sein, die Basiselemente der Artikeldimension feinkörniger zu wählen, beispielsweise durch Aufgliederung und Spezifizierung der mehrfarbig verkauften Artikel durch die jeweilige Farbinformation (z. B. Artikel A blau, Artikel A rot, ...). Allerdings sind bei dieser Vorgehensweise ohne weitere Modellierungsschritte Auswertungen nach der Artikelfarbe nicht gewährleistet.

Ist dagegen jedem Artikel genau eine Farbe zugeordnet, dann stehen mehrere Alternativen zur Verfügung. Zunächst lassen sich dann die einzelnen Dimensionselemente mit einem zusätzlichen Farbattribut versehen (neben z. B. Artikelnummer und Artikelbezeichnung). Probleme könnte es hier bei der Zusammenfassung von Elementen mit unterschiedlichen Farben geben, da dann dem Farbattribut beim abgeleiteten Element keine Ausprägung zugewiesen werden kann.

Eine weitere Option besteht im Aufbau einer speziellen Farbhierarchie, welche – gegebenenfalls parallel zu einem Konsolidierungsweg über Artikelgruppen und Artikelhauptgruppen – die Farbinformation über diese parallele Hierarchie hinterlegt. Allerdings kann es sich hierbei als schwierig bzw. undurchführbar erweisen, gleichzeitig Informationen aus beiden Konsolidierungspfaden für Auswertungen zu nutzen (beispielsweise alle Artikel aus Artikelgruppe A mit der Farbe blau).

Mit den Freiheitsgraden im Rahmen der Gestaltung soll der Komplex der multidimensionalen Informationsstrukturen abgeschlossen werden. Dass sich derartig multidimensional organisierte Strukturen in unterschiedlichen Einsatzbereichen nutzen lassen und welche Navigationsoptionen dabei zur Verfügung stehen, zeigt der folgende Abschnitt.

---

[347] Vgl. Saylor/Bedell/Rodenberger (1997), S. 39.

6.1.3 Einsatzbereiche und Nutzungspotenziale

Eine Rückbesinnung auf das Begriffsgebilde On-Line Analytical Processing (OLAP) und seine nähere Betrachtung führt zu dem Anspruch, Analyseprozesse auf Unternehmungsdaten interaktiv („On-Line") durchführen zu können. Dies impliziert eine **Nutzung des Informationssystems im Dialogbetrieb.** Eine angemessene Gestaltung des Mensch-Maschine-Dialogs bedingt jedoch, dass die Antwortzeiten des Systems niedrig gehalten werden, um den Gedankenfluss des Benutzers nicht unnötig zu unterbrechen. Komplexe Operationen, die eine umfassende Analysetätigkeit erfordern, sind von den operativen Transaktionssystemen (OLTP-Systeme) mit den geforderten Responsezeiten nicht zu realisieren. Systeme, welche die geforderte OLAP-Funktionalität aufweisen, sind folglich logisch und physikalisch getrennt von den Transaktionssystemen zu konzipieren und zu implementieren.[348] Der folgende Abschnitt zeigt, welche potenziellen Einsatzbereiche sich für ein derart gestaltetes OLAP-System ergeben und welche Navigations- und Analysetechniken dem Anwender zur Verfügung stehen.

On-Line Analytical Processing kann als Konzept verstanden werden, das dem Endbenutzer die Option eröffnet, eigene Hypothesen über betriebswirtschaftliche Tatbestände und Zusammenhänge durch freie und intuitive Navigation im verfügbaren Datenraum zu verifizieren. Um dieses Ziel erreichen zu können, müssen die eingesetzten OLAP-Systeme weit reichende Navigationsfunktionalitäten aufweisen, die Abschnitt 6.1.3.2 darstellt. Zuvor sollen allerdings in Abschnitt 6.1.3.1 exemplarisch potenzielle Einsatzbereiche für die OLAP-Technologie aufgezeigt werden.

6.1.3.1 Betriebswirtschaftliche Einsatzbereiche

Die Anwendungsfelder multidimensionaler Informationssysteme erweisen sich als breit gefächert und facettenreich. Prinzipiell lässt sich ein multidimensionales Informationssystem mit entscheidungsorientierten Inhalten und Funktionen überall dort nutzen, wo **dispositive** bzw. **analytische Aufgaben in Organisationen** zu lösen sind. Damit finden die Ansätze sowohl im Rahmen einer reinen Informationsversorgung von Fach- und Führungskräften als auch als Datenbasis für anspruchsvolle Analysen Verwendung, so zum Beispiel bei Kalkulationen im Rahmen von Marktprognosen und Investitionsentscheidungen.[349]

Allgemein werden die meisten analyseorientierten Systemlösungen heute für das Controlling oder die Geschäftsführung sowie für den Marketing- und Vertriebsbereich konzipiert und in Betrieb genommen (vgl. Abb. 6/5). Die Einbeziehung anderer Bereiche, wie z. B. Personal, Logistik oder Produktion, erfolgt ggf. zu einem späteren Zeitpunkt.

---

[348] Vgl. hierzu auch die Ausführungen zum Data Warehouse-Konzept in Abschnitt 5.1.

[349] Teilweise wird hier zwischen informations-, analyse-, planungs- und kampagnenorientierten Einsatzbereichen explizit unterschieden. Vgl. Bauer/Günzel (2004), S. 13. Schinzer, Bange und Mertens identifizieren darüber hinaus auch noch die einzelfallorientierte Nutzung multidimensionaler Datenbestände als besonderen Einsatzbereich. Vgl. Schinzer/Bange/Mertens (2000), S. 12.

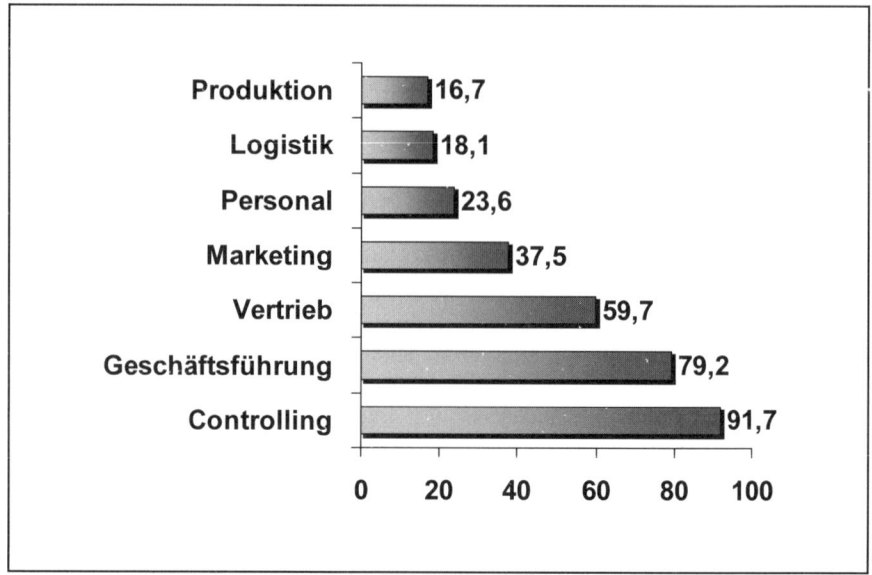

Abb. 6/5:　Einsatz multidimensionaler Systeme nach Funktionsbereichen[350]

Die folgenden Ausführungen greifen die wichtigsten Einsatzbereiche für multidimensionale Informationssysteme nochmals auf und erläutern diese exemplarisch.

Der klassische Anwendungsbereich multidimensionaler Informationssysteme liegt im **Vertriebscontrolling** und hier vor allem bei der Analyse von Erlösen und Absatzmengen.[351] Hier lassen sich die quantitativen Größen nach unterschiedlichsten Kriterien aufgliedern und strukturieren. Meist finden sich in den zugehörigen Anwendungen neben der obligatorischen Zeit- auch Kunden- und Artikeldimensionen. Zudem sind regionale Betrachtungen sowie Untersuchungen nach Organisationseinheiten durchaus üblich. Als besonders interessant erweisen sich hier Abweichungsanalysen, bei denen den realisierten Ist-Größen die korrespondierenden Plan-Zahlen gegenübergestellt und Abweichungsursachen bis ins Detail aufgedeckt werden. Anreichern lassen sich derartige Anwendungen durch Prognosefunktionalitäten, beispielsweise im Rahmen von Hochrechnungen.

Die Einbeziehung von externem demografischen und makroökonomischen Datenmaterial dient hier zur frühzeitigen Antizipation von Änderungen beim Verbraucherverhalten oder bei den globalen Rahmenbedingungen. Mit speziellen vertriebsorientierten Funktionen wird versucht, den Endbenutzer adäquat zu unterstützen. Beispielsweise können neben den beliebten 80/20-Analysen auch Rangfolgenbildungen und Werbewirksamkeitsauswertungen fest hinterlegt sein. Zu-

---

[350] Vgl. Hannig/Hahn (2002), S. 224. Zwar werden hier Business Intelligence-Lösungen allgemein abgetragen, allerdings ist davon auszugehen, dass es sich zu einem Großteil dabei um multidimensionale Systeme handelt.

[351] Als weitere Kennzahlen werden in diesem Themenumfeld häufig Erlösschmälerungen, variable Kosten und Deckungsbeiträge betrachtet.

sätzliche Interaktivität bieten z. B. Quadranten- und ABC-Analysen, die es dem Anwender ermöglichen, die relevanten Bereichsgrenzen festzulegen und nach Belieben zu modifizieren.

Ähnlich wie beim Erlös- kann auch beim **Kostencontrolling** eine Dimensionierung quantitativer Größen nach diversen Aspekten vorgenommen werden. Als nahe liegend erweist sich der Aufbau von Kostenarten-, Kostenstellen- und Kostenträgerdimensionen, wobei die ersten beiden häufig gemeinsam in einem Würfel abgetragen und analysiert werden. Auch bei diesem Themenkomplex stehen meist Fragen der Untersuchung aufgetretener Plan-Ist-Abweichungen im Vordergrund, die sich dann in einen beschäftigungsabhängigen und einen verbrauchsabhängigen Bestandteil aufgliedern lassen.

Die **Unterstützung der Top-Führungskräfte** mit adäquatem Informationsmaterial und benötigten Analyseoptionen scheint mit dem Aufbau multidimensionaler Informationssysteme wieder in greifbare Nähe zu rücken.[352] Systeme für Führungskräfte zeichnen sich oftmals weniger durch ein ausgeprägtes methodisches Instrumentarium als durch intuitive, leicht zu erlernende Zugangsschnittstellen aus. Die Gestaltung geeigneter Benutzungsoberflächen, mit denen sich die benötigten aggregierten internen und externen Informationen visualisieren und präsentieren lassen, erweist sich mit den heute verfügbaren Oberflächengeneratoren meist als unproblematisch. Diese ermöglichen in der Regel auch ein Ausnahmeberichtswesen, mit dem die Führungskraft vor der Überfrachtung mit Detailinformationen geschützt und ein Management by Exception forciert werden soll.

Im **Marketing-Sektor** wird derzeit versucht, durch die Nutzung moderner Datenbanktechnologien kundenspezifischere Formen des Direktmarketings zu etablieren (vgl. Abschnitt 8.4). Als Voraussetzung dazu gilt es, eine zielgerichtete Sammlung aller relevanten Informationen über den Einzelkunden aufzubauen, die aus der Kommunikation und Interaktion mit ihm erwachsen. Diese Informationen sollen in einer Datenbasis gespeichert und zur Steuerung der Marketing-Prozesse eingesetzt werden. Dementsprechend ist Database Marketing als „Kern des Zieles einer kunden- und damit auch zukunftsorientierten Unternehmungsführung"[353] zu verstehen. Die kundenspezifischen Maßnahmen erstrecken sich auf alle Bereiche des Marketing-Mix.

Zu Analysezwecken kann eine derartige Kunden-Datenbank zumindest in Teilen auch multidimensional strukturiert werden. Als Vorteil gegenüber einem starren Berichtswesen im Marketing-Bereich ergibt sich dann, dass durch die interaktive Nutzung einer umfassenden Kundendatenbasis beliebige Gruppierungen und Segmentierungen im Kundendatenbestand nach unterschiedlichsten Kriterien vorgenommen werden können.[354]

---

[352] Bereits vor mehr als zehn Jahren wurde mit den Executive Information Systemen (EIS) bzw. Führungsinformationssystemen (FIS) eine Software-Kategorie vermarktet, die der Geschäftsführung wirksame Unterstützung bei den anstehenden Aufgaben versprach. Allerdings erwies sich zu dieser Zeit eine angemessene Datenversorgung der Systeme als kritisch, was mit den heutigen multidimensionalen Speicherkonzepten gelöst zu sein scheint. Vgl. die Ausführungen in Abschnitt 3.3.

[353] Brändli (1997), S. 12.

[354] Vgl. Mentzl/Ludwig (1998), S. 479.

Neben der Ist-Daten-Analyse bieten multidimensionale Informationssysteme auch hervorragende Möglichkeiten zur Organisation und Auswertung der Zahlengrößen, die es im Rahmen der **strategischen und operativen Unternehmungsplanung**[355] zu verarbeiten gilt. Für die einzelnen Planungsaspekte (wie z. B. Produktprogramm, Absatz oder Beschaffung) sind dabei angemessene Datenstrukturen aufzubauen, die über gemeinsam genutzte Dimensionen verknüpfbar bleiben und auch Schnittstellen zu den abgelegten Ist-Daten vorweisen, um im Rahmen der Plankontrolle Plan-Ist-Vergleiche durchführen und aufgetretene Abweichungen analysieren zu können.

Als Besonderheit des Planungsbereichs ist anzuführen, dass hier in jedem Fall schreibende Zugriffe auf den multidimensionalen Datenbestand zur Online-Erfassung erforderlich sind. Überdies erfordert die vertikale Planabstimmung, dass Planzahlen auf unterschiedlichen Verdichtungsstufen eingegeben werden können, mit systemseitiger Prüfung und Gewährleistung der Konsistenz des Datenmaterials. Zudem müssen unterschiedliche Planungsstufen berücksichtigt werden und sich als Hochrechnungs- oder Prognose-Versionen im System speichern lassen.[356] Unter Umständen ist auch der jeweilige Versionen-Status (wie Vorschlag oder Beschluss) als weitere Dimension zu hinterlegen.

Neben den etablierten Einsatzbereichen für multidimensionale Informationssysteme ergeben sich nicht zuletzt durch veränderte gesetzliche Rahmenbedingungen und die damit verknüpften betriebswirtschaftlichen Implikationen neue Anwendungsfelder, von denen hier exemplarisch das **Risikomanagement**[357] aufgegriffen wird. Für den langfristigen Unternehmungserfolg erweist es sich als zunehmend wichtig, Risiken aber auch Chancen zu identifizieren, zu kontrollieren und in ganzheitliche Steuerungskonzepte zu integrieren. Dazu müssen einerseits die einzelnen Risiken derart organisiert und bewertet werden, dass Transparenz über die unternehmungsindividuelle Risikosituation entsteht. Aus der Aggregation von Einzelrisiken soll zudem die Gesamtrisikoposition ermittelt werden können.

Die Multidimensionalität erweist sich auch als geeignete Organisationsform für Risikomanagementsysteme. Als zentrale quantitative Faktoren für eine Analyse können Eintrittswahrscheinlichkeit und Ergebniswirkung herangezogen werden. Diese lassen sich dann beispielsweise nach Einzelrisikoposition, Organisationseinheiten und Zeiträumen aufgliedern. Zur Analyse des dann mehrdimensionalen Risikodatenbestandes können weiterführende Funktionalitäten genutzt werden, wie etwa stochastische Simulationen. Wichtig ist hier zudem ein Speicherbereich, der zur Ablage von **Frühwarnindikatoren** genutzt werden kann und möglichst auch eine Integration von quantitativen und qualitativen Informationen unterstützt.[358] Die Aufzählung möglicher Einsatzbereiche für multidimensionale Informationssysteme ließe sich sicherlich verlängern und über alle Funktionsbereiche von

---

[355] Vgl. Abschnitt 8.2.
[356] Vgl. Oehler (2006), S. 296ff.
[357] Vgl. Abschnitt 8.5.
[358] Vgl. Gregorzik (2002), S. 49 - 51.

Unternehmungen spannen.[359] Doch obwohl an dieser Stelle nur wenige Anwendungsfelder exemplarisch herausgegriffen wurden, ist der potenzielle Nutzen entsprechender Lösungen offensichtlich. Dass OLAP-Systeme auch ungeübten Anwendern einen leichten Zugang zum relevanten Datenmaterial eröffnen, belegt der folgende Abschnitt.

6.1.3.2   Präsentation und Navigation

Für den Anwender multidimensionaler Informationssysteme sind Fragen des internen Aufbaus wie etwa die gewählte Architekturform von nachrangiger Bedeutung. Sein Interesse konzentriert sich dagegen auf die intuitive Nutzbarkeit und freie Navigierbarkeit im Datenbestand, der seinen speziellen betriebswirtschaftlichen Problembereich möglichst adäquat repräsentieren soll.

Ob und inwiefern die dargestellten Informationen für ihn nützlich sind, hängt sowohl von den angebotenen Inhalten als auch von der gewählten Präsentationsform ab. Dabei muss die **Visualisierung des Zahlenmaterials** derart erfolgen, dass sich möglichst viele für einen gegebenen Aufgabenkontext relevante Fakten am Ausgabemedium simultan darstellen lassen, ohne dabei die Übersichtlichkeit zu verlieren. Zum leichten Verständnis der angebotenen Zahlenwerte ist dazu vor allem die vorhandene strukturelle Komplexität der mitunter hochdimensionalen Gebilde auf ein akzeptables Maß zu reduzieren.

Als einfachste aber gleichsam gebräuchlichste Darstellungsform ist zunächst die **zweidimensionale Tabelle** zu diskutieren. Durch die darstellungsbedingte Notwendigkeit zur zweidimensionalen Projektion des multidimensionalen Datenbestandes im Rahmen der Abfrage stellt der **Dimensionsschnitt** (in der multidimensionalen Terminologie als **"Slicing"** bezeichnet) die wesentliche Abfragetechnik dar. Durch die Deklaration des gewünschten Abfrageergebnisses extrahiert der Anwender dabei beliebige Sichten aus dem zugrunde liegenden Datenbestand. Im Standardfall werden die Elemente zweier Dimensionen angezeigt, wobei eine Dimension in die Kopfzeile und eine andere Dimension in die Kopfspalte der Tabelle eingeht. Weitere Dimensionen werden häufig im Tabellenkopf und/oder -fuß aufgeführt und auf ein Dimensionselement fixiert (vgl. Abb. 6/6).

Als Variante dieser Darstellungsform lassen sich im Zeilen- und/oder Spaltenkopf auch mehrere Dimensionen anzeigen, deren Elemente geschachtelt dargestellt werden. Sehr häufig sollen im Zeilen- bzw. Spaltenkopf nicht nur Basiselemente, sondern auch die zugehörigen Aggregationselemente so abgetragen werden, dass eine leichte Zuordnung zu den Basiselementen erfolgen kann. Dazu bietet es sich an, die Aggregationselemente direkt unter oder über den zugehörigen Basiselementen einzuordnen. Die zu den Aggregationselementen des Zeilenkopfes

---

[359] Oehler führt zudem die Zahlungsstromrechnung, die Konsolidierung und speziell die Prozesskostenrechnung als Anwendungsfelder für multidimensionale Informationssysteme auf. Überdies beschreibt er den multidimensionalen Aufbau einer Balanced Scorecard-Lösung. Vgl. Oehler (2006), S. 226 - 272. Bauer und Günzel verweisen auf Einsatzfelder, die sich auch außerhalb betriebswirtschaftlicher Betrachtungen im Bereich der empirischen Messdatenerfassung finden lassen. Vgl. Bauer/Günzel (2004), S. 484ff.

gehörenden Zahlenwerte sind in diesem Fall gleich der Summe der Einzelwerte der zugeordneten Basiselementzellen. In der Regel findet sich auch eine Gesamtsummation über alle Basiselemente.

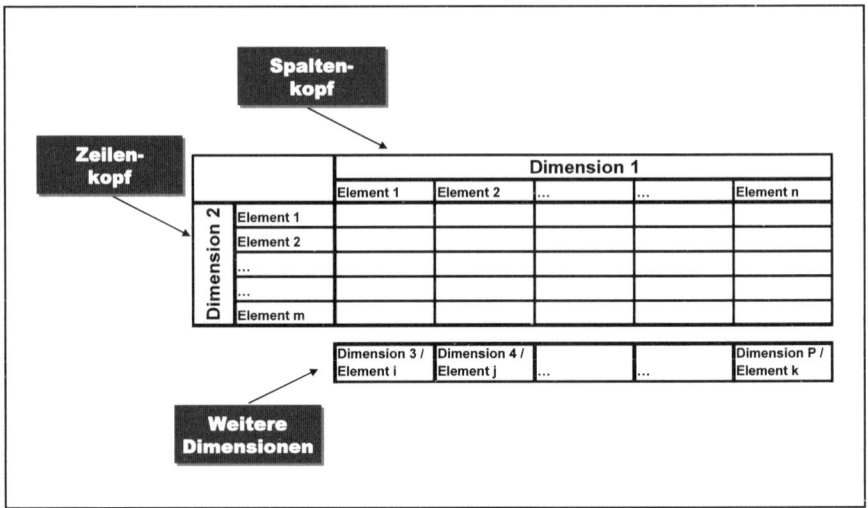

Abb. 6/6:   Einfache zweidimensionale Projektion[360]

Selbstverständlich können hierarchische Darstellung und Schachtelung auch kombiniert sowie ebenfalls auf den Spaltenkopf angewendet werden. Entsprechende Sichten auf den Datenbestand finden sich in fast allen multidimensionalen Systemen. Sie dienen entweder als Ausgangspunkt für weitergehende betriebswirtschaftliche Analysen, als Einstieg für eine freie Navigation im Datenbestand oder als Standardbericht.

Eine zusätzliche Komprimierung erfährt die Anzeige von multidimensionalem Datenmaterial durch die optionale **Nullzeilenunterdrückung**. Dabei legt der Begriff „Nullzeilenunterdrückung" fälschlicherweise nahe, dass die Zeilen unterdrückt werden, bei denen lediglich Werte mit „0" auftreten. Vielmehr gelangen hierbei allerdings nur die Dimensionselemente in der Kopfspalte zur Anzeige, denen im konkreten Datenaufriss auch Wertausprägungen zugeordnet sind.

Während das klassische Berichtswesen dadurch gekennzeichnet ist, dass alle Berichtseinstellungen und -parameter vor Durchführung des Auswertungslaufes vorzunehmen sind und der Berichtsnutzer den Bericht verlassen muss, um einen anderen Datenaufriss innerhalb des gleichen Berichtsrahmens anzeigen zu lassen, kann der Anwender mit multidimensionalen Werkzeugen innerhalb der Auswertungen navigieren.

Die problemgerechte Auswahl der gewünschten Informationsinhalte soll durch einfache Mausaktionen erfolgen, ohne dass sich der Benutzer durch verzweigte Menüstrukturen oder unübersichtliche Folgen von Bildschirmfenstern bewegen

---

[360] Vgl. Siegwart (1992), S. 26; Oehler (2006), S. 59.

muss. Aus diesem Grund erfahren die vorgestellten statischen Anzeigeoptionen häufig eine dynamische Ergänzung durch Techniken zur interaktiven Navigation direkt innerhalb des dargestellten Datenbestandes. Dazu wird zunächst die Möglichkeit eröffnet, beliebige Elemente der Zeilen- und Spaltenkopfdimensionen ein- oder auszublenden (**„Ranging"**). Dadurch kann der Anwender eine Anzeige auf diejenigen Elemente beschränken, die ihn besonders interessieren. Überdies ist die Option zur Änderung der Schnittebene gegeben, indem im Tabellenkopf die Auswahl anderer Dimensionselemente vorgenommen wird („Slicing").

Als weitere interaktive Technik steht meist das **Rotieren des Datenwürfels** zur Verfügung. Möglichst per "Drag and Drop" soll der Datenkubus in alle Richtungen drehbar sein, um aus verschiedensten Perspektiven auf den Informationsfundus blicken zu können. Abb. 6/7 veranschaulicht diese Operation anhand eines Beispielwürfels, bei dem Umsatzzahlen nach Kunden, Mitarbeitern, Produkten und Zeiteinheiten aufgegliedert sind.

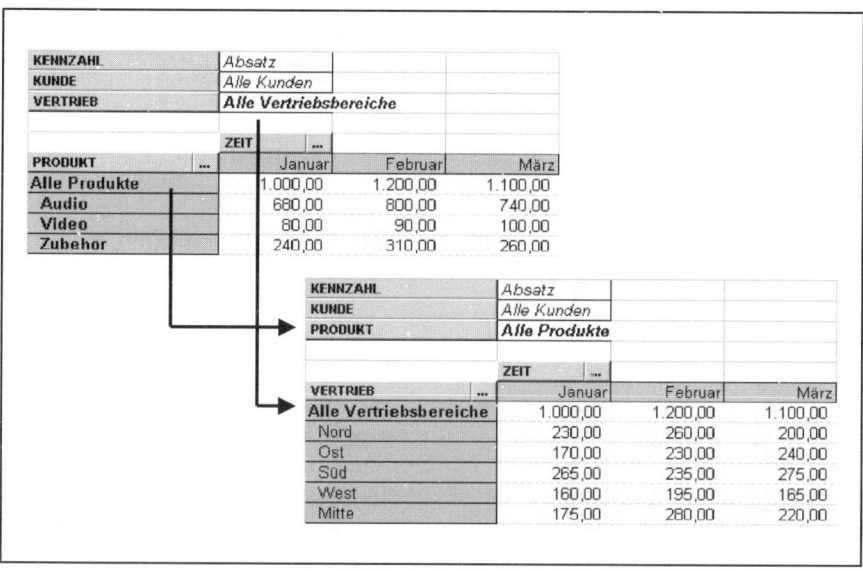

Abb. 6/7:   Rotation eines Datenwürfels

Leicht kann hier in der Kopfspalte der Zahlentabelle statt der Anzeige bestimmter Produktkategorien wie im Ausgangszustand eine Auflistung der Mitarbeiter nebst Verdichtung erfolgen. Die zugehörigen Zahlenwerte werden automatisch entsprechend angepasst. Das Beispiel zeigt zuerst den Umsatz von drei Produktgruppen für drei Monate, danach den Umsatz dreier Mitarbeiter für die gleichen Zeitperioden. Nach Kunden wird hier nicht differenziert.

Zudem wird fast durchgängig die Tiefensuche mittels **"Drill-Down"** bzw. "Drill-In" unterstützt, indem durch Mausklick weitere Hierarchieebenen bis hinunter auf die Basiselemente und damit auf die atomaren Werte der Datenbasis dargestellt werden können. Ein "Drill-Out" bzw. **"Roll-Up"** durch das Ausblenden niedrigerer Verdichtungsstufen lässt sich ebenso leicht erzielen. Durch ein Anklicken der Produktsparte "Audio" erfolgt in Abb. 6/8 die zugehörige Drill-Down-Aufgliederung in "Radio", "Cassette" und "CD".

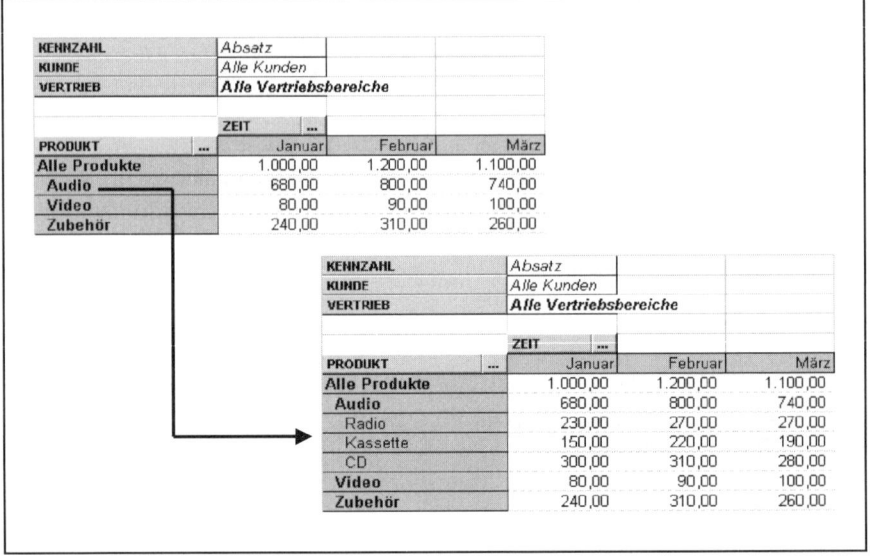

Abb. 6/8:   Drill-Down-Operation

Mit dem „Ranging", dem „Slicing" und der Rotation des Datenwürfels in Verbindung mit den „Drill-Down"- und „Roll-Up"-Techniken sind die gebräuchlichen Optionen der dynamischen Navigation im Datenbestand zur Berichtslaufzeit präsentiert worden. Ergänzen lassen sich die Navigationsfunktionalitäten durch Sortierungen oder besondere farbliche Kennzeichnungen interessanter Datenkonstellationen im Rahmen eines „Exception Reporting" (vgl. Abschnitt 3.3).

Offen bleibt bisher, wie sich derartige Strukturen und Funktionen technologisch abbilden lassen. Dies ist Gegenstand des folgenden Abschnittes.

6.1.4   Technologien des On-Line Analytical Processing

Als Ankerkomponenten einer funktionsfähigen OLAP-Lösung sind die zugrunde liegenden Speichertechnologien zu verstehen. Abschnitt 6.1.4.1 zeigt, dass sich bei der **Wahl des eingesetzten Datenbanksystems** grundlegende Technologiealternativen einstellen. In Abschnitt 6.1.4.2 werden einige der typischen **Front-End-Werkzeugkategorien** zur Anzeige von und Navigation in multidimensionalen Datenbeständen kurz präsentiert. Die Ausführungen in den nachfolgenden Kapiteln zeigen, dass sich der OLAP-Grundansatz in vielfältigen und höchst heterogenen Oberflächenlösungen wieder finden lässt (vgl. beispielsweise die Abschnitte 7.2, 8.1 und 8.2). Ein reibungsloses Zusammenwirken unterschiedlicher Tools kann nur durch die Existenz und Nutzung leistungsfähiger **Schnittstellen** gewährleistet werden (vgl. Abschnitt 6.1.4.3). Als Quasi-Standard scheint sich derzeit die multidimensionale Zugriffssprache **MDX** zu etablieren, die der Exkurs in Abschnitt 6.1.4.4 näher beleuchtet.

6.1.4.1 Speichertechnologien

Bei der Ausgestaltung multidimensionaler Informationssysteme nehmen die verwendeten Speicherkomponenten eine zentrale Position ein. Einerseits wird durch die Leistungsfähigkeit der eingesetzten Datenbanksysteme das Antwortzeitverhalten des Gesamtsystems in erheblichem Maße bestimmt.[361] Andererseits determinieren die angelegten Datenstrukturen nicht zuletzt die Existenz und Verknüpfbarkeit relevanter Datenobjekte. In Abhängigkeit von der gewählten Architekturform und der Aufgabenstellung können in multidimensionalen Systemumgebungen unterschiedliche Typen von Speicherkomponenten möglicherweise auch simultan zum Einsatz gelangen.[362]

Einerseits werden spezielle Datenbanksysteme eingesetzt, die vollständig – auch hinsichtlich der physikalischen Datenorganisation – auf die multidimensionale Denkweise ausgerichtet sind, um zusätzliche Geschwindigkeitsvorteile zu aktivieren. Auf der anderen Seite kann versucht werden, durch den Einsatz zusätzlicher Softwarekomponenten die aus dem operativen Umfeld bekannte und ausgereifte relationale Speichertechnologie auch für multidimensionale Anwendungen zu nutzen.

Multidimensionale Datenbanksysteme

Zur Softwarekategorie der multidimensionalen Datenbanksysteme (MDB) werden alle Speicherkomponenten gezählt, die speziell auf die Bedürfnisse der betrieblichen Führungskräfte und Analysten ausgerichtet sind und dabei vor allem eine **effiziente physikalische Speicherung** insbesondere multidimensionaler Datenbestände leisten.[363] Bereits seit vielen Jahren sind Programme verfügbar, die eine multidimensionale Sicht auf abgelegte Datenbestände unterstützen. Einige Hersteller haben ihre Produkte dahingehend weiterentwickelt, dass sie als dedizierte Datenhaltungseinrichtungen im Client-/ Server-Umfeld eingesetzt und nun als multidimensionale Datenbanksysteme vermarktet werden. Der mögliche Aufbau eines derartigen, multidimensionalen Datenbanksystems mit den unterschiedlichen logischen Softwarekomponenten wird in Abbildung 6/9 dargestellt.

---

[361] Das Antwortzeitverhalten wiederum ist wesentlicher Bestimmungsfaktor für die Akzeptanz durch den Endanwender.

[362] Derartige Systemlösungen werden auch als hybrid bezeichnet. Vgl. Bauer/Günzel (2004), S. 242; Clausen (1998), S. 35; Kurz (1999), S. 326.

[363] Vgl. Behme/Holthuis/Mucksch (2000), S. 216; Finkelstein (1995); Thomsen (1997), S. 207. Zur exakten Abgrenzung bezeichnet Holthuis die Vertreter dieser Systemkategorie als physisch multidimensionale Datenbanksysteme. Vgl. Holthuis (1998), S. 186. Als charakteristisch erweist sich, dass multidimensionale Datenbanksysteme die Daten physikalisch in Arrays speichern. Vgl. Franconi/Baader/Sattler/Vassiliasis (2000), S. 96.

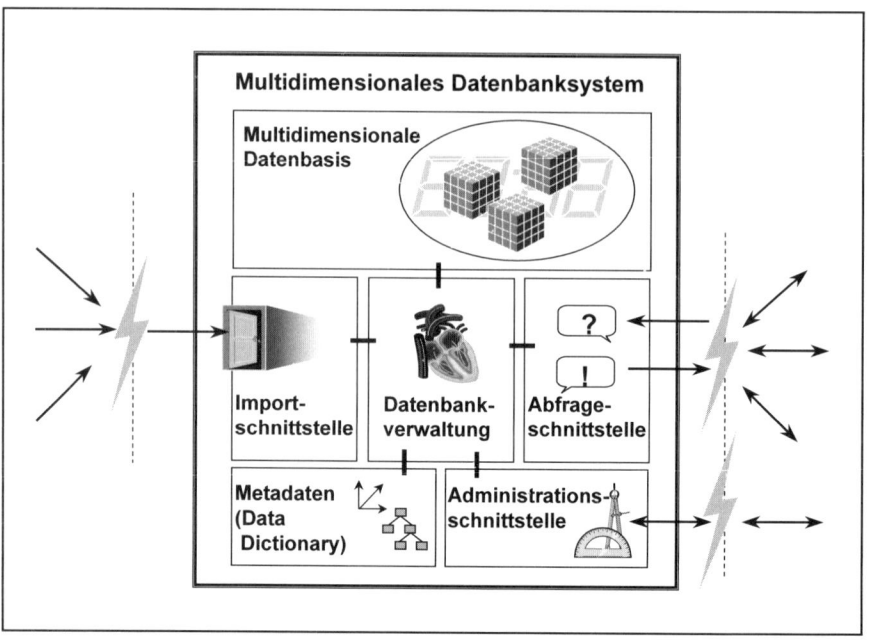

Abb. 6/9:　　**Logischer Aufbau multidimensionaler Datenbanksysteme**[364]

Aus den Vorsystemen fließen die Daten verdichtet und gesäubert über die Import-Schnittstelle in die multidimensionale Datenbasis ein, in der sie persistent gespeichert werden. Der Zugang zu den in der Datenbasis abgelegten Informationseinheiten erfolgt ausschließlich über die Datenbankverwaltungskomponente, die zudem die einzelnen Komponenten kontrolliert und koordiniert. Hier wird die korrekte Zuordnung von eingehenden und ausgehenden Datenströmen, logischem Datenmodell und physikalisch gespeichertem Datenbestand vorgenommen. Überdies sollen sowohl eine Transaktions- wie auch eine Benutzerverwaltung gewährleistet sein. Das konzeptionelle mehrdimensionale Datenmodell und damit die logische Organisation des Datenbestandes ist im Data Dictionary hinterlegt. Grundlegende strukturelle Änderungen dieses Datenmodelles sind den Datenbankadministratoren vorbehalten, die eine separate Schnittstelle zum System erhalten und mit speziellen Administrationstools ihren Aufgaben nachgehen können. Alle Abfragen durch die angeschlossenen Endbenutzersysteme werden über die Abfrageschnittstelle an die Datenbankverwaltung weiter gereicht. Dabei fängt das Schnittstellenmodul syntaktische Fehler ab und führt eine Optimierung der Abfrage durch. Somit sind es auch Leistungsvermögen und Sprachumfang dieser Verbindungskomponenten, durch welche die Zugriffsmöglichkeiten determiniert werden, die den angeschlossenen Front-End-Werkzeugen zur Verfügung stehen.

Als großes technisches Problem multidimensionaler Datenbanksysteme erweist sich die Verwaltung von Datenwürfeln mit vielen **dünn besetzten Dimensionen**.

---

[364] Vgl. Gluchowski (1998a), S. 12.

Bei großen Datenbeständen im hohen Gigabyte- oder Terabytebereich nehmen Ladevorgänge bzw. Reorganisations- / Reindizierungsläufe inakzeptable Zeitspannen in Anspruch.[365] Als gewichtiges Argument gegen multidimensionale Datenbanksysteme wird ebenfalls häufig ins Feld geführt, dass der Schulungsaufwand heute bei der Einführung neuer Technologien einen erheblichen Kostenfaktor darstellt und sich die Mitarbeiterausbildung bei der Nutzung eines relationalen Datenbanksystems sowie vorhandenem technologischen Know-How stark auf methodische Inhalte konzentrieren kann. Die Verwendung multidimensionaler Datenbanksysteme dagegen erfordert neben der Vermittlung multidimensionaler Modellierungstechniken auch eine umfassende Einarbeitung in die Funktionsweise der eingesetzten Werkzeuge.

Der Wunsch bestimmter Anwendergruppen, multidimensionale Datensichten auch im **mobilen Einsatz** (z. B. auf dem Laptop) nutzen zu können, hat dazu geführt, dass sich neben den beschriebenen, server-orientierten Lösungen auch Werkzeuge am Markt behaupten konnten, die server-unabhängig ausschließlich auf dem Client-Rechner zu betreiben sind.[366] Entsprechende Tools bieten eine eigene, würfelorientierte Datenhaltung auf dem lokalen Rechner an und müssen lediglich für den Datenabgleich Verbindungen zu zentralen Datenbeständen herstellen. Unter Gesichtspunkten von Datensicherheit und Datenschutz erweisen sich derartig client-zentrierte Implementierungen sicherlich als kritisch. Zudem sind längst nicht alle Probleme der notwendigen Datenreplikation zufrieden stellend gelöst.

Somit bleibt insgesamt festzuhalten, dass – aufgrund ihrer spezifischen Ausrichtung auf die Modell- und Vorstellungswelt betrieblicher Entscheidungsträger – multidimensionale Datenbanksysteme als Speichertechnologie zur Unterstützung analytischer Aufgabenstellungen eine tragfähige Alternative zu den verbreiteten und im folgenden Abschnitt erörterten relationalen Datenbanksystemen darstellen.

Relationale Datenbanksysteme

Relationale Datenbanksysteme werden seit vielen Jahren genutzt, um umfangreiches Datenmaterial effizient zu verwalten. Im Laufe der Zeit sind die Systeme ständig weiterentwickelt worden, so dass heute Datenbestände mit mehreren hundert Gigabyte oder gar Terabyte Volumen technologisch beherrschbar sind. Leistungsfähige Transaktionsverwaltungskomponenten koordinieren tausende elementarer Operationen pro Sekunde, gewährleisten die Konsistenz der Daten und vermeiden lange Wartezeiten für die angeschlossenen Benutzer.[367] Allerdings war die Weiterentwicklung relationaler Datenbanksysteme bis vor wenigen Jahren fast ausschließlich auf den Teil der betrieblichen Anwendungsprogramme ausgerichtet, der allgemein als **operative Datenverarbeitung (On-Line Transaction Processing - OLTP)** bezeichnet wird. Hierzu gehören alle Administrations- und Dis-

---

[365] Vgl. Bauer/Günzel (2004), S. 241; Grandy (2002), S. 23.

[366] Vgl. Clausen (1998), S. 33; Kurz (1999), S. 330; Leitner (1997), S. 43 - 46; Martin (1996).

[367] Vgl. Gabriel/Röhrs (1995), S. 114ff., und die Ausführungen in Abschnitt 4.2.1.

positionssysteme, die in den betrieblichen Funktionalbereichen der Aufrechterhaltung des Tagesgeschäfts dienen, also der Bearbeitung mengenorientierter
Abwicklungs- und wertorientierter Abrechnungsaufgaben. Folgerichtig ist die
schnelle und sichere Abarbeitung der hier anfallenden kurzen, wenige Tabellen
betreffenden Transaktionen seit Jahrzehnten die Domäne relationaler Datenbanksysteme.

Prinzipiell basieren die heute verfügbaren relationalen Datenbanksysteme immer noch auf den vor mehr als dreißig Jahren erarbeiteten konzeptionellen Grundlagen.[368] Damit sind sie primär darauf ausgelegt, eine möglichst rasche und konsis-
tenzgeprüfte Erfassung der operativen Datenobjekte zu ermöglichen, nicht jedoch
die weitreichenden Anforderungen von Analyse und Entscheidungsunterstützung
abzudecken.[369] Zu erörtern ist, ob sich relationale Datenbanksysteme auch für abweichende Anwendungsklassen eignen, beispielsweise als Speicherkomponente
eines multidimensionalen Informationssystems (derartige Lösungen werden dann
auch als **ROLAP [Relational On-Line Analytical Processing]** bezeichnet).

Schließlich sprechen gewichtige Argumente dafür, relationale Systeme flächendeckend einzusetzen und dabei **SQL (Structured Query Language)** als verbreitete Standard-Abfragesprache intensiv zu nutzen. Relationale Datenbanksysteme sind ausgereift und stabil.[370] Ihre Leistungsfähigkeit ist unbestritten und lässt
sich an unzähligen Anwendungsfällen nachprüfen. In fast jeder größeren und mittleren Unternehmung sind relationale Datenbanksysteme im Einsatz und in den jeweiligen DV-Abteilungen ist zu diesem Thema reichlich Know-How vorhanden.
Zudem existiert eine große Anzahl oftmals sehr preiswerter, leicht bedienbarer
Softwarewerkzeuge, die auf der relationalen Philosophie aufsetzen und einen
komfortablen Zugang zu den gespeicherten Daten eröffnen.

Allerdings sind beim Einsatz relationaler Datenbanksysteme bei multidimensionalen Anwendungen unterschiedliche Aspekte zu beachten, um die geforderte
Auswertungsflexibilität bei gutem Antwortzeitverhalten auch gewährleisten zu
können. So erweist sich die **Normalisierung** als gebräuchliche Technik im OLTP-
Bereich zur Vermeidung von Redundanzen bei multidimensionalen Lösungen
aufgrund einer dann hohen Zahl der an einzelnen Abfragen beteiligten Tabellen
nicht immer als geeignet, um gute Antwortzeiten zu erreichen. Selbst extrem leistungsfähige (parallele) Hard- und Softwarelösungen können nur zum Teil und zu
nicht mehr vertretbaren Preisen Abhilfe schaffen.

Schwierigkeiten ergeben sich hier insbesondere bei der Behandlung von verdichtetem Zahlenmaterial. Die **dynamische Berechnung aggregierter Datenwerte** erscheint zwar unter Konsistenzgesichtspunkten sinnvoll, muss jedoch aufgrund inakzeptabler Antwortzeiten zugunsten einer redundanten Speicherung der
verdichteten Zahlenwerte abgelehnt werden. Entsprechende Summationsoperatio-
nen lassen sich im Zuge des Datenimports aus den Vorsystemen abwickeln. Die
verdichteten Daten werden dann häufig in Summierungstabellen separat abgelegt.

---

[368] Als wegweisend werden in diesem Zusammenhang die frühen Arbeiten von Edgar F.
Codd gewertet. Vgl. z. B. Codd (1970), S. 377 - 387.
[369] Vgl. Codd/Codd/Salley (1993).
[370] Vgl. Gabriel/Röhrs (2003), S. 58ff.

Der Grund hierfür ist darin zu sehen, dass mit den kleineren Tabellen wesentlich schneller und effektiver gearbeitet werden kann. Als Nachteil muss jedoch herausgestellt werden, dass dadurch das zu speichernde Datenvolumen stark anwächst. Zudem fallen abermals zusätzliche Verwaltungs- und Administrationsaufwände an.

Fraglich ist in diesem Zusammenhang, ob **schreibende Operationen auf die Datenbestände** durch den Endbenutzer zugelassen werden, zumal eine Änderung in den Detailtabellen in jeder betroffenen Summationstabelle nachzupflegen ist. Überdies sollen die importierten und verdichteten Daten aus den Vorsystemen nachträglich nicht mehr verändert werden, zumal sie im multidimensionalen Umfeld dokumentarischen Charakter aufweisen. Allerdings ist durchaus vorstellbar, dass der Anwender die an seinem Desktop manuell erfassten Plandaten oder Szenarien ebenfalls zentral und möglichst direkt einstellen möchte.

Insgesamt lässt sich damit festhalten, dass relationale Datenbanksysteme eine mögliche Basistechnologie für die Implementierung multidimensionaler Informationssysteme darstellen. Allerdings verdeutlichen die aufgezeigten Probleme und Schwächen, dass Schwierigkeiten bei der Umsetzung unvermeidbar sind. Der Versuch, diese Probleme zu meistern, mündet darin, dass von den vielfältigen Funktionen, die moderne relationale Datenbanksysteme heute bieten, nur wenige unverändert genutzt und einige gar durch Zusatzwerkzeuge (z. B. für die Abfrageoptimierung) überdeckt werden müssen, die den Anforderungen von multidimensionalen Anwendungen eher genügen. Doch auch die verbliebenen Fragmente können nicht entsprechend ihrer ursprünglichen Bestimmung eingesetzt, sondern müssen an veränderte Anforderungen angepasst werden (z. B. durch spezielle Datenmodelle, vgl. Abschnitt 9.3.4.2).

Erleichtern bzw. oft erst ermöglichen lässt sich die Nutzung relationaler Datenbanksysteme zur Verwaltung mehrdimensional organisierter Daten durch den Einsatz einer weiteren Komponente **(ROLAP-Engine)** neben dem Datenbanksystem, die eine Transformation der multidimensionalen Sichtweise des Endanwenders in die relationalen Strukturen vollzieht. Der Endanwender merkt nichts von diesen für ihn vollständig transparenten Zuordnungen. Vielmehr sind sowohl die Abfragetools als auch seine Front-End-Oberflächen vollständig auf die multidimensionale Sichtweise abgestimmt. Über die Transformation hinaus bietet die OLAP-Engine auch weitergehende Aufbereitungsmechanismen und Analysefunktionalitäten, die das relationale Datenbanksystem nicht in Eigenregie durchführen kann. Hierzu gehören etwa Rankings (Rangfolgen) oder die Berechnung betriebswirtschaftlicher Kenngrößen (interner Zinsfuß, Amortisationszeit etc.) sowie eine interne Aggregatverwaltung.

Schließlich stellt sich somit die Frage, ob relationale Datenbanksysteme tatsächlich die bestmögliche Grundlage für eine aufzubauende multidimensionale Lösung darstellen. Eine Gegenüberstellung von multidimensionalen und relationalen Datenbanksystemen kann Klarheit bezüglich potenzieller Einsatzbereiche bieten und wird im folgenden Abschnitt vorgenommen.

Abgrenzung und Einsatzbereiche multidimensionaler und relationaler Datenbanksysteme

Wie bereits erörtert, offenbaren sowohl multidimensionale als auch relationale Datenbanksysteme Stärken und Schwächen, wenn sie als Speicherkomponenten multidimensionaler Informationssysteme genutzt werden sollen.

Relationale Datenbanksysteme überzeugen vor allem durch ihre Skalierbarkeit und Plattformunabhängigkeit. Die handelsüblichen relationalen Datenbanksysteme sind heute für unterschiedliche Hardware-Ausstattungen und Betriebssysteme von kleinen Einzelplatzsystemen über mittelgroße Unix-Umgebungen bis zum Großrechner-Bereich verfügbar. Dadurch lassen sie sich hervorragend in die jeweilig vorhandene Systemlandschaft integrieren und auf die spezifischen Anforderungen anpassen. Vor allem durch den Einsatz und die Nutzung paralleler Architekturen sind das Datenvolumen sowie die Anzahl der gleichzeitig zugreifenden Anwender fast unbegrenzt.

Multidimensionale Datenbanksysteme erweisen sich hier als deutlich weniger flexibel. Zumeist werden nur wenige Hardware- und Betriebssystemplattformen unterstützt. Dabei konzentriert sich das verfügbare Angebot heute auf PC-Server mit Betriebssystemen aus der Windows-Welt und Unix-Server. Auch parallele Prozessorarchitekturen können nur in Einzelfällen zur Steigerung der Leistungsfähigkeit genutzt werden. Die speicherbare Datenmenge ist auf kleinere bis mittlere Volumina beschränkt.[371] Dafür ergibt sich durch die spezifischen internen Ablagestrukturen ein ausgesprochen gutes Antwortzeitverhalten, was sich auch bei wachsenden Datenbeständen nicht signifikant verschlechtert.

Relationale Datenbanksysteme dagegen weisen durch einen deutlich höheren Verwaltungs-Overhead bereits bei relativ kleinem Datenvolumen und bei wenigen abgerufenen Datensätzen vergleichsweise längere Wartezeiten auf. Durch Zusatzoptionen, wie z. B. spezielle Indextechniken, lassen sich allerdings erhebliche Verbesserungen erzielen. Dazu ist weiterhin negativ anzumerken, dass durch die multidimensional ausgerichtete Datenmodellierung und insbesondere durch den Einsatz von Summationstabellen häufig ein On-Line-Schreibzugriff auf die Daten nicht ermöglicht wird.

Hier wiederum weisen multidimensionale Datenbanksysteme eindeutige Stärken auf. Meist wird ein direkter Schreibzugriff für den Endanwender angeboten, wodurch sich gewisse Einsatzszenarien oder Anwendungsfelder erst unterstützen lassen. Insbesondere die interaktive Betrachtung verschiedener Ausgangsdatenkonstellationen mit den Konsequenzen für abhängige Größen (What-If-Rechnung) macht multidimensionale Anwendungen für viele analyseorientierte Nutzer besonders interessant. Dabei müssen sie dann allerdings in Kauf nehmen, dass die multidimensionalen Datenbanksysteme attributive Beschreibungen von Informationsobjekten kaum oder gar nicht vorsehen. Außer dem identifizierenden Kenner (z. B. Artikelbezeichnung oder Kundennummer) lassen sich in diversen Systemen keine weiteren Objektmerkmale ablegen. Dabei sind es in verschiedenen Anwendungen vor allem die Objektattribute, über die interessante Selektionen vorgenommen werden können. Falls das multidimensionale Datenbanksystem Attribute

---

[371] Vgl. Kurz (1999), S. 330.

nicht unterstützt, müssen künstliche (meist parallele) Hierarchiebeziehungen aufgebaut werden, um Objekte mit gleichen Attributausprägungen zu gruppieren. Aber auch wenn das multidimensionale Datenbanksystem ein Attributkonzept aufweist, können simultane Selektionen über unterschiedliche Attribute nur auf sehr umständliche Art durchgeführt werden. Außerdem wird häufig lediglich eine dimensionsweite Attributierung vorgenommen, ebenenspezifische Attribute dagegen gelangen nicht zur Anwendung.

Attributive Beschreibungen von Informationsobjekten sind bei den handelsüblichen relationalen Datenbanksystemen zentrale Bestandteile des gesamten Datenhaltungskonzeptes. Im Bedarfsfall lassen sich so Informationsobjekte mit dutzenden oder gar hunderten von Beschreibungsmerkmalen charakterisieren. Dies ist vor allem dann wertvoll, wenn sich die Zugriffe häufig nur auf die Dimensionstabellen beziehen, z. B. zu attributgesteuerten Identifikation bestimmter Elementgruppen.

Insgesamt lässt sich damit festhalten, dass sowohl relationale als auch multidimensionale Datenbanksysteme ihre spezifischen Vorzüge und Nachteile aufweisen. Die Entscheidung für eine Technologie muss sich somit an den gegebenen Rahmenbedingungen und insbesondere an der zu lösenden betriebswirtschaftlichen Problemstellung orientieren. Zudem sollte das Zusammenspiel mit den verfügbaren Font-End-Tools Beachtung finden, die als Schnittstelle zum Endbenutzer fungieren und im folgenden Abschnitt diskutiert werden.

6.1.4.2   Front-End-Werkzeuge

Eine breite Palette verfügbarer multidimensionaler Endbenutzerwerkzeuge erschwert derzeit dem potenziellen Anwender die Auswahl des für seine Belange besten Tools erheblich. Hinzu kommt, dass stetig neue Anbieter auf diesen lukrativen Markt drängen und die bereits etablierten Produkte mit zusätzlichen Features angereichert werden, um einmal erobertes Terrain nicht preisgeben zu müssen. Die angebotenen Werkzeuge lassen sich nur sehr unscharf in einem Spektrum von vorgefertigten Standardlösungen und vollkommen offenen, flexiblen Entwicklungsumgebungen anordnen.

Da heute Business Intelligence-Systeme in allen Unternehmungsbereichen und auf unterschiedlichen Hierarchieebenen genutzt werden, adressieren die Front-End-Werkzeuge sehr heterogene Anwendergruppen[372] mit gänzlich verschiedenen Anforderungen[373] und Vorkenntnissen. Breiten Nutzerschichten liegt beispielsweise primär daran, auf relevantes Datenmaterial in einer vordefinierten Sicht periodisch oder im Bedarfsfall mit wenig Aufwand zugreifen zu können. Andere Anwendergruppen dagegen wollen unterschiedliche Perspektiven auf den Daten-

---

[372] Als typische Anwender einer multidimensionalen Lösung lassen sich neben den Benutzern in leitender Position gelegentliche User, Geschäftsanalytiker, Daueranwender und Anwendungsentwickler identifizieren. Vgl. Poe/Reeves (1997), S. 172f. Bereits in Abschnitt 4.3 wurden verschiedene Nutzergruppen beschrieben, von denen sich als typische OLAP-Anwender insbesondere die Analytiker identifizieren lassen.

[373] Martin unterscheidet zwischen vorgefertigten, explorativen und interaktiven Analyseformen. Vgl. Martin (1998a), S. 32.

bestand interaktiv generieren und stellen größere Anforderungen an die Navigationsfunktionalität. Hierbei kann weiter unterschieden werden, ob es sich um systemerfahrene oder -unerfahrene Mitarbeiter handelt. Letzteren muss eine Benutzungsoberfläche angeboten werden, die intuitiv mit wenig Einarbeitungsaufwand bedienbar ist. Mitarbeiter mit DV-Erfahrung dagegen haben häufig gehobene Ansprüche an die Informationsversorgung und zwar sowohl hinsichtlich der angebotenen Analysefunktionalität als auch bezüglich der Navigationsoptionen. Naturgemäß lassen sich vordefinierte Sichten auf den Datenbestand optimal formatieren, zumal die Position und das Erscheinungsbild der einzelnen Datenobjekte vor dem Zugriff festgelegt und gestaltet werden können. Maximale Flexibilität beim Zugriff auf die Datenbestände dagegen wird meist dadurch erkauft, dass die Repräsentation in einer eher unformatierten Art erfolgt. Grob lassen sich dadurch die verfügbaren Werkzeugkategorien in einer Portfoliodarstellung mit den Achsen Navigation und Formatierung positionieren (vgl. Abb. 6/10).

Dabei wurden die Datenabrufe mit **SQL-DML-Statements** sowie mit den Berichtswerkzeugen der **Enterprise Ressource Planning (ERP)-Lösungen** lediglich als Vergleichsmaßstab für die übrigen Front-End-Kategorien in die Abbildung eingebracht, wenngleich sie auch zu Auswertungszwecken eingesetzt werden. So finden heute noch in vielen Unternehmungen Datenanalysen auf der Basis von direkt eingegebenen SQL-Befehlen statt. Durch die vergleichsweise komplizierte Syntax der Datenbankabfragesprache bleibt dieser Weg jedoch für viele Anwender verschlossen.[374] Da für jede einzelne Datensicht die Abfragen jeweils neu formuliert werden müssen, wird dem Nutzer eine direkte und interaktive Navigation im Datenbestand verwehrt. Die Ausgabe erfolgt dann in Form unformatierter Datentabellen.

Auch die **Berichtsgeneratoren** und **MQE-Tools**, auf die in Abschnitt 7.1 noch intensiv eingegangen wird, lassen hinsichtlich der angebotenen Navigationsflexibilität Wünsche offen, bieten allerdings für die Implementierung formatierter Berichte im Rahmen der Umsetzung eines Standardberichtswesens vielfältige und leistungsstarke Funktionen.

Maximale Flexibilität bei der interaktiven Navigation im multidimensionalen Datenmaterial stellen die **Cube-Viewer** und **Spreadsheet-Add-Inns** zur Verfügung.[375] Als Cube-Viewer lassen sich alle multidimensionalen Front-End-Werkzeuge verstehen, die ohne zusätzlichen Entwicklungsaufwand eine direkte und interaktive Nutzung multidimensionaler Datenbestände ermöglichen. Der Endanwender wird damit in die Lage versetzt, beliebige Schnitte durch die Datenwürfel zu ziehen und die Perspektive auf den Datenbestand zur Laufzeit frei zu variieren. Neben Selektionen und Rangfolgenbildungen kann er neue, virtuelle Dimensionselemente definieren und in die Analysen einbringen. Alternativ zur tabellarischen Darstellungen von Zahlenwerten lassen sich quantitative Größen auch als Geschäftsgrafiken formatieren und ausgeben.

---

[374] Vgl. Wieken (1999), S. 40. Als typische Anwender lassen sich hier die Spezialisten anführen (vgl. Abschnitt 4.3).

[375] Clausen bezeichnet diese Tools als Ad-Hoc-Analysewerkzeuge. Vgl. Clausen (1998), S. 142.

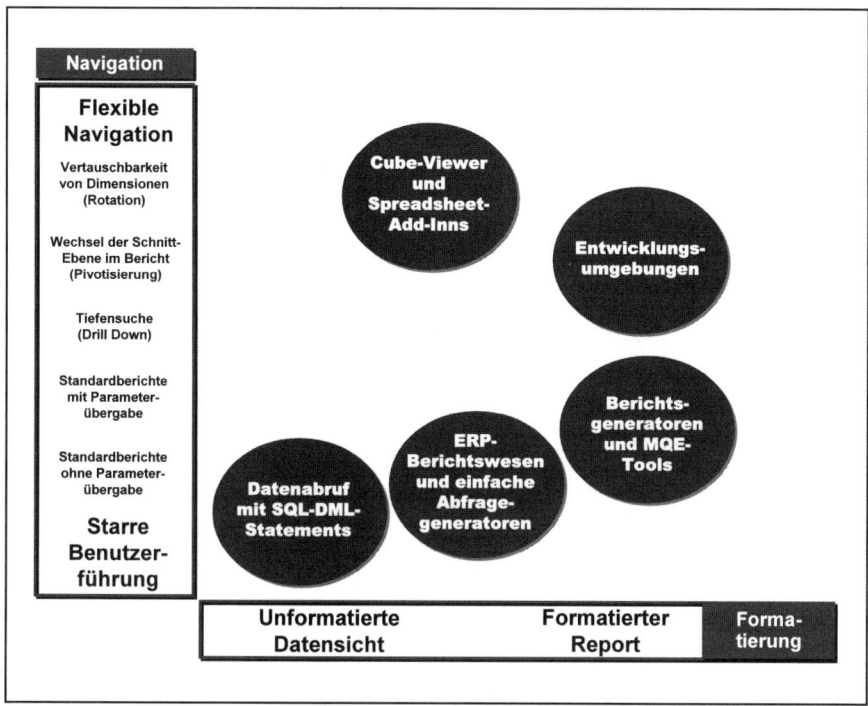

Abb. 6/10:   **Kategorisierung einzelner Endbenutzerwerkzeuge**

Als verbreitetes Werkzeug der Entscheidungsunterstützung besonders im Controllingbereich und in den entscheidungsvorbereitenden Stabsstellen haben sich im letzten Jahrzehnt Tabellenkalkulationsprogramme fast flächendeckend etablieren können. Dies nutzen einige der Anbieter, indem sie ihre Produkte als Erweiterungen der Spreadsheet-Pakete positionieren und vertreiben (vgl. Abb. 6/11).[376]

Hinsichtlich der Funktionalität ähnlich geartet wie die Cube-Viewer verändern derartige Spreadsheet-Add-Inns die gewohnte Arbeitsoberfläche des Anwenders durch zusätzliche Menüoptionen und Buttonleisten nur unwesentlich, was zur hohen Akzeptanz dieser Produkte geführt hat. Anstatt sich in ein neues Produkt einarbeiten zu müssen, kann sich der Benutzer darauf konzentrieren, die zusätzlichen Optionen zu erlernen und einzusetzen. Auch für die Produktanbieter ergeben sich hieraus Vorteile, da eine ressourcenaufwendige Nachbildung der breiten Funktionalität moderner Tabellenkalkulationsprogramme entfällt. Die vollständig integrative Einbettung derartiger Add-Ins in die Spreadsheet-Oberflächen ermöglicht eine simultane Nutzung der Features beider Werkzeuge in einer Anwendung.

---

[376] Vgl. Oehler (2006), S. 64. Eine praktische Anleitung zur Verknüpfung von multidimensionalen Datenbeständen mit Spreadsheet-Technologie findet sich bei Reinke/Schuster (1999), S. 143 - 173.

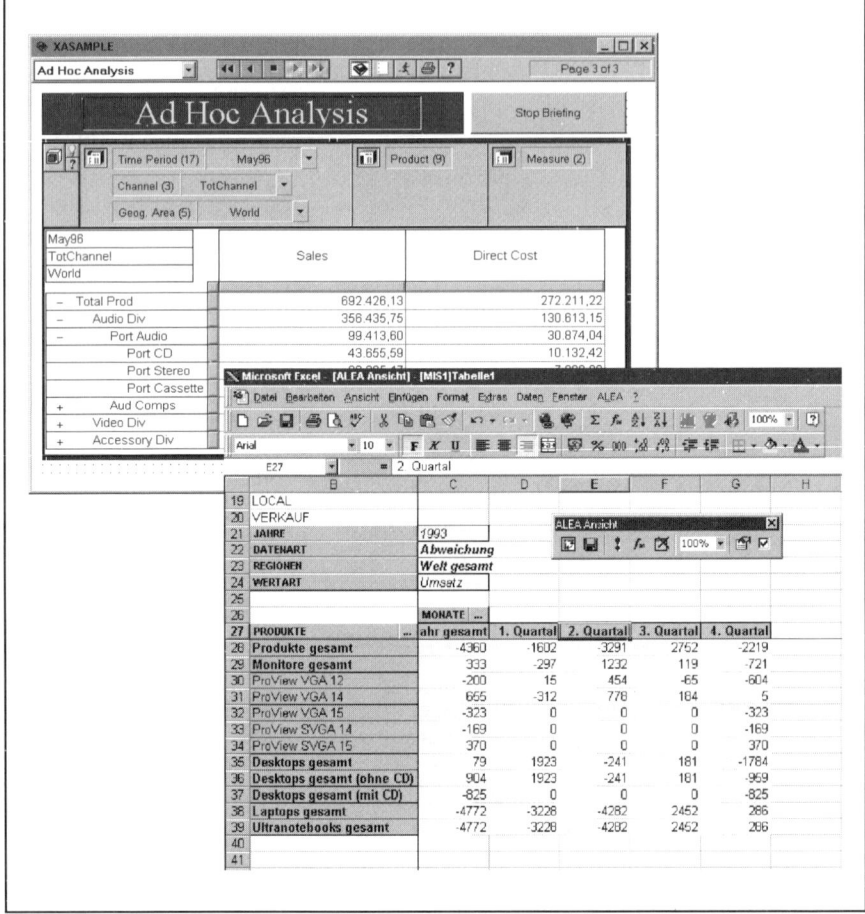

Abb. 6/11:   Cube-Viewer und Spreadsheet-Add-In

Cube-Viewer wie auch Spreadsheet-Add-Inns eignen sich besonders in **lokalen Netzwerkumgebungen** mit **hohen Bandbreiten** bei der Datenübertragung. Sollen die Daten dagegen in Wide Area-Netzwerken genutzt werden, zeigen die Produkte Defizite. Diesem Umstand haben inzwischen die meisten Anbieter Rechnung getragen, indem sie mit ihren Produkten eine Analyse von multidimensionalem Datenmaterial auch mit den gebräuchlichen **WWW-Browsern** ermöglichen.[377] Durch die serverseitige Installation zusätzlicher Softwarekomponenten wird beim Zugriff eine technologische Brücke zwischen WWW-Server und multidimensionaler Datenbasis geschlagen, die dem Endanwender einen transparenten Durchgriff eröffnet (vgl. Abb. 6/12).

---

[377] Vgl. Bauer/Günzel (2004), S. 127 - 131; Clausen (1998), S. 128 - 138; Kurz (1999), S. 115f.; Kemper/Mehanna/Unger (2004), S. 132ff.; Wieken (1999), S. 90 - 92.

Die Nutzung der intuitiven und leicht erlernbaren WWW-Oberflächen bietet sich insbesondere für Anwendungen an, bei denen eine flexible Navigationsmöglichkeit im Informationsangebot stärker als eine ausgeprägte analytische Funktionalität im Vordergrund steht.[378] Mittlerweile umfassen fast Front-End-Suiten für multidimensionale Informationssysteme WWW-Produkte oder -Komponenten. Einen zusätzlichen Schub erhielt der Ansatz durch die zunehmende Nutzung von Internet-Technologien für eine unternehmungsinterne Informationsversorgung, die unter dem Oberbegriff **Intranet**[379] diskutiert wird.

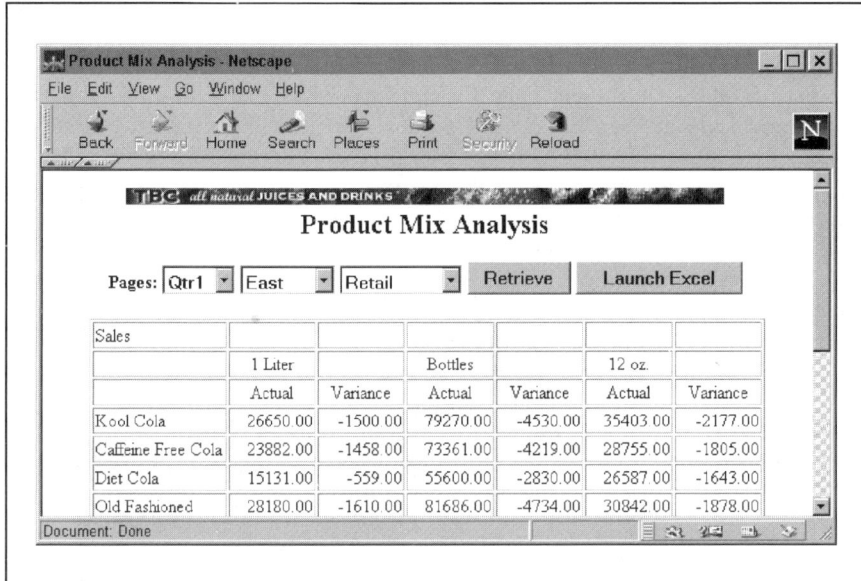

Abb. 6/12: Zugriff auf multidimensionales Datenmaterial über Standard-WWW-Browser

Schwächen offenbaren sowohl die Cube Viewer wie auch die Spreadsheet-Add-Inns sowie z. T. auch die Web-basierten Lösungen bei der Unterstützung der eher ungeübten Anwender, die sich durch die breite multidimensionale Funktionalität häufig überfordert fühlen. Die Erstellung von individuellen Oberflächen, die hinsichtlich Navigationsmöglichkeiten und funktionaler Ausgestaltung exakt auf die Bedürfnisse einzelner Nutzer oder Nutzergruppen hin optimiert sind, ist dagegen die Domäne der multidimensionalen Entwicklungsumgebungen.

Multidimensionale Entwicklungsumgebungen sind bezüglich ihres Befehls- und Funktionsumfangs darauf ausgerichtet, individuelle Applikationen zu entwickeln, die den spezifischen Informationsbedarf in optimaler Weise befriedigen

---

[378] Aufgrund der bisweilen sensiblen Dateninhalte ist bei einer Übertragung via Internet-Technologie sehr genau auf die Gewährleistung eines sicheren, möglichst verschlüsselten Transfers zu achten. Vgl. Gartner (1997), S. 63.

[379] Vgl. Lux (2005), S. 17.

können. Derartige Werkzeuge adressieren nicht etwa den Endanwender, sondern werden von spezialisierten Entwicklern genutzt. Grundsätzlich kann hier zwischen zwei Varianten unterschieden werden. Einerseits handelt es sich um Erweiterungen der gebräuchlichen Programmier- bzw. Entwicklungsumgebungen wie Visual Basic oder Borland Delphi, andererseits um eigenständige Produkte mit ausgeprägter multidimensionaler Orientierung.[380]

Erweiterungen von Programmier- bzw. Entwicklungsumgebungen werden heute von fast allen Anbietern in diesem Bereich angeboten. Im einfachsten Fall sind dies Befehlsbibliotheken, die in die vorhandenen Umgebungen eingebunden werden, um die verfügbare Befehlspalette durch zusätzliche Bestandteile zu erweitern, die speziell auf die Verwaltung und Präsentation multidimensionaler Daten abstellen. Die Vorteile – in diesem Falle für den Entwickler individueller Lösungen – sind ähnlich wie bei den Erweiterungen der Tabellenkalkulationsprogramme zu sehen. Ohne seine gewohnte und vertraute Entwicklungsumgebung verlassen zu müssen, stehen dem Entwickler zusätzliche und mächtige Befehle zur Verfügung, die er im Rahmen seiner Entwicklungstätigkeit nutzen kann und die seine Effektivität bei der Anwendungsentwicklung erheblich steigert.

Neben den Erweiterungen lassen sich auch eigenständige Entwicklungsumgebungen mit speziellem multidimensionalen Befehls- und Objektumfang nutzen, um individuelle Applikationen zu generieren (vgl. Abb. 6/13).[381]

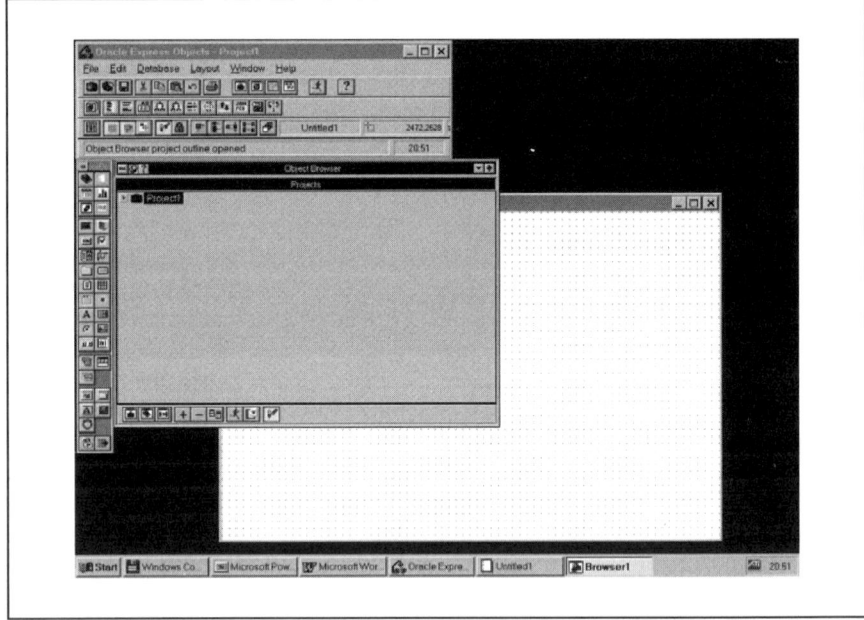

Abb. 6/13:   Multidimensionale Entwicklungsumgebung

---

[380] Vgl. Berson/Smith (1997), S. 233f.; Piemonte (1997), S. 10.
[381] Vgl. Vlamis (1996), S. 28 - 31.

Derartige Werkzeugkästen zeichnen sich durch eine vollständige Integration der multidimensionalen Philosophie aus, was sich z. B. in speziellen Buttons für die gebräuchlichen Funktionen manifestiert. Die Gestaltung individueller Menüstrukturen in Verbindung mit einem spezifischen Bildschirmaufbau sowie exakt abgestimmten Datenstrukturen ist kennzeichnend für Anwendungen, die mit diesen Werkzeugen erstellt wurden. Allerdings fordert die Flexibilität dieser Tools ihren Preis, da sich konkrete Applikationen nur mit erheblichem personellen Aufwand realisieren lassen. Zudem sind hier die in Abhängigkeit von der Aufgabenstellung vergleichsweise langwierigen Entwicklungszeiten ins Kalkül zu ziehen.

Auch die Entwicklungsumgebungen bieten inzwischen die Option, die erstellten Applikationen via Internet in einem WWW-Browser zu nutzen. Dadurch wird gleichsam eine Zeit- und Ortsunabhängigkeit beim Zugriff auf multidimensionales Datenmaterial mit individuellen Oberflächen ermöglicht. Vor allem jedoch entfallen dann aufwendige Versionswechsel auf den einzelnen Endanwenderrechnern, da die Applikation vollständig auf einem Server gespeichert ist und erst beim Zugriff ein Download z. B. von Applikations-Applets erfolgt. Ein weiterer Vorteil dieser Vorgehensweise ist darin zu sehen, dass die Endbenutzerrechner reine Repräsentationsfunktionalität zu leisten haben, die Verarbeitungsprozesse dagegen primär auf einem zentralen Server erfolgen. Dadurch lassen sich auch weniger leistungsstarke Rechner als Front-End-Geräte einsetzen.

Zusammenfassend kann damit festgehalten werden, dass jede Kategorie der multidimensionalen Front-End-Werkzeuge ihre spezifischen Stärken und Schwächen und daraus abzuleitende Einsatzgebiete aufweist.

Cube Viewer und Spreadsheet-Add-Inns orientieren sich an den Bedürfnissen der analytisch arbeitenden Mitarbeiter aus den Fach- und Stabsabteilungen, die keine hohen Ansprüche bezüglich der optischen Darstellung haben und eher an breiter Funktionalität interessiert sind. Mit den multidimensionalen Entwicklungsumgebungen lassen sich schließlich Anwendungen generieren, die genau auf die Anforderungen auch DV-unerfahrener Mitarbeiter abgestellt sind. Allerdings muss hier mit erheblichem Aufwand bei der Umsetzung gerechnet werden. Zur Nutzung des multidimensionalen Datenmaterials durch räumlich vom Server entfernte Mitarbeiter schließlich bietet sich der Einsatz von Browser-Oberflächen an.

Welche der dargestellten Produktkategorien somit für den jeweiligen Einzelfall angemessen ist, hängt von der gegebenen Aufgabenstellung und den Rahmenbedingungen des konkreten Projektes ab (wie z. B. Budget, geforderte Funktionalität, Anzahl und Fähigkeiten von Nutzern und Entwicklern).

6.1.4.3   Schnittstellen und Zugriffssprachen

Datenbanksysteme, die als Speicherkomponenten in multidimensionalen Umgebungen zum Einsatz gelangen, müssen als Server fungieren und die angeschlossenen Front-End-Clients auf Anfrage mit den benötigten Daten versorgen. In der Vergangenheit waren die Hersteller multidimensionaler Systemkomponenten darauf bedacht, sowohl Datenbanksysteme als auch Endbenutzerwerkzeuge selbständig zu entwickeln und gemeinsam zu vermarkten.

Inzwischen jedoch hat ein Umdenkungsprozess stattgefunden. Moderne Lösungen sind derart konzipiert, dass sich Back-End-Datenbanksysteme beliebig mit

Front-End-Tools kombinieren lassen. Häufig erfolgt die Konzeption der System-lösungen dabei im Sinne des „**best of breed**"-Gedankens, wobei das jeweils beste Werkzeug für die jeweiligen Anforderungen ausgewählt und eingesetzt wird. Auf-grund der Heterogenität der unterschiedlichen Benutzergruppen, die als Anwender multidimensionaler Informationssysteme in Betracht kommen, kann es sich auch als sinnvoll erweisen, unterschiedliche Client-Werkzeuge von möglicherweise verschiedenen Anbietern einzusetzen, welche die spezifischen Bedürfnisse jeweils optimal abdecken. Als Voraussetzung für die reibungslose Zusammenarbeit je-doch müssen anerkannte technologische Abgleichmechanismen etabliert und von den einzelnen Anbietern unterstützt werden.[382]

Zu diesem Zweck hat die Unternehmung Microsoft ein Datenzugriffskonzept mit der Bezeichnung „**OLE-DB for OLAP**" veröffentlicht, das inzwischen von den meisten Anbietern unterstützt wird und sich als de facto-Marktstandard durchgesetzt hat.[383] MDX (Multidimensional Expressions) weist als zentraler Be-standteil von OLE-DB for OLAP spezifische Befehle zur Definition und Manipu-lation multidimensional organisierter Datenbestände auf.[384] Die Datenbanksprache MDX entfaltet ihre Stärken vor allem bei der Abfrage und beliebigen Zusammen-stellung mehrdimensionaler Daten und orientiert sich dabei an den grundlegenden Sprachkonstrukten von SQL, die anforderungsgemäß erweitert werden, wie der folgende Exkurs belegt.

6.1.4.4   Exkurs: Multidimensional Expressions (MDX)

In Anlehnung an die dominierende Datenbanksprache (SQL) im relationalen Um-feld setzt sich auch in MDX ein einfacher Befehl zur Datenabfrage aus den Schlüsselworten „SELECT", „FROM" und „WHERE" zusammen, wobei aller-dings die einzelnen Abfragebestandteile in Bezug auf Syntax und Semantik von SQL abweichen. Zunächst beziehen sich die MDX-Abfragen nicht etwa auf Ta-bellen wie im relationalen Umfeld, sondern auf Würfel, die hier als Cubes be-zeichnet werden. Demzufolge beinhaltet der „FROM"-Bestandteil der Abfrage stets die Referenz auf einen Würfel, aus dem eine Menge von Würfelzellen (CELLSET) extrahiert wird.[385] Die Aufbereitung der Daten für eine nachfolgende Ausgabe erfolgt, indem einzelne Dimensionen oder Dimensionselemente zeilen-und spaltenweise zu Kreuztabellen angeordnet werden („SELECT"-Teil der Ab-

---

[382] Zudem ist darauf hinzuweisen, dass aufgrund der mehrjährigen Einsatzes von multidi-mensionalen Systemen in vielen Unternehmungen im Zeitablauf zahlreiche verschiede-ne Lösungen von unterschiedlichen Herstellern im Einsatz sind, so dass sich die Verfol-gung einer „One-Vendor"-Strategie im Nachhinein als undurchführbar erweist bzw. extreme hohe Migrationsaufwände mit sich bringt. Auch vor diesem Hintergrund ist die Interoperabilität zwischen unterschiedlichen Client-Werkzeugen und Back-End-Syste-men unabdingbar.

[383] Vgl. Microsoft (2007).

[384] Vgl. Brosius (1999), S. 15; Oehler (2006), S. 93 - 100.

[385] Prinzipiell sind MDX-Select-Abfragen auf einen einzelnen Cube beschränkt. Verknüp-fungen zwischen Würfeln im Sinne eines OLAP-Joins lassen sich zur Laufzeit von Ab-fragen lediglich durch das Auslesen einzelner Werte aus einem Würfel („LOOKUP-CUBE"-Funktion) dynamisch erzeugen.

frage). Die Spezifikationen der so genannten Slicerdimensionen[386] sind dann dem „WHERE"-Teil der Abfrage vorbehalten, der damit als Filter fungiert. Zudem bietet MDX einen umfassenden Satz von Funktionen, mit denen sich die Abfrageergebnisse zur Laufzeit bereits aufbereiten oder relative Elementbezüge abbilden lassen. Die einzelnen Bestandteile einer MDX-Abfrage werden in den folgenden Ausführungen nochmals aufgegriffen.

Die allgemeine Form eines MDX-Abfrage-Statements lautet wie folgt:

SELECT [«Achsen-Spezifikation» [, «Achsen-Spezifikation»...]]

FROM [«Würfel-Spezifikation»]

[WHERE [«Slicer-Spezifikation»]]

MDX unterstützt bis zu 128 unterschiedliche Achsenspezifikationen, wobei allerdings für die Anzeige als Kreuztabelle lediglich die ersten beiden relevant sind.[387] Hierbei werden die Vorgaben für die Kopfspalten und Kopfzeilen der Kreuztabelle definiert, die durchaus auch geschachtelte Strukturen aufweisen können.

Jede Achsenspezifikation setzt sich aus einer Menge von Dimensionselementen zusammen. Dabei können Dimensionselemente einzeln benannt oder auch als Teile eines Hierarchiebaumes aktiviert werden. Im einfachsten Fall handelt es sich hierbei um eine kommaseparierte Aufzählung einzelner Dimensionselemente wie z. B.:

{[Januar 2006], [Februar 2006], [Quartal 1 2006], 2006}

Aufzählungen sind stets durch geschweifte Klammern zu kapseln. Überdies werden die ersten drei Dimensionselemente hier zusätzlich durch eckige Klammern umschlossen, da ihre Elementnamen Leerzeichen beinhalten (auch Sonderzeichen und Zahlenangaben müssen eckig geklammert werden).[388] Durch die Verwendung des Doppelpunktes kann auch ein zusammenhängender Bereich von Dimensionselementen auf gleicher Hierarchiestufe ausgewählt werden:

{[Januar 2006]:[März 2006]}

Zusätzlich lassen sich unterschiedliche Funktionen nutzen, um Untermengen der Elemente einer Dimension auszuwählen. So können die Funktionen „PARENT",

---

[386] Unter „Slicing" ist das Bilden beliebiger Schnitte durch multidimensionale Würfelstrukturen zu verstehen. Vgl. Abschnitt 6.1.3.

[387] Eine dritte Achsenspezifikation könnte beispielsweise im Rahmen der Nutzung so genannter kaskadierender Tabellenkalkulations-Arbeitsblätter von Relevanz sein, wie sie von der Excel-Integration des Anbieters Hyperion her bekannt sind.

[388] Vgl. Reinke/Schuster (1999), S. 216f.

„CHILDREN" und „SIBLINGS" eingesetzt werden, falls die übergeordneten, untergeordneten oder gleichgestellten Elemente zu einem Dimensionselement selektiert werden sollen.[389] [Quartal 1 2006].CHILDREN liefert beispielsweise die Auswahl {[Januar 2006], [Februar 2006], [März 2006]} zurück. Das Schlüsselwort „MEMBERS" liefert dagegen alle Elemente einer Dimension oder einer Dimensionsebene zurück.

Neben der Bezeichnung können einzelnen Dimensionselementen weitere Attribute zugeordnet sein, die zusätzliche Eigenschaften dieser Elemente verkörpern. Derartige Attribute weisen entweder für alle Elemente einer Dimension oder aber nur für die Elemente einer Dimensionsebene Relevanz auf und bilden eher technische oder aber inhaltliche Aspekte ab. Attribute technischer Art besitzen dabei in aller Regel ebenenübergreifende Gültigkeit und können von den Front-End-Werkzeugen für eine flüssige und verzugsfreie Navigation genutzt werden. Hier finden sich z. B. Angaben darüber, auf welcher Ebene das aktuelle Element angesiedelt ist, wie viele untergeordnete Elemente ihm zugeordnet sind oder ob ein schreibender Zugriff erlaubt ist. Inhaltliche Attribute dagegen lassen sich sowohl einer ganzen Dimension als auch einzelnen Dimensionsebenen zuordnen.

MDX bietet zur Abfrage von Attributen den Ausdruck „DIMENSION PROPERTIES", der genutzt werden kann, um die Attributausprägungen von Dimensionselementen zu visualisieren oder um über die Ausprägungen zu selektieren. Der folgende Ausdruck ruft die Kundenabsatzmengen und -erlöse ab und liefert darüber hinaus den zuständigen Regionalmanager:

```
SELECT
        {Absatzmenge, [Erlös]} ON COLUMNS,
        [Kunde].[Region].members        DIMENSION PROPERTIES
                                        Kunde.[Regionalmanager]
        ON ROWS
FROM Vertrieb
```

Als Mechanismus für die Zuordnung von Elementen aus unterschiedlichen Dimensionen zu einer Achse steht das Kreuzprodukt zur Verfügung. Über den Ausdruck

```
CROSSJOIN (Region.members, {[Januar 2006], [Februar 2006],
[März 2006]})
```

erfolgt beispielsweise die Kombination aller Elemente der Regionendimension mit den Repräsentanten der ersten drei Monate des Jahres 2006. Das Ergebnis des

---

[389] Vgl. Spofford (2001).

Kreuzproduktes findet dann auf einer Achse der angezeigten Kreuztabelle Verwendung.

Speziell zur Nullzeilenunterdrückung (vgl. Abschnitt 6.1.3.2) bietet MDX die Möglichkeit, Achsenspezifikationen mit dem Ausdruck „NON EMPTY" zu versehen, um nur die Werte tragenden Elementverknüpfungen anzeigen zu lassen.

Als einschränkende Filterkriterien werden in MDX Slicerdimensionen eingesetzt, die sich im „WHERE"-Teil der Abfrage finden. Hier erfolgt eine Reduktion der zurückgegebenen Daten auf den Würfelausschnitt, der den jeweiligen Slicerbedingungen genügt. Unterschieden wird zwischen der expliziten und der impliziten Spezifikation der „WHERE"-Klausel. Bei der expliziten Spezifikation werden die Dimensionselemente, auf welche die jeweilige Sicht reduziert wird, direkt aufgeführt. Dagegen unterbleibt die Angabe der Dimensionselemente bei der impliziten Spezifikation, bei der davon ausgegangen wird, dass für nicht enthaltenen Dimensionen das Standardelement dieser Dimension (default member) gemeint ist. Meist wird als Standardelement einer Dimension das Element zur Gesamtaggregation (Top-Level) gewählt, falls dieses nicht existiert, dann häufig ein Element aus der obersten Hierarchieebene.

Auch eine Selektion anhand zugeordneter Wertausprägungen lässt sich durch eine Filterbedingung erreichen. Hierzu werden die Achsenspezifikationen mit dem Schlüsselwort „FILTER" erweitert. Zudem ist anzugeben, nach welcher Wertgröße zu filtern ist. Im folgenden Beispiel werden die Kunden extrahiert, mit denen ein Gesamterlös größer 10000 erzielt worden ist:

```
SELECT
      {[zeit].jahr.members}ON COLUMNS,
      FILTER ({[Kunde].members}, ([Measures].[Erlös] )>10000)
      ON ROWS
FROM Vertrieb
```

Selektionen nach Attributausprägungen werden von MDX nicht unmittelbar unterstützt. Es wird davon ausgegangen, dass sich derartige Attribute zur Selektion im Datenbanksystem als virtuelle Dimensionen hinterlegen lassen, um diese dann wie alle anderen Dimensionen zur beliebigen Zusammenstellung von Datensichten nutzen zu können. Der Vorteil dieser Vorgehensweise ist darin zu sehen, dass sich so auch unterschiedliche Attribute desselben Informationsobjektes simultan zur Selektion adressieren lassen. Beispielsweise könnte eine Datenextraktion gewünscht sein, die Einzelkunden gleichzeitig nach einem speziellen Regionalmanager und einem bestimmten Rabattsatz filtert.

Als vergleichbar mit den virtuellen Dimensionen erweisen sich auch die virtuellen Cubes, die dem MDX-Konzept für die Verknüpfung von Würfeln über gleiche Würfelkanten zugrunde liegen. Virtuelle Cubes zeichnen sich dadurch aus, dass sie ebenfalls auf der Datenbankebene zu vereinbaren sind, um über MDX-Befehle adressierbar zu sein. Dabei werden allerdings lediglich logische Strukturen gespeichert, nicht dagegen die physischen Daten, deren dynamische Zusammenführung erst zum Zeitpunkt des Zugriffs erfolgt.

Sollen zur Laufzeit der Abfrage aus dem vorhandenen Datenbestand abgeleitete Elemente berechnet werden, dann ist deren Definition vor dem eigentlichen Datenabfrageteil im Rahmen einer MDX-„WITH"-Anweisung zu hinterlegen. So kann es sich im Vertriebsbeispiel als wünschenswert erweisen, die Kennzahl Stückerlös nicht physikalisch in der Datenbank anzulegen, sondern erst beim Abruf zu ermitteln:

```
WITH MEMBER [Measures].[Stückerlös] AS
'([Measures].[Erloes]/[Measures].[Menge])'
```

Einer Verwendung der Größe Stückerlös im nachfolgenden Abfrageteil des MDX-Statements steht dann nichts mehr im Wege:

```
SELECT
        {[Measures].[Stückerlös]} ON COLUMNS,
        [Kunde].members ON ROWS
FROM Vertrieb
```

Für die sortierte Ausgabe abgefragter Daten bietet MDX einen „ORDER"-Befehl. Dabei kann sich die Sortierung auch auf Größen beziehen, die erst zur Laufzeit der Abfrage berechnet werden, wie im folgenden Beispiel:

```
WITH MEMBER [Measures].[Stückerlös] AS
'([Measures].[Erloes]/[Measures].[Menge])'
SELECT
        {[zeit].jahr.members}ON COLUMNS,
        ORDER        ([Kunde].[Einzelkunde].members,
                     ([Measures].[Stückerlös]),DESC)
        ON ROWS
FROM Vertrieb
```

Die Ausgabe zeigt eine absteigende Sortierung der Einzelkunden nach den zuvor ermittelten Stückerlösen.

Die ganze Fülle des MDX-Sprachumfanges kann an dieser Stelle nicht aufgezeigt werden.[390] Allerdings wurde deutlich, dass sich mit wenigen, grundlegenden Sprachkonstrukten, die MDX als multidimensionale Datenbanksprache aufweist, die benötigte Schnittstellenfunktionalität abdecken lässt.

6.2 Knowledge Discovery in Databases und Data Mining

Die Analyse von gespeicherten Daten als wissenschaftliche Disziplin ist primär den quantitativen Methoden und hier insbesondere der Statistik zuzuordnen. Der wissenschaftstheoretische Ursprung liegt im kritischen Rationalismus (d. h. der Hypothesenbildung und Falsifizierung), der davon ausgeht, dass Annahmen getroffen und solange für wahr angenommen werden, bis ein Gegenbeispiel gefunden ist.[391] Dieser Vorgang setzt eine rational begründete Vermutung (Theorie) voraus, die vom Analytiker ex-ante postuliert werden muss. Informationssysteme dieses Genres haben demnach den Nachteil, dass sie vom Anwender aktiv betrieben werden müssen.[392]

6.2.1 Einordnung und Abgrenzung von Data Mining

Neue Impulse erlangte die Erforschung von Strukturzusammenhängen (Datenmustern) in Datenbanken durch die künstliche Intelligenz, deren Verfahren des „machine learning" und der „pattern recognition" maßgebliche Beiträge zum Aufbau von aktiven Informationssystemen leisten konnten. In diesem Zusammenhang hat sich der Begriff Data Mining etabliert, der das Fördern von wertvollen verschütteten Informationen aus großen Datenbeständen umschreibt.[393] Der Kontext ist sicherlich weiter zu fassen, als das verkürzte Bild des Schürfens nach wertvollen Informationen nahe legt. **Knowledge Discovery in Databases (KDD)** ist der übergeordnete Aspekt[394], der wiederum die Frage aufwirft, was unter „Wissen" zu verstehen ist und ob dieses Wissen tatsächlich aus Daten generiert werden kann (vgl. Abschnitt 2.1.2). Kontext- und Handlungsbezug bleiben dem agierenden (ökonomischen) Individuum vorbehalten. Dennoch besteht die Utopie der aktiven Informationssysteme, die Analysen generieren und sachkompetent diagnostizieren, um vielleicht sogar handlungsbezogene Empfehlungen zu geben.[395]

Vor diesem Hintergrund hat Knowledge Discovery in Databases (KDD) zur Aufgabe, implizit vorhandenes Wissen in umfangreichen Datenbeständen zu identifizieren und explizit zu machen. Die aufzudeckenden Beziehungszusammenhänge, die in Form von Beziehungsmustern aufgespürt werden, sollten bisher unbe-

---

[390] Eine ausführliche Beschreibung des gesamten Sprachumfangs findet sich z. B. bei Spofford. Vgl. Spofford (2001).

[391] Vgl. Chamoni/Gluchowski (2006), S. 16f.

[392] Vgl. Bissantz (1999), S. 376.

[393] Vgl. Bissantz/Hagedorn (1997), S. 104.

[394] Vgl. Düsing (2006), S. 243f.

[395] Zum Begriff der aktiven Informationssysteme vgl. Bissantz (1999), S. 376f.

kannt, potenziell nützlich und leicht verständlich sein.[396] Vorschub geleistet hat dem KDD-Ansatz sicherlich der Umstand, dass heute in den Unternehmungen in operativen und analyseorientierten Datenbanksystemen sehr umfangreiche Datenbestände gespeichert und dass nicht alle Beziehungszusammenhänge zwischen den abgelegten Datenobjekten offensichtlich und leicht erkennbar sind. Zusätzliche Informationsquellen, über die sich die eigenen Daten anreichern und aufwerten lassen, finden sich in fast unerschöpflicher Menge im Internet, wo sie frei verfügbar herunter geladen oder von kommerziellen Anbietern (z. B. Marktforschungsunternehmungen) bezogen werden können.

Für die Anwenderunternehmungen stellt das insgesamt verfügbare Datenmaterial eine potenzielle Chance dar, zumal steigender Wettbewerbsdruck, neue gesetzliche Bestimmungen (z. B. bezüglich der erforderlichen Eigenkapitalbasis im Bereich der Finanzdienstleistungen) sowie wachsende Dynamik des Unternehmungsumfeldes dazu zwingen, alle Möglichkeiten zur Erlössteigerung und Kosteneinsparung auszuloten. Zwischenzeitlich wurde das Thema Data Mining längst von neuen und auch etablierten Softwareanbietern als lukratives Feld erkannt, so dass eine Vielzahl von Tools mit leistungsstarken Algorithmen verfügbar ist, die unterschiedliche Facetten der Mustererkennung abdecken.

Eine Betrachtung nicht nur der Tätigkeiten zur Datenanalyse im engeren Sinne sondern auch der verbundenen, vor und nach geordneten Aktivitäten führt zum umfassenderen Begriff des Knowledge Discovery in Databases (KDD), das den gesamten **Prozess der Wissensentdeckung** umfasst, d. h. sowohl Selektion und Aufbereitung der Datenbasis als auch Ableitung des expliziten Wissens.[397] Damit bietet das Konzept des Knowledge Discovery in Databases einen prozessorientierten Rahmen an, um aus Rohdaten neues und gültiges Wissen abzuleiten, welches sich als möglicherweise nützlich sowie verständlich und nachvollziehbar erweist.[398] Da sich dieses Unterfangen als nicht-trivial erweist, wird meist eine phasenorientierte Vorgehensweise vorgeschlagen (vgl. Abb. 6/14).

Ausgehend von einer Auswahl der zu examinierenden Datenquelle, die in erster Linie durch die Zielsetzung der Wissensentdeckung bestimmt wird, ist im Rahmen der Aufbereitung der Datenbestand derart zu modifizieren, dass er einer nachfolgenden Analyse zugänglich ist. Dazu gehört auch die Verbesserung der Datenqualität, z. B. durch Ergänzung fehlender Attributwerte oder Beseitigung von Dubletten. Im Rahmen der Festlegung erfolgt eine Bestimmung der zu benutzenden Analyseverfahren. Die Analyse verbindet dann Verfahren mit Daten und generiert durch Anwendung der Analyse-Algorithmen Ergebnisse, die danach durch den Anwender zu interpretieren und zu evaluieren sind. Als zentrale Prozessphase bei diesem idealtypischen KDD-Durchlauf ist die Analyse zu verstehen, bei der die potenziell interessanten Beziehungsmuster (Regelmäßigkeiten, Auffälligkeiten) aus dem Datenbestand destilliert und durch logische bzw. funktionale Abhängigkeiten beschrieben werden. Diese Phase wird auch mit Data Mining gleich gesetzt

---

[396] Vgl. Fayyad/Piatetsky-Shapiro/Smyth (1996).
[397] Vgl. Adriaans/Zantinge (1998).
[398] Vgl. Fayyad/Piatetsky-Shapiro/Smyth (1996), S. 6.

und lässt sich sehr frei als **Datenmustererkennung** übersetzen. [399] Als Aufgabe des Data Minings erweist es sich dann, aus einem bereinigten und vorverarbeiteten Datenbestand durch Einsatz geeigneter Algorithmen Datenmuster zu extrahieren. Aus einer wissenschaftlichen Perspektive erweist sich Data Mining als interdisziplinärerer Forschungsansatz, der seine Wurzeln in der Statistik, Mathematik und Künstlichen Intelligenz findet.

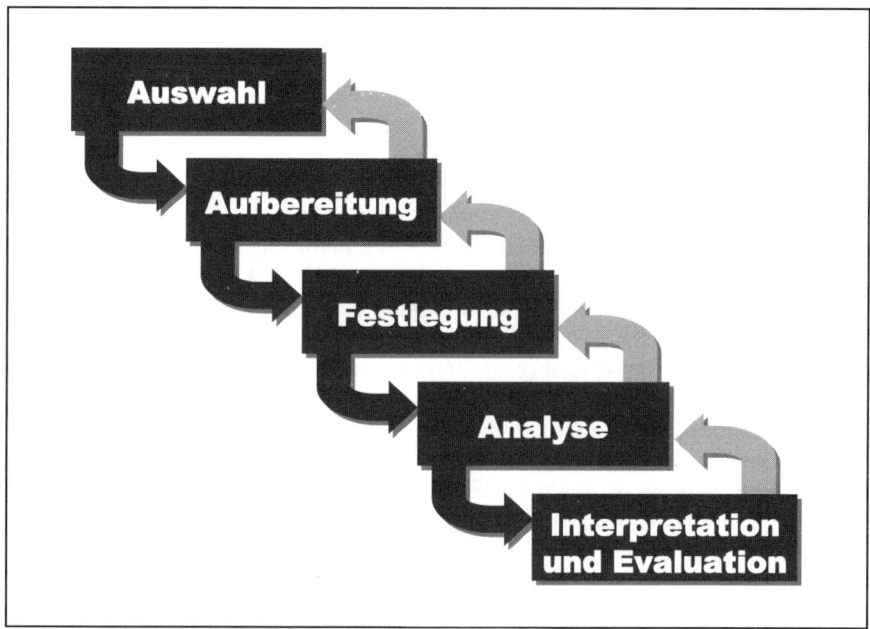

Abb. 6/14:   **Prozess des Knowledge Discovery in Databases[400]**

Der letzte Schritt des KDD-Prozesses umfasst die Interpretation der erzielten Ergebnisse im Hinblick auf die gewählte betriebswirtschaftliche Problemstellung. Vor allem ist dabei vom menschlichen Anwender zu prüfen, ob die Ergebnisse gültig, neuartig, nützlich und verständlich sind. Um wichtige und nicht-triviale Ergebnisse rasch entdecken zu können, bietet es sich an, mit einem Interessantheitsfilter zu operieren, der die zentralen Analyseresultate besonders hervorhebt. Zu dieser Phase gehört auch die kritische Reflektion der Qualität des Gesamtprozesses, aus der sich gegebenenfalls Verbesserungspotenziale ableiten lassen.

---

[399] Vgl. Bissantz/Hagedorn (1993), S. 481.
[400] Vgl. Düsing (2006), S. 246.

6.2.2   Einsatzbereiche und Nutzungspotenziale

Als Einsatzbereiche von Data Mining-Anwendungen finden sich heute vor allem die **Klassifikation**, das **Clustern** und das **Aufdecken von Abhängigkeiten**. Im Rahmen der Klassifikation sollen dabei einzelne Informationsobjekte bestimmten, vorgegebenen Klassen zugeordnet werden. Ein möglicher Einsatzbereich ist hierfür im Rahmen der Kreditwürdigkeitsuntersuchung bei Kreditvergaben zu sehen. Dagegen zielt das Clustern auf eine Segmentierung des Ausgangsdatenbestandes in Klassen ähnlicher Informationsobjekte, ohne dass dabei die Klassen vor der Analyse bereits festliegen. Anhand eines Ähnlichkeitsmaßes wird hier der relative Abstand einzelner Informationsobjekte gemessen, um Objekte mit geringem Abstand zu homogenen Teilmengen zusammenfassen zu können. Anwendung finden derartige Klassenbildungen z. B. im Bereich der **Marktsegmentierung**, bei der die Kunden in Gruppen eingeteilt werden, um kundengruppenspezifische Marketingaktionen durchführen zu können (vgl. Abschnitt 8.4). Als letzter Einsatzbereich für Data Mining soll das Aufdecken von Abhängigkeiten im Datenbestand angeführt werden. Ziel der Analyse ist es hierbei, signifikante Korrelationen zwischen unterschiedlichen Attributen zu extrahieren. Anwendungsbereiche finden sich beispielsweise im Versicherungsbereich, wo aus der Struktur von Schadensfällen auf eine Gestaltung von Versicherungspolicen geschlossen werden soll.

Data Mining-Anwendungen finden sich bereits in vielen Unternehmungen unterschiedlicher Branchen.[401] Im Handel z. B. liefert Data Mining im Rahmen von **Warenkorbanalysen** wertvolle Erkenntnisse für die Angebotsstruktur und Regalgestaltung. Der Bank- und Finanzdienstleistungsbereich dagegen ist stark an der Aufdeckung von **betrügerischen Finanztransaktionen** (z. B. Aktiengeschäfte auf der Basis von Insiderinformationen) interessiert.[402] Auch wird hier eine intensive Analyse der Kreditstrukturen im Rahmen eines "**Risk-Managements**" betrieben (vgl. Abschnitt 8.5). Vor allem der Marketing-Sektor liefert heute ein interessantes und breites Betätigungsfeld für Data Mining-Systeme. Dieser Anwendungsbereich beinhaltet Aufgabenstellungen wie **Kundenbestandssicherung, Kampagnenmanagement, Markt-/Kanal-/Preisanalysen** sowie neben der bereits angesprochenen **Kundensegmentierung** auch "Cross und Up-Selling"-Betrachtungen.

Als nahe Verwandte des Data Mining können die Ansätze und Verfahren des **Web Mining** und des **Text Mining** verstanden werden. Das Web Mining versucht, interessante Muster im Aufbau, in der Nutzung und bei den Inhalten von Internet-Auftritten zu erkennen und sichtbar zu machen. Entsprechend der drei angeführten Stoßrichtungen wird häufig zwischen Web Structure Mining, Web Usage Mining und Web Content Mining unterschieden.[403] Das **Web Structure Mining** widmet sich der Vernetzungen zwischen einzelnen Web-Seiten und leitet daraus relevante Aussagen zu potenziellen Wegen durch das Internet sowie zur Bedeutung spezieller Angebote ab. Demgegenüber konzentriert sich das **Web Usage**

---

[401] Einen Überblick hierzu bietet Soeffky (1998), S. C833.07 ff.
[402] Vgl. Krahl/Windheuser/Zick (1998), S. 106f.
[403] Vgl. Petersohn (2005), S. 12 - 14.

Mining (auch als **Web Log Mining** bezeichnet) auf das Verhalten der Besucher von Web-Sites, indem die zugehörigen Log-Dateien im Hinblick auf die Verhaltensmuster der zugreifenden Nutzer analysiert und darüber Nutzergruppen sowie deren Präferenzen aufgedeckt werden.[404] **Web Content Mining** und das allgemeiner ausgerichtete Text Mining weisen starke Überschneidungen auf. In beiden Fällen steht die Untersuchung von unstrukturierten Daten im Vordergrund. Während sich das Web Content Mining dabei auf die im Web angebotenen Inhalte konzentriert, führt das Text Mining beliebige unstrukturierte Dokumente (Textverarbeitungsdokumente, E-Mails etc.) einer Analyse zu. Die Schwierigkeit liegt hier darin, natürlich-sprachliche Texte derart aufzubereiten, dass sie für eine maschinelle Auswertung zugänglich sind.[405]

Insgesamt stellen Data Mining-Systeme sowie die verwandten Technologien hervorragende Werkzeuge zum Suchen in umfangreichen und diffusen Informationsbeständen dar. Falls die zwingende Voraussetzung der Verfügbarkeit einer breiten Datenbasis gewährleistet ist, eröffnen sich hohe Erfolgspotenziale für die Informationsaufbereitung und -analyse. Entsprechend konzipierte "intelligente" und aktive Such- und Analyseverfahren lassen gar auf eine automatisierte Informationsgenerierung hoffen. Wie so häufig scheint neben der gängigen Praxis, von Anbieterseite eine Marktbelebung durch Schlagwortprägung zu erzielen, auch ein wissenschaftlich begründ- und nachweisbares Quantum an Innovation im Data Mining enthalten zu sein. Dies bedeutet jedoch nicht, dass die Jahrzehnte alte Tradition der statistischen Datenanalyse überholt ist.

6.2.3 Technologien und Verfahren des Data Mining

Grundsätzlich zählen **Clusterverfahren**, **Visualisierungstechniken**, **Entscheidungsbaumverfahren**, **Assoziationsanalysen** und **Konnektionistische Systeme** (Künstlich Neuronale Netze) zu den Ansätzen des Data Mining.[406] Wesentliche Voraussetzung für den erfolgreichen Einsatz dieser Verfahren ist es, die Zielsetzung der Datenanalyse (z. B. Klassifikation), die Eigenschaften der zu analysierenden Daten (Semantik, Formate) und die Darstellungsform (z. B. Entscheidungsregeln) der zu ermittelnden Beziehungsmuster festzulegen.

Für eine ersten Sichtung und Beurteilung der Datenbasis bieten sich Visualisierungstechniken an, die zumindest dreidimensionale Abhängigkeiten (evtl. erweitert um Parallele Koordinaten-Techniken) offen legen und häufig zur Beurteilung von Korrelationen oder Ausreißerphänomenen eingesetzt werden können.

---

[404] Vgl. Gluchowski (2000), S. 12f.; Schommer/Müller (2001), S. 59ff., und Abschnitt 8.4.

[405] Vgl. Gerst/Herdweck/Kuhn (2001), S. 38. Einen Überblick über die gebräuchlichen Verfahren und Anwendungsgebiete von Text Mining liefert Felden (2006), S. 283 - 304.

[406] Eine breite Palette unterschiedlicher Verfahren lässt sich nutzen, um vorhandene Datenbestände im Sinne des Data Mining zu analysieren. Übersichten über die einsetzbaren Methoden bieten z. B. Beekmann/Chamoni (2006), S. 263 - 282; Krahl/Windheuser/ Zick (1998), S. 59 - 95; Schweizer (1999), S. 57 - 62.

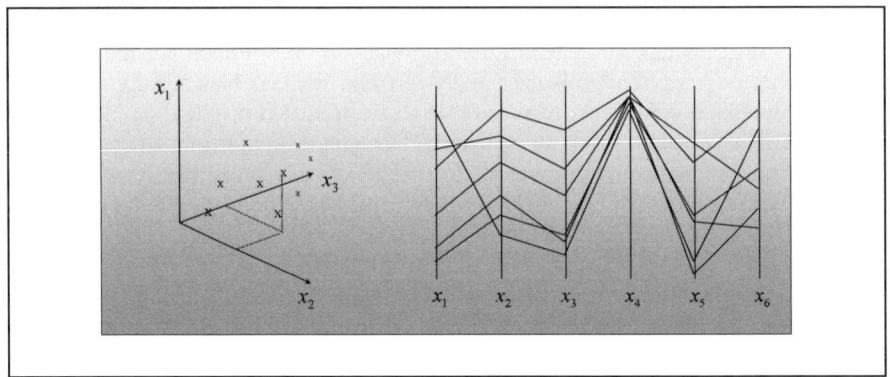

Abb. 6/15:   3D-Streudiagramm und Parallel-Koordinaten-Plot[407]

6.2.3.1   Clusterverfahren

Gut interpretierbare Ergebnisse bei der Segmentierung eines Datenbestandes liefern die partitionierenden und hierarchischen Verfahren des Clustering, auch wenn
vorab die zu ermittelnden Cluster, die auch als Segmente, Gruppen oder Klassen
bezeichnet werden, nicht bekannt sind. Ziel dieses Ansatzes ist es, den gesamten
Datenbestand derart in Teile zu zerlegen, dass die Objekte eines Clusters sich als
möglichst ähnlich bzw. homogen erweisen, sich allerdings signifikant von den Objekten anderer Cluster unterscheiden. Unerlässlich ist dabei in jedem Falle eine
Festlegung darüber, wie die Distanz bzw. die Ähnlichkeit zweier Datenobjekte zu
messen ist. Als gebräuchliches Distanzmaß bei metrisch skalierten Variablen erweist sich beispielsweise die **Euklidische Distanz** (als Wurzel aus der Summe der
Quadrate der jeweiligen Attributdifferenzen zwischen zwei Objekten). Im Falle
nominalskalierter Variablen dagegen wird eher auf die Ermittlung von Merkmalsübereinstimmungen zurückgegriffen.

Bei den hierarchischen Verfahren lassen sich anhäufende (agglomerierende)
von unterteilenden (divisiven) Algorithmen abgrenzen. Ausgehend von einer Aufteilung, bei der jedes Datenobjekt als eigener Cluster verstanden wird, fassen die
agglomerierenden Verfahren schrittweise ähnliche Cluster zu größeren Clustern
zusammen, bis eine geeignete Aufteilung des Gesamtdatenbestandes erreicht ist.
Als bekanntester Vertreter kann hierfür das Nerest-Neighbor-Verfahren genutzt
werden.[408] Dagegen beschreiten die diversiven Algorithmen den entgegen gesetzten Weg, indem diese den Datenbestand iterativ in immer feinere Cluster strukturieren.

Verbreiteter als die hierarchischen Verfahren sind in der praktischen Anwendung allerdings die partitionierenden Clusteralgorithmen, zumal diese auch bei
umfangreichen Datenbeständen relativ schnell zu guten Ergebnissen gelangen. Als

---

[407] Vgl. Degen (2006), S. 311 und 320.
[408] Vgl. Beekmann/Chamoni (2006), S. 274.

bekanntester Vertreter fungiert der **K-Means-Algorithmus**. Den Ausgangspunkt bildet hier die Vorgabe einer festen Anzahl an Clustern sowie die (ggf. zufällige) Bestimmung der zugehörigen Clusterzentren. Anschließend erfolgt die Zuordnung aller Datenobjekte zu den damit gebildeten Clustern durch das gewählte Ähnlichkeitsmaß. Durch die darauf folgende Neuberechnung des Clusterzentrums über eine Mittelwertbestimmung der zugehörigen Datenobjekte und deren erneuter Zuordnung wird ein sich wiederholender Prozess angestoßen, der im Idealfall in einer stabilen Zuordnung mündet.

Neben den hier aufgeführten Verfahren existieren zahlreich andere Ansätze zur Bestimmung von Clustern. So erlauben die nicht-disjunkten Verfahren beispielsweise, dass ein Datenobjekt mehreren Segmenten gleichzeitig zugeordnet ist. Das so genannte „fuzzy-clustering" erlaubt die Angabe von Zugehörigkeitsmaßen eines Datenobjektes zu unterschiedlichen Clustern.

6.2.3.2   Entscheidungsbaumverfahren

Entscheidungsbäume kommen dann zur Anwendung, wenn eine Zuordnung von Datenobjekten zu vorgegebenen Klassen erfolgen soll (Klassifizierung). Dies bedeutet, dass entsprechend eines gemessenen Merkmalprofils ein Element einer vorgegebenen Klasse zugesprochen und dadurch eine schrittweise Segmentierung des Gesamtdatenbestandes erreicht wird. Ziel ist es, möglich homogene Klassen zu erhalten, in denen sich die jeweiligen Objekte durch weitgehende Übereinstimmung im Hinblick auf das Klassifikationsmerkmal auszeichnen. Durch Anwendung der Entscheidungsbaumverfahren werden Regeln generiert und als Baumstruktur visualisiert, anhand derer sich neue Datenobjekte eindeutig klassifizieren lassen.

Entscheidungsbaumtechniken gelten als **überwachte Verfahren**, da sie den Ausgangsdatenbestand zunächst in eine Trainings- und eine Testmenge unterteilen. Mit der Trainingsmenge werden dann die relevanten Regeln ermittelt, um diese anschließend durch die Testmenge zu verifizieren. Nach der Bestimmung der Trainingsmenge erfolgt zunächst die Festlegung der Zielvariablen als abhängige Größe, die es zu erklären gilt, da durch sie die Klassenzugehörigkeit repräsentiert. Anschließend sind die unabhängigen Variablen zu identifizieren, welche die Ausprägung der Zielvariablen beeinflussen bzw. determinieren.

Anhand der Ausprägungen der gewählten unabhängigen Variablen werden danach sukzessive Aufspaltungen der gesamten Trainingsdatenmenge in Knoten vorgenommen, bis möglichst homogene Gruppen bezüglich der Klassifikationsvariablen entstehen. Welche unabhängige Variable jeweils für die nächste Aufteilung gewählt wird, hängt von der Reinheit der erzeugten Knoten im Hinblick auf die abhängige Variable ab. Als Alternative für die Formulierung von Aufteilungsregeln bieten sich neben univariaten auch multivariate Verfahren an. Univariate Verfahren formulieren die Aufteilungsregel anhand eines Merkmals, während multivariate Verfahren eine Aufteilung auch anhand der Linearkombination mehrerer Merkmale vornehmen.

Nachdem mit der **Trainingsmenge** ein Entscheidungsbaum für den Datenbestand aufgebaut wurde, lässt sich mit der **Testmenge** dessen Güte überprüfen. Die Anwendung der zugehörigen Regeln auf den Testdatenbestand führt zu fehlerhaft klassifizierten Datensätze, deren Anzahl ins Verhältnis zum Gesamtdatenbestand gesetzt wird. Die resultierende Fehlerklassifikationsquote macht dann eine Aussage über die Brauchbarkeit des Entscheidungsbaumes bzw. der zugehörigen Entscheidungsregeln.

Eine zu weite Auffächerung der Knoten des Entscheidungsbaumes führt zum bekannten Problem der **Überanpassung (Overfitting)**, bei der zwar für den Trainingsdatenbestand ausgezeichnete Ergebnisse mit sehr homogenen Knoten erzeugt werden, eine Anwendung der Entscheidungsregeln auf den Testdatenbestand jedoch zu deutlich höheren Fehlerquoten führt. Durch das selektive Entfernen von ausgewählten Knoten und Kanten (Pruning) lässt sich hier bei geringfügiger Verschlechterung in Bezug auf die Trainingsdatenmenge eine erhebliche Verbesserung des Ergebnisses bei der Testdatenmenge erwirken und zudem der erzeugte Entscheidungsbaum vereinfachen. Auch im Vorfeld der Analyse lassen sich hierzu Rahmenvorgaben setzen (Pre-Pruning), wie beispielsweise durch eine Beschränkung der maximalen Tiefe der Bäume oder durch eine Mindestanzahl der Objekte pro Knoten.

Zur algorithmischen Umsetzung eines Entscheidungsbaumes lassen sich unterschiedliche Ansätze nutzen. Zu den bekanntesten Verfahren gehören **Classification And Regression Trees (CART), Chi-square Automatic Interaction Detectors (CHAID)** sowie der verbreitet **C4.5-Algorithmus**. Die einzelnen Algorithmen unterscheiden sich hinsichtlich der Art der Aufteilungsregeln (binär oder nicht-binär), der Art der Anwendung von Pruning-Verfahren sowie der Typen verwendbarer Variablen (metrisch oder nicht-metrisch). Ein Einsatz von Entscheidungsbäumen erweist sich in unterschiedlichsten Einsatzfeldern als sinnvoll. Das bekannteste Anwendungsgebiet dürfte die Bonitätsprüfung sein, bei der Kreditanträge anhand der vorhandenen Merkmale des Antragstellers als kreditwürdig oder kreditunwürdig klassifiziert werden.

Insgesamt liegt der Vorteil bei der Anwendung des Entscheidungsbaumverfahrens in der leicht zugänglichen Interpretation der vorgenommenen Zuordnung, da der zur Klassifikation herangezogene Entscheidungsbaum verständliche Entscheidungsregeln repräsentiert.

6.2.3.3   Künstliche Neuronale Netze

Weite Beachtung findet im Data Mining auch die Anwendung Künstlich Neuronaler Netze (Konnektionistische Systeme), die sich in Aufbau und Funktionsweise an den natürlichen neuronalen Netzen mit den zugehörigen Nervenzellvernetzungen orientieren. In Analogie zur Funktionsweise biologischer Nervensysteme bzw. Natürlicher Neuronaler Netze sollen Künstliche Neuronale Netze insbesondere nicht offensichtliche Muster erkennen und für Vorhersagen oder Zuordnungen im Gegenstandsbereich einsetzen. Durch das adaptive Verhalten der Künstlichen Neuronalen Netze werden Beziehungsmuster „erlernt" und können dann zur Klassifikation herangezogen werden. Dem robusten und dynamischen Verhalten dieser Data Mining-Technik stehen aufwendige Lernphasen und nicht funktional interpretierbare Abhängigkeiten gegenüber.

Generell besteht ein Künstliches Neuronales Netz aus einer Menge von Verarbeitungselementen bzw. künstlichen **Neuronen**, die miteinander über **gewichtete**

Verknüpfungen (biologisch: **Synapsen**) verbunden sind (vgl. Abb. 6/16 mit neun verknüpften Neuronen N1 bis N9).[409]

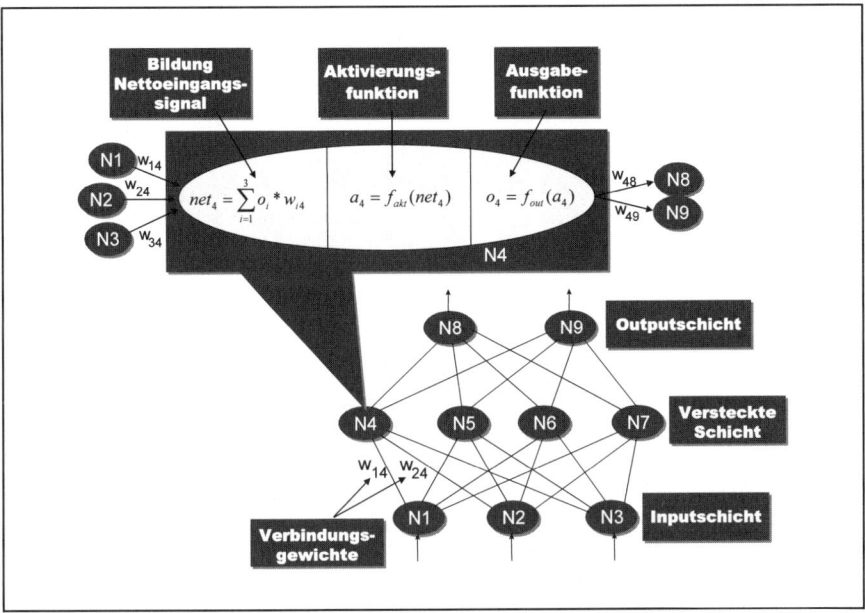

Abb. 6/16:   **Prinzipieller Aufbau eines Künstlichen Neuronalen Netzes**

Über die Verknüpfungen empfangen die einzelnen Verarbeitungselemente von den vorgelagerten Elementen Signale, die nach Eingang zu einem Nettoeingangssignal (net) verdichtet werden. Bei der Berechnung des Nettoeingangssignals finden die jeweilige Signalstärke (o) sowie das Verbindungsgewicht (w) Beachtung. Aus dem Nettoeingangssignal wird anschließend mit einer Aktivierungsfunktion (f_{akt}) ein Aktivierungszustand bzw. -wert (a) des Neurons berechnet, der wiederum in eine Ausgabefunktion (f_{out}) mündet und den Ausgabewert des Neurons (o) bestimmt. Oftmals werden aus Vereinfachungsgründen die Aktivierungs- und die Ausgabefunktion zu einer Transferfunktion zusammen gefasst. Der ermittelte Ausgabewert fungiert danach als Eingangsgröße für die nach gelagerten Verarbeitungseinheiten. Die einzelnen Eingabe-Ausgabe-Beziehungen zwischen den Verarbeitungseinheiten legen eine logische Anordnung fest und ermöglichen Gruppierungen der einzelnen Einheiten in eine **Eingabeschicht**, eine **Ausgabeschicht** und eine oder mehrere **Zwischenschichten** bzw. **versteckte Schichten (hidden layer)**.

Es finden sich ebenfalls Künstliche Neuronale Netze, bei denen die einzelne Neuronen **Aktivierungszustände** aufweisen, welche beim Eintreffen neuer Signale zur Berechnung der aktualisierten Aktivierungszustände Verwendung finden und die dann als eine Art von Erinnerungsvermögen bzw. Gedächtnis repräsentie-

---

[409] Vgl. Bankhofer (2004), S. 399.

ren. Bei der technischen Umsetzung ergeben sich zahlreiche weitere Freiheitsgrade. So lassen sich in Abhängigkeit von den Wertebereichen der eingesetzten Variablen kontinuierliche und diskrete sowie beschränkte und unbeschränkte funktionale Zusammenhänge implementieren. Häufig wird auch in Analogie zu biologischen Netzen mit Schwellwerten operiert, die überschritten werden müssen, damit ein Neuron ein Signal abgibt („feuert").

Bislang wurden lediglich **Netze ohne Rücksprünge (Feedforward-Netze)** betrachtet, die ebenweise Verbindungen aufwiesen. Ebenenweise verbundene Netze weisen mehrere Schichten auf, wobei die einzelnen Neuronen jeweils lediglich Verknüpfungen zu Neuronen in den benachbarten Schichten aufbauen. Treten auch Verbindungen zwischen Neuronen auf, bei denen Ebenen übersprungen werden, dann werden diese als shortcut connections bezeichnet. Als komplexer erweisen sich Netze, in denen auch **Rückkopplungen** zulässig sind **(rekurrente Netze)**. Derartige Rückkopplungen können zunächst bei einzelnen Neuronen auftreten, bei denen der Outputwert eine Verbindung zum Inputwert aufweist und dadurch den Aktivierungszustand verstärkt oder abschwächt. Rückkopplungen zu anderen Neuronen können zunächst lediglich innerhalb einer Schicht aufgebaut werden, zumeist um nur ein Neuron innerhalb der Schicht aktiv werden zu lassen, indem von den Neuronen hemmende bzw. negative Rückkopplungen auf die andern Neuronen der Schicht ausgeübt wird. Schließlich lassen sich auch Netze aufbauen, bei denen die Neuronen schichtübergreifend rückgekoppelt sind, beispielsweise um hierdurch die Signale ausgewählter Eingabeneuronen zu verstärken. Im Extremfall sind alle Neuronen eines Netzes über Verbindungen miteinander verknüpft.[410] Abb. 6/17 veranschaulicht die einzelnen Netztypen exemplarisch.

Ein Künstliches Neuronales Netz lernt, indem es sich selbst entsprechend vorgegebener Regeln verändert. Die Modifikationen beziehen sich auf **Transformationsfunktionen, Schwellwerte** sowie **Verbindungsgewichte** und können sogar im Löschen vorhandener oder in der Erstellung neuer Verbindungen und Neuronen münden. Das Lernen eines Künstlichen Neuronalen Netzes vollzieht sich entweder überwacht **(supervised learning)** oder unüberwacht **(unsupervised learning)**. Beim überwachten Lernen wird das Netz mit Hilfe von Trainingsdaten kalibriert, bei denen Eingangs- und Ausgangsgrößen bekannt sind und die sich dadurch zur Bildung von Erfahrungswerten im Netz heranziehen lassen. Grundlegende Unterschiede ergeben sich dahingehend, ob dem Netz lediglich mitgeteilt wird, dass es mit seinem Ergebnis richtig oder falsch liegt (reinforcement learning), oder ob auch eine Angabe über die Differenz zur richtigen Lösung erfolgt.

Als verbreitetes überwachtes Lernverfahren durchläuft beispielsweise das **Backpropagation** folgende Schritte: Zunächst wird das Netz mit den Eingabesignalen gefüttert. Aus den aktuellen Netzstrukturen errechnen sich die Outputwerte, die mit den vorab bekannten und korrekten Ergebnissen korrespondieren sollen. Aufgetretene Differenzen werden an der Outputschicht in das Netz eingespeist und durchlaufen es von hinten nach vorne, wobei eine Anpassung der einzelnen Gewichte und Funktionen erfolgt.

---

[410] Vgl. Poddig/Sidorovich (2001), S. 373.

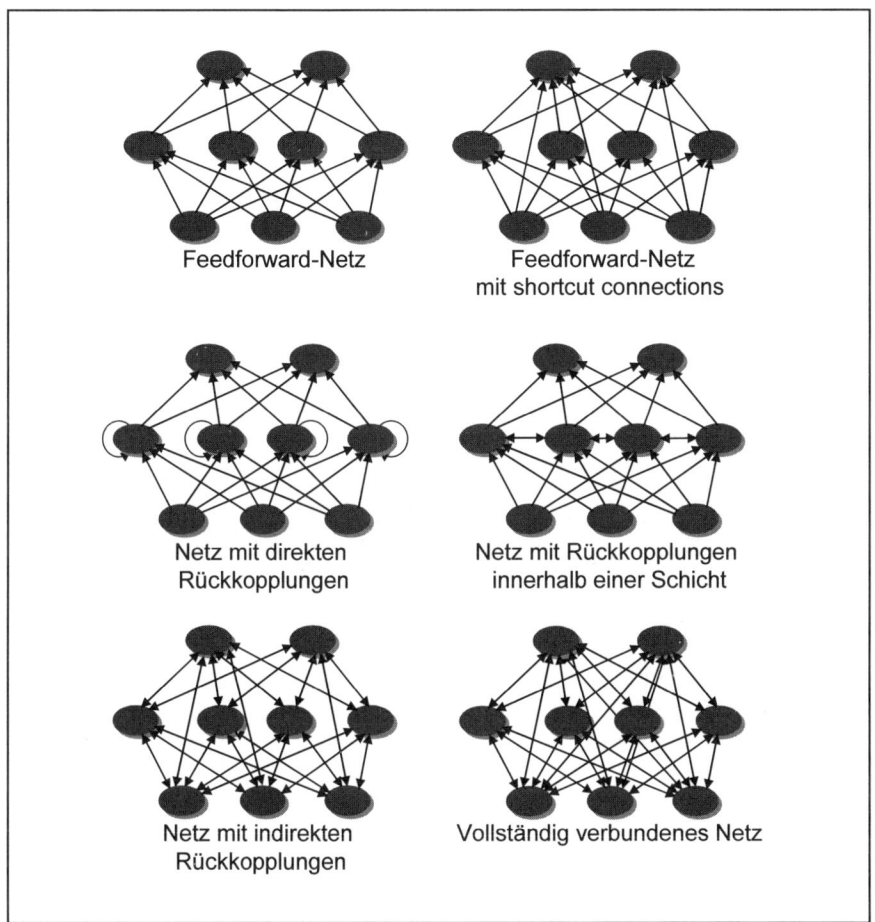

Abb. 6/17:   Typen Künstlich Neuronaler Netze

Stehen dagegen keine Ausgabewerte zur Verfügung, wird von unüberwachtem oder selbst-organisierendem Lernen gesprochen. Hierbei versucht das Netz, die eingegebenen Datenobjekte nach ihren Merkmalen in homogene Klassen einzuteilen.

Einsatzfelder finden Künstliche Neuronale Netze überall dort, wo eine Vielzahl von Datenobjekten mit zahlreichen Merkmalen und ausgeprägten Interdependenzen auftreten und die ausgeprägte Komplexität ein Erkennen von relevanten Wirkungszusammenhängen und Mustern erschwert. Als Anwendungsdomänen kommen beispielsweise **Prognosen von Aktienkursen und Unternehmungskonkursen**[411] aber auch **Diagnosen im medizinischen Sektor**[412] in Betracht.

---

[411] Vgl. Rehkugler/Zimmermann (1994); Schöneburg/Straub (1993), S. 247ff.
[412] Vgl. Laudon/Laudon/Schoder (2006), S. 482 f.

6.2.3.4 Assoziationsanalysen

Als Ziel der Assoziationsanalysen gilt das Aufdecken von Beziehungen zwischen den einzelnen Bestandteilen eines gegebenen Datenbestandes. Den Untersuchungsgegenstand bilden dabei einzelne Transaktionen (z. B. Warenkäufe) und die darin enthaltenen Merkmalsausprägungen bzw. Items (z. B. Positionen bzw. Artikel eines Warenkaufs). Mit den Verknüpfungen, Abhängigkeiten und Sequenzen treten drei Beziehungstypen auf.[413]

- **Verknüpfungen:**
  Das Aufdecken von Verknüpfungen zielt darauf ab, gemeinsam auftretende Vorfälle oder Ereignisse (beispielsweise wiederholte Käufe gleicher Artikelkombinationen) zu identifizieren. Vor allem im Einzelhandel lassen sich derartige Korrelationen mit Bondatenuntersuchungen gut aufdecken. Aus den observierten Verknüpfungsmustern sind dann Erfolg versprechende Produkt- oder Leistungsbündel ableitbar.

- **Abhängigkeiten:**
  Über den Aussagegehalt von Verknüpfungen hinaus beschreiben Abhängigkeitsbeziehungen zudem die Stärke und Richtung der Verbindung und legen diese in Form von Abhängigkeitsregeln (Wenn-Dann-Beziehungen) mit den zugehörigen bedingten Wahrscheinlichkeiten ab.

- **Sequenzen:**
  Eine Analyse aufgetretener Ereignisse und Vorfälle im Zeitablauf kann zum Ergebnis führen, dass einzelne Ereignistypen häufig mit einem gewissen zeitlichen Verzug aufeinander folgen.

Ihr primäres Einsatzgebiet finden die Assoziationsanalysen heute bei der Analyse von Kaufverbünden im Handel. Hier ist vor allem von Interesse, welche Artikel Verknüpfungen oder gar Abhängigkeiten aufweisen, um daraus spezielle Angebote zu schneiden. Dazu werden aufgedeckte Beziehungen in Form von **Assoziationsregeln (Wenn-Dann-Regeln)** beschrieben. Der Bedingungsteil (Wenn-Teil) der Regel wird auch als Prämisse oder Antezedens bezeichnet, der Dann-Teil dagegen als Konklusion bzw. Implikation oder Sukzedens.

Als gebräuchliche Maßzahlen der Assoziationsanalyse lassen sich insbesondere **Support** und **Confidence** (Interessantheitsmaße) anführen. Der Support repräsentiert die Häufigkeit, mit der eine Regel im gesamten Datenbestand auftritt. Dabei sind häufig auch die Regeln mit einem vergleichsweise geringen Support interessant, zumal Regeln mit hohem Support oftmals bekannte und offenkundige Beziehungen darstellen. Dagegen bildet die Confidence die Stärke der Beziehung ab, indem die Anzahl der Transaktionen, die diese Regel unterstützen, ins Verhältnis gesetzt wird zur Gesamtzahl der Transaktionen, die der Prämisse genügen. Ein hoher Konfidenzwert deutet auf eine ausgeprägte Abhängigkeit zwischen den betrachteten Items hin.

Wird die Anzahl der Transaktionen, in denen der Konklusionsteil der Regel auftritt, mit der Gesamtzahl aller Transaktionen in Verbindung gebracht, ergibt

---

[413] Vgl. Neckel/Knobloch (2005), S. 222f.

sich als weitere Maßgröße die Expected Confidence. Aus der Division von Confidence und Expected Confidence lässt sich anschließend der Lift berechnen, der eine Angabe darüber enthält, um wie viel höher sich die berechnete Confidence im Vergleich zur erwartenden Confidence darstellt und damit wie viel öfter die Konklusion bei erfüllter Regelprämisse auftritt als bei der Grundgesamtheit.[414] Abbildung 6/18 veranschaulicht diese Zusammenhänge an einem Beispiel.[415]

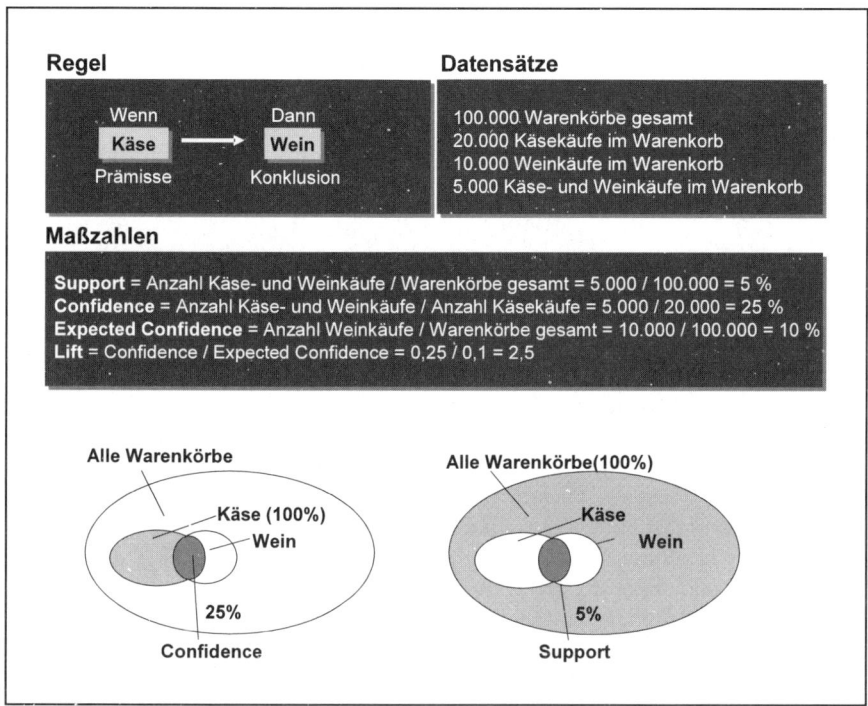

Abb. 6/18:   Zentrale Maßgrößen der Assoziationsanalysen[416]

Als problematisch erweist sich in der Realität die hohe Anzahl miteinander kombinierbarer Einzelartikel. Eine vollständige Auflistung aller möglichen Kombinationen und Berechnung aller relevanten Maßzahlen ist meist nicht mit vertretbarem Rechenaufwand zu betreiben. Die eingesetzten Assoziationsverfahren versuchen daher, den Lösungsraum frühzeitig zu beschränken. Als besonders weit verbreiteter Algorithmus erweist sich der **Apriori-Algorithmus**[417] mit seinen Varianten, der sich heute in zahlreichen Data Mining-Werkzeugen findet. Der Grundgedanke basiert hierauf, dass der Support einer Zusammenstellung aus n Items

---

[414] Vgl. Hettich/Hippner/Wilde (2000), S. 977; Krahl/Windheuser/Zick (1998), S. 140.

[415] Vgl. hierzu das Beispiel einer Assoziationsanalyse in Bodendorf (2006), S. 47 ff.

[416] In Anlehnung an: Hettich/Hippner/Wilde (2000), S. 970.

[417] Eine Erläuterung dieses Verfahrens bieten beispielsweise Hettich und Hippner. Vgl. Hettich/Hippner (2001), S. 429ff.

immer größer oder gleich einer um ein Item erweiterten Zusammenstellung sein muss. In Anlehnung an das obige Beispiel bedeutet dies, dass der Support für Käse und Wein nicht kleiner werden kann, als der Support für Käse, Wein und Brot. Erreicht nun die Ausgangszusammenstellung von n Items nicht den Mindestsupport, dann kann dies auch keine um zusätzliche Items vergrößerte Zusammenstellung und ist daher für die folgenden Betrachtungen vernachlässigbar.

Zunächst bestimmt der Apriori-Algorithmus alle Items, die einen vorgegebenen Support-Wert nicht unterschreiten und dadurch einen signifikanten Anteil im Datenbestand ausmachen. Anschließend werden für die Kombinationen dieser als häufig bezeichneten Items Support und Confidence berechnet. Anschließend erfolgt die Eliminierung derjenigen Kombinationen, die dem Kriterium Mindestsupport nicht genügen. Die verbliebenen Items werden anschließend schrittweise zu Mengen mit einer um ein Element erhöhten Anzahl kombiniert. Jede Kombination wird auf Einhaltung des Mindestsupports hin überprüft. Dieses Verfahren wird solange wiederholt, bis keine Zusammenstellungen mit zusätzlichen Items mehr möglich sind.

Die klassische Assoziationsanalyse unterstellt, dass zusammengehörige Items die gleiche Transaktionszeit aufweisen, d. h. beispielsweise zur gleichen Zeit gekauft wurden. Allerdings finden sich zahlreiche Beispiele dafür, dass abhängige Ereignisse erst nach einem gewissen Zeitverzug eintreten können. Als Beispiele können der Erwerb eines Kraftfahrzeuges und ein Reifenkauf sowie aufeinander folgende Käufe von Digitalkamera und Fotodrucker dienen. **Sequenzanalysen** haben das Ziel, derartige Abläufe von zusammengehörigen, aber zeitlich versetzten Transaktionen zu untersuchen und auch hier interessante Muster aufzudecken. Die Ergebnisse können dabei helfen, geeignete Zeitpunkte für Werbeaktivitäten für Zusatzprodukte oder -leistungen bei Bestandskunden zu ermitteln.

Insgesamt finden sich vielfältige Anwendungsbereiche für Assoziationsanalysen. Häufig steht das Aufdecken geschäftlich relevanter, struktureller Zusammenhänge insbesondere für Verbundkäufe im Handel im Vordergrund. Die klassischen betriebswirtschaftlichen Einsatzfelder erstrecken sich hier von der Kataloggestaltung mit einer geeigneten Anordnung von Produkten über die Sortimentsanordnung im Einzelhandel bis zur Vorbereitung von Mailing-Aktionen beispielsweise im Versandhandel. Aber auch im Finanzdienstleistungssektor[418] sowie im medizinischen Bereich und bei der Aufdeckung technischer Fehler bei der Gesprächsvermittlung im Telekommunikationsbereich[419] lassen sich Assoziationsanalysen einsetzen.

Es bleibt festzuhalten, dass KDD und Data Mining über klassische statistische Verfahren der Datenmustererkennung hinausgehen, da unter Einbeziehung von großen bereinigten und harmonisierten Datenbeständen (die z. B. in einem Data Warehouse vorgehalten werden) umfangreiche Datenpopulationen verfügbar gemacht werden und zudem verschiedene Verfahren zur Mustererkennung parallel am Datenbestand erprobt werden können.

---

[418] Vgl. Krahl/Windheuser/Zick (1998).
[419] Vgl. Beekmann/Stock/Chamoni (2003), S. 1531 ff.

7 Präsentation und Datenzugriff: Reporting und Portale

Als zentrales Anliegen der Präsentationsschicht wurde in Abschnitt 4.4.3 die problem- und adressatengerechte Ausgabe des benötigten Datenmaterials am jeweiligen Ausgabenmedium angeführt. Auf weiterführende Möglichkeiten zur flexiblem Navigation im Datenbestand oder weit reichende methodische Aufbereitungsschritte wird dagegen eher verzichtet.

Vor diesem Hintergrund sind in der Präsentationsschicht Werkzeuge gefordert, welche relevante Informationen in vorgefertigter Struktur und in relativ starrer Form zu unterschiedlichsten Themenbereichen anbieten können. Für die meisten Problemstellungen und die Mehrzahl der Mitarbeiter reicht diese Unterstützungsform zur Bewältigung der anstehenden Aufgaben vollkommen aus.

Bereits seit vielen Jahren werden entsprechende Lösungen im Rahmen des **betrieblichen Berichtswesens** zur Informationsversorgung eingesetzt (vgl. Abschnitt 7.1). Architektonisch oftmals als integraler Bestandteil der operativen Anwendungssysteme implementiert, bieten die zugehörigen Reportingkomponenten Funktionalitäten zur bedarfsgerechten Zusammenstellung und Formatierung quantitativer Größen mitsamt den textlichen Beschreibungen.

Einen ausgeprägt integrativen Charakter über die Grenzen einzelner Anwendungssysteme hinaus weisen dagegen die intensiv diskutierten **Dashboard- und Portal-Lösungen** auf (vgl. Abschnitt 7.2), die den Anspruch erheben, Informationsbausteine aus unterschiedlichen Vorsystemen an der Benutzungsoberfläche zusammen führen zu können.

7.1 Betriebliches Berichtswesen

Berichte werden heute in allen Bereichen von Unternehmungen und auf allen Hierarchieebenen genutzt, um rasche Einsicht in relevante betriebswirtschaftliche Sachzusammenhänge zu erhalten. In zunehmendem Maße erfolgt dabei der Einsatz spezieller Softwarewerkzeuge, deren Funktionalität eine rasche und fast intuitive Erstellung unterschiedlichster Reports ermöglicht.

Nach einer Einordnung und Abgrenzung des betrieblichen Berichtswesens (vgl. Abschnitt 7.1.1) zeigen die folgenden Ausführungen auf, welche Einsatzbereiche und Nutzungspotenziale diesbezügliche Ansätze mit sich bringen (vgl. Abschnitt 7.1.2), bevor der Reporting-Bereich nochmals unter technologischen Gesichtspunkten beleuchtet wird (vgl. Abschnitt 7.1.3).

7.1.1 Einordnung und Abgrenzung

Zu den vordringlichsten Aufgaben des betrieblichen Berichtswesen gehört es, die Mitarbeiter ereignis- oder zeitgesteuert mit relevanten Informationen zu versorgen. Das **Berichtswesen** umfasst alle Personen, Organisationseinheiten, Vorschriften, Daten und Prozesse, die bei der Erzeugung und Weiterleitung von Berichten beteiligt sind.[420] Als Berichte lassen sich Dokumente verstehen, die unterschiedliche Informationen für einen bestimmten Untersuchungszweck miteinander kombinieren und in aufbereiteter Form vorhalten.[421] Kennzeichnend insbesondere für das elektronische Standardberichtswesen ist, dass die erforderlichen Berichte weitgehend automatisch generiert werden und dem Berichtsempfänger damit eine eher passive Rolle zukommt. Auf der Basis vorgedachter Strukturen verknüpfen sie die zugehörigen Informationspartikel und bereiten diese empfängergerecht auf.

Dabei reicht das in den Unternehmungen implementierte interne Berichtswesen[422] zumeist deutlich über die vom Gesetzgeber vorgeschriebenen Mindestanforderungen an eine externe Rechnungslegung hinaus. Schließlich ist es für betriebliche Fach- und Führungskräfte wesentlich, in periodischen Abständen oder im Bedarfsfall bestimmte Fakten geliefert zu bekommen, die helfen, Trends zu erkennen, Planungen durchzuführen oder Kontrollaufgaben wahrzunehmen. Auf unterschiedlichen Wegen wandern diese Informationen durch den betrieblichen Instanzenweg und werden dabei verdichtet, bereinigt, ergänzt, modifiziert oder gar manipuliert.

Die Erstellung von Berichten mit verschiedensten Inhalten, unterschiedlichen Aggregationsstufen und heterogenen Darstellungsmitteln verursacht erhebliche Kosten.[423] Die Gründe hierfür sind sicherlich sehr vielfältig:

- Die lange Zeit als Idealbild gehandelte Fiktion eines **„papierlosen Büros"** hat sich in dieser Form nicht etablieren können.[424]
- Die **Informationsnachfrage** betrieblicher Fach- und Führungskräfte ist größer denn je. Auch wenn längst nicht jede Berichtsseite auch gesichtet wird, sollen die Informationen in ausgedruckter Form verfügbar sein.[425]
- Auch die Ansprüche an die **optische Gestaltung von Berichten** haben rapide zugenommen. Dies führt dazu, dass Schriftstücke mit kleineren Korrektu-

---

[420] Vgl. Blohm (1969), S. 892; Küpper (2005), S. 170. Eine sehr weite Begriffsauslegung setzt das Berichtswesen dem Informationswesen gleich. Vgl. Blohm (1973), Sp. 728.

[421] Falls die Berichte in elektronischer Form erzeugt und/oder präsentiert werden, dann lässt sich die zugehörige technische Lösung als Berichtssystem bezeichnen.

[422] Koch stellt heraus, dass der Schwerpunkt des Berichtswesens in der internen bzw. innerbetrieblichen Weitergabe von Informationen zu sehen ist. Vgl. Koch (1994), S. 55f. sowie auch Weber/Schäffer (2006), S. 211. Bisweilen wird das Berichtswesen auch ausschließlich auf die (unternehmungs-) interne Informationsübermittlung reduziert. Vgl. Horvath (2006), S. 584.

[423] Während die Reporting-Kosten zu Beginn der 80er Jahre noch durchschnittlich ca. 5 % des gesamten Informationsverarbeitungsbudgets betrugen, macht der Anteil eine gute Dekade später bereits oftmals 30 % oder mehr aus. Vgl. Schmelz (1995), S. 72.

[424] Allein in den USA, so schätzt die Gartner-Group, wurden 1995 täglich ca. eine Milliarde Dokumente gedruckt. Vgl. Fritsch (1995), S. 9. Mertens und Griese berichten von einer Stichprobe im Marketing und Vertrieb einer Maschinenbauunternehmung, bei der die Führungskräfte pro Arbeitstag 23 ausgedruckte Berichte erhielten. Mertens/Griese (2002), S. 68.

[425] Asser betont, dass vor allem Führungskräfte dazu neigen, aus einem übertriebenen Sicherheitsbedürfnis heraus übermäßig viele Kontrollberichte anzufordern. Vgl. Asser (1974), S. 670.

ren oder alternativen Gestaltungsformen so oft ausgedruckt werden, bis sie optisch und inhaltlich einwandfrei sind.

- Durch die zunehmende Verbreitung des Internets auch in den Unternehmungen lassen sich **externe Informationen** in beliebiger Menge und mit vielfältigsten Inhalten kostengünstig einholen. Das interne Angebot an relevanten Informationen konnte nicht in entsprechendem Umfang mitwachsen. Einerseits sind die DV-Abteilungen kaum in der Lage, den vielfältigen Benutzerwünschen kurzfristig nachzukommen. Andererseits fühlen sich die Endanwender häufig überfordert, wenn sie vor die Aufgabe gestellt sind, die benötigten Auswertungen selbst zu erstellen.

Berichte lassen sich nach unterschiedlichen Kriterien kennzeichnen und einordnen. Eine derartige Berichtsmarkierung kann einerseits bei der Erfassung der vorhandenen Berichte und andererseits bei der Gestaltung neuer Berichte strukturierende Hilfestellung leisten.[426] Als Kategorienklassen, unter denen je nach Einsatzbereich unterschiedliche Einzelaspekte gefasst sein können, lassen sich neben Zweck, Inhalt und Form von Berichten auch zeitliche Merkmale und betroffene Instanzen anführen (vgl. Abb. 7/1).

Von zentraler Bedeutung für die Beschreibung von Berichten ist sicherlich der zugeordnete **Berichtszweck**, zumal hierdurch die Ausprägungen der übrigen Merkmale entscheidend mitbestimmt werden.[427] Kann ein konkreter Berichtszweck nicht angeführt werden, dann ist sogar die jeweilige Existenzberechtigung in Frage gestellt.

Als potenzielle Berichtszwecke lassen sich neben der Dokumentation vor allem die Entscheidungsvorbereitung, das Auslösen von Bearbeitungsvorgängen sowie die Kontrolle anführen.[428] Dabei dient die Dokumentation einer strukturierten Abbildung des Betriebsgeschehens und weist vielfältige Überschneidungen mit dem internen und externen Rechnungswesen auf.[429] Allerdings lassen sich durch Berichte ebenso Sitzungen wie auch Fertigungsschichten aufzeichnen und protokollieren.[430] Die übrigen drei häufig zu beobachtenden Berichtszwecke indes korrespondieren unmittelbar mit den identifizierten Phasen des Entscheidungsprozesses.[431] Häufig werden Berichte zur Vorbereitung von Entscheidungen herangezogen. Allerdings können Berichte auch unmittelbar bestimmte Aktivitäten bzw. Bearbeitungsvorgänge auslösen. Schließlich müssen die durchgeführten Maßnahmen auch auf ihren Erfolg hin kontrolliert werden.

---

[426] Einen Überblick über anwendbare Prinzipien zur Gestaltung des Berichtswesens sowie über Schwachstellen, die es zu eliminieren gilt, bietet beispielsweise Blohm. Vgl. Blohm (1969), S. 896 - 899.

[427] Vgl. Horvath (2006), S. 584.

[428] Vgl. Asser (1974), S. 661; Weber/Schäffer (2006), S. 212.

[429] Bereits aus gesetzlichen Vorschriften erwachsen viele Vorgaben für eine angemessene und erforderliche Dokumentation. Vgl. Küpper (2005), S. 170. Blohm versteht das Rechnungswesen sogar als Bestandteil des Berichtswesens. Vgl. Blohm (1973), Sp. 730.

[430] Vgl. Asser (1974), S. 661.

[431] Vgl. Horvath (2006), S. 584.

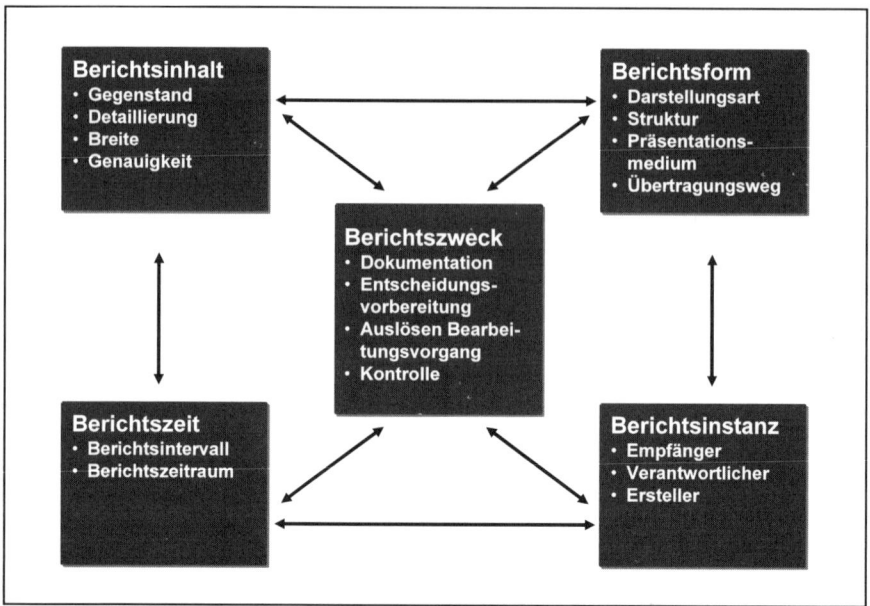

Abb. 7/1:   **Merkmale zur Kennzeichnung und Gestaltung von Berichten**[432]

Mit dem **Berichtsinhalt** werden die enthaltenen Sachverhalte der Realität klassifiziert. Eine Einteilung kann hier beispielsweise entlang der einzelnen Funktionalbereiche oder anhand vergleichbarer thematischer Kriterien erfolgen. Für die
Nützlichkeit des Berichtes ist von entscheidender Bedeutung, dass die angebotenen Informationen in einer zweckadäquaten Detaillierung vorliegen, Vergleichsin-
formationen für deren angemessene Einordnung bereit stehen und das Informationsspektrum breit genug ausgelegt ist. Bei der Interpretation der Berichtsinhalte
muss insbesondere beachtet werden, dass es sich bei den dargebotenen Informationen möglicherweise um ungenaue Angaben handeln kann, z. B. im Falle vor-
läufiger Zahlen oder Abschätzungen.

Formal unterscheiden sich Berichte zunächst dadurch, dass Informationen auf
unterschiedliche Weisen dargestellt werden können. Prinzipiell können grafische
und textliche **Darstellungsformen** einzeln oder gemischt eingesetzt werden. Während bei den grafischen Berichten zumeist die üblichen Varianten der Geschäftsgrafiken wie Kreis-, Balken- oder Säulendarstellungen genutzt werden, finden sich
im textlichen Bereich tabellarische Repräsentationsformen zur Abbildung quantitativer Inhalte, aber auch ausformulierte Langtexte, z. B. zur Wiedergabe qualitativer Informationen. Die strukturelle Anordnung der eingesetzten Berichtsobjekte
weist häufig eine zentrale Bedeutung für die Übersichtlichkeit und Verständlich-

---

[432] Vgl. Blohm (1969), S. 895; Koch (1994), S. 59; Küpper (2005); S. 176; Totok (2000),
S. 26; Weber/Schäffer (2006), S. 212 - 217.

keit von Berichten auf.[433] Eine Abstimmung zwischen der Berichtsstruktur und den darzustellenden Inhalten sowie den Bedürfnissen der Adressaten erweist sich als zentraler Erfolgsfaktor. Hinsichtlich des gewählten Präsentationsmediums kann eine Unterscheidung in elektronische und konventionelle, zumeist papiergebundene Ausgabeformen vorgenommen werden, von denen dann häufig auch die einzuschlagenden Übertragungswege abhängig sind.

Auch der **zeitliche Aspekt von Berichten** schlägt sich in verschiedenen Facetten nieder. Bei den Berichtsintervallen ist nicht nur deren Länge von Belang, sondern insbesondere auch ihre Regelmäßigkeit. Zudem können sich die aufbereiteten Informationen auf unterschiedliche Betrachtungszeiträume beziehen. Als Extrempositionen lassen sich dabei singuläre Berichtsereignisse auf der einen und auf mehrere Jahre bezogenen Langfristauswertungen unterscheiden.

Schließlich sollen mit der letzten Kriterienklasse die betroffen **Berichtsinstanzen** beschrieben werden. Als wesentlich für Inhalt und Aufbau des Berichts erweisen sich hier die Anforderungen des Empfängers bzw. der Empfängergruppe. Nur bei exakt erhobenem Informationsbedarf lassen sich die Berichte auf die Belange der Verwender ausrichten. Zudem ist zu klären, welche Mitarbeiter für die zeitgerechte Anfertigung der Berichte verantwortlich sind. Dabei kann zwischen einer inhaltlichen Verantwortung und einer technischen Verantwortung differenziert werden. Von den Berichtsverantwortlichen können noch die Verrichtungsträger bei der Berichtserstellung abgegrenzt werden, wenngleich beide häufig auch in Personalunion auftreten. Zu beachten ist hier, dass der Anstoß zur Erzeugung von Berichten sowohl manuell als auch maschinell-automatisch erfolgen kann.

Zwischen den aufgeführten Kriterien bestehen vielfältige konkurrierende und komplementäre Beziehungen. Eine ausgeprägte Konkurrenz findet sich beispielsweise zwischen der Aktualität und der Genauigkeit von Berichten. Vor dem Hintergrund des jeweiligen Berichtszweckes ist zu entscheiden, welchen Kriterien im Einzelfall eine höhere Priorität beigemessen wird.

Insgesamt kann festgehalten werden, dass das betriebliche Berichtswesen einen hohen Stellenwert bei der Informationsversorgung in den Unternehmungen einnimmt. Probleme ergeben sich vor allem aus organisatorischen Gründen und aus der unüberschaubaren Vielfalt unterschiedlicher Berichte, die historisch bedingt entstanden sind und deren Berechtigung und Angemessenheit häufig nur ungern hinterfragt werden.

7.1.2 Einsatzbereiche und Nutzungspotenziale

Als potenzielle Empfänger bzw. Nutzer der für den unternehmungsinternen Gebrauch bestimmten Reports kommen prinzipiell die Fach- und Führungskräfte aller Hierarchieebenen und Abteilungen sowie externe Empfänger in Betracht, vor allem jedoch die Informationskonsumenten (vgl. Abschnitt 4.3.1). Im Einzelnen

---

[433] Übersichtlichkeit und Verständlichkeit lassen sich durch einen einheitlichen Aufbau verschiedener Berichte steigern. Dies bezieht sich auf die Verwendung gleicher Gliederungsprinzipien sowie beispielsweise auf eine gleichförmige Gestaltung zentraler Berichtselemente. Vgl. Küpper (2005), S. 183f.

kann es sich dabei um Tages-, Wochen-, Monats-, Quartals- und Jahresberichte, aber auch um Projektberichte oder Mitarbeiterbeurteilungen handeln. Damit reicht das Adressatenspektrum vom Top-Management bis auf die Sachbearbeiterebene. Diese Nutzergruppen erheben sehr unterschiedliche Anforderungen an die formale und inhaltliche Gestaltung einer angemessenen Informationsversorgung.

Bereits oben wurde ausgeführt, dass sich bezogen auf die **Erstellungsintervalle** unregelmäßig von regelmäßig erzeugten Berichten abgrenzen lassen. Unregelmäßig erzeugte Berichte, die auch als **aperiodisch** bezeichnet werden, weisen Signalcharakter bei Eintritt bestimmter, vorab definierter Datenkonstellationen (z. B. bei auftretenden Abweichungen von Sollwerten) auf und werden daher häufig auch als Abweichungsberichte bezeichnet. Durch Einsatz geeigneter **Indikatoren** lassen sich die bereit gestellten Informationen zur **Früherkennung bzw. Frühwarnung** nutzen.[434]

Standardberichte werden dagegen periodisch nach Ablauf fest vorgegebener zeitlicher Intervalle erstellt. Sie basieren auf einer zuvor durchgeführten Informationsbedarfsanalyse oder sind schlicht historisch gewachsen. Standardberichte befriedigen ein identifiziertes und definiertes Normbedürfnis nach Informationen und werden in identischer Form unterschiedlichen Empfängern zu festen Stichtagen zur Verfügung gestellt. Häufig weisen diese Berichte fest vorgegebene und starre Formen und Inhalte auf. Allerdings sind auch Ausprägungen mit variabler Struktur realisierbar. Derartige Berichte können **Ausnahmemeldungen** enthalten, die aus relativen Abweichungen zu Vergangenheits-, Soll-, Plan- oder anderen Vergleichsdaten resultieren und/oder die durch absolute Unter- oder Überschreitung vorgegebener Grenz- oder Schwellenwerte (z. B. Lagermindestbestand) hervorgerufen werden. Besonders anspruchsvolle Berichte kombinieren als **Expertise** numerische, verbale und graphische Abbildungstechniken in einem Bericht, um besonders bemerkenswerte Entwicklungen herauszustellen.[435]

Tendenziell jedoch ist zu beobachten, dass sich periodische Berichte zumeist auf abgelaufene Perioden beziehen, während aperiodische Berichte mit Signalcharakter häufig auf kurzfristige Ereignisse hinweisen und oftmals mit dringendem Handlungsbedarf verknüpft sind.

---

[434] Das auslösende Element für die Generierung von Berichten ist dabei häufig durch operative und kontrollorientierte Ansätze geprägt. Die anspruchsvolleren Formen der schadensmindernden Frühwarnung auf Prognosebasis sowie der strategischen Frühwarnung lassen sich nur durch Einbeziehung unternehmungsexterner Informationen sowie aufwendiger mathematisch-statistischer Analysemethoden verwirklichen. Vgl. Lachnit (1997), S. 168; Hahn (1992), S. 29; Kuhn (1990), S. 109ff.

[435] Vgl. Mertens/Griese (2002), S. 80ff. Neben den Standard- und Abweichungsberichten wird oftmals als dritter Berichtstypus der so genannte Bedarfsbericht angeführt. Dieser ist bei akut auftretendem Informationsbedarf erforderlich, z. B. in einer konkreten Entscheidungssituation. Im Gegensatz zu den anderen beiden Berichtstypen lassen sich Inhalt und Form kaum vorab exakt spezifizieren, sondern müssen im Einzelfall individuell konzipiert werden. Der damit verbundene, häufig sehr hohe Aufwand lässt sich durch die hervorragende Abdeckung des spezifischen Informationsbedarfs rechtfertigen. Vgl. Blohm (1973), Sp. 731; Küpper (2005), S. 172; Horvath (2006), S. 585.

7.1.3 Reporting-Technologien

Bei allen Arten von Reporting-Lösungen lässt sich die Designer- bzw. Entwicklersichtweise von der Sichtweise der Endbenutzer abgrenzen. Prinzipiell beinhaltet jeder Bericht und jede Abfrage zwei unterschiedliche Ebenen oder Modi; einerseits die abstrakte Schablone mit unterschiedlichen Formatierungs- und Gestaltungselementen, die sich im Design- oder Entwurfsmodus manipulieren lassen und anderseits das konkrete Berichtsergebnis, das sich erst durch die Anwendung auf bestimmte Problemdaten ergibt.

Wie eine **Reportschablone** anzulegen ist, hängt von der Ausgestaltung der jeweiligen Reportgenerierungskomponente ab. Im einfachsten Fall handelt es sich um eine auf die Belange der Datenaufbereitung zugeschnittene höhere Programmiersprache (bzw. eine Spracherweiterung), die Sprachkonstrukte für die formatierte bzw. grafische Darstellung von Zahlenmaterial aufweist. Allerdings gelangen heute verstärkt spezialisierte Softwarewerkzeuge zum Einsatz, bei denen sich der Ersteller mit der Maus zuzüglich eines Werkzeugkastens seine Auswertungen ohne Programmierung zusammenstellen kann (vgl. Abb. 7/2). Eine derartige Vorgehensweise beinhaltet den Vorteil, dass bereits während der Generierung am Bildschirm ein unmittelbarer optischer Eindruck entsteht, der weitgehend mit dem zu erstellenden Bericht übereinstimmt. Zudem können unter modernen Benutzungsoberflächen grafische Elemente (wie z. B. Signets oder Bilder) zumeist direkt eingebunden werden.

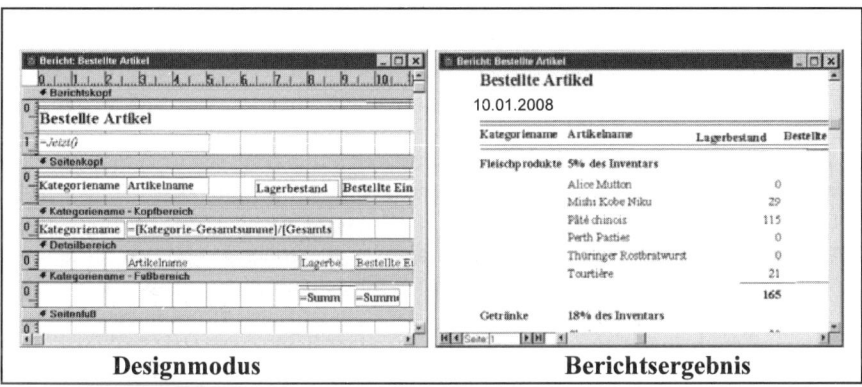

Designmodus **Berichtsergebnis**

Abb. 7/2: **Berichtsebenen bei grafischen Berichtsgeneratoren**

Angelegte Reportschablonen lassen sich beliebig häufig wieder verwenden, z. B. im Rahmen eines **Standard-Berichtswesens**, bei dem die Schablone in festen Abständen aufgerufen und mit aktuellen Daten gefüllt wird. Demzufolge müssen sie in jedem Fall speicherbar sein, wohingegen die dauerhafte Ablage konkreter Auswertungsergebnisse (Zahlentabellen oder Grafiken) lediglich bei Verwendung zeitaufwendiger Berechnungen oder zu Dokumentationszwecken sinnvoll erscheint.

Als **Berichtsgeneratoren** sollen hier diejenigen Software-Werkzeuge bezeichnet werden, die über die reine Abfragefunktionalität hinaus noch Möglichkeiten zur inhaltlichen und optischen Anreicherung bieten.[436] Dazu gehören z. B. Gestaltungsoptionen, die heute fast als Selbstverständlichkeit hingenommen werden, wie die Einteilung in einzelne Druckseiten mit der Einbindbarkeit von Kopf- und Fußzeilen, von Seitenzahlen oder des Druckdatums. Auch die freie Platzierbarkeit und Formatierbarkeit verwendeter Tabellenfelder im Bericht sowie der Einsatz einfacher grafischer Objekte wie Linien und Kästen (mit Schraffur und Schatteneffekt) stellen keine besonders erwähnenswerten Eigenschaften der Werkzeuge dar. Die Formatierung einzelner Berichtsobjekte kann mit Bedingungen verknüpft sein. Eine derart konditionierte Formatierung trägt dann beispielsweise zur Herausstellung besonders auffälliger Datenwerte bei, eine Funktion, die seit der Verbreitung von Executive Information Systems als Exception Reporting (vgl. Abschnitt 3.3) bekannt ist. Über die Einbindung rein textorientierter Datenbankinhalte hinaus können weitere Objekttypen wie Bilder (z. B. Firmensignets oder Abbildungen lieferbarer Artikel) genutzt werden.

Sehr interessant ist auch die Möglichkeit der **Erstellung abgeleiteter Größen zur Berichtslaufzeit**, die aus den Feldinhalten der zugrunde liegenden Datenbank dynamisch errechnet werden (vgl. Abb. 7/3). Hier sind verschiedenartigste mathematische, finanz-mathematische und statistische Verfahren anzutreffen. Auch für Datums- und Zeitfelder wird eine eigene Berechnungslogik angeboten, mit der sich beliebige zeitbezogene Auswertungen vornehmen lassen. Ebenso sind für Textfelder vielfältige Konvertierungs- und Formatierungsfunktionen (wie beispielsweise die Bildung von Teilstrings oder die Umwandlung von Groß- in Kleinbuchstaben) vorhanden. Allgemeine Funktionen von der Fehlerbehandlung bis zu „If ... Then ... Else"-Befehlen richten sich eher an den Entwickler bzw. Administrator.

Besonders erwähnenswert sind in diesem Zusammenhang die Optionen, die das **Two Pass Reporting** bieten: Bei einem zweiten Durchgang werden vorab errechnete Werte benutzt, die erst nach einem kompletten Durchlauf zur Verfügung stehen (z. B. Gesamtsummen), um hieraus abgeleitet Größen berechnen zu können (z. B. Anteile an der Gesamtsumme). Eine Veranschaulichung quantitativer Daten durch die Einbindung aussagekräftiger Geschäftsgrafiken ermöglichen fast alle gängigen Berichtsgeneratoren. Neben den Standarddiagrammen wie Balken-, Säulen-, Linien-, Flächen- und Kreisdiagrammen in 2D- oder 3D-Darstellung werden häufig auch Polar-, Radar-, Spektral-, Gantt- oder andere Spezialdarstellungen angeboten.

---

[436] Die Einsatzbereiche dieser Werkzeuge reichen von der Definition und Anzeige von Standardberichten über die Erstellung von Ad-Hoc-Auswertungen bis zur freien Navigation im Datenbestand. Vgl. Berson/Smith (1997), S. 227.

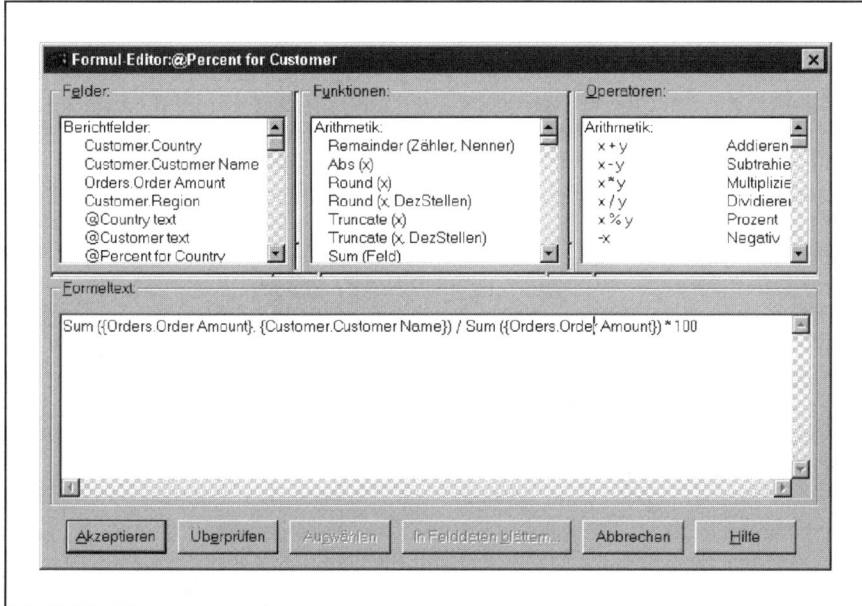

Abb. 7/3: **Dynamische Ermittlung abgeleiteter Größen**

Die breite Funktionsvielfalt, mit der moderne Berichtsgeneratoren heute aufwarten können, lässt für die lokale Erstellung und Nutzung von Reports kaum noch Wünsche offen. Aufgrund ihrer Ausrichtung auf die dezentrale Organisation des Berichtswesens mit vollständiger Funktionalität am Arbeitsplatz ergeben sich allerdings einige Probleme, wenn ein konsistentes Unternehmungsreporting aufgebaut und betrieben werden soll. So ist die steigende Quantität und Komplexität unternehmungsinterner Berichte mit den herkömmlichen Berichtsgeneratoren und Hardwarearchitekturen kaum noch zu bewältigen. Ein weiteres Problem wird durch die Berichtsgeneratoren ebenfalls nicht gelöst. Tabellen- und Feldbezeichnungen präsentieren sich häufig als kryptische Abkürzungen, die nur in Ausnahmefällen auf den tatsächlichen Inhalt schließen lassen. Ausführliche Dokumentationen der Datenbankstruktur dagegen sind – falls überhaupt vorhanden – kaum endbenutzergeeignet.

Durch unterschiedliche Techniken versucht eine spezielle Klasse von Software-Werkzeugen, die hier unter dem Oberbegriff **Managed Query Environment (MQE)**[437] diskutiert wird, diesen Problemen zu begegnen.[438] Bewusst wird dabei angestrebt, durchdachte Software-Lösungen anzubieten, die es dem Endanwender ermöglichen, selbständig die benötigten Auswertungen anzufertigen. Dazu bieten moderne MQE-Tools die Option, eine **semantische Schicht (semantic layer)** zwischen datenbankinterne Bezeichnungen und Benutzerviews zu legen. Diese

[437] Vgl. Berson/Smith (1997), S. 225; Wieken (1999), S. 46.
[438] Vgl. Campbell (1997), S. 44f.

Schicht beinhaltet eine Zuordnung von vertrauten Begriffen aus der Sprachwelt des Endanwenders zu konkreten Datenbanktabellen und -feldern, wobei durchaus verschiedene Datenquellen einbezogen sein können.[439] Zum Zeitpunkt der Abfrage wird im Hintergrund die Transformation der Geschäftsbegriffe in die Datenbankterminologie vollzogen.[440] Durch die zusätzliche Möglichkeit der freien Organisation und Anordnung dieser Geschäftsbegriffe in Katalogen bzw. Universen und Ordnern erlangt der Benutzer einen natürlichen, vertrauten Blick auf seine Informationsobjekte, so dass eine selbständige Formulierung von Abfragen erheblich vereinfacht wird.

Insgesamt erweisen sich Managed Query Environments als sehr leistungsfähige Werkzeuge bei der Erstellung und Verwaltung unternehmungsweiter Berichtssysteme. Ihre Funktionalität richtet sich nicht nur ausschließlich auf die Belange von Report-Erstellern und -Nutzern, sondern bezieht darüber hinaus die speziellen Anforderungen der Administratoren ein. Dadurch eröffnet sich die Möglichkeit zur konsistenten und anwendungsgerechten Berichtserstellung über alle Unternehmungsbereiche und -ebenen.

Schwächen zeigen die Werkzeuge allerdings, falls vom Endanwender Möglichkeiten zur interaktiven Navigation in den Berichten gefordert wird.[441] Zumeist muss zur Generierung einer neuen Sicht auf die Daten der aktive Bericht verlassen und eine andere Auswertung aufgerufen werden. Auch wenn heute noch zahlreiche Berichte in papiergebundener Form erstellt werden, zeigen sich auch durch die Funktionalitäten moderner Reporting-Tools verstärkte Tendenzen hin zum papierlosen Berichtswesen. Zahlreiche Werkzeuge bieten derzeit bereits weit reichende Möglichkeiten zur Publikation von Berichten im Internet, was unter dem Stichwort **Web-Reporting**[442] diskutiert wird. Die Nutzung von Internet-Technologien erweist sich auch als Domäne von Dashboards und Portalen, wie der folgende Abschnitt zeigt.

7.2   Performance Dashboard- und Portal-Konzepte

Im Gegensatz zu Reporting-Lösungen bieten Performance Dashboards und BI-Portale die Informationen nicht in druckoptimierter Form an, sondern sind eher auf die direkte Nutzung am Bildschirm ausgerichtet. Die einzelnen, zusammengehörigen Informationseinheiten sind demzufolge derart angeordnet, dass sie auf einer Bildschirmseite bzw. -ansicht Platz finden. Während der Portal-Ansatz dabei von der Integration unterschiedlicher Inhalte unter einer gemeinsamen Oberfläche bestimmt wird, steht beim Dashboard-Konzept die Komprimierung zentraler und relevanter Fakten auf eine oder wenige Bildschirmseiten im Vordergrund, wie die folgenden Ausführungen belegen.

---

[439] Vgl. Campbell (1996), S. 36f.
[440] Vgl. Wieken (1999), S. 48.
[441] Vgl. Bauer/Günzel (2004), S. 15.
[442] Vgl. Chamoni/Gluchowski/Hahne (2005), S. 69 - 74.

7.2.1 Einordnung und Abgrenzung

Performance Dashboards versuchen, sich an der visuellen Wahrnehmung des Menschen bei der Aufnahme von Informationen zu orientieren und verwenden dazu intuitiv verständliche und anschauliche Gestaltungsarten. Die Bezeichnung der als spezielle Ausprägung zu interpretierenden, teilweise aber auch synonym verstandenen **(Management-) Cockpits** lässt bereits erahnen, um welche Visualisierungsformen es sich dabei handelt: Neben den verbreiteten tabellarischen und geschäftsgrafischen Aufbereitungen von Datenmaterial werden hier insbesondere alle Arten von **Tachometeranzeigen** (in Analogie zum Automobil oder Flugzeug) bzw. künstlich analogen Anzeigeinstrumenten sowie Landkartendarstellungen verwendet. Explizites Ziel der Ansätze ist es, wesentliche Informationen verdichtet und auf einen Blick wahrnehmbar zu präsentieren. Abb. 7/4 veranschaulicht, wie entsprechend aufbereitete Oberflächen aussehen können.

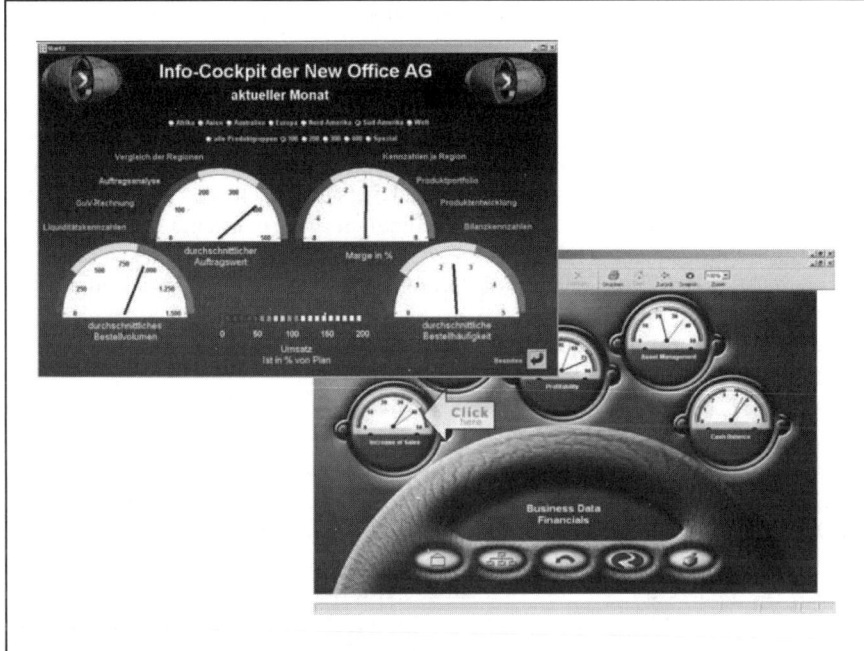

Abb. 7/4: **Dashboard-Beispiele**

Auch wenn die unterschiedlichen Spielarten von Performance Dashboards stark variieren, sind einige typische Eigenschaften auszumachen, über die sie sich charakterisieren lassen:[443]

---

[443] Vgl. Few (2006), S. 35.

- **Komprimierte Darstellung**
  Performance Dashboards präsentieren die zur Erfüllung der nutzerbezogenen Aufgaben benötigten Informationen in komprimierter Form, häufig auf einer Bildschirmseite, damit der Anwender die benötigten Informationen „auf einen Blick" erfassen kann. Dabei bedienen sie sich geeigneter Visualisierungstechniken, um auch komplexe Strukturen und Zusammenhänge unmittelbar erfassbar darzustellen.
- **Konzentration auf wesentliche Informationen**
  Dashboards bieten relevante Inhalte auf aufgabenadäquaten Aggregationsstufen an und verzichten auf eine Überfrachtung mit Detailinformationen. Sie unterstützen den Anwender dabei, wesentliche Fakten rasch zu erfassen, beispielsweise durch geeignete farbliche Markierungen (Ampelfarben) oder durch gesonderte textuelle Hinweise.
- **Spezifische Lösung**
  Dashboards sind stets auf die Belange eines Arbeitsplatzes, einer Person oder einer Personengruppe zugeschnitten.

Eine Abgrenzung von Performance Dashboards und Business Intelligence-Portalen lässt sich nicht immer trennscharf vornehmen. Generell kann festgehalten werden, dass Portale einen zentralen Zugang zu ausgewählten Themenbereichen sowie den zugehörigen Informationen und Diensten bieten. Als konstituierendes Merkmal ist eine Zusammenführung von Inhalten und Funktionalitäten aus unterschiedlichen Vorsystemen zur Laufzeit zu verstehen. Aus diesem Grund lässt sich als spezielle Portal-Funktionalität das „**Single Sign On**" anführen, das eine mehrfache Anmeldung eines Anwenders an unterschiedlichen, eingebundenen Systemen verhindern soll. In aller Regel bieten Portale im Vergleich mit Performance Dashboards weiter führende Navigationsmöglichkeiten, um unterschiedliche Facetten oder Detaillierungsstufen eines Themas beleuchten zu können. Moderne Portal-Lösungen nutzen dabei alle Darstellungsformen, die auch bei den Dashboards eingesetzt werden, und erweisen sich ebenso stets als arbeitsplatz- und/oder personengruppenbezogen mit ausgeprägten Personalisierungsmöglichkeiten. Die folgende Abb. 7/5 vermittelt einen Eindruck über das mögliche Erscheinungsbild eines Business Intelligence-Portals.

Das Beispiel zeigt, wie unterschiedliche Informationssichten bzw. -blöcke simultan und möglichst synchronisiert am Bildschirm dargestellt werden. Navigationshilfen ermöglichen abweichende Zusammenstellungen zur Laufzeit. Häufig werden auch grundlegende Büro-Funktionalitäten integriert, wie beispielsweise E-Mail- und Newsgroup-Komponenten sowie Adressverzeichnisse und Terminplanungs-Bausteine, aber auch Suchmaschinen und To Do-Listen. Zudem lässt sich eine Anreicherung durch den Einbezug unstrukturierter Dokumente vornehmen, indem z. B. Präsentationen oder Analystenberichte bis hin zu Videos durch Verlinkung unmittelbar aufrufbar sind. Oftmals ist ein Bildschirmbereich für die Anzeige interessanter Nachrichten reserviert, die sich allerdings auch in Form eines Laufbandes am Bildschirmrand visualisieren lassen.

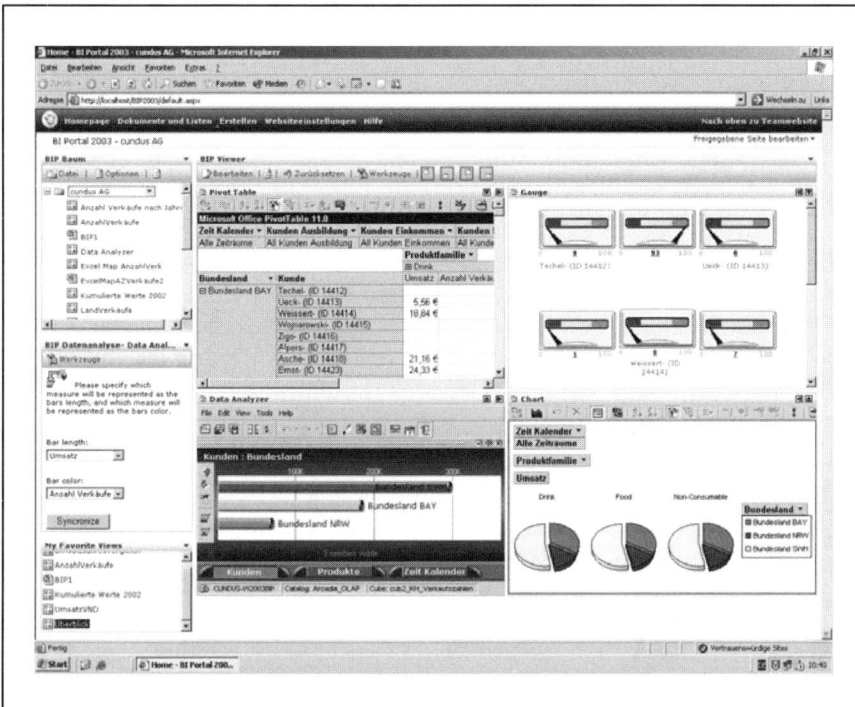

Abb. 7/5:   Exemplarisches BI-Portal

Durch die Strukturierung, Filterung und Aufbereitung des verfügbaren Informationsangebots versuchen BI-Portale einer Informationsüberfrachtung entgegen zu wirken und vermindern die Suchkosten für die Anwender. Die Erstellung von Portalen erfolgt heute generell auf der Basis von Web-Technologien (**Webportale**). Als dominierendes Darstellungsmedium werden Web-Browser genutzt.

Neben den Business Intelligence-Portalen, deren primärer Verwendungszweck in der Bereitstellung entscheidungsrelevanter Informationen und der Unterstützung von analytischen Aufgabenstellungen zu sehen ist, finden sich vielfache Portal-Ausprägungen. Die BI-Portale sind den **Unternehmungsportalen** zuzurechnen, welche den Mitarbeitern über eine möglichst individualisierte Oberfläche entsprechend ihrer Rollen und Rechte Informationen und Anwendungsfunktionalität anbieten, um damit die anstehenden Aufgaben bearbeiten zu können. Oftmals werden hierzu beispielsweise operative Anwendungssysteme mit den zur Bearbeitung eines Teilprozesses benötigten Masken und Funktionsaufrufen integriert (**Enterprise Application Portal**).[444] Demgegenüber dienen Enterprise Knowledge Portale zur Erfassung und Strukturierung von Wissen sowie dem Wissensaustausch zwischen Mitarbeitern. Daneben finden sich in den Unternehmungen auch Portale für die kundenbezogenen Prozesse (Business-to-Consumer-Portale) bis hin

---

[444] Vgl. Bullinger/Eberhardt/Gurzki/Hinderer (2002), S. 17.

zur Durchführung von Kauftransaktionen sowie für die Kommunikation und Pro-
zessabwicklung mit Geschäftspartnern (Business-to-Business-Portale). Neben den
Unternehmungsportalen sind vor allem die **öffentlichen Portale** relevant, die frei
im Internet verfügbar sind und vielfältige Informationsdienste unter einheitlicher
Oberfläche zur Verfügung stellen.[445]

7.2.2   Einsatzbereiche und Nutzungspotenziale

Performance Dashboards können sich an alle Bereiche und Abteilungen sowie die
Mitarbeiter aus unterschiedlichen Hierarchiestufen in der Unternehmung richten.
Der folgende morphologische Kasten gibt einen Überblick über mögliche Krite-
rien, anhand derer sich Dashboards kategorisieren lassen, sowie die zugehörigen
Merkmalsausprägungen.

Kriterium	Ausprägungen			
Reichweite	Strategisch	Taktisch		Operativ
Zweck	Kommunikation/ Kollaboration	Analyse		Monitoring
Datentyp	Quantitativ		Qualitativ	
Anwendungs- bereich	Vertrieb	Finanzen	Marketing	Produktion	Personal
Messgrößen/ Kennzahlen	Allgemeines Kennzahlensystem	Spezifische Kennzahlen		Balanced Scorecard
Informations- spektrum	Unternehmungs- übergreifend	Unternehmungs- weit	Abteilungs- weit	Individuell
Aktualisierungs- häufigkeit	Monatlich	Täglich	Stundenweise	Real Time/ Near Real Time
Interaktivität	Starr		Interaktiv (Drill Down etc.)	
Darstellungs- technik	Vorwiegend Text	Vorwiegend Grafik		Integration von Text und Grafik

Abb. 7/6:   **Performance Dashboard-Ausprägungen als morphologischer Kasten**[446]

Die grundlegende Ausrichtung eines Performance Dashboards wird vor allem
durch die Kriterien Reichweite und Zweck bestimmt, aus denen sich die Ausprägungen anderer Kriterien fast zwangsläufig ergeben. **Strategische Dashboards**,
die auch als „**Executive Dashboards**"[447] bezeichnet werden und die größte
Verbreitung aufweisen, zeichnen sich durch hochgradig verdichtete Kennzahlen
und eine leicht zugängliche Darstellungsform ohne aufwendige Interaktionsmög-

---

[445] Vgl. Kemper/Mehanna/Unger (2004), S. 133.
[446] In Anlehnung an Few (2006), S. 40.
[447] Vgl. Ballard u. a. (2005), S. 58.

lichkeiten aus. Sie greifen die langfristigen Unternehmungsziele auf und bieten Übersichten über die jeweilige Zielerreichung, wodurch als Anwenderkreis insbesondere das obere Management sowie ausgewählte Stabsstellen in Betracht kommen. Häufig orientieren sich die Einzelziele an den Dimensionen der Balanced Scorecard-Methodik (vgl. Abschnitt 8.1), wodurch die Lösungen dann auch oft als Scorecards[448] bezeichnet werden. Die breite Perspektive auf die gesamte Unternehmung bezieht Informationen aus allen Unternehmungsbereichen und sogar aus dem Unternehmensumfeld ein. Als Vergleichsmaßstab für die Einzelziele wird neben der zugehörigen Soll-Größe häufig auch ein Periodenvergleich über längere Zeiträume (beispielsweise auf Jahresbasis) herangezogen.

Dagegen adressieren die **taktischen Performance Dashboards** eher die Anforderungen auf Bereichs- oder Abteilungsebene und repräsentieren dazu eher den Erfolg kurzfristiger Geschäftsaktivitäten, wie beispielsweise Vertriebs- und Marketingkampagnen. Oftmals weisen sie ausgeprägte analytische Funktionalitäten auf, die allerdings häufig für den Anwender unsichtbar im Hintergrund ablaufen. Als wichtige Aufgaben taktischer Dashboards lässt sich das Aufdecken von Trends sowie von Problemursachen ausmachen. Zentrale Untersuchungsgegenstände ergeben sich aus den Verantwortlichkeiten der Anwender, vor allem in Form von Projekten und Prozessen.

Operative Dashboards sind auf die Überwachung und Steuerung des betrieblichen Tagesgeschäftes ausgelegt und helfen, kurzfristige Entwicklungen zu erkennen und geeignete Maßnahmen zu initiieren. Dazu kontrollieren und visualisieren sie den Status der operativen Prozesse mit besonderer Beachtung auftretender Ausnahmen vom Normalfall, die auf ein Problemfeld oder auf eine geschäftliche Chance hinweisen können. Aus diesem Grund findet oftmals auch die Bezeichnung Prozess-Dashboard Verwendung. Naturgemäß müssen operative Dashboards dem Anwender die relevanten Daten zeitnah zur Verfügung stellen, um eine rasche Reaktion zu ermöglichen. Dazu lassen sich aus dem Dashboard heraus unmittelbar die erforderlichen Workflows anstoßen.

Der Zweck des eingesetzten Performance Dashboards lässt sich nicht vollständig von der Reichweite trennen. Operative Dashboards weisen stets Überwachungs-Funktionalitäten für ein Prozess-Monitoring auf. Taktische Dashboards zeichnen sich dagegen insbesondere durch leistungsfähige Analysemöglichkeiten aus. Strategische Dashboards werden nicht zuletzt als Plattform für die Kommunikation und Kollaboration genutzt.

Ein Verständnis von **Monitoring** im Sinne von Beobachten und Überwachen verdeutlicht den primären Einsatzbereich entsprechender Performance Dashboards. Es erfolgt eine permanente Observierung relevanter Ist-Größen, um hieraus Aussagen über den Status Quo der Geschäftsentwicklung ableiten zu können. Dabei kann es sich sowohl um verdichtete Kennzahlen handeln, die periodisch ermittelt werden, als auch um eine kurzfristige Entwicklung bei den Geschäftsprozessen, bei deren Durchlauf sich einzelne Ausreißer einstellen, die eine umgehende Reaktion erfordern.

---

[448] Vgl. Eckerson (2006), S. 7.

Analytische Dashboards bieten eine fachliche Funktionalität, die sich beispielsweise im Angebot **domänenspezifischer Methoden und Modelle** zur Aufbereitung des Ausgangsdatenmaterials äußert. Darüber hinaus finden sich hier Navigationsoptionen, um den Datenbestand aus einer anderen Perspektive oder einer abweichenden Detaillierung zu betrachten.[449]

Kollaborative Dashboards setzen sich das Ziel, die Zusammenarbeit zwischen unterschiedlichen Mitarbeitern einer Organisation zu fördern. Dies geschieht durch direkte Einbindung der gebräuchlichen Kommunikationskanäle in die Oberfläche. So lassen sich dann beispielsweise Geschäftszahlen mit Kommentaren versehen und zur Stellungnahme an die zuständigen Mitarbeiter weiterleiten. Auch können Diskussionsforen eingebunden sein, in denen sich zu wichtigen geschäftlichen Fragestellungen Meinungen austauschen lassen. Auch bei operativen Dashboards können kollaborative Funktionalitäten gute Dienste leisten, um etwa eingetretene Prozessabweichungen durch den Prozess-Manager unmittelbar an die zuständigen Mitarbeiter zur Weiterverfolgung zu kommunizieren.

Ähnlich wie Dashboards können BI-Portale auf unterschiedliche Anwendungsbereiche und Nutzergruppen ausgerichtet sein. Generell adressieren sie alle Nutzer, die mit analytischen Aufgabenstellungen befasst sind und dafür spezielle Informationen und besondere Anwendungsfunktionalitäten benötigen. Das Spektrum potenzieller Anwender reicht damit von der Geschäftsführung bis zum Sachbearbeiter. Dennoch präsentiert sich ein unternehmungsweites BI-Portal zumeist als einzelne Applikation, bei der erst nach der Anmeldung eines Benutzers das individuelle Erscheinungsbild am Monitor dynamisch zusammengestellt wird. Dies bedeutet, dass die Portal-Grundfunktionalitäten für alle Anwender gleich sind, auch wenn die jeweiligen Inhalte und Funktionen stark variieren.

7.2.3 Dashboard- und Portal-Technologien

Die bevorzugte Anzeige von Inhalten bei Dashboard- und BI-Portal-Lösungen im **Web-Browser** erfordert als zusätzliche Architekturkomponente zwingend einen Web-Server, dem die Aufgabe zukommt, Nutzeranfragen (Requests) so zu beantworten, dass eine Darstellung der gewünschten Informationen an der Oberfläche erfolgen kann (vgl. Abschnitt 4.2).

Da die Anfragen häufig Inhalte aus unterschiedlichen Anwendungen betreffen und diese gleichzeitig am Bildschirm darzustellen sind, wird häufig – wie bei Portalen allgemein üblich – mit **Portlets** gearbeitet. Jedes Portlet bildet dabei als Container für eine spezielle Applikationssicht innerhalb einer Browserseite ein eigenständiges Fenster mit den gebräuchlichen Schaltflächen zum Schließen, Minimieren, Maximieren und für die Hilfe. Innerhalb vorgegebener Grenzen kann der Anwender die für ihn relevanten Portlets am Bildschirm arrangieren und auch ausblenden.

---

[449] Derartige Funktionalitäten wurden im Abschnitt 6.1 bei den Erörterungen zum On-Line Analytical Processing detailliert behandelt.

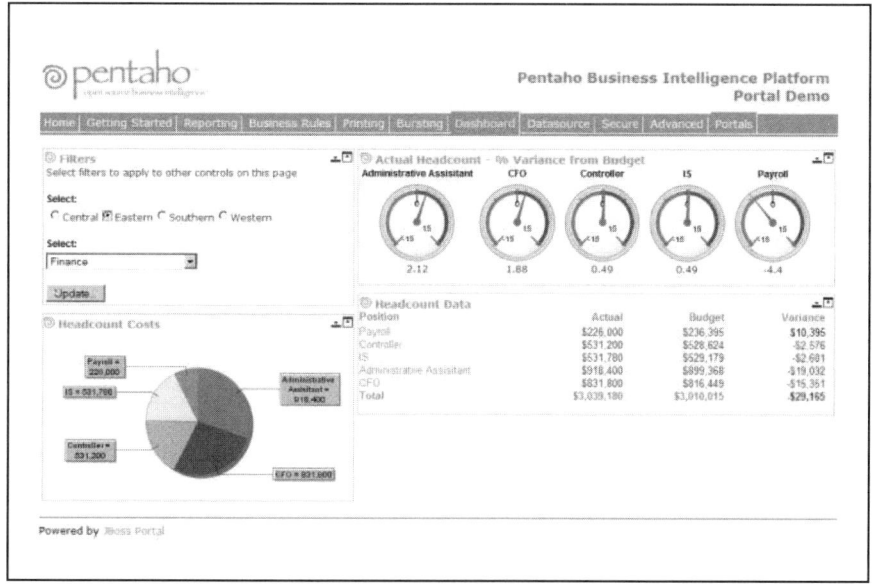

Abb. 7/7:   BI-Portal-Lösung mit Portlets

Weiterhin soll der Nutzer von der vielfachen Anmeldung an unterschiedlichen Informationssystemen verschont bleiben. Die hierzu verwendeten und als **Single
Sign On** bezeichneten Verfahren gewährleisten, dass nach einmaliger Authentifi-
zierung des Anwenders gegenüber dem BI-System (z. B. durch Benutzerkennung
und Passworteingabe) ein Zugriff auf alle eingebundenen Systeme im Rahmen der
zugehörigen Berechtigungen erfolgen kann. Auch aus dem Blickwinkel der Sys-
temsicherheit erweist sich das Single Sign On als äußerst wünschenswert, da sich
die Anwender lediglich ein Passwort merken müssen und eine mehrfache Übertragung von Passwörtern über die Netzwerke durch einen Nutzer vermieden werden
kann. Selbstverständlich bedeutet dies allerdings auch, dass einem Angreifer nach
dem erfolgreichen Ausspähen von Benutzername und Passwort alle angeschlossenen Systeme offen stehen.

8 Analyseorientierte Anwendungssysteme mit speziellem betriebswirtschaftlichen Schwerpunkt

Der Einsatz von Business Intelligence-Systemen erfolgt stets mit Blick auf die zu lösenden fachlichen Aufgabenstellungen. Dabei erweist es sich häufig als ausreichend, Systeme auf der Basis der grundlegenden Konzepte und Technologien zur Datenbereitstellung (vgl. Kapitel 5), zur Datenanalyse (vgl. Kapitel 6) und zum Datenzugriff (vgl. Kapitel 7) kombiniert zu nutzen, um zu tragfähigen Lösungen zu gelangen. Derartige BI-Anwendungslösungen sind prinzipiell, beispielsweise in Form eines unternehmungsweiten Berichtssystems oder als Enterprise Portal, in unterschiedlichen Bereichen der betreffenden Organisation und losgelöst von einzelnen betriebswirtschaftlichen Themenkomplexen einsetzbar.

Davon abzugrenzen sind dagegen Softwarewerkzeuge, welche die grundlegenden Konzepte und Technologien aufgreifen, um darauf aufbauend für spezielle betriebswirtschaftliche Anwendungsbereiche bzw. Themenfelder anpassbare Lösungen mit vorkonfektionierten Funktionalitäten anzubieten.[450] Hierzu zählen neben **Balanced Scorecard-Systemen** (vgl. Abschnitt 8.1) vor allem Tools für die Bereiche **Planung / Budgetierung** (vgl. Abschnitt 8.2) und **Konsolidierung** (vgl. Abschnitt 8.3) sowie für das **analytische Customer Relationship Management** (vgl. Abschnitt 8.4) und das **Risikomanagement** (vgl. Abschnitt 8.5).

8.1 Balanced Scorecard-Systeme

Heute erleben die klassischen Kennzahlensysteme im Zuge der Diskussion um die Ausgestaltung von Balanced Scorecard-Konzepten eine Renaissance, wobei dieser Ansatz gleichwohl strategische Aspekte der Unternehmungsführung[451] beachtet und die Kennzahlenausprägungen als Ziel- und Indikatorgrößen für die Strategieumsetzung nutzt.[452] Seinen Ausgangspunkt findet der Balanced Scorecard-Ansatz in dem Umstand, dass immer noch zahlreiche Unternehmungen erhebliche Schwierigkeiten bei der Überführung strategischer Vorgaben in konkrete Maßnahmen und Handlungen haben. Zur Überwindung dieses Problems entwickelten Kaplan und Norton zu Beginn der 1990er Jahre mit der Balanced Scorecard (BSC) eine Methode, mit der sich überdies eine Überwachung beschlossener Maßnahmen durch den koordinierten Einsatz von Messgrößen und Zielvorgaben bewirken lässt.[453]

---

[450] Derartige Lösungen werden auch als konzeptorientiert bezeichnet. Vgl. Gluchowski/ Kemper (2006), S. 16f.

[451] Allgemein lässt sich unter Strategie eine Verhaltens- und Verfahrensanweisung mit unternehmungsweiter Wirkung verstehen, die darauf ausgelegt ist, zukünftige Erfolgspotenziale langfristig zu sichern. Vgl. Hammer (1995), S. 49.

[452] Vgl. Horvath/Kaufmann (1998), S. 39 - 48.

[453] Vgl. Kaplan/Norton (1992); Kaplan/Norton (1993).

Die Bezeichnung des Konzepts geht auf eine ausgewogene Betrachtung **externer und interner** sowie **monetärer und nicht monetärer** Unternehmungsaspekte in den vier zentralen betriebswirtschaftlichen Themenfeldern Kunden, Finanzen, Prozesse und Innovation zurück (vgl. Abb. 8/1). Unternehmungsindividuell lassen sich weitere Perspektiven ergänzen (wie beispielsweise die Risiko- oder die Kreditgeberperspektive).[454]

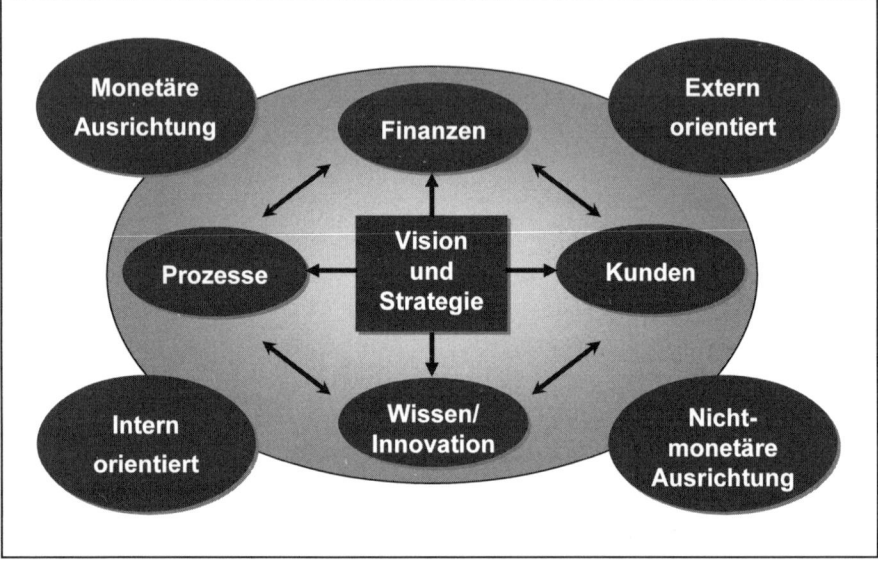

Abb. 8/1:   Perspektiven und Ausrichtungen im BSC-Konzept

Für jede der betrachteten Perspektiven werden die zugehörigen **strategischen Ziele** erfasst, die aus der Gesamtunternehmungsvision und -strategie ableitbar sind, und diesen **Messgrößen** bzw. **Indikatoren** zugeordnet, die den Erfüllungsgrad des einzelnen Ziels beschreiben und dadurch zu einer Operationalisierung beitragen. Anschließend erfolgt die Definition von **Vorgaben** für jeden aufgestellten Indikator, um hieraus im Nachhinein den Erfolg bei der jeweiligen Zielerreichung messbar zu machen. Zur Erreichung der Vorgaben für die Indikatoren werden danach konkrete **Maßnahmen** mit persönlichen Zuständigkeiten und Statusangaben zugeordnet (vgl. Abb. 8/2).

---

[454] Vgl. Dinter/Bucher (2006), S. 36.

	Strategische Zielsetzung	Messkriterien, Erfolgsfaktoren	Ziel- vorgaben	Initiativen, Maßnahmen
je Mess- größe	Was soll erreicht werden ?	Wie lässt sich das Erreichte messen ?	Wieviel soll erreicht werden ?	Was ist zu tun, um es zu erreichen ?

Abb. 8/2: **Strategische Zielsetzung und operationale Umsetzung im BSC-Konzept**

Die einzelnen Perspektiven und damit die jeweils zugeordneten Kennzahlen erweisen sich – zumindest im Zeitablauf – als nicht unabhängig voneinander, sondern durch vielfältige Interdependenzen miteinander verwoben. So hat beispielsweise die mit Kennzahlen bewertete Qualität der in der Prozessperspektive evaluierten Geschäftsprozesse häufig direkte oder zeitverzögerte Auswirkungen auf die in der Kundenperspektive betrachtete Kundenzufriedenheit.[455]

Zur Visualisierung derartiger Verbindungen zwischen unterschiedlichen Kenngrößen lassen sich **Ursache-Wirkungs-Diagramme** nutzen, in denen sich beeinflussende und beeinflusste Größen auch über mehrere Stufen hinweg in Abhängigkeitsketten darstellen lassen. Zu beachten ist, dass sich die jeweiligen Abhängigkeiten zumeist erst nach einem gewissen Zeitraum in den zugehörigen Zahlengrößen zeigen. Derartige Darstellungen schärfen beim Anwender das Bewusstsein darüber, welche Größen von anderen ggf. auch mit Zeitverzug in welcher Weise beeinflusst werden, mit der Konsequenz einer größeren Transparenz und eines besseren Verständnisses des eigenen Geschäftes.

Im Idealfall wird die strategische Balanced Scorecard der Unternehmungsleitung stufenweise über die einzelnen Hierarchieebenen einer Organisation nach unten aufgefächert. Auf jeder Ebene entstehen neue Scorecards für die spezifischen Belange der jeweiligen Organisationseinheit. Im Extremfall lassen sich dann derartige BSC-Kaskaden bis auf die Ebene der einzelnen Mitarbeiter bzw. des einzelnen Arbeitsplatzes herunter brechen.

---

[455] Vgl. Kaplan/Norton (1992) S. 73ff.

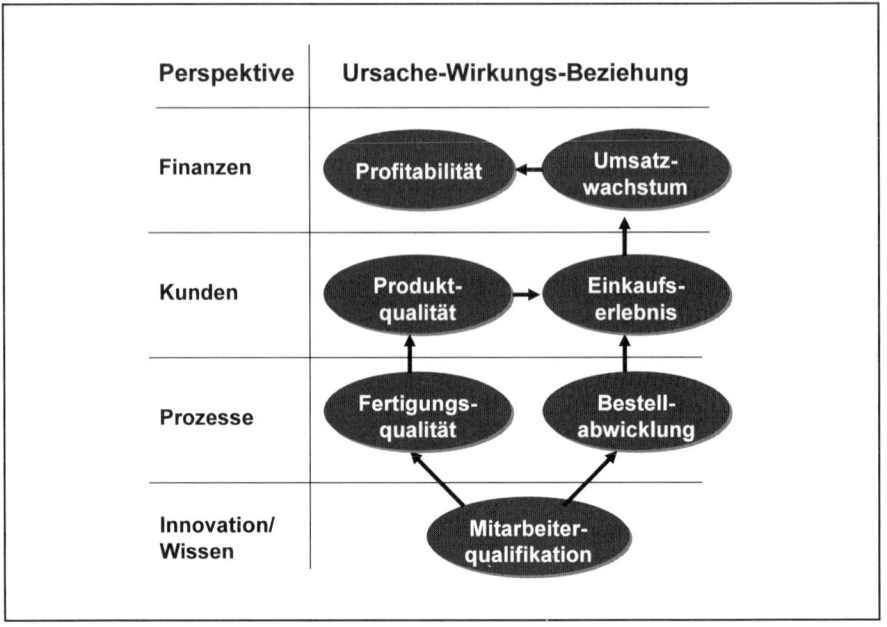

Abb. 8/3:   Ursache-Wirkungs-Diagramm[456]

Balanced Scorecard-Speziallösungen orientieren sich heute i. d. R. an bestimmten, durch die Balanced Scarecard Collaborative vorgegebenen Grundfunktionalitäten und decken diese ab.[457] Dabei lässt sich unterscheiden zwischen den Bereichen:

- **BSC-Design**
  Das Software-Tool soll die Basiselemente einer Balanced Scorecard-Lösung verwalten können. Dazu gehören neben Perspektiven, strategischen Zielen, Kennzahlen mit deren Vorgabe-Werten und Ursache-Wirkungs-Beziehungen auch die umzusetzenden strategischen Maßnahmen.

- **Strategiekommunikation**
  Als Kernaufgabe einer Balanced Scorecard-Initiative wird die Beschreibung und Abstimmung der Unternehmungsstrategie über alle Hierarchieebenen verstanden. Ein leistungsfähiges Softwarewerkzeug muss demzufolge in der Lage sein, eine Dokumentation aller wesentlichen BSC-Objekte (siehe BSC-Design) vorzunehmen und die zugehörige Kommunikation zu unterstützen.

- **Verfolgung der Maßnahmenumsetzung**
  Zur Erreichung strategischer Zielsetzung sieht das BSC-Konzept die Zuordnung von Maßnahmen vor, deren Organisation und vor allem deren Statusverfolgung eine Softwarelösung zu gewährleisten hat.

---

[456] In Anlehnung an: Oehler (2006), S. 236.
[457] Vgl. Kemper/Mehanna/Unger (2004), S. 118.

- **Feedback und Lernen**
  Durch eine geeignete Implementierung soll das Werkzeug dem Management schnellstmöglich Rückkopplungen bieten. Die leicht nachvollziehbare Darstellung von Soll-Ist-Abweichungen bei den definierten Kennzahlen erleichtert es dem Anwender zu erkennen, welchen Bereichen überproportionale Aufmerksamkeit beizumessen ist.

Eine exemplarische Implementierung einer Balanced Scorecard wird in Abb. 8/4 dargestellt.

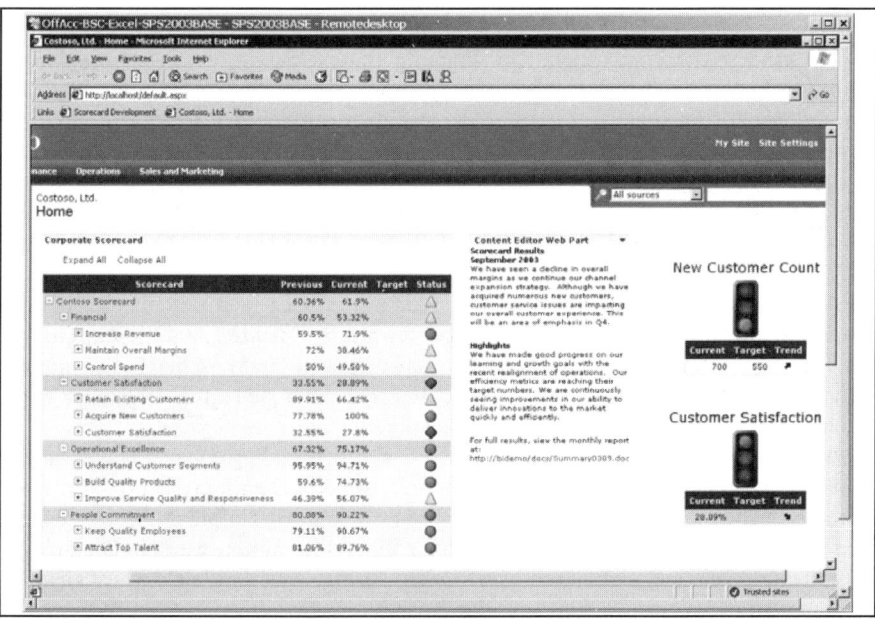

Abb. 8/4:   Oberfläche eines Balanced Scorecard-Systems

Oftmals werden Balaced Scorecards heute als umfassendes Management-Konzept verstanden, mit dem es gelingen kann, strategische und operative Aspekte der Unternehmungsleitung zu vereinen. Als Voraussetzung für den erfolgreichen Einsatz einer Balanced Scorecard wird dabei die iterative und dauerhafte Anpassung und Fortschreibung aller Bestandteile verstanden. Jede BSC-Implementierung weist enge Verknüpfungen zu den Planungs- und Budgetierungsprozessen und -systemen einer Organisation auf, die Gegenstand des folgenden Abschnittes sind.

8.2 Planungs- und Budgetierungssysteme

Ursprünglich bezog sich die Unternehmungsplanung lediglich auf die Gesamtheit der betrieblichen Vorschaurechnungen im Rahmen des Rechnungswesens. Neben Absatz-, Umsatz- und Kostenplänen erfolgte vor allem eine Planaufstellung für Bilanz- und Erfolgsgrößen.[458] Heute dagegen wird Unternehmungsplanung eher als „Institutionalisierung und Formalisierung sämtlicher Planungsaktivitäten"[459] in einer Unternehmung verstanden. Eine Charakterisierung der Planung lässt sich mit den Attributen prozessbezogen, systematisch, zielorientiert und zukunftsgerichtet vornehmen.[460]

Zumeist wird hinsichtlich der Reichweite und Stärke der Erfolgswirkung zwischen strategischer und operativer Planung unterschieden.[461] Die **strategische Planung** konzentriert sich als Grundsatzplanung langfristiger Wirkungen auf die Formulierung strategischer Ziele und der daraus resultierenden Strategien zu ihrer Erreichung, die sich aus den übergeordneten unternehmungspolitischen Leitbildern und Führungskonzepten ergeben.[462] Dazu gehört es, zielorientiert Tätigkeitsfelder zu identifizieren sowie Strukturen und Prozesse zu installieren, die unter Berücksichtigung struktureller, technischer, wirtschaftlicher, politischer und gesellschaftlicher Entwicklungen tragfähig sind.

Als Grundproblem der strategischen Planung erweist sich der unzureichende Informationsstand über die Entwicklungen in ferner Zukunft. Aus diesem Grund ist eine Abschätzung von quantitativen Auswirkungen strategischer Entscheidungen häufig mit hohen Unsicherheiten behaftet und stützt sich auf Erfahrungswerte, Heuristiken oder qualitative Wirkungszusammenhänge.

Aufgabe der **operativen Planung** ist es, aus den strategischen Planvorgaben konkrete Maßnahmen für eine Umsetzung mit größerer Detaillierung und kürzeren Planungsfristen abzuleiten. Dabei müssen vor allem auch Teilpläne für die einzelnen Funktionalbereiche erarbeitet und aufeinander abgestimmt werden. Die operative Planung zeichnet sich durch kurzfristige, geringe und vergleichsweise sichere Erfolgswirkungen aus.[463] Als typische Ausprägungen der operativen Planung[464] lassen sich folgende Beispiele anführen:

- Produktprogrammplanung,
- Absatz- und Umsatzplanung,

---

[458] Vgl. Hammer (1995), S. 13.

[459] Homburg (1998), S. 4.

[460] Vgl. Hammer (1995), S. 13.

[461] Teilweise wird als Bindeglied zwischen strategischen und taktischen Planungskomponenten eine taktische Planungsebene eingeführt, die dann alle Planungen mit mittlerer Erfolgswirkung umfasst. Vgl. Adam (1996), S. 316f.; Hammer (1995), S. 60; Homburg (1998), S. 7.

[462] Homburg betont, dass sich die strategische Planung aus unterschiedlichen Perspektiven bzw. Orientierungen definieren lässt. Er führt formale, instrumentelle, teleologische und integrierte Definitionsansätze auf. Vgl. Homburg (1998), S. 8f.

[463] Vgl. Adam (1996), S. 316.

[464] Vgl. Hammer (1995), S. 60.

- Produktionsplanung,
- Beschaffungsplanung,
- Forschungs- und Entwicklungsplanung,
- Anlagenerhaltungs- und -beschaffungsplanung,
- Personalplanung sowie
- Finanz-, Kosten- und Gewinnplanung.

Eine spezielle Rolle hat die **Projektplanung** inne, die als Querschnittsfunktion alle Teilbereiche einer Unternehmung betreffen kann. So lässt sich beispielsweise die Konzeption, Entwicklung und Einführung eines Planungssystems für die Produktion als Projekt definieren und durchführen. Bei einem Projekt handelt es sich um eine besondere, aufwändige und komplexe Aufgabe, die in einem zeitlich begrenzten Ablauf zu bewältigen ist. Das hierfür verantwortliche Projektmanagement führt neben der Planung auch die Steuerung und Kontrolle des Projektes durch und bedient sich dabei geeigneter Methoden, wie z. B. der Netzplantechnik.

Einen besonderen Stellenwert nimmt in der betrieblichen Praxis die **Budgetierung** ein, die alle funktionsbereichsbezogenen Kosten-, Umsatz- und Deckungsbeitragsplanungen umfasst und von der zahlreiche Mitarbeiter in einer Unternehmung direkt oder indirekt betroffen sind.[465] Im Rahmen der Budgetierungsrunde erfolgt die Vorgabe verbindlicher Wertgrößen für bestimmte Zeiträume und Organisationseinheiten (Bereich, Abteilung usw.). Demzufolge lässt sich ein Budget als periodenbezogene, wertmäßige, verbindliche Fixierung für einen organisatorisch abgegrenzten Bereich verstehen. Gleichsam stellen Budgets lediglich Rahmengrößen dar, die durch die Budgetverantwortlichen auszufüllen sind, wodurch sie sich als wirksames Werkzeug zur Delegation von Entscheidungen erweisen.[466]

Als Ergebnisse der einzelnen Planungsaktivitäten dokumentiert ein miteinander verwobenes Geflecht unterschiedlicher Teilplanungen die getroffenen Entscheidungen. Einzelpläne sollten demzufolge nicht isoliert betrachtet werden, sondern beeinflussen und bedingen sich gegenseitig. Eine exemplarische Übersicht über die Verknüpfungen thematisch unterschiedlicher Teilpläne bietet die folgende Abbildung 8/5.

Als Ausgangspunkt der Betrachtung fungiert häufig der Absatzplan, der produkt- oder produktgruppenbezogene Verkaufsmengen beinhaltet. Durch eine Multiplikation mit den zugehörigen Verkaufspreisen und unter Beachtung von Preisentwicklung und Preisabschlägen ergibt sich hieraus der Umsatzplan, der Auskunft über die demnach zu erzielenden Verkaufserlöse aufweist.

---

[465] Vgl. Hammer (1995), S. 61. Küpper hebt hervor, dass durch die Budgetierungsvorgaben keine Detailfestlegungen erfolgen, sondern lediglich ein Handlungsrahmen abgesteckt wird, um für den Einzelfall einen ausreichend breiten Aktionsspielraum zu gewähren. Vgl. Küpper (2005), S. 336.

[466] Vgl. Oehler (2006), S. 331.

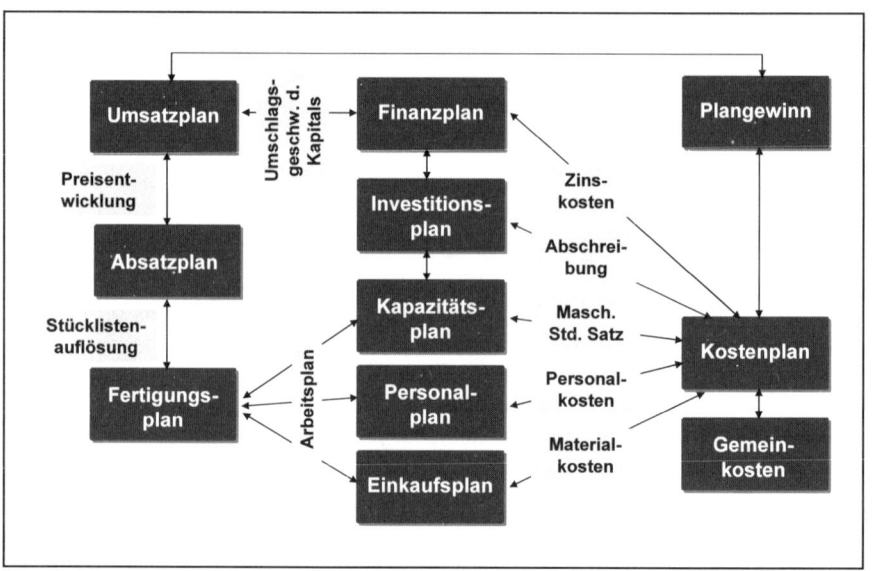

Abb. 8/5:   Interdependenzen betrieblicher Teilpläne[467]

Der zur Finanzierung der Unternehmungsprozesse benötigte Kapitalbedarf lässt sich aus der Division des Umsatzes durch die Kapitalumschlagsgeschwindigkeit errechnen. Dabei erweist sich die Kapitalumschlagsgeschwindigkeit als variable Größe, die in erheblichem Maße durch die Höhe des gebundenen Kapitals bestimmt wird. Neben dem Umsatzprozess muss auch der Investitionsprozess im Finanzplan Berücksichtigung finden.

Welche Investitionen durchzuführen sind, hängt vor allem von den verfügbaren Kapazitäten und deren Eignung zur Fertigung der geplanten Absatzmengen ab. Aus diesen lässt sich auf Basis einer Stücklistenauflösung zunächst ein Fertigungsplan ableiten, der dann mittels zugeordneter Arbeitspläne zu einer Kapazitäts-, Personal- und Einkaufsplanung führt.

Durch Kapitalbedarf (Zinsen), Maschinen und Anlagen (Abschreibungen), Kapazitäten (Maschinenstundensätze), Personal (Personalkosten) und Einsatzgüter (Materialkosten) werden die direkten betrieblichen Kosten bestimmt, die sich mit den Gemeinkosten in einem Kostenplan zusammenstellen lassen.

Die Zusammenführung von Kosten- und Umsatzplan führt dann letztlich zum Plangewinn. Alle Abhängigkeiten zwischen den Teilplanungen lassen sich auch in umgekehrter Reihenfolge interpretieren. So können beispielsweise aus dem Ge-

---

[467] In Anlehnung an Timmermann (1975), S. 209. Adam betont, dass ein derartiges Verständnis der Interdependenzen betrieblicher Teilplanungen lediglich bei ausgeprägter Verrichtungs- bzw. Funktionsorientierung greift. Alternativ dazu lassen sich stärker objektorientierte (ausgerichtet z. B. an Produkten oder Produktgruppen) oder prozessorientierte (ausgerichtet an den Geschäftsprozessen) Organisationsformen der Unternehmungsplanung beobachten. Vgl. Adam (1996), S. 349 - 352.

winnplan Vorgaben für den Kosten- und den Umsatzplan abgeleitet werden. In der betrieblichen Praxis sind beide Betrachtungsrichtungen anzustellen, um durch einen gegenseitigen Abgleich zu einem stimmigen und in sich geschlossenen Gesamtplan zu gelangen.

Neben der **horizontalen Planintegration** sind auch in vertikaler Richtung Abstimmungen zwischen strategischer und operativer Planung über mehrere Stufen hinweg durchzuführen.[468] Grob lassen sich hier drei prinzipielle Ausprägungen der **vertikalen Plankoordination** dahingehend voneinander unterscheiden, in welcher Ableitungsrichtung und damit Reihenfolge die einzelnen Pläne verfasst werden.[469]

Bei der **Top-Down-Methode** erfolgt die initiale Planaufstellung zunächst auf der obersten Ebene der Planungshierarchie. Die hier getroffenen Vorgaben werden anschließend sukzessive über die unterschiedlichen Planungsstufen herunter gebrochen und dabei immer stärker verfeinert. Als Vorteil dieser Vorgehensweise wird der hohe Deckungsgrad mit den strategischen Unternehmungszielen angeführt. Als nachteilig kann sich allerdings der unzureichende Rückgriff auf die Informationsbasis auf den unteren Planungsebenen erweisen, so dass sich möglicherweise Diskrepanzen zwischen den Planzahlen und der unternehmerischen Realität ergeben.

Demgegenüber setzt die **Bottom-Up-Planung** bei den Detailplanungen auf den unteren Planungsebenen an und fasst die Einzelplanungen schrittweise bis zu einem unternehmerischen Gesamtplan zusammen. Da die Detailplanungen von Mitarbeitern aufgestellt werden, die sehr intensiv mit dem jeweiligen Thema befasst sind, kann hier von einer besseren Informationsbasis und damit von exakteren Planungen ausgegangen werden. Allerdings ist gegen dieses Planungsverfahren einzuwenden, dass die zusammengefassten Einzelplanungen nicht mit den Unternehmungszielen harmonisieren und es daher zu Planrevisionen kommen kann. Zudem orientiert sich diese Form der Planung sehr stark an den bisherigen Gegebenheiten und vernachlässigt daher u. U. alternative Handlungsoptionen.

Die Nachteile der beiden dargestellten Vorgehensweisen zur vertikalen Plankoordination sollen mit dem **Gegenstromverfahren** weitgehend vermieden werden. Hierbei wird davon ausgegangen, dass nur durch eine beidseitige Planabstimmung realistische und zielkonforme Pläne aufgestellt werden können. Ausgangspunkt bildet eine Grobplanung, die von den oberen Planinstanzen vorgegeben wird und einen ersten, revidierbaren Orientierungsrahmen für die weiteren Schritte bietet. Anschließend erfolgt durch die Verdichtung der zugehörigen Detailplanungen, die losgelöst und parallel durchgeführt werden, eine Realisierbarkeitsüberprüfung. Auftretende Abweichungen werden in mehrstufigen Abstimmungsprozessen schrittweise aufgelöst. Als Kritikpunkt an dieser Vorgehensweise ist anzuführen, dass erhebliche Koordinationsaufwände entstehen können.

---

[468] Küpper weist darauf hin, dass zudem auch eine zeitliche Koordination von Plänen notwendig ist. Differenzieren lässt sich hierbei zwischen dem Abgleich von Plänen mit unterschiedlicher Fristigkeit und sowie der Abstimmung von Plänen aus unterschiedlichen Planungszyklen. Vgl. Küpper (2005), S. 122f.

[469] Vgl. Hammer (1995), S. 96f.; Mag (1995), S. 166 - 169.

Nicht zuletzt aufgrund der vielfältigen Abstimmungsproblematiken erweist sich eine Unterstützung bei Entscheidungen im Bereich Unternehmungsplanung als schwierig, allerdings auch als dringend geboten. Wünschenswert ist sicherlich ein Werkzeug, das sowohl bei der horizontalen wie auch bei der vertikalen Plankoordination genutzt werden kann und das die einzelnen Planungsaspekte inhaltlich verbindet.[470]

Neben der reinen Erfassung von Plandaten muss eine angemessene Informationsversorgung zur **Planfindung** gewährleistet sein. In diesem Zusammenhang ist beispielsweise an eine Zurverfügungstellung von korrespondierenden aktuellen oder historischen Ist-Größen zu denken. Auch sollen unterschiedliche Planversionen angelegt und verwaltet werden, wie sie z. B. im Rahmen des Gegenstromverfahrens anfallen. Hierbei ist zu beachten, dass die Unternehmungsplanung keinesfalls lediglich statisch betrachtet werden darf, sondern heute i. d. R. als Prozess mit mehreren Abstimmungsschritten verstanden wird, die es zu unterstützen gilt. Zudem muss zu Kontrollzwecken auch ein Vergleich von in der Vergangenheit geplanten und realisierten Größen jederzeit möglich sein.

Über die Versorgung mit Informationen hinaus sollen Funktionalitäten verfügbar sein, mit denen sich Analysen auf vorhandenen Datenbeständen zur Planfindung oder -evaluierung durchführen lassen. Dabei kann es sich beispielsweise um so genannte „What-If"-Rechnungen handeln, mit denen sich die Ausprägungen einzelner Planvariablen modifizieren lassen, um die Auswirkungen auf andere Größen untersuchen zu können. Für mittel- und langfristige Planungen können Prognoseverfahren und Simulationsmethoden mit periodenübergreifendem Beobachtungshorizont eingesetzt werden.

Ein besonderes Problem ergibt sich bei der vertikalen Plankoordination dadurch, dass die Zahlenwerte in Abhängigkeit von der jeweiligen Planungshierarchieebene auf unterschiedlichen **Verdichtungsstufen** von Relevanz sind. Bei der Analyse der Zahlen werden somit Mechanismen zur Aggregation aber auch Disaggregation der quantitativen Größen benötigt. Als Problem kann sich dieser Umstand bei der Eingabe verdichteter Größen erweisen, zumal die Zahlen dann von der übergeordneten Erfassungsebene zweckkonform disaggregiert werden müssen. Ein geeignetes Werkzeug kann hier durch das Angebot unterschiedlicher Disaggregationsverfahren (z. B. gleichförmige Aufteilung oder entsprechend vorgegebener Referenzaufteilungen) wertvolle Hilfestellung leisten.

Moderne Planungsapplikationen orientieren sich oftmals an mehrdimensionalen Beschreibungen der Planungsobjekte, wie sie sich in OLAP-Systemen[471] verwalten lassen. Als potenzielle Dimensionen kommen dann neben der Kennzahlen-, der Szenario- und der Zeitdimension beispielsweise Dimensionen für die Produkte und Organisationseinheiten in Betracht.[472] Als Eingabevehikel wird häufig auf die

---

[470] Eine umfassende Übersicht über die Anforderungen an ein geeignetes Planungs- und Kontrollsystem findet sich bei Wall. Vgl. Wall (1999), S. 115 - 130.

[471] Vgl. die Ausführungen in Kapitel 6.1.2. Zu beachten ist, dass Planungsanwendungen in jedem Fall einen schreibenden Zugriff auf die Datenbestände erfordern.

[472] Vgl. Eckstein/Johenneken (2001), S. 97.

verbreitete Tabellenkalkulationssoftware zurückgegriffen, wie die folgende Abb. 8/6 am Beispiel verdeutlicht.

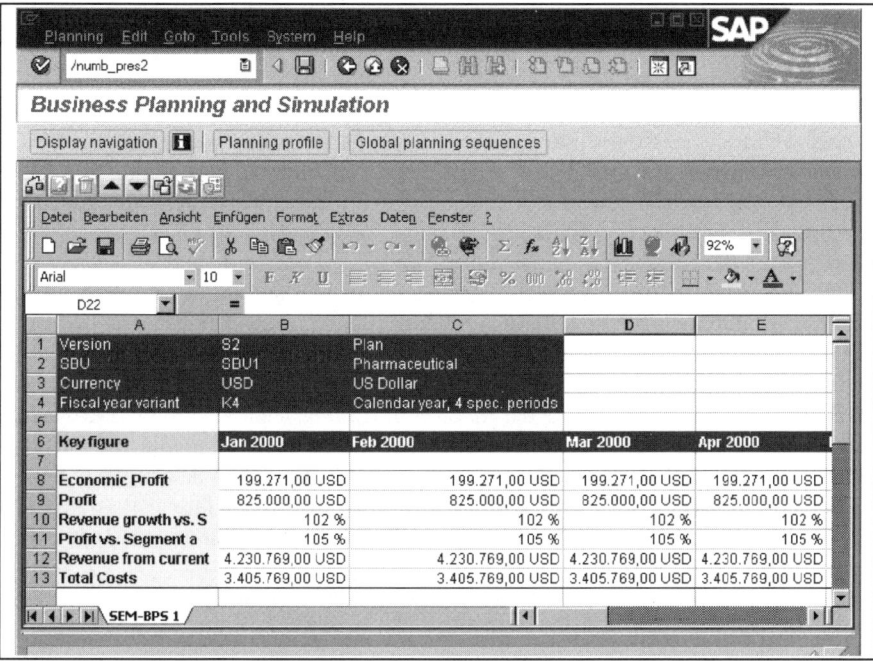

Abb. 8/6: **Eingabe von Planzahlen mit Tabellenkalkulations-Oberfläche**

Bereits dieser begrenzte Ausschnitt aus den Unterstützungspotenzialen im Bereich Unternehmungsplanung zeigt, dass ein wie auch immer geartetes Hilfsmittel weit reichende Funktionalität aufweisen muss, um wirkungsvoll eingesetzt werden zu können. Dass Planungssysteme auch zu Systemen zur Unterstützung der Konzernkonsolidierung Schnittstellen aufweisen müssen, thematisiert der folgende Abschnitt.

8.3 Konsolidierungssysteme

Stärker denn je sind die zu Konzernstrukturen gehörenden, rechtlich selbständigen, aber wirtschaftlich unselbständigen Unternehmungen heute gefordert, juristisch verbindliche **Periodenabschlüsse** schnell und exakt aufzustellen und zu publizieren. Dabei zählen zu einem Konzern alle Unternehmungen, die unter einheitlicher Leitung bzw. unter dem beherrschenden Einfluss der Mutterunternehmung eines Konzerns stehen. Durch die wirtschaftliche Beeinflussung der Einzelunternehmung kann die Ausgestaltung des jeweiligen Einzelabschlusses stark von konzernpolitischen Interessen bestimmt sein.

Ein Konzernabschluss soll derart ausgestaltet sein, dass der Gesamtkonzern nach außen wie eine einheitliche Unternehmung wirkt. Dazu ist es erforderlich, dass alle konzerninternen Verflechtungen zwischen den am Verbund beteiligten Unternehmungen wie gegenseitige Forderungen und Verbindlichkeiten saldiert und dadurch im äußeren Erscheinungsbild eliminiert werden. Im Rahmen des Konzernabschlusses erfolgt dazu die Aufrechnung aller Kapital-, Schulden- und Ergebnispositionen gegeneinander und somit eine Überführung in Nettogrößen, um eine objektives (konsolidiertes) Bild über die gesamte Vermögens-, Finanz- und Ertragslage des Konzern zu erhalten. Der Vorgang der Verdichtung von Einzelabschlüssen der Konzernunternehmungen wird dabei als **Konsolidierung** bezeichnet und umfasst die Schulden-, Kapital, Aufwands- und Ertragskonsolidierung sowie die Zwischenergebniseliminierung.[473]

Die Vorgaben zur Konzernrechnungslegung als Gesamtheit der handelsrechtlichen Bestimmungen zur Erstellung von Konzernabschlüssen finden sich seit Mitte der 1980er Jahre in den Paragrafen des **Handelsgesetzbuches (HGB)**. In den letzten Jahren wurde allerdings die Diskussion verstärkt vor dem Hintergrund einer stärkeren Internationalisierung der Konzernrechnungslegung geführt. Bereits in der Vergangenheit haben Konzerne teilweise schon nach internationalen Rechnungslegungsstandards (z. B. den U. S. **Generally Accepted Accounting Principles (US-GAAP)**) bilanziert. Zukünftig müssen Konzerne ihre Abschlüsse an den **International Accounting Standards/International Financal Reporting Standards (IAS/IFRS)** ausrichten.

Für eine Konsolidierungssoftware ergibt sich damit unmittelbar die Anforderung, alle drei Rechnungslegungsstandards in geeigneter Form zu unterstützen. Soll ein Konzernabschluss beispielsweise sowohl nach HGB als auch nach IAS/IFRS durchgeführt werden, müssen geeignete Mechanismen zur Abbildung von Überleitungsrechnungen vorhanden sein.[474] Innerhalb enger Grenzen stehen den Konzernen überdies auch Wahlmöglichkeiten beim Umfang der einzubeziehenden Bilanzpositionen der Tochterunternehmungen zur Verfügung. Unterschieden werden kann beispielsweise zwischen der Vollkonsolidierung (alle Bilanzpositionen werden vollständig übernommen) und der Quotenkonsolidierung (Einbeziehung in Höhe der Beteiligungsquote). Daneben bedeutet Equity-Konsolidierung, dass nur das anteilige Eigenkapital der Tochterunternehmung in den Konzernabschluss aufzunehmen ist.

Neben der gesetzlich geforderten Konzernrechnungslegung erweist sich auch das Management der einzelnen Konzern- und Teilkonzernmutterunternehmungen als höchst interessiert an den verfügbaren Daten aus den Bilanzen und Gewinn- und Verlust-Rechnungen der Tochterunternehmungen. Unter dem Begriff **Managementkonsolidierung** wird hier die Verdichtung der verfügbaren Größen zu steuerungsrelevanten Informationen verstanden. Neben der rechtlichen Sicht auf die Datenbestände, die sich entsprechend der jeweiligen Besitzverhältnisse verhält, werden daher oftmals regionale Verdichtungen, Konsolidierungen nach Geschäftsbereichen sowie Aggregationen entlang der einzelnen Stimmrechte in den

---

[473] Vgl. Düchting/Matz (2006), S. 387.
[474] Vgl. Kemper/Mehanna/Unger (2004), S. 122.

Tochterunternehmungen (wenn diese von den Beteiligungsverhältnissen abweichen) gefordert. Die unterschiedlichen Sichten tragen die Bezeichnung Konsolidierungskreise. In engem Zusammenhang hiermit muss die Forderung nach leichter und intuitiver Funktionalität zur beliebigen Umstrukturierung von Konzernstrukturen verstanden werden, zumal sich einerseits Beteiligungsverhältnisse wie auch Organisationsstrukturen in der Realität häufig ändern und andererseits die Untersuchung verschiedener Szenarien zu einem verbesserten Konzernaufbau führen kann. Einen Mehrwert insbesondere für analyseorientierte Anwender der Lösung, wie sie sich beispielsweise im Beteiligungscontrolling finden, ergibt sich darüber hinaus durch eine Verknüpfung mit den relevanten Modulen einer Bilanz- und Liquiditätsplanung. Abb. 8/7 zeigt exemplarisch, wie sich eine derartige Konsolidierungskomponente mit analytischer Funktionalität präsentieren kann.

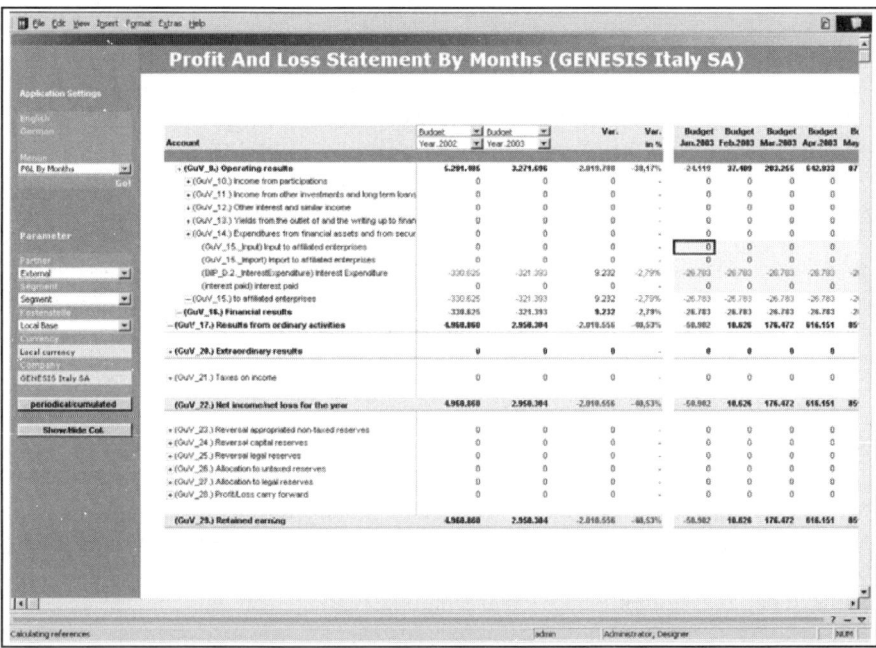

Abb. 8/7:   Jahresvergleiche von Bilanzkennzahlen

Da die Unternehmungen eines Konzernverbundes häufig aus unterschiedlichen Ländern stammen und den eigenen Abschluss i. d. R. in der jeweiligen Landeswährung erstellen, muss eine Konsolidierungslösung Mechanismen für eine geeignete Währungsumrechnung zur Verfügung stellen. Neben Optionen zur Verwaltung und Pflege von Währungskursen gehört dazu auch die Unterstützung von verschiedenen Umrechnungsmethoden, wie stichtagskurs- und durchschnittskursbezogene Umrechnung.

Eine nähere Betrachtung der einzelnen Phasen des Konsolidierungsprozesses verdeutlicht weitere benötigte Funktionalitäten in den entsprechenden Softwarelösungen:[475]

- **Modellierung Konsolidierungsstrukturen**
  Im Rahmen der Abbildung der Konsolidierungsstrukturen geht es darum, die am Konzern beteiligten Einzelunternehmungen zu erfassen und abzugrenzen sowie die korrekten Beteiligungsstrukturen zu hinterlegen.
- **Erfassung, Monitoring und Aufbereitung der Meldedaten**
  Nachdem die organisatorischen Prozesse für die Übermittlung der erforderlichen Unternehmungsdaten definiert und implementiert sind, gilt es die fristgerechte Anlieferung der Inhalte zu überwachen. Insbesondere die Defizite im Meldeprozess führen häufig dazu, dass das Ziel einer raschen Anfertigung des Konzernabschlusses nach Periodenende (fast close) nicht erreicht werden kann. Nach der Anlieferung sind die Daten in eine geeignete Form zu bringen. Dazu gehören neben der Durchführung von Währungsumrechnungen vor allem auch Plausibilitäts- und Konsistenzkontrollen.
- **Konsolidierung im Sinne einer Aggregation der Meldedaten**
  Nachdem alle benötigten Daten der Einzelunternehmungen gesammelt und aufbereitet sind, werden diese zu einem Konzernabschluss verdichtet.

Während die Konsolidierungslösungen erst in letzter Zeit verstärkt den analyseorientierten Systemen des Business Intelligence zugerechnet werden, ist das analytische Customer Relationship Management in diesem Bereich bereits seit langem fest verankert, wie der folgende Abschnitt verdeutlicht.

8.4 Analytisches Customer Relationship Management

Mit der verstärkten Ausrichtung der Unternehmungen auf die Bedürfnisse und Wünsche der Kunden erlangen Themen wie **Kundenbeziehungsmanagement** bzw. Customer Relationship Management (CRM) zunehmende Bedeutung.[476] Im Sinne einer marktorientierten Unternehmungsführung soll hierbei der gesamte Wertschöpfungsprozess an den Belangen des Kunden orientiert werden.[477] Angestrebtes Ziel ist, erfolgreiche Beziehungen zum einzelnen Kunden aufzubauen, zu pflegen und zu nutzen.[478]

Allerdings konzentrierte sich das CRM anfänglich eher auf die Ablage und Verwaltung aller Daten, die beim Kundenkontakt anfallen, sei es im Rahmen eines

---

[475] Vgl. Meier/Sinzig/Mertens (2003), S. 107 ff.

[476] Vgl. Reinecke/Sausen (2002), S. 2; Huldi/Staub (2002), S. 54. Stauss und Seidel stellen fest, dass sich die CRM-Konzepte fast unabhängig vom Marketing entwickelt haben, obgleich dies als kundenbezogener Handlungsbereich in Praxis und Forschung einen hohen Stellenwert besitzt, und werten diesen Umstand als Ausdruck wahrgenommener Mängel im bisher praktizierten Marketing. Vgl. Stauss/Seidel (2002), S. 10.

[477] Vgl. Hermanns/Thurm (2000), S. 469.

[478] Vgl. Link (2001), S. 2.

Dokumentenaustausches, bei der Beanspruchung von Call-Centern oder beim Face-to-Face-Kontakt durch Außendienstmitarbeiter. Erst allmählich setzt sich die Erkenntnis durch, dass die Vielzahl der hier anfallenden Daten mannigfaltige Ansatzpunkte liefert, um durch eine weitergehende Analyse den Kunden besser zu verstehen.[479] Einen Mehrwert erlangen derartige Analysen durch die Verbindung der Kunden-Interaktionsdaten mit anderen Datenbeständen, wie etwa Marketing- oder Produktdaten.

Ein erstes Einsatzfeld für analytisches CRM ergibt sich im Rahmen der **Akquise neuer Kunden**. Durch zugekaufte Adressbestände oder auch Wohnquartierdaten können gezielt Marketingaktionen für eine Neukundengewinnung angestoßen werden.[480] Falls besonders attraktive oder unattraktive Kunden gleiche Ausprägungen bei einzelnen Merkmalen aufweisen und diese gar zum Aufbau idealisierter Kundenprofile nutzbar sind, lassen sich die Informationen u. U. auch für eine Beurteilung von Neukunden heranziehen.

Da sich die Akquise von Neukunden vor dem Hintergrund gesättigter Märkte in vielen Bereichen als zunehmend kostspieliges Unterfangen erweist, wird analytisches CRM heute vor allem zur Intensivierung bestehender Kundenbeziehungen genutzt.[481] Dabei kann es sich einerseits um den Versuch einer **Erhöhung der Kundenzufriedenheit**[482] und damit der Kundenloyalität handeln, auch um einem potenziellen Wechsel zu einem Mitbewerber vorzubeugen. Auf der anderen Seite sollen die **Kundenverbindungen** unter ertragsorientierten Aspekten ausgebaut werden, z. B. durch das Ausschöpfen von Cross-Selling-Potenzialen.[483]

Unter methodischen Gesichtspunkten werden zu diesen Zwecken vielfach Verfahren zur **Kundensegmentierung** genutzt, vor allem um durch eine zielgruppenadäquate Kundenansprache die Wünsche und Präferenzen einzelner Kunden besser adressieren zu können. Auf der Basis vorhandener Kundeninformationen erfolgt beim Kampagnenmanagement beispielsweise eine Extraktion der Kunden aus dem Gesamtbestand, bei denen mit hohen Responsequoten auf eine spezielle Marketingaktion zu rechnen ist.

---

[479] Zur Abgrenzung von operativem und analytischem CRM siehe Fochler (2001), S. 149 - 151. Zipser fasst unter analytisches CRM die Gesamtheit aller Funktionen und Prozesse, die auf der Basis vorhandener Kunden- und Unternehmungsdaten „mittels datenanalytischer Ansätze Kundenbedarf, -verhalten und -wert sowie die zukünftige Entwicklung der Kundenbeziehung" ermitteln und vorhersagen. Zipser (2001), S. 36 - 38.

[480] Vgl. Kahle/Hasler (2001), S. 219.

[481] Vgl. Link/Hildebrand (1997a), S. 12. Link (2001), S. 10. Schwanitz betont in diesem Zusammenhang, dass eine ertragsorientierte Erweiterung bestehender Kundenbeziehung zu höherem Grenznutzen führt, als die Akquise neuer Kunden. Vgl. Schwanitz (2001), S. 242.

[482] Reinecke und Sausen stellen vor allem den Aspekt der Kundenzufriedenheit als Indikator für die Qualität und Kundenorientierung von Leistungen und Produkten heraus. Vgl. Reinecke/Sausen (2002), S. 2.

[483] Vgl. Schinzer (1997), S. 107.

Ein weiterer, sehr interessanter Analysebereich ist in der **Bewertung von Kundenbeziehungen** auszumachen.[484] Eine Klassifikation der Kunden anhand des jeweiligen spezifischen Deckungsbeitrags oder Umsatzanteils dient hier als Grundlage zur Ermittlung eines Kundenwertes. Der Kundenwert reflektiert den Beitrag des Kunden zum Unternehmungserfolg und dient gleichsam als Basis zur Einschätzung des zukünftigen Kundenpotenzials, das beispielsweise zur Bestimmung des ökonomisch vertretbaren Betreuungsaufwandes herangezogen werden kann.[485]

Ein spezielles Anwendungsgebiet für die Kundenbestandssicherung ist durch das "**Churn Management**" gegeben, also die Verhinderung des Verlustes von Kunden bzw. des Wechsels von Kunden zu anderen Anbietern, dem bei zunehmend deregulierten Märkten (z. B. im Telekommunikations- und Energieversorgungssektor) erhöhte Aufmerksamkeit gewidmet wird.[486] Auf der Basis einer Untersuchung des Verhaltens der in der Vergangenheit abgewanderten Kunden lassen sich Frühindikatoren identifizieren, die auf einen bevorstehenden Wechsel des Kunden zu einem anderen Anbieter hinweisen. Anhand dieser Indikatoren wird dann der aktuelle Kundenbestand untersucht, um potenziell wechselwillige Kandidaten zu entdecken und diese mit gezielten Kundenbindungsmaßnahmen umzustimmen.

An der Schnittstelle zwischen analytischem CRM und Data Mining sind die Versuche einzuordnen, aus den Kunden- bzw. Interessenteninteraktionsdaten neues Wissen zu generieren, die beim Zugriff auf Web-Angebote anfallen. Bei jedem Zugriff auf eine Web-Site hinterlässt der oft ahnungslose Internet-Surfer Spuren, die in so genannten Log-Dateien dauerhaft gespeichert werden. Die Ansätze zum **Web-Log-Mining** bzw. **Web-Usage-Mining** analysieren die Datenbestände, um das eigene Internet-Angebot zu verbessern oder sogar neue geschäftliche Kundenbeziehungen über das Netz aufzubauen.[487] Im Rahmen von Clickstream-Untersuchungen werden beispielsweise die Wege der Benutzer durch das Angebot analysiert, um ein besseres Verständnis des Navigationsverhaltens zu erlangen. Bei personalisierten Zugriffen dagegen lassen sich klare Kundenpräferenzmuster aufbauen, die für Cross-Selling-Angebote nutzbar sind.

Alle Bemühungen, die im Rahmen eines analytischen CRM angestellt werden, dienen letztlich dazu, den einzelnen Kunden – wenn auch möglicherweise auf einer Gruppenebene – mit seinen Präferenzen und Vorlieben besser verstehen und damit besser bedienen zu können.[488] Als unabdingbare Voraussetzung für dieses

---

[484] Teilweise wird der Lifetime-Kundenwert bzw. Customer-Lifetime-Value (CLTV) bereits als zentrale Größe im Marketing-Controlling, das dem CRM-Gedanken folgt, verstanden. Vgl. Bauer/Grether (2002), S. 8; Lottenbach (2002), S. 33.

[485] Vgl. Huldi (1997), S. 28; Palloks-Kahlen (2002), S. 111f.; Reinecke/Sausen (2002), S. 4.

[486] Vgl. Zipser (2001), S. 51f.

[487] Vgl. Gluchowski (2000), S. 12 - 13.

[488] Bisweilen wird gar das hohe Ziel eines One-to-One-Marketing bzw. Individual Marketing proklamiert, das auf den einzelnen Kunden zugeschnittene, individuelle Marketingaktionen hervorbringen soll. Vgl. Link/Hildebrand (1997a), S. 12; Reinecke/Sausen (2002), S. 3. Zumindest bei der Großkundenbetreuung werden kundenindividuelle Ansprachen durch ausgewählte Mitarbeiter im Rahmen eines Key-Account-Managements bereits heute durchgeführt. Vgl. Reichmann (2006), S. 534.

Vorhaben gilt die Existenz einer gepflegten Datenbasis, auf die sich die einzelnen Untersuchungen stützen können.[489]

Die Inhalte einer derartigen **Kundendatenbank** weisen dabei neben den Grunddaten über den Kunden (beispielsweise Name, Adresse, soziodemografische Angaben), die Angaben zum Alter, Einkommen, Beruf bzw. bei Geschäftskunden Branche und Unternehmungsgröße aber auch Status (z. B. Bestandskunde oder Interessent) umfassen können, Potenzialdaten sowie Aktionsdaten und Reaktionsdaten.[490] Die Potenzialdaten enthalten Angaben darüber, welcher Bedarf bei dem Kunden auch bezüglich bislang noch nicht gekaufter Produkte voraussichtlich zu welchen Zeitpunkten auftreten wird, und zeigen damit mögliche Verkaufsoptionen auf. Aktionsdaten dagegen spiegeln die kundenspezifischen Kommunikationsaktivitäten wider. Dabei sind Art, Inhalt und Zeitpunkt der Kommunikationsaktivität nebst weiteren, ergänzenden Angaben etwa zum zuständigen Mitarbeiter abzulegen. Diese Informationen helfen insbesondere auch dabei, eine unkoordinierte und unprofessionell wirkende Mehrfachansprache des Kunden zu vermeiden. Die Reaktionsdaten schließlich beinhalten die unterschiedlichen Kundenreaktionen, wie etwa Käufe oder Anfragen, aber auch Reklamationen und Beschwerden.

Da vor allem die Aktions- und Reaktionsdaten stetigen Änderungen unterworfen sind, muss die Datenbank regelmäßig aktualisiert werden. Organisatorische Regelungen sollen überdies garantieren, dass interessante Informationen, die beispielsweise Außendienstmitarbeiter über die Kunden aufnehmen, zeitnah in den Datenbestand eingepflegt werden.[491]

Link und Hildebrand erklären das Grundprinzip des **Database Marketing** als Regelkreis.[492] Auf der Basis der gespeicherten Daten erfolgt in einem ersten Schritt die Durchführung von Kunden- und Marktanalysen. Die anschließende Marketing-Planung zielt vor allem auf die Kommunikationspolitik, die Produkt- und Sortimentgestaltung sowie die Preis- und Distributionspolitik. In einem dritten Schritt werden in einer Marktreaktionserfassung der ökonomische Erfolg und der Wettbewerbserfolg ermittelt. Mithilfe der gewonnenen Kundenmodelle lässt sich ein Teilindividualmarketing durchführen, d. h. dem richtigen Kunden kann zum richtigen Zeitpunkt mit den richtigen Argumenten ein Informations- und Leistungsangebot unterbreitet werden[493], so z. B. durch eine dialogorientierte Kommunikation und eine kundenindividuelle Produktanpassung.

Eine sorgsam aufgebaute und gewissenhaft gepflegte Kundendatenbank kann in unterschiedlichsten Einsatzbereichen genutzt werden, weil sie ein präzises und gleichzeitig umfassendes Bild über den einzelnen Kunden bietet. Die Anwen-

---

[489] Vgl. Schinzer (1997), S. 106; Mentzl/Ludwig (1997), S. 473.

[490] Vgl. Hermanns/Thurm (2000), S. 475; Reichmann (2001), S. 521. Link und Hildebrand verstehen eine derartig strukturierte Kundendatenbank dann als Kernstück eines Database Marketing-Systems, das seinerseits als technische Komponente zur Umsetzung von Customer Relationship Management-Konzepten interpretierbar ist. Link/Hildebrand (1997a), S. 11f.; Kehl (2000), S. 5. Teilweise wird das Database Marketing auch dem Data Mining zugeordnet. Vgl. Lühe (1997), S. 4.

[491] Vgl. Reinecke/Sausen (2002), S. 4.

[492] Vgl. Link/Hildebrand (1997b), S. 19f.

[493] Vgl. Link/Hildebrand (1997b), S. 23ff.

dungspotenziale reichen von Ad-Hoc-Zugriffen auf Kundendaten, z. B. im Call-Center, bis zur Vorbereitung kundengruppenspezifischer Werbeaktionen.

Im Umfeld des analytischen Customer Relationship Managements, bei dem die Profilierung und die Segmentierung von Kunden im Vordergrund zu sehen sind, werden auf dem Kundendatenbestand aufwendige statistische Verfahren durchgeführt, um zu den gewünschten Ergebnissen zu gelangen. Bisweilen führen hier auch Techniken zu guten Ergebnissen, die den Konnektionistischen Systemen (Künstliche Neuronale Netze), Genetischen Algorithmen oder Entscheidungsbaumverfahren zuzurechnen sind.[494]

In jedem Fall müssen die Werkzeuge, die Entscheidungen im Rahmen des analytischen Kundenbeziehungsmanagements unterstützen, neben einer leistungsfähigen Verwaltungskomponente zur Organisation der Kundendatenbestände auch mächtige Bearbeitungs- und Auswertungsmethoden aufweisen, um auch bei sehr umfangreichen Datenmengen rasch zu brauchbaren Analyseergebnissen zu gelangen.

8.5   Risikomanagementsysteme

Konzepte und Instrumente des Risikomanagements werden derzeit vor dem Hintergrund einer steigenden Anzahl von Unternehmungskrisen ausgiebig diskutiert.[495] Allgemein lässt sich Risiko als Möglichkeit des Misslingens von Plänen bzw. als Gefahr einer Fehlentscheidung mit damit verbundenen Schadens- oder Verlustgefahren verstehen.[496] Diese Risikosichtweise impliziert, dass jede unternehmerische Entscheidung mit Risiko behaftet ist, da die zugehörigen Auswirkungen nicht immer zweifelsfrei vorhergesagt werden können. Insofern lassen sich Risiken beim unternehmerischen Handeln nie gänzlich ausschließen, allerdings sollen sie möglichst kontrollierbar und damit beherrschbar bleiben.[497]

Eine Strukturierung des Themenkomplexes kann durch eine Unterteilung in **reines oder versicherbares Risiko** und **spekulatives Risiko** vorgenommen werden. Dabei werden zum reinen Risiko alle Schadensgefahren gezählt, deren Eintritt unmittelbar vermögensmindernde Auswirkungen nach sich zieht. Dagegen zielt das spekulative Risiko auf alle unsicheren Ereignisse, die sowohl vermögensmindernde wie auch vermögensmehrende Wirkungen in sich tragen. Somit

---

[494] Vgl. Zipser (2001), S. 44f.; Dastani (2001), S. 192.

[495] Vgl. Hornung/Reichmann/Diederichs (1999), S. 317. Der Gesetzgeber hat hierauf mit dem Gesetz zur Kontrolle und Transparenz im Unternehmungsbereich (KonTraG) reagiert, das Vorstände und Geschäftsführer verpflichtet, Maßnahmen für ein geeignetes Management von Risiken in der Unternehmung zu etablieren. Vgl. Kless (1998), S. 93; Füser/Gleißner/Meier (1999), S. 753; Lück (1998), S. 8. Einen umfangreichen Abriss zu den nationalen und internationalen gesetzlichen Grundlagen, die für das Risikomanagement relevant sind, bieten Hommelhoff und Mattheus. Vgl. Hommelhoff/Mattheus (2000), S. 6 - 40.

[496] Vgl. Mag (1995), S. 13 und S. 78. Dem Verständnis von Risiko im Sinne quantifizierbarer Unsicherheiten in einem Entscheidungsprozess soll hier nicht weiter gefolgt werden.

[497] Vgl. Franz (2000), S. 51; Kless (1998), S. 93.

birgt das spekulative Risiko auch Gewinnoptionen. Eine Beschränkung auf spekulative Risiken mit Verlustgefahr wird auch als Risiko im engeren Sinne bezeichnet.[498]

Die Beschäftigung mit dem ökonomischen Faktor Risiko im Sinne eines Risi-
komanagements lässt sich auf die Beobachtung und Untersuchung versicherbarer
Risiken in den USA zurückführen.[499] Später kamen weiterführende Aspekte der
Risikoanalyse und alternative Verfahrensweisen zur **Bewältigung von Risiken**
(wie die Überwälzung auf Marktpartner) hinzu. Auch heute noch werden diese
Untersuchungsgegenstände als Risikomanagement im engeren Sinne oder Risk
Management bezeichnet. Dagegen umfasst das Risikomanagement im weiteren
Sinne bzw. das generelle Risikomanagement neben den versicherbaren auch die
spekulativen Risiken. Als Kernaufgabe des Risikomanagements werden demzufolge die systematische Aufdeckung und der angemessene Umgang mit allen unternehmerischen Risiken (und auch Chancen) verstanden. Damit sind gleichwohl
auch Aspekte der Risikovermeidung und der Risikoanalyse in den Themenkomplex einbezogen. Ein **proaktives Risikomanagement** dient dann der Erreichung
unterschiedlicher Ziele:[500]

* Sicherung der Unternehmungsexistenz,
* Sicherung des zukünftigen Erfolges,
* Vermeidung bzw. Senkung von Risikokosten,
* Marktwertsteigerung der Unternehmung.[501]

Da mit jeder unternehmerischen Entscheidung neue Risiken einhergehen, ist es erforderlich, Risikomanagement als sich kontinuierlich wiederholenden Prozess zu
verstehen, der durch unterschiedliche Schritte gekennzeichnet ist. Als Prozessphasen lassen sich Risikoidentifikation bzw. -erkennung, Risikoanalyse und -beurtei-
lung, Risikobewältigung bzw. -steuerung und Risikoüberwachung ausmachen.[502]
Den Prozessphasen übergeordnet ist die grundsätzliche risikopolitische Einstellung der Unternehmung, die auch als **Risikostrategie** bezeichnet wird und die je-

---

[498] Vgl. Martin/Bär (2002), S. 72.

[499] Vgl. Martin/Bär (2002), S. 82.

[500] Vgl. Hornung/Reichmann/Diederichs (1999), S. 319.

[501] Martin und Bär weisen darauf hin, dass die Existenzsicherung der Unternehmung dabei
ein Oberziel darstellt, das die übrigen Ziele dominiert. Vgl. Martin/Bär (2002), S. 87f.
Allerdings führen Hornung, Reichwald und Diederichs aus, dass auch Erfolgsrisiken
mittel- bis langfristig Existenz bedrohende Wirkungen mit sich bringen und es sich daher als sinnvoll erweist, bei jedem Risiko den zugehörigen Zeithorizont mit anzugeben.
Vgl. Hornung/Reichmann/Diederichs (1999), S. 319. Eine Möglichkeit zur direkten
Prognose potenzieller Erfolgswirkungen von Risiken besteht in der Integration von Risikomanagement und Bilanzsimulation. Vgl. Eck/Rose/Ouissi (2000), S. 89 - 92.

[502] Vgl. Hornung/Reichmann/Diederichs (1999), S. 320 - 322; Kless (1998), S. 95f. Martin
und Bär ergänzen diese Prozessphasen durch die Querschnittsfunktion Risikokommuni-
kation, die für einen frühzeitigen horizontalen und vertikalen Informationsfluss über
noch nicht bewältigte Risiken sorgt. Martin/Bär (2002), S. 88f.

weilige Risikobereitschaft dokumentiert.[503] Maximale Verlustgrenzen, die aus der Risikostrategie abgeleitet werden können, sind vor dem Hintergrund der spezifischen Tragfähigkeit der Unternehmung festzulegen.[504]

Im Rahmen der **Risikoidentifikation** geht es darum, Gefahrenursachen und Störpotenziale frühzeitig zu erkennen und aufzudecken. Dabei sind nicht nur die bereits bestehenden, sondern auch latente bzw. potenzielle Risiken zu beachten. Eine Vielzahl von Instrumenten kann genutzt werden, um versteckte oder offensichtliche Risiken auszumachen und zu systematisieren. Als besonders gebräuchlich und leicht zu handhaben erweisen sich:

- Besichtigungen (Untersuchung risikobehafteter Objekte vor Ort),
- Dokumentenanalyse (Untersuchung von Primär- oder Sekundärdokumenten auf Risiken),
- Organisationsanalyse (Prüfung der Aufbau- und Ablauforganisation auf Defizite)
- Moderierte Workshops (Ermittlung von Risiken durch direkte Mitarbeiterbefragungen)
- Checklisten (Ermittlung von Risiken bei wiederkehrenden Abläufen).

Risiken lassen sich auf unterschiedliche Weise klassifizieren und systematisieren, zumal unternehmungsspezifische Risiken immer auch mit der Art der Geschäftstätigkeit verknüpft sind. Einen Überblick über allgemeine Risikokategorien bietet Abb. 8/8.

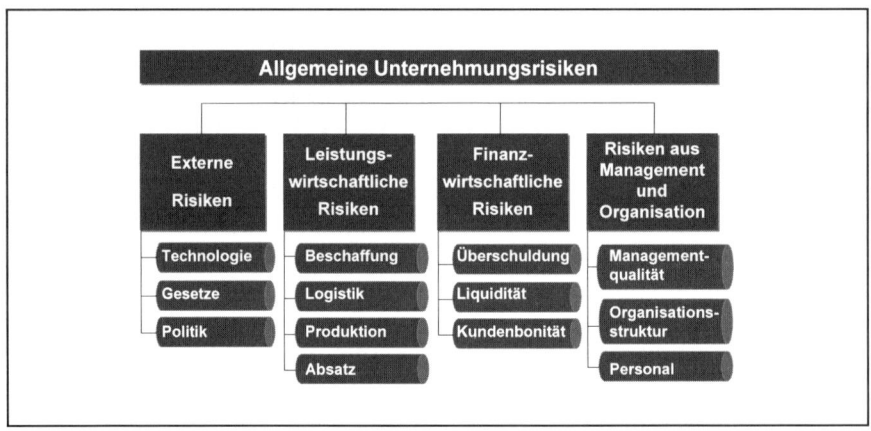

Abb. 8/8:   Kategorien allgemeiner Unternehmungsrisiken[505]

---

[503] Vgl. Franz (2000), S. 52f.
[504] Erfahrungswerte zeigen, dass sich Risiken dann als bestandsgefährdend erweisen, wenn ihr Eintreten die Hälfte (oder mehr) des Eigenkapitals aufzehrt. Vgl. Füser/Gleißner/ Meier (1999), S. 753.
[505] In Anlehnung an Hornung/Reichmann/Diederichs (1999), S. 320.

Die Nutzung einer derartigen Risikosystematisierung kann dabei helfen, die relevanten Risiken eindeutig und vollständig zu erfassen, muss jedoch im Einzelfall
stets um unternehmungsspezifische Komponenten erweitert werden, um zu einem
umfassenden Risikoprofil zu gelangen. Zu beachten ist, dass diese unternehmungsindividuellen Risikoprofile dynamisch an sich ändernde interne und externe
Rahmenbedingungen anzupassen sind.

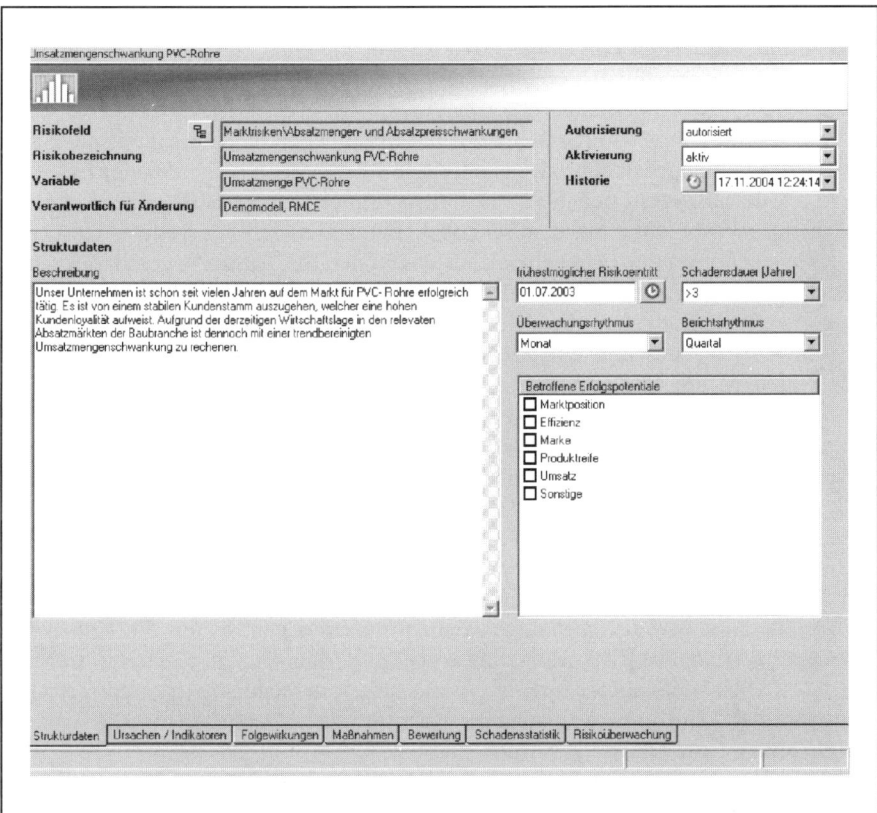

Abb. 8/9:   Maske zur Erfassung von Unternehmungsrisiken[506]

Im Anschluss an die Risikoidentifikation hat eine **Bewertung** der einzelnen Risikopositionen zu erfolgen. Als Bewertungsparameter bietet sich neben der Eintrittswahrscheinlichkeit vor allem die Ergebniswirkung an, wobei eine qualitative
oder quantitative Einstufung vorgenommen werden kann.[507] Als besonders gefähr-

---

[506] MIS (2003), S. 5.

[507] Kless weist auf die Notwendigkeit zur Quantifizierung auch qualitativer Bewertungsparameter hin, da ansonsten keine angemessen Steuerungsmaßnahmen ergriffen werden
können. Vgl. Kless (1998), S. 95.

liche Risiken erweisen sich dann jene mit hoher Eintrittswahrscheinlichkeit und erheblicher Erfolgswirkung. Als weiterer Parameter bei wiederkehrenden Risiken kann auch deren Wiederholungshäufigkeit angegeben werden.[508] Ein wesentliches Risikoattribut liegt in der Beeinflussbarkeit durch die Unternehmungsleitung. Zu beachten ist zudem, dass sich Einzelrisiken gegenseitig beeinflussen können und daher stets auch das Gesamtrisiko für die Unternehmung beachtet werden muss.[509]

Nach der Bewertung ist zu klären, wie mit den einzelnen Risiken umgegangen werden soll. Gezielte **steuernde Maßnahmen** sollen helfen, maximale Kontrolle über die identifizierten und analysierten Risikopositionen zu erhalten. Als grundsätzliche Strategien für den Umgang mit einzelnen Risiken bieten sich Vermeidung, Überwälzung, Verminderung oder Akzeptanz an.

Eine **Vermeidung** von Risiken ist dann ratsam, wenn ihnen nicht entsprechende Chancen entgegenstehen oder ein Existenz gefährdendes Risikopotenzial entdeckt wurde und sofern sich diese Positionen auflösen lassen. **Risikoüberwälzung** bedeutet, in Verbindung mit dem risikobehafteten Geschäft ein weiteres Geschäft (wie Versicherung) einzugehen, welches das Risiko des Ausgangsgeschäftes ganz oder in Teilen übernimmt. In der Regel müssen allerdings für die Risikoüberlassung Entgelte entrichtet werden. Bei der **Risikoverminderung** wird beispielsweise zum Ausgangsgeschäft eine Gegenposition aufgebaut, welche die möglichen Konsequenzen bei Misserfolg deutlich oder vollständig abschwächt.[510] Darüber hinaus lassen sich hier auch Mitarbeiterschulungen oder Schadensverhütungsmaßnahmen anführen. Eine **Akzeptanz von Risiken** kann dann erfolgen, wenn das Chancenpotenzial die Auswirkungen des einzugehenden Risikos deutlich übersteigt und keine erheblichen Konsequenzen für den Unternehmungserfolg zu befürchten sind. Da sich mehrere akzeptierte Risiken überlagern können, muss das gesamte zugehörige Risikovolumen dann akkumuliert betrachtet werden. Eine permanente und sorgfältige Überwachung dieser Positionen ist unabdingbar.

Im letzten Schritt des Risikomanagementprozesses geht es um die **Kontrolle** der Durchführung zur Risikosteuerung ergriffener Maßnahmen. Weiterhin werden die ergriffenen Maßnahmen auf ihre Wirksamkeit untersucht. Als wichtiger Gegenstand der Kontrollphase ist auch die Überprüfung zu verstehen, ob alle Risiken richtig erkannt und analysiert worden sind.

Unternehmerische Risiken ergeben sich bei jeglicher Form ökonomischen Handelns. Folglich muss ein Risikomanagement bei Unternehmungen aller Branchen und aller Größenklassen in jeweils angemessener Form erfolgen.[511] Eine besonders ausgeprägte Auseinandersetzung mit diesem Thema erfolgt jedoch im Be-

---

[508] Vgl. Martin/Bär (2002), S. 97.

[509] Vgl. Füser/Gleißner/Meier (1999), S. 755. Gebhard und Mansch liefern eine detaillierte Betrachtung der Möglichkeiten zur Verdichtung von Einzelrisiken. Vgl. Gebhard/ Mansch (2001) S. 38 - 55.

[510] Diese Maßnahme wird teilweise auch als Risikokompensation bezeichnet. Vgl. Kless (1998), S. 96.

[511] Vgl. Horvath/Gleich (2000), S. 108. Baumöl verweist auf die speziellen Effekte, die sich bei einem Projektrisikomanagement ergeben, zumal hier nicht nur finanzielle Verlustgefahren, sondern auch Schäden durch Imageverlust im Misserfolgsfall drohen. Vgl. Baumöl (1998), S. 43 - 57.

reich der Finanzdienstleistungsunternehmungen, zumal hier besondere gesetzliche Anforderungen und Vorgaben greifen.[512] Als wichtige Hilfsmittel des Risikomanagements werden neben organisatorischen Sicherungsmaßnahmen[513] die prozessabhängige Überwachung (Kontrolle) und prozessunabhängige Überwachung[514] gezählt. Zudem ist für den Controlling-Bereich zu fordern, dass Planungs-, Steuerungs- und Kontroll- sowie Informationsversorgungsmechanismen etabliert werden, die den Anforderungen des Risikomanagements Rechnung tragen.[515] Dabei lassen sich insbesondere auch verschiedene der klassischen Controlling-Instrumente sinnvoll nutzen, wie z. B. die Szenario-Technik, Ursachen-Wirkungs-Analysen oder Balanced Scorecards.[516]

Vor allem jedoch werden geeignete **Frühwarnsysteme** gefordert, die in der Lage sind, Risiken frühzeitig zu entdecken und zu kommunizieren.[517] Dabei sind Frühwarnsysteme darauf ausgelegt, anhand so genannter schwacher Signale Diskontinuitäten mit zeitlichem Vorlauf zu erkennen, um rechtzeitig gegensteuernd eingreifen zu können.[518]

Frühwarnsysteme lassen sich bereits durch Nutzung geeigneter Kennzahlen wirksam implementieren, insbesondere durch die Nutzung von Zeitvergleichen und Hochrechnungen.[519] Zusätzlichen Wert erlangen derartige Systeme durch die Integration auch qualitativer Aspekte (Wirtschaftsklima, Gesetzesänderungen). Als Erfolgsfaktor erweist sich hierbei die Auswahl geeigneter Indikatoren für die jeweiligen relevanten Betrachtungsbereiche, die möglichst frühzeitig Gefährdungen oder Krisen anzeigen, indem sie bei Überschreitung von zuvor festgelegten Schwellenwerten unmittelbar Alarmsignale aussenden. An dieser Stelle zeigt sich

---

[512] Vgl. Schierenbeck (1999), S. 12. Als charakteristische Risiken im Bankenbereich, mit denen sich das Risikomanagement auseinander setzen muss, werden Bonitäts-, Währungs-, Zinsänderungs- und sonstige Marktrisiken angeführt. Vgl. Rudoph/Johanning (2000), S. 17. Scharpf und Luz führen aus, dass speziell im Umfeld der Finanzderivate Aktienkurs-, Volatilitäts-, Basis- und Spreadrisiken zu den sonstigen Marktrisiken zählen. Vgl. Scharpf/Luz (2000), S. 65.

[513] Lück gliedert weiter auf in organisatorische Sicherungsmaßnahmen durch eine Funktionentrennung, durch den Einsatz von EDV, durch Arbeitsanweisungen und durch das Belegwesen. Vgl. Lück (1998), S. 9.

[514] Die prozessunabhängige Überwachung wird auch als interne Revision bezeichnet und grenzt sich von der Kontrolle allgemein dadurch ab, dass die Prüfung eines Systems von außen geschieht und die Revision damit kein System- bzw. Prozessbestandteil sein kann. Vgl. Buderath/Amling (2000), S. 129.

[515] Vgl. Martin/Bär (2002), S. 121 - 130. Horvath und Gleich betonen, dass ein richtig verstandenes und angewendetes Controlling stets auch Aspekte des Risikocontrollings umfasst und sowohl zur Risikoanalyse und -überwachung als auch zur Risikoplanung sowie -steuerung eingesetzt werden kann. Vgl. Horvath/Gleich (2000), S. 101f. und 110 - 120.

[516] Vgl. Horvath/Gleich (2000), S. 109.

[517] Hahn und Krystek differenzieren hier zwischen Frühwarnsystemen, die lediglich auf die Entdeckung bedrohlicher Entwicklungen konzentriert sind, und Früherkennungssystemen, die gleichsam auch auf Chancen und Gewinnoptionen hinweisen. Vgl. Hahn/Krystek (2000), S. 76 - 78.

[518] Vgl. Lück (1998), S. 11.

[519] Vgl. Hahn/Krystek (2000), S. 81 - 83.

die enge Verknüpfung zur Unternehmungsplanung, da im Signalfall sofortige Neuplanungen oder Plananpassungen erfolgen müssen. Für die Entscheidungsträger ergeben sich durch die Nutzung geeigneter Indikatoren zeitliche Handlungsspielräume, die in umsichtigeren und durchdachteren Reaktionen münden können.

Als allgemeine Anforderungen an die eingesetzten Werkzeuge im Risikomanagement lässt sich formulieren, dass diese konsistente, transparente und abgestimmte Mess-, Bewertungs- und Steuerungsverfahren beinhalten müssen. Des Weiteren sollen Analysen und Berichte auf unterschiedlichen Risikoaggregationsstufen möglich sein. Schließlich sind die Entscheidungsträger in allen Phasen des Risikomanagementprozesses in integrierter Form zu unterstützen.[520]

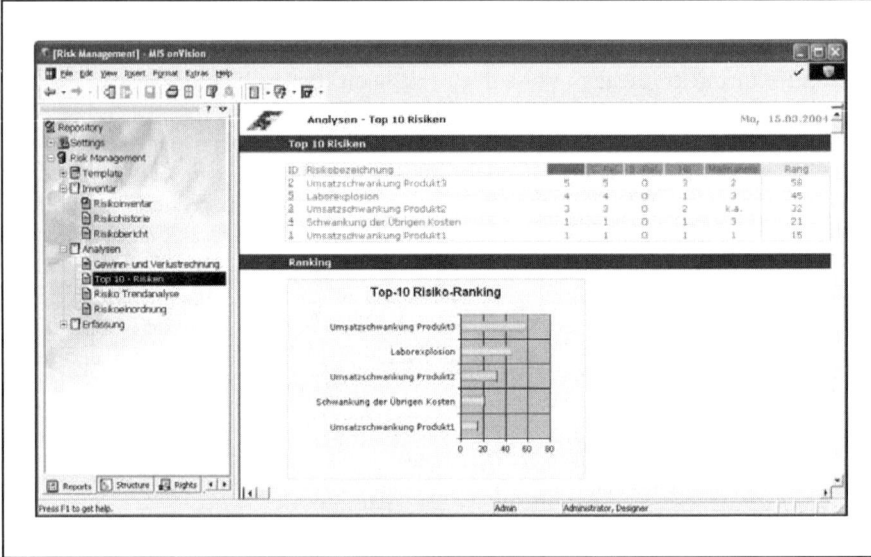

Abb. 8/10:   **Visualisierung der wichtigsten Unternehmungsrisiken[521]**

Insgesamt kann damit für die hier ausgewählten Themenbereiche Balanced Scorecard, Unternehmungsplanung, Konzernkonsolidierung, analytisches Customer Relationship Management und Risikomanagement bezüglich der behandelten Inhalte und anfallenden Aufgaben große Heterogenität festgestellt werden, auch wenn sich punktuell Überschneidungen ergeben.

Bei allen Themenfeldern ergeben sich umfangreiche Anforderungen an geeignete Unterstützungsinstrumente. Übergreifend ist ein ausgeprägter Bedarf an geeigneten Mechanismen zu Strukturierung der jeweils relevanten Betrachtungsobjekte auszumachen. Nicht zuletzt werden Möglichkeiten zur Aggregation und Disaggregation verlangt, um Operationen auf unterschiedlichen Verdichtungsebe-

---

[520] Vgl. Schierenbeck (1999), S. 12.
[521] MIS (2003).

nen durchführen zu können. Durchgängig werden auch verdichtete und detaillierte betriebswirtschaftliche Größen eingesetzt, um als Kennzahlen wertvolle Entscheidungshilfe zu leisten. Dabei kann es sich einerseits um zukunftsgerichtete Indikatoren oder Hochrechnungen sowie andererseits um vergangenheitsorientierte Kontrollzahlen handeln.

Die algorithmischen Anforderungen unterscheiden sich in den einzelnen Bereichen zum Teil erheblich. Durchgängig werden allerdings Techniken benötigt, um Aussagen über zukünftige Entwicklungen und Konstellationen anstellen zu können. Genutzt werden dabei neben einfachen und komplexen **Prognoseverfahren** vor allem **Szenario- und Sensitivitätsanalysen**. Die zu den einzelnen Themenfeldern gehörenden Prozesse weisen stets auch eine ausgeprägte Kontrollphase auf. Hier greifen durchgängig Abweichungsanalysen, um aufgetretene Differenzen zwischen erwarteten und eingetretenen Größen sowie die zugehörigen Ursachen aufzudecken und die Erkenntnisse hieraus in zukünftigen Prozessen zu nutzen.

Trotz der erheblichen Unterschiede bei den funktionalen und inhaltlichen Anforderungen, welche die Themenbereiche Balanced Scorecard, Unternehmungsplanung, Konzernkonsolidierung, analytisches Customer Relationship Management und Risikomanagement mit sich bringen, setzen die zugehörigen Anwendungslösungen als Business Intelligence-Systeme (vgl. Kapitel 4) häufig auf den gleichen technologischen Konzepten auf. Alle Lösungen benötigen einen integrierten und homogenisieren Datenbestand, wie er sich in einem Data Warehouse (vgl. Kapitel 5) findet. Zur Datenanalyse werden die multidimensionalen Strukturierungs- und Navigationsverfahren des On-Line Analytical Processing (vgl. Kapitel 6.1) intensiv genutzt. Beispielsweise beinhaltet der Planungsbereich Anwendungen, die Planzahlen multikriteriell erfassen und auswerten sowie die hierarchischen Dimensionsstrukturen für den vertikalen Plandatenabgleich nutzen. Auch die Techniken des Knowledge Discovery in Databases und Data Mining (vgl. Kapitel 6.2) lassen sich in unterschiedlichsten Systemen mit betriebswirtschaftlichem Fokus gewinnbringend einsetzen. Insbesondere beim analytischen CRM finden sich Einsatzfelder, beispielsweise um Kunden gemäß ähnlicher Eigenschaften oder Verhaltensweisen zu segmentieren und gruppieren oder Warenkörbe auf wiederkehrende Muster hin zu analysieren. Die Verfahren und Technologien des betrieblichen Berichtswesens (vgl. Kapitel 7.1) sind - häufig als integrierter Baustein - in allen Spielarten betriebswirtschaftlicher Anwendungssysteme verbreitet, um verdichtetes oder detailliertes Datenmaterial anschaulich zu präsentieren. Schließlich eröffnen Portal-Konzepte und -Lösungen (vgl. Kapitel 7.2) durch ihre leichte Bedienbarkeit als Zugangssysteme einem sehr breiten Nutzerkreis Zugriff auf unterschiedliche Informationen. Oftmals sind in derartige Unternehmungsportale beispielsweise individualisierte oder gruppenspezifische Balanced Scorecards, Konsolidierungsergebnisse oder risikoorientierte Frühwarnindikatoren eingebettet.

Nachdem nun die wesentlichen Technologien und Anwendungssysteme analyseorientierter Informationssysteme dargestellt worden sind, sollen die folgenden Ausführungen Hinweise für die Gestaltung und den Betrieb der aufzubauenden Lösungen liefern.

9 Gestaltung und Betrieb von BI-Lösungen

Die voran gegangenen Ausführungen haben gezeigt, dass Business Intelligence-Systeme höchst unterschiedliche Erscheinungsformen annehmen und zahlreiche betriebswirtschaftliche Aufgabenstellungen unterstützen können. Dennoch lassen sich Kriterien erarbeiten, welche für die Gestaltung und den Betrieb entsprechender Lösungen kennzeichnend sind. Ausgehend von den verschiedenen **Reifegradstufen** von Business Intelligence-Systemen (vgl. Abschnitt 9.1), die zur Einordnung und Bewertung konkreter Umsetzungen heran gezogen werden können, beleuchten die folgenden Abschnitte geeignete **Vorgehensmodelle** für den Aufbau und die Nutzung der Systeme (vgl. Abschnitt 9.2). Anschließend erfolgt die detaillierte Erörterung der einzelnen **Phasen** und **Aktivitätsblöcke**, die im Rahmen der Gestaltung und des Betriebs Relevanz aufweisen (vgl. Abschnitt 9.3).

9.1 Entwicklungsstufen von BI-Lösungen

Der Gestaltungsrahmen für die Entwicklung eines erfolgreichen BI-Systems sollte durch eine von der obersten Führungsebene unterstützte IV-Strategie[522] festgelegt sein. Diese IV-Strategie muss sich im Einklang mit der Gesamtunternehmungsstrategie befinden. Zur Einordnung und Bewertung von BI-Entwicklungsprozessen lassen sich Reifegradmodelle[523] nutzen, die als Referenz für Audits und Branchenbenchmarks dienen können.

Die Nutzung von Reifegradmodellen wird in der Literatur zur Beschreibung von Lebenszyklen und zur Beurteilung von Qualitätsstandards bei Informationssystemen diskutiert.[524] Das **Capability Maturity Model (CMM)**[525] unterscheidet beispielsweise die fünf Stufen „Initial", „Repeatable", „Defined", „Managed", „Optimizing" und beschreibt darüber die Reifegrade eines Software-Entwicklungsprozesses. Vom initialen Ad-hoc-Prozess bis zum sich kontinuierlich verbessernden Produktivprozess werden stufenbezogen Bewertungen von Schlüsselbereichen und Schlüsselpraktiken vorgenommen, welche zur Feststellung des Reifegrades führen. Hieraus lassen sich Handlungsempfehlungen zur stufenweisen Verbesserung von implementierten Prozessen ableiten. In Anlehnung an diese Modellbildung können bei der Entwicklung von BI-Lösungen drei erfolgskritische Bereiche festgemacht und zur Bewertung herangezogen werden (vgl. Abb. 9/1):

- **Fachlichkeit** (betriebswirtschaftlich-inhaltliche und anwendungsorientierte Sicht),
- **Technik** (IT-Komponenten und -Architekturen) sowie
- **Organisation** (Einbettung in betriebliche Aufbaustrukturen und Ablaufprozesse).

---

[522] Zur IV-Strategie vgl. Gabriel/Beier (2003) sowie Krcmar (2005).
[523] Vgl. Steria-Mummert (2006); Schulze/Dittmar (2006).
[524] Vgl. Mellis/Stelzer (1999).
[525] Vgl. Paulk/Weber/Curtis (1995).

Der Untersuchungsbereich Fachlichkeit widmet sich der Bedeutung von BI-Lösungen im Gesamtkontext der strategischen Unternehmungsausrichtung, der Validität angebotener Informationsinhalte sowie dem Grad der Unterstützung von Analyse- und Entscheidungsprozessen. Dagegen steht im Sektor Technik die Flexibilität des Systementwurfs, die Qualität der IT-Lösung (z. B. Automatisierungsgrad, Transaktionssicherheit) und das Ausmaß der Standardisierung der Komponenten im Vordergrund. In der Perspektive Organisation finden sich die Aspekte Wirtschaftlichkeit (etwa Kosten- / Nutzentransparenz) und Institutionalisierungsgrad bzw. Formalisierungsgrad der BI-Prozesse.

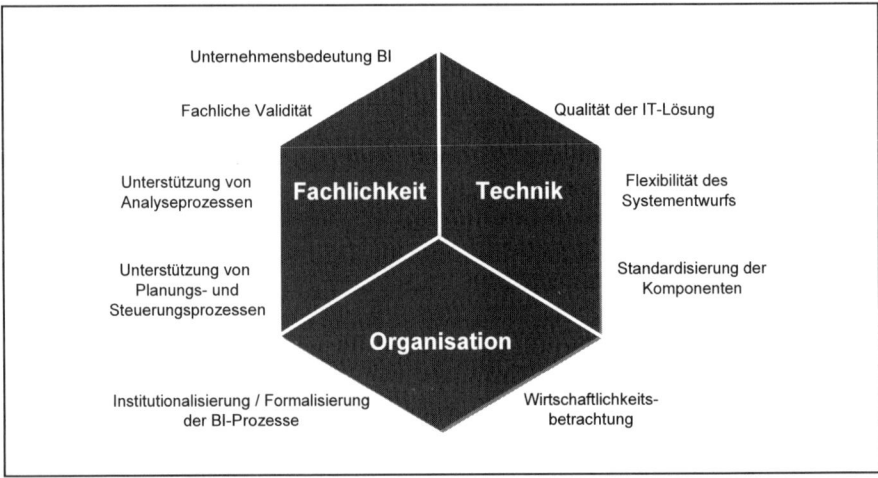

Abb. 9/1:   Untersuchungsfelder des BI-Reifegrads

Zur Einordnung und Standortbestimmung konkreter Praxislösungen lassen sich idealtypische BI-Reifegradstufen definieren und mit den zugehörigen Schlüsselpraktiken (vgl. CMM) beschreiben. Die fünf unterschiedlichen Evolutionsstufen sind in einem weder abschließenden noch ausschließlichen Beschreibungsmuster wie folgt in erster Annäherung zu charakterisieren:

Stufe 1: Vordefiniertes Berichtswesen
Die erste Evolutionsstufe zeichnet sich durch vergleichsweise starre Auswertungen aus, die parametergesteuert und periodisch Berichte in wiederkehrender Form (oft papiergebunden) produzieren. Die gewählte Art der Datenaufbereitung und Ausgabe schließt weiterführende Analysen auf Basis der angebotenen Inhalte weitgehend aus. In der Regel sind derartige Lösungen eng mit den zugehörigen operativen Systemen verknüpft und bereichsspezifisch ausgerichtet, sodass sich eine systemübergreifende Integration kaum realisieren lässt. Gleiche Inhalte werden daher häufig in den unterschiedlichen Hierarchiezweigen der Unternehmung parallel berichtet, was zu Inkonsistenzen führen kann. Diese Form entscheidungsunterstützender Systemlösungen findet sich heute noch in vielen Unternehmungen

als Standardberichtswesen und wird als Bestandteil der IT-Infrastruktur weder hinsichtlich der zurechenbaren Kosten- und Nutzenaspekte kritisch geprüft, noch greifen Anstrengungen zur übergreifenden Qualitätssicherung und Prozessorganisation. Darüber hinaus wurde vor allem in analyseorientiert ausgerichteten Fachbereichen früh erkannt, dass ein vordefiniertes Berichtswesen erhebliche Defizite in Bezug auf Flexibilität und Interaktivität aufweist.

Stufe 2: BI pro Fachbereich

Die zweite Evolutionsstufe umfasst bereichsbezogene Anwendungssysteme, die gemäß den OLAP-Anforderungen eine freie Navigation und Visualisierung in mehrdimensionalen Datenbeständen ermöglichen. Ad-hoc-Auswertungen können dabei vor allem bei Zeitreihen- und Abweichungsanalysen wertvolle Informationen hervorbringen. Auch die Aktualisierung der analyseorientierten Datenbestände lässt sich durch die Implementierung technischer Aktualisierungsprozesse weitgehend automatisieren, um den personellen Aufwand für die erforderlichen Ergänzungen zu minimieren. Allerdings gelingt bei dieser Vorgehensweise durch die Konzentration auf einzelne Fachbereiche keine flächendeckende, unternehmungsweite Integration. Vielmehr werden die Systeme meist im Rahmen einzelner Initiativen (mit begrenztem Budget) ohne die Schaffung einfacher Erweiterungsmöglichkeiten erstellt.

Stufe 3: Unternehmungsweite BI

Die nächste Evolutionsstufe der BI-Systeme wird von dem Anspruch getrieben, eine unternehmungsweite Lösung mit hoher Verfügbarkeit und ausgeprägter Integration zu etablieren. Auf der Basis einer definierten BI-Strategie, übergreifender Normen und Standards sowie einer einheitlichen betriebswirtschaftlichen Semantik in der ganzen Unternehmung wird versucht, verschiedene Fachbereiche mit einer durchgängigen Architektur und konsistent gespeicherten Informationen, die durch Metadaten beschrieben sind, umfassend zu unterstützen. Der Zugriff erfolgt dann in der Regel über Browser-Oberflächen. Die erheblichen Anstrengungen, die zum Aufbau einer derart weit reichenden Lösung unternommen werden müssen, verlangen nach einer detaillierten Kosten- / Nutzen-Betrachtung, wobei der vorherrschende Druck zur besseren Kostenkontrolle bedingt, dass je Teilprojekt ein positiver Return on Investment (ROI) in kurzer Zeit verlangt wird. Zudem sind nach Inbetriebnahme alle Erweiterungen im Rahmen eines formalen Evolutionsmanagements auf ihre Wirtschaftlichkeit zu prüfen.

Stufe 4: Erweiterte Entscheidungsunterstützung

Der vierte Evolutionsschritt ist dadurch gekennzeichnet, dass die unternehmungsweit integrierten Lösungen an funktionaler Tiefe gewinnen und die Entscheidungsprozesse systembezogen enger mit den Wertschöpfungsprozessen gekoppelt werden. Mathematische Methoden und statistische Verfahren zur Datenanalyse vergrößern die Auswertungsoptionen und ermöglichen die Bildung komplexer Szenarien z. B. mittels Mustererkennung, Simulation der Systemdynamik und Trendberechnung. Der gesamte Entscheidungsprozess sowie die dispositive Umsetzung und die Rückmeldung werden als geschlossener Kreislauf verstanden und

durch geeignete Werkzeuge unterstützt. Durch Einsatz von Portaltechnologien gelingt es, an der Oberfläche unterschiedliche Informationsquellen zusammenzuführ-
ren. Allen BI-Prozessen sind klare personelle Verantwortlichkeiten und Zuständigkeiten zugeordnet, sodass Beteiligte ihre Rollen und Ansprechpartner kennen.
Schließlich wird durch eine verursachungsgerechte Kostenumlage eine Wirt-
schaftlichkeitskontrolle vorangetrieben.

Stufe 5: Aktives Wissensmanagement
Die fünfte Stufe des Reifemodells für BI-Lösungen greift weitere Integrationspo-
tenziale auf, etwa in unternehmungsübergreifenden Wertschöpfungsketten, und
verfolgt eine durchgängige Implementierung von „On-demand"-Systemen. Aus
technischer Sicht erfolgt eine erhebliche Erweiterung der Datenbasis. Durch die
Zusammenführung der herkömmlichen quantitativen Data-Warehouse-Datenbasis
(Zeitreihen) mit den in der Unternehmung vorhandenen unstrukturierten, qualitativen Informationen (Dokumenten) gelingt eine umfassende Sicht auf die relevanten Geschäftsobjekte. Daher wird die Integration von Knowledge Management
und BI zum kritischen Erfolgsfaktor auf dieser Stufe. Überdies erfolgt die Erweiterung der dispositiven Datenbasis um Detailinformationen bis auf Belegebene,
um es dem Anwender zu ermöglichen, sich bis auf den Kern von Einzelproblemen
herunterarbeiten zu können. Die Aktualisierung des entscheidungsunterstützenden
Datenbestandes soll in Echtzeit und damit synchron zu Änderungen im operativen
Datenbestand vorgenommen werden. Dadurch kann es gelingen, auch eine Unterstützung der kurzfristigen Steuerung zu gewährleisten, wie sie im operativen Management benötigt wird. Der damit verknüpften Gefahr einer Überfrachtung mit
unwichtigen Detailinformationen soll durch Einsatz intelligenter und automati-
scher Selektionsprozesse in Verbindung mit aktiver Präsentation wichtiger Informationen auf der Basis von Push-Mechanismen begegnet werden. Nach dem Verfahren des „publish and subscribe" können die Informationen adressatengerecht
verteilt werden. Die Reaktionen der Anwender auf die angebotenen Informationen
dienen hierbei dem Aufbau individueller Benutzerprofile, um die jeweiligen Präferenzen im Zeitablauf mit adaptiven Lernverfahren besser einschätzen zu können.
Die Bedeutung einer derartigen Lösung muss im Vergleich zu den herkömmlichen
Ansätzen als deutlich höher und unternehmungskritisch eingeschätzt werden, zumal eine enge Verschmelzung mit den operativen Anwendungen erfolgt. Aus diesem Grunde werden höchste inhaltliche und technische Anforderungen an die Systeme gerichtet, wie sie auch für operative Informationssysteme Gültigkeit aufweisen.

Zusammenfassend visualisiert die folgende Tabelle 9.1 nochmals die unterschiedlichen Reifestufen und deren Ausprägungen, von denen im vorgestellten BI-
Reifegradmodell ausgegangen wird. Die hier vorgestellten Stufen und Schlüssel-
bereiche sind bezüglich Differenzierungsgrad, Niveau, Messbarkeit und Aussagekraft ähnlich kritikanfällig[526] wie das CMM, geben aber einen ersten Bezugsrahmen zur Evaluation von BI-Prozessen.

---

[526] Vgl. Bollinger/McGowan (1991).

	Fachlichkeit	**Technik**	**Organisation**
Stufe 1: **Vordefinier-tes Berichts-wesen**	• Inhalte werden z. T. redundant berichtet • Keine weitergehende Analysemöglichkeit • Fachbereichsbezo-gene Auswertungen • Keine einheitliche Semantik	• Statische, parameter-gesteuerte Berichte (oft papiergebunden) • Einfache Darstellung (z. B. Listendruck) • Lokale Layout-standards • Einbettung in opera-tive Informations-systeme	• Keine Transparenz von Kosten und Nutzen • Manuelle, wenig or-ganisierte Prozesse • Keine übergreifende Qualitätssicherung • Lange Informa-tionswege
Stufe 2: **BI pro Fachbereich**	• Insellösungen • Ad-hoc-Analyse-möglichkeiten • Abteilungsweit gülti-ge Semantik	• OLAP-Navigations-funktionalität • Zeitreihenanalysen • Datenhistorisierung • Automatisierung von Extraktions-, Trans-formations- und La-deprozessen	• Cost Center mit Projektbudget • BI-Team mit undif-ferenzierter The-mengesamt-verantwortung • „Einmal"-Initiativen ohne Programm-Management
Stufe 3: **Unterneh-mungsweite BI**	• Integration verschie-dener Fachbereiche • Vereinheitlichtes Be-richtswesen • Unternehmungsweit homogenisierte Semantik • Einfache Forecast-Berechnungen • Integration externer Daten	• Hub&Spoke-Architektur • Metadaten-management • Übergreifende Nor-men und Standards • Hohe Verfügbarkeit • Web-Oberflächen • Automatisierte Integration externer Daten	• Unternehmungswei-te BI-Strategie • Kosten-/Nutzen-betrachtung pro BI-Teilprojekt • Trennung Entwick-lung und Betrieb • Formales Evolu-tionsmanagement • Supporteinrich-tungen
Stufe 4: **Erweiterte Entschei-dungs-unterstüt-zung**	• Prozessunterstützung • Closed-loop-Umsetzung • Erweiterte Analyse-methoden (z. B. Data Mining) • Trend- und Alterna-tivenberechnungen • Bildung komplexer Szenarien	• Einbeziehung semi-strukturierter Daten • Data Mining • Planungs- und Simulationstools • Workflow-Systeme zur Unterstützung komplexer Prozesse • Portaltechnologien	• Beanspruchungs-gerechte Kosten-umlage • BI-Prozesse durch-gängig institutiona-lisiert • Prozessausrichtung auf bedarfsorientier-tes Informations- und Analyseangebot
Stufe 5: **Aktives Wissens-manage-ment**	• Zeitnahe Analysen bis hin zum Real-Time-Betrieb • Enge Kopplung von quantitativen und qualitativen Wissensdomänen • Benutzerrollen • Aktive Entschei-dungsunterstützung	• Real-Time-fähige Infrastruktur • Aktive Komponenten (Push-Technologie) • Integration un-strukturierter Daten • Agentenbasierte In-formationssammlung • Verschmelzung ope-rativer und disposit-iver IV-Systeme	• Durchgängige Inte-gration aller Prozes-se • Betriebsführung wie bei operativen Sys-temen • BI als unterneh-mungskritisches Thema • Akzeptanz auf allen Ebenen und in allen Bereichen

Tab. 9/1:   BI-Entwicklungsstufen

Auf Basis des vorgestellten Reifemodells lassen sich individuelle und systematische Standortbestimmungen erstellen, aus der die Stärken und Schwächen sowie
das Potenzial von spezifischen BI-Lösungen hervorgehen. Darüber hinaus sind
Branchenvergleiche im Sinne eines Benchmarkings oder die Positionsbestimmung
im internationalen Vergleich möglich. Neben strategischen Visionen lassen sich
hieraus konkrete Handlungsempfehlungen ableiten, die dazu dienen, Implementie-
rungsdefizite auszugleichen und zusätzliche Potenziale zu heben. Der Benchmark
für die Fachlichkeit orientiert sich an den individuellen geschäftlichen Zielen einer
Unternehmung bzw. an Branchenbenchmarks und bildet damit eine unternehmungsspezifische Zielgröße. Für technische und organisatorische Lösungen lassen
sich dagegen in weiten Teilen absolute Benchmarks definieren.

Aus der Positionierung einer Unternehmung, die sich aus der konkreten Ist-
Situation ergibt, lassen sich sowohl entlang der Entwicklungsstufen als auch durch
die Dimensionen Fachlichkeit, Technik und Organisation Zielbilder ableiten. Naturgemäß weist das Modell Schwerpunkte in der Analyse sowie in der Entwicklung mittelfristiger Lösungsperspektiven auf und enthält keine Detaillösungen für
spezielle Fragestellungen. Allerdings lassen sich auf diese Weise Entwicklungs-
vorhaben strukturieren und priorisieren. Falls Klarheit über die zu ergreifenden
Schritte gewonnen worden ist, kann die einzelne Projektumsetzung erfolgen, wie
der folgende Abschnitt anhand spezieller Vorgehensmodelle beschreibt.

9.2   Vorgehensmodelle zum Aufbau und Einsatz von BI-Lösungen

Die Gestaltung von Software erweist sich häufig als schwieriges und langwieriges
Unterfangen. Insbesondere ergeben sich drei Problemfelder, für die Lösungen gefunden werden müssen:[527]

- Beherrschung der Komplexität von Aufgabenstellung und Problemlösung,
- Bewältigung der Dynamik von Anforderungen und Einsatzbedingungen,
- Beteiligung betroffener Interessengruppen.

Um mit den hieraus resultierenden Schwierigkeiten umgehen zu können, sind im
Bereich des **Software Engineering**[528] Techniken entwickelt worden, die – sofern
für den weiteren Gang der Untersuchung relevant – in den folgenden Abschnitten
im Überblick vorgestellt werden. Dabei gilt es, sowohl unterschiedliche Vorge-

---

[527] Vgl. Suhr/Suhr (1993), S. 96.

[528] Im Rahmen der vorliegenden Ausführungen wird dem Begriffsverständnis von Pomberger und Blaschek gefolgt, die Software Engineering definieren als "die praktische Anwendung wissenschaftlicher Erkenntnisse für die wirtschaftliche Herstellung und den
wirtschaftlichen Einsatz qualitativ hochwertiger Software". Pomberger/Blaschek (1993),
S. 3. Alternative Abgrenzungen finden sich z. B. bei Boehm (1986), S. 13; Balzert
(1989), S. 3.

hensmodelle zur Softwareentwicklung als auch Beteiligungskonzepte auf ihre Tauglichkeit und Praktikabilität bei der Erstellung von BI-Lösungen zu prüfen.

Bei der klassischen Vorgehensweise zur Entwicklung von Software werden die einzelnen Entwicklungsabschnitte in eine zeitlich und sachlich strukturierte Anordnung gebracht und dann nacheinander jeweils einmal durchlaufen ("strenger" **Software-Life-Cycle**[529]). Das klassische, streng sequentielle Vorgehen des Life-Cycle-Konzeptes erfährt durch das Wasserfall-Modell[530] eine Aufweichung, indem Rückkopplungen zwischen den einzelnen Phasen nicht ausgeschlossen werden. Rücksprünge über mehrere Phasen hinweg sowie die damit verbundenen Wiederholungsaktivitäten werden allerdings auch hier nur in Ausnahmefällen empfohlen und sind möglichst ganz zu vermeiden. Derartig lineare **Phasenkonzepte**[531] bzw. Wasserfallmodelle weisen den Vorteil einer klaren Strukturierung des Lösungsweges mit eindeutiger Beschreibung der jeweiligen (Teil-) Aufgaben und (Teil-) Ergebnisse auf. Durch die Zerlegung des u. U. komplexen Problems in übersichtliche Aggregate bzw. Teilprobleme lässt sich neben einer Erhöhung der Transparenz für alle Beteiligten auch eine Verbesserung von Kontrollmöglichkeiten erreichen. Allerdings sind hiermit einige Probleme verbunden, die sich insbesondere bei der Entwicklung von Business Intelligence-Systemen als gravierend erweisen können:

- Durch die starre Phasenorientierung ist die Vorgehensweise relativ unflexibel bei der Reaktion auf sich ändernde Anforderungen und Rahmenbedingungen.[532] Insbesondere BI-Lösungen zeichnen sich durch häufig wechselnde Anforderungen im Hinblick auf das Informationsangebot und die funktionale Unterstützung aus.

- In der strengen Auslegung verlangt das Software-Life-Cycle-Konzept, dass erst nach vollständigem Abschluss der aktuellen Phase mit der nächsten Phase begonnen werden kann. Dies bedeutet insbesondere, dass alle Anforderungen, die an das System gestellt werden, frühzeitig und vollständig zu beschreiben sind.[533] BI-Projekte sind dadurch gekennzeichnet, dass sich inhaltliche und funktionale Anforderungen vor allem bei den späteren Anwendern erst im Projektverlauf entwickeln und sich die verfügbaren Technologien mit hoher Geschwindigkeit weiter entwickeln. Zu frühe und nicht revidierbare Detailentscheidungen fachlicher und technischer Art sind daher zu vermeiden.

- Als unabdingbares Erfolgskriterium für die Entwicklung von Business Intelligence-Systemen gilt die **Einbeziehung des späteren Benutzers** in den Gestaltungsprozess. Eine streng phasenorientierte Vorgehensweise bei der

---

[529] Vgl. Hesse/Merbeth/Frölich (1992), S. 30; Balzert (1989), S. 17.

[530] Vgl. Pomberger/Blaschek (1993), S. 24. Teilweise werden die Begriffe Life-Cycle-Modell und Wasserfallmodell auch synonym verwendet. Vgl. Goldammer (1994), S. 253.

[531] Ein Überblick über unterschiedliche Phasenkonzepte findet sich bei Balzert (1989), S. 469.

[532] Vgl. Suhr/Suhr (1993), S. 97.

[533] Vgl. Pomberger/Blaschek (1993), S. 22.

Softwareentwicklung beschränkt jedoch die Kommunikation zwischen Entwicklern und Benutzern auf eine kurze Zeitspanne zu Beginn des Projektes
(wenn davon abgesehen wird, dass nach der Installation der Software der von
der angebotenen Funktionalität enttäuschte Anwender seinen Unmut gegenüber dem Entwicklungsteam äußert).

Die aufgeführten Gründe führen zu dem Schluss, dass eine streng phasenorientierte Vorgehensweise bei der Entwicklung von Business Intelligence-Lösungen nicht
zum gewünschten Ergebnis führen kann. Vielmehr sind zyklische und antizipative
Ansätze gefordert, die fast beliebige Sprünge erlauben und Interdependenzen zwischen unterschiedlichen Phasen aufweisen. Ansätze hierzu finden sich im Software Engineering beispielsweise im Rahmen der inkrementellen und evolutionären Systementwicklung sowie durch Prototyping-Ansätze.[534]
    Aufbauend auf diesen generischen Konzepten wurden in den letzten Jahren
verschiedene Vorgehensmodelle zum Aufbau von Business Intelligence-Lösungen
vorgestellt, die in den folgenden Ausführungen exemplarisch dargestellt werden.
Dabei darf nicht vergessen werden, dass bereits für die Entwicklung der klassischen, unternehmungsindividuellen Managementunterstützungssysteme Vorgehensmodelle entwickelt wurden, die auf Partizipation und Iteration aufsetzen.[535]
    Neuere Ansätze dagegen konzentrierten sich zunächst auf die Gestaltung von
Data Warehouse-Lösungen, was sich aus dem historisch-technischen Kontext erklären lässt. Obwohl hier durchweg ebenfalls einzelne Phasen identifiziert werden,
die es zu durchlaufen gilt, sind die Modelle stärker durch Rücksprünge, Prototy-
pen und z. T. Parallelisierung geprägt.[536]

9.2.1 Phasenorientiertes BI-Vorgehensmodell

Das erste vorzustellende Vorgehensmodell für den Aufbau von BI-Lösungen unterscheidet explizit zwischen anwenderbezogenen und systemtechnischen Aufgaben, die ober- bzw. unterhalb einer zeitlichen Verlaufsachse vom Start bis zum
Ziel des Projektes angeordnet sind (vgl. Abb. 9/2). Ausdrücklich wird in der Erläuterung des Modells darauf hingewiesen, dass beliebige Rückverzweigungen in
frühere Phasen geboten sein können, falls dort nicht alle zu leistende Aufgaben im
erforderlichen Maße bearbeitet wurden, und dass ein Einstieg in das Modell nicht
zwingend am Startpunkt erfolgen muss, falls bereits die entsprechenden Vorarbeiten geleistet wurden. Um den Umfang der Lösung schrittweise erweitern zu können, ist auch ein wiederholter Durchlauf durch das Modell vorgesehen.
    Das Modell orientiert sich an den Grobphasen Analyse, Design und Produktiv-
setzung. Als besonders auffällig erweist sich der Umstand, dass nach jeder Grobphase die Möglichkeit besteht, eine Behebung von Datendefiziten in den Vorsys-

---

[534] Vgl. Balzert (2000).
[535] Eine Übersicht über diese Vorgehensmodelle zur Gestaltung klassischer MSS-Systeme
    findet sich bei Walterscheid (1996), S. 105 - 113.
[536] Entsprechende Vorgehensmodelle präsentieren u. a. Holthuis (1998), S. 206 - 228;
    Kemper u. a. (2004), S. 147 - 173; Poe/Reeves (1997), S. 79 - 98.

temen anzustoßen. In der Tat präsentiert sich auch heute noch die unzureichende Datenqualität in den operativen Systemen häufig als großes Problem beim Aufbau eines unternehmungsweit abgestimmten und konsistenten Data Warehouse-Datenpools.

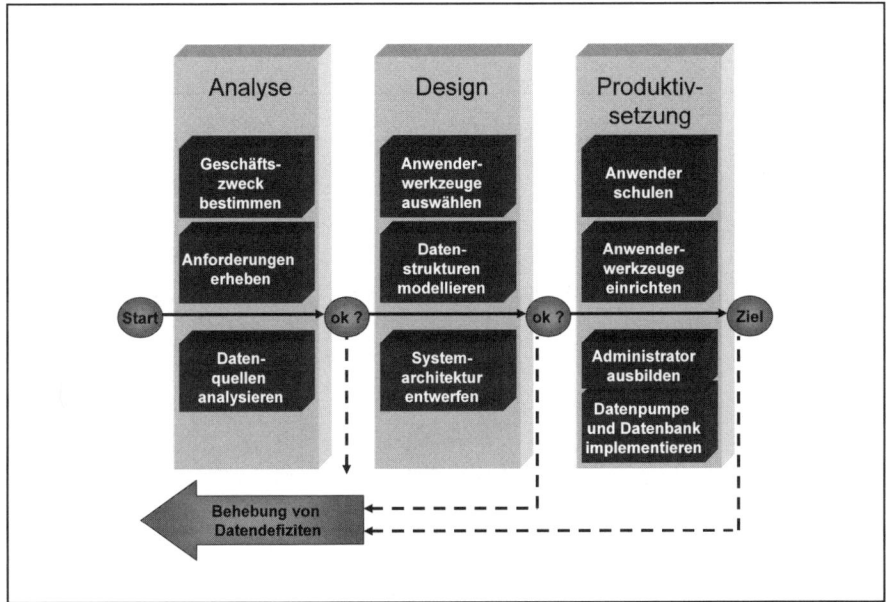

Abb. 9/2:   Phasenorientiertes BI-Vorgehensmodell[537]

In der ersten Grobphase steht die **Analyse des Geschäftszweckes** und des daraus resultierenden **Informationsbedarfs** der zukünftigen Anwender im Vordergrund. Parallel wird erhoben, ob und wo die erforderlichen Inhalte in den potenziellen Datenquellen gespeichert sind. Im Rahmen des **Designs** während der zweiten Modellphase erfolgt die Modellierung der relevanten Datenstrukturen. Die hierbei getroffenen inhaltlichen Festlegungen beziehen sich auch auf die Aktualität und Granularität der gespeicherten Daten. Die Auswahl der einzusetzenden Softwarewerkzeuge sowie der **technische Entwurf der Systemarchitektur** müssen immer unternehmungsspezifische Rahmenbedingungen und Vorgaben beachten. So existieren möglicherweise Grundsatzentscheidungen für oder gegen einzelne Softwarelieferanten und deren Produkte. Die letzte Phase schließlich, die hier als **Produktivsetzung** bezeichnet wird, umfasst sowohl die Installation der Front-End-Werkzeuge einschließlich der Anwenderschulung als auch die Einrichtung von Back-End-Tools, wie Datenbanken und ETL-Komponenten, mit der notwendigen Unterweisung in die Bedienung.

---

[537] Vgl. Hansen (1997), S. 319.

9.2.2   Partiell iterativen BI-Phasenmodell

Eine Erweiterung kann das vorgestellte Modell hinsichtlich unterschiedlicher Ge-
sichtspunkte erfahren. Zunächst lässt sich eine Ergänzung in Bezug auf das organisatorische Umfeld sowie die Aufnahme der stufenweisen Weiterentwicklung in
die grafische Darstellung vornehmen. Eine derartige Ausweitung findet sich beispielsweise im partiell iterativen Phasenmodell (vgl. Abb. 9/3).

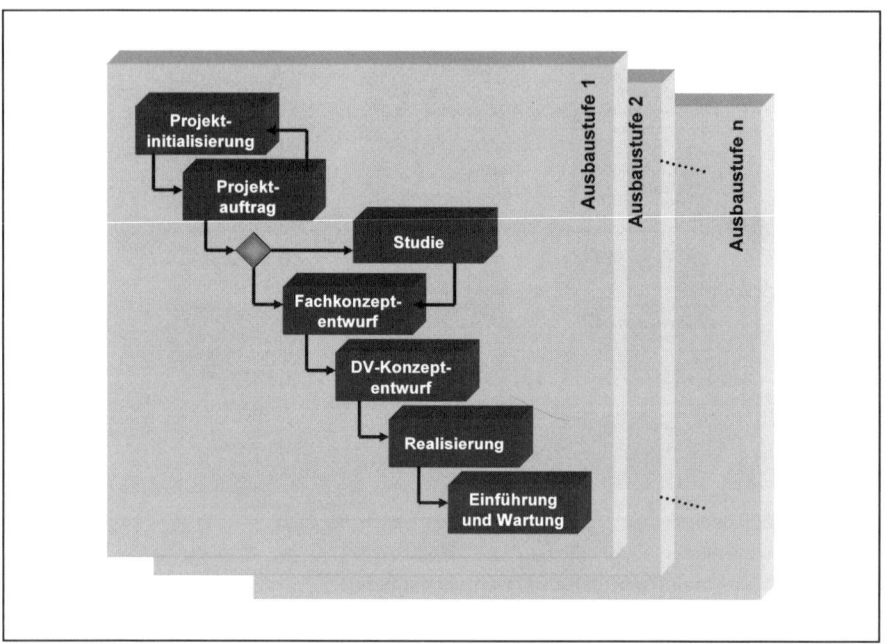

Abb. 9/3:   Partiell iteratives BI-Phasenmodell[538]

Auch in diesem Modell werden in jedem Einzelprojekt (hier als **Ausbaustufe** bezeichnet) unterschiedliche Phasen durchlaufen. Im Rahmen der als Studie bezeichneten Phase sind Projektrisiken und Unklarheiten detailliert zu untersuchen.
Nach jeder konzeptuellen Phase erfolgt die Entscheidung darüber, ob das Projekt
fortgeführt oder gestoppt wird.

In Erweiterung zum zuvor präsentierten Phasenmodell finden sich zu Beginn
einer jeden Ausbaustufe die Phasen Projektinitialisierung und Projektauftrag,
durch die einerseits dem organisatorischen Projektüberbau Rechnung getragen und
andererseits die direkte Verbindung zum Fachbereich betont wird. Im Rahmen der
Projektinitialisierung erfolgen erste Überlegungen durch den Fachbereich zu benötigten und gewünschten Inhalten und Funktionalitäten, die in einer Projektanfrage
münden. Die IT-Abteilung antwortet darauf mit einem Projektangebot, das erste

---

[538] Vgl. Heck-Weinhart/Mutterer/Herrmann/Rupprecht (2003), S. 201.

grobe Lösungsansätze beinhaltet. Der folgende Projektauftrag ist dann als Startschuss für die Konzeption und Realisierung zu werten.

9.2.3   Erweitertes BI-Vorgehensmodell

Eine zusätzliche Ausweitung erfährt das Modell, wenn nicht nur die engeren Entwicklungsschritte Beachtung finden, sondern ebenfalls die vor- und nachgelagerten Aktivitäten sowie prozessbegleitende Unterstützungstätigkeiten. So sollte jedes BI-Vorhaben aus einer übergeordneten BI-Strategie abgeleitet werden, die sich wiederum aus der Unternehmungsstrategie ergibt. Zudem umfasst der gesamte **Lebenszyklus einer BI-Lösung** nicht nur deren Gestaltung, sondern wird im Wesentlichen durch den nachfolgenden Betrieb der Lösung bestimmt. Alle Einzelaktivitäten, die zur erfolgreichen Nutzung der BI-Anwendung führen, sind durch das zugehörige Projektmanagement zu planen und koordinieren sowie durch eine projektbegleitende Qualitätssicherung zu verifizieren. Insgesamt ergibt sich damit ein noch umfassenderes Vorgehensmodell für den Aufbau und Betrieb von BI-Lösungen (vgl. Abb. 9/4).

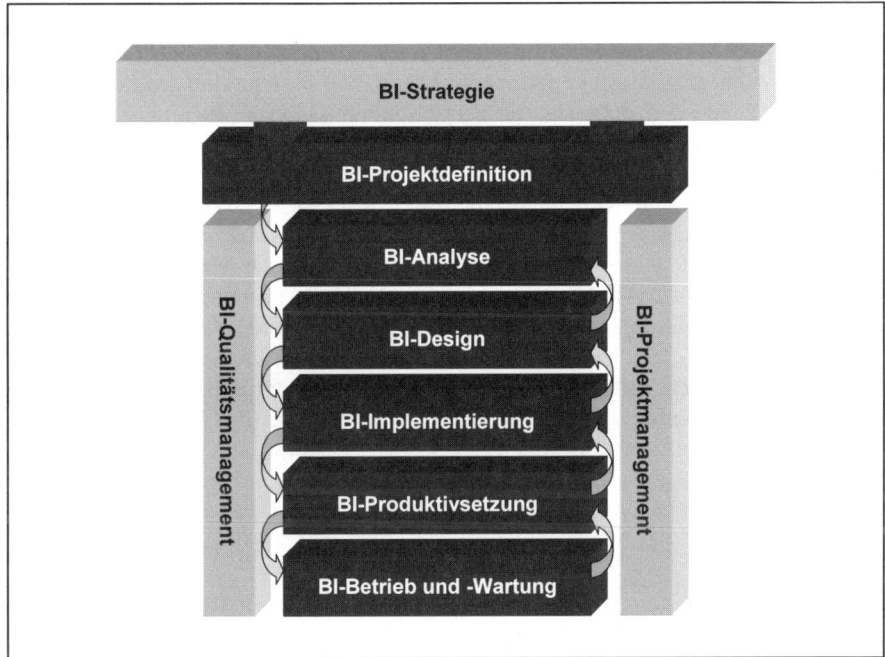

Abb. 9/4:   **Erweitertes Vorgehensmodell für die Gestaltung und den Betrieb von BI-Lösungen**

Jede der im Vorgehensmodell aufgeführten Phasen beinhaltet eine Anzahl unterschiedlicher Aktivitäten, die bereits einzeln betrachtet erheblichen Umfang und

Aufwand ausmachen können. Auf der Basis dieses Modells sollen im folgenden Abschnitt die durchzuführenden Tätigkeiten beim Aufbau und Betrieb von BI-Lösungen detaillierter betrachtet werden.

9.3   Phasen und Aktivitäten beim Aufbau und Betrieb von BI-Lösungen

Wie im letzten Abschnitt dargestellt, erweist sich der Prozess zum Aufbau und Betrieb von Business Intelligence-Lösungen als komplexe Abfolge miteinander verwobener Einzelaktivitäten. Das in Abb. 9/4 präsentierte Vorgehensmodell soll hier als Raster verwendet werden, um einzelne Teilphasen und Aktivitäten sowie die hier eingesetzten Techniken näher zu beleuchten. Dabei fokussieren sich die folgenden Ausführungen auf die Besonderheit im Gestaltungsprozess von BI-Lösungen.

9.3.1   BI-Strategie

Die ausgeprägten Verflechtungen zwischen der Unternehmungsstrategie auf der einen und der IT-Strategie auf der anderen Seite sind heute unbestritten.[539] Zunächst sind die im Einsatz befindlichen Informationssysteme hinsichtlich technischer, fachlicher und organisatorischer Gestaltungsaspekte so aufzubauen und auszurichten, dass sie mit den unternehmungsstrategischen Plänen und Zielen harmonieren. Die daraus resultierende Ausrichtung der IT auf eine angemessene Unterstützungsfunktion wird heute auch als „**Alignment**" bezeichnet. Daneben können neuartige Technologien aber auch strategische Geschäftsfelder oder Handlungsoptionen für Unternehmungen eröffnen. In dieser Rolle wirkt die IT dann als „Enabler" und verändert damit gegebenenfalls die Unternehmungsstrategie.

Als Teil der IT-Strategie ist auch die Strategie einer Unternehmung für den Business Intelligence-Sektor eng mit der grundlegenden Geschäfts- bzw. Unternehmungsstrategie verknüpft. Aufgabe ist es hier, einen langfristigen und unternehmungsweiten Orientierungsrahmen für die Ausgestaltung analytischer, entscheidungsorientierter Informationssysteme zu schaffen. Als unabdingbare Bestandteile einer BI-Strategie lassen sich demzufolge strategische Ziele verstehen, die es als verbindliche Vorgaben zu definieren gilt. Hierzu können beispielsweise gezählt werden:

- Aufbau einer durchgängigen entscheidungsunterstützenden Informationslogistik für alle Fachbereiche,
- Garantie einer ausreichenden Datenqualität oder
- Reduktion der BI-Softwarelieferanten.

Um den Grad der jeweiligen Zielerreichung messbar zu gestalten, sind den einzelnen Zielen anschließend Messgrößen mit quantitativen Sollvorgaben als Indikato-

---

[539] Vgl. z. B. Krcmar (2005), S. 238ff.; Gabriel/Beier (2003).

ren zuzuordnen. Da sich der gewünschte Sollzustand i. d. R. nicht von selbst einstellen dürfte, müssen zudem Handlungsfelder identifiziert sowie Maßnahmenpakete beschlossen werden, um diesem näher zu kommen. In aller Regel wird es sich hierbei um umfangreichere, aber abgrenzbare Aktivitätsbündel handeln, die zweckmäßigerweise als BI-Projekte zu organisieren und durchzuführen sind.

Eine wichtige Funktion der BI-Strategie kann infolgedessen die Identifikation und Abgrenzung der durchzuführenden BI-Projekte mit den jeweiligen technischen, organisatorischen und insbesondere fachlichen Schwerpunkten verstanden werden. Vor allem bei zahlreichen identifizierten BI-Projekten, die um knappe Ressourcen konkurrieren, ist im Sinne einer Priorisierung eine Rangfolge anhand der Dringlichkeit der Probleme aufzustellen um – ausgehend von den strategischen Kernzielen der Unternehmung – festzulegen, welche Anforderungen in welcher Reihenfolge sinnvoll durch eine BI-Lösung unterstützt werden können. In diesem Zusammenhang erweist sich eine grobe Kosten-/Nutzenabschätzung für die durchzuführenden Vorhaben als zwingend erforderlich. Ein exemplarisches Rahmenkonzept für eine BI-Strategie mit den zugehörigen Zielen und Maßnahmen zeigt die folgende Abb. 9/5.

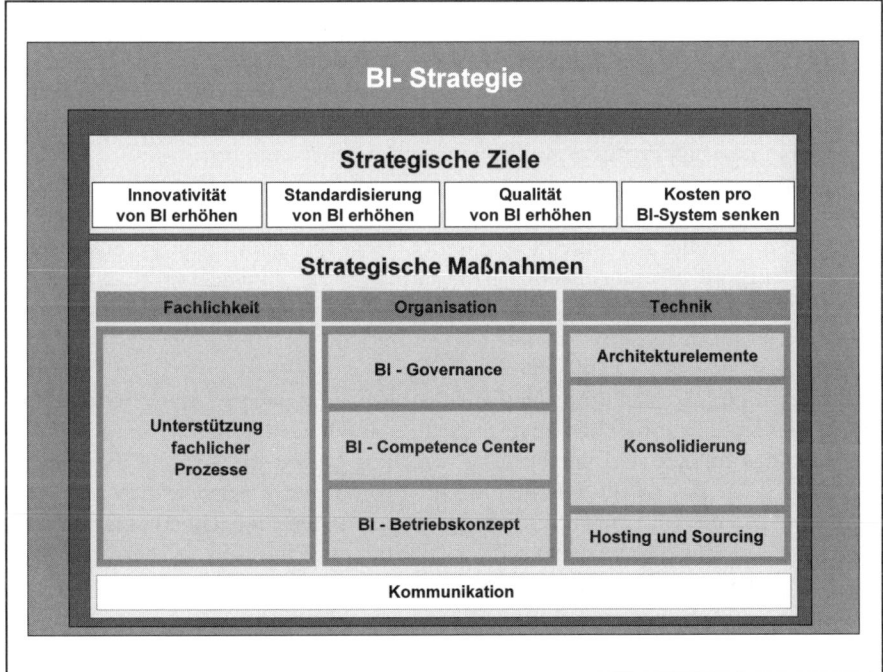

Abb. 9/5:   Exemplarisches Rahmenkonzept einer BI-Strategie[540]

---

[540] Vgl. Gehrke/Wendlandt/Sommer (2006).

Die Erarbeitung einer langfristig tragfähigen BI-Strategie muss als höchst anspruchsvolle und mit vielen Problemen behaftete Tätigkeit mit zahlreichen interdisziplinären Fragestellungen verstanden werden. Allerdings fungiert eine abgestimmte Strategie als langfristiger Orientierungsrahmen, der dabei hilft, die unterschiedlichen Vorhaben zu strukturieren und Interdependenzen aufzuzeigen. Aus diesem Grund werden heute in einigen Unternehmungen eigene, strategische BI-Abteilungen ins Leben gerufen, die sowohl die fachliche als auch die technologische Entwicklung der zughörigen Systeme verantworten und durch das ganzheitliche und tiefer gehende Verständnis der Thematik zu besseren Gesamtlösungen führen sollen. Derartige, auch als **BI-Competence Center** bezeichnete Organisationseinheiten sind häufig für die langfristige Ausrichtung, die organisatorische Einbettung und den konzeptionellen Rahmen der zu implementierenden Systeme zuständig, nicht jedoch für Betrieb und Implementierung. Als Aufgaben eines derartigen BI-Competence Centers lassen sich verankern:[541]

- Konzeptionelle Beratung und Strategieentwicklung,
- Strukturierung und Priorisierung nach fachlichen Inhalten,
- Ansprechpartner für die internen Kunden / Teilkonzerne,
- Organisation des Know-how-Transfers innerhalb der Organisation,
- Organisation und Führung Schlüsselanwender (Key User),
- BI Governance (Abgleich von BI-Aktivitäten mit den Unternehmungszielen und -prozessen; verantwortungsbewusster Einsatz von BI-Ressourcen),
- Methoden und Prozesse des Projektmanagements und
- Management von Service Level Agreements (SLAs).

Unabhängig von der gewählten Organisationsform sind die Ergebnisse eines Strategiefindungsprozesses in einem BI-Masterplan[542] zu dokumentieren, der neben den einzelnen, zu ergreifenden und mit Prioritäten bewerteten BI-Aktivitäten vor allem auch die auftretenden Abhängigkeiten im Sinne von Vorgänger-Nachfolger-Beziehungen enthält.

Insgesamt erfolgt damit im Bereich BI-Strategie die unternehmungsweite Steuerung und Koordination aller BI-Aktivitäten. Als Mittlerinstanz zwischen der Unternehmungsstrategie und der Projektabwicklung ist die BI-Strategie damit kein Bestandteil der BI-Projektdurchführung im engeren Sinne, sondern liefert in Abstimmung mit der Unternehmungsleitung die benötigten Rahmenbedingungen und stößt einzelne Projekte mit einem Projektauftrag an. Eine Konkretisierung erfahren die strategischen Vorgaben in der nächsten Phase der Projektdefinition.

---

[541] Vgl. Totok (2006), S. 62. Allerdings finden sich ebenfalls Organisationsformen, in denen neben den aufgeführten Aktivitäten auch die Entwicklung, der Betrieb und der Support zu einer BI-Organisationseinheit gerechnet werden. Vgl. Kemper/Finger (2006).
[542] Vgl. Totok (2006), S. 56.

9.3.2 BI-Projektdefinition

Nachdem die Entscheidung für ein durchzuführendes BI-Projekt getroffen ist gilt es, die zeitlichen und organisatorischen Rahmenbedingungen für das Projektvorhaben zu konkretisieren. Als wesentliche Aufgaben der Phase Projektdefinition lassen sich die Bestimmung der Projektziele, die Festlegung der Projektorganisation sowie die Erstellung eines groben Projektplanes verstehen.

Die **Definition der Projektziele** erweist sich im weiteren Projektfortschritt als zentrale Orientierungsgröße, an der letztlich der gesamte Projekterfolg gemessen werden soll. Auf eine exakte Formulierung der angestrebten Ergebnisse ist hier folglich besonderes Gewicht zu legen. Aus den Projektzielen lassen sich letztlich auch die Abnahmekriterien ableiten, die als Maßstab bei der Übergabe des erstellten Produktes bzw. der erbrachten Leistung dienen. Falls externe Beratungsunternehmungen in das Projekt eingebunden sind, lassen sich in diesem Kontext auch die zu erbringenden Dienstleistungen vertraglich festlegen.

Hinsichtlich der **Projektaufbauorganisation** muss darauf geachtet werden, dass sowohl die thematisch betroffenen Fachabteilungen, welche die Anforderungen festzulegen haben, als auch die IT-Abteilung beteiligt sind. Weiterhin gilt es, geeignete „Sponsoren" aus den oberen Management-Hierarchien zu finden, die das Projekt von Anfang an unterstützen, ein „unternehmungsinternes Marketing" für das Projekt auf allen Unternehmungsebenen betreiben und auch gegen „politische" Widerstände in der Unternehmung ankämpfen.

Zu einem ersten groben **Projektplan**, der den Rahmen für die Projektablauforganisation bildet, werden die durchzuführenden Aktivitäten, die zu erbringenden Ergebnisse sowie terminierte Meilensteine fixiert. Dazu gehört ebenfalls eine Kostenplanung, aus der sich phasenbezogene Budgetvorgaben für die einzelnen Projektphasen ableiten lassen.

In Abhängigkeit von den Projektzielen stehen in dieser Phase ggf. auch bereits grundlegende Entscheidungen zur **Infrastruktur** an. Dies betrifft insbesondere die Hard- und Softwareauswahl, da die eingesetzten Werkzeuge einen entscheidenden Faktor für die Machbarkeit und die Akzeptanz eines BI-Systems darstellen. Dabei gilt, dass sich die Eignung einzelner Produkte unmittelbar aus den individuellen Anforderungen und Randbedingungen ableitet. Entsprechende Werkzeugevaluationen, häufig auch als **Proof of Concept** (POC) bezeichnet, sollten objektiv und transparent unter Einbindung aller relevanten Personengruppen sowie unter Berücksichtigung der künftigen Anforderungen durchgeführt werden.[543]

Da sich in den Unternehmungen häufig bereits einzelne Werkzeuge im Einsatz befinden bzw. übergeordnete strategische Anbieterentscheidungen im Vorfeld getroffen wurden, erweist sich die Produktauswahl oftmals als eingeschränkt. Hier gilt es zu klären, ob und inwieweit diese Werkzeuge bzw. Anbieter den Anforderungen des konkreten Projekts gerecht werden.

Falls sich am Ende der Projektdefinition zeigt, dass das Projekt mit den gegebenen Zielen und in der geplanten Form nicht durchführen lässt, muss die Phase

---

[543] Ein allgemeiner Kriterienkatalog zur Beurteilung von Data Warehouse-Lösungen findet sich beispielsweise bei Böttiger/Chamoni/Gluchowski/Müller (2001), S. 39 - 56.

erneut durchlaufen oder gar ein Projektabbruch in Erwägung gezogen werden. Die Erkenntnis, dass ein BI-Projekt aus prinzipiellen technischen Gründen oder wegen der ökonomischen Konsequenzen bzw. organisatorischen Auswirkungen nicht durchführbar ist, führt zu einer Rückverzweigung in den Bereich BI-Strategie in Verbindung mit einer modifizierten Priorisierung der anstehenden Projektvorhaben.

9.3.3 BI-Analyse

Die Phase der Analyse umfasst eine Vielzahl von Einzelaktivitäten, die sich in die Subphasen Ist-Analyse, Schwachstellenanalyse, Requirements Engineering, Quelldatenanalyse und Semantische Modellierung untergliedern lässt. Als Ergebnis wird ein strukturiertes Dokument erstellt, das Informationen darüber beinhaltet, welchen funktionalen und inhaltlichen Anforderungen das zu erstellende BI-System genügen muss, wo sich die benötigten Daten befinden und wie diese Daten im Rahmen der Geschäftsprozesse verknüpft sind.

Im Rahmen der **Ist-Analyse** sind dazu sämtliche relevanten technischen Informationen in Bezug auf den aktuellen System- bzw. Prozesszustand zu sammeln. Hierbei bedarf es einer detaillierten Analyse der bestehenden Hard- und Softwarearchitektur sowie der Netz-Infrastruktur, der operative Quellsysteme und ihrer Datenmodelle, der vorhandenen Systemschnittstellen und der aufsetzenden Reportingsysteme.

Das **Requirements Engineerings** bildet den zentralen Arbeitsschwerpunkt der Analysephase. Hier werden die Anforderungen an das zukünftige BI-System gesammelt und systematisch aufbereitet. Neben technischen Anforderungen (Verfügbarkeit, Antwortzeitverhalten etc.) und Sicherheitsanforderungen (z. B. Gewährleistung des Zugriffs nur für autorisierte Anwender) steht hier vor allem die Informationsbedarfsanalyse (fachlicher Teil der Analysephase) im Vordergrund. Um die Erwartungen an ein neues Informationssystem umfassend zu spezifizieren, sollten hier auch grundlegende Fragen der Anwendungsoberfläche (Benutzerführung, Navigationsfunktionalität usw.) sowie weitere Anforderungen (wie Skalierungsaspekte oder Archivierungs- und Historisierungskonzepte) aufgegriffen und beantwortet werden.

Nach der Identifikation des benötigten funktionalen Spektrums und des Informationsbedarfs muss eine **Analyse der Quelldatensysteme** dahingehend erfolgen, ob die erarbeiteten Inhalte bereits in den verfügbaren Vorsystemen vorhanden sind oder sich von externen Informationsanbietern beschaffen lassen. Das Auffinden und korrekte Zuordnen dieser Daten in Verbindung mir einer ersten Einschätzung der zugehörigen Datenqualität lässt sich als unabdingbare Voraussetzung für den Aufbau eines konsistenten, qualitativ hochwertigen dispositiven Datenpools werten. Als besondere Herausforderung kann hier die nicht vorhandene oder unzureichende Dokumentation der potenziellen Datenlieferanten verstanden werden. Zudem finden sich u. U. identische Dateninhalte in unterschiedlichen operativen Systemen oder gleiche Begrifflichkeiten, die allerdings verschiedenartige Bedeutungen aufweisen. Falls sich die benötigten Inhalte nicht in den verfügbaren Vorsystemen finden lassen, müssen ggf. Konzepte mit manuellen Schnittstellen zum Erfassen dieser Daten erarbeitet oder die operativen Systeme erweitert werden. Aufgrund ihrer besonderen Bedeutung für diese Phase soll die Informationsbedarfsanalyse in den folgenden Ausführungen hinsichtlich der zur Verfügung stehenden Techniken und Methoden näher beleuchtet werden, bevor die Präsentation von Möglichkeiten zur **Modellierung des Informationsbedarfs** erfolgt.

9.3.3.1   Techniken und Methoden der Informationsbedarfsanalyse

Eine geeignete Unterstützung betrieblicher Anwender mit den benötigten Informationen kann nur gelingen, wenn zuvor zweifelsfrei und unmissverständlich geklärt wird, welche Informationsobjekte relevant sind und welche Beziehungen diese zueinander aufweisen. Die Bestimmung des Informationsbedarfs, der als Menge der zur Aufgabenerfüllung benötigten Informationen verstanden werden kann,[544] ist eine der zentralen Aufgabenstellungen beim Aufbau jeglicher Art von technischen Unterstützungssystemen.[545] Unstrittig ist, dass der Informationsbedarf in einer konkreten Entscheidungssituation nicht nur von der zu lösenden Aufgabe und vom Lösungsverhalten der Aufgabenträger abhängt, sondern auch vom Entscheidungskontext bzw. von gegebenen externen Bedingungen beeinflusst wird.[546]

Als problematisch muss der Umstand gewertet werden, dass der Informationsbedarf sich auch bei gegebenem Aufgabenträger, abgegrenzter Aufgabenstellung und bekanntem Kontext nicht in jedem Fall als leicht identifizierbar erweist.[547] Häufig wird vielmehr erst nach intensiver Beschäftigung und verschiedenen evolutionären Prozessschritten der konkrete Informationsbedarf sichtbar. Vor allem die Erarbeitung des aufgabenübergreifenden Informationsbedarfs analyseorientierter Mitarbeiter in den Unternehmungen erweist sich als schwierig, da das benötigte Informationsspektrum mit den zu bewältigenden Aufgaben im Zeitablauf stark variieren kann und sich zudem das subjektive Problemlösungswissen ändert.

Als Ziel der Informationsbedarfsanalyse gilt es herauszufinden, wo, wann und von wem welche Informationen benötigt werden.[548] Dabei lassen sich diverse induktive oder deduktive Techniken mit den zugehörigen Vorgehensweisen und Informationsquellen voneinander abgrenzen.[549]

---

[544] Vgl. Küpper (2005), S. 156, Strauch/Winter (2002) S. 363. In diesem Sinne wird Informationsbedarf hier als Menge von objektiv relevanten Informationen verstanden. Hiervon abzugrenzen ist das (subjektive) Informationsbedürfnis sowie die tatsächlich nachgefragte Informationsmenge. Vgl. zur Abgrenzung Koreimann (1999); Groffmann (1992), S. 15f.

[545] Vor allem für die nachfolgend zu implementierenden Informationssysteme, die sich am Informationsbedarf orientieren und ihn befriedigen sollen, werden an dieser Schnittstelle zwischen fachlicher Aufgabenstellung und Technologie wichtige Weichenstellungen hinsichtlich der inhaltlichen Ausgestaltung vorgenommen.

[546] Vgl. Küpper (2005), S. 160f. Gemünden führt als weiteren Bestimmungsfaktor die angestrebte Lösungsqualität an. Vgl. Gemünden (1993), Sp. 1728.

[547] Dazu trägt der Umstand bei, dass die späteren Nutzer ihren konkreten Bedarf oftmals nicht oder nur unzureichend artikulieren können. Vgl. Strauch/Winter(2002b), S. 362f.

[548] Vgl. Reichmann (2006), S. 666.

[549] Vgl. Küpper (2005), S. 163; Horvath (2006), S. 335 - 339.

Die **induktiven Verfahren** umfassen alle Techniken zur Ableitung des Informationsbedarfs aus den tatsächlichen Unternehmungsgegebenheiten. Dabei kann es sich sowohl um Beobachtungen am einzelnen Arbeitsplatz und um eine Auswertung der eingesetzten Dokumente als auch um Befragungen des Informationsverwenders handeln.

In der betrieblichen Praxis wird als verbreitete Technik zur Bestimmung des Informationsbedarfs häufig die **Dokumentenanalyse** eingesetzt. Mittels einer Untersuchung der vorhandenen elektronischen und/oder papiergebundenen Listen, Statistiken, Auswertungen und Berichte wird versucht, die enthaltenen Informationsobjekte zu extrahieren und zu strukturieren. Aus dem gegebenen Informationsangebot soll dadurch auf den Informationsbedarf geschlossen werden. Als problematisch erweist sich dabei, dass keinerlei Erkenntnisse über die Relevanz dieses Angebotes für die Aufgabenerfüllung gewonnen werden. Auch zusätzlich benötigte Informationsinhalte sind auf diese Weise nicht erfassbar.

Neben der Dokumentenanalyse gelangen oftmals auch unterschiedliche Befragungsvarianten bei der Informationsbedarfserhebung zur Anwendung. Befragungen der Informationsverwender lassen sich als Interviews, Fragebogenaktion oder Aufforderung zur Berichtserstellung durchführen. Im Rahmen des **Interviews** werden die Informationsverwender mehr oder minder strukturiert zu unterschiedlichen aufgabenrelevanten Themenaspekten befragt. Die Ergebnisse derartiger Interviews sind durch die fachliche und soziale Kompetenz des jeweiligen Interviewers stark geprägt. Zudem erweist sich eine positive Einstellung des Interviewten zu der Befragungsaktion als unabdingbare Voraussetzung für eine erfolgreiche Durchführung. Gegen die Verwendung der Interview-Methode spricht sicherlich der vergleichsweise hohe Zeitaufwand, der i. d. R. lediglich eine begrenzte Anzahl von Interviews zulässt. Entsprechende Befragungen können als Einzelgespräche oder Gruppeninterviews konzipiert sein. Als spezielle Variante der Gruppenbefragungen führen vor allem ein- oder mehrtägige Workshops zu überdurchschnittlich guten Ergebnissen, wenn während dieser Zeit konzentriert und intensiv über den relevanten Aufgabenkomplex diskutiert wird. Auch hierbei erweist sich die Rolle des Moderators für das Workshop-Ergebnis als besonders wichtig.

Neben der direkten Face-to-Face-Befragung kann eine u. U. anonymisierte **Fragebogenaktion** ebenfalls zu brauchbaren Resultaten führen. Voraussetzung hierfür ist neben einer ausreichend hohen Rücklaufquote die sorgfältige Formulierung der Fragen, die präzise und unmissverständlich gestellt sein müssen, um verwertbare Antworten zu erbringen. Da die Fragebögen bereits vorgegebene Beantwortungsoptionen enthalten können, lassen sich bei der Auswertung statistische Methoden nutzen, was besonders bei einer Vielzahl auszuwertender Bögen zu signifikanten Erkenntnisverbesserungen führt. Als kritischer Faktor ist bei dieser Technik anzuführen, dass die Befragten gegebenenfalls die gebotene Sorgfalt bei der Beantwortung der Fragen vermissen lassen.

Als weitere Variante der Befragungsmethoden sind schließlich **Informationsbedarfs-Berichte** durch die Informationsverwender anzuführen. Hierbei kann jeder Betroffene seine persönliche Sicht frei und ohne starre Vorgaben formulieren. Als Vorteil dieser Vorgehensweise kann der relativ geringe Vorbereitungsaufwand für die bedarfserhebende Instanz gewertet werden. Als negativ fällt dagegen ins

Gewicht, dass für die betroffenen Mitarbeitern bei der Strukturierung und Ausformulierung der eigenen Gedanken ein gewisser Aufwand anfällt, was dazu führen kann, dass die Anfertigung des Berichtes herausgezögert oder die aufgewendete Zeit zur Berichtserstellung minimiert wird.

Als letzte Methode zur induktiven Ermittlung von Informationsbedarfen soll an dieser Stelle die **direkte Beobachtung am Arbeitsplatz** des Mitarbeiters genannt werden. Bei dieser Technik verbringt der Informationsermittler eine gewisse Zeit mit den Mitarbeitern, die zukünftig in den Genuss des zu erarbeitenden Informationsangebots kommen sollen. Dabei hält er sich weitgehend im Hintergrund und versucht, durch die Aufnahme der zu beobachtenden Aktivitäten der Probanden auf deren Informationsbedürfnisse zu schließen. Entsprechende Beobachtungen können kontinuierlich über einen gewissen Zeitraum oder stichprobenartig in unregelmäßigen Zeitabständen durchgeführt werden. Erfolg versprechend ist diese Technik nur, wenn sich der Beobachtete nicht in der Verrichtung seiner Aufgaben gestört fühlt und nicht von den sonst üblichen Verhaltensweisen abweicht.

Neben den induktiven Methoden der Informationsbedarfsanalyse besteht auch die Möglichkeit, aus den gegebenen Aufgaben bzw. aus den betriebswirtschaftlichen Themenstellungen sowie den Vollzugsbedingungen oder gar aus den Abteilungs- oder Unternehmungszielen auf den jeweiligen Informationsbedarf zu schließen.[550] Voraussetzung hierfür ist eine konsistente und stufenweise Zerlegung unternehmungsweiter Globalaufgaben bzw. -ziele in operationalisierte Teilkomplexe, die sich dann als hierarchisches Zielsystem bzw. als Aufgabenbaum darstellen lassen. Als Ergebnis einer derartigen **logisch-deduktiven Ableitung** des aufgabenspezifischen **Informationsbedarfs** kann ein Informationskatalog generiert werden, der eine klare Zuordnung von Aufgaben und Informationsinhalten aufweist.[551]

Besonders für analytische Aufgabenstellungen wird häufig mit quantitativen Modellen gearbeitet, die auf mathematischen Verfahren oder Methoden beruhen. Die für ein derartiges Modell benötigten (Input-)Informationen können i. d. R. unmittelbar als Handlungsalternativen, Handlungsbeschränkungen oder Ziele aus der Modellstruktur abgelesen werden. Abb. 9/6 nimmt eine Zuordnung von benötigten Informationen zu gebräuchlichen Entscheidungsmodellen vor.

---

[550] Vgl. Berthel (1975), S. 13.
[551] Vgl. Horvath (2006), S. 336.

Modell	Zielsetzung	Wertgröße(n)	Mengengrößen	Sonstige Größen
Optimale Losgröße	Kosten-minimierung	Lagerkosten Rüstkosten	Periodenbedarf Fertigungslos	
Portfolio Selection	optimales Wertpapier-portefeuille	Erwartungswert/ Varianz der Wert-papierverzinsung		sicherer Kapitalmarkt-zins
Produktions- und Absatz-programm	Gewinn-/ Deckungsbeitrags-maximierung	Kosten Erlöse	Produktions-/ Absatzmengen	
Simultane Investitions- und Finanzie-rungsplanung	Endvermögens-maximierung Entnahmestrom-maximierung	Einzahlungen/ Auszahlungen	Maschinen-kapazität Maschinenzahl	
Simultane Personal-, Investitions-, Produktions- und Finanzie-rungsplanung	Kapitalwert-maximierung	Personal-zahlungen Investitions-zahlungen Produktpreise	Anzahl der Arbeitskräfte Absatzmengen	Budget

Abb. 9/6:   Informationsbedarf bei ausgewählten analytischen Modellen[552]

In der betrieblichen Praxis ist oftmals eine Kombination aus induktiven und de-duktiven Techniken zur Informationsbedarfsermittlung zu beobachten. Direkte Befragungen eignen sich besonders zur Erhebung des subjektiven Informationsbe-dürfnisses. Durch eine Betrachtung der eingesetzten Dokumente lässt sich dage-gen die vorhandene Informationsversorgung gut analysieren. Deduktive Techni-ken sind als Kontrollinstanz nutzbar, indem untersucht wird, ob die erarbeiteten Inhalte nicht zu stark auf den einzelnen Informationsnachfrager zugeschnitten sind bzw. ob die vorhandene Informationsversorgung sich als geeignet erweist, um die jeweiligen Aufgaben bearbeiten zu können.

Die Erfahrung zeigt, dass sich die gesamte Gestaltung einer BI-Lösung häufig bei allen Beteiligten als Lernprozess entpuppt und erst lauffähige (Pilot-) Anwendun-gen wertvolle Erkenntnisse über die eigentlichen Anforderungen liefern.[553] Daraus lässt sich die Informationsbedarfsanalyse als Phase innerhalb eines wiederholt zu durchlaufenden Prozesses verstehen.

Nach der Erhebung des spezifischen Informationsbedarfs gilt es, diesen mit ge-eigneten Methoden zu dokumentieren. Dabei sollen Abbildungsformen genutzt werden, mit denen sich sowohl die relevanten Informationsobjekte als auch die

---

[552] Vgl. Küpper (2005), S. 167.
[553] Vgl. Schirp (2001), S. 84.

zwischen diesen auftretenden Verknüpfungen übersichtlich und anschaulich darstellen lassen, wie der folgende Abschnitt belegt.

9.3.3.2 Semantische Modellierung des Informationsbedarfs

Wie bereits erläutert, erlangt die multidimensionale Sichtweise betrieblicher Fach- und Führungskräfte auf das vorhandene betriebswirtschaftliche Zahlenmaterial derzeit zentrale Bedeutung. Ziel ist es, die verfügbaren quantitativen Daten für Analysezwecke so anzuordnen, dass sie dem „natürlichen" Geschäftsverständnis des Managers weitest möglich entsprechen. Daher liegt es nahe, die bei der Informationsbedarfsanalyse erarbeiten Inhalte im Rahmen der zugehörigen Dokumentation bereits so abzubilden, dass eine Umsetzung mit den verfügbaren multidimensionalen Technologien unmittelbar unterstützt wird. Allerdings ist hierbei in dieser frühen Phase des BI-Gestaltungsprozesses eine Darstellungsform gefragt, die sich auf einem sehr hohen, fachlich-orientierten Abstrahierungsgrad bewegt und noch vollkommen werkzeugunabhängig verwendet werden kann. Schließlich soll sich auch die Dokumentation der Erkenntnisse, die während der Informationsbedarfsanalyse gewonnen werden, eng an der betriebswirtschaftlich-fachlichen Problemsicht orientieren.

Zur Darstellung der benötigten Informationsobjekte und ihrer Beziehungen werden bei der Entwicklung operativer Systeme, die i. d. R. auf relationalen, transaktionsorientierten Datenbanksystemen basieren, im Rahmen der Fachkonzepterstellung bereits seit langer Zeit **semantische Datenmodelle** genutzt. Die folgenden Ausführungen widmen sich der Präsentation der verfügbaren und z. T. bereits intensiv genutzten Techniken zur semantischen Modellierung multidimensionaler Datenstrukturen. Schließlich kommt den Datenstrukturen eine zentrale Ankerfunktion in der gesamten Systemarchitektur zu. Durch die Art der Ablage relevanter Dateninhalte werden die verfügbaren Auswertemöglichkeiten und das Antwortzeitverhalten maßgeblich bestimmt. Zudem ergeben sich aus den Speicherstrukturen Vorgaben für die zu implementierenden Datenbewirtschaftungs- und Aufbereitungsprozesse.

Zu untersuchen bleibt ausgehend von den in Abschnitt 6.1.2 vorgestellten Bestandteilen multidimensionaler Datenstrukturen, ob mit den im Rahmen der Entity-Relationship-Modellierung (E/R-Modellierung) verfügbaren Beschreibungselementen eine Abbildung multidimensionaler Datenstrukturen möglich und sinnvoll ist. Einen vollständig anderen Weg beschreiten die Techniken, die sich ausschließlich auf die semantische Modellierung der Datenstrukturen multidimensionaler Informationssysteme konzentrieren und dabei gänzlich neue Beschreibungsobjekte und Abbildungsvorschriften einführen.

E/R-Modellierung zur Abbildung multidimensionaler Datenstrukturen

Als zentrale Bestandteile multidimensionaler Datenstrukturen wurden die Würfel und die ihnen zugeordneten Dimensionen beschrieben (vgl. Abschnitt 6.1.2). Im Rahmen der E/R-Modellierung lässt sich ein Würfel als Beziehungstyp verstehen, der die Relationsmenge unterschiedlicher Dimensionen repräsentiert. Die betrachteten Kennzahlen werden dann als Attribute derartigen Beziehungstypen zugeordnet. Abb. 9/7 zeigt die Darstellung zweier Würfel, wobei die einzelnen Dimensionen als Rechtecke, die Beziehungen zwischen ihnen als Rauten und die Kennzahlen als Beziehungsattribute in ovaler Form abgetragen sind.

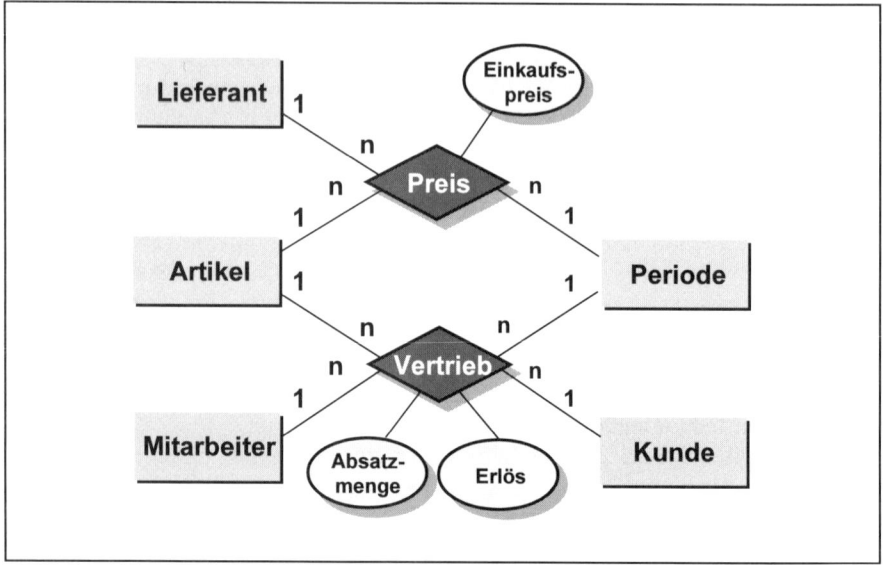

Abb. 9/7:   **Abbildung multidimensionaler Datenstrukturen in E/R-Notation**

Für eine nähere Spezifikation der Dimensionsstrukturen soll eine Erweiterung der ursprünglich von Chen eingeführten Beschreibungsobjekte durch die Verwendung von Clustern bzw. Aggregationen erfolgen.[554] **Cluster** nehmen eine logische Klammerung von Entity- und Beziehungstypen vor, um die einzelnen Typen unter einem einheitlichen Begriff ansprechen und dadurch auch in verdichteter Form darstellen zu können. Innerhalb der Cluster kann nun die Abbildung der einzelnen Hierarchiestufen der Dimension ggf. auch mit parallelen Konsolidierungspfaden erfolgen (vgl. Abb. 9/7).

Allerdings ist an dieser Stelle anzumerken, dass sich im Rahmen der E/R-Modellierung entsprechende Hierarchiebäume nur für Entitätsmengen bilden lassen. Bei elementbestimmten Dimensionen (vgl. Abschnitt 6.1.2) allerdings, wie z. B. bei der Datenart- oder der Kennzahlen-Dimension, erweisen sich Konsolidierungsebenen als irrelevant. Hier sind Aufzählungen der Dimensionselemente sowie der zwischen diesen bestehenden Verknüpfungen erforderlich. Besonders Berechnungsvorschriften für abgeleitete Kennzahlen, deren Bedeutung bislang durch die Interpretation als Merkmale von Beziehungen ohnehin unterrepräsentiert ist, können mit den gebräuchlichen E/R-Beschreibungsobjekten nicht abgebildet werden. Fraglich bleibt auch, wie mit der mehreren elementbestimmten Dimensionen

---

[554] Vgl. Chen (1976), S. 9 - 36; Schelp (2000), S.161; Totok (2000b), S. 124.

in einem Würfel umzugehen ist.[555] Zur Nutzung von E/R-Modellen beim Design multidimensionaler Datenstrukturen muss daher eine Ergänzung um zusätzliche Beschreibungselemente erfolgen.

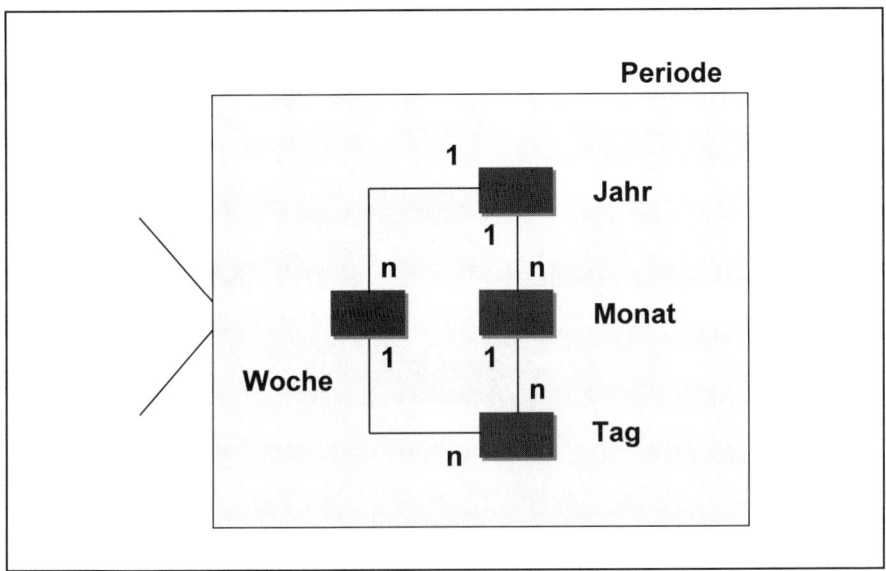

Abb. 9/8: **Clusterbildung zur Darstellung von Dimensionsstrukturen**

Eine entsprechende Erweiterung des ursprünglichen Ansatzes findet sich in einer Technik, welche die Bezeichnung **multidimensionale Entity-Relationship-Modellierung (ME/R-Modellierung)** trägt.[556] ME/R ergänzt die ursprüngliche Notation um die drei zusätzlichen Beschreibungsobjekte Faktenrelation (fact relationship set), Dimensionsebene (dimension level set) und hierarchische Beziehung (rolls-up reationship set). Während Faktenrelationen[557] und hierarchische Beziehungen spezielle Beziehungstypen repräsentieren, handelt es sich bei den Dimensionsebenen um besondere Ausprägungen von Entitätsmengen. In der grafischen Notation von ME/R-Modellen wird auf die ursprünglich zur Abbildung von Beziehungstypen verwendete Raute vollständig verzichtet, wodurch sich die resultierenden Darstellungen als vergleichsweise kompakt erweisen (vgl. Abb. 9/9).

---

[555] Ein (semantisch fragwürdiger) Vorschlag besteht darin, die Objekte einer elementbestimmten Dimension (wie beispielsweise „Plan", „Ist" und „Abweichung") als Attribute einer Entitätsmenge („Szenario") zu interpretieren. Vgl. Totok (2000b), S. 124f.

[556] Vgl. Sapia/Blaschka/Höfling/Dinter (1998).

[557] Bereits die Namensgebung deutet hier auf die enge Verknüpfung zur Implementierung mit relationalen Datenbanksystemen hin.

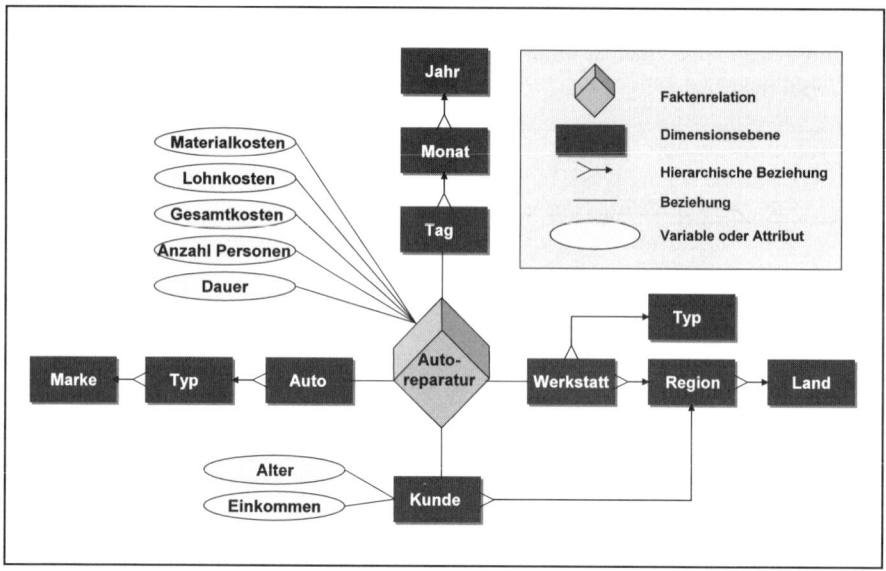

Abb. 9/9:   Exemplarisches ME/R-Modell[558]

Die geringe Anzahl der verwendeten Notationselemente führt jedoch dazu, dass deren Semantik teilweise unklar bleibt. So wird beispielsweise keine Differenzierung in der Darstellung zwischen den quantitativen Analysevariablen und sonstigen Attributen vorgenommen. Auch die Tatsache, dass Ebenen aus unterschiedlichen logischen Dimensionen (in der Abb. 9/9 Kunde und Werkstatt) über die gleichen Dimensionsebenen verdichtet werden können (in der Abb. 9/9 Region und Land), führt zu Verwirrungen. Dimensionen nach klassischem Verständnis finden sich in dem Modell nicht mehr, sondern werden implizit über Dimensionsebenen und zugehörige hierarchische Beziehungen abgebildet. Zudem greifen bei diesem Modellierungsansatz die gleichen Kritikpunkte, wie bei der einfachen Entity-Relationship-Modellierung.

Eine Erweiterung erfährt die dargestellte Modellierungstechnik durch die Abbildung der Ergebnisse von Abfragen, die an diese Datenstruktur gerichtet werden.[559] Mit einer grafischen Repräsentationstechnik lassen sich dabei die einzelnen Schritte einer Analysesitzung visualisieren, um hieraus typische Muster in den Abfragesequenzen zu identifizieren, die dann im Rahmen der nachfolgenden Implementierung oder im laufenden Betrieb zur Geschwindigkeitsverbesserung genutzt werden können.[560]

Neben den Modellierungstechniken, die auf den klassischen Entity-Relationship-Ansätzen basieren, wurden andere Verfahren zur semantischen Abbil-

---

[558] In Anlehnung an Sapia/Blaschka/Höfling/Dinter (1998), S. 9; Totok (2000b), S. 126f.
[559] Vgl. Sapia (1999), S. 2.2 - 2.4.
[560] Vgl. Sapia (1999), S. 2.7 - 2.8.

dung multidimensionaler Datenstrukturen mit spezifischer Ausrichtung an diesem Einsatzbereich entwickelt, wie die folgenden Ausführungen zeigen.

Dimensional Fact Modeling

Beim Dimensional Fact Model[561] besteht das semantische Modell einer multidimensionalen Datenstruktur aus einer Zusammenstellung von Fakten-Schemata (Fact Schemes), die sich weiter in Fakten (Facts), Dimensionen (Dimensions) und Hierarchien (Hierarchies) aufgliedern lassen. Unter Fakten werden hier spezielle betriebswirtschaftliche Interessensbereiche (wie z. B. Vertrieb) verstanden, denen konkrete Kennzahlen (wie z. B. Verkaufsmengen oder Erlöse) als Attribute zugeordnet sind.

Direkt mit den Fakten verbunden sind die Dimensionen, die allerdings – anders als in Abschnitt 6.1.2 abgegrenzt – hier lediglich die Basiselemente umfassen, also die Objekte feinster Granularität. Die stufenweise, auch parallele Verdichtung von Basiselementen wird in diesem Ansatz als Hierarchie bezeichnet. Hierarchien beinhalten neben den durch Kreise dargestellten Aggregationsebenen auch so genannte nicht-dimensionale Attribute (non-dimension attribute) für die Elemente einzelner Ebenen. Abb. 9/10 gibt ein Beispiel für die Dimensional Fact-Notation.

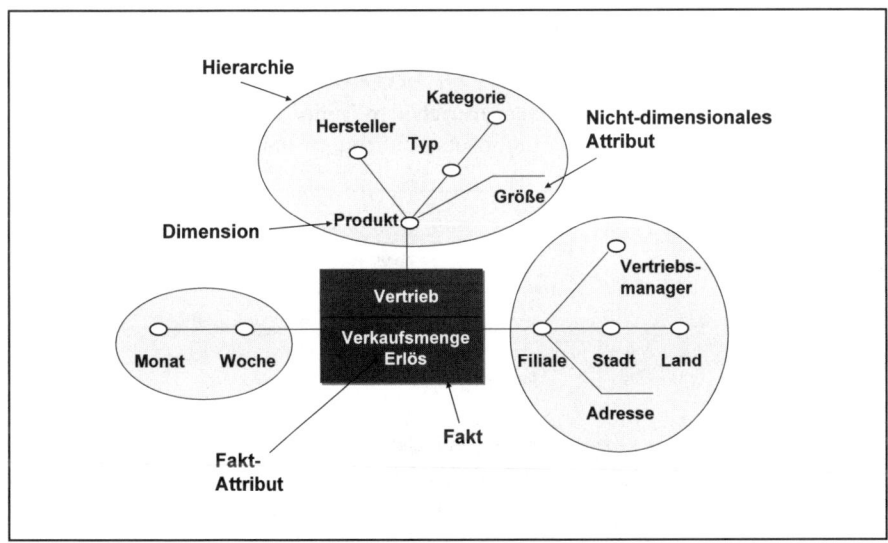

Abb. 9/10:   Dimensional Fact-Modellierung[562]

Eine bemerkenswerte und wertvolle Erweiterung erfährt der Modellierungsansatz durch die explizite Betrachtung der **Additivität** (Additivity) von Kennzahlen. Bis-

---

[561] Vgl. Golfarelli/Maio/Rizzi (1998), S. 1 - 10.
[562] Vgl. Golfarelli/Maio/Rizzi (1998), S. 2.

lang wurde davon ausgegangen, dass sich bei einer Roll-Up-Operation die Ausprägung einer Kennzahl auf einer höheren Hierarchieebene der verbundenen Dimension stets durch Aufsummierung der zugehörigen Werte auf der niedrigeren
Stufe ermitteln lässt. Beispielsweise kann der Erlös eines Produkttyps in einer
Woche und einer Filiale durch die Addition der Erlöse der zugehörigen Einzelpro-
dukte berechnet werden. Wenngleich dies in den meisten Fällen zu korrekten Ergebnissen führt, weisen bestimmte Kennzahlen Ausnahmen auf (vgl. Abschnitt
6.1.2.4).

Zur Erläuterung sollen mit der Käuferzahl und dem Lagerbestand zwei weitere
Messgrößen in die Vertriebsbetrachtung aufgenommen werden. Die erste Kennzahl repräsentiert die Anzahl der Käufer, für die eine Kombination aus Filiale,
Produkt und Woche zutrifft. Eine Aggregation der Käuferzahl in einer der drei
Hierarchien jedoch würde zu fehlerhaften Ergebnissen führen. Ein Käufer wird
durchaus unterschiedliche Artikel in einer Woche und einer Filiale kaufen, die jedoch zu gleichen Produkttypen und -kategorien gehören können. Bei einer Analyse der Käuferzahl auf den höheren Hierarchieebenen muss dieser Umstand beachtet werden. Ebenso verhält es sich bei einer Analyse im Zeitablauf und auf die
Filialen bezogen.

Ganz ähnlich stellen sich die Verdichtungen von Lagerbeständen im Zeitablauf
dar. Wenn jeweils ein Wochenlagerendbestand ermittelt wird, dann lässt sich eine
Monatszahl nicht etwa durch die Addition der einzelnen Wochenbestände errechnen. Vielmehr könnte hier eine Durchschnittsbildung über die Wochen zu aussagekräftigen Ergebnissen führen. In der grafischen Notation werden derartige Ausnahmen in der Additivität mit einer gestrichelten Linie zuzüglich einer optionalen
Angabe über die korrekte Aggregationsoperation dargestellt, wie Abb. 9/11 zeigt.

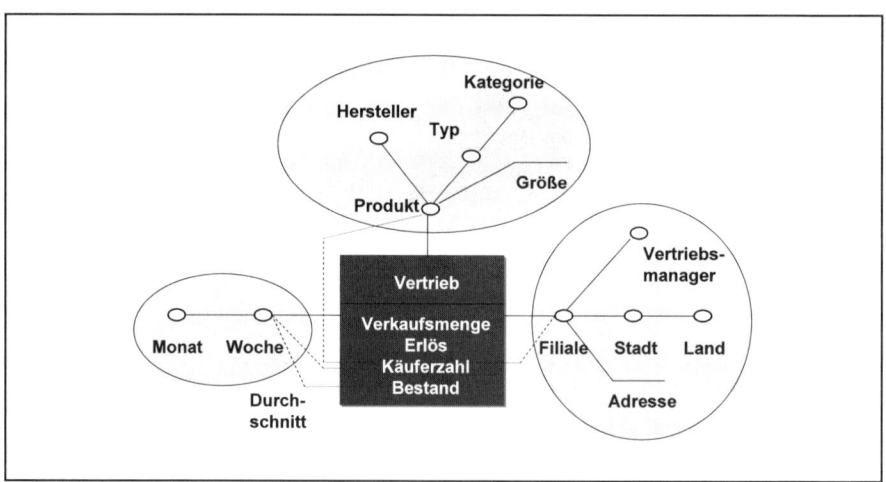

Abb. 9/11:   Additivität in der Dimensional Fact-Modellierung

Neben der Additivität birgt der Ansatz weiterhin Techniken für die Vereinigung überlappender Fakten sowie für die Darstellung von **Abfragemustern (Query Patterns)**, welche die Hierarchiestufen, die durch einzelne Abfragen betroffen sind, besonders kenntlich machen. Leider wird die Begründung für derartige Abfragemuster nicht gegeben, wenngleich sich entsprechende Betrachtungen bei der Überführung in konkrete Datenbanksysteme als äußerst wertvoll erweisen könnten.[563] Schließlich lassen sich so Rückschlüsse auf häufig benötigte Datensichten ziehen und daraus Informationen darüber gewinnen, auf welchen Hierarchiestufen verdichtetes Zahlenmaterial in materialisierter bzw. vorberechneter Form vorzuhalten ist und wo eine Aggregation der Zahlen zum Zeitpunkt des Zugriffs (on the fly) erfolgen kann.[564]

Insgesamt bietet der Ansatz der Dimensional Fact-Modellierung eine Notationstechnik, die nicht auf einen speziellen Datenbanktyp ausgerichtet ist und sich daher besonders für die Abbildung von Datenstrukturen in den frühen Phasen der Systemgestaltung eignet. Kritisch anzumerken ist allerdings, dass neben der Darstellbarkeit von Additivität und von Abfragemustern keine Beschreibungsmöglichkeiten vorhanden sind, die über die zuvor beschriebenen E/R-Modelle hinausgehen. Vor allem fehlen Optionen zur Angabe von Berechnungsformeln der Kennzahlen bzw. Fakten-Attribute.

Application Design for Analytical Processing Technologies (ADAPT)

Die von Bulos vorgeschlagene Methode zur grafischen Abbildung multidimensionaler Datenstrukturen namens ADAPT (Application Design for Analytical Processing Technologies) umfasst ein speziell auf die Belange analytischer Anwendungen ausgerichtetes Modellierungsinstrumentarium.[565] Dabei bietet ADAPT eine **breit gefächerte Palette unterschiedlicher Beschreibungselemente**, mit denen sich die einzelnen Bestandteile multidimensionaler Datenmodelle darstellen lassen.

Zentrales ADAPT-Beschreibungselement ist der Würfel (Hypercube), dem unterschiedliche Dimensionen zugeordnet werden können. Für den Typ der modellierten Dimension stellt ADAPT sechs verschiedene Beschreibungsobjekte zur Verfügung. Als Aggregierende Dimension (Aggregation Dimension) wird der Standarddimensionstyp bezeichnet, der sich beispielsweise für Kunden-, Lieferanten- oder Artikeldimensionen eignet. Eine spezielle Ausprägung der Aggregierenden Dimensionen repräsentieren die Sequentiellen Dimensionen (Sequential Dimension), bei denen die Dimensionselemente in einer logischen bzw. natürlichen Reihenfolge angeordnet sind, wie z. B. bei einer Zeitdimension.

Sind Dimensionselementen mehrere Attribute zuzuordnen, dann geschieht dies in ADAPT mittels Eigenschaftsdimensionen (Property Dimension), die jeweils eng mit der zugehörigen Aggregierenden Dimension verknüpft sein müssen. Auch für die Datenart- bzw. Versionsdimensionen (Version Dimension), mit denen un-

---

[563] Vgl. Golfarelli/Maio/Rizzi (1998), S. 3f.
[564] Vgl. Sapia (1999), S. 2.2 - 2.4.
[565] Vgl. Bulos (1996), S. 33 - 37.

terschiedliche Varianten der gleichen Daten dargestellt werden (wie z. B. durch Plan und Ist), existiert ein spezielles Beschreibungselement. Wichtig ist sicherlich der Typ Kennzahlendimension (Measure Dimension), in den sich die betriebswirtschaftlichen Variablen bzw. Kennzahlen einbringen lassen.

Als letzter und eher außergewöhnlicher Dimensionstyp wird die Tupeldimension (Tupel Dimension) eingeführt, die aus einer kombinatorischen Verbindung der Elemente zweier Dimensionen in einer neuen Dimension resultiert. Beispielsweise könnte aus der Vereinigung von Messgrößen und Datenarten eine Dimension mit Elementen wie Planumsatz oder Istkosten abgeleitet werden.

Als fast ebenso umfangreich erweist sich die Anzahl der Beschreibungsobjekte, die für eine möglichst realitätsgetreue Darstellung von Dimensionsstrukturen angeboten werden und die in Kombination zu den vorgestellten Dimensionstypen mehr oder minder sinnvoll zur Anwendung gelangen können. Jede Dimension kann einen oder mehrere Konsolidierungspfade aufweisen, die hier als Hierarchie bezeichnet werden. Innerhalb jeder Hierarchie wiederum lassen sich unterschiedliche Hierarchiestufen (Hierarchy Level) abbilden.

Für einzelne Dimensionen ist es notwendig, die Elemente der Dimension sogar in einer frühen Designphase abzubilden, besonders dann, wenn es sich um wenige aber zentrale Elemente für das ganze Modell handelt. Diese Vorgehensweise eignet sich beispielsweise für die Kennzahlendimensionen aber auch für Versionsdimensionen. Abgeleitete Elemente lassen sich hier mit einer beigeordneten Berechnungsformel (Model) spezifizieren. Allerdings können derartige Berechnungsformeln auch eine Reihe von Elementen als Ergebnis hervorbringen, z. B. bei der Aufteilung von Jahres- auf Monatsgrößen. Für den Fall, dass Dimensionselemente mehr als ein Attribut aufweisen, z. B. neben der Artikelnummer eine Artikelbezeichnung und eine Artikelfarbe, bietet das ADAPT-Konzept ein Beschreibungsobjekt namens Dimensionsattribut (Dimension Attribute) an. Dimensionsattribute beziehen sich in der Regel auf die Basiselemente einer Dimension und lassen sich zu ihrer Selektion und Sortierung einsetzen. Für die Darstellung bestimmter Sachverhalte werden Dimensionsausschnitte (Dimension Scope) als Mengen gültiger Dimensionselemente bzw. Würfelausschnitte (Context) als Teile eines Hypercubes benötigt.

Auch für die Beziehungen zwischen einzelnen Beschreibungsobjekten stehen in ADAPT verschiedene Darstellungsoptionen zur Verfügung. Einerseits sind es die Beziehungen innerhalb, andererseits zwischen Dimensionen, die modellierbar sind. Innerhalb von Dimensionen lassen sich Dimensionsausschnitte dahin klassifizieren, ob ihre Elemente disjunkt sind (Exclusive Subset) oder nicht (Inclusive Subset). Mit dem Beschreibungsobjekt der Dimensionsbeziehung dagegen können – wie aus der Entity Relationship-Notation bekannt – die Verknüpfungen und Kardinalitäten zwischen Dimensionen abgebildet werden.

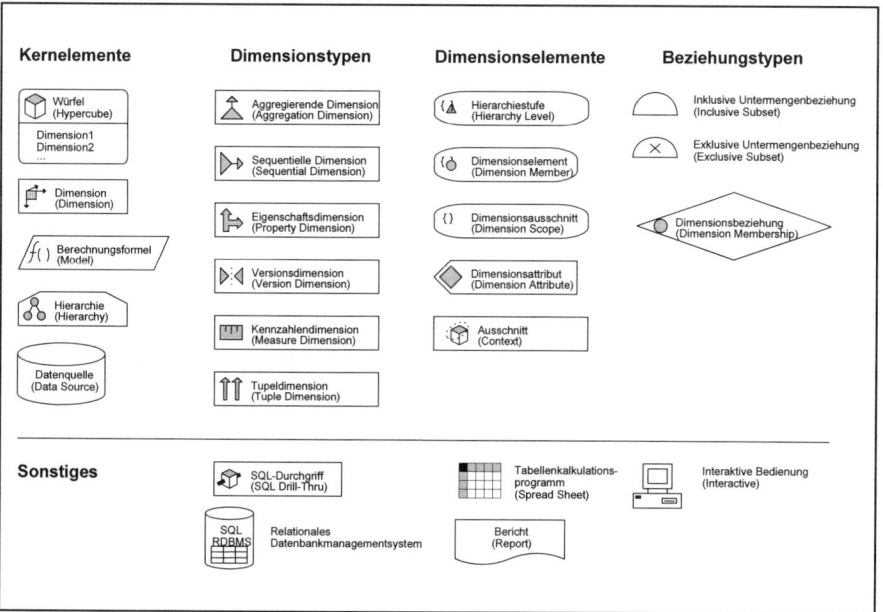

Abb. 9/12: ADAPT Beschreibungselemente[566]

Neben diesen Kernbeschreibungsobjekten bietet die ADAPT-Methode auch Ge-
staltungselemente, die eine Darstellung der Verknüpfung zu vor- und nachgelagerten Systemen erlauben. Hierbei lassen sich sowohl die Art des Benutzerzugriffs
(durch Tabellenkalkulation, als vordefinierter Bericht oder mittels interaktiver Bedienung) modellieren als auch Angaben zur Datenquelle sowie zur verwendeten
Datenbank machen. Das Beschreibungselement für den SQL-Durchgriff legt nahe,
dass sich die Technik primär an die Designer multidimensionaler Datenbanksysteme richtet, wenngleich dies nicht explizit erwähnt wird.

Ein Beispiel soll verdeutlichen, wie eine Anwendung der ADAPT-Technik im
konkreten Anwendungsfall erfolgen könnte. Hierbei wird ein Vertriebsergebnis-
würfel mit verschiedenen relevanten Kennzahlen gebildet, die nach Artikel, Da-
tenart, Vertriebsweg und Perioden aufgegliedert sind. Als Aggregierende Dimensionen weisen die Artikel- und die Vertriebswegedimension je einen Konsoli-
dierungspfad mit vier bzw. fünf Hierarchiestufen auf. Für das angebotene Grund-
sortiment wird in der Artikeldimension ein spezieller Dimensionsausschnitt definiert. Die Sequentielle Dimension Zeit umfasst ebenfalls vier Hierarchieebenen,
wobei beim Zugriff auf Tagesdaten ein Plattformwechsel („Drill Through" bzw.
umgangssprachlich „Drill Thru") auf die relationale Datenbank mit Detaildaten erfolgt. Zudem ist neben einer Kennzahlen- auch eine Scenario-Dimension mit den
zugehörigen Dimensionselementen aufgeführt. Abgeleitete Elemente werden jeweils durch die zugeordnete Berechnungsvorschrift spezifiziert.

---

[566] Vgl. Bulos (1996), S. 34 - 35.

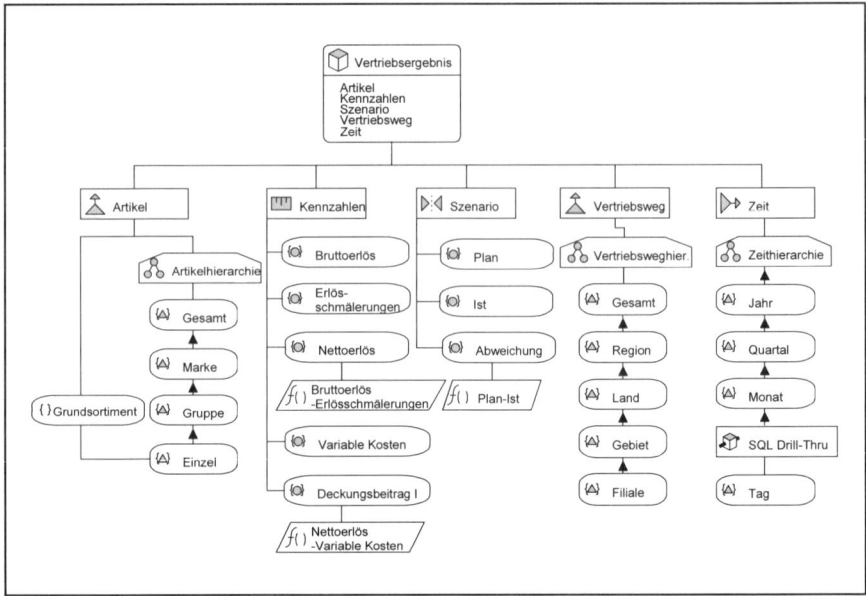

Abb. 9/13:   ADAPT-Beispiel[567]

Insgesamt bleibt festzuhalten, dass mit dem ADAPT-Konzept eine umfangreiche grafische Notationstechnik für die Abbildung multidimensionaler Datenstrukturen vorliegt. Aufgrund der Vielzahl angebotener Beschreibungsobjekte können auch sehr spezielle Aspekte der Speicherstrukturen dargestellt werden.

Zusammenfassend liegen mit den vorgestellten Notationen leistungsfähige Techniken vor, mit denen sich die Besonderheiten einer spezifischen multidimensionalen Datenstruktur ausdrucksstark und leicht nachvollziehbar abbilden lassen. Zu beklagen bleibt an dieser Stelle, dass beim Aufbau von Business Intelligence-Systemen häufig sehr spontan vorgegangen und eine umfassende Informationsbedarfsanalyse und -modellierung zugunsten eines iterativen Prototyping eher vernachlässigt wird. Als Begründung hierfür dient oft das sich rasch wandelnde Informationsbedürfnis betrieblicher Entscheidungsträger, das eine kurzfristige Entwicklung und Ad-Hoc-Anpassung der analyseorientierten Systeme erzwingt.

Leider finden sich demzufolge viele Erkenntnisse, die während der frühren Phasen der Systemgestaltung gewonnen werden, nur im implementierten System, nicht jedoch als dokumentiertes Wissen z. B. in Form von Anforderungsbeschreibungen, Fachkonzepten oder auch Systemspezifikationen. Daraus ergeben sich weit reichende negative Konsequenzen für eine spätere Systemwartung und -pflege, insbesondere aber auch für eine mögliche Systemmigration, zumal die erstellten Systeme häufig stark auf die spezifischen Eigenarten der eingesetzten Entwicklungsplattformen ausgerichtet sind.

---

[567] Vgl. Totok (1998), S. 15; Totok (2000a), S. 199 - 203.

9.3.4   BI-Design

Im Anschluss an die Analysephase greift die Designphase die bisher erworbenen Erkenntnisse auf und setzt sich das Ziel, diese im Hinblick auf die nachfolgende technische Implementierung zu konkretisieren. Die Aufgaben in dieser Phase erweisen sich als weit reichend und anspruchsvoll, zumal hierbei nicht nur die komplette Systemarchitektur mit allen erforderlichen Hardware- und Softwarekomponenten festlegt wird, sondern darüber hinaus das Design von Frontend und ETL-Prozesse sowie die Erstellung eines logischen Datenmodells erfolgt.

9.3.4.1   Design Frontend

Multidimensionale Entwicklungsumgebungen zeichnen sich durch besonders vielfältige Möglichkeiten zur Gestaltung einer individuellen Benutzerführung aus. Die Navigation innerhalb der generierten multidimensionalen Applikationen erfolgt meist durch Aktivierung selbsterklärender grafischer Bedienelemente wie Schaltflächen (Buttons) oder Schieberegler. Zu den Aufgaben des Applikationsentwicklers gehört es folglich auch, ein konsistentes und thematisch stimmiges **Navigationskonzept** zu entwickeln, das dem Nutzer hilft, rasch und ohne Irrwege die für ihn relevanten Informationen zu finden. In Anwendungen mit hundert oder mehr Masken bzw. Sichten auf den Datenbestand erweist sich dieses Vorhaben als durchaus anspruchsvoll. In der Regel wird hier zur Strukturierung mit hierarchischen Navigationswegen gearbeitet, die sich inhaltlich an den unterschiedlichen Aspekten des fachlichen Informationsbedürfnisses orientieren. Aber auch Querverbindungen zwischen den Datensichten können sich als sinnvoll und wünschenswert erweisen. Bereits die Benennung der einzelnen Sichten stellt ein Problem dar, wenn mit technischen Kurzbezeichnungen gearbeitet wird, die allerdings dennoch Rückschlüsse auf den Inhalt des jeweiligen Dokumentes zulassen sollen.

Orientieren muss sich das Design der Frontend-Applikationen in jedem Fall an bereits existierenden oder noch zu entwickelnden Standardvorgaben für den Aufbau und die Gestaltung von Bildschirm- und Druckausgaben. Diese umfassen beispielsweise Angaben darüber, wie ein Ausgabebildschirm zu strukturieren ist, d. h. an welcher Stelle sich Firmenlogos und Menüleisten zu befinden haben, und ergeben sich teilweise aus dem Corporate Design der jeweiligen Unternehmung.

Zudem ist festzulegen, welche Ausgabekanäle den jeweiligen Auswertungen oder Datensichten zugeordnet werden. In Frage kommen hier neben einer Druckausgabe die Nutzung von Tabellenkalkulations-Add-Inns auch Web-Frond-Ends, unternehmungsindividuelle Oberflächen sowie mobile Ausgabegeräte wie z. B. Mobiltelefone (vgl. Abschnitt 6.1.4.2). Das Spektrum der verfügbaren Optionen wird hierbei erheblich von den im Rahmen der Projektdefinition vorgenommenen Auswahlentscheidungen in Bezug auf Hard- und vor allem auf Software bestimmt (vgl. Abschnitt 9.3.2).

9.3.4.2   Logische Datenmodellierung

Als zentrale Aufgabe der Designphase eines Business Intelligence-Projektes erweist sich die logische Modellierung der zugrunde liegenden Datenstrukturen. Im

Gegensatz zur semantischen Datenmodellierung werden hier die Datenstrukturen unter Beachtung des für die Implementierung gewählten Datenbanksystems oder zumindest einer speziellen Speichertechnologie (relational oder multidimensional) konzeptionell bestimmt. Basiert das aufzubauende Informationssystem auf multidimensionalen OLAP-Strukturen, dann lässt sich zur Umsetzung entweder spezielle multidimensionale oder auch relationale Datenbanktechnologie verwenden.[568]

Wie eine Abbildung der multidimensionalen Würfelstrukturen mit den verfügbaren Werkzeugen erfolgt, zeigt der folgende Abschnitt, bevor danach die logische Abbildung multidimensionaler Strukturen mit relationalen Tabellen erörtert wird.

Logische Datenmodellierung mit multidimensionalen Datenbanksystemen

Naturgemäß lassen sich mehrdimensionale Datenstrukturen bzw. -modelle mit **multidimensionalen Datenbanksystemen** leicht und schnell abbilden[569], wobei dann häufig die Trennung von Design und Implementierung verschwimmt, wenn die Strukturen unmittelbar in der Administrationskomponente der multidimensionalen Datenbank angelegt und damit physisch gespeichert werden.

Allerdings zeigen sich bei der Abbildungsmethodik mehrdimensionaler Würfelstrukturen mit multidimensionalen Datenbanksystemen grundlegend unterschiedliche Umsetzungsalternativen. So erfordern einige Tools die Speicherung aller relevanten Dimensionen und Kennzahlen eines Anwendungsmodells in einem einzigen, allumfassenden Datenwürfel **(Hypercube-Ansatz)**, während die andere Extremposition dadurch gekennzeichnet ist, dass für jede betrachtete Kennzahl ein eigener Würfel aufgebaut wird. Gebräuchlich sind heute Zwischenformen, bei denen die Kennzahlen, deren Aufgliederung durch die gleichen Dimensionen erfolgt, in einem Würfel gespeichert werden. Alle Lösungen, bei denen der Benutzer in unterschiedlichen Datenwürfeln navigieren und diese verknüpfen kann, werden unter dem Oberbegriff **Multicube-Ansatz** zusammengefasst.[570]

Zur Definition und Administration von Würfelstrukturen in den multidimensionalen Datenbanksystemen lassen sich grafische Benutzungsoberflächen einsetzen. Unmittelbar verständlich werden hier die zugehörigen Bestandteile eines Modells mitsamt den einzelnen Objektverknüpfungen zur Anzeige gebracht und lassen sich interaktiv bearbeiten (vgl. Abb. 9/14). Vor allem bei größeren Dimensionen erweist sich die manuelle Definition der Strukturen als nicht sinnvoll. In diesem Fall können über definierte Schnittstellen Dimensionen und Würfel auch automatisch per Batch-Routine angelegt werden.

---

[568] Allerdings finden sich in der Praxis zahlreiche Data Warehouse-Systeme und vor allem Operational Data Stores (vgl. Abschnitt 5.1.3), die konventionelle relationale Datenstrukturen nutzen und den Datenbestand demzufolge in normalisierter Form speichern.

[569] Zu den Bestandteilen und Ausprägungen multidimensionaler Datenstrukturen vgl. Abschnitt 4.4.1.

[570] Vgl. Behme/Holthuis/Mucksch (2000), S. 216; Holthuis (1998), S. 186; Müller (2000), S. 100; Oehler (2006), S. 107.

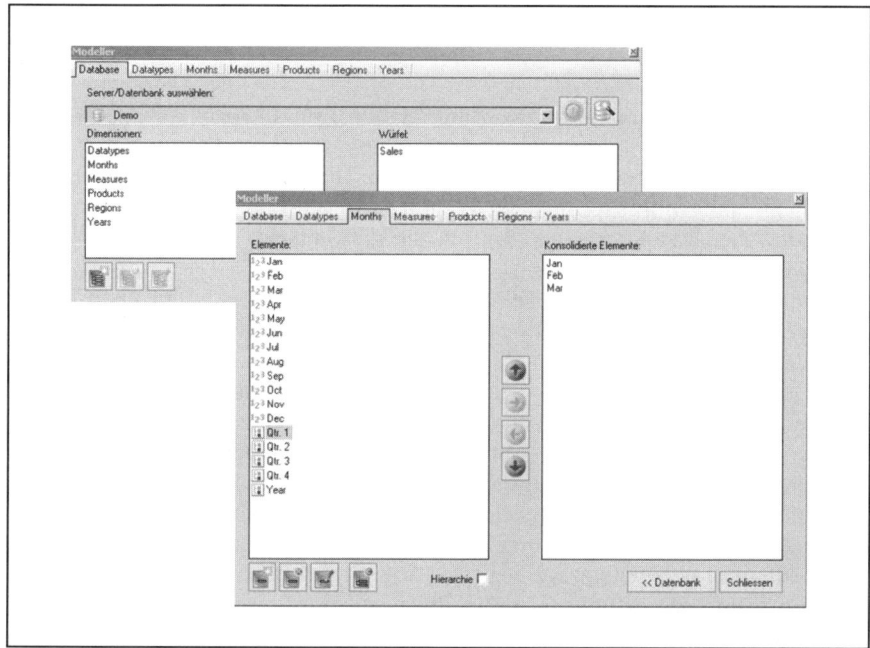

Abb. 9/14:   Manuelle Definition und Administration von Dimensionsstrukturen

Zusätzlich zu den Standard-Verdichtungsvorschriften für die Berechnung von kalkulierten Datenwerten[571] lassen sich in multidimensionalen Datenbanksystemen auch Regeln für anderweitig zu ermittelnde Werte einzelner Dimensionselemente hinterlegen. Neben den Grundrechenarten können dabei auch vielfältige mathematische und statistische Formeln zur Anwendung gelangen (vgl. Abb. 9/15).

Die einzelnen Regeln werden direkt in der Datenbasis gespeichert und i. d. R. dynamisch bei der Berechnung einzelner Wertausprägungen zur Laufzeit eingesetzt. In Einzelfällen sind derartige Regeln sogar dimensionsübergreifend ausgelegt, d. h. dass sich die Wertausprägung eines Dimensionselementes danach richtet, in welcher Kombination mit den Elementen anderer Dimensionen es gerade betrachtet wird.

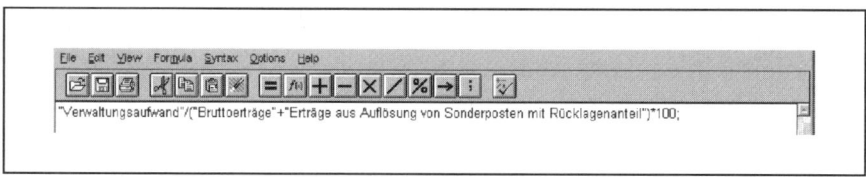

Abb. 9/15:   Verknüpfungs- und Ableitungsregeln für Dimensionselemente

---

[571] Zumeist wird als Standard-Verdichtungsvorschrift eine einfache Wertaddition mit dem Gewichtungsfaktor 1 angewendet.

Logisch-multidimensionale Datenmodellierung mit relationalen Datenbanksystemen

Nur bedingt lassen sich bei der Nutzung relationaler Datenbanksysteme als Speicherkomponenten multidimensionaler Informationssysteme die bewährten Techniken aus dem operativen Umfeld übernehmen. Die Abbildung multidimensionaler Datenstrukturen mit relationalen Techniken ist zwar möglich, erfordert jedoch spezielle Arten von Datenmodellen, um die notwendige Flexibilität und Performance gewährleisten zu können.

Beim Übergang von der würfelorientierten Sichtweise der Endbenutzer zu den tabellarischen Strukturen relationaler Datenbanksysteme müssen verschiedene Zuordnungsschritte durchlaufen werden.[572] Letztlich lassen sich jedoch alle benötigten Informationsobjekte mit geeigneten Tabellenstrukturen abbilden, wie ein kleines Beispiel verdeutlicht. Ausgangspunkt der Betrachtung sei eine dreidimensionale randbeschriftete Matrix, in der Absatzmengen nach Regionen, Artikeln und Perioden aufgegliedert abgetragen sind. Diese Struktur lässt sich durch eine einzelne relationale Tabelle darstellen. Die Dimensionsnamen können hierbei als Attributbezeichnungen für die drei Spalten des zusammengesetzten Primärschlüssels verstanden und genutzt werden (vgl. Abb. 9/16, oberer Teil). Dagegen findet sich der Name des Würfels hier (im Falle nur einer betrachteten quantitativen Größe) als Attributbezeichnung für die Spalte mit den quantitativen Mengenangaben.

Die Randbeschriftungen des dreidimensionalen Würfels dagegen, welche die einzelnen Dimensionselemente repräsentieren, lassen sich in der zugehörigen Relation als Attributausprägungen der Primärschlüsselspalten identifizieren (vgl. Abb. 9/16, unterer Teil). Somit wird durch eine einzelne Kombination von Primärschlüsselelementen auf die Würfelzelle referenziert, die sich im Schnittpunkt der entsprechenden Dimensionselemente befindet. Den einzelnen Würfelzellen sind konkrete Zahlenwerte zugeordnet, die sich im vorliegenden Beispiel als Absatzmengen der vorliegenden Dimensionselementkombinationen interpretieren lassen. Diese Wertgrößen gehen in die relationale Tabelle als Attributausprägungen der Werte tragenden Spalte ein.

Die dargestellten Zuordnungen von multidimensionalen und relationalen Informationsobjekten vermitteln einen ersten Eindruck darüber, wie multidimensionale Strukturen mit relationalen Datenbanksystemen abzubilden sind. Allerdings wurde bislang von flachen Dimensionen ohne jegliche Hierarchiebildung und ohne attributive Beschreibung von Dimensionselementen ausgegangen. Der Einbezug dieser Strukturbestandteile in die Betrachtung führt dann zu so genannten **Star-Schemata**[573], die einen zentralen Modellrahmen beim Aufbau multidimensionaler Datenstrukturen mit relationalen Datenbanksystemen bilden.[574] Bereits auf der Ebene der logischen Datenmodelle werden die zugehörigen

---

[572] Vgl. Bauer/Günzel (2004), S. 202ff.
[573] Der Begriff resultiert aus der sternenförmigen Anordnung der beteiligten Tabellen. Vgl. Bauer/Günzel (2004), S. 2005; Holthuis (1998), S. 193.
[574] Vgl. Gluchowski (1998a), S. 32 - 39.

Kennzahlen und Dimensionen so angeordnet, wie sie dem intuitiven Verständnis der Endanwender entsprechen. Von zentraler Bedeutung für die Gewährleistung niedriger Zugriffszeiten ist die geeignete Behandlung von hierarchischen Dimensionsstrukturen und verdichtetem Datenmaterial.[575]

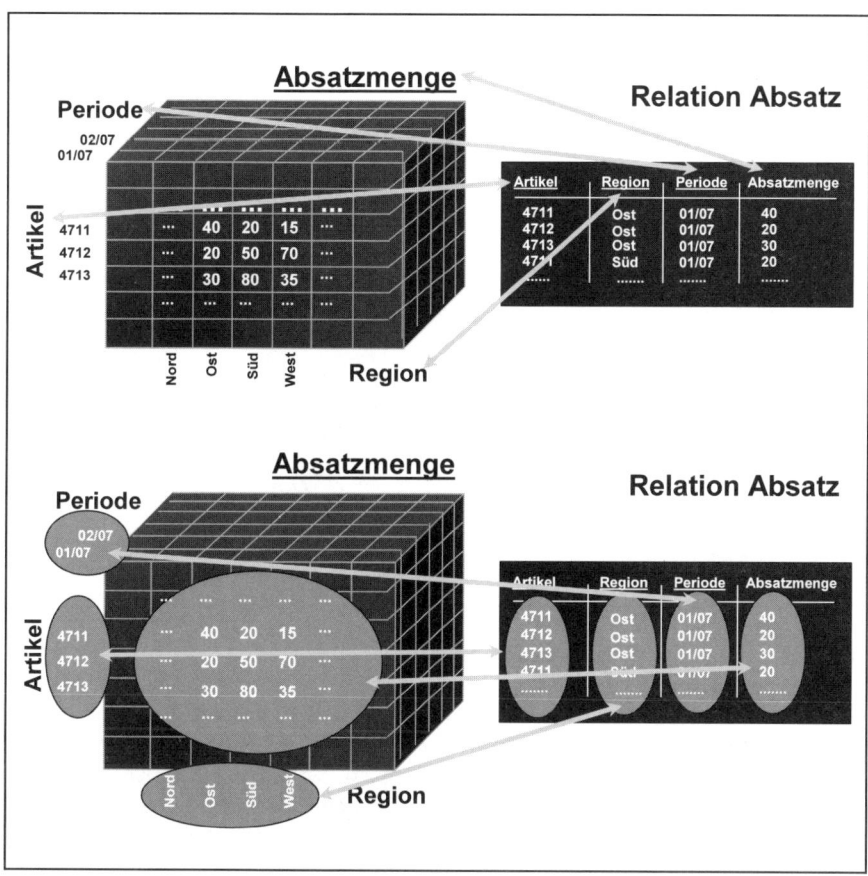

Abb. 9/16: **Zuordnung von multidimensionalen und relationalen Informationsobjekten**

---

[575] Als konfliktionäre Ziele stehen sich hierbei einerseits hohe Performance beim Zugriff aus variierenden Blickwinkeln und auf unterschiedliche Verdichtungsebenen sowie andererseits Modelltransparenz in Verbindung mit leichter Modifizierbarkeit und Wartbarkeit gegenüber. Vgl. hierzu auch die Ausführungen zu den Indizierungstechniken relationaler Datenbanksysteme in Abschnitt 9.3.5.

Ein Star Schema weist grundsätzlich zwei unterschiedliche Tabellentypen auf.[576] Zunächst sind dies die **Faktentabellen** (Fact-Tables, FT), welche die relevanten quantitativen Datenwerte enthalten sowie eine Kombination aus Primärschlüssel-attributen. Die einzelnen Bestandteile des Primärschlüssels zeigen dann jeweils auf eine **Dimensionstabelle** (Dimension-Table, DT), in denen die Elemente einer Dimension mit den zugehörigen Attributen und hierarchischen Zuordnungen gespeichert sind (vgl. Abb. 9/17; die einzelnen Primärschlüsselattribute werden jeweils als ID (Identifyer) bezeichnet).[577]

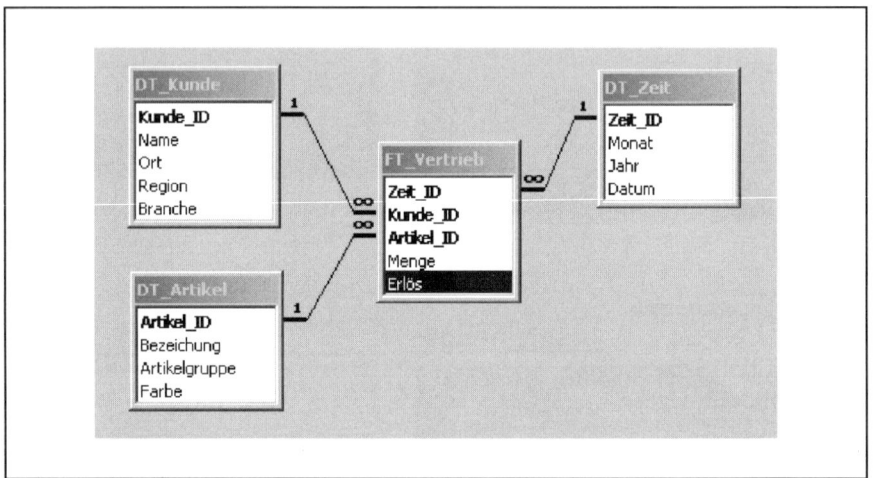

Abb. 9/17:   Exemplarisches Star-Schema

Naturgemäß kann die Zeilenanzahl von Faktentabellen sehr groß werden, wenn die Tabelle viele Dimensionen aufweist und/oder die Anzahl der Elementausprä-gungen je Dimension hoch ist.[578] Um das Speichervolumen möglichst gering zu halten, werden in den Faktentabellen lediglich Schlüsselwerte für die einzelnen Dimensionsobjekte hinterlegt. Alle übrigen Angaben zu diesen Objekten, die für die Anwender von Bedeutung sind, befinden sich in den Dimensionstabellen. Diese beinhalten neben dem Schlüsselwert, mit dem der eindeutige Bezug zur Fakten-tabelle hergestellt werden kann, alle weiteren Attribute der Dimensionselemente (in einer Artikeldimension wären z. B. Artikelbezeichnung oder Farbe zu finden).

---

[576] Vgl. Hahne (2006), S. 191f.; McClanahan (1997), S. 67; Nußdorfer (1998), S. 23f. Bereits die Tabelle „Absatz" in Abbildung 9/16 kann nach diesem Verständnis als Fakten-Tabelle bezeichnet werden, allerdings erfolgt in realen Modellen eher die Nutzung künstlicher, möglichst speicherschonender Primärschlüssel.

[577] Kimball bezeichnet eine derartige Anordnung von Tabellen auch als „dimensional mo-del". Vgl. Kimball (1996), S. 10.

[578] Beispielsweise besteht eine eher kleine Faktentabelle FT_Vertrieb mit den Dimensions-spalten Perioden (Betrachtung über 60 Monate), Artikel (1000 Artikel) und Kunden (10000 Einzelkunden) bei vollständiger Realisierung aller möglichen Verknüpfungen aus insgesamt 600.000.000 Zeilen.

Durch die 1:n-Anordnung von Dimensions- und Faktentabellen trägt das Star-Schema wesentlich dazu bei, dass die benötigte Speicherkapazität für die Faktentabellen ebenso klein gehalten werden kann, wie die der zugehörigen Indizes für die Primärschlüssel der einzelnen Tabellen. Allerdings werden die in Abschnitt 6.1.2 als essentiell für multidimensionale Datenstrukturen beschriebenen Dimensionshierarchien hier lediglich implizit und ohne besondere Kennzeichnung abgebildet.

Grundsätzlich bereitet die Abbildung von Hierarchien mit relationalen Tabellen erhebliche Schwierigkeiten. Zwar gibt es unterschiedliche Lösungsansätze, die jedoch alle mit mehr oder minder großen Problemen behaftet sind. Am Beispiel der Dimension „DT_Kunde" lassen sich die unterschiedlichen Vorgehensweisen darstellen. Dabei wird von einer regionalen Einteilung in drei Hierarchieebenen ausgegangen. Auf der untersten Ebene finden sich die einzelnen Kunden wieder, an die die Produkte des Beispiels vertrieben werden (1000 Wohlfahrt Erna, 1001 Shakarchi Anwar usw.). Diese Kunden lassen sich logisch zusammenfassen und einzelnen Orten (z. B. Solingen, Berlin usw.) zuordnen. Auf der nächsten Stufe erfolgt dann die Verdichtung zu Regionen (z. B. Nord-West, Süd-West). Eine mögliche Aggregation über alle Kunden (z. B. als eigene Hierarchiestufe Gesamt) wird hier nicht weiter betrachtet.

Ein erster, bereits oben im abgebildeten Star-Schema enthaltener Ansatz zur **Abbildung von Hierarchien** innerhalb der Dimensionstabellen besteht darin, die Dimensionstabelle mit separaten Spalten für Kunden, Orte und Vertriebsregionen sowie weiteren Attributen auszustatten (vgl. Abb. 9/18).[579] Als sinnvoll erweist sich zudem die Bildung eines künstlichen Primärschlüssels mit geeignetem Datentyp (z. B. Integer).

Kunde_ID	Name	Ort	Region	Branche
1000	Wohlfahrt Erna	Solingen	Nord-West	Fach-Einzelhandel
1001	Shakarchi Anwar	Berlin	Nord-West	Fach-Einzelhandel
1002	Müller Arne	Bonn	West	Exporteur
1003	Behnert Norbert	Chemnitz	Ost	Discounter
1004	Muck Ralfik	Karlsruhe	Süd-West	Exporteur
1005	Ebert KG	Ludwigshafen	West	Fach-Einzelhandel
1006	Luamuto Claudio	Hagen	Nord-West	Discounter
1007	Wahlen Karl-Heinz	Hamburg	Süd	Fach-Einzelhandel
1008	Haase Susanne	Berlin	Nord-Ost	Kaufhaus
1009	Krämer Ingetraud	Würzburg	Süd-Ost	Discounter
1010	Schanko Gunter	Lüneburg	Nord	Exporteur

Abb. 9/18: Abbildung von Hierarchien über separate Spalten in der Dimensionstabelle

---

[579] Eine derartige Vorgehensweise akzeptiert die Abkehr von der Normalformenlehre (vgl. Gabriel/Röhrs (1995), S. 123 - 131), wie sie bei der Gestaltung operativer Datenbanksysteme genutzt wird, zumal sich durch denormalisierte Dimensionstabellen Geschwindigkeitsvorteile beim Zugriff eröffnen.

Durch Erweiterung oder Umorganisation der Dimensionstabelle sind beliebige Hierarchiebildungen möglich. Zudem kann die beidseitige Navigation erfolgen, da sowohl der Schluss von jedem Kunden zu dem zugehörigen Ort und zur Region als auch die Zusammenstellung aller Kunden und Orte zu einer vorgegebenen Region gelingt.

Als großes Manko erweist sich die relativ starre Struktur dieses Schemas. Da hier für jede Hierarchieebene eine spezielle Spalte angelegt wird, führt die Einführung neuer Ebenen zu umfangreichen Reorganisationsläufen. Auch bei Änderungen in der Struktur der aufgebauten Hierarchie sind verschiedene Tabellenzeilen betroffen (z. B. Zuordnung eines Bundeslandes zu einer anderen Vertriebsregion).

Eine alternative Vorgehensweise bei der Verwaltung hierarchischer Verknüpfungen zwischen Dimensionselementen ist durch einen expliziten Verweis auf das zugeordnete Element der jeweils übergeordneten Ebene gegeben (z. B. durch den Verweis auf den betreffenden Ort bei den einzelnen Kunden-Einträgen wie in Abb. 9/19).[580]

K_ID	Bezeichnung	Übergeordnet	Ebene
1000	Wohlfahrt Erna	1011	Kunde
1001	Shakarchi Anw	1012	Kunde
1002	Müller Arne	1013	Kunde
1011	Solingen	1014	Ort
1012	Berlin	1015	Ort
1013	Bonn	1016	Ort
1014	Nord-West	0	Region
1015	Nord-Ost	0	Region
1016	West	0	Region
		0	

Abb. 9/19:   Abbildung von Hierarchien durch Verweis auf das übergeordnete Dimensionselement

Zunächst fällt auf, dass eine Dimensionstabelle dieser Form (vor allem bei vielen beteiligten Hierarchieebenen) mit weniger Spalten auskommt und sich daher kompakter präsentiert. Dennoch bleibt die logische Verknüpfung zwischen den Elementen unterschiedlicher Ebenen erhalten. Der geringere benötigte Speicherplatz, der in der Regel für Dimensionstabellen keine entscheidende Rolle spielt, wird allerdings durch aufwendigere Zugriffsverfahren vor allem beim Drill-Down erkauft. Zusätzlich benötigt dieses Schema eine Spalte (Level-Attribut), die eine Angabe darüber enthält, welche Regionen sich auf der gleichen logischen Ebene

---

[580] Vgl. Bauer/Günzel (2004), S. 210. Hahne bezeichnet derartige selbstreferenzierende Tabellen als Parent-Child-Tabellen. Vgl. Hahne (2002), S. 114.

befinden, um Abfragen zu ermöglichen, die zum Beispiel die Selektion aller Bundesländer zum Gegenstand haben.[581]

Als Variante dieses Darstellungstyps lässt sich eine Vorgehensweise verstehen, die eine Partitionierung der Dimensionstabelle vornimmt und als **Snowflake-Schema** bezeichnet wird (vgl. Abb. 9/20).[582] Bei dieser Design-Technik erfolgt die Ablage der Dimensionselemente unterschiedlicher Hierarchiestufen in separaten, jedoch miteinander verknüpften Tabellen.[583]

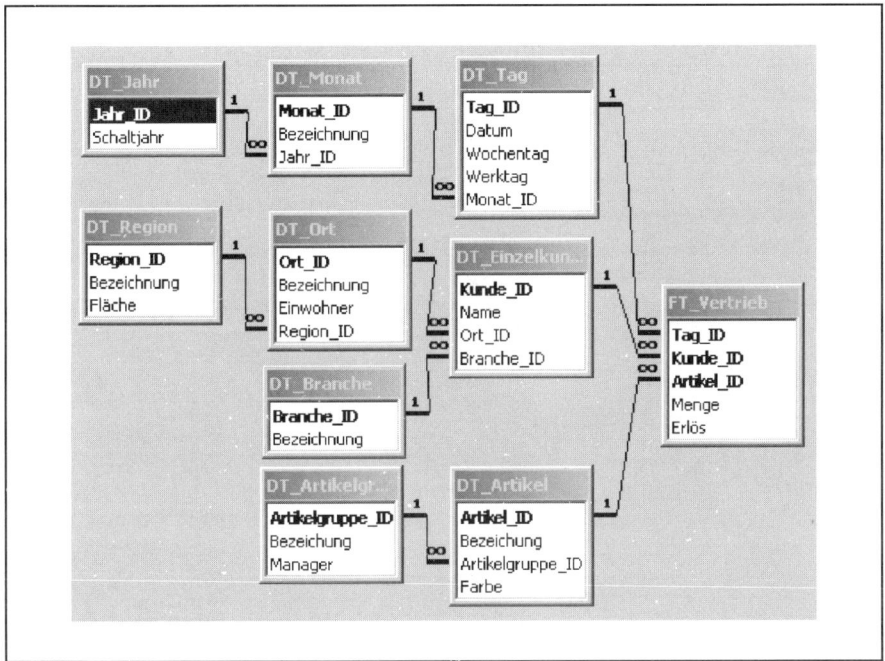

Abb. 9/20:   Snowflake-Schema

Roll-Up und Drill-Down-Operationen erfolgen über die Fremdschlüsselbeziehungen zwischen den Dimensionstabellen bzw. über die Verknüpfung der jeweiligen Ankertabelle mit der Faktentabelle. Die zusätzlichen Tabellen führen allerdings zu einer weiteren Aufblähung des Schemas, zumal hier bislang nur Dimensionen mit vergleichsweise wenig Hierarchieebenen betrachtet wurden.

---

[581] Zwar können diese Informationen auch durch hintereinander geschaltete Abfragen direkt aus der Tabelle abgeleitet werden, allerdings mit vergleichsweise hohem Aufwand.

[582] Vgl. Bauer/Günzel (2004), S. 203 - 205.

[583] Vgl. McClanahan (1997), S. 67. Kurz verweist darauf, dass dann jedoch bei Abfragen u. U. viele verbundene Tabellen über Join-Operationen zu verknüpfen sind, was erhebliche Geschwindigkeitseinbußen mit sich bringt. Vgl. Kurz (1999), S. 164.

Bislang konzentrierte sich die Betrachtung schwerpunktmäßig auf unterschiedliche Varianten bei der Modellierung der Dimensionstabellen. Genauso lassen sich
auch für die Faktentabellen diverse Design-Techniken einsetzen, um bessere
Zugriffszeiten zu erreichen.[584] Beispielsweise werden im **Fact-Constellation-
Schema**[585] für die einzelnen Konsolidierungsstufen verschiedene Faktentabellen
aufgebaut (vgl. Abb. 9/21 mit verschiedenen Faktentabellen entsprechend der Hierarchiestufen der Zeitdimension).[586] Da die Tabellen mit konsolidierten Daten wesentlich kleiner sind als eine einzige, große Faktentabelle, kann mit ihnen leichter
und mit geringeren Zugriffszeiten gearbeitet werden.

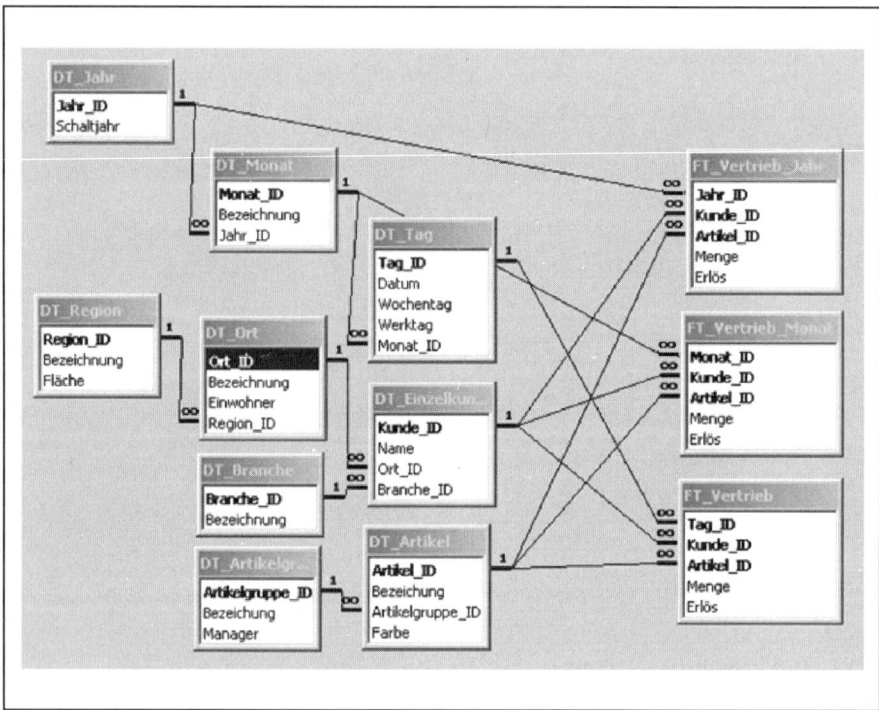

Abb. 9/21:   Fact-Constellation-Schema

---

[584] Nußdorfer unterscheidet sogar sieben unterschiedliche Typen von Faktentabellen, die
für unterschiedliche Auswertungsziele angelegt werden können. Vgl. Nußdorfer (1998),
S. 26.

[585] Vgl. Bauer/Günzel (2004), S. 209; Hahne (2002), S. 140 - 143; Raden (1996); Schelp
(2000), S. 170f.

[586] Bislang wurde implizit unterstellt, dass sich in einer zentralen Faktentabelle alle quantitativen Größen finden lassen. Falls dies nicht nur die Detaildaten auf höchster Disaggre-
gationsstufe, sondern auch verdichtete Größen sind, dann lässt sich ein derartiges Schema als konsolidiert bezeichnen. Vgl. Kurz (1999), S. 171f.

Als wesentlicher Nachteil dieser Vorgehensweise ist zunächst die verminderte Übersichtlichkeit zu konstatieren. Während das einfache Star-Schema durch seinen klaren und leicht verständlichen Aufbau besticht, erweist sich das Fact-Constellation Schema als eher verwirrend. Unmittelbar resultiert auch ein höherer Verwaltungsaufwand im Meta-Datenbereich durch die Organisation zusätzlicher Tabellen. Verständlicherweise steigt die Anzahl der benötigten Aggregationstabellen sehr rasch, wenn auch für die anderen Dimensionen die einzelnen Konsolidierungsstufen sowie die daraus erwachsenden Kombinationsmöglichkeiten separat gespeichert werden. Zusätzlich sind bei dieser Art der Datenablage höhere Anforderungen an die Query-Mechanismen zu stellen, da jeweils zu entscheiden ist, welche Fakten-Tabellen durch bestimmte Abfragen betroffen sind.

Aufgrund des Trade-Off zwischen Zugriffszeiten und Modellkomplexität werden entsprechende Aggregatbildungen in kommerziellen Produkten dynamisch den Anforderungen angepasst. Bei häufigen Zugriffen auf spezielle Verdichtungsstufen erfolgt die Generierung der zugehörigen Tabellen automatisch.

Nur in Ausnahmefällen lassen sich alle benötigten Fakten durch die gleichen Dimensionen sinnvoll beschreiben. Vielmehr erweist es sich bei unterschiedlicher Dimensionalität häufig als sinnvoll, mit verschiedenen dimensionierten Fakten-Tabellen zu arbeiten. Die Dimensionstabellen dagegen müssen auch in diesem Fall nur einmal angelegt werden. Derartige Schemata werden in Analogie zum Star-Schema auch als **Galaxien** bezeichnet.[587]

Insgesamt präsentiert sich das Star-Schema mit seinen Varianten als Design-Technik, die relationale Datenbanken für analyseorientierte Anwendungen besser nutzbar macht, auch wenn hier einige interessante Spezialprobleme wie z. B. die Abbildung alternativer Hierarchien (vgl. Abschnitt 6.1.2) nicht behandelt werden konnten. Bereits auf der Ebene der logischen Datenmodelle werden die zugehörigen Kennzahlen und Dimensionen in einer Art angeordnet, wie sie dem intuitiven Verständnis der Endanwender entspricht. Von zentraler Bedeutung für die Gewährleistung niedriger Zugriffszeiten ist die geeignete Behandlung hierarchischer Dimensionsstrukturen.

Um die angelegten Datenstrukturen mit den zugehörigen Problemdaten zu füllen, bedarf es leistungsfähiger ETL-Prozesse, die bereits beim Design konzipiert werden müssen, wie die folgenden Ausführungen belegen.

9.3.4.3   Design ETL-Prozess

Im Rahmen des Designs der ETL-Prozesse sind grundlegende technische Entscheidungen in Bezug auf den erstmaligen Aufbau und die fortwährende Aktualisierung (vgl. Abschnitt 5.3.2) des relevanten Datenmaterials zu treffen. So sind beispielsweise Festlegungen darüber vorzunehmen, ob bei den periodischen Datenaktualisierungen der gesamte analytische Datenbestand jeweils vollständig neu aufzubauen ist oder eine inkrementelle Änderung der seit der letzten Übernahme geänderten Inhalte ausreicht, was den Regelfall darstellen dürfte. In diesem Zu-

---

[587] Vgl. Bauer/Günzel (2004), S. 209f.; Nußdorfer (1998), S. 23f.; Schelp (2000), S. 173. Alternativ werden derartige Strukturen auch Multi-Faktentabellen-Schema genannt. Vgl. Holthuis (1998), S. 194.

sammenhang ist zu überlegen, anhand welcher Kriterien sich Datenveränderungen in den Vorsystemen überhaupt identifizieren lassen. Auch der Umgang mit fehlerhaften Ausgangsdaten kann hier bereits soweit festgelegt werden, dass technische und organisatorische Verfahrensanweisungen vorliegen.

Als wichtige Aufgabe im Bereich ETL-Design erweist sich daran anschließend die passende Zuordnung von Informationsobjekten aus den Quellsystemen zu solchen in der Zielumgebung. Dieser auch als **Mapping** bezeichnete Vorgang kann sich dann als aufwändig erweisen, wenn zahlreiche Informationsobjekte richtig zuzuweisen sind und/oder unterschiedliche Quellsysteme beteiligt sind. Im einfachsten Fall entspricht ein Objekt aus der Quellumgebung genau einen Objekt in der Zielumgebung, wie in Abb. 9/22 veranschaulicht.

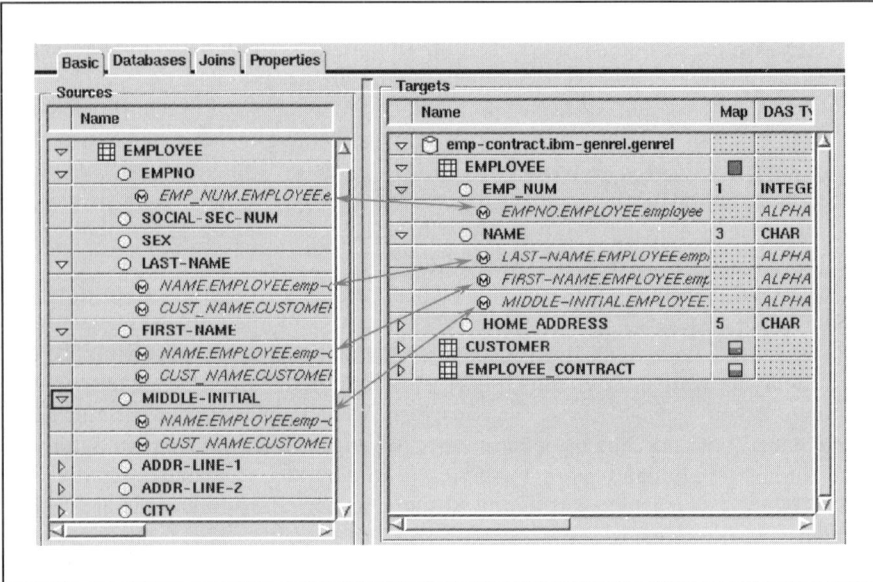

Abb. 9/22:   Mapping von Informationsobjekten

Der gesamte ETL-Prozess zur Befüllung bzw. Aktualisierung eines analytischen Datenspeichers umfasst diverse Einzelprozeduren, die koordiniert und störungsfrei ablaufen sollen. Bereits beim Datenladen in eine einzelne Speicherstufe muss über den Ablauf der einzelnen Schritte sorgfältig nachgedacht werden. So führt der Versuch, eine Umsatzgröße im Data Warehouse zu speichern, für die der betreffende Kunde in der Kundendimension erst anschließend angelegt wird, zwangsläufig zu einem Fehler. Vor allem jedoch eine mehrstufige Data Warehouse-Architektur (vgl. Abschnitt 5.3.1) setzt eine abgestimmte zeitliche und logische Reihenfolge der Ausführung voraus, um die Datenkonsistenz über die einzelnen Speicherstufen hinweg gewährleisten zu können.

Nach der Extraktion der Daten aus den Quellsystemen muss - falls vorhanden - zunächst das Laden der Daten in eine Staging Area und danach in einen Operational Data Store erfolgen, bevor die Bewirtschaftung des unternehmungsweiten Data Warehouse und anschließend der Data Marts vorgenommen wird. Unter Umständen lassen sich die Bewirtschaftungsteilprozesse partiell parallelisieren, wenn voneinander unabhängige Datensegmente auftreten. Die einzelnen Reihenfolgen und Ausführungszeiten werden durch ein **Jobnetz** dargestellt, das die Abhängigkeiten der einzelnen Teilprozesse definiert, die dann später gemäß dieser Vorgaben in einem Jobsteuerungstool umgesetzt und ausgeführt werden.

Um dem definierten ETL-Prozess die notwendige Stabilität zu verleihen, muss ein verbindlicher Testplan verabschiedet werden. Derartige **Testpläne** tragen dem Umstand Rechnung, dass das Testen von ETL-Jobs auch aus fachlicher Sicht erfolgen muss und dadurch ein erheblicher Koordinationsaufwand aufgrund der Beteiligung mehrerer Personen entstehen kann. Allerdings lässt sich auf diese Weise vermeiden, dass kurzfristige Änderungen ohne ausreichende Tests in die Produktivumgebung übernommen werden.

9.3.5   BI-Implementierung

Die BI-Implementierung greift die Vorgaben aus der Analyse- und Design-Phase auf und setzt diese mit den verfügbaren bzw. ausgewählten Hardware-Plattformen und Software-Werkzeugen systemtechnisch bis zur lauffähigen Gesamtlösung um. Dabei erfolgt hardwareseitig zunächst der noch notwendige Aufbau der Entwicklungs- und Testumgebungen.

Zudem sind die erforderlichen Implementierungsarbeiten für die Frontend- und ETL-Gestaltung vorzunehmen. Die konkreten Aufgaben, die hier zu erfüllen sind, hängen stark von der Wahl der eingesetzten Werkzeuge ab. Sowohl bei der Frontend- als auch bei der ETL-Implementierung kann es sich je nach Tool in den Extremfällen einerseits um eine reine Programmierung in einer höheren Programmiersprache oder andererseits um eine Parametereinstellung durch mausgestützte Auswahl vorgegebener Optionen handeln (vgl. die Ausführungen in den Abschnitten 5.3.2 und 9.3.4.3).

Als weitere Tätigkeit weist die Erarbeitung und Realisierung eines tragfähigen Sicherheitskonzeptes hohe Bedeutung auf, zumal die Inhalte eines analytischen Datenpools häufig auch vertrauliche oder zumindest schützenswerte Informationen umfassen. Zumeist wird heute mit Benutzerrollenkonzepten gearbeitet, die den Inhabern einer Benutzerrolle exakt definierte und auf das jeweilige Arbeitsgebiet abgestimmte Zugriffsrechte einräumen.

Die Zugriffs- bzw. Abfragegeschwindigkeit erweist sich immer wieder als kritischer Erfolgsfaktor für alle Arten von Business Intelligence-Lösungen, da nur Systeme die angestrebte Akzeptanz bei den Endbenutzern erreichen und langfristig sichern können. Als zentraler Bestimmungsfaktor für die Performance erweist sich die durch das eingesetzte Datenbanksystem vorgenommene physikalische Ablage der Daten auf den Speichermedien sowie die richtige Wahl der verfügbaren Speicherungsoptionen beim Systemaufbau und -betrieb. Um ein Verständnis für die internen Speicherverfahren bei multidimensionalen und relationalen Datenbanksystemen zu erzeugen, widmen sich die folgenden Abschnitte den **physi-kalischen Aspekten der Datenablage** und Ansatzpunkten zum **Performance-Tuning**.

Speichertechniken multidimensionaler Datenbanksysteme

Hinsichtlich der internen Datenablage unterscheiden sich die handelsüblichen multidimensionalen Datenbanksysteme erheblich. Einerseits kann zwischen hauptspeicher- und festplattenorientierter Datenhaltung zur Laufzeit, andererseits hinsichtlich des Zeitpunkts der Kalkulation berechneter Datenwerte unterschieden werden.

Nachdem sie gestartet sind, halten hauptspeicherorientierte Datenbanksysteme alle benötigten Informationsobjekte im Arbeitsspeicher des Server-Rechners.[588] Die Datenabfragen der angeschlossenen Clients werden direkt aus diesem Speicher bedient. Nach vorher definierten Zeitintervallen oder Ereignissen erfolgt die Sicherung des Hauptspeicherinhaltes auf die Festplatte. Diese Vorgehensweise erweist sich als extrem schnell bei der Abarbeitung der Benutzeranfragen, da Zugriffe auf die wesentlich langsameren Festplatten weitgehend entfallen. Allerdings kann die begrenzte Arbeitsspeicherkapazität rasch zu Engpässen führen. Falls sich der Hauptspeicher als zu klein für das gesamte Datenvolumen erweist, werden mit Swap-Techniken Teile des Datenbestandes temporär ausgelagert, was jedoch massive Geschwindigkeitseinbußen mit sich bringt.[589] Infolgedessen arbeiten die hauptspeicherorientierten Datenbanksysteme mit ausgefeilten Kompressionsverfahren, um das Datenvolumen klein zu halten.[590]

Im Gegensatz dazu gehen festplattenorientierte multidimensionale ähnlich wie relationale Datenbanksysteme nach dem Prinzip vor, benötigte Dateninhalte erst dann von den externen Speichermedien auszulesen, wenn sie abgefragt werden. Zudem bedienen sich diese Datenbanksysteme in der Regel eines umfangreichen Cache-Speichers im Server-Rechner, um häufig benötigte Inhalte im schnelleren Arbeitsspeicher zu hinterlegen. Dennoch muss bei diesem Verfahren vergleichsweise häufig auf die langsameren Festplatten zurückgegriffen werden, was in jedem Fall zu Antwortzeitverzögerungen führt.

Als Vorteil der festplattenorientierten Speicherform multidimensionaler Datenbanksysteme ist die schier unerschöpfliche Speicherkapazität zu werten. Dadurch ergibt sich einerseits die Möglichkeit, auf ressourcenverbrauchende Komprimierungsalgorithmen zu verzichten. Auf der anderen Seite lassen sich unterschiedliche Techniken einsetzen, die zwar Speicherkapazitäten verbrauchen, aber zu einer höheren Abfragegeschwindigkeit führen. So können gleiche Inhalte mehrfach in unterschiedlichen Kombinationen auf dem Speichermedium abgelegt werden, um im Falle des Zugriffs die Schreib-/Lesekopfbewegungen zu reduzieren.

---

[588] Oehler bezeichnet diese Ablageform als RAM-basiert. Vgl. Oehler (2006), S. 123.
[589] Vgl. Kurz (1999), S. 330.
[590] Im günstigen Fall läßt sich dadurch das Datenvolumen um den Faktor 100 gegenüber einer ASCII-Datei mit gleichem Informationsgehalt reduzieren. Vgl. Clausen (1999), S. 311; Thomsen (1997), S. 208.

Zudem werden dem Datenbank-Administrator meist unterschiedliche Alternativen zur Bestimmung des Zeitpunkts der Berechnung abhängiger Datenwerte angeboten.[591] Die erste Variante besteht in der **„On the fly"-Kalkulation**, die eine automatische Neuberechnung der Datenwerte abhängiger Größen bei jedem Zugriff bewirkt.[592] Eine Neukalkulation jedoch kann sich bei großen Modellen als sehr zeitraubendes Unterfangen erweisen. Aus diesem Grund besteht auch die Möglichkeit, die abhängigen Größen im Rahmen des ETL-Prozesses zu berechnen und physikalisch zu speichern. Als dritte Alternative steht eine Vorgehensweise zur Verfügung, die eine Berechnung der abhängigen Größen zum Zeitpunkt des ersten Zugriffs durchführt und die Ergebnisse dann physisch auf den Datenträgern ablegt. Dadurch wird bewirkt, dass der erste zugreifende Anwender zwar eine gewisse Berechnungszeit akzeptieren muss, die Werte allerdings danach direkt zur Verfügung stehen. Intelligente Algorithmen im Hintergrund erwirken hierbei auch eine Neukalkulation der abhängigen Wertausprägungen, sobald sich die zugehörigen unabhängigen Größen geändert haben. Allerdings kann die physikalische Speicherung von Verdichtungsgrößen zu einer explosionsartigen Vergrößerung des benötigten Speicherplatzes führen, zumal der Speicherbedarf exponentiell mit der Anzahl der Dimensionen ansteigt.[593]

Ein kleines Beispiel kann die Problematik verdeutlichen: Betrachtet werden Erlöszahlen für einen fiktiven Artikel, aufgespannt über die Monate eines Jahres sowie vier unterschiedliche Vertriebsregionen. Da der Artikel nicht in jedem Monat auch in jeder Vertriebsregion verkauft wurde, liegt der Besetzungsgrad der Erlöstabelle lediglich bei 0,5 bzw. die Dichte (sparsity)[594] der Tabelle bei 50% (24 Werteinträge bei 48 Tabellenzellen; vgl. Abb. 9/23, linke Hälfte). Werden nun zusätzlich zu den Detailzahlen auch noch die hieraus abgeleiteten Verdichtungsgrößen betrachtet, dann erhöht sich die Anzahl der betrachteten Datenwerte von ursprünglich 24 um 37 auf insgesamt 61 Größen, was dann einer Dichte der Tabelle von 71,76 % entspricht (61 Werteinträge bei 85 Tabellenzellen; vgl. Abb. 9/23, rechte Hälfte). Das Beispiel verdeutlicht, dass in Relation zur Anzahl der zusätzlichen Dimensionselemente die Menge der besetzten Tabellenzellen überproportional steigt.[595] Dies rührt daher, dass die Verdichtungszellen deutlich öfter mit Zahlen belegt sind (im Beispiel mit 100%) als die Detailzellen.

---

[591] Bauer und Günzel unterscheiden zwischen den Extrempositionen „real time processing" und „batch processing". Vgl. Bauer/Günzel (2004), S. 231.

[592] Hauptspeicherorientierte multidimensionale Datenbanksysteme berechnen derartige Verdichtungsgrößen stets zur Zugriffszeit, um den benötigten Speicherplatz zu minimieren.

[593] Vgl. Chamoni/Gluchowski (2000), S. 359.

[594] Vgl. Gluchowski/Chamoni (2006), S. 160.

[595] Dieser Effekt verstärkt sich, wenn anstatt zwei mehr Dimensionen betrachtet werden und/oder die Dimensionen eine größere Anzahl an Hierarchieebenen aufweisen. Vgl. Behme/Holthuis/ Mucksch (2000), S. 220.

Erlöse Artikel XY

	Nord	Ost	Süd	West
Januar	20		15	40
Februar		10	15	
März	30	10	15	40
April				40
Mai			15	
Juni	40		15	
Juli		20		50
August	30	20	15	
September			30	
Oktober	15			
November	30			10
Dezember	10	15		

24 Werte

Erlöse Artikel XY

	Nord	Ost	Süd	West	Gesamt
Januar	20		15	40	75
Februar		10	15		25
März	30	10	15	40	95
April				40	40
Mai			15		15
Juni	40		15		55
Juli		20		50	70
August	30	20	15		65
September				30	30
Oktober		15			15
November	30			10	40
Dezember		10	15		25
Quartal 1	50	20	45	80	195
Quartal 2	40	15	15	40	110
Quartal 3	30	40	15	80	165
Quartal 4	30	25	15	10	80
Jahr	150	100	90	210	550

61 Werte

Abb. 9/23:   **Kapazitätswachstum bei Speicherung berechneter Größen**

Bezüglich der Datenzugriffe unterscheiden sich multidimensionale Anwendungen erheblich von transaktionsorientierten Systemen. Statt atomarer Transaktionen mit Primärschlüsselbezug stehen multidimensionale Mengenoperationen im Vordergrund, meist als Projektionen und konsolidierende Verdichtungen entlang zu bildender Navigationspfade. Zur Sicherstellung einer optimalen Zugriffsverwaltung bei kompakter Datenablage auf externen Speichermedien sowie intern im Arbeitsspeicher sind folglich last- und strukturabhängige Organisationsformen zu nutzen.[596] Bezüge ergeben sich hier zur **Speicherung dünn besetzter Matrizen**[597], wie sie bei der Bildung von Koeffizientenmatrizen der linearen Optimierung oder im Rahmen von Input-Output-Modellen auftreten. Aus dieser Perspektive kann ein mehrdimensionaler Datenwürfel auch als textindizierte dünn besetzte Matrix aufgefasst werden.[598]

Generell lassen sich drei Muster bei der Entstehung dünn besetzter Matrizen unterscheiden (vgl. Abb. 9/24):

- zufällig dünne Besetzung,
- logisch dünne Besetzung und
- sequentiell dünne Besetzung.

---

[596] Vgl. Chamoni/Gluchowski (2000), S. 358.

[597] Eine Veranschaulichung des Problems der dünnen Besetzung findet sich bei Behme, Holthuis und Mucksch. Vgl. Behme/Holthuis/Mucksch (2000), S. 217 - 220; siehe auch Clausen (1998), S. 70 - 72.

[598] Auf die Notwendigkeit zur effizienten Behandlung dünnbesetzter Matrizen weisen vor allem Codd, Codd und Salley hin. Vgl. Codd/Codd/Salley (1993).

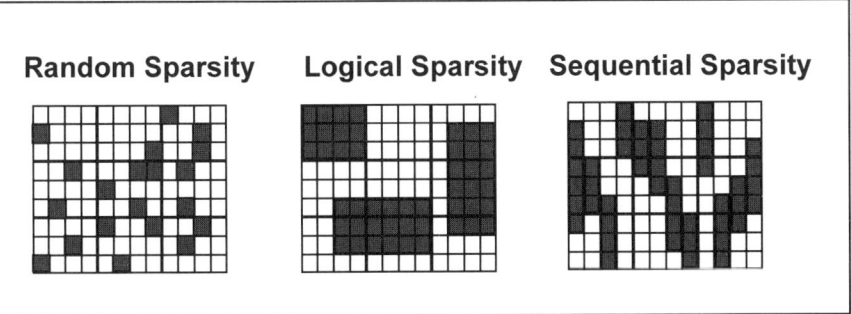

Abb. 9/24:   Besetzungsmuster bei dünn besetzten Matrizen[599]

Zufällige dünne Besetzung (random sparsity) entsteht bei nicht regelmäßiger bzw. schwer vorhersehbarer Belegung von Würfel- bzw. Matrixzellen. Analysen des Kaufverhaltens, die Sortiment und Kunden in Beziehung setzen, weisen häufig stochastische unregelmäßige Muster in der Belegung auf. Ohne intensive Analyse des Datenmaterials kann durch die fehlende offensichtliche Gesetzmäßigkeit nicht direkt auf effiziente Speicherverfahren geschlossen werden.

Logisch dünne Besetzung (logical sparsity) ist vorhanden, falls sich innerhalb der Datenwürfel Subwürfel identifizieren lassen, die eine dichte oder gar vollständige Besetzung aufweisen. Derartige Muster ergeben sich beispielsweise dann, wenn gewisse Produkte nur in einzelnen Regionen vertrieben werden. Für die Ablage lassen sich hier Separationsverfahren einsetzen, um die Subwürfel zu isolieren und dann einer effizienten Speicherung zuzuführen.

Bei der **sequentiell dünnen Besetzung** (sequential sparsity) zeigen sich in einzelnen Dimensionen Ketten dicht besetzter Würfelzellen. Bei der Betrachtung von Zeitreihen stellt sich dieser Effekt häufig auf der Zeitachse ein und kann ebenfalls zur Implementierung geeigneter Speicherverfahren verwendet werden.

Bei der physischen Ablage der multidimensionalen Datenbestände werden derartige Muster zunächst identifiziert und dann genutzt, um mit Indizierungs- oder **Verkettungsmechanismen** zu geeigneten Organisationsformen der Wertgrößen im Speicher und dadurch zu einem guten Antwortzeitverhalten des Datenbanksystems zu gelangen.[600]

Die nahe liegendste Form der Datenspeicherung einer Matrix besteht in der Ablage in einem Array mit direkter Adressermittlung. Durch einfache Berechnungsverfahren lässt sich hierbei aus der Position des Datenelementes innerhalb der Matrix direkt die zugehörige Speicheradresse ableiten.[601] Allerdings sind dann für alle Matrixelemente statisch Speicherplätze zu allokieren, die auch bei Elementlö-

---

[599] Vgl. Buytendijk (1995), S. 9.

[600] Einen Überblick über die gebräuchlichen Ablageverfahren geben Bauer und Günzel. Vgl. Bauer/Günzel (2004), S. 235 - 239. Clausen stellt weitere Techniken zur Ablage multidimensionaler Daten mitsamt den zugehörigen Vor- und Nachteilen vor. Vgl. Clausen (1999), S. 309f.

[601] Vgl. Bauer/Günzel (2004), S. 236.

schungen nicht dynamisch freigegeben werden. Für dünn besetzte Matrizen ergibt sich dadurch eine sehr schlechte Speicherausnutzung.

Bei einem geringen Besetzungsgrad lassen sich Verbesserungen erzielen, wenn anstatt der Matrixelemente lediglich **Pointer** (Zeiger) auf Matrixelemente (Elementsubstitution) in der Vollmatrix gespeichert werden. Aus dem Differenzwert zwischen dem Speicherbedarf für Element und Pointer kann bei gegebenem Besetzungsgrad errechnet werden, wann einer Elementsubstitution der Vorzug zu geben ist. Das minimal schlechtere Laufzeitverhalten durch die dynamische Speicherallokation und Zeigerreferenzierung ist zu vernachlässigen.

Eine weitere mögliche Organisationsform ist mit der **Verkettung** gegeben. Verkettungsverfahren bauen ihre Struktur dynamisch auf und erlauben das Löschen und Einfügen von Elementen an jeder Position. Die Verkettung erfolgt durch Einsatz von Pointern in jede Richtung des multidimensionalen Würfels, um schnell beliebige Datenschnitte durchführen zu können (vgl. Abb. 9/25). Da lediglich die existenten Matrixwerte gespeichert werden, ist nur die Anzahl der besetzten Würfelzellen bzw. der zur Verfügung stehende Speicher eine Beschränkung und nicht die Größe der voll aufgespannten Matrix. Allerdings erweisen sich sowohl Aufbau als auch Pflege der Verkettungszeiger bei steigender Dimensionsanzahl als zunehmend schwierig.

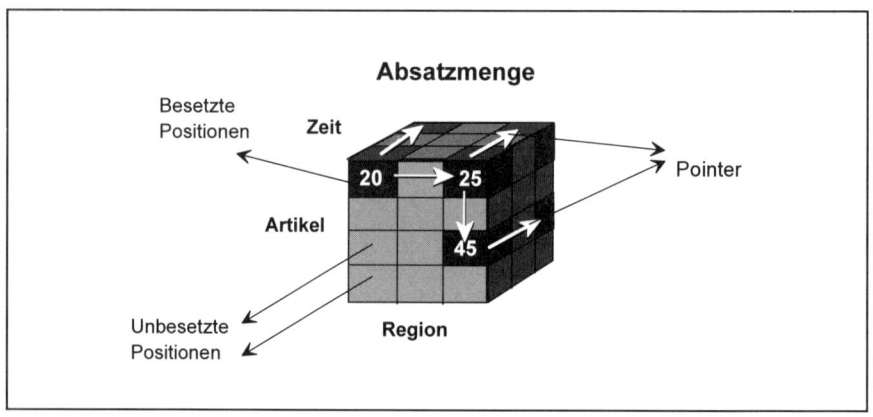

Abb. 9/25:　Verkettungsverfahren zur Ablage multidimensionaler Daten

In der Praxis werden Mischformen der o. g. Verfahren eingesetzt, um den spezifischen Belegungsformen der dünn besetzten Datenwürfel Rechnung zu tragen.[602] Sind hohe oder logisch bzw. sequentiell dünne Besetzungen vorzufinden, so wird über die beteiligten Dimensionen geblockt. Bei zufälliger dünner Besetzung dagegen erfolgt häufig eine Wertspeicherung mit verketteten Ablagestrukturen.

Zu beklagen ist, dass die interne Funktionsweise der multidimensionalen Datenbanksysteme durch die Anbieter bewusst verschleiert wird. Während sich nämlich die verwendeten systeminternen Speichertechniken, der Aufbau von Data

---

[602] Vgl. Clausen (1999), S. 308f.

Dictionaries oder das Zusammenwirken von Serverprozessen bei relationalen Datenbanksystemen als weitgehend offen gelegt und leicht zugänglich bezeichnen lassen, werden die multidimensionalen Speicherkomponenten heute häufig noch als Black Box verkauft und betrieben.

Relationale Index- und Verknüpfungstechniken

Jedes relationale Datenbanksystem offeriert heute neben der Möglichkeit sequentieller auch indexbasierte Zugriffe als grundlegende Suchstrategien. Bei der sequentiellen Suche muss jeder einzelne Datensatz der betroffenen Tabelle gelesen und auf Übereinstimmung mit den Suchkriterien verglichen werden. In umfangreichen Tabellen wie beispielsweise einer Kundentabelle ist daher aus Performancegründen oftmals die Nutzung eines vorhandenen **Index** günstiger. Die gängige Indizierungstechnik in relationalen Datenbanken ist der B*-Baum-Index.[603] Hier werden die benötigten Zugriffsverweise auf den Problemdatenbestand hierarchisch, in Form eines Baumes organisiert und verwaltet (vgl. Abb. 9/26).[604]

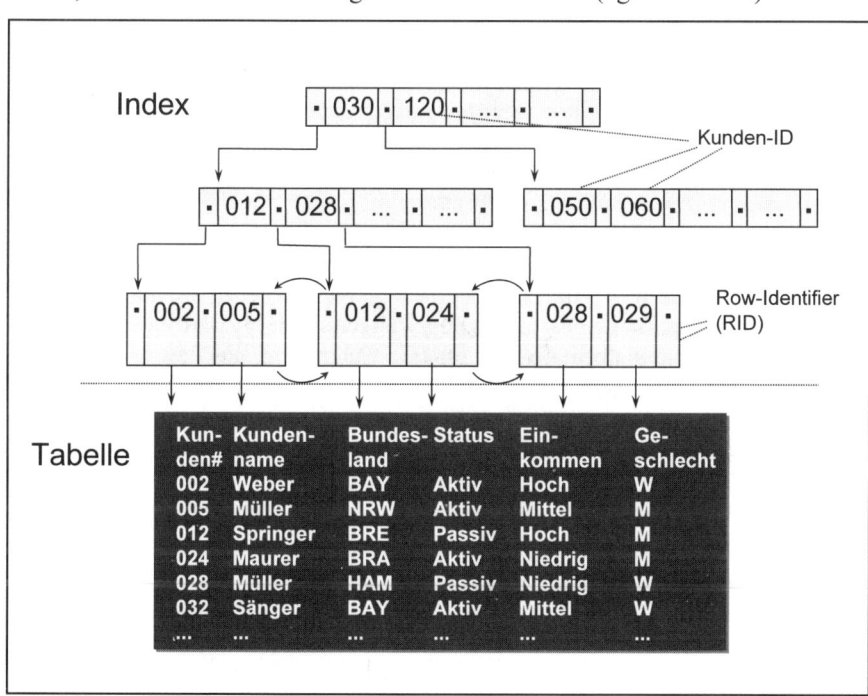

Abb. 9/26:   B*-Baum-Index

---

[603] Vgl. Kimball/Reeves/Ross/ Thornthwaite (1998), S. 587; Roti (1996), S. 3.
[604] Vgl. Biethahn/Mucksch/Ruf (2004).

Durch die ausbalancierte Struktur, die B*-Baum-Indizes in relationalen Datenbanksystemen aufweisen, sind Such- und Einfügevorgänge schnell zu realisieren.
Ausgehend von einem Wurzelknoten werden unterschiedliche Knoten-Ebenen
durchlaufen, bis schließlich auf der Ebene der einzelnen Blätter des Baumes
(Leaf-Level) mit dem abgelegten Datenwert (z. B. Kunden-ID) auch eine physikalische Positionsangabe des zugehörigen Datensatzes auf dem Sekundärspeicher
abgelegt ist, die auch als **Row-Identifier** (RID) bezeichnet wird.[605]
Eine Variante dieser Technik speichert auf der Blatt-Ebene statt einzelner
Kombinationen aus Wertausprägungen und Row-Identifier die jeweilige Wertausprägung nur einmalig ab und hängt eine Liste von RIDs (RID-Listen-Verfahren)
an, falls mehrere Tabellenzeilen diese Ausprägung aufweisen.

B*-Baum-Techniken lassen sich auch im Falle zusammengesetzter Indizes
(concatenated index) einsetzen, beispielsweise im Rahmen eines Index, der die
Spalten Nachname, Vorname und Geburtsdatum umfasst. Genutzt werden kann
eine derartige Indizierung immer dann, wenn die Zugriffsreihenfolge der einzelnen Felder bei der Abfrage eingehalten wird. Dagegen findet sie ihre Grenzen,
falls einer der führenden Bestandteile in der Query fehlt, beispielsweise im Rahmen der Selektion aller Kunden mit einem bestimmten Vornamen oder einem bestimmten Geburtsdatum.[606] Bei häufigen Zugriffen dieser Art müssen zusätzliche
Indizes angelegt werden, um eine wahlfreie Zusammenstellung von Datensätzen,
wie bei analyseorientierten Systemen oft gefordert, mit vertretbaren Antwortzeiten
gewährleisten zu können. Dies kann zu einer Vervielfachung der Anzahl benötigter Indizes führen und damit die Performance insgesamt erheblich beeinträchtigen.
Erfolgreich einsetzen lassen sich B*-Bäume in Tabellenspalten mit hoher Kardinalität.[607]

Als Alternative zum B*-Index finden sich in verschiedenen kommerziellen relationalen Datenbanksystemen **Hash-Zugriffstechniken.**[608] Statt eines separaten
Index wird hier eine mathematische Funktion benutzt, um aus dem Suchwert auf
die physikalische Speicheradresse zu schließen. Ziel hierbei ist es, die Datensätze
möglichst gleichmäßig auf den Sekundärspeicher zu verteilen, um durch eine einzelne Lese-Operation auf den gewünschten Datensatz zugreifen zu können.

Für operative Anwendungen leisten sowohl B*-Baum- als auch Hash-Verfahren gute Dienste. Änderungs-, Einfüge- und Lösch-Operationen, die sich i. d. R.

---

[605] Vgl. Yazdani/Wong (1997), S. 122. Gegenüber dem einfachen B-Baum-Index zeichnet
sich der B*-Baum-Index dadurch aus, dass sich Angaben über die jeweilige Position des
Datensatzes nur auf der Blatt-Ebene des aufgespannten Baumes finden. Vgl. Bauer/
Günzel (2004), S. 261.

[606] Vgl. Grandy (2002), S. 10.

[607] Vgl. Behme/Holthuis/Mucksch (2000), S. 232; Roti (1996), S. 2. Die Kardinalität ist eine Maßgröße, welche die Anzahl unterschiedlicher Wertausprägungen einer Tabellenspalte mit der Anzahl aller Tabellenzeilen in Beziehung setzt. Somit sind B*-Baum-
Indizes bei wenigen Wertwiederholungen in einer Tabellenspalte, wie etwa im Falle der
Kundennamen in der Kundentabelle, oder bei Tabellenspalten, in denen die Ausprägungen nur einmalig auftreten, wie bei eindeutigen Primärschlüsseln (z. B. Kunden#), ausgezeichnet als Zugriffstechnik geeignet.

[608] Vgl. Kimball/Reeves/Ross/Thornthwaite (1998), S. 588.

nur auf einzelne Datensätze beziehen, lassen sich so in verhältnismäßig kurzer Zeit durchführen. Auch für Select-Abfragen sind die Techniken – zumindest bei kleiner Ergebnismenge – gut verwendbar.

Soll dagegen über einen Index auf die Geschlecht-, Status-, Bundesland- oder Einkommen-Spalten einer Kundentabelle (geringe Kardinalität mit wenigen Wertausprägungen) zugegriffen werden, dann präsentiert sich weder das B*-Baumnoch das Hash-Verfahren als geeignete Vorgehensweise. Auch im Falle komplexer Abfragebedingungen mit vielen „and"- und „or"-Bestandteilen können diese Indextechniken kaum gewinnbringend eingesetzt werden. An dieser Stelle verspricht die Bitmap-Indizierungstechnik, die mittlerweile von den führenden Datenbankanbietern in ihre Produkte integriert wurde, bessere Ergebnisse.[609]

Bei der **Bitmap-Indizierung** wird für jede Ausprägung der zu indizierenden Tabellenspalte eine Bitfolge erstellt.[610] Jede dieser Bitfolgen beinhaltet ein Bit je Tabellenzeile, so dass die einzelnen Datensätze durch ihre Position in der Bitfolge repräsentiert werden.[611] Innerhalb einer Bitfolge bedeutet eine „1", dass in der korrespondierenden Tabellenzeile die zugehörige Ausprägung gegeben ist. Beispielsweise lässt sich für die Kundentabelle ein Bitmap-Index für die Einkommensspalte nutzen, der sich aus drei separaten Bitlisten für die drei auftretenden Ausprägungen „hoch", „mittel" und „niedrig" zusammensetzt. Ebenso kann für die Bundesland-Spalte ein Bitmap-Index mit je einer Bitliste pro Bundesland angelegt werden (vgl. Abb. 9/27). Da die Felder Geschlecht und Status lediglich zwei mögliche Ausprägungen aufweisen, kann hier prinzipiell auch auf die zweite Bitfolge verzichtet und ein Zugriff über den „not"-Operator realisiert werden.

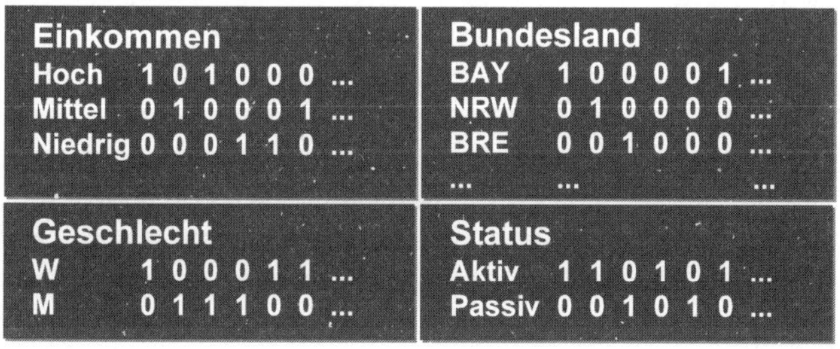

Einkommen
Hoch 1 0 1 0 0 0 …
Mittel 0 1 0 0 0 1 …
Niedrig 0 0 0 1 1 0 …

Bundesland
BAY 1 0 0 0 0 1 …
NRW 0 1 0 0 0 0 …
BRE 0 0 1 0 0 0 …
… … …

Geschlecht
W 1 0 0 0 1 1 …
M 0 1 1 1 0 0 …

Status
Aktiv 1 1 0 1 0 1 …
Passiv 0 0 1 0 1 0 …

Abb. 9/27:   **Bitmap-Indizes für verschiedene Tabellen-Spalten**

Die Bitmap-Technik erweist sich als extrem Platz sparend, da in den Bitmap-Dateien Wertausprägungen nur einmal hinterlegt werden müssen und physikali-

---

[609] Vgl. Berson/Smith (1997), S. 180; Gluchowski (1998b), S. 17; Kimball/Reeves/Ross/ Thornthwaite (1998), S. 588; Kurz (1999), S. 257; Oracle (1997), S. 142.
[610] Vgl. Grandy (2002), S. 18; Holthuis (1998), S. 202; Oracle (1997), S. 140.
[611] Vgl. Behme/Holthuis/Mucksch (2000), S. 216; Bontempo/Saracco (1996).

sche Referenzen gänzlich fehlen.[612] Diese Kompaktheit bringt erhebliche Konsequenzen für die Performance mit sich, da kleine Indizes eher komplett im Hauptspeicher gehalten werden können.

Bei multidimensionalen Anwendungen setzt sich der Bedingungsteil von Datenbankabfragen häufig aus vielen Einzelkriterien zusammen. Beispielsweise könnte es im Rahmen einer kundengruppenorientierten Marketingaktion wichtig sein, alle weiblichen Kunden aus Bayern mit niedrigem oder mittlerem Einkommen zu extrahieren, um ihnen gezielt spezielles Katalogmaterial zukommen zu lassen. Möglicherweise ist es sinnvoll, weitere Einschränkungen beispielsweise hinsichtlich Familienstand oder Status hinzuzunehmen. Bei Anwendungsfällen dieser Art entwickelt die Bitmap-Technik ihr volles Leistungspotenzial, zumal sich für logische Verknüpfungsoperationen auf Bit-Ebene sehr leistungsfähige Algorithmen implementieren lassen (vgl. Abb. 9/28).[613]

Sollen als Ergebnis der Abfrage die einzelnen Datensätze nicht am Bildschirm angezeigt werden, sondern geht es zunächst nur um die Häufigkeit einzelner Kundensegmente, dann lässt sich das Ergebnis eines verzweigten Bedingungsteils bereits vollständig mit den Indexinformationen ermitteln, ohne auf die eigentlichen Datentabellen zugreifen zu müssen. Gute Einsatzbedingungen für das Bitmap-Index-Verfahren finden sich vor allem in abfrageintensiven Umgebungen. Hier zeigen komplexe SQL-Zugriffe mit zahlreichen, verknüpften Einzelbedingungen für Spalten mit **geringer Kardinalität** auf potenzielle Kandidaten für eine Bitmap-Indizierung.

Nicht geeignet sind Bitmap-Indizes bei Tabellenspalten, in denen sich Wertausprägungen häufig ändern.[614] Oftmalige Update-, Delete und Insert-Operationen wirken sich sehr negativ auf die Zugriffsperformance aus, da der Änderungsaufwand höher ist als bei herkömmlichen Index-Techniken. Zudem existieren heute keinerlei Verfahren, um einzelne Bits zu sperren, um dadurch Transaktionsverarbeitung mit konkurrierenden Zugriffen ermöglichen zu können. Eine Nutzung in OLTP-Systemen bleibt der Bitmap-Technik daher weitgehend verwehrt. Anders präsentiert sich die Situation in multidimensionalen Lösungen mit reinen Lesezugriffen, da hier im Zuge der periodischen Datenübernahme aus den Vorsystemen ein Auffrischen oder Neuerstellen des Bitmap-Index sehr effizient erfolgen kann.

---

[612] Bei 1.000.000 Kundensätzen benötigt der Index für die Einkommens-Spalte lediglich 1.000.000*3*1 Bit zuzüglich des fast zu vernachlässigenden Overhead-Platzes (einmalige Ablage der Wertausprägungen „hoch", „mittel" und „niedrig"), also ca. 375 KB. Ein entsprechender B*-Baum-Index würde dagegen allein für die Speicherung der RIDs gemäß dem RID-Listen-Verfahren (bei einer RID-Größe von 4 Byte) ca. 4 MB benötigen. Mit jeder neuen Ausprägung der Einkommenspalte (z. B. „ohne eigenes Einkommen") vergrößert sich allerdings der Bitmap-Index um 125 KB. Somit lässt sich ein Bitmap-Index vor allem bei wenigen Wertausprägungen (geringe Kardinalität) besonders klein halten. Vgl. Reuter (1996), S. 28 - 33.

[613] Vgl. Bauer/Günzel (2004), S. 272; O'Neil/Quass (1997), S. 42.

[614] Vgl. Oracle (1997), S. 141; Yazdani/Wong (1997), S. 122.

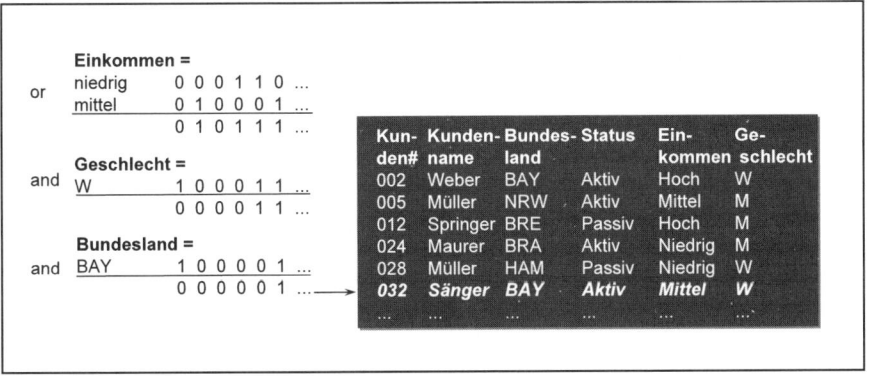

Abb. 9/28:   **Einsatz von Bitmap-Indizes bei verknüpften Bedingungsteilen**

Als bevorzugte Design-Technik in Data Warehouse-Datenbanken wird heute oftmals das Star-Schema genutzt, bei dem sich die Datenstrukturen aus einer Anzahl von Fakten- und Dimensionstabellen zusammensetzen (vgl. Abschnitt 9.3.4.2). Abfragen, die sich an den Datenbestand richten, betreffen häufig gleichzeitig sowohl Fakten- als auch Dimensionstabellen, wobei die quantitativen Größen – ggf. aggregiert – angezeigt werden sollen und zwar selektiv nach bestimmten Bedingungen, welche die Dimensionstabellen betreffen. Beispielsweise will sich der Anwender die Umsätze des letzten Monats ansehen, die mit bestimmten Kundengruppen getätigt wurden. Abb. 9/29 zeigt den Ausschnitt eines typischen Szenarios, wie es sich in einer vertriebsorientierten Anwendung präsentieren könnte.

Eine mögliche Abfrage auf diese Datenstruktur soll die Verkaufswerte aller weiblichen, aktiven Kunden in Bayern ermitteln. Die konventionelle Vorgehensweise würde zunächst einen Join aus Kunden- und Verkaufstabelle erzeugen, um hierauf eine Selektion gemäß der Vorgabe anzuwenden. Problematisch ist diese Vorgehensweise, weil die erzeugte Join-Tabelle umfangreich werden kann und zu erheblichem Ressourcenverbrauch führt.

Wesentliche Performanceverbesserungen lassen sich durch den Einsatz so genannter **Join-Indizes** erzielen.[615] Allgemein wird hier davon ausgegangen, dass sich durch vorausberechnete Tabellenverknüpfungen die zeitaufwendige Join-Erstellung zu Laufzeit vermeiden lässt. Als besonders leistungsfähig erweisen sich Bitmap-basierte **Foreign-Column-Indizes**.[616] Bei dieser Technik werden Bitmap-Indizes für Tabellen erstellt, obwohl die zugehörigen Attribute und Wertausprägungen sich in anderen Tabellen befinden. Im vorliegenden Beispiel lassen sich entsprechende Fremdspalten-Indizes für die Faktentabelle Verkauf bilden, welche die Attributausprägungen der Kundentabelle zum Gegenstand haben, beispielsweise für die Attribute Geschlecht, Einkommen, Status und Bundesland. Ohne dabei die Spaltenanzahl der Faktentabelle zu erhöhen, sind so die Vorteile des Bit-

---

[615] Vgl. Grandy (2002), S. 26; Kurz (1999), S. 259f.
[616] Vgl. Behme/Holthuis/Mucksch (2000), S. 232; O'Neil/Quass (1997), S. 38 - 49.

map-Index nutzbar. Im konkreten Abfragefall kann sowohl die Bildung eines Joins als auch der Zugriff auf die Dimensionstabelle gänzlich vermieden werden.

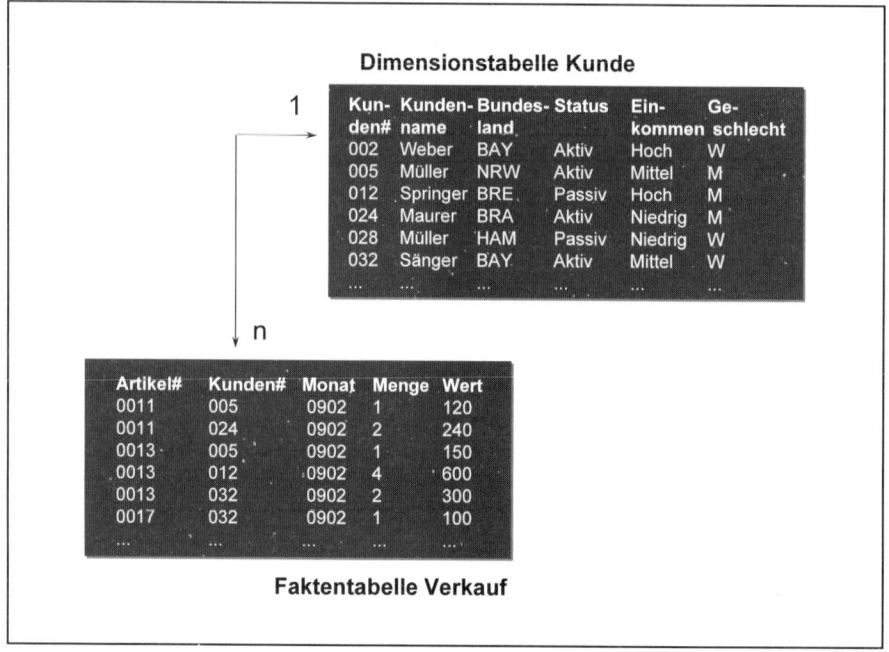

Abb. 9/29:   **Ausschnitt aus einem multidimensionalen Vertriebsdatenbestand**

Innerhalb einer umfassenden Systemlösung erweisen sich die verfügbaren Index-Techniken nur als marginale Bestandteile. Dennoch können sie einen wichtigen Beitrag leisten, wenn es darum geht, Benutzeranfragen rasch und mit möglichst wenig Zeitverzug zu beantworten. Schließlich wird die erreichte Abfrageperformance immer wieder als Erfolgsfaktor für die Akzeptanz eines Systems gewertet, auch um zu gewährleisten, dass Gedankenketten der Endanwender nicht durch lange Wartezeiten unnötig unterbrochen werden. Durch die neuen Möglichkeiten haben vor allem Datenbankadministratoren einen deutlich ausgeweiteten Gestaltungsspielraum bei der Systemoptimierung. Um diese Optionen wirksam ausnutzen zu können, müssen Funktionsweise und Einsatzbereiche der einzelnen Techniken transparent sein, da diese ihr Leistungspotenzial nur unter speziellen Bedingungen entfalten.

Trotz des intensiven Einsatzes von speziellen multidimensionalen Modellierungs- und Indizierungstechniken kann es bei großen Datenbeständen zu langen Antwortzeiten kommen. Anbieter multidimensionaler wie relationaler Datenbanksysteme bieten deshalb weiterführende Optionen an, um über zusätzliche Tuning-Maßnahmen Geschwindigkeitsverbesserungen zu aktivieren. An dieser Stelle sollen vor allem die Parallelisierung und die Partitionierung breiter diskutiert werden, bevor ein kurzer Hinweis auf die Möglichkeiten der Replizierung erfolgt.

Nach Angaben der entsprechenden Anbieter lassen sich durch den Einsatz **paralleler Systeme** vor allem bei großen Datenbeständen erhebliche Verbesserungen des Antwortzeitverhaltens erreichen. Auswertungen und Analysen, die mit herkömmlicher Technologie mehrere Tage oder gar Wochen benötigt hätten, sollen mit parallelen Systemen in wenigen Stunden zu Ergebnissen führen.[617] Hardwareseitig erstreckt sich eine Parallelisierung dabei nicht nur auf die Prozessorebene, sondern entfaltet ihre Leistungsfähigkeit für multidimensionale Informationssysteme insbesondere auch bei der Nutzung paralleler physikalischer Speichermedien.

Die Art der zu wählenden parallelen Prozessor-Technologie (**Symmetric-Multiprocessing** [SMP], **Symmetric-Multiprocessing-Cluster** [SMC] oder **Massively-Parallel-Systems** [MPP]) wird dabei in erster Linie durch das Datenvolumen, die Anzahl der angeschlossenen Nutzer und die Komplexität der Abfragen bestimmt.[618] SMP-Architekturen nutzen mit mehreren Zentralprozessoren einen gemeinsamen Hauptspeicher-Pool. Geclusterte Systeme zeichnen sich dagegen durch unterschiedliche, miteinander verbundene Rechner aus, die gemeinsam auf die zugehörige Festplattenperipherie zugreifen und dadurch einen Lastausgleich erwirken (load balancing).[619] Massiv parallele Systeme bergen ebenfalls mehrere Prozessoren in sich, allerdings ist jedem Prozessor ein eigener Hauptspeicherbereich zugeteilt, was zu einer zusätzlichen Beschleunigung der Verarbeitung führt. Die reine Zurverfügungstellung paralleler Hardware-Architekturen reicht nicht aus, um die Vorzüge paralleler Systeme auch nutzen zu können. Als ebenso wichtig erweisen sich auch Betriebs- und Datenbanksysteme, die parallele Techniken intern und selbständig unterstützen und den Endbenutzer dadurch von zusätzlicher Komplexität entlasten.

Vorteile durch parallele Systeme ergeben sich vor allem beim schnelleren Laden der Daten aus den operativen Vorsystemen (Parallel Loading) sowie bei der rascheren Abwicklung von Benutzerabfragen (Parallel Queries).[620] Einerseits gelingt es, mehrere Abfragen gleichzeitig zu bedienen, was sich im Antwortzeitverhalten bei vielen angeschlossenen Anwendern äußerst positiv bemerkbar macht, andererseits kann auch versucht werden, einzelne Queries in unterschiedliche Teile aufzusplitten und simultan zu bearbeiten (Intra-Query-Parallelism).[621] Komplexe und zeitintensive Abfrageoperationen können so getrennt abgearbeitet und erst beim Vorliegen aller Teilergebnisse wieder zusammengeführt werden. Aber auch

---

[617] Vgl. Harms (1996). Einige aussagekräftige Performanceergebnisse stellt Nußdorfer vor. Vgl. Nußdorfer (1996); Nußdorfer (1999), S. 222. Durch den Einsatz paralleler Technologie gelingt es, auch Datenbestände in Terabyte-Größe in vertretbaren Zeiten zu analysieren.

[618] Vgl. Behme/Holthuis/Mucksch (2000), S. 236 - 238; Berson/Smith (1997), S. 47 - 66; Gilliland (1996), S. 63 - 65; Holthuis (1998), S. 203; Nußdorfer (1999), S. 217; Wenig/Sannik (1997), S. 77.

[619] Vgl. Bauer/Günzel (2004); S. 423.

[620] Vgl. Nußdorfer (1999), S. 218.

[621] Vgl. Ballard u. a. (2005), S. 132.

parallele Sortierungen sowie die parallele Abarbeitung von Summierungen und Durchschnittsberechnungen zur Laufzeit sind wichtige Einsatzbereiche. Schließlich kann noch die parallele Erstellung benötigter Indizes als Einsatzfeld angeführt werden.

Neben der Parallelisierung ist vor allem die **Partitionierung** geeignet, um zusätzliche Geschwindigkeitsvorteile zu erzielen.[622] Im Rahmen der Partitionierung werden große Datenbanktabellen bzw. -würfel in kleine Tabellen bzw. Würfel aufgeteilt, um durch den Umgang mit den kleineren Datenfragmenten kürzere Antwortzeiten zu realisieren. Als besonders leistungsfähig erweist sich diese Technik, wenn sie die einzelnen Partitionen auf unterschiedlichen (parallelen) Speichermedien ablegt und dadurch parallele Zugriffe auf die Speichermedien ermöglicht.

Im Umfeld der relationalen Datenbanksysteme wird die ursprüngliche Relation dann auch als Master-Tabelle bezeichnet und entsprechend der Anwendungserfordernisse in Teilrelationen zerlegt.[623] Grob lassen sich dabei horizontale von vertikalen Partitionierungen abgrenzen (vgl. Abb. 9/30).[624]

Die **horizontale Partitionierung** zeichnet sich dadurch aus, dass die Master-Tabelle horizontal in unterschiedliche Fragmente zerlegt wird, die zwar allesamt die gleiche Anzahl an Attributen aufweisen, allerdings viel weniger Datensätze. Derartige Partitionierungen können bei Fakten- und Dimensionstabellen angewendet werden und orientieren sich dann an sachlichen Selektionskriterien.[625] Häufig erfolgt die Einteilung von Faktentabellen in horizontale Fragemente nach zeitlichen Kriterien, allerdings sind auch andere Aufteilungsmuster z. B. regionaler Art oder nach Geschäftsbereichen gegebenenfalls in Kombination gebräuchlich.

Mit der **vertikalen Partitionierung** ist die seltener eingesetzte Alternative gegeben. Hierbei erfolgt die Aufteilung der Master-Tabelle durch Zusammenfassung von Attributsspalten in unterschiedlichen Sub-Tabellen. Eine mögliche Zusammenführung dieser Projektionen erfolgt dann über den Primärschlüssel, der jeweils mit übernommen wird. Als sinnvoll kann sich die vertikale Partitionierung dann erweisen, wenn beispielsweise für unterschiedliche Anwendungsklassen verschiedene Attribute der Master-Tabelle relevant sind oder auf einzelne Attribute wesentlich häufiger zugegriffen wird als auf andere. Allerdings erfordert die Zusammenführung der einzelnen Sub-Tabellen über Join-Operationen in jedem Fall vergleichsweise viele Ressourcen.

---

[622] Vgl. Küspert/Nowitzky (1999), S. 146 - 147; Saylor/Bedell/Rodenberger (1997), S. 42; Scalzo (1996), S. 67.

[623] Entsprechende Partitionen können - bis auf die Primärschlüsselspalten der Relation bei vertikaler Fragmentierung - entweder disjunkt sein oder Überlappungen aufweisen.

[624] Vgl. Ballard u. a. (2005), S. 128ff.

[625] Neben dieser als Range-Partitionierung bezeichneten Variante finden sich auch Techniken, die mit Hash-Verfahren arbeiten. Vgl. Bauer/Günzel (2004), S. 279; Kurz (1999), S. 255.

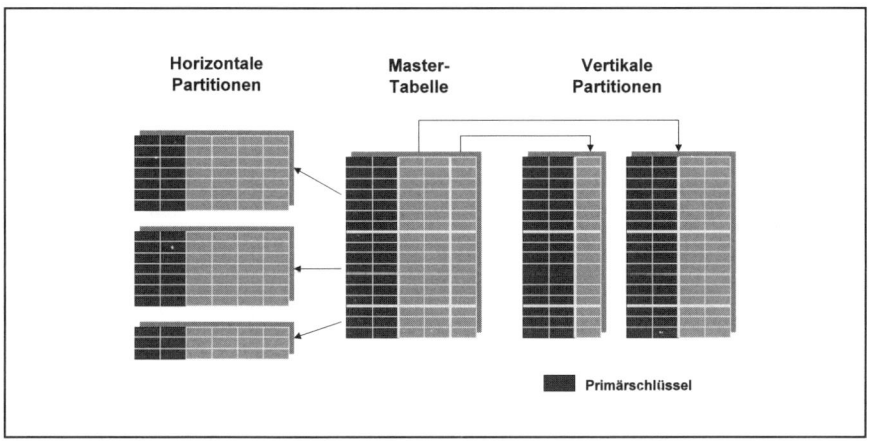

Abb. 9/30:   Horizontale und vertikale Partitionierung im relationalen Umfeld[626]

Inzwischen haben auch die Anbieter multidimensionaler Datenbanksysteme die Vorteile einer Partitionierung erkannt und ihre Systeme mit den benötigten Funktionalitäten ausgestattet. Auch hier erfolgt die Partitionierung, indem ein logischer Datenbankwürfel in beliebig viele physikalische Sub-Würfel zerteilt und dann fragmentiert gespeichert wird (vgl. Abb. 9/31).[627] Für den Anwender geht auch diese Aufteilung der Datenbestände transparent vor sich, zumal es für ihn ohne Belang ist, wie die Daten auf den Datenträgern organisiert sind.

Auch hier müssen im Falle eines fragmentübergreifenden Zugriffs die unterschiedlichen Partitionen miteinander verbunden werden, was sich jedoch bei strukturgleicher Dimensionalität der Sub-Würfel als unkritisch erweist. Lediglich bei räumlicher Verteilung der einzelnen Fragmente auf unterschiedliche Netzwerkknoten ergeben sich durch die erforderlichen Datentransporte Verschlechterungen im Antwortzeitverhalten. Dennoch können sich derartig verteilte Datenbestände bei zumeist ausschließlich dezentralen Zugriffen als sinnvoll erweisen.

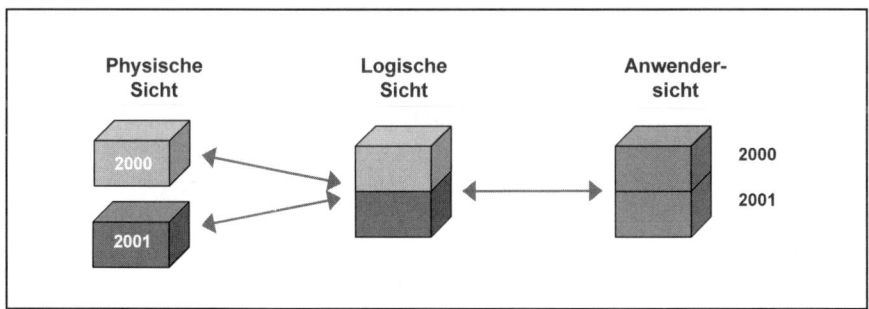

Abb. 9/31:   Partitionierung bei multidimensionalen Datenbanksystemen

---

[626] Vgl. Bauer/Günzel (2004), S. 277.
[627] Vgl. Bauer/Günzel (2004), S. 458.

Häufig werden multidimensionale Lösungen mobil genutzt, z. B. um dem Außendienstmitarbeiter auch beim Kunden zur Verfügung zu stehen. Dazu werden
i. d. R. (Teil-) Datenbestände aus einem zentral gespeicherten Würfel extrahiert
und in einem mobilen Computer gespeichert. Als problematisch erweist sich eine
derartige Nutzung dann, wenn zwischen zwei Ladevorgängen Datenänderungen
sowohl auf dem zentralen Würfel als auch im dezentral gespeicherten Teildatenbestand vollzogen werden können. Damit die zwischenzeitlichen Änderungen
beim erneuten Abgleich nicht verloren gehen, müssen Replikationsmechanismen
eingesetzt werden. Diese garantieren zumeist eine Protokollierung des jeweiligen
Datums der letzten Änderung einer Würfelzelle oder eines Dimensionselementes.
Beim erneuten Anschluss des mobilen Gerätes an den zentralen Server wird dann
durch Replikationsregeln entschieden, welche Änderungen von welchem Rechner
in den aktuellen Datenbestand zu übernehmen sind.

9.3.6   BI-Produktivsetzung

Im Rahmen der Produktivsetzung werden die in der Entwicklungsumgebung erarbeiteten und in der Testumgebung überprüften technischen Strukturen und Prozesse in eine - gegebenenfalls noch zu installierende - Produktivumgebung überführt
und letztlich für den Echteinsatz freigegeben.

Vor der Produktivsetzung ist in dieser Phase ein Betriebskonzept zu erarbeiten,
welches die notwendigen Betriebsprozesse beschreibt und mit personellen Zuständigkeiten und Verantwortlichkeiten hinterlegt. Zudem erfolgt die **Initialbefüllung
der Datenbasis** (initial load, vgl. Abschnitt 5.2.3), auf die dann im laufenden Betrieb der **regelmäßige Populationsprozess** aufsetzt. Das Urladen kann je nach
Umfänglichkeit bzw. Historisierungszeitraum mehrere Tage bzw. Wochen in Anspruch nehmen. Nach erfolgreichem Urladen sollte die Datenbasis einer eingehenden Konsistenzprüfung unterzogen werden.

Parallel müssen vor der Produktivsetzung des Systems die Anwender sowie die
Administratoren geschult werden. Zudem ist ein geeigneter Benutzersupport in der
Aufbauorganisation zu verankern, um auftretende Fragen zur Systemnutzung vor
allem nach der Einführung beantworten zu können.

9.3.7   BI-Betrieb und -Wartung

Die Phase "BI-Betrieb und -Wartung" beginnt mit der Produktivsetzung und endet
im Extremfall mit der Abschaltung des dann nicht mehr benötigten Systems, umfasst demnach also einen recht langen Zeitraum. Die hier auftretenden Aufgaben
reichen weit über die korrespondierenden Aufgabenstellungen beim Betrieb operativer Anwendungssysteme hinaus, was aus den spezifischen Eigenschaften von
BI-Lösungen zu erklären ist. Schließlich müssen die Lösungen aufgrund der sich
oftmals ändernden fachlichen Anforderungen eine ausgeprägte Flexibilität und
Dynamik aufweisen. An erfolgreiche BI-Systeme richten die Fachbereiche derart
viele Anforderungen, dass diese nicht alle umgehend befriedigt werden können
und zunächst in einer Warteschlage Platz nehmen müssen. Zudem ist das produktive System ständigen Verbesserungsprozessen unterworfen, sowohl im Hinblick

auf die Systemleistungsfähigkeit, als auch in Bezug auf die angebotene Funktionalität und die vorgehaltenen Dateninhalte.

Um allen anstehenden Aufgabenfeldern in ausreichendem Maße gerecht werden zu können, bietet sich eine Ordnung und Kategorisierung zu unterschiedlichen Themenblöcken an. Dabei erweist es sich als hilfreich, eine Orientierung an einem tragfähigen Modell zur Strukturierung von IT-Prozessen vorzunehmen, wie es beispielsweise mit **ITIL (Information Technology Infrastructure Library)** gegeben ist.[628] Die einzelnen Leistungen, die von den zuständigen Organisationseinheiten beim Betrieb der BI-Lösung zu erbringen sind, werden dabei als Dienste (Services) verstanden und möglichst umfassend sowie präzise in einem Service-Katalog dokumentiert. Als wichtige Themenbereiche, die für den erfolgreichen und nachhaltigen Betrieb von BI-Lösungen aufzugreifen sind, lassen sich anführen:

- Anforderungsmanagement (Requirement Management),
- Versionsmanagement (Release Management),
- Veränderungsmanagement (Change Management),
- Konfigurationsmanagement (Configuration Management),
- Vorfall- bzw. Störungsmanagement (Incident Management),
- Problemmanagement (Problem Management),
- Kapazitätsmanagement (Capacity Management),
- Management der Leistungsfähigkeit (Performance Management) und
- Management der Service Level Agreements.

Ebenso lässt sich das Management der Datenqualität im laufenden Betrieb als wichtiger Servicebereich verstehen. Da auf die Datenqualitätssicherung jedoch an anderer Stelle nochmals ausführlich eingegangen wird (vgl. Abschnitt 9.3.9), unterbleibt hier die ausführlichere Behandlung dieses Themenkomplexes.

Anforderungsmanagement (Requirement Management)
Die Kanalisierung und Priorisierung der von verschiedensten Seiten an ein produktives BI-System herangetragenen **Änderungswünsche** erfolgt durch ein geeignetes Anforderungsmanagement, das es zu konzipieren und implementieren gilt. Schließlich repräsentiert eine BI-Lösung ein lebendes System, das sich durch ständige Anpassungen und Erweiterungen auszeichnet. Zur Sammlung neuer und Neuordnung bestehender Anforderungen erweist es sich als zweckmäßig, in regelmäßigen Abständen abteilungsübergreifende Zusammenkünfte mit den zuständigen Mitarbeitern aus den Fachabteilungen zu organisieren, auch um zwischenzeitlich geänderte Anforderungen aufzunehmen und über deren Umsetzung im System zu befinden.

---

[628] Als Rahmenordnung für die Definition und den Betrieb von IT-Prozessen diente ITIL zwar ursprünglich primär der Beschreibung von Prozessen für die Serviceerbringung bei transaktionalen, operativen Systemen, lässt sich allerdings nutzbringend auf den Business Intelligence-Sektor übertragen. Philippi präsentiert hierzu eine BI-spezifische ITIL-Spezifikation und bezeichnet diese als biTIL. Vgl. Philippi (2005).

Versionsmanagement (Release Management)

Im Rahmen des Versionsmanagements werden die zuvor gesammelten und geordneten Anforderungen gebündelt, um daraus neue Versionen des BI-Systems ableiten und um aus den dann zusammen durchgeführten Modifikationen Synergiepotenziale ausschöpfen zu können. Falls es sich nicht als sinnvoll oder durchführbar heraus stellt, alle Anforderungen mit dem nächsten Release abdecken zu können, muss eine **Releaseplanung** für die nächsten Versionen mit zeitlicher Abfolge durchgeführt werden. Dabei erweist es sich als Ziel führend, zunächst die mit hoher Priorität belegten Anforderungen umzusetzen. Jede einzelne Version muss für sich ebenfalls sorgfältig geplant, implementiert und auch getestet werden, zumal jede Änderung Einfluss auf die Stabilität des Systembetriebes haben und die Qualität der zur Verfügung gestellten Informationen beeinflussen kann. Dabei ist der hierbei zu leistende Aufwand nicht zu unterschätzen, da nicht nur das implementierte Endprodukt in einer neuen Version vorliegen muss, sondern auch alle Zwischenergebnisse und Dokumentationsunterlagen nachzupflegen sind. Das Versionsmanagement hat auch die Aufgabe, die Auswirkungen von Versionswechseln bei den Quellsystemen frühzeitig zu untersuchen und dadurch mögliche Systemausfälle zu verhindern.

Veränderungsmanagement (Change Management)

Als eng mit dem Versionsmanagement verknüpft erweist sich das Veränderungsmanagement, auch wenn dieses tendenziell eher breiter ausgelegt ist. Nicht zuletzt aus der Erfahrung heraus, dass sich Probleme mit IT-Systemen oftmals aus in der Vergangenheit durchgeführten Modifikationen ergeben, wird hier jede Veränderung am System dokumentiert und auf die Auswirkungen auf den Produktivbetrieb hin untersucht. Dazu gehören sowohl geänderte Hardwarplattformen als auch neue Datenbank-, Front-End-, ETL-Produkt- oder sonstige Software-Versionen, die eingesetzt werden. Weiterhin sind von der geplanten und koordinierten Vorgehensweise beim Releasemanagement ungeplante, aber dringend erforderliche Veränderungen am System (**Emergency Fixes** bzw. **Urgent Changes**)[629] abzugrenzen, die beispielsweise nach einem Versionswechsel der umgehenden Behebung eines Systemfehlverhaltens dienen. Auch für diese Notfall-Lösungen soll das Change Management abgestimmte und tragfähige Verfahrensvorschriften liefern.

Konfigurationsmanagement (Configuration Management)

Das Konfigurationsmanagement setzt sich das Ziel, die unterschiedlichen **Entwicklungsstände** bei der Umsetzung einer neuen Lösungsversion zu koordinieren und kontrolliert in einen funktionierenden Realeasestand einfließen zu lassen. Dabei gilt es, die unterschiedlichen Teilbereiche des gesamten Systems aufeinander abzustimmen, was sich aufgrund der Vielzahl zusammenwirkender (Teil-) Produkte (Datenstrukturen, ETL-Skripte, Front-End-Programme, zugehörige und sonstige Metadaten) und begleitender Dokumente (Spezifikationen, Handbücher etc.) als sehr aufwendig erweisen kann.

---

[629] Vgl. Kemper/Finger (2006).

Vorfall- bzw. Störungsmanagement (Incident Management)
Zusammen mit dem **Service Desk** bildet das Incident Management die Kommunikationsschnittstelle zum Endanwender. Als institutionalisierte Supporteinrichtung nimmt das Vorfallmanagement alle Benutzeranfragen entgegen und bearbeitet diese, gleichgültig ob es sich um allgemeine Informationen oder weiterführenden Unterstützungsbedarf handelt. Auch **Beschwerden** werden hier gesammelt und ausgewertet. Als wichtigste Aufgabe jedoch ist das Störungsmanagement aufzufassen, das dann greift, wenn eine Systemnutzung ganz oder teilweise eingeschränkt ist oder ein Fehler auftritt. Oftmals lassen sich derartige Störungen leicht beseitigen und werden vom Service Desk selbständig behoben. Allerdings können auch Vorfälle auftreten, bei denen eine rasche Problemlösung nicht in Frage kommt. In diesen Fällen erfolgt eine Weiterleitung des Vorfalls an das Problemmanagement.

Problemmanagement (Problem Management)
Das Problemmanagement reagiert auf Störungen, die als bedeutsam oder mehrfach auftretend eingestuft worden sind. Zunächst gilt es, die Störung zu erfassen und zu klassifizieren. Anschließend analysiert und dokumentiert ein Spezialistenteam die Gründe für das Auftreten des Systemfehlverhaltens und zeigt Wege für die Umgehung oder Lösung des Problems auf. Gegebenenfalls wird hierbei ein Änderungsauftrag angestoßen, der vom Releasemanagement bei der Planung neuer Versionen zu berücksichtigen ist.

Kapazitätsmanagement (Capacity Management)
Ein weiterer Aufgabenbereich im laufenden BI-Betrieb ist mit dem Kapazitätsmanagement gegeben, das die Aufgabe besitzt, aktuelle personelle, hardware- und softwarebezogene Kapazitätserfordernisse zu prüfen und zu kontrollieren sowie zukünftige zu prognostizieren und zu planen. Bei erwarteten Engpässen sind frühzeitig gegensteuernde Maßnahmen zu ergreifen (beispielsweise durch Aufrüstung oder Austausch existierender Geräte).

Management der Leistungsfähigkeit (Performance Management)
Eng mit dem Kapazitätsmanagement verknüpft und bisweilen als dessen Bestandteil verstanden ist das Performance Management, das einerseits versucht, aus den Erkenntnissen, die im Produktiveinsatz des Systems erwachsen sind, Verbesserungen vor allem hinsichtlich des **Antwortzeitverhaltens des Systems** zu erzielen. Andererseits können sich im Laufe der Zeit, beispielsweise durch ein gestiegenes Datenvolumen oder neue Softwarereleases Verschlechterungen der Systemleistungsfähigkeit einstellen, die es zu kompensieren gilt. Als Ansatzpunkte zur Verbesserung der Systemperformance bieten sich neben dem Datenbanksystem (Datenbanktuning) auch die einzelnen Applikationsumgebungen (Front-End-Tuning) sowie die Hardwarearchitekturen und -konfigurationen, Wahlmöglichkeiten bei der verwendeten Systemsoftware und vor allem die Netzwerkkomponenten und -einstellungen an.

Management der Service Level Agreements

Wenn der Betrieb einer BI-Lösung als auf der Basis verbindlicher Vereinbarungen zwischen Dienstanbietern (Providern) und Dienstnutzern gestaltet ist, dann muss die Ausgestaltung und Verwaltung der ausgehandelten Serviceabsprachen in geeigneter Weise erfolgen. Häufig werden derartige Absprachen heute als **Service Level Agreements** (SLA) oder, im Falle eines unternehmungsexternen Dienstanbieters, als **Underpinning Contracts** (UC) bezeichnet und sogar vertraglich fixiert.[630] Die exakte Definition der einzelner Rechte und Pflichten in der Vereinbarung vermindert das Risiko, dass im Nachhinein Unstimmigkeiten bezüglich des zu erbringenden Dienstes auftreten. Unabdingbar ist zunächst eine kurze Beschreibung des Services anhand zentraler Merkmale, die mit Messgrößen belegt und konkretisiert werden. Hierzu gehört beispielsweise wie oft und mit welcher Qualität der Service erbracht bzw. abgerufen wird. Zudem enthält ein Service Level Agreement Angaben darüber, wann der Service verfügbar sein muss und was im Falle einer Nicht-Erfüllung der Vereinbarung passiert (z. B. Form und Ausmaß der Bestrafung des Providers). Der Service-Katalog, in dem alle abgestimmten und geplanten Dienste der internen und externe Dienstleister aufgelistet sind, führt zu einer einheitlichen Beschreibung und zentralen Verwaltung.

Das Ziel einer BI-Lösung ist es, die Anwender des Systems mit den benötigten Funktionalitäten und Inhalten zu versorgen. Wird der Anwender in diesem Sinne als Kunde verstanden, erweist sich eine angemessene Anwenderbetreuung als unabdingbar.[631] Bereits in den frühen Phasen, jedoch auch im laufenden Betrieb muss dazu ein organisationsinternes Marketing für das BI-System betrieben werden, um rechtzeitig über die zu erwartenden Systemfunktionalitäten aufzuklären und etwaige Ängste abzubauen. In diesem Kontext darf die Bedeutung einer professionellen **Anwenderschulung** für alle neuen Systemversionen nicht unterschätzt werden, zumal die Nutzerzufriedenheit mit verbesserten Kenntnissen der Bedienbarkeit in jedem Falle steigen dürfte.

Eine besondere Herausforderung beim Betrieb von BI-Lösungen stellt sich dann ein, wenn eine jederzeitige Verfügbarkeit des Systems gefordert ist. Diese Nutzungsform, die verkürzt auch als **24 (Stunden) * 7 (Tage) - Betrieb**[632] bezeichnet wird, stellt sich beispielsweise bei weltweit operierenden Unternehmungen mit zentraler BI-Serverlandschaft ein und erweist sich als problematisch, weil keinerlei geplante „Downzeiten" für Wartungsarbeiten am System oder etwa Aktualisierungen des Datenbestandes genutzt werden können. Als möglicher Ausweg aus diesem Dilemma bietet sich der (kostspielige) Aufbau von (mindestens) zwei hard- und softwaretechnisch gleichen Produktivumgebungen an, zwischen denen verzugsfrei gewechselt werden kann.

---

[630] Vgl. Philippi (2005).

[631] Vgl. Bauer/Günzel (2004), S. 444.

[632] Mucksch und Behme erweitern die erforderliche Verfügbarkeit gar auf 24 (Stunden) * 7 (Tage) * 52 (Wochen). Vgl. Mucksch/Behme (2000), S. 48.

9.3.8 BI-Projektmanagement

Als vordringliche Aufgabe des BI-Projektmanagements gilt es, die im Rahmen der BI-Projektdefinition getroffenen Grundsatzentscheidungen aufzugreifen, um das anstehende BI-Projekt detailliert zu planen. Auf der Basis dieser **Projektplanung** kann dann während der Projektdurchführung im Bedarfsfall steuernd eingegriffen werden, wenn absehbar ist, dass sich Planabweichungen einstellen und dadurch das frist- und/oder budgetkonforme Erreichen der Projektziele gefährdet ist. Naturgemäß erweist sich die **Projektsteuerung** als eng mit der laufende **Projektkontrolle** verbunden, da sich hieraus Erkenntnisse über eingetreten Plan-Ist-Differenzen ergeben. Von projektexternen Prüfern können dabei beispielsweise Projektaudits durchgeführt werden, die ein unabhängiges Bild über den jeweiligen Projektzustand liefern sollen. Neben der laufenden ist auch eine abschließende Projektkontrolle als Aufgabe des Projektmanagements zu verstehen, bei der nach Durchlauf durch die einzelnen Projektphasen eine generelle Bewertung des Gesamtprojektes mit der Aufdeckung, Untersuchung und Dokumentation besonders negativer und positiver Aspekte des Projektes (**Lessons Learned**) verbunden ist, um hieraus für zukünftige Vorhaben wertvolle Rückschlüsse zu ziehen.

BI-Projekte zeichnen sich, insbesondere wenn sie unternehmungs- bzw. konzernweit ausgerichtet sind, durch Besonderheiten aus, deren Beachtung für den Projekterfolg von erheblicher Bedeutung ist. Der breite Anwenderkreis von BI-Lösungen führt zu erheblichen **Kommunikationsaufwendungen** während der Projektdurchführung, was häufig noch durch räumliche und sprachliche Barrieren erschwert wird.[633] Als wichtiger Problemkreis muss in diesem Kontext die Existenz semantischer Heterogenitäten verstanden werden, die einen effizienten Gedankenaustausch ohne Missverständnisse oftmals erheblich behindern. So ist in größeren Unternehmungen häufig zu beobachten, dass hinsichtlich zentraler betriebswirtschaftlicher Begriffe (wie beispielsweise Umsatz oder Kunde) unterschiedliche Definitionen vorherrschen und zwar nicht nur bei der Betrachtung verschiedener Landesgesellschaften sondern bereits zwischen lokalen Abteilungen. Eine **semantische Harmonisierung** ist in diesem Falle dringend anzuraten, möglichst mit dem Ergebnis eines abgestimmten Kataloges, in dem die relevanten Begriffe einheitlich dokumentiert und verbindlich definiert vorliegen. Ein weiteres, anzutreffendes Kommunikationsproblem tritt oftmals beim Dialog zwischen Mitarbeitern aus den IT-Abteilungen und deren Gesprächspartnern aus den Fachabteilungen auf. Beide Gruppen denken und artikulieren sich mit den Vokabeln der jeweiligen Beschäftigungsdomäne, so dass die latente Gefahr besteht, aneinander vorbei zu diskutieren, was sich bei den kommunikationsintensiven BI-Projekten als äußerst kritisch erweist. Intensive Kommunikation muss jedoch auch mit projektexternen IT-Gruppen gepflegt werden, zumal sich BI-Systeme meist nur mit funktionierenden und stabilen Datenaustauschprozessen realisieren lassen.

Als Voraussetzung für den erfolgreichen Umgang mit derartig vielen Interessengruppen und den daraus sich ergebenden Konfliktpotenzialen gilt die Etablierung einer geeigneten und an den spezifischen Besonderheiten ausgerichteten **Pro-**

---

[633] Vgl. Bauer/Günzel (2004), S. 387.

jektorganisation für BI-Projekte. Dazu gehört einerseits, die benötigten Rollen im Projekt mit den zugehörigen Zuständigkeiten, Befugnissen und Verantwortlichkeiten exakt zu bestimmen, und andererseits, den Rollen geeignete Personen zuzuordnen, die sich nicht nur fachliches Können, sondern auch durch persönliche Eigenschaften auszeichnen, wie die Fähigkeit zur interdisziplinären Zusammenarbeit.

Neben den eigentlichen Projektmitarbeitern sind in BI-Projekten die Rollen Auftraggeber, Auftragnehmer, Projektleiter und Lenkungsausschuss zu identifizieren.[634] Der **Projektauftraggeber** bekleidet in der Regel eine leitende Position mit primär fachlicher Ausrichtung (z. B. Bereichs-, Sparten- oder Segmentleiter) und ist zumeist auch durch die Bewilligung eines Projektbudgets für die Finanzierung des Vorhabens zuständig. Ihm gegenüber zeichnet der **Auftragnehmer** (z. B. IT-Leiter) als Vertragspartner auf der Abwicklungsseite für die anforderungsgerechte Projektdurchführung verantwortlich. Dieser bestimmt das **operative Projektmanagement**, d. h. insbesondere den **Projektleiter**, der bei der Projektdurchführung eine zentrale und entscheidende Position einnimmt. Zusammen mit dem Auftragnehmer oder alleinverantwortlich plant der Projektleiter das Vorhaben detailliert bis auf die Ebene einzelner Aktivitäten unter Beachtung der vorgegebenen Zeit- und Budgetrestriktionen sowie der angestrebten Projektziele. Während der Projektdurchführung greift er aktiv in das Projektgeschehen ein, indem er den Projektfortschritt stetig kontrolliert und im Bedarfsfall Steuerungsmaßnahmen einleitet. Dabei ist der Projektleiter während der Projektdurchführung den beteiligten **Projektmitarbeitern** gegenüber im Rahmen vorher abgesteckter Grenzen disziplinarisch und fachlich weisungsbefugt. Als übergeordnetes Kontrollgremium lässt sich der **Lenkungsausschuss** periodisch auf einer groben Ebene über den Projektfortschritt informieren und löst Konflikte, die innerhalb des Projektes oder zwischen verschiedenen Projekten auftreten.

Wie das Projektteam zusammengesetzt ist, hängt im Einzelfall stark von der zu erstellenden BI-Lösung ab. Prinzipiell muss stets die enge Einbeziehung von Mitarbeitern aus den betroffenen Fachabteilungen angestrebt werden, um sowohl die fachlich korrekte Abdeckung der Anforderungen als auch eine den IT-Kenntnissen der späteren Anwender angemessene Benutzerführung gewährleisten zu können. Die eher technisch orientierten Mitarbeiter dagegen müssen alle Aufgabenkomplexe abdecken, die während der einzelnen Projektphasen anfallen. Dazu gehören **Systemanalytiker**, die während der Anforderungsanalyse die Anforderungen der Anwender sammeln und dokumentieren. **BI-Architekten** entwickeln daraus eine Grobarchitektur mit aufeinander abgestimmten Bausteinen. Die **Systementwickler** konzipieren und implementieren die benötigten Speicherkomponenten, setzen den erforderlichen Datenbewirtschaftungsprozess um und schaffen eine angemessene Systemschnittstelle für die **Endbenutzer**. Gegebenenfalls werden auch Spezialisten aus dem Bereich der datenliefernden Vorsysteme einbezogen, um eine leistungsfähige Datenlogistik zu erreichen.

Neben dem Management von BI-Projekten gilt als zweite, prozessbegleitende Säule das Qualitätsmanagement, das im folgenden Abschnitt aufgegriffen wird.

---

[634] Vgl. Bauer/Günzel (2004), S. 389.

9.3.9 BI-Qualitätssicherung

Für den erfolgreichen Einsatz einer BI-Lösung mit intensiver Nutzung durch die befugten Endanwender ist es unabdingbar, dass das System hinsichtlich Inhalt, Funktionalität und Verhalten den Bedürfnissen und Erwartungen der User entspricht. Um dies gewährleisten zu können, ist während der gesamten Systemgestaltung sowie im laufenden Betrieb ein Qualitätsmanagement zu etablieren, das ein hohes Qualitätsniveau bei allen Prozessen und Prozessergebnissen gewährleistet.[635] Für BI-Lösungen ergeben sich dabei unterschiedliche Facetten der Qualitätssicherung, die verschiedene Phasen des Systemlebenszyklus adressieren:[636]

- Sicherstellung der **konzeptionellen Qualität** des Systems und seiner Komponenten,
- Sicherstellung der **Qualität des Software-Entwicklungsprozesses** durch den Einsatz von Methoden und Werkzeugen sowie durch organisatorische Maßnahmen,
- Sicherstellung der funktionalen und technischen **Qualität der Entwicklungsergebnisse** und
- Sicherstellung des Qualitätsniveaus auch in der **Betriebsphase**, insbesondere nach Änderung einzelner Komponenten.

Vor allem im letzten Punkt unterscheiden sich BI-Lösungen von operativen Anwendungssystemen, da sie stetigen Änderungen und Erweiterungen unterworfen sind. Als Gründe hierfür sind neben Release-Wechseln bei den eingesetzten Software-Komponenten vor allem geänderte Informationsbedarfe sowie das Erschließen neuer Anwendungsdomänen anzuführen. Darüber hinaus müssen qualitätssichernde Maßnahmen projektbegleitend in jeder Phase des Gestaltungsprozesses durchgeführt werden und sollen sich auf alle erzeugten Zwischen- und Endprodukte beziehen.

Als zentrales Instrument zur Qualitätssicherung dienen **Testverfahren**, welche das Ziel verfolgen, Fehler in den erzeugten Zwischen- und Endprodukte des Projektes aufzudecken. Bezogen auf das implementierte Gesamtsystem lassen sich folgende Testaktivitäten zur Qualitätssicherung festschreiben:[637]

- Definition von Testfällen zum Abgleich des Pflichten-/Lastenheftes mit den Projektergebnissen,
- Überprüfung der Ergebnisdokumente jeder Projektphase,
- Aufbau einer Testumgebung,
- Test der Funktionalität (einschließlich Ergonomie) und der Datenqualität,
- Durchführung von Integrations- und Belastungstests.

---

[635] Unter Qualität lässt sich allgemein nach DIN EN ISO 8402:1995-08 „die Beschaffenheit einer Einheit bezüglich ihrer Eignung, festgelegte und vorausgesetzte Erfordernisse zu erfüllen" verstehen.

[636] In Anlehnung an Conrad (2000), S. 293.

[637] Vgl. Bauer/Günzel (2004), S. 395.

Als weitere, wichtige Aufgabe des Qualitätsmanagements, die als Teilaufgabe der Projektplanung zu verstehen ist, muss die Testplanung verstanden werden. Das Ziel dieser Aktivität besteht darin, frühzeitig den Einsatz von Personal und Sachmitteln sowie die Zeitpunkte für einzelne Testdurchläufe verbindlich festzulegen. Dadurch soll der häufig gelebten Praxis entgegen gewirkt werden, aus Zeitgründen auf umfangreiche Tests zu verzichten. An dieser Stelle sei darauf hingewiesen, dass der zeitliche Aufwand für die Durchführung von Testaktivitäten nicht zu unterschätzen und häufig schwer zu prognostizieren ist.

Besonderes Augenmerk ist im Rahmen des Qualitätsmanagements auf die **Datenqualität**[638] zu legen, zumal sich Defizite in diesem Bereich unmittelbar in einem Vertrauensverlust bei den Anwendern und Akzeptanzproblemen für das BI-Gesamtsystem nieder schlagen. Auch die fatalen Auswirkungen durch datenqualitätsbedingte Fehlentscheidungen müssen unbedingt verhindert werden.[639] Zusatzkosten durch mangelnde Datenqualität entstehen beispielsweise durch die mehrfache Zusendung gleicher Werbebroschüren an einzelne Kunden oder erhöhte Zeitaufwendungen durch qualitätsverbessernde Maßnahmen auf nach gelagerten Stufen.[640]

Als eigene Teildisziplin des Qualitätsmanagements verfolgt das Management der Datenqualität das Ziel, die Qualität der für die BI-Anwendungen verfügbaren Daten im Sinne der Anforderungen der Anwender zu gewährleisten. Während in der Vergangenheit vorwiegend nachträgliche Bereinigungen der Datenbestände bei aufgetretenen Qualitätsdefiziten im Vordergrund standen, sind heute verstärkte proaktive Ansätze des Datenqualitätsmanagements, die sich in der Diskussion befinden.[641] Neben fachlich-definitorischen Aufgabenstellungen gehören dazu auch alle Führungstätigkeiten zur organisatorischen und technischen Umsetzung.

Zur Unterstützung der technischen Aufgaben des Datenqualitätsmanagements stehen heute zahlreiche Softwarewerkzeuge zu Verfügung, die Verfahren zur Analyse (**Data Profiling**), ex-post Bereinigung (**Data Cleansing**) und zum permanenten Überwachen der Datenqualität (**Data Monitoring**) in Datenbeständen beinhalten.

Als schwierig erweist sich dagegen oftmals die organisatorische Dimension des Datenqualitätsmanagements, zumal hier ein Ausgleich zwischen den verschiedenen Interessengruppen wie Datenlieferanten und Informationsnutzern zu erwirken ist. Die Aufgabe besteht darin, bei allen Beteiligten ein Bewusstsein darüber zu verankern, dass die Datenqualität als Thema nicht nur für das aktuelle BI-Projekt von Relevanz ist, sondern darüber hinaus von grundlegender Bedeutung bis auf eine unternehmungspolitische Ebene. Die unternehmungskulturelle Verankerung des Datenqualitätsmanagements muss durch geeignete Verfahren zur Überprü-

---

[638] Eine Übersicht über unterschiedliche Datenqualitätsmerkmale findet sich bei Winter u. a., die Interpretierbarkeit, Nützlichkeit, Glaubwürdigkeit, zeitlicher Bezug und Verfügbarkeit anführen. Vgl. Winter/Herrmann/Helfert (2003), S. 226f.

[639] Behme beziffert den Schaden einer unzureichenden Datenqualität („Total Cost of poor Data Quality") in Unternehmungen auf 8 - 12 % des Umsatzes. Vgl. Behme (2002), S. 49.

[640] Vgl. Winter/Herrmann/Helfert(2003), S. 222.

[641] Vgl. Behme/Nietzschmann (2006), S. 45.

fung, Analyse und Verbesserung der Erfassungs- und Veränderungsprozesse der Daten flankiert und operationalisiert werden.

Als Methodik zur dauerhaften Gewährleistung einer angemessenen Datenqualität lassen sich zyklische Phasenkonzepte nutzen, die iterativ vorgehen und dadurch eine stetige Verbesserung der Datenqualität versprechen. Als konkrete Ausprägungen kommen hierbei beispielsweise der verbreitete „**Plan, Do, Check, Act**"-**Ansatz**[642] oder auch die aus dem Six-Sigma-Umfeld bekannten DMAIC-Modelle[643] in Betracht.[644] Der DMAIC-Ansatz besteht aus den Einzelphasen **Define, Measure, Analyse, Improve und Control**.

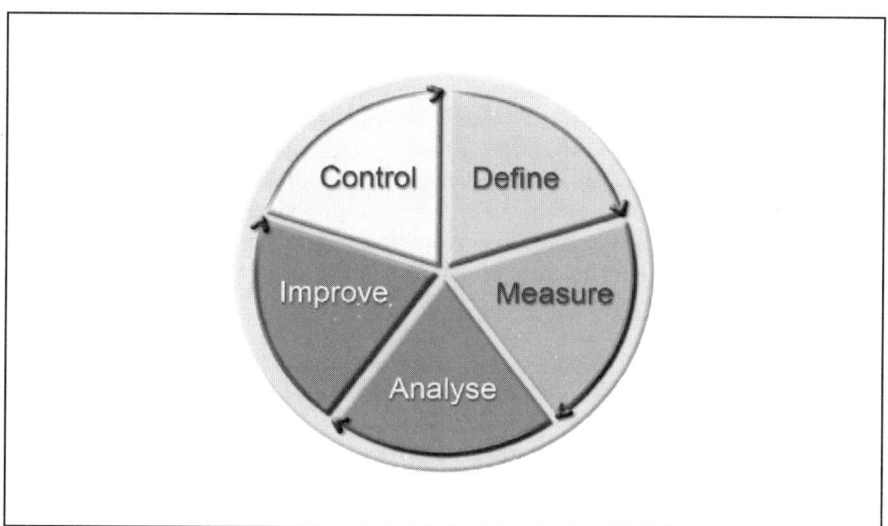

Abb. 9/32:   Phasen des DMAIC-Modells

- **Define**

  Im Rahmen der Define-Phase sind Umfang, Ziele, Ressourcen und Meilensteine der Datenqualitätsmanagement-Initiative zu spezifizieren. Als wichtigstes Ergebnis dieser Phase gilt die Vereinbarung messbarer **Qualitätsmerkmale** (Citical to Quality Characteristics, „CTQs"), auf deren Grundlage in der nächsten Phase die konkrete Quantifizierung der Datenqualität erfolgt. Ausgehend von möglichst ungefilterten Anwenderwünschen (Voice-of-the-Customer, „VOC") wird in einem mehrstufigen Überführungsprozess die schrittweise Konkretisierung und Verfeinerung zu CTQs vorgenommen.

---

[642] Vgl. Winter/Herrmann/Helfert(2003), S. 229, Goltsche (2006), S. 13f.

[643] Vgl. Schieder (2006).

[644] Serwas und Wandt definieren hierzu sogar einen Data Quality Life Cycle mit den Phasen „Inspect, Transform, Name, Address, Identify, Merge, Enrich und Report". Vgl. Serwas/Wandt (2007), S. 12.

- **Measure**
  Im Rahmen der Measure-Phase erfolgt anschließend die konkrete Messung und damit die Bestimmung des vorhandenen Qualitätsniveaus. Hierzu werden aus dem relevanten Datenbestand Stichproben gezogen und anhand der definierten Qualitätsmerkmale untersucht.

- **Analyse**
  Nachdem die Messergebnisse für alle Qualitätsanforderungen vorliegen, sind diese näher zu analysieren. Der Zeck der Analyse besteht in der Aufdeckung von Ursachen für das Zustandekommen des jeweiligen Qualitätsniveaus, um daraus Verbesserungsmöglichkeiten ableiten zu können. Methodische Unterstützung erfährt dieser Schritt durch den Einsatz statischer Verfahren (etwa Korrelationsanalyse, Regressionsanalyse, FMEA [**Fehlermöglichkeits- und Einflussanalyse**; englisch: failure mode and effects analysis][645]), aber auch durch die Verwendung von Werkzeugen des Data Minings und des Data Profilings an. Auf einer abstrakteren Ebene versucht dagegen die Durchführung einer vorgelagerten Ursache-Wirkungsanalyse, Wirkzusammenhänge sichtbar zu machen. Als Ergebnis diese Untersuchung unterstützt ein sog. Ishikawa- oder Fischgrätdiagramm die Projektbeteiligten bei der Kommunikation sowohl untereinander als auch nach außen hin.

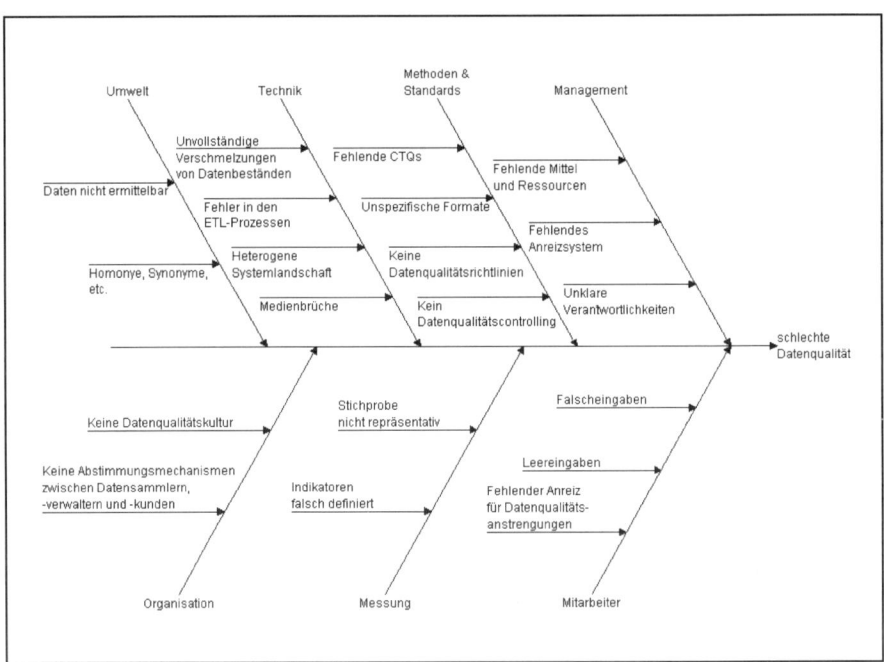

Abb. 9/33:   **Potenzielle Ursachen für schlechte Datenqualität im Fischgrätdiagramm**

---

[645] Vgl. Schorb (2006), S. 19.

- **Improve**
  Aus der Detail-Analyse der Problemursachen folgt die Identifikation und Priorisierung von Verbesserungsmaßnahmen, die es im Rahmen der Improve-Phase zu konkretisieren und pilotieren gilt. Dazu müssen verschiedene Veränderungsszenarien entwickelt und miteinander verglichen werden, um diese mit den Mitarbeitern der Daten erzeugenden und der Daten nachfragenden Fachabteilungen zu diskutieren. Falls keine Einigung über die zu ergreifenden Maßnahmen zur Verbesserung der Datenqualität erreichbar sind, muss im Rahmen eines Eskalationsprozesses eine verbindliche Entscheidung auf einer höher gelagerten Führungsebene getroffen werden. Trotz möglicherweise schwieriger Abstimmungsprozesse ergeben sich indirekte Projekterfolge häufig bereits durch die Schaffung größerer Transparenz bei den Daten liefernden Stellen bezüglich der tatsächlichen Qualität der zu verantworten Daten sowie der damit verbundenen Auswirkungen in späteren Phasen der Wertschöpfungskette.

- **Control**
  Mit der Erfolgskontrolle im Hinblick auf die beschlossenen Datenqualitätsmaßnahmen soll erreicht werden, den nun verbesserten Prozess auf Zielniveau zu stabilisieren. Dabei dient die Einrichtung eines permanenten und umfassenden Monitorings der Datenqualität anhand der erarbeiteten Metriken auch zur rechtzeitigen Nach- bzw. Gegensteuerung, falls das gewünschte Qualitätsniveau nicht erreicht wird.

Das vorgestellte Phasenmodell der Datenqualität ist keinesfalls als einmalig zu absolvierendes Schema zu verstehen, sondern als **iterativ sich wiederholender Kreislauf**, bei dem jede abgearbeitete Schleife wertvolle Erkenntnisse und Impulse für die nachfolgenden Iterationen mit sich bringt.

Da mit Maßnahmen zur Verbesserung der Datenqualität zumeist Veränderungen in den operativen Arbeitsabläufen einhergehen, ist ein Projektsponsor auf einer hohen Managementebene zumeist unverzichtbar. Insgesamt muss das Thema Datenqualität bzw. Qualitätsmanagement Einzug in die oberen Führungsebenen halten, um strategisch in der Unternehmungskultur verankert und dadurch dauerhaft und nachhaltig betrieben zu werden.[646]

Nachdem nun die wesentlichen Phasen und Aktivitäten im Rahmen der Gestaltung von BI-Systemen beschrieben worden sind, greifen die folgenden Ausführungen aktuelle Erweiterung des konventionellen Business Intelligence-Ansatzes vertiefend auf.

---

[646] Behme und Nietzschmann diskutieren unterschiedliche strategische Ansätze für eine Verbesserung und Sicherung der Datenqualität und beleuchteten dabei Aspekte der Integration in die strategische Unternehmungsführung. Vgl. Behme/Nietzschmann (2006), S. 45 - 50.

10 Aktuelle Tendenzen bei Business Intelligence-Systemen

Die bisherigen Ausführungen haben verdeutlicht, dass sich die Diskussion um Management Support Systeme und Business Intelligence in Wissenschaft und Praxis durch eine bemerkenswert lange Historie auszeichnet. Die allgemein verfolgte Zielstellung, durch den Einsatz von IuK-Technologie nicht nur die operativen Geschäftsprozesse zu unterstützen, sondern auch die speziellen Informationsbedürfnisse des Managements zu befriedigen, wurde durch Produktanbieter und Beratungshäuser allerdings unter immer wieder neuen, z. T. auch eher marketinggetriebenen Schlagwörtern angepriesen, deren Nachhaltigkeit nicht immer gegeben war.

Die Themenstellungen, die aus einer retrospektiven Betrachtung heraus den Markt signifikant beeinflusst haben, sind dabei sowohl von technischen, fachlichen oder organisatorischen Treibern beeinflusst worden. So ist z. B. der erfolgreiche Ansatz des Data Warehouse-Konzepts (vgl. Abschnitt 5.1), eine speziell modellierte und bewusst redundante Datenbasis zur Befriedigung der Informationsbedürfnisse des Managements zu schaffen, eher als technischer Treiber zu skizzieren. Aus fachlicher Sicht hingegen kann mit dem Balanced-Scorecard Ansatz (vgl. Abschnitt 8.1) ein erheblicher Einflussfaktor auf Management Support Systeme identifiziert werden. Zudem sind organisatorische Konzepte zur Gewährleistung der notwendigen Prozesse zum Betrieb einer IT Infrastruktur wie z. B. die IT Infrastructure Library (ITIL) auf den Bereich der analyseorientierten Systeme adaptiert worden (vgl. Abschnitt 9.3.7). Vor dem Hintergrund der vertikalen Integration, die durch Data Warehouse-Architekturen auf Basis von operativen Anwendungen realisiert werden, ist es schließlich auch nicht verwunderlich, dass Trends in den operativen (Quell-)Systemen auch auf der übergeordneten Architekturebene ihren entsprechenden Niederschlag finden.

Das vorliegende Kapitel greift einige wesentliche Entwicklungstrends auf, die in der letzten Zeit intensiv im Zusammenhang mit Business Intelligence-Systemen als nunmehr aktueller Evolutionsstufe der Management Support Systeme diskutiert werden. Es handelt sich um nachhaltige Erweiterungen, die wesentliche charakteristische Eigenschaften konventioneller Ansätze verändern und in sofern den Weg zur nächsten Generation von Management Support Systemen aufzeigen. Die Entwicklungen zur **Integration von unstrukturierten Daten in BI-Systeme** stehen im Fokus in Abschnitt 10.1, bevor mit den Ansätzen zur **Senkung der Latenzzeiten von Business Intelligence-Systemen** (Abschnitt 10.2) Aspekte aufgegriffen werden, die die Datenaktualität bzw. die Vitalität des Systems betreffen.

10.1 Integration von unstrukturierten Daten in Business Intelligence-Systemen

In den letzten Jahren ist ein zunehmender Trend im Umfeld von Business Intelligence Systemen festzustellen, neben der reinen "Zahlenwelt", die aus den strukturierten Datenquellen gewonnen wird, auch unstrukturierte Datenquellen zu integrieren. Nur durch die zusätzliche Berücksichtigung von Informationen, die in Dokumenten, auf Web-Sites, in der E-Mail Korrespondenz oder in Präsentationen enthalten sind, kann ein vollständiges Informationsbild geliefert werden, um dem Anspruch zu genügen, mit Hilfe von Business Intelligence ein „tieferes Geschäftsverständnis" zu erlangen.

Ein wesentlicher Treiber für derartige Integrationstendenzen sind die in Folge der Knowledge Management Debatte (vgl. Abschnitt 2.5) intensiv diskutierten Knowledge Management Systeme, die sich primär den unstrukturierten Daten widmen. Nachdem die allgemeinen **Synergiepotenziale** zwischen Knowledge Management und Business Intelligence in Abschnitt 10.1.1 im Vordergrund stehen, werden darauf aufbauend die **Systeme des Knowledge Management** in Abschnitt 10.1.2 vorgestellt. Schließlich beleuchtet Abschnitt 10.1.3 im Detail architektonische **Ansätze zur Integration von unstrukturierten Daten** in Business Intelligence-Systemen.

10.1.1 Interdependenzen zwischen Knowledge Management und Business Intelligence

Aus theoretischer Sicht verfolgen innovative Business Intelligence-Analyseprozesse das Ziel, relevantes Wissen zu generieren und insofern einen organisationalen Lernprozess zu gewährleisten. Zudem wird auch die Diffusion und Nutzung der gewonnenen Erkenntnisse betrachtet, so dass sich eine Beziehung zur Konzeption des Knowledge Management ableiten lässt. Im Sinne des Knowledge Management stellt Business Intelligence einen transparenten Marktplatz des Wissens bereit, auf dem sich Anbieter und Nachfrager in einem Austauschprozess organisieren.[647] Die Synergiepotenziale, die sich im Überschneidungsbereich der Themenstellungen Business Intelligence und Knowledge Management ergeben, lassen sich einerseits bei der Gestaltung und andererseits beim betrieblichen Einsatz von Business Intelligence-Systemen identifizieren. Im Folgenden werden diese beiden Aspekte aufgegriffen und vertieft betrachtet.

10.1.1.1 Synergiepotenziale bei der Gestaltung von Business Intelligence-Systemen

Bei der Gestaltung von Systemen zum Business Intelligence geht es um die Implementierung von betriebswirtschaftlichen Anwendungen, die eine Auswertung quantitativer und qualitativer, strukturierter und unstrukturierter Basisdaten ermöglichen.[648] Somit steht bei der Gestaltung der Systeme die Entwicklung eines betriebswirtschaftlichen Modells mit den notwendigen Daten-, Funktions- und Prozessstrukturen im Mittelpunkt des Interesses. Die Ergebnisse des Wissensgene-

---

[647] Zur Funktionsweise von Wissensmärkten vgl. Davenport/Prusak (1999), S. 67ff.; North (2002), S. 256ff.

[648] Mit der Gestaltung sind sämtliche Phasen zum Aufbau eines Business Intelligence-Systems gemeint, die vor der Freigabe des Systems für die betriebliche Nutzung – zum Teil in iterativen Durchläufen – zu absolvieren sind. Vgl. Abschnitt 9.3 sowie z. B. Keppel/Müllenbach/Wölkhammer (2001), S. 82ff.; Dittmar (1999), S. 40ff.

rierungsprozesses, die durch die Entdeckung und Analyse dieser Strukturen und relevanten Zusammenhänge des betrachteten Realitätsausschnitts entstehen, stellen für die Unternehmungen ein enormes Potenzial dar, das nicht nur zur Entwicklung von Machbarkeitsstudien, Fachkonzepten oder DV-Konzepten genutzt werden sollte.

Mit der Festlegung einer unternehmungs- bzw. abteilungsweit geltenden Begriffsdefinition, z. B. zu Kennzahlenberechnungen und Strukturen, wird vielmehr ein „single point of truth" definiert, der eine gültige Ontologie beschreibt und insofern die Initialzündung für die Integration einer konsistenten, unternehmungsweiten Begriffsbildung darstellen kann.[649] Die Analyse der Reporting- bzw. Planungsprozesse hinsichtlich des Wissensflusses liefert zudem relevante Erkenntnisse zum vorhandenen Wissensangebot und zur gestellten Wissensnachfrage aus verschiedenen Bereichen der Unternehmung und ist als Beitrag zur Schaffung einer Wissenstransparenz zu werten.

Die Gestaltung von Business Intelligence-Systemen stellt einen fortlaufenden Prozess dar, der z. B. aufgrund neuer Benutzeranforderungen und technischer Entwicklungen niemals abgeschlossen ist. Aus Sicht des Knowledge Management entsteht insofern der Bedarf, die gesammelten Erfahrungen für zukünftige Weiterentwicklungen zu nutzen.[650] Es bietet sich insofern an, den Projektverlauf zur Gestaltung der Business Intelligence-Systeme durch eine Institutionalisierung des Dokumentationsprozesses zu belegen, z. B. in Form von Lessons-Learned- und Best-Practice-Berichten. Durch eine hohe Partizipation der Fachabteilungen bei den Entwicklungsprozessen ist ferner sichergestellt, dass das technik- und anwendungsspezifische Wissen innerhalb der Organisation durch Diffusionsprozesse breit gestreut und insofern die Spirale des Wissens initiiert wird.[651]

10.1.1.2 Synergiepotenziale beim Einsatz von Business Intelligence-Systemen

Im Rahmen des Einsatzes von Business Intelligence-Systemen ist hinsichtlich der Anforderungen des Knowledge Management ein effektiver und effizienter Prozess zur Wissensgenerierung, -verteilung und -nutzung im Sinne einer Führungsaufgabe zu gestalten und zu steuern. Der Einsatz von derartigen Systemen und die Einbettung in standardisierte Organisationsprozesse gewährleistet ein organisationales Lernen im Sinne einer Wissensgenerierung. Im Rahmen dieses Prozesses sollte sichergestellt werden, dass die entdeckten Analyseergebnisse in der Unternehmung gezielt verteilt werden, um dadurch die gewonnenen Erkenntnisse zur Stützung

---

[649] Vgl. Keppel/Müllenbach/Wölkhammer (2001), S. 99. Auf Basis dieser einheitlichen „Sprachregelung" ist eine Weiterverwendung denkbar, z. B. beim Aufbau von Knowledge Maps und individuellen Wissensprofilen.

[650] Für den Bereich der Data Warehouse-Systeme bringen Barquin, Paller und Edelstein diesen Zusammenhang plakativ zum Ausdruck: „Data Warehousing is a journey, not a destination" [Barquin/Paller/Edelstein (1997), S. 155]. Vgl. dazu auch Gardner (1998), S. 54.

[651] Vgl. Grothe (1999), S. 183. Zur Spirale des Wissens vgl. Nonaka/Takeuchi (1997), S. 68ff. Im Resultat führt dieser Wissensdiffusionsprozess zu einer verbesserten Definition der Anforderungen zukünftiger Lösungen durch die Fachabteilungen.

von zukünftigen Entscheidungen und Aktionen einzusetzen. Es steht jedoch nicht die Distribution von umfangreichen Datenbeständen im Vordergrund, sondern eine Steigerung des Kommunikationsniveaus, indem verdichtete Informationen und erkannte Muster generiert und verteilt werden.[652] Im Ideal sollte eine nachträgliche Zuordnung von Wissensbestandteilen und abgeleiteten Aktionen möglich sein, so dass diese Zusammenführung letztendlich eine fundierte Entscheidungsreferenz für die Zukunft schafft.

Aus der Perspektive des Knowledge Management wird durch den Einsatz von Business Intelligence der Entscheidungsprozess innerhalb der Unternehmungen transparenter und für alle beteiligten Organisationsmitglieder nachvollziehbar. Das Wissen über die Entscheidungsprozesse stellt insofern das Bindeglied dar, mit dem die mit den Business Intelligence-Werkzeugen erzeugten Informationsobjekte[653], die Unternehmungsorganisation sowie das Wissen über die Funktionalitäten und Anwendungsdomänen von Business Intelligence-Werkzeugen verbunden werden.[654] Mit der Verbreitung der abgeleiteten Informationsobjekte geht die Chance einer Wiederverwendung der Wissensbestandteile einher. Schließlich führt die Auseinandersetzung mit schon bestehenden Analyseergebnissen zu einem Verifikationsprozess, der überprüft, ob die abgeleiteten Hypothesen über die eigene Positionierung am Markt und die Triebkräfte des Wettbewerbs sich im Nachhinein bewahrheitet haben. Auf Basis dieser Erkenntnisse ist eine Verbesserung des „Geschäftsverständnisses" zu erwarten.

Die Konzeption des Business Intelligence repräsentiert somit ein Instrument zum Knowledge Management, da die Institutionalisierung einer Dokumentation der Entscheidungsprozesse ermöglicht wird. Neben dem Wissen der konkreten Analysesituation ergibt sich – quasi als Nebenprodukt – Wissen über die Vorgehensweisen bzw. die eingesetzten Methoden bei Analyseprozessen. Damit ist auch für nicht beteiligte Organisationsmitglieder nachvollziehbar, welche Ergebnisse mit welchen Analysemethoden auf welchen Basisdaten erzielt werden konnten und welche Aktionen daraus abgeleitet wurden. Der Hintergrund von Entscheidungen der Fach- und Führungskräfte lässt sich so aus dem nebulösen Bereich des „Bauchgefühls" herauslösen und eine analytische Vorgehensweise im Rahmen des Entscheidungsprozesses wird für alle beteiligten Organisationsmitglieder sichtbar bzw. durch die Festlegung entsprechender organisatorischer Prinzipien sogar erzwungen.

10.1.2 Knowledge Management-Systeme zur integrierten Verarbeitung unstrukturierter Daten

Das Interesse an neuen Konzeptionen scheint beinahe unvermeidlich auch rasch die Entwicklung von geeigneten Softwarelösungen herauszufordern, die angeblich

---

[652] Vgl. Grothe/Gentsch (2000), S. 24.
[653] Hierzu zählen z. B. spezielle Sichten auf multidimensionale Datenbestände und abgeleitete Berichte oder Ergebnisse einzelner Simulationsläufe inklusive der zugehörigen Zusatzinformationen.
[654] Vgl. Mentrup/Rieger (2001), S. 106f.

diese Konzeption umsetzen und den interessierten Kunden eine schnelle Realisierung der Nutzenpotenziale versprechen. Somit war es nicht verwunderlich, dass in Folge der publizitätswirksamen Diskussion um die Managementkonzeption des Knowledge Management auch sog. Knowledge Management-Systeme am Markt angeboten wurden und werden, die eine informationstechnische Umsetzung des Knowledge Management liefern sollen. Zumeist verbergen sich jedoch hinter diesem Aufmerksamkeit erregenden ʹLabelʹ bekannte Technologien und Systemkategorien, so dass der Begriff vermutlich häufig aus Vermarktungsgründen benutzt wird.[655]

Die entsprechenden Lösungen spannen dabei ein weites und sehr heterogenes Spektrum von Anwendungen auf, so dass sich nach wie vor eine treffsichere Definition zum Terminus Knowledge Management-Systeme eher auf einem abstrakten Niveau bewegen muss. Allgemein formuliert handelt es sich bei einem Knowledge Management System demnach um ein Informationssystem, das eine Sammlung, Organisation, Nutzung und Diffusion von Wissen zwischen Mitarbeitern ermöglicht.[656] Eine ähnliche Definition liefern Maier und Hädrich, die unter einem Knowledge Management System ein dynamisches System verstehen, „das Funktionen zur Unterstützung der Identifikation, Akquisition, Speicherung, Aufrechterhaltung, Suche und Rückgewinnung, Distribution, des Verkaufs und der Logistik von Wissen, welches als Information plus Kontext aufgefasst wird, in einem Unternehmen bereitstellt, mit dem Ziel der Unterstützung des organisatorischen Lernens und der organisatorischen Effizienz."[657]

Aus der aufgezählten Funktionsvielfalt lässt sich ableiten, dass ein sehr großes und vielschichtiges Spektrum von Software-Systemen potenziell als Knowledge Management System klassifiziert werden kann. Charakteristikum entsprechender Systeme stellt die Gemeinsamkeit dar, dass herkömmliche Klassen von Technologien und Systemkategorien unter einer einheitlichen Oberfläche zusammengeführt werden und so eine integrierte, computergestützte Verarbeitung von Wissensartefakten erfolgt.[658] Die einzelnen Technologien und Systemkategorien sind für sich genommen zwar nicht auf die Bedürfnisse des Knowledge Management ausgerichtet, in ihrer integrierten Form „aber im Sinne der gestellten Anforderungen durchaus geeignet ... , unterstützend für das WM [Wissensmanagement, Anm. des Verf.] eingesetzt zu werden."[659] Der Fokus dieser Systeme liegt dabei auf der **Verarbeitung von dokumentenbasierten Inhalten.**[660] Daher sind neben der Internet- und Intranet-Technologie insbesondere auch Dokumentenmanagement-Systeme und Lösungen für die computerunterstützte oder rechnergestützte Gruppenarbeit (Computer Supported Cooperative Work oder Computer Supported Collaborative

[655] Vgl. Frank (2001), S. 114; Born/Diercks (2000), S. 93f.

[656] Vgl. Alavi/Leidner (1999), S. 2ff.

[657] Maier/Hädrich (2001), S. 498f.

[658] Vgl. Frank (2001), S. 114.

[659] Frank/Schauer (2001), S. 721. Viele Autoren bezweifeln aufgrund des Einsatzes herkömmlicher Systemkategorien die Neuartigkeit mancher angeblicher Innovationen im Bereich von Knowledge Management Systemen. Vgl. beispielsweise Heilmann (1999), S. 17.

[660] Vgl. Maier/Klosa (1999), S. 5; Studer/Schnurr/Nierlich (2001), S. 2ff.

Work [CSCW]) zu den zu verwendenden Basissystemen zu zählen.[661] Darauf aufbauend werden bestehende Systemkategorien hinsichtlich der Anforderungen des Knowledge Management durch die Integration von innovativen Technologien erweitert und ausgebaut. Dazu gehören u. a. Information Retrieval-Verfahren, Push- und Pull-Technologien, Intelligente Agenten, Help-Desks und Brainstorming Applications, Data Mining- und Text Mining-Verfahren sowie Ansätze aus dem Bereich der Künstlichen Intelligenz.[662]

In Bezug auf die wesentlichen Wissensarten erfüllen Knowledge Management-Systeme zwei Aufgabenstellungen. Zum einen dienen sie als **Organisator** von explizierbarem Wissen in Form von Informationen (vgl. Abschnitt 2.5), so dass den Mitarbeitern dieses knappe Gut in der für den Wertschöpfungsprozess benötigten Menge zur richtigen Zeit am richtigen Ort in der erforderlichen Qualität zur Verfügung steht. Entsprechend sollten derartige Systeme eine dedizierte Unterstützung bei der Wissensverwaltung, -pflege, -klassifikation und -repräsentation ermöglichen. Weiterhin sind in Abhängigkeit vom Benutzer unterschiedliche Perspektiven auf die Inhalte anzubieten. Schließlich wird die Anforderung erhoben, über verschiedene Anwendungsgrenzen hinaus unterschiedliche Inhalte integriert darzustellen.[663]

Zum anderen stellen Knowledge Management-Systeme **Katalysatoren** dar, die diejenigen Prozesse unterstützen, in denen implizites Wissen erzeugt und weitergegeben wird. Mitarbeiter bekommen demnach durch diese Systeme bessere Möglichkeiten zur Kommunikation, Koordination und Kollaboration, um z. B. die Zusammenarbeit von Experten in bestimmten Fachgebieten durch informationstechnisch gestützte Werkzeuge zum interpersonellen Wissensaustausch oder zur Bildung von Expertennetzwerken zu verbessern.

Doch wodurch unterscheiden sich jetzt die skizzierten Systeme gegenüber herkömmlichen Datenbanksystemen, CSCW-Systemen oder Dokumentenmanagement-Systemen im Detail? Bei der Heterogenität der unter dem neuen „Label" angepriesenen Systeme gestaltet sich eine Antwort auf diese Fragestellung als schwierig, da je nach Aufgabenstellung unterschiedliche Kennzeichen besonders betont werden. Das herausragende Merkmal ist sicher die schon angedeutete **kontextualisierte Kombination und Integration von Funktionen**, die bisher isolierte Aufgabenstellungen z. B. zum Dokumenten- und Content-Management, zur Kommunikation und zur Koordination, zur Visualisierung, zur Suche und zur Personalisierung in einem System zusammenführt. Entsprechende Systeme sind zudem selten auf eine Einzelperson- oder Abteilungslösung hin ausgerichtet, sondern setzen vielmehr den **Fokus auf die Gesamtorganisation**. Durch die Integration „intelligenter" Funktionen, wie z. B. Suchfilter und -agenten, Textanalyse und -bewertung, automatische Wissensstrukturierung oder ein Benutzerprofiling, wird der

---

[661] Vgl. Meta Group (2001), S. 62ff.; Hasenkamp/Roßbach (1998), S. 962f.; Müller (1998), S. 13; Herrmann/Loser (1998), S. 97ff.; Huber (1999), S. 462f.; Wolf/Decker/Abecker (1999), S. 757ff.; Bullinger/Müller/Ribas (2000), S. 24; Lehner (2001), S. 229f.; Frank/Schauer (2001), S. 721ff.

[662] Vgl. Dittmar (2000), S. 15ff.

[663] Vgl. Frank/Schauer (2001), S. 720.

Anwender durch diese Systeme bei dem Aufbau und der Nutzung der abgelegten Wissensinhalte unterstützt, indem der Zugriff über eine Metaebene erfolgt, welche die Wissensstrukturen abbildet. Die Bezeichnung Knowledge Management System wird z. T. auch dadurch gerechtfertigt, dass die abgelegten Inhalte auf **traditionellen Knowledge Management-Instrumenten** basieren. So können z. B. lessons learned-Berichte, yellow pages oder skill directories in einem Knowledge Management System organisationsweit zur Verfügung gestellt werden. Zudem berücksichtigen entsprechende Systeme die Dynamik des organisationalen Lernens, indem beispielsweise die gemeinsame Weiterentwicklung, Strukturierung und Organisation von Wissenselementen und Kompetenzen erlaubt wird.[664]

Aktuell besitzen nahezu alle großen Organisationen, die sich durch wissensintensive Prozesse auszeichnen, eine Intranet- und/oder Groupware-Plattform mit den entsprechenden Basisfunktionalitäten zum Knowledge Management. Vielfach wurden weitere Funktionalitäten implementiert, die speziell auf die Bedürfnisse des Knowledge Management abgestellt sind. Ihre Nutzung bleibt jedoch häufig hinter den Erwartungen zurück. Bei der Gestaltung der Systeme stellt insbesondere die Integration mit den bestehenden Lösungen eine große Herausforderung dar. Für den Anwender ergibt sich durch viele Allianzen, Zusammenschlüsse und Aufkäufe unter den Anbietern und vor allem durch die Heterogenität der Angebote eine unübersichtliche Marktentwicklung, so dass häufig das Thema zwar als interessant und wichtig eingestuft wird, Kaufentscheidungen jedoch noch nicht erfolgen. In letzter Zeit ist der Trend feststellbar, dass viele Anbieter ihre Werkzeuge im Portal- und Dokumentenmanagement-Markt positionieren, da das Schlagwort Knowledge Management verbraucht erscheint.[665]

Bei der Heterogenität der oben beschriebenen Knowledge Management-Systeme sind Aussagen zu Einsatzbereichen und resultierenden Nutzenpotenzialen nur schwer zu verallgemeinern. Dennoch liegt der Schwerpunkt gängiger Knowledge Management Lösungen primär auf der Verarbeitung von dokumentenbasierten Inhalten. Zur besseren Unterscheidung wird an dieser Stelle deshalb als primärer Fokus von Knowledge Management-Systemen die Verarbeitung von unstrukturierten Repräsentationen von Wissen betont.[666]

Der Hinweis auf die Unstrukturiertheit bezieht sich dabei im Detail auf die Repräsentationsform der zugrunde liegenden Daten, die zur Bildung von Wissen zur Verfügung stehen. Während sich quantitative Fakten z. B. in Form von Tabellen strukturiert darstellen lassen, werden qualitative Angaben u. A. in Form von Sprache oder Dokumenten übermittelt. Auch wenn entsprechende Dokumente beispielsweise anhand einer dedizierten Gliederung „strukturiert" sind, werden im

---

[664] Vgl. Maier (2002), S. 77f.

[665] Vgl. Riempp (2004), S. 91ff.; Maier (2002), S. 368ff.

[666] Häufig erfolgt die Unterscheidung anhand einer Klassifikation, die ursprünglich zur Differenzierung von Daten diente und bei der strukturiertes und unstrukturiertes Wissen voneinander abgegrenzt werden. Vgl. Gentsch (1999b), S. 20ff. Der Ursprung dieser Klassifikation gibt einen Hinweis darauf, dass nicht das explizierbare Wissen, sondern vielmehr das „Trägermedium" von Wissen in Form von Daten und Informationen zur Unterscheidung im Vordergrund steht. Vgl. Hansen/Neumann (2005), S. 8.

Text heterogene Inhalte beschrieben, die sich nicht formalisieren lassen.[667] Der computergestützte Umgang mit unstrukturierten Daten, der bei Knowledge Management-Systemen im Vordergrund steht, begegnet somit der Feststellung, dass in Unternehmungen 80 % aller Wissensbestände in unstrukturierter Form – zumeist als elektronische Dokumente – vorliegen.[668]

Analog zur Differenzierung zwischen unstrukturierten und strukturierten Inhalten wird häufig weitgehend synonym auch zwischen qualitativen und quantitativen Daten unterschieden. Bei den strukturierten Daten handelt es sich somit primär um quantitative Aussagen, so dass Informationen über die Höhe von gewissen Vorgängen gegeben werden. Fragen nach dem wie viel und wann stehen im Vordergrund. Demgegenüber handelt es sich bei den qualitativen Daten überwiegend um unstrukturierte Daten, die z. B. Rückschlüsse darauf zulassen, warum die in den Zahlen dokumentierten Entwicklungen entstanden sind.

Funktionen von Knowledge Management-Systemen, die die Nutzenpotenziale der entsprechenden Lösungen ausmachen, sind in der Integration von bisher isoliert vorhandenen Wissensobjekten zu sehen (**Knowledge Integration**). So können z. B. Dokumente erfasst, klassifiziert, strukturiert abgelegt, versioniert und archiviert werden. Diese Integration liefert Möglichkeiten, um ein schnelleres Wiederfinden der Inhalte zu ermöglichen und entsprechende Strukturen und Zusammenhänge zwischen den einzelnen Inhalten z. T. visuell z. B. in Form von sog. Topic Maps zu präsentieren. Darüber hinaus wird eine **Organisation der Inhalte** möglich, indem die Inhalte gezielt z. B. per Push-Mechanismen verteilt und entsprechend der Wissensbedarfe bereitgestellt werden. Auf Basis dieser Funktionalitäten, die sich primär den zu verwaltenden Inhalten widmen, sind mit Hilfe der korrespondieren Werkzeuge auch Verbesserungen im Bereich der organisatorischen Zusammenarbeit verbunden (**Knowledge Interaction**). So lassen sich z. B. anhand der Häufigkeit der Einstellung von Fachbeiträgen zu einer Themenstellung geeignete Ansprechpartner lokalisieren und passende technische Möglichkeiten zum Austausch von Domänenexperten anlegen. In Folge dessen sind z. B. Funktionalitäten denkbar, um Aufgaben gemeinsam zu bearbeiten oder gar Prozesse standardisiert ablaufen zu lassen.[669]

10.1.3 Kombination strukturierter und unstrukturierter Daten in BI-Systemen

Nachdem der Fokus von Knowledge Management-Systemen mit der Verarbeitung von unstrukturierten Datenbeständen identifiziert worden ist, stellt sich nunmehr die Frage, welche Vorteile sich ergeben, wenn entsprechende Datenbestände auch in Business Intelligence-Systemen integriert werden. Bei letzteren Systemen steht schließlich primär die Welt der strukturierten, quantitativen Inhalte im Mittelpunkt der Aufmerksamkeit.

---

[667] Vgl. dazu auch Gregorzik (2002), S. 43.
[668] Vgl. z. B. Gentsch (1999a), S. 64; Kampffmeyer/Merkel (1999), S. 17.
[669] Vgl. Maier (2002), S. 233ff.

Um jedoch ein umfassendes und vollständiges Informationsbild für betriebs-wirtschaftliche Entscheidungen zu bieten, ist es quasi der nächste logische Schritt, auch unstrukturierte, qualitative Daten in Business Intelligence-Systemen abzubil-den. Für den Nutzer von derartig integrierten Systemen würde sich der notwendige Zeitbedarf erheblich reduzieren, um sich die Informationen zusammen zu stellen, die er für seine Analysezielsetzung benötigt. Unstrukturierte Daten liefern darüber hinaus einen deutlichen Mehrwert, indem sie den Kontext zu den quantitativen Daten herstellen. Dazu können Veröffentlichungen von Wettbewerbern, Markt-analysen, Kundenbeschwerden, Projekt Status Memos, E-Mail-Anfragen etc. zäh-len, die z. B. eine Umsatzentwicklung im Zeitablauf erklärbar machen. Die Dar-stellung des umfassendes Informationsbildes erhöht somit nicht nur die Wahrscheinlichkeit, bessere Entscheidungen auf Basis eines vollständigeren In-formationsstandes zu treffen, sondern schützt die Anwender zudem auch noch vor dem Aufwand, andere Datenquellen nach zusätzlichen Informationen zu durchsu-chen, die das Business Intelligence-System nicht liefert.

Erste Integrationsbemühungen konzentrieren sich vor allem auf die semi-strukturierten Daten. Letztendlich handelt es sich bei den strukturierten und un-strukturierten Daten nur um die beiden Extrempunkte, die ein umfangreiches Spektrum von Repräsentationsmöglichkeiten aufspannen. Zwischen diesen Positi-onen existieren vielfältige Mischformen, die häufig als semi-strukturierte Daten bezeichnet werden. Semi-strukturierte Daten basieren in diesem Sinne auf Stan-dards, die ein gewisses Maß an Semantik durch vorgegebene Strukturelemente vorgeben. In diesen Bereich fallen z. B. XML-Files, die auf horizontalen oder ver-tikalen Industriestandards wie HL7, XBRL, ACORD oder EDI-X12 aufsetzen.[670] Unstrukturierte Daten werden zumeist in File-Servern, Web-Servern, Dokumen-tenmanagement-Systemen, Content Management-Systemen, CSCW-Systemen o-der eben in Knowledge Management-Systemen abgelegt, während die Speiche-rung strukturierter Daten im Wesentlichen in Datenbanksystem erfolgt. Das Spektrum möglicher Repräsentationsformen von Daten wird anhand Abb. 10/1 vi-sualisiert.

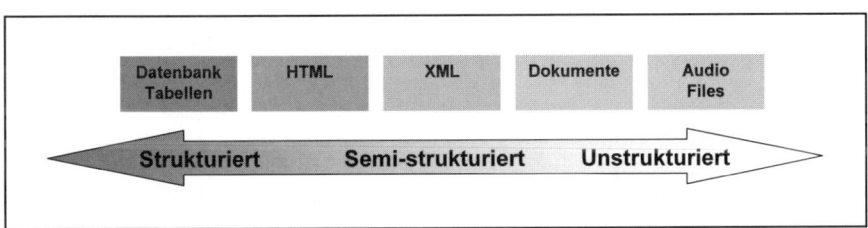

Abb. 10/1:   Beispiele für strukturierte, semistrukturierte und unstrukturierte Daten

Die grundsätzliche Vorgehensweise zur Integration von unstrukturierten Daten in Business Intelligence-Systemen zeichnet sich dadurch aus, dass geeignete Metada-ten angelegt werden, die beschreibende und klassifizierende Angaben zu den In-

---

[670] Zum Anwendungsbereich der eXtensible Business Reporting Language (XBRL) vgl. Gluchowski/Pastwa (2006).

halten des zu integrierenden Objekten enthalten. Dadurch kann der Grad der Unstrukturiertheit mittels der Metadaten verringert werden und die zu integrierenden,
unstrukturierten Daten wandern auf der dargestellten Skala in Richtung der strukturierten Daten weiter nach links.

Bei der Integration von semi-strukturierten Daten in Business Intelligence-
Systemen stellt sich in einem ersten Schritt die Frage, auf welcher Ebene innerhalb der Gesamtarchitektur die eigentliche Integration durchgeführt wird. Dabei
sind vier Ebenen grundsätzlich zu unterscheiden:

- Integration innerhalb des (Web-)Frontend,
- Integration mit Hilfe eines gemeinsamen Suchindexes,
- Integration auf Ebene der Middleware,
- Integration innerhalb eines Datenbanksystems.

Eine triviale Architekturform, die in konkreten Systemen derzeit dominiert, sieht
eine Integration von strukturierten und unstrukturierten Daten auf der Ebene des
Web-Frontend vor (**Web-Frontend-Integration**). Diese Variante findet sich häufig in Portalansätzen, so dass verschiedene Portlets den jeweiligen Durchgriff auf
die strukturierten und unstrukturierten Daten erlauben (vgl. Abschnitt 7.2). Obwohl derartige Lösungen einen Zugriff über ein einheitliches System gewährleisten, ist eine semantische Integration der Datenbestände nicht gegeben. Schließlich
erfolgt über das Portal ein jeweils isolierter Durchgriff auf die spezifischen Systeme, die entweder strukturiertes oder unstrukturiertes Datenmaterial enthalten. Es
handelt sich hierbei also nur um eine Integration innerhalb einer Oberfläche, der
eigentliche Integrationsaufwand bleibt aber nach wie vor beim Anwender, der des
Web-Frontend in den spezialisierten Applikationen die verschiedenen Informationsobjekten zusammenführen muss.

Der folgende Screenshot zeigt ein entsprechendes Beispiel mit einem personali-
siertem Portal, das sowohl den Zugriff auf strukturierte Daten in Form einer Tabelle und einer Geschäftsgrafik auf der rechten Seite des Portals erlaubt, als auch
auf der linken Seite einen Zugriff auf unstrukturierte Daten unterstützt.

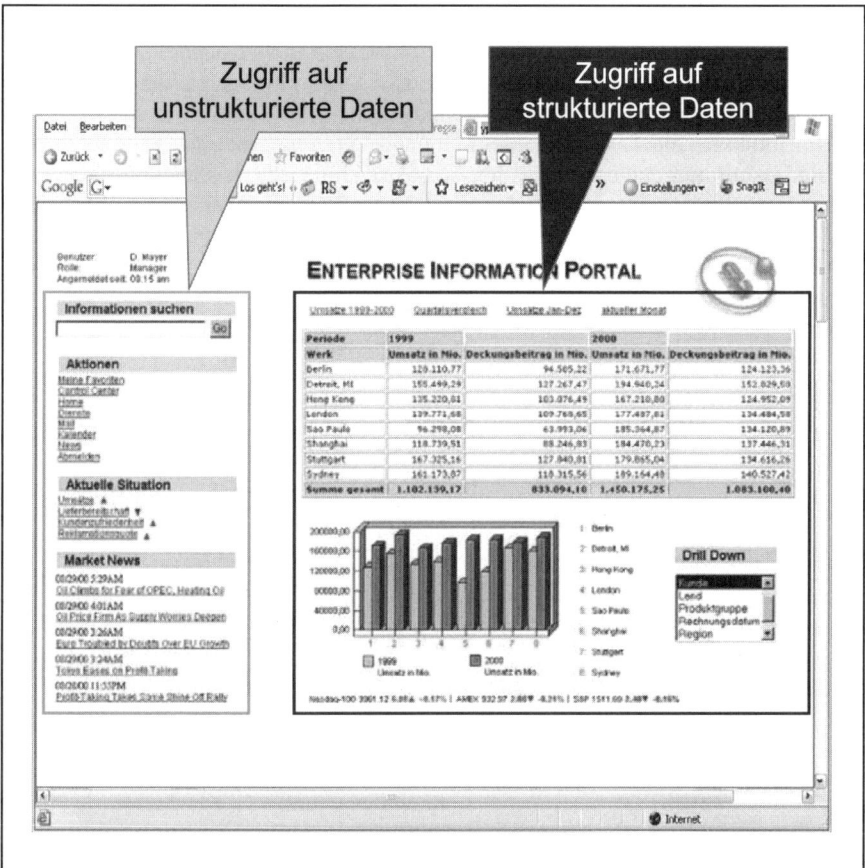

Abb. 10/2:   Integration unstrukturierter und strukturierter Daten in einem Portal

Neben einer völlig isolierten Darstellung ergeben sich in diesem Ansatz auch Möglichkeiten, die Navigation oder Filterung in den einzelnen **Portlets** zu synchronisieren. Im dargestellten Beispiel könnte z. B. eine Selektion innerhalb eines Business Intelligence-Reports auf eine bestimmte Region als Filter innerhalb der Meldungen des Newstickers automatisch weitergereicht werden, so dass in diesem Sinne in verschiedenen Portlets die Darstellung aufeinander abgestimmter Inhalte erfolgt. Eine semantische Integration ist dabei jedoch nicht gewährleistet, zumal z. B. unterschiedliche Anwendungen häufig auch unterschiedliche Semantiken hinter identischen Bezeichnungen verbergen.

Die Popularität von Suchmaschinen, die nicht nur das Internet, sondern auch die Daten des eigenen Personal Computers anhand eines zuvor angelegten Begriffsindex durchsuchen, hat eine weitere Architekturvariante hervorgebracht. In diesem Ansatz berücksichtigt der Suchindex nicht nur die unstrukturierten Datenquellen, sondern integriert bei der Indizierung auch Business Intelligence Ergebnisdokumente, wie Berichte oder OLAP Cubes (**Suchindex-Integration**). Voraussetzung für diesen Ansatz ist, dass die Suchmaschine Business Intelligence Ergebnisdokumente mit Hilfe eines entsprechenden Adapters indizieren kann.

Eine entsprechende Architektur visualisiert die folgende Abbildung 10/3. Die Ergebnisobjekte, die das Business Intelligence-System generiert, werden in den Suchindex mit aufgenommen und über das User-Interface der Suchmaschine verfügbar gemacht. Interessant ist in diesem Zusammenhang, dass der Ansatz nicht etwa unstrukturierte Daten in das Busienss Intelligence-System integriert, sondern vielmehr umgekehrt Business Intelligence Ergebnisdokumente in die Systemwelt der unstrukturierten Daten eingebunden werden.

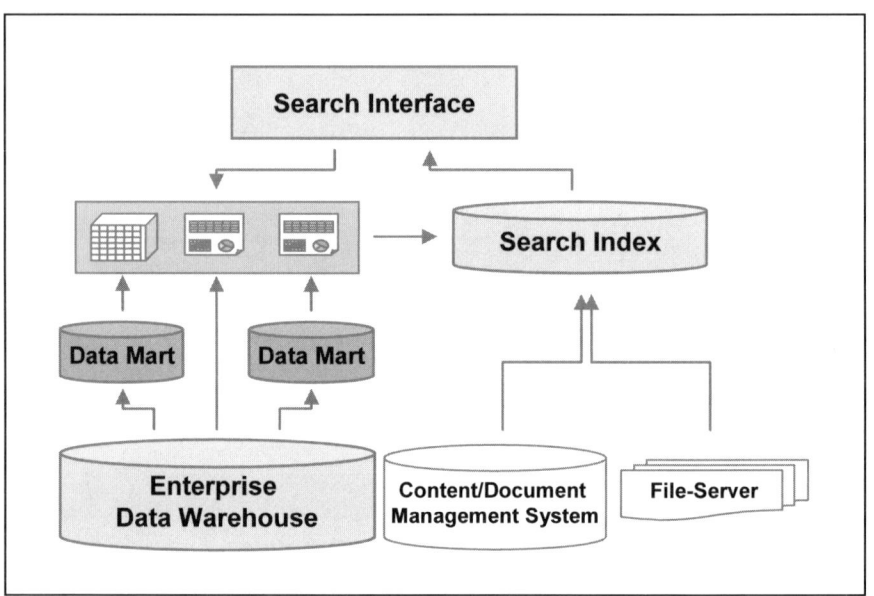

Abb. 10/3: **Integration von unstrukturierten Daten in Business Intelligence-Systemen mit Hilfe eines gemeinsamen Suchindexes**

Der folgende Screenshot in Abb. 10/4 zeigt die Ergebnisliste der Suche nach dem Begriff „Revenue". Der Nutzer wird durch Vorschaugrafiken (A, B) bzw. Verlinkungen zu passenden Reports (C) in die Lage versetzt, die Ergebnisdokumente bzw. Berichte aus den strukturierten Datenquellen unmittelbar hinsichtlich der Relevanz zu bewerten und durch Anwählen des zugehörigen Hyperlinks direkt in die Business Intelligence-Anwendung zu gelangen.

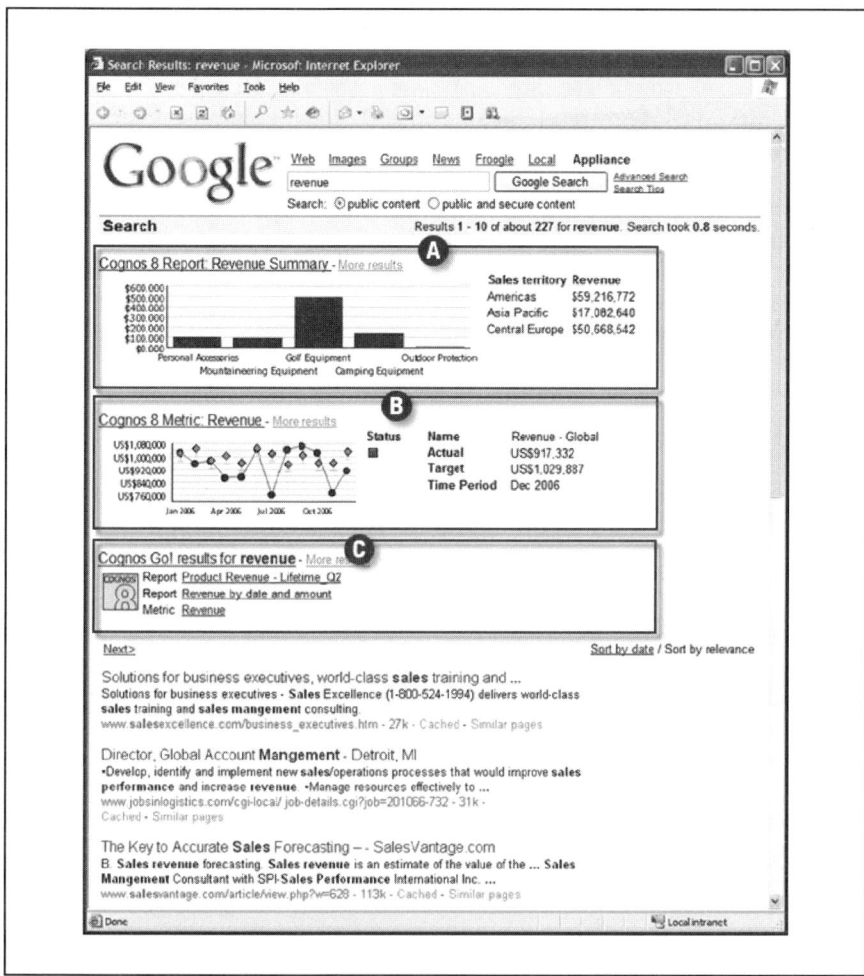

Abb. 10/4: **Suchergebnis bei einem integrierten Suchindex über strukturierte und unstrukturierte Datenquellen** [671]

Dem Vorteil der einfachen und allgemein bekannten Bedienung von Suchmaschinen steht jedoch auch bei der Index-Integrationslösung eine Reihe von Nachteilen gegenüber. Denn auch bei diesem Ansatz wird keine semantische Integration erzielt und die Anzeige von Objekten, die mit einem Suchbegriff in Verbindung stehen, kann nur als Ausgangspunkt der Analysetätigkeit eingestuft werden. Somit verbleibt der Integrationsaufwand nach wie vor beim Anwender, da er zwischen den einzelnen Spezialapplikationen im Rahmen des Analyseprozesses wechseln muss.

---

[671] Vgl. Cognos (2007).

Die Zielsetzung, eine vollständige technische als auch semantische Integration zu erlangen, lässt sich im dritten Architekturansatz mit Hilfe eines Mappings auf Ebene der Middleware zwischen den Dokumenten- und Datenbeständen realisieren (**Middleware-Integration**). So können z. B. durch Enterprise Information Integration (EII)-Technologie bestehende Anfragen an das Business Intelligence erweitert werden, indem diese auch auf die Quellen der unstrukturierten Daten zurückgreifen und somit die Anfragen um unstrukturierte Informationen angereichert werden können. Im Ergebnis erfolgt eine „virtuelle" Erweiterung der Datenbestände im Data Warehouse durch unstrukturierte Daten. Die folgende Abbildung 10/5 skizziert diesen Ansatz.

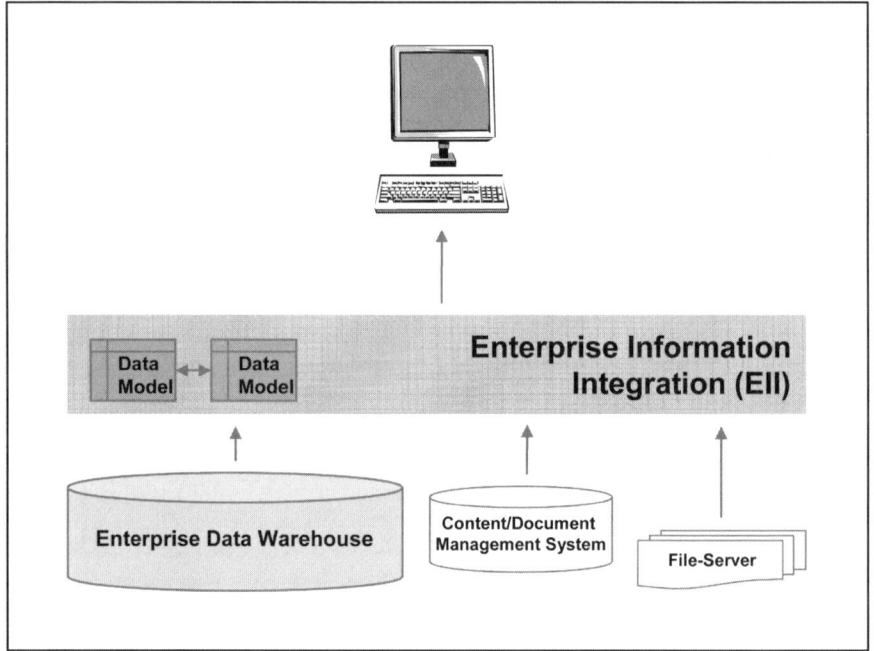

Abb. 10/5: **Middlewareintegration von strukturierten und unstrukturierten Daten mittels Enterprise Information Integration-Technologie**

Diese Vorgehensweise erfordert bei der Abfragedefinition eine semantische Integration, um eine richtige Referenzierung auf die unstrukturierten Daten vorzubereiten. Neben den Performanceaspekten und den beschränkten Transformationsmöglichkeiten, die mit der EII-Technologie verbunden sind, zeichnet sich dieser Ansatz auch durch Inflexibilität negativ aus. Schließlich ist bei der Definition von Anfragen das Informationsbedürfnis ex-ante festzulegen, um daraufhin die Datenanreicherung festzulegen.

Schließlich sieht der letzte Ansatz zur Integration von unstrukturierten Daten in Business Intelligence-Systemen die Vereinigung von existierendem Data Warehouse und Document Warehouse vor (**Daten-Integration**).[672] Um eine entsprechende technische und semantische Integration sicherzustellen, müssen demzufolge die beiden bisher isolierten Systemwelten zusammengeführt werden, um neben einer Integration der Inhalte auch eine datentypübergreifende Navigation zu eröffnen.[673]

Strukturiert vorliegende Datenbestände in Datenbanksystemen zeichnen sich durch die Existenz eines definierten Datenbankschemas aus, nach denen die Daten anzuordnen sind. Der ETL-Prozess nutzt diese definierten Strukturen, um identische Daten in immer gleicher Form im Data Warehouse abzulegen.

Diese Tatsache ist bei unstrukturiertem, qualitativem Datenmaterial in dieser Form nicht gegeben. Vielmehr erfolgt hier der Rückgriff auf eine Reihe von Deskriptoren, die den eigentlichen Inhalt der Daten beschreiben. Neben den formaltechnischen Metadaten, wie z. B. dem Autorennamen, dem Erstellungsdatum oder der Versionsnummer, bilden diese Deskriptoren die wesentlichen Angaben, um die Inhalte nach ihrer Bedeutung zu klassifizieren.[674] In diesem Sinne können also unstrukturierte Datenquellen durch die Anreicherung mit zugehörigen Deskriptoren in den Bereich der semi-strukturierten Daten überführt werden.

Als natürlichsprachige Deskriptoren finden beispielsweise Stich- oder Schlagwörter Verwendung. Beim Stichwortverfahren werden solche Wörter zur Deskribierung benutzt, die im Text als Einheit vorkommen. Beim Schlagwortverfahren hingegen müssen die zugeordneten Begriffe nicht explizit im Text enthalten sein. Dabei wird häufig ein Thesaurus benutzt, um Vorzugsbenennungen bzw. synonyme, antonyme, ähnliche oder hierarchische Bezüge (Thesaurusrelationen) herzustellen.

An dieser Stelle stellt sich die Frage, ob Deskriptoren automatisch z. B. mit Hilfe von **Text Mining** Verfahren ermittelt werden oder manuell einzupflegen sind. Der manuelle Aufwand ist an dieser Stelle genauso wenig zu unterschätzen, wie die naturgemäß vorhandenen Unzulänglichkeiten von Text Mining Algorithmen, den Inhalt unstrukturierter Daten vollständig zu „verstehen". Signifikant deutlich wird dieses Problem, wenn eine zeitliche Einordnung von Inhalten erfolgen soll. Es ist zu kurz gedacht, eine einfache Referenz zum Erfassungs- oder Erstellungsdatum des Dokuments zu ziehen, da ja der zeitliche Bezug des Dokumenteninhalts im Vordergrund steht. So verweist das jeweilige Dokument ggf. auf Entwicklungen in die Zukunft und/oder auf Geschehnisse in der Vergangenheit. In diesem Falle ist demnach zunächst eine Separierung der Inhalte notwendig, um eine Aufteilung in inhaltskonsistente Einheiten hinsichtlich Aussagen zur Vergangenheit und zur Zukunft zu gewährleisten. Um geeignete Deskriptoren zu finden, wird zudem eine automatische Erkennung nicht möglich sein, wenn der Zeitbezug nicht explizit im Text erwähnt wird, sondern er sich vielmehr nur aus dem Kontext

---

[672] Zum Konzept des Document Warehouse als integrierte Datenbasis für unstrukturierte Daten vgl. Sullivan (2001). Entsprechend integrierte Lösungen können als wesentliches Charakteristikum eines Knowledge Warehouse gewertet werden. Vgl. Dittmar (2004).

[673] Vgl. Becker/Knackstedt/Serries (2002), S. 241.

[674] Für einen Überblick über weitgehend formal-technische Metadaten vgl. Meier (2000), S. 74.

ergibt. Somit ist derzeit eine semi-automatische Indexierung der einzig gangbare Weg, um geeignete Deskriptoren in Abhängigkeit der verwendeten unstrukturierten Datenquellen zu finden.

Es bietet sich in diesem Kontext an, die zu verwendenden Deskriptoren zu beschränken. Vor dem Hintergrund der Hypothese, dass die Datenbestände formatunabhängig als gleichwertig anzusehen sind, ist ein Rückgriff auf die strukturbildenden Dimensionen eines Data Warehouse sinnvoll. Die Dimensionen bilden das Ergebnis einer umfangreichen Quelldaten- und Informationsbedarfsanalyse und legen insofern eine unternehmungsweit gültige Begriffswelt fest. Demzufolge stellen die multidimensionalen Strukturen der Datenbestände des Data Warehouse einen semantischen Bezugsrahmen her, der idealtypisch eine vollständige Beschreibung der Unternehmung aus entscheidungsorientierter Sicht liefert. Eine Organisation der entscheidungsrelevanten unstrukturierten bzw. semi-strukturierten Datenbestände ebenfalls anhand dieser Strukturen, gewährleistet eine semantische Integration, bei der dann unstrukturierten bzw. semi-strukturierten Datenbestände in ihrem relevanten (Kennzahlen-)Kontext bereitgestellt werden.

Mit Hilfe der Deskriptoren lässt sich insofern dann ein „ETL Prozess" für unstrukturiert vorliegendes Datenmaterial aufbauen, der aus den folgenden Subphasen besteht:

1. Selektion der relevanten unstrukturierten bzw. semistrukturierten Dateninhalte aus internen und externen Quellen,
2. Vorverarbeitung der unstrukturierten bzw. semistrukturierten Dateninhalte (Formatvereinheitlichung, Aufteilung in inhaltskonsistente Einheiten)[675],
3. Semiautomatische Indexierung zur Bildung von geeigneten Deskriptoren (unter Einsatz von Text Mining-Verfahren zur Feature Extraction oder Klassifizierung),
4. Zuordnung der um entsprechende Metadaten angereicherten relevanten unstrukturierten bzw. semi-strukturierten Dateninhalte zu den strukturbildenden Dimensionen des Data Warehouse.

Eine entsprechende Architekturskizze zum dargestellten Ansatz mit Beachtung der klassischen ETL-Vorgehensweise visualisiert die folgende Abbildung 10/6.

Dabei ist es unerheblich, ob eine derartige Integration von unstrukturierten und strukturierten Daten auch gleich eine Schemaintegration auf der Datenbankebene vorsieht. Eine direkte Speicherung von Dokumenten kann z. B. als **Binary Large Objekt (BLOB)** realisiert werden und führt zu einer vollständigen physischen Integration.

---

[675] Eine Homogenisierung der Dokumenteninhalte in ein einheitliches Darstellungsformat bietet sich an, um später einen gleichen Zugriff über die Endbenutzerwerkzeuge zu ermöglichen.

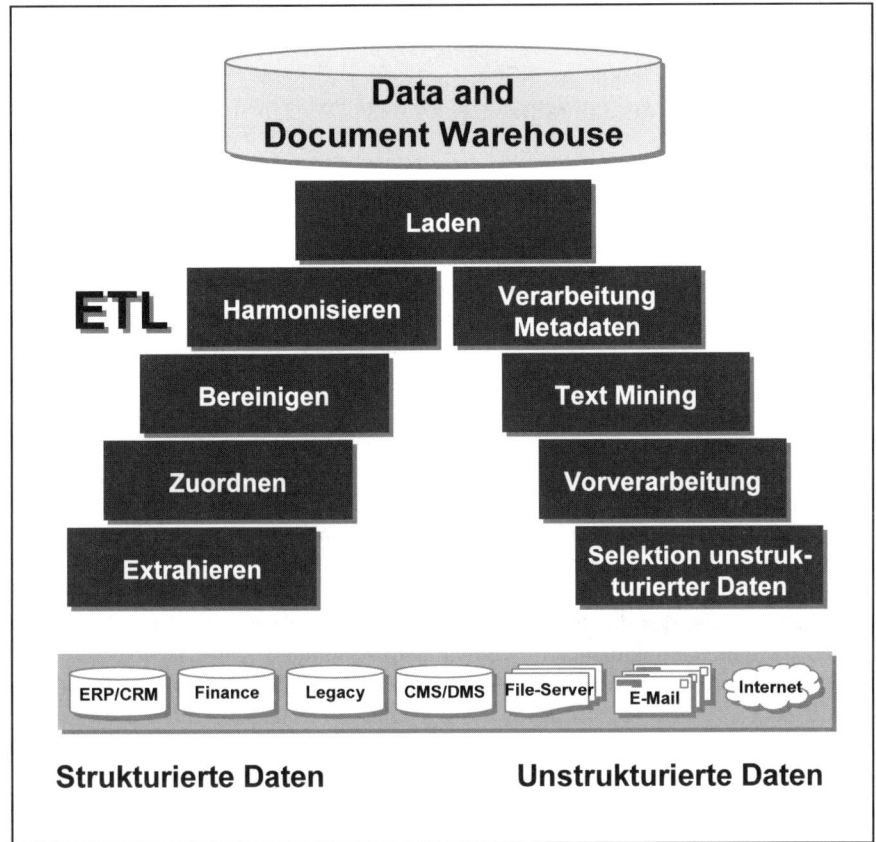

Abb. 10/6: Datenintegration von strukturierten und unstrukturierten Daten zum Aufbau eines vereinten Data Warehouse und Document Warehouse

Die erhebliche Zunahme des Datenvolumens lässt jedoch bei einer singulären Datenbasis Performanzeinbußen erwarten. Demzufolge bietet sich aus pragmatischen Gesichtspunkten an dieser Stelle der Einsatz eines zusätzlichen Dokumentenmanagement-Systems an. Somit wird jeder zur Verwendung kommende Datentyp in einer eigens dafür bestimmten und optimierten Datenhaltungsumgebung gespeichert. Mit der Aufnahme der Dokumente sind in diesem Fall jedoch auch die strukturierten Bestände der Datenbasis um zugehörige Verweise auf die Dokumente anzureichern. Im Idealfall enthält ein geeignetes integriertes Metadatensystem nicht nur die Angaben zu den strukturiert vorliegenden Daten, sondern gleichfalls auch die Metadaten zu den unstrukturierten Daten.

Zweifelsfrei sind die skizzierten Entwicklungen zu einer vollständigen Integration von strukturierten und unstrukturierten Daten noch Gegenstand intensiver Forschungsbemühungen und werden derzeit nur in wenigen Anwendungsfeldern prototypisch eingesetzt. Dass die Verknüpfung unstrukturierter Datenbestände mit den bisher im Data Warehouse dominierenden strukturierten Daten jedoch eine ernst zunehmende Entwicklung im Umfeld von Business Intelligence-Systemen darstellt, wird jedoch unter anderem auch dadurch unterstrichen, dass sie integrales Charakteristikum des Zukunftskonzeptes zum „DW 2.0" ist.[676]

10.2 Senkung der Latenzzeiten bei BI-Systemen

Im Zuge der immer kürzer werdenden Produktlebenszyklen und im Zeitalter einer gestiegenen Umweltdynamik und des anwachsenden, globalen Wettbewerbsdrucks werden Unternehmungen zu einem immer früheren Erkennen von Trends und einem rascheren Reagieren auf kurzfristige Ereignisse gezwungen. Daraus leitet sich die Forderung nach einer Echtzeit-Unternehmung ab.[677] In dessen Folge wird vermehrt die Forderung nach einer erheblichen Senkung der Latenzzeiten (im Sinne einer Verzögerungszeit als Zeitraum zwischen einer Aktion und dem Eintreten einer Reaktion) bei Bussiness Intelligence-Systemen gestellt. Die Zielsetzung besteht darin, auf Basis der in Echtzeit gelieferten Analyseinformationen ein unmittelbares, steuerndes Eingreifen zu erlauben. Damit wird häufig ein gewisser Automatismus der schnellen Reaktion auf Datenänderungen suggeriert. Der Fokus von Business Intelligence auf taktische und strategische Entscheidungen erfährt bei derartigem On-Demand Business Intelligence-Systemen eine Verschiebung in Richtung auf die Unterstützung operativer Entscheidungen.

Im Detail lassen sich verschiedene Stellen im Zeitablauf von der Initiierung des Populationsprozesses von Business Intelligence-Systemen bis hin zur Maßnahmenumsetzung identifizieren, an denen potenzielle Zeitverzögerungen auftreten können und die insofern einen Zielkonflikt zur geforderten Echtzeitanforderung auslösen. In Abhängigkeit von der jeweiligen Gesamtarchitektur müssen entscheidungsrelevante Daten bei der Überführung aus der operativen Systemwelt in das Data Warehouse zumeist verschiedene Verarbeitungsstufen durchlaufen. Der Kauf einer Ware durch einen Kunden wird z. B. im Rahmen des Bezahlvorgangs am „Point of Sale (POS)" an der Scannerkasse elektronisch verfügbar und im zentralen Kassensystem registriert. Die Daten müssen dann noch einige ETL-Strecken hinter sich bringen bis sie in angereicherter Form in das zentrale Data Warehouse gelangen. Entsprechende Bewirtschaftungsprozesse werden heutzutage zumeist durch regelmäßige Aktualisierungsläufe realisiert, die zum Beispiel innerhalb des Nachtfensters den Datenbestand des Vortages transformieren sowie integrieren und anschließend dem Data Warehouse zuführen. Der Zeitverlust vom Entstehen der Daten auf Basis des ursprünglichen Geschäftsvorfalls bis zur Bereitstellung im Data Warehouse wird als **Datenlatenz** bezeichnet.

Die auf dem Data Warehouse aufsetzenden Business Intelligence-Applikationen sind erst danach in der Lage, die veränderten Daten des Date Warehouse zu verarbeiten und dem Anwender in aggregierter und konsolidierter Form zur Verfügung zu stellen. So werden z. B. bestimmte Daten aus dem Data Warehouse se-

---

[676] Zum Konzept „Data Warehouse 2.0" vgl. Inmon (2006).
[677] Vgl. Fleisch (2003).

lektiert und Modelltransformationen durchgeführt. Dadurch wird der Anwender in die Lage versetzt, die aus den Daten abgeleiteten Informationen auszuwerten. An die Datenlatenz schließt sich insofern noch eine Phase der **Analyselatenz** an. In Fortführung des obigen Beispiels könnte hier als Analyseergebnis auf Basis der bisher erzielten Abverkäufe eine drohende Nicht-Verfügbarkeits-Situation („Out of stock") erkannt werden. Folglich ist die Verzögerung, die sich aus der Datenpopulation und -weiterverarbeitung zusammensetzt, ebenfalls für eine potenziell unzureichende Datenaktualität im Business Intelligence-System verantwortlich.

Im Vergleich zu traditionellen Business Intelligence-Systemen stellen On-Demand-Systeme, die sich auf die Verringerung von Daten- und Analyselatenz fokussieren, extreme Performance-Anforderungen. Die Aktualisierungs-Frequenzen orientieren sich dabei an Transaktionszyklen und finden nicht mehr im Batch-Betrieb statt. Die Datenaktualität ist dabei nicht mit einem geforderten Verfügbarkeitsanspruch an das Business Intelligence-System zu verwechseln. Heutzutage wird in vielen Bereichen auf eine uneingeschränkte Nutzbarkeit des Business Intelligence-Systems an 24 Stunden am Tag und an 7 Tagen in der Woche mit Zeiten für die Systemwiederherstellung nach Fehlern (Mean Time to Repair (MTTR)) sowie einhergehende Nicht-Verfügbarkeiten (Down-Zeiten) im Minutenbereich umgestellt.

Auf Basis der Analyseergebnisse haben nun die Fach- und Führungskräfte die Möglichkeit, die Konsequenzen aus der veränderten Situation zu analysieren und potenzielle Handlungsalternativen im Möglichkeitsraum hinsichtlich ihrer Auswirkungen zu bewerten. Nach Maßgabe des Managementkreislaufs (vgl. Abschnitt 2.2) steht hier also die Planungsphase als gedankliche Vorstrukturierung zukünftigen Handels im Vordergrund, die als Ausdruck der Willensbildung untrennbar mit der resultierenden Entscheidung verbunden ist.[678] Die verstreichenden Zeiteinheiten bis zur Entscheidung, die somit eine Brückenfunktion zwischen einer gedanklichen und realisierenden Phase innehat, bilden die **Entscheidungslatenz**. Bezogen auf das Beispiel wäre eine Entscheidung demnach der Beschluss zur Nachbestellung des Artikels bei einem geeigneten Händler, der eine kurzfristige Lieferung des bald ausverkauften Artikels in ausreichender Menge und ausreichender Qualität garantieren kann.

Schließlich muss die getroffene Entscheidung in Form geeigneter Maßnahmen umgesetzt werden. Als Ausdruck der Willensdurchsetzung bedarf es der Gestaltung eines Handlungsgefüges, das die notwendigen Aufgaben im Sinne der Arbeitsteilung gewährleistet.[679] Die resultierenden Zeiteinheiten, die bis zur vollständigen Maßnahmenumsetzung verstreichen, werden als **Umsetzungslatenz** bezeichnet. In dem Beispiel wäre demnach ein entsprechender Bestellprozess auszulösen und abzuwickeln. An dieser Stelle sind natürlich auch umfangreiche Handlungsprogramme denkbar, wie eine Reorganisation oder eine Änderung der strategischen Ausrichtung der Unternehmung, die nicht durch ein singuläres und kurzfristiges Maßnahmenbündel abgearbeitet werden können.

---

[678] Vgl. Mag (1990), S. 8f.
[679] Vgl. Schulte-Zurhausen (2005), S. 4.

Entscheidungslatenz und Umsetzungslatenz können durch eine Steigerung der **Systemvitalität** reduziert werden. In der Praxis findet sich hier ein weites Spektrum von technischen Umsetzungen, das von einfachen Alert-Funktionen bis hin zum automatischen Anstoßen bzw. Steuern von Geschäftsprozessen reicht.

Ausgehend von der Annahme eines abfallenden Verlaufs des Nutzwertes einer Information im Zeitablauf, lässt sich der Verlust eines Informationsvorsprungs durch die verschiedenen Latenzzeiten anhand der folgenden Abbildung 10/7 beschreiben:

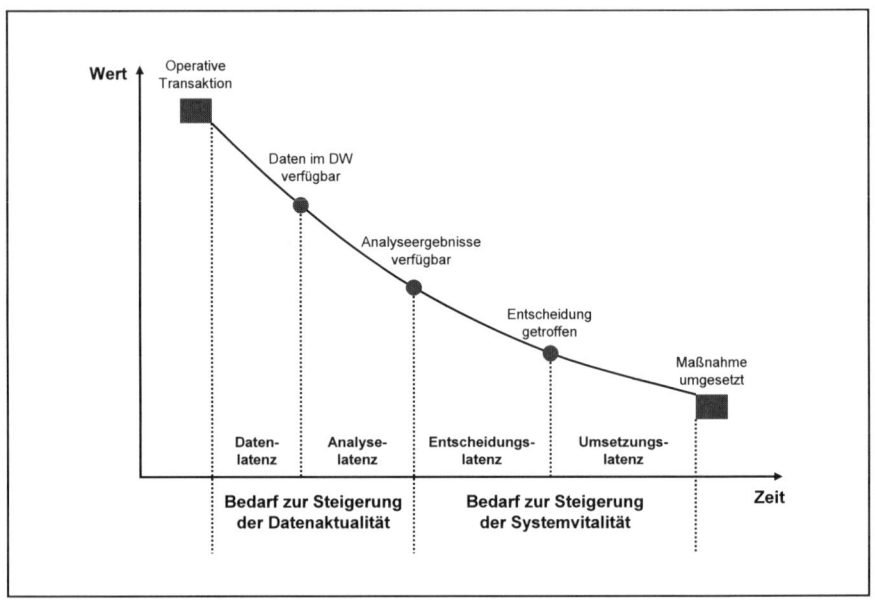

Abb. 10/7:   Latenzzeiten[680]

Die Ausführungen im folgenden Abschnitt widmen sich Real Time Business Intelligence-Systemen, die eine Steigerung der Systemaktualität versprechen. Die Darstellung von architektonischen Grundmustern zur Integration von Business Intelligence in eine Service Orientierte Architektur zeigt anschließend einen Ansatz zur Steigerung der Systemvitalität auf, der letztlich den Weg zur Vision von Active Business Intelligence mit der Zielsetzung einer zero-latency ebnet. Ein Anwendungsbeispiel, welches die Nutzenpotenziale einer entsprechenden Lösung skizziert, rundet die Diskussion um die Möglichkeiten zur Reduzierung der Latenzzeiten durch den Einsatz von Business Intelligence-Systemen ab.

---

[680] In Anlehnung an Hackathorn (2003).

10.2.1 Real Time Business Intelligence

Real Time Business Intelligence-Systeme sind eine spezielle Ausprägung von Business Intelligence-Systemen, die analyseorientierte Information in jeder anforderungsbedingten Aktualität zur Verfügung stellen können.[681] Als entscheidendes Kriterium ist die Bedarfsorientierung zu betonen, da eine hohe Datenaktualität in Business Intelligence-Systemen für sich genommen keinen Selbstzweck darstellt. Insofern ist eine potenzielle Echtzeit-Anforderung zur „Data Freshness" immer vor dem Hintergrund der zu unterstützenden Geschäftsprozesse zu hinterfragen. Ein proaktives Management von Möglichkeiten und Risiken, welches systemgestützt gewährleistet werden kann, entfaltet demzufolge nur dann den vollen Nutzen, wenn auch die Geschäftsprozesse schnell und flexibel ausgestaltet sind, um mit den zeitnahen Informationen umzugehen. So mag es Anwendungsszenarios geben, die mit einer einmaligen, täglichen Datenaktualisierung ausreichend unterstützt werden können, bei anderen Anwendungen sind jedoch Aktualitätszyklen im Minuten-, Sekunden- oder Nanosekundenbereich notwendig. Demzufolge bietet es sich an, statt von Real Time Business Intelligence-Systemen besser von Right Time Business Intelligence-Systemen zu sprechen, um pointiert zum Ausdruck zu bringen, dass bei der Befriedigung von Anwenderbedürfnissen das Ziel verfolgt wird, die richtigen Informationen zum richtigen Zeitpunkt am richtigen Ort zum richtigen Zweck zur Verfügung zu stellen.

Moderne Technologien bieten heute die Option, eine Übertragung angefallener operativer Daten in das Data Warehouse bzw. das Business Inteligence System und die dortige Aufbereitung unmittelbar bei ihrem Entstehen vorzunehmen. Right Time Architekturen setzen dabei vermehrt auf die Kombination von **ETL-Technologien** (vgl. Abschnitt 5.3.2) und einer **Enterprise Application Integration (EAI)-Infrastruktur**, da auf diese Weise eine hohe „Data Freshness" gewährleistet werden kann. Während die Unterstützung durch Technologien bei der Durchführung von ETL-Prozessen im Business Intelligence-Umfeld etabliert ist, stellt die Integration einer EAI-Infrastruktur noch die Ausnahme dar. Unter EAI-Infrastruktur wird eine zumeist Message-orientierte Middleware[682] verstanden, die den uneingeschränkten Austausch von Daten zwischen einzelnen Applikationen erlaubt und somit eine Abbildung von Geschäftsprozessen über verschiedene operative Systeme hinweg ermöglicht.[683] Somit subsummiert EAI neben dem reinen Datenaustausch auch prozessorientierte Themen zur inner- und überbetrieblichen Zusammenarbeit von Software-Systemen.

Daraus wird deutlich, dass eine detaillierte Prozessanalyse Ausgangspunkt jeglicher Entwicklungen zur Realisierung von Right Time Business Intelligence-

---

[681] Vgl. Burdett/Singh (2004), S. 31.

[682] Unter der Bezeichnung Middleware werden anwendungsunabhängige Technologien verstanden, die Dienstleistungen zur Vermittlung zwischen Anwendungen anbieten. Demnach stellt Middleware eine Verteilungsplattform dar, die von der Komplexität der zugrunde liegenden Applikationen und Infrastruktur abstrahieren. Mittels geeigneter Middleware können innerhalb eines komplexen Software-Systems, die verschiedenen entkoppelten Software-Systeme miteinander kommunizieren und Daten austauschen.

[683] Vgl. Linthicum (1999).

Systemen ist. Dabei stellt sich die Frage, in welchem Schritt des Prozesses welche Daten entstehen, die als Teilinformationen im Busines Intelligence-System Nutzen stiftend Verwendung finden können. In einem prozessorientierten Integrationsdesign werden insofern Ergebnisse im Rahmen der Prozessdurchführung auf die relevanten Geschäftsobjekte projiziert. Die folgende Abbildung 10/8 stellt diese Integration aus einer prozessorientierten und datenorientierten Sichtweise dar.

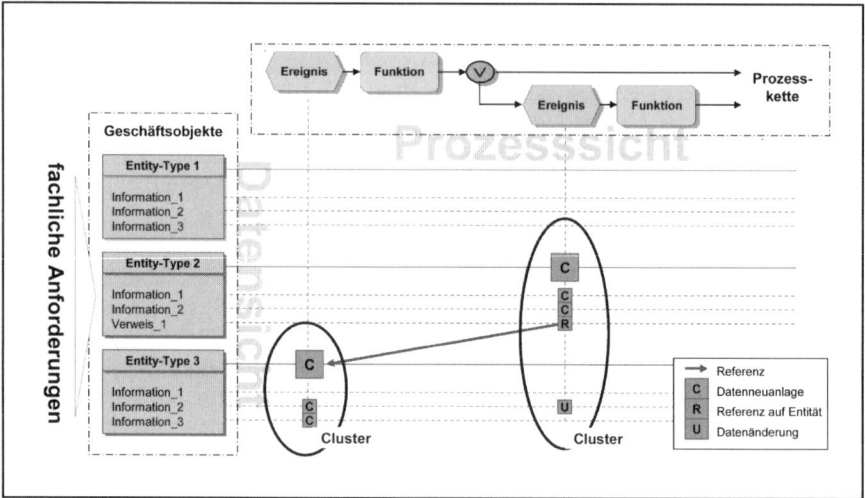

Abb. 10/8:   Integrationsdesign mit Hilfe eines Prozess-Daten-Grids

Innerhalb des Prozess-Daten-Grids lassen sich zum einen einfach einzelne Cluster erkennen, die innerhalb des Prozesses relevante Datenpakete liefern. Zum anderen sind auch Abhängigkeiten zwischen den Clustern erkennbar. Die zugehörigen Ereignisse lassen sich dann zur Steuerung der Datenpopulation verwenden, indem die Daten immer dann an das Data Warehouse weitergereicht werden, wenn ein bestimmtes Ereignis auftritt.[684] Das Quellsystem ist dementsprechend zu modifizieren, um bei der Auslösung eines Events ein passendes Datenpaket zusammenzustellen und weiterzureichen.

Eine spezielle Form der Middleware stellen in diesem Zusammenhang Systeme zur Anwendungsintegration (**Enterprice Application Integration (EAI)**) dar. Mit Hilfe von EAI werden die Nachteile einer klassischen Point-to-Point-Verbindung innerhalb eines komplexen Software-Systems überwunden. Die folgende Abbildung 10/9 zeigt exemplarisch die Ausgangssituation, mit der sich Unternehmungen oftmals konfrontiert sehen und die durch eine extreme Vielfalt an unterschiedlichen Schnittstellen und zugehörigen Protokollen gekennzeichnet ist.

---

[684] Vgl. Bauer/Günzel (2004), S. 81f.

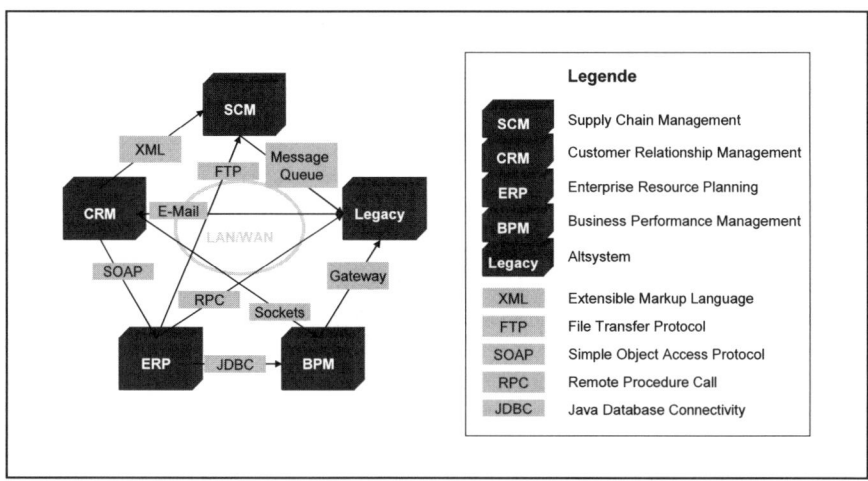

Abb. 10/9:   Point-to-Point-Verbindungen vor der Einführung einer EAI

Die dargestellte Systemlandschaft zeichnet sich dadurch aus, dass die Anwendungen direkt miteinander verbunden sind. Im Resultat ergibt sich dadurch eine „Spaghetti"-Architektur, bei der bei n Systemen maximal n*(n-1)/2 Schnittstellen aufgebaut werden müssen. Oftmals weisen entsprechende Systemlandschaften zudem durch eine uneinheitliche Schnittstellenarchitektur auf, so dass der Betrieb unterschiedlicher, zumeist aus der Historie gewachsener Schnittstellenprotokolle und -standards nebeneinander erfolgt. Eine derartige Lösung ist natürlich nur bei wenigen Systemen und Verknüpfungen praktikabel, da sich einzelne Systeme nur mit hohem Aufwand austauschen bzw. modifizieren lassen. Ein zentrales Monitoring über den gesamten Datenfluss erweist sich zudem als sehr aufwändig.

An dieser Stelle setzen EAI Architekturen an und versprechen eine Senkung der Integrationskosten, vor allem auch bei der Vernetzung von Geschäftsmodellen und kollaborativen Geschäftsprozessen auf Basis bestehender Systeme. Die Verbesserungen dokumentieren sich in einer Verringerung der Schnittstellenanzahl sowie in der Einführung eines übergreifenden Metadatenmanagement. Zudem wird eine Effizienzsteigerung (erhöhte Datenqualität) und eine Redundanzvermeidung (Datenkonsistenz) bei gleichzeitiger Kostenreduktion durch Reduzierung des Erstellungs- und Wartungsaufwand erreicht. Die flexible Integration der Applikationen entlang der (modifizierten) Geschäftsprozesse verheißt zudem eine bessere Nutzung vorhandener Daten, so dass bestehende Altsysteme integriert werden können, anstatt diese mit hohem Aufwand auf ein neues System zu migrieren (Integration statt Migration).

Neben dem klassischen architektonischen Grundmuster nach dem Hub-and-Spoke-Ansatz haben sich in letzter Zeit vor allem verteilte Bus-Topologien durchgesetzt, bei denen alle angebundenen Anwendungen über denselben Nachrichtenkanal verbunden sind. Die Integration von Anwendungen erfolgt, indem diese mittels Nachrichten miteinander kommunizieren, die in einer Message-Queue eingereiht und abgespeichert werden. Dadurch agiert eine entsprechende Message-

orientierte Middleware unabhängig von der Netzverfügbarkeit. Als vorherrschende Form der Nachrichtenübermittlung ist die asynchrone Kommunikation im
Publish-and-Subscribe-Verfahren zu nennen. Die folgende Abbildung 10/10
nimmt das skizzierte Szenario der Point-to-Point-Verbindungen auf und integriert
die Anwendungen über Adapter auf einen Enterprise Service Bus, der häufig das
technische Rückrad einer **Service Orientierten Architektur (SOA)** darstellt.

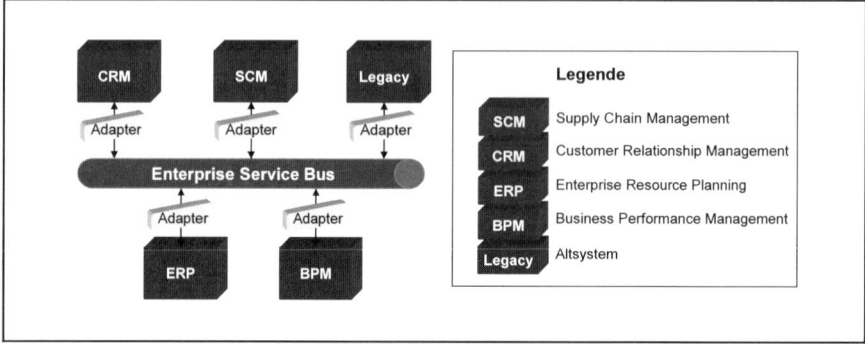

Abb. 10/10: Integration über einen Enterprise Service Bus

Durch die architektonische Kombination von EAI und ETL lassen sich die Vorteile der jeweiligen Technologien nutzen, um eine Right Time-Belieferung von Business Intelligence-Systemen zu realisieren. Während sich die EAI-Infrastruktur
primär auf die Prozessautomation zur zeitnahen Übertragung kleiner Datenmengen für den ereignisorientierten Informationsaustausch fokussiert, bieten ETL-
Werkzeuge vielfältige Möglichkeiten zur Umsetzung komplexer Transformationen großer Datenmengen und damit zur Transponierung von Daten zwischen unterschiedlich ausgerichteten Datenmodellen.[685] Beide Ansätze stehen insofern
nicht in einem konkurrierenden Verhältnis zueinander, sondern ergänzen sich
vielmehr bei der Aufgabenstellung der Datenintegration. Zudem sind deutliche
Entwicklungen dahingehend zu beobachten, dass beide Systemklassen langfristig
miteinander verschmelzen und die Paradigmen der Datenintegration konvergie-
ren.[686]

Hinsichtlich der architektonischen Abbildung einer Kombination aus EAI-
Infrastruktur und ETL-Technologie bestehen Freiheitsgrade dahingehend, inwiefern via EAI oder ETL die einzelnen Schichten der Gesamtarchitektur mit Daten
bewirtschaftet werden. Entscheidende Kriterien stellen dabei der Grad der Real
Time-Fähigkeit aus der fachlichen Anforderung, die Komplexität der notwendigen
Datentransformationen sowie das zu verarbeitende Datenvolumen dar. Die folgende Abbildung 10/11 visualisiert diesen Zusammenhang innerhalb einer klassischen Business Intelligence-Architektur.[687]

---

[685] Vgl. Akbay (2006).
[686] Vgl. Bange (2004).
[687] Vgl. Kemper/Mehanna/Unger (2004), S. 19ff., sowie Abschnitt 4.4.

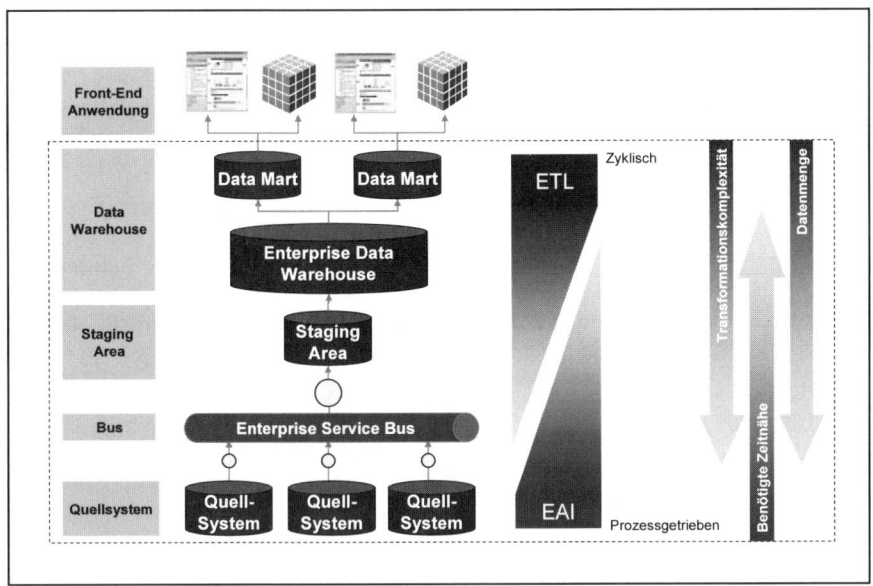

Abb. 10/11: Blue Print für eine Real Time Business Intelligence-Architektur

Hierbei fungiert die Staging Area nicht nur als temporäres Speichermedium mit Löschung der Daten nach Weiterverarbeitung. Vielmehr werden die eingehenden message-orientierten Daten aufgrund der Unsynchronität und Fragmentiertheit von Stamm- und Bewegungsdatenlieferungen weiter in der Staging Area vorgehalten und in regelmäßigen Ladezyklen entsprechend des Grades der Real Time Anforderung nach den notwendigen Transformationen und Konsistenzprüfungen weiterverarbeitet. Technische Metadaten, die den jeweiligen Bearbeitungsstatus protokollieren, reichern jeden eingehenden Datensatz an. Der nächste Ladezyklus berücksichtigt auch die Datensätze, die z. B. aufgrund noch ausstehender oder bisher erfolgloser Prüfungen noch nicht in das Enterprise Data Warehouse überführt werden konnten. Die Häufigkeit der zyklischen Ladeprozesse im Zeitablauf definiert dann die Aktualität, mit der die prozessgetriebenen, auf den Enterprise Service Bus gestellten Nachrichten zu Analysezwecken in den BI-Anwendungen zur Verfügung stehen.

Wie ausführlich dargestellt, lässt sich mit der vorgeschlagenen technischen Architektur die Daten- und Analyselatenz reduzieren, so dass Daten aus den operativen Systemen unmittelbar nach dem Entstehen in das Business Intelligence-System überführt werden. Diese technische Architektur eröffnet zugleich auch die Möglichkeit, Business Intelligence-Systeme in eine Service Orientierte Architektur einzubinden, wie der folgende Abschnitt belegt.

10.2.2 Business Intelligence in einer Service Orientierten Architektur

Durch die in letzter Zeit sehr intensiv geführte Debatte um eine Service Orientierte Architektur hat die Steigerung der Systemvitalität einen wesentlichen Impuls erhalten, der auch die Rolle von Business Intelligence-Systemen neu definiert. So sind auch Business Intelligence-Systeme als monolithische Blöcke zu charakterisieren, die aus datenorientierter Sicht vielfältige Schnittstellen zu den Systemen aus den operativen Domänen besitzen. Zudem werden im Rahmen der Durchführung von Geschäftsprozessen Analyseergebnisse aus den Business Intelligence-Systemen eingesetzt, so dass es nur eine Frage der geeigneten Definition und Modellierung von fachlichen Services ist, um auch Informationen aus Business Intelligence-Systemen darin abzubilden. Derartige Services sind demnach in die koordinierte Abarbeitung der durch weitere Services bereitgestellten betrieblichen Funktionen zu integrieren, um so einen vollständigen Geschäftsprozess darzustellen.

Allgemein kann eine **Service Oriented Architecture (SOA)** als eine Software-Architektur beschrieben werden, die wiederverwendbare Funktionalitäten über lose gekoppelte, von der Implementierung fachlich und technisch getrennte Interfaces zur Verfügung stellt.[688] SOA ist in diesem Sinne kein Produkt, sondern ein Konzept, um aus monolithischen und abgeschotteten Anwendungen unabhängige Services zu entwickeln, die sich als Bausteine für die informationstechnische Unterstützung des Geschäftsprozessablaufs mehrfach nutzen und kombinieren lassen. Das grundsätzliche Paradigma orientiert sich am Konzept lose gekoppelter Komponenten, nach dem die IT-Infrastruktur als Ansammlung von Bausteinen aufgefasst wird, die untereinander via Dienstaufrufe verbunden sind. Die verschiedenen Schritte innerhalb eines Geschäftsprozesses können durch die Anreihung von fachlich orientierten Dienstaufrufen unabhängig von ihrer jeweiligen Systemherkunft abgebildet werden. Auf Änderungen in den Geschäftsprozessen lässt sich schnell und flexibel durch eine neue Zusammenstellung der Dienstaufrufe reagieren.

Durch SOA erfolgt eine weitgehende Trennung von Geschäftsprozessen und Geschäftsfunktionen. Zusätzlich wird eine Trennung dieser fachlichen Konzepte von deren technischer Realisierung erreicht. Bei Änderung eines Geschäftsprozesses muss im Idealfall nicht mehr das gesamte System geändert werden. Vielmehr ist es hinreichend, den Kontrollfluss des Aufrufs der Geschäftsfunktionen und den damit verbundenen Datenaustausch anzupassen. Darüber hinaus wird eine Wiederverwendung der durch Service-Operationen repräsentierten Geschäftsfunktionen in möglichst vielen Geschäftsprozessen angestrebt.

Innerhalb einer SOA hat sich die Rollenaufteilung zwischen einem **Service-Provider**, einem **Service-Requestor** und einem **Service-Broker** etabliert. Der Service-Provider stellt einen oder mehrere Services als Software-Komponenten bereit, die eine wohl definierte (fachliche) Funktionalität über eine standardisierte Schnittstelle anderen Services oder Anwendungen zur Verfügung stellen. Der Service-Requester hingegen ruft diese angebotenen Services auf Basis eines Vertrags

---

[688] Vgl. Keen et al. (2004), S. 33f.; Richter/Haller (2005), S. 413.

auf, der die Voraussetzungen für die Servicenutzung klärt. Die eigentliche Implementierung ist nicht Teil des Vertrages, sondern bleibt in der Verantwortung des Service-Providers und ist unter Einhaltung des Vertrages austauschbar. Als technische Basis zur Realisierung einer SOA wird der Enterprise Service Bus eingesetzt, der Service-Requestor und Service-Provider zusammenführt. Der Service-Broker als zentrales Repository steht letztlich als Intermediär zwischen dem Service-Provider und dem Service-Requester und veröffentlicht eine Dienstbeschreibung der angebotenen Services.

Die Integration von Business Intelligence-Systemen in eine SOA ist derzeit in der Praxis nur in seltenen Einzelfällen zu finden.[689] Es zeigt sich jedoch, dass eine schrittweise Integration zumeist das Business Intelligence-System in einem ersten Schritt als Service-Requester vorsieht. Vor dem Hintergrund der Grundregel, dass die Eignung eines Geschäftsprozesses für eine Realisierung mittels einer SOA mit dem Grad der Strukturiertheit des Prozesses steigt, erscheint diese Tatsache auch nicht weiter verwunderlich. Entsprechend strukturierte Prozesse sind primär im operativen Bereich zu finden und werden mit Hilfe von operativen Systemen abgewickelt. Insofern fokussiert sich eine SOA in einem ersten Schritt auf operative Prozesse und die Interaktivität von operativen Systemen. Hier steht als Endprodukt des Prozesses häufig eine Information, deren Wertigkeit eine Population ins Business Intelligence-System rechtfertigt. Neben der im vorhergehenden Abschnitt beschriebenen ereignisgesteuerten Datenbewirtschaftung kann ein Nachrichtenaustausch zwischen operativen Systemen und dem Business Intelligence-System auch in Form einer synchronen Kommunikation modelliert werden, die dem Business Intelligence-System die Rolle des Service-Requesters zuteil werden lässt.

Der logisch nächste Schritt besteht nun darin, das Business Intelligence-System auch als Service-Provider zu etablieren, um so Services anzubieten, die in den Ablauf von Geschäftsprozessen eingebunden sind und somit die Steuerungskompetenz der Informationen betonen, die vom Business Intelligence-System zur Verfügung gestellt werden. Es ist jedoch an dieser Stelle darauf hinzuweisen, dass die Verwendung von Informationen aus dem Business Intelligence-System zumeist innerhalb semistrukturierter oder gar Ad-hoc ablaufender Analyse-, Steuerungs- und Planungsprozesse erfolgt, so dass es naturgemäß nur in eingeschränktem Maße möglich ist, eine **Prozess-Engine** einzubinden, die z. B. eine stringente Abfolge von Services zur Abarbeitung einer analytischen Fragestellung festlegt. Grundsätzlich sind jedoch zwei unterschiedliche Serviceklassen zu differenzieren:

---

[689] Vgl. Steria-Mummert (2006), S. 41.

- **Einfache BI Services** definieren direkte Datenzugriffsdienste auf die Datenbestände des Business Intelligence-Systems. Diese Services orientieren sich sehr eng an dem vorhandenem Geschäftsmodell, nach dem die Daten integriert abgelegt sind, so dass an dieser Stelle auch von Business Model Services gesprochen werden kann. Ein Beispiel für einen einfachen BI Service stellt die Dienstleistung dar, neue Stammdaten zu historisieren oder zu alten Stammdaten das entsprechende Gültigkeitsintervall an den Service-Requestor zurückzuliefern. Hier bietet z. B. das Business Intelligence-System auf Basis seiner historischen Daten die Information, wann ein gewisses Produkt im Sortiment aktiv gesetzt war.

- **Analytische Services** sind hingegen ausschließlich fachlich getrieben und nutzen die umfangreichen Informationen, die in Business Intelligence-Systemen vorliegen. Sie liefern demzufolge Analyseergebnisse auf aggregierter Ebene und sind insofern im Vergleich zu den einfachen BI-Services als höherwertig einzustufen. Analytische Services bieten im einfachsten Fall aktuelle Kennzahlen-Werte in der vom Service-Requester geforderten Detaillierung. darüber hinaus sind aber insbesondere anspruchsvolle Auswertungen zu erwähnen, die Business Intelligence-Analytik auf den aktuell verfügbaren Daten anwenden, um daraus Steuerungsinformationen für den weiteren Verlauf von Geschäftsprozessen abzuleiten.

Verbindendes Element zwischen den Systemen bzw. den einzelnen Systemebenen bleibt der Enterprise Service Bus, so dass auch Business Intelligence-Systeme in einer SOA aufgenommen werden. Die folgende Abbildung 10/12 skizziert die unterschiedlichen Integrationsmöglichkeiten von Business Intelligence in eine SOA. Das Spektrum reicht hier von einer Datenbewirtschaftung auf Basis einer asynchronen, nach dem Publish & Subscribe-Verfahren realisierten ereignisgesteuerten Architektur (Event-Driven-Architecture) bis hin zur Etablierung von analytischen BI-Services, die von der BI-Lösung über eine synchrone Kommunikation für Service-Requester zur Verfügung gestellt werden.

In der Abbildung sind auf der einen Seite die Operativsysteme berücksichtigt, die im Rahmen einer SOA Services für die Unterstützung von operativen Geschäftsprozessen bieten. Auf der anderen Seite ist eine klassische Schichtenarchitektur eines Business Intelligence-Systems dargestellt. Letztere setzt sich aus Ebenen zusammen, die sich einerseits primär dynamischen Datenpopulationsprozessen widmen, und Ebenen, bei denen andererseits eher die statische Aufgabe der Datenpersistenz im Mittelpunkt steht. Die im vorhergehenden Abschnitt dargestellte **Event-Driven Architecture (EDA)**, die eine Kombination aus EAI-Infrastruktur und ETL-Technologie vorsieht, ist im unteren Bereich der Abbildung 10/12 angedeutet und kann auch als synchrone Kommunikation aufgebaut werden, in der das Business Intelligence-System als Service-Requestor auftritt, um Ergebnisse bei der Durchführung von Geschäftsprozessen in Realzeit zur Verfügung zu stellen.

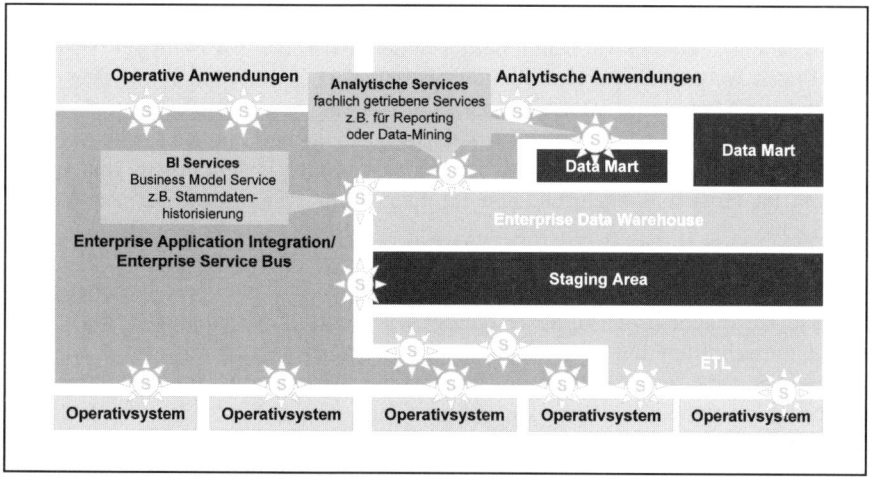

Abb. 10/12: Integration von Business Intelligence in eine SOA

Gleichsam ist jedoch auch eine Kommunikation über Services angedeutet, bei der das Business Intelligence-System als Service-Provider auftritt und Services zur Verfügung stellt, die nicht nur in den analytischen Anwendungsbereichen, sondern auch bei der Durchführung von operativen Geschäftsprozessen ihre Einsatzbereiche finden. Dabei kann es sich sowohl um einfache BI-Services als auch um analytische Services handeln.

Sofern das Business Intelligence-System als Service-Provider auftritt und die abgerufenen Services direkt zur Steuerung von Geschäftsabläufen genutzt werden, ist dies als großer Schritt in Richtung Active Business Intelligence-System zu werten. Deshalb behandelt der folgende Abschnitt die Steigerung der Systemvitalität unter diesem Schlagwort, um das Spektrum der Ansätze zur Senkung der Latenzzeiten durch On-Demand Business Intelligence-Systeme abzuschließen.

10.2.3 Active Business Intelligence

Computergestützte Informationssysteme, welche die zur Erfüllung einer Aufgabe notwendigen einzelnen Aktionen nicht mehr den Benutzern des Informationssystems allein überlassen, sondern diese teilweise selbst übernommen, lassen sich als Aktive Informationssysteme bezeichnen. Damit wird die klassische Domäne computergestützter Informationssysteme, die vorrangig Datenspeicher sein müssen, insofern verändert, als dass zudem Handlungsanweisungen als Folge von gewissen Datenkonstellationen zusätzlich zu integrieren sind. Insbesondere im Bereich von Datenbanksystemen sind Mechanismen bekannt, die auf dem Grundkonzept so genannter **ECA-Regeln** aufbauen. Die Regeln bestehen aus Tripeln (Event, Condition, Action) und stellen den Zusammenhang zwischen Ereignissen, Bedingungen und auszulösenden Reaktionen dar.[690]

---

[690] Vgl. Gabriel/Röhrs (2003), S. 218.

Der Wandel von passiven zu aktiven Systemen wurde im Umfeld von Business Intelligence-Systemen zwar schon häufig eingefordert, bleibt aber in der betrieblichen Praxis weitestgehend eine Randerscheinung. Dies verwundert vor dem Hintergrund, dass gerade im Bereich von Business Intelligence die skizzierte Systemvitalität der logisch nächste Schritt wäre, da sich in den Business Intelligence-Systemen schließlich der konsolidierte und integrierte Datenbestand findet, der letztlich als Entscheidungsgrundlage für Fach- und Führungskräften zur Verfügung steht.

Zumeist kommen die implementierten Lösungen über eine einfache Alert-Funktion nicht hinaus, um den Nutzer auf besondere Datenkonstellationen aufmerksam zu machen, die vorab festgelegt worden sind. So kann z. B. bei Über- oder Unterschreiten eines gewissen Schwellenwertbereichs für eine Kennzahl nicht nur in der Front-End-Komponente z. B. per Ampelfarben diese Tatsache besonders hervorgehoben, sondern gleichsam auch eine E-Mail oder eine SMS an einen festgelegten Adressatenkreis versendet werden. Damit ist die Hoffnung verbunden, die Entscheidungslatenz signifikant zu senken, indem die Fach- und Führungskräften bei Eintreten einer bestimmten Datenkonstellation umgehend auf einen potenziellen Entscheidungsbedarf hingewiesen werden. Der Zeitbedarf für den folgenden Entscheidungsprozess wird allerdings aus der Betrachtung ausgeklammert, es geht in einem ersten Schritt nur darum, die Aufmerksamkeit bei den Fach- und Führungskräften zu erwecken.

Eine signifikante Senkung der Entscheidungslatenz und auch der Umsetzungslatenz wäre zu erwarten, wenn die nachfolgende Entscheidung und Umsetzung ebenfalls automatisch durch das Business Intelligence-System erfolgt. Jedoch bleibt ein automatisiertes Anstoßen von Prozessketten in Konsequenz von bestimmten Datenkonstellationen bei Business Intelligence-Systemen nach wie vor die Ausnahme. Gerade hier verspricht eine Integration von Business Intelligence und SOA einen entscheidenden neuen Impuls zu liefern, so dass die Vision eines Active Business Intelligence-Systems auf breiter Basis umsetzbar erscheint. Schließlich ist die fest definierte Integration von einfachen BI-Services und insbesondere von analytischen Services in die operativen Geschäftsprozesse eine klar erkennbare Umsetzung des **„Closed-Loop"-Gedankens"**, bei dem ein geschlossener Handlungskreislauf zwischen den operativen und den dispositiven Systemen entsteht. Die unidirektionale Verbindung zwischen operativen Systemen und den aufsetzenden Business Intelligence-Systemen wird so um eine IT-technisch realisierte Rückkopplung ergänzt. Ein zunehmendes Verwischen der Grenzen zwischen den Systemkategorien geht mit den skizzierten Entwicklungen einher.

Es ist jedoch an dieser Stelle darauf hinzuweisen, dass ein großer Teil der Zeiteinheiten, die bis zum Abschluss der Umsetzung der Entscheidung entstehen, nicht im Verantwortungsbereich des Business Intelligence-Systems stehen. Insofern kann nur ein Anstoßen der Umsetzung beschleunigt werden, die eigentliche Umsetzung findet jedoch außerhalb des Business Intelligence-Systems statt.

10.2.4 Exkurs: Anwendungsbeispiel zur Latenzzeitsenkung

Abschließend sollen die Ausführungen zur Reduzierung der Latenzzeiten durch eine exemplarische Kombination aus Real Time-Ansätzen und Integration von Business Intelligence in eine SOA anhand eines Beispiels aus dem Bereich des **Kampagnenmanagement** dargestellt werden. Traditionell erfolgt dort nach der Bestimmung der Kampagnenziele und der festgelegten Produktangebote anhand von definierten Selektionskriterien die Erstellung einer Liste mit potenziellen Kampagnenteilnehmern. Die zugehörigen Selektionskriterien beziehen sich beispielsweise auf demografische Faktoren, aber auch auf das bisherige Kundenverhalten aus der Kundenhistorie, so dass an dieser Stelle regelmäßig Business Intelligence-Systeme zum Einsatz kommen. Im Rahmen der Kampagnendurchführung werden nun die selektierten Kunden angesprochen und ihnen ein spezielles Angebot unterbreitet. Die eingesetzten CRM-Systeme zur operativen Kampagnendurchführung protokollieren sowohl Angebotsannahmen als auch -ablehnungen und stellen diese Daten dem Business Intelligence-System für Detailanalysen zur Verfügung. Zugehörige Analysen kontrollieren z. B. im Nachhinein, ob eine Kampagne erfolgreich war und die gesetzten Kampagnenziele realisiert werden konnten. Da die skizzierten Aktionen auf umfangreiche Datenbestände zurückgreifen, daher zumeist sehr zeitintensiv sind und die Durchführung folglich im Nachtbetrieb erfolgt, kommt es immer wieder zu Konstellationen, die beim Kunden Irritation oder gar Verärgerung hervorrufen. Beispielsweise werden Kunden neue Angebote unterbreitet, obwohl diese soeben die Geschäftsbeziehung beendet haben.

Bei dem geschilderten Szenario können Real Time Business Intelligence und die direkte Integration von Business Intelligence in eine SOA Abhilfe schaffen. Sofern sich im Kundenverhältnis Änderungen ergeben (ein Kunde ruft im Call-Center an, um eine Namensänderung nach seiner Heirat bekannt zu geben), muss diese Information unmittelbar dem Business Intelligence-System zugeführt werden, damit Services des Business Intelligence-Systems, diese neue Information berücksichtigen können. Eine kundenindividuelle Zusammenstellung eines optimalen Angebots im Rahmen einer Kampagnenselektion müsste dann nicht mehr mit langem Vorlauf durch das Business Intelligence-System erfolgen. Vielmehr wäre es sinnvoll, einen analytischen Service zu modellieren und zu implementieren, der über die SOA-Infrastruktur direkt im Rahmen des Kampagnendurchführungsprozess aufgerufen wird und für jeden Kunden mit Hilfe einer Rules-Engine ein optimales Angebot in Echtzeit zusammenstellt und zurückmeldet bzw. einen Kontakt durch den Call Agent unterbindet. An dieser Stelle übernimmt somit das Business Intelligence-System eine aktive Rolle und steuert den weiteren Verlauf des Geschäftsprozesses.

Die Integration von Business Intelligence in eine SOA führt in Summe zu einer Steigerung der Systemvitalität von Business Intelligence, bedingt aber auch gleichsam die Anforderungen an einen möglichst aktuellen Datenbestand, so dass Real Time Business Intelligence in den meisten Anwendungsfällen eine unabdingbare Voraussetzung darstellt. Insofern repräsentieren die skizzierten unterschiedlichen Ansätze zur Senkung der Latenzzeiten nicht voneinander unabhängi-

ge Entwicklungen, sondern sind vielmehr als einander ergänzende Trends zu verstehen.

11 Betriebswirtschaftliche Bedeutung von Business Intelligence-Systemen

Als Einsatzzweck von BI-Lösungen kann die effizientere Gestaltung von Arbeitsprozessen sowie die Vorbereitung fundierterer Entscheidungen und damit eine qualitative Verbesserung von Arbeitsergebnissen sowohl im operativen als auch im strategischen Management verstanden werden. Als Ressourcen betrachtet und als "Produktionsfaktor" genutzt müssen BI-Systeme Kriterien der Wirtschaftlichkeit erfüllen, die im Abschnitt 11.1 zu diskutieren sind. Neue Technologien nehmen in einem globalen Wettbewerb immer häufiger eine strategische Bedeutung ein, die in Abschnitt 11.2 erörtert wird.

11.1 Wirtschaftlichkeitsüberlegungen beim Aufbau und Einsatz von Business Intelligence-Systemen

Eine Unternehmung muss beim Einsatz ihrer Produktionsfaktoren stets auf die **Wirtschaftlichkeit** achten. Dieser gemäß Gutenberg[691] systemindifferente Tatbestand ist äußerst wichtig für den Erfolg einer Unternehmung in der Marktwirtschaft. Die quantitative Ermittlung der Wirtschaftlichkeit erfolgt i. d. R. als Quotient von Ertrag (Nutzen) und Aufwand (Opfer bzw. Kosten). Ökonomisches Handeln unter Beachtung der Wirtschaftlichkeit wird auch als Sparsamkeitsprinzip bezeichnet und leitet sich aus dem Rationalprinzip ab. „Das Wirtschaftlichkeitsprinzip ist bei der Faktorkombination eingehalten, bei der die Gesamtkosten der für die Erzeugung einer bestimmten Ausbringungsmenge X eingesetzten Produktionsfaktoren ein Minimum erreichen. Diese Faktorkombination bezeichnet man allgemein auch als Minimalkostenkombination."[692]

Da BI-Systeme als Softwaresysteme Produktionsfaktoren repräsentieren, die dazu beitragen sollen, die Unternehmungsziele besser zu erreichen, unterliegen sie auch dem Wirtschaftlichkeitsprinzip. Um eine Bewertung vornehmen zu können, müssen folglich einerseits der Ertrag bzw. Nutzen und andererseits der Aufwand bzw. die Kosten der BI-Systeme festgestellt werden.

Neben der wertmäßigen Darstellung der Wirtschaftlichkeit wird häufig eine mengenmäßige Betrachtung vorgenommen, die dann unter der Bezeichnung **Produktivität** den Quotienten von Ausbringungsmenge (Leistungsmenge) und Faktoreinsatzmenge (Verbrauchsmenge) errechnet. Eine weitere Möglichkeit, die Wirtschaftlichkeit zu quantifizieren, ergibt sich aus der Division von Ist- durch Sollkosten bzw. -mengen.

Die betriebswirtschaftliche Beurteilung bzw. Bewertung einer technologiegestützten Organisationsform ist ein immer noch nicht befriedigend gelöstes Problem. Diverse Ansätze aus der klassischen betriebswirtschaftlichen Investitions-

---

[691] Vgl. Gutenberg (1983).
[692] Busse von Colbe/Laßmann (1991), S. 221.

rechnung und Wirtschaftlichkeitsberechnung[693] haben zwar Anregungen gegeben, aber speziell die Nutzengrößen (Erträge) beim Einsatz von Informationssystemen werden nicht hinreichend erfasst. Die meist fehlende Quantifizierbarkeit ist das Haupthindernis. Das wertmäßige Verhältnis aus Nutzen und Kosten stellt eine Erfolgsmesszahl dar, setzt allerdings voraus, dass die Größen monetär bewertbar sind. Kostenanalysen ex post erweisen sich meist als unkritisch, während projektbezogene Plankostenrechnungen für IuK-Projekte im operativen und erschwerend im strategischen Bereich noch eine Herausforderung darstellen. Die bei BI-Systemen hauptsächlich vorhandenen qualitativen Nutzeneffekte können bei der Analyse nicht ohne weiteres mit einbezogen werden, da sie schwierig umzurechnen sind und normalerweise nicht direkt eintreten, sondern erst mittel- bzw. langfristig wirken.

Im Rahmen eines **Software Engineering**, das sich mit der systematischen Entwicklung von Software wissenschaftlich auseinandersetzt, wird das zu erstellende Produkt während seiner gesamten Lebenszeit (Lebenszyklusmodell) betrachtet. Der **Nutzen** des Produktes Software ergibt sich durch seinen Einsatz im betrieblichen Prozess, der Aufwand entsteht überwiegend bei der Planung und bei der Entwicklung einschließlich der Einführung (Integration) des Produktes. Aber auch beim Einsatz des Softwaresystems sind Aufwandsgrößen feststellbar, so durch die Wartung, Pflege und eventuelle Weiterentwicklung, aber auch durch den direkten Einsatz. Um brauchbare Aussagen bei der Bewertung des Aufwandes und auch des Nutzens zu erhalten, müssen Verfahren angewendet werden, welche eine Abschätzung der quantitativen und qualitativen Effekte vornehmen können, um zu korrekten Ergebnissen zu gelangen. Zusätzlich wäre die Wirtschaftlichkeit des Softwareproduktes mit der Wirtschaftlichkeit von alternativen Vorgehensweisen (z. B. Arbeiten mit konventionellen Methoden) zu vergleichen. Nacheinander sollen in den folgenden Ausführungen zunächst Nutzengesichtspunkte und dann Kostenaspekte nochmals vertiefend aufgegriffen werden.

Ziel bei der Entwicklung und beim Einsatz von Software und damit auch für BI-Systeme ist das Erreichen einer möglichst hohen **Qualität** des Softwareproduktes, und damit eine hohe Qualität der Arbeitsergebnisse, die durch den Einsatz der Software generiert werden. Die Qualitätsmerkmale lassen sich als Nutzenkriterien beschreiben, die als Anforderungen an Softwaresysteme erfüllt sein sollen. Der Nutzen von Softwareprodukten lässt sich allgemein durch folgende Merkmale bestimmen: [694]

- Brauchbarkeit (Funktionsfähigkeit, Zuverlässigkeit, Effizienz, Benutzungsfreundlichkeit),
- Wartbarkeit (Testbarkeit, Verständlichkeit, Änderbarkeit) und
- Portabilität (Geräte- und Systemunabhängigkeit).

---

[693] Vgl. Nagel (1988).
[694] Vgl. Balzert (1989), S. 10ff.

Diese Merkmalsklassen besitzen auch für BI-Systeme Gültigkeit, wobei hier vor allem die Kriterien der Funktionsfähigkeit und der Benutzungsfreundlichkeit hervorzuheben sind.

Der Nutzen von Business Intelligence ist nicht immer im Voraus klar zu definieren. Im Allgemeinen soll der Manager mit Hilfe der Informationen aus dem System in die Lage versetzt werden, bessere Entscheidungen zu treffen. Die Determinanten zur Bemessung der Entscheidungsqualität sind Breite, Tiefe, Qualität, Zugänglichkeit und Aufbereitung der entscheidungsrelevanten Information (vgl. Abschnitt 2.3). Als qualitative Nutzeffekte stehen diese umso mehr im Vordergrund, als sich eine direkt zurechenbare Personaleinsparung oder Freisetzung von anderen Ressourcen wie beim Einsatz von operativen DV-Systemen nicht verbuchen lässt. Aus diesem Grund führen Wirtschaftlichkeitsberechnungen, die nach statischen Verfahren der Kostenvergleichsrechnung, der Gewinnvergleichsrechnung, der Rentabilitätsrechnung oder Amortisationsrechnung vorgenommen werden, nicht zu brauchbaren Ergebnissen. Dagegen beinhalten die dynamischen, zeitraumbezogenen Verfahren der Kapitalwertmethode, der Annuitätenmethode oder der Methode des Internen Zinsfußes immer noch das Problem der Nutzenquantifizierung.

Mehr Erfolg ist mit mehrdimensionalen Verfahren zu erzielen, die etwa in der **Nutzenanalyse** (Nutzenmatrix: Nutzenkategorie vs. Realisierungschance)[695] oder Nutzwertanalyse mit bewerteten Zielerreichungsgraden realisiert sind. Das von Picot[696] vorgeschlagene vierstufige Wirtschaftlichkeitsmodell zur Bewertung von Kommunikationstechnik beispielsweise ist ein ganzheitliches Modell, das die Nutzeneffekte in mehreren Ebenen (technikbezogene, systembezogene, unternehmungsbezogene, gesellschaftsbezogene) untersucht. Es werden sowohl quantifizierbare als auch qualitative Nutzeneffekte ins Kalkül einbezogen, so dass unter einem ganzheitlichen Bewertungsanspruch von BI-Systemen auch die jeweiligen subjektiven Gewichtungen der Indikatoren das Ergebnis beeinflussen. Aus dem Einsatzgebiet der Büroinformations- und -kommunikationssysteme, das viele Affinitäten mit dem der BI-Systeme aufweist, ist das Hedonic-Wage-Modell[697] entstanden, das als positive Effekte des Technologieeinsatzes die Produktivitätssteigerung und Veränderung der Tätigkeitsstruktur des Anwenders zu bemessen sucht.

Bei der Bewertung der Wirtschaftlichkeit von Softwaresystemen wird häufig mit unterschiedlichen Erklärungen und Rechtfertigungen bereits vorab ein zufrieden stellender Nutzen als gegeben vorausgesetzt, so z. B. in Form detaillierter Angaben zur Zeitminimierung bzw. Kostenreduzierung oder ganz allgemein in Form verbaler grundsätzlicher Strategieaussagen. So ersetzt häufig die Ableitung einer Notwendigkeit zum Einsatz von BI-Systemen in Unternehmungen die Erklärung des Nutzens, zumal die Konkurrenz diese auch nutzt und somit Wettbewerbsvorteile zu erreichen bzw. Wettbewerbsnachteile zu verhindern sind.

---

[695] Vgl. Nagel (1988), S. 16.
[696] Vgl. Picot (1987), S. 106.
[697] Vgl. Stickel (1992), S. 748.

Insgesamt lässt sich damit festhalten, dass der Nutzen von Softwaresystemen allgemein und insbesondere von BI-Systemen aufgrund ihrer strategischen Bedeutung häufig nur mit Mühe exakt zu spezifizieren ist. Die Aufwandseite kann dagegen oftmals genauer quantifiziert werden. Entsprechende Verfahren der Aufwandsanalyse bzw. -schätzung für die Entwicklung und den Einsatz von Softwaresystemen, die in den letzten Jahren aufgestellt wurden, sind allerdings nur teilweise auf BI-Systeme übertragbar.

Die **Aufwandsschätzung** versucht, eine Aussage über die Zielgrößen Kosten und Zeit durch eine Analyse der Ressourcen mit maßgeblichem Einfluss zu erbringen. Beim Aufbau eines BI-Systems stellt das eingesetzte Personal eine wichtige Ressource dar und bildet damit einen entscheidenden Kosten- und Engpassfaktor. Weitere Faktoren wie der Einsatz von Hardware, Software, Material und Schulung spielen in der Regel eine sekundäre Rolle. Eine zuverlässige Schätzung wird durch die Tatsache erschwert, dass es sich vornehmlich um innovative Prozesse ohne Erfahrungsdaten, um hohen kreativen und kompetenzabhängigen Personaleinsatz sowie um organisationsabhängige Strukturänderungen im unternehmungspolitischen Raum handelt. Aus dem Gebiet der Softwareentwicklung lassen sich Schätzverfahren wie z. B. die Function-Point-Methode[698] nur eingeschränkt übertragen. Die **Kosten** für die Planung, Entwicklung, Implementierung, Einführung und Pflege eines BI-Systems setzen sich aus den phasenspezifisch anfallenden Kostenblöcken für den o. g. Ressourceneinsatz zusammen. Dabei fallen die Kosten für die Bereitstellung der konsistenten Informationsquellen einschließlich der IuK-Infrastruktur besonders ins Gewicht. Außerdem ist die BI-Philosophie dadurch geprägt, dass häufig anstelle eines terminierten Projektes ein ständiger evolutionärer und adaptiver Prozess zur personenbezogenen Informationsaufbereitung unterstellt wird, was die Kostenabschätzung zusätzlich erschwert.

Zusammenfassend kann gesagt werden, dass der Versuch einer Bewertung der Wirtschaftlichkeit von BI-Systemen sich als komplexes Problem darstellt. Die Kostenseite kann häufig noch hinreichend genau bestimmt werden, insbesondere bei Entwicklung des BI-Systems im Rahmen eines Projektes mit einem überwiegenden Anteil der Personalkosten bzw. bei Einführung eines Produktes durch einen externen Berater. Die Nutzenseite ist aufgrund ihres weitgehend qualitativen Charakters weitaus schwerer abzuschätzen. Um eine Wirtschaftlichkeitsbetrachtung vorzunehmen, benötigen die traditionellen Verfahren jedoch monetäre Ein- und Auszahlungsströme. Eine aussagekräftige Bewertung kann also nur durchgeführt werden, wenn es gelingt, die Qualität des Nutzens in eine monetär bewertbare Form zu überführen. Die andere Möglichkeit ist, eine abweichende Definition der Wirtschaftlichkeit zu verwenden. Wird die Wirtschaftlichkeit nicht als ein Verhältnis von Nutzen zu Kosten betrachtet, sondern als ein Grad der Erreichung eines angestrebten Zieles, so ist die Unternehmung wenigstens subjektiv gesehen in der Lage, den Erfolg oder Misserfolg eines BI-Projektes zu beurteilen. In der Praxis dürfte immer ein Zusammenspiel von mehreren Verfahren notwendig sein, um der jeweilige Situation der Unternehmung mit allen Gesichtspunkten möglichst gut gerecht zu werden.

---

[698] Vgl. Balzert (1989).

11.2 Strategische Bedeutung des Einsatzes von Business Intelligence - Chancen und Risiken

Informations- und Kommunikationstechnologien bzw. -systeme besitzen eine anerkannt hohe strategische Bedeutung. Der Einsatz der IuK-Systeme setzt zunächst ihre Wirtschaftlichkeit voraus, die im vorhergehenden Abschnitt erörtert wurde. Bei der Kosten-Nutzen-Betrachtung wurde neben der operativen Ebene auch bereits schon die strategische Ebene angesprochen, vor allem der strategische Nutzen.

Bei der strategischen Betrachtung sollen jedoch nicht nur die **Chancen** und Vorteile beachtet werden, sondern auch die **Risiken** und möglichen Nachteile. Die vorhandenen Chancen durch den Einsatz der BI-Systeme lassen sich nur dann gewinnbringend ergreifen, wenn diese aufgabenwirksam verwendet und auch von den Benutzern akzeptiert werden. Der Benutzer bzw. der Manager muss erkennen, dass sich seine Arbeit durch die BI-Nutzung erleichtert und dass er dadurch bessere Ergebnisse erzielt. Nur unter diesen Voraussetzungen gelingt es, die Gelegenheiten, die sich durch BI-Systeme ergeben, letztendlich in **strategische Wettbewerbsvorteile** umzusetzen. Im Einzelnen lassen sich folgende Vorteile durch den Einsatz von BI-Systemen herausstellen:

- Funktionen für eine gezielte und schnelle Recherche, die es erlauben, relevante Informationen in aktueller und konsistenter Form zu finden und darzustellen;
- Aufarbeitung der und Zugriff auf Informationen nach sach- und problembezogenen, gegebenenfalls multidimensionalen Kriterien;
- Optionen für die leichte und vielfältige Aggregation- und Disaggregation nach unterschiedlichen Kriterien;
- Abbildung der Aufgaben und Probleme mit Hilfe aussagekräftiger, realitätsadäquater Modelle;
- Informationsaufbereitung und -auswertung durch leistungsfähige Methoden;
- Ergebnisdarstellung und -präsentation in verständlichen Darstellungsformen mit multimedialen Techniken (Daten, Texte, Grafiken, Bilder und Sprache);
- Unterstützung der eigenen Arbeitsorganisation (z. B. Terminplanung);
- Kommunikation in begrenzten (lokale Netze bzw. Intranet) und weiten Bereichen (Telekommunikationsnetze bzw. Internet);
- Förderung der Zusammenarbeit bei der gemeinsamen Lösung von Aufgaben mit kollaborativen Systemen;
- Ergänzung operativer Anwendungssysteme bei der Ausführung von prozessorientierten Aufgaben um analytische Funktionen;
- Informations- bzw. Wissenssicherung in Daten- bzw. Wissensbanken (z. B. Know-How-Wissensbanken);
- Hilfe beim Aufbau eines funktionsfähigen Wissensmanagements;
- Integrierbarkeit spezifischer betriebswirtschaftlicher Anwendungen in eine vorhandene Informations- und Analyse-Infrastruktur;
- Transparenz und Kontrolle von Unternehmungsprozessen;

- Begründbarkeit und Nachvollziehbarkeit getroffener Managemententschei-
  dungen aufgrund der dauerhaften Speicherung von Informationen.

Bei der Diskussion der Chancen dürfen keineswegs die Risiken bzw. mögliche
Nachteile vergessen werden, die mit dem Einsatz der BI-Systeme verbunden sind.
Die Ursachen hierfür sind zunächst einmal außerhalb des Softwaresystems zu fin-
den, so z. B.

- im vorhandenen Desinteresse und in der fehlenden Motivation des Managements;
- in der unzureichenden Qualifikation der Personen, die BI-Systeme entwickeln, betreiben und schließlich nutzen;
- in der mangelnden Akzeptanz und im nicht vorhandenen Vertrauen in Bezug
  auf die Systeme;
- in der ungeeigneten Organisationsstruktur (Aufbau- und Ablauforganisation)
  innerhalb der Unternehmung bzw. auf den Managementebenen;
- in der unangemessenen Aufgabenstellung bzw. Problemstruktur (z. B. bedingt durch eine zu hohe Problemkomplexität: die Probleme sind nicht struk-
  turierbar und nicht lösbar);
- im Fehlen geeigneter Modelle und Methoden;
- in der mangelhaften Einführung bzw. Integration des Systems;
- in der fehlenden Interpretationsmöglichkeit der gewonnenen Ergebnisse;
- in der nachlässigen Wartung und Pflege der BI-Systeme, dessen Datenbasis
  dadurch beispielsweise nicht aktuell und konsistent ist;
- in einer unzureichenden Technologieinfrastruktur, z. B. fehlende leistungsfähige Hardware- bzw. Netzstruktur, und schließlich
- in einer falschen Einschätzung der BI-Technologien.

Weiterhin liegen Ursachen für Risiken direkt im BI-Produkt, falls es eine mangelhafte Qualität aufweist und nicht brauchbar ist, da es die funktionalen Anforderungen nicht erfüllt, wie vor allem Effizienz, Zuverlässigkeit und Benutzungsfreundlichkeit. Problempotenzial findet sich auch in der mangelnden Leistungsfähigkeit des Systems, wie z. B. hinsichtlich Durchsatz, Antwortzeit und Verfügbarkeit des Systems, und in nicht ausreichender Anwendungs- bzw. Einsatzflexibilität. Ein hohes Risiko stellen die Gefahren dar, die unter dem Aspekt der
Informations- bzw. Datensicherheit und des Datenschutzes zu sehen sind. Letztlich soll ein BI-System wie jedes Softwaresystem die Wirtschaftlichkeitskriterien
erfüllen, die im vorhergehenden Abschnitt bereits diskutiert wurden.
    Die Risiken des Einsatzes von BI-Systemen kann man zusammenfassend in
folgende Problembereiche einteilen[699]:

- Technologieprobleme (Probleme der Hardwaretechnologien, der Entwick-
  lungssysteme und des BI-Softwareproduktes selbst),

---

[699] Vgl. VDI (1992), S. 35f.

- Entwicklungsprobleme (Engineeringprobleme, bedingt durch Schwierigkeiten mit dem Aufgabenbereich, mit den Werkzeugen und bei den Entwicklern),
- Anwendungsprobleme (Komplexität des Anwendungsbereiches),
- Wartungsprobleme (fehlende bzw. mangelhafte Pflege und Wartung),
- Verantwortungsprobleme und Akzeptanzprobleme (der Benutzer),
- Qualifikationsprobleme (bei allen Beteiligten) und
- Probleme der falschen Erwartung (falsche Einschätzung der MSS-Nutzungsmöglichkeiten).

Das Management, vor allem im Sinne eines Informationsmanagements[700], hat die Aufgabe, vor und während des Einsatzes von IuK-Systemen, so auch hier für BI-Systeme, ihre Chancen und Risiken zu erkennen und offen zu diskutieren.

Die sich anbietenden Chancen müssen herausgearbeitet und ergriffen werden, so dass sie sowohl zu operativen als auch zu strategischen Vorteilen führen. Die Risiken, die häufig zunächst als schwache Signale auftreten, müssen wahrgenommen und bekämpft werden, indem negative Auswirkungen einzudämmen bzw. zu verhindern sind. Die Kompetenz des Managements lässt sich letztlich daran messen, inwieweit es ihm gelungen ist, die Chancen zu nutzen und die Risiken zu reduzieren bzw. die negativen Auswirkungen zu vermeiden. Als Maßgrößen hierfür können nicht nur wirtschaftliche Kriterien zugrunde gelegt werden, die sich als Produktivitäts-, Kosten- und Ertragsgrößen nieder schlagen.

---

[700] Vgl. Heinrich (2005); Gabriel/Beier (2003).

12 Zusammenfassung und Ausblick

Die vorhergehenden Kapitel haben die wesentlichen Ausprägungen und Anwendungsmöglichkeiten der BI-Systeme erörtert und dabei ihre breite und erfolgreiche Einsetzbarkeit verdeutlicht. Wichtig ist die Feststellung, dass es neben den wirtschaftlichen und technischen Kriterien auch soziale Einflüsse zu berücksichtigen gilt und dabei nicht nur die positiven, sondern auch die negativen Auswirkungen auf den Arbeitsplatz und den Menschen zu beachten sind.

Heute haben die meisten BI-Bestandteile ihren praktischen Einsatz gefunden und werden intensiv genutzt. In zahlreichen Unternehmungen sind umfassende Data Warehouse-Systeme (vgl. Kapitel 5) implementiert, die ein breites Spektrum an relevanten, zumeist quantitativen Informationen dauerhaft speichern und bereitstellen. Zur Datenanalyse werden die leistungsfähigen Strukturen und Methoden des On-Line Analytical Processing und des Data Mining (vgl. Kapitel 6) von Fachanwendern und im Management verwendet. Einen effizienten und aufgabenadäquaten Zugriff auf das vorgehaltene Datenmaterial gewährleisten die eingesetzten Berichts- und Portal-Systeme (vgl. Kapitel 7).

Häufig bilden die neuen Ansätze des Business Intelligence dabei einen Verbund mit Komponenten der konventionellen Management Support Systeme (vgl. Kapitel 3). Entscheidungsunterstützungssysteme (DSS) sind auf Problemklassen zugeschnitten worden und unterliegen vor allem der fachkundigen Obhut der Stabs- und Fachabteilungen. Chefinformationssysteme bzw. Executive Information Systeme (EIS) basieren auf internen und externen Datenbeständen und bestechen durch intuitiv nutzbare Oberflächen. Selbst die Management Information Systeme (MIS) finden ihre Wiederauferstehung in modernen Reporting-Lösungen.

Auf der Basis dieser eher generischen Bausteine lassen sich dann Anwendungssysteme konzipieren und implementieren, die spezielle betriebswirtschaftliche Aufgabenstellungen adressieren (vgl. Kapitel 8). Voraussetzung hierfür ist ein systematischer, methodenorientierter Prozess zur Gestaltung und zum Betrieb der BI-Lösungen (vgl. Kapitel 9). Kontinuierliche Erweiterungen des BI-Ansatzes lassen das verfügbare funktionale und inhaltliche Spektrum der Lösungen stetig wachsen (vgl. Kapitel 10). Als wichtige aktuelle Tendenzen im BI-Sektor sind zu beobachten:[701]

- das verstärkte Zusammenwachsen von operativen und analyseorientierten Anwendungen,
- die zunehmende Integration von quantitativen und qualitativen Datenbeständen sowie
- die vermehrte Konzentration auf eine Professionalisierung von BI-Gestaltung und -Betrieb einschließlich der erforderlichen Einbettung in die Unternehmungsstrategie.

---

[701] Vgl. Gluchowski/Kemper (2006), S. 18.

Die Sinnhaftigkeit einer engen Verknüpfung von operativen und dispositiven Systemen wird bereits seit geraumer Zeit diskutiert[702], allerdings lassen sich erst seit kurzem ernsthafte Bemühungen der Produktanbieter ausmachen, diese Vision umzusetzen. Die auch unter dem Begriffsgebilde **Operational Business Intelligence** zusammengefassten Ansätze verfolgen unterschiedliche Ziele. Im Kern geht es einerseits darum, die Geschäftsprozesse einer dauerhaften und intensiven Analyse zugänglich zu machen (**Process Performance Management; PPM**), um diese kontinuierlich anzupassen und zu verbessern. Andererseits sollen Prozessdaten möglichst rasch nach ihrer Entstehung einer Evaluation zugeführt werden, um steuernd in die Prozesse eingreifen zu können und dadurch kurzfristigen Fehlentwicklungen entgegenzuwirken oder sich bietende Geschäftschancen aufzudecken (**Business Activity Monitoring; BAM**). Diese Tendenzen tragen dabei auch und vor allem dem Umstand Rechnung, dass Unternehmungen mit kurzen Reaktionszeiten sich als erfolgreicher im Wettbewerb erweisen. Dazu trägt ebenfalls der fortschreitende Wettbewerbsdruck aufgrund einer allumfassenden Globalisierung auf den Absatz- und Beschaffungsmärkten - nicht zuletzt durch den Siegeszug der Internet-Technologie - bei.

Die zunehmende Verschmelzung quantitativer und qualitativer Datenbestände in analyseorientierten Speicherkomponenten ist dadurch zu begründen, dass der überwiegende Teil der in den Unternehmungen vorgehaltenen Daten in unstrukturierter Form (z. B. in Textverarbeitungs-Dokumenten oder E-Mails) vorliegt. Vor allem hier jedoch finden sich wichtige Hintergrund- bzw. Kontextinformationen zur korrekten Interpretation des quantitativen Datenmaterials. Allerdings stellen sich bei der Zusammenführung dieser Datenkategorien insbesondere auf einer semantischen Ebene noch massive Probleme ein, die es in der Zukunft zu lösen gilt.

Erste BI-Lösungen wurden in der Vergangenheit häufig von Mitarbeitern aus den Fachabteilungen eigenständig gestaltet und betrieben, um dadurch Blockaden bei den IT-Kollegen zu umgehen oder lange Entwicklungszeiten zu beschleunigen. Heute erweisen sich – auch durch die zunehmende Operationalisierung der analytischen Anwendungen – die zugehörigen Anwendungen in immer größerem Maße als unternehmungskritisch (**Mission Critical**). Reichte früher eine Lieferung der relevanten Geschäftszahlen zur Mitte des Folgemonats und die Verfügbarkeit des BI-Systems zu den zentralen Geschäftszeiten aus, so sind heute Systemzugriffe von vielen Mitarbeitern auf möglichst aktuelle Daten rund um die Uhr erforderlich. Derartige Lösungen jedoch können nur dann die erforderliche Stabilität, Schnelligkeit und Datenqualität liefern, wenn sie professionell gestaltet und betrieben werden sowie definierte Ablaufstrukturen und Zuständigkeiten existieren. Dazu gehört auch die Abstimmung mit der Strategie des gesamten IT-Bereichs bzw. der Unternehmung (**Alignment**).

Neben diesen bereits deutlich zu beobachtenden Entwicklungen stellen sich weitere Tendenzen ein, die für die Ausgestaltung von BI-Lösungen Konsequenzen mit sich bringen, wie beispielsweise die stetig steigenden Informationsanforderungen bei Shareholdern und Stakeholdern. Anteilseigner, Mitarbeiter, Lieferanten und vor allem auch Kunden wollen in immer kürzeren Abständen mit für sie zuge-

---

[702] Vgl. Gluchowski/Gabriel/Chamoni (1997), S. 309f.

schnittenen Inhalten versorgt werden. Noch stärker als bisher werden BI-Lösungen daher in Zukunft im Sinne eines Extranets nach außen geöffnet werden müssen, um die aufkeimende Nachfrage zu befriedigen. Zudem sind zahlreiche Unternehmungen bereits dazu übergegangen, **Wertschöpfungsketten** unternehmungsübergreifend zu planen und zu kontrollieren. Die verstärkte Integration verfügbarer Informationen aus derartigen Wertschöpfungsverbünden dürfte sich bereits bald als unabdingbare Notwendigkeit erweisen.

Die intensive Beschäftigung mit dem Thema Business Intelligence sowie der zugehörigen Konzepte in den letzten Jahren hat dazu geführt, dass sich der Fokus der allgemeinen Diskussion verschoben hat. Waren anfangs die eher technologisch motivierten Fragestellungen zu Systemen und Werkzeugen im Vordergrund, stehen heute vermehrt betriebswirtschaftliche Lösungen und organisatorische Rahmenbedingungen auf der Agenda. Die zur Umsetzung benötigten Technologien dagegen werden lediglich im einzelnen Projekt primärer Gegenstand der Betrachtung sein und nehmen in der öffentlichen Wahrnehmung eher den Staus von Massenware (**Commodities**) ein.

Auch die rasante Entwicklung der weltweiten Kommunikationsnetze und insbesondere des Internet hat weit reichende Auswirkung auf die Architektur von BI-Systemen. Bereits heute ist die globale Nutzung von zentralen oder verteilten BI-Datenbeständen keine Fiktion mehr, sondern erweist sich als gelebte Realität. Der zunehmende Einsatz mobiler Endgeräte dürfte sich in Zukunft auch in einer erweiterten Inanspruchnahme von Business Intelligence durch nicht-stationäre Anwender niederschlagen. Technologische Lösungen sind bereits verfügbar, auch wenn sich die BI-Nutzung bei begrenzter Diplay-Größe teilweise noch als unhandlich präsentiert.

Eine der zahlreichen Vorhersagen der Vergangenheit ist allerdings bisher nicht bewahrheitet. Das Angebot von BI-Systemen mit vorkonfektionierten betriebswirtschaftlichen Standardlösungen hat bislang nicht den erwarteten Stellenwert erreicht. Zwar bieten einzelne Softwarehersteller einen **Business Content**[703], der den Standardbedarf an betriebswirtschaftlichen Auswertungen abdecken soll und zudem anpassbar ist (**Customizing**), allerdings wird in der Praxis häufig nur ein Bruchteil dieser vorgefertigten Berichte und Analysesichten genutzt. Vielmehr zeigt sich, dass die Informationsbedürfnisse der einzelnen Anwenderunternehmungen doch sehr speziell und individuell sind oder aber die bereits genutzten und historisch gewachsenen Berichts- und Analysestrukturen weiter eingesetzt werden sollen.

Insgesamt bleibt festzuhalten, dass sich erfolgreiche BI-Initiativen nicht nur durch die Angemessenheit und Tragfähigkeit der eingesetzten technischen Komponenten auszeichnen, sondern vor allem auch durch eine strikte Ausrichtung an den Anwendern und ihren Aufgabenstellungen. Dem Management muss vermittelt werden, dass der sorgsame Umgang mit und die Verwaltung von Informationen und Wissen in Unternehmungen zu seinen vordringlichsten Aufgaben gehört. Der Informationsgeiz bei der horizontalen und vertikalen Informationsbeschaffung ist zugunsten einer zielorientierten Kooperation abzubauen. Konzepte und Techniken

---

[703] Vgl. Chamoni/Gluchowski/Hahne (2005), S. 107 - 118.

für eine Unterstützung der Führungs- und Entscheidungsaufgaben stellt die Informationsverarbeitung heute zur Verfügung. Fehlen jedoch die unternehmungspolitischen und psychologischen Voraussetzungen, so kann eine Stagnation oder ein Fehlschlagen von BI-Projekten eintreten.

Trotz dieser kritischen Aspekte werden die BI-Systeme in ihren unterschiedlichen Formen zukünftig sicherlich noch an Bedeutung gewinnen. Der potenzielle strategische Nutzen, den die Systeme aufweisen, ist von den Wirtschaftsakteuren erkannt worden. Darüber hinaus ist auch die erforderliche informationstechnologische Infrastruktur mittlerweile fast überall vorhanden. Schließlich sorgt die rasante Weiterentwicklung im Bereich der Informationsverarbeitung auch dafür, dass immer leistungsfähigere, anspruchsvollere und hoffentlich auch zunehmend benutzungsfreundlichere Systeme zur Verfügung stehen. Zusammen mit dem wachsenden Bewusstsein für die Bedeutung der Gestaltungs- und Betriebsprozesse sowie mit wachem Auge für das technologisch Machbare wird das Business Intelligence-Umfeld in den nächsten Jahren zahlreiche dankbare Aufgabenfelder bieten.

Literaturverzeichnis

Ackhoff, Russell (1967): Management Misinformation Systems, in: Management Science, 14. Jg., Heft 4, 1967, S. 147 - 157

Adam, Dietrich (1996): Planung und Entscheidung. Modelle, Ziele, Methoden, 4. Aufl., Wiesbaden 1996

Adriaans, Pieter; Zantinge, Dolf (1998): Data mining, Amsterdam 1998

Akbay, Sami (2006): Data Warehousing in Real Time, in: Business Intelligence Journal, 11. Jg., Heft 1, 2006, S. 31 - 39

Al-Ani, Ayad (1992): Die Bedeutung von Executive Information Systems für die betrieblichen Prozesse, in: Die Unternehmung, Heft 2, 1992, S. 101 - 110

Alavi, Maryam; Leidner, Dorothy E. (1999): Knowledge Management Systems: Issues, Challanges, and Benefits, in: Communications of AIS, Nr. 1, 1999, S. 2 - 41

Albrecht, Frank (1993): Strategisches Management der Unternehmensressource Wissen: Inhaltliche Ansatzpunkte und Überlegungen zu einem konzeptionellen Gestaltungsrahmen, Frankfurt et al. 1993

Althoff, Klaus-Dieter; Bartsch-Spörl, Brigitte (1996): Decision Support for case-based applications, in: Wirtschaftsinformatik, 38. Jg., Heft 1, 1996, S. 8 - 16

Altrogge, Günter (1996): Netzplantechnik, 3. Aufl., München, Wien 1996

Anahory, Sam; Murray; Dennis (1997): Data Warehouse. Planung, Implementierung und Administration, Bonn u. a. 1997

Ansoff, Harry I. (1984): The new corporate strategy; Frankfurt 1988

Appelrath, Hans-Jürgen; Ritter, Jörg (2000): R/3-Einführung, Berlin u. a. 2000

Ariyachandra, Thilini; Watson, Hugh J. (2005): Key Factors in Selecting a Data Warehouse Architecture, in: Business Intelligence Journal, 10. Jg., Heft 2, 2005, S. 15 - 26

Asser, Günter (1974): Das Berichtswesen. Analyse, Aufbau, Kontrolle, in: Bobsin, Robert (Hrsg., 1974): Handbuch der Kostenrechnung, 2. Aufl., München 1974, S. 654 - 678

Aulinger, Andreas; Pfriem, Reinhard; Fischer, Dirk (2001): Wissen managen - ein weiterer Beitrag zum Mythos des Wissens? Oder: Emotionale Intelligenz und Institution im Wissensmanagement, in: Schreyögg, Georg (Hrsg.): Wissen in Untenehmen - Konzepte, Maßnahmen, Methoden, Berlin 2001, S. 69 - 87

Back-Hock, Andrea (1993a): Management-Informationssysteme. Überblick zur Gestaltung, Entwicklung und Software-Eigenschaften, in: Datenverarbeitung, Steuer, Wirtschaft, Recht (DSWR), Heft 5, 1993, S. 111 - 115

Back-Hock, Andrea (1993b): Visualisierung in Controlling-Anwendungsprogrammen, in: Kostenrechnungs-Praxis (krp), Heft 4, 1993, S. 262 - 267

Back-Hock, Andrea (1993c): Internes Rechnungswesen und Informationstechnologie, Habilitationsschrift an der Wirtschafts- und Sozialwissenschaftlichen Fakultät der Friedrich-Alexander-Universität Erlangen-Nürnberg, Nürnberg 1993

Ballard, Chuck; White, Colin; McDonald, Steve; Myllymaki, Jussi; McDowell, Scott; Goerlich, Otto; Neroda, Anni (2005): Business Performance Management ... Meets Business Intelligence, IBM Redbooks, o. O. 2005

Balzert, Helmut (1989): Die Entwicklung von Software-Systemen: Prinzipien, Methoden, Sprachen, Werkzeuge, Mannheim 1989

Bange, Carsten (2004): Das neue Gesicht der Datenintegration, http://www.competence-site.de/ datenintegration.nsf/ f1b7ca69b19cbb26c12569180 032a5cc/ 5157bf1814ae71e1c12570610047947f! OpenDocument, 01.03.2004, Abruf am 20.05.2007

Bange, Carsten (2006): Werkzeuge zum Aufbau analytischer Informationssysteme. Marktübersicht, in: Chamoni, Peter; Gluchowski, Peter (Hrsg., 2006): Analytische Informationssysteme. Business Intelligence-Technologien und -Anwendungen, 3. Aufl., Berlin u. a. 2006, S. 89 - 110

Bankhofer, Udo (2004) Data Mining und seine betriebswirtschaftliche Relevanz, in: Betriebswirtschaftliche Forschung und Praxis (BFuP), 56. Jg., Heft 4, 2004, S. 395 - 412

Barquin, Ramon C.; Paller, Alan; Edelstein, Herbert A. (1997): Ten Mistakes to Avoid for Data Warehousing Managers, in: Barquin, Ramon C.; Edelstein, Herbert A. (Hrsg., 1997): Planning and Designing the Data Warehouse, Upper Saddle River (New Jersey) 1997, S. 145 - 156

Bauer, Andreas; Günzel, Holger (Hrsg., 2004): Data Warehouse Systeme, Architektur, Entwicklung, Anwendung, 2. Aufl., Heidelberg 2004

Bauer, Hans; Grether, Markus (2002): CRM - Mehr als nur Hard- und Software, in: Thexis. Fachzeitschrift für Marketing, 19. Jg., Heft 1, 2002, S. 6 - 9

Baumöl, Ulrike (1998): Die (R-)Evolution im Informationsmanagement: So beschleunigen Sie den Informationsfluß im Unternehmen, Wiesbaden 1998

Bayrhof, Gottlieb (1994): Schlankes Reporting, in: Business Computing, Heft 5, 1994, S. 127 - 129

Becker, Jörg (1991): Executive-Informationskonzepte zur Unterstützung betriebswirtschaftlicher Controllingfunktionen, in: Zeitschrift für Planung, Heft 4, 1991, S. 337 - 354

Becker, Jörg; Knackstedt, Ralf; Serries, Thomas (2002): Informationsportale für das Management: Integration von Data-Warehouse- und Content-Management-Systemen, in: von Maur, Eitel; Winter, Robert (Hrsg., 2002): Vom Data Warehouse zum Corporate Knowledge Center, Proceedings der Data Warehousing 2002, Heidelberg 2002, S. 241 - 261

Beekmann, Frank; Chamoni, Peter (2006): Verfahren des Data Mining, in: Chamoni, Peter; Gluchowski, Peter (Hrsg., 2006): Analytische Informationssysteme. Business Intelligence-Technologien und -Anwendungen, 3. Aufl., Berlin u. a. 2006, S. 263 - 282

Beekmann, Frank; Stock, Steffen; Chamoni, Peter (2003): Anwendungsmöglichkeiten der Assoziationsanalyse, in: Das Wirtschaftsstudium (wisu), 32. Jg., Heft 12, Dezember 2003, S. 1529 - 1536

Behme, Wolfgang (2002): Datenqualität: Der kritische Erfolgsfaktor in Data Warehouse-Projekten, in: Kemper, Hans-Georg; Mayer, Reinhold (Hrsg., 2002): Business Intelligence in der Praxis, Bonn 2002, S. 47 - 59

Behme, Wolfgang; Holthuis, Jan; Mucksch, Harry (2000): Umsetzung multidimensionaler Strukturen, in: Mucksch, Harry; Behme, Wolfgang (Hrsg., 2000): Das Data Warehouse-Konzept, 4. Aufl., Wiesbaden 2000, S. 215 - 241

Behme, Wolfgang; Mucksch, Harry (1998): Die Notwendigkeit einer entscheidungsorientierten Informationsversorgung, in: Mucksch, Harry; Behme, Wolfgang (Hrsg., 1998): Das Data Warehouse-Konzept, 3. Aufl., Wiesbaden 1998, S. 3 - 31

Behme, Wolfgang; Nitzschmann, Sylvia (2006): Strategien zur Verbesserung der Datenqualität im DWH-Umfeld, in: HMD - Praxis der Wirtschaftsinformatik, 43. Jg., Heft 247, Februar 2006, S. 43 - 53

Behme, Wolfgang; Schimmelpfeng, Katja (1993): Führungsinformationssysteme: Geschichtliche Entwicklung, Aufgaben und Leistungsmerkmale, in: Behme, Wolfgang; Schimmelpfeng, Katja (Hrsg., 1993), Führungsinformationssysteme. Neue Entwicklungstendenzen im EDV-gestützten Berichtswesen, Wiesbaden 1993, S. 3 - 16

Berens, Wolfgang; Delfmann, Werner (2004): Quantitative Planung, 4. Aufl., Stuttgart 2004

Berson, Alex; Smith, Stephen J. (1997): Data Warehousing, Data Mining, and OLAP, New York u. a. 1997

Berthel, Jürgen (1975): Betriebliche Informationssysteme, Stuttgart 1975

Berthel, Jürgen (2003): Personal-Management, 7. Aufl., Stuttgart 2003

Biethahn, Jörg; Huch, Burkhard (Hrsg., 1994): Informationssysteme für das Controlling, Berlin, Heidelberg u. a. 1994

Biethahn, Jörg; Mucksch, Harry; Ruf, Walter (2004): Ganzheitliches Informationsmanagement, Bd. 1, 6. Aufl., München 2004

Biethahn, Jörg; Mucksch; Harry; Ruf, Walter (1997): Ganzheitliches Informationsmanagement, Bd. 2, 2. Aufl., München u. a. 1997

Bissantz, Nicolas (1999): Aktive Managementinformation und Data Mining: Neuere Methoden und Ansätze, in: Chamoni, Peter; Gluchowski, Peter (Hrsg., 1999): Analytische Informationssysteme. Data Warehouse, On-Line Analytical Processing, Data Mining, 2. Aufl., Berlin u. a. 1999, S. 375 - 392

Bissantz, Nicolas; Hagedorn, Jürgen (1993): Data Mining (Datenmustererkennung), in: Wirtschaftsinformatik, 35. Jg., Heft 5, 1993, S. 481 - 487

Bissantz, Nicolas; Hagedorn, Jürgen (1997): Data Mining, in: Mertens, Peter u. a. (Hrsg., 1997): Lexikon der Wirtschaftsinformatik, Berlin u. a. 1997, S. 104 - 105

Bleicher, Knut (1993): Führung, in: Wittmann, Waldemar u. a. (Hrsg.): Handwörterbuch der Betriebswirtschaft (HWB), Teilband 1, 5. Aufl., Stuttgart 1993, Sp. 1270 - 1283

Blohm, Hans (1969): Berichtswesen, betriebliches, in: Management-Enzyklopädie, Bd. 1, München 1969

Blohm, Hans (1973): Informationswesen, in: Grochla, Erwin u. a. (Hrsg., 1973): Handwörterbuch der Organisation, Stuttgart 1973, Sp. 727 - 734

Bodendorf, Freimut (2006): Daten- und Wissensmanagement, Berlin u. a. 2006

Boehm, Barry W. (1986): Wirtschaftliche Software-Produktion, Wiesbaden 1986

Bollinger, Terry B.; McGowan, Clement (1991): A Critical Look at Software Capability Evaluations, in: IEEE Software, 8. Jg., Heft 4, 1991, S. 25 - 41

Bontempo, Charles; Saracco, Cynthia (1996): Accelerating Index Searching, in: Database Programming & Design, The Online Edition, o. O. 1996, URL: http://www.dbpd.com/vault/bontempo.htm, Abruf am 20.05. 2007

Born, Achim; Diercks, Jürgen (2000): Mutation - Klassische DMS-Ambieter suchen neue Aufgaben, in: Magazin für professionelle Informationstechnik (ix), Nr. 11, 2000, S. 84 - 95

Böttiger, Werner; Chamoni, Peter; Gluchowski, Peter; Müller Jochen (2001): Ein Kriterienkatalog zur Beurteilung und Einordnung von Data Warehouse-Lösungen, in: Behme, Wolfgang; Mucksch, Harry (Hrsg., 2001): Data Warehouse-gestützte Anwendungen, Wiesbaden 2001, S. 33 - 58

Bouzeghoub, Mokrane u. a. (2000): Data Warehouse Refreshment, in: Jarke, Matthias; Lenzerini, Maurizio; Vassiliou, Yannis; Vassiliasis, Panos (Hrsg., 2000): Fundamentals of Data Warehouses, Berlin u. a. 2000, S. 47 - 85

Brändli, Dieter (1997): Positionierung des Database Marketing, in: Link, Jörg; Brändli, Dieter; Schleuning, Christian; Kehl, Roger E. (Hrsg., 1997): Handbuch Database Marketing, Ettlingen 1997, S. 9 - 12

Brosius, Gerhard (1999): Microsoft OLAP Services. Multidimensionale Datenverwaltung im Microsoft SQL Server 7, Bonn 1999

Buderath, Hubertus; Amling, Thomas (2000): Das Interne Überwachungssystem als Teil des Risikomanagements, in: Dörner, Dietrich; Horvath, Peter; Kagermann, Henning (Hrsg., 2000): Praxis des Risikomanagements. Grundlagen, Kategorien, branchenspezifische und strukturelle Aspekte, Stuttgart 2000, S. 127 - 152

Bullinger, Hans-Jörg; Friedrich, Rainer; Koll, Peter (1992): Management-Informationssysteme (MIS), in: Office Management, Heft 11, 1992, S. 11 - 18

Bullinger, Hans-Jörg u. a. (1998): Wissensmanagement - Anspruch und Wirklichkeit: Ergebnisse einer Unternehmensstudie in Deutschland, in: Information Management, 13. Jg., Nr. 1, 1998, S. 7 - 23

Bullinger, Hans-Jörg; Eberhardt, Claus-T.; Gurzki, Thorsten; Hinderer, Henning (2002): Marktübersicht Portal Software für Business-, Enterprise-Portale und E-Collaboration, Stuttgart 2002

Bullinger, Hans-Jörg; Koll, Peter (1992): Chefinformationssysteme (CIS), in: Krallmann, Hermann; Papke, Jörg; Rieger, Bodo (Hrsg., 1992): Rechnergestützte Werkzeuge für das Management. Grundlagen, Methoden, Anwendungen, Berlin 1992, S. 49 - 72

Bullinger, Hans-Jörg; Koll, Peter; Niemeier, Joachim (1993): Führungsinformationssysteme (FIS) - Ergebnisse einer Anwender- und Marktstudie, Kuppenheim 1993

Bullinger, Hans-Jörg; Müller, Martin; Ribas, Miguel (2000): Wissensbasierte Informationssysteme: Enabler für Wissensmanagement, 2. Aufl., Stuttgart (Fraunhofer-Institut für Arbeitswirtschaft und Organisation IAO) 2000

Bullinger, Hans-Jörg; Niemeier, Joachim; Koll, Peter (1993): Führungsinforma-
    tionssysteme (FIS): Einführungskonzepte und Entwicklungs-
    potentiale, in: Behme, Wolfgang; Schimmelpfeng, Katja (Hrsg.,
    1993): Führungsinformationssysteme. Neue Entwicklungstendenzen
    im EDV-gestützten Berichtswesen, Wiesbaden 1993, S. 44 - 62

Bulos, Dan (1996): A New Dimension: OLAP Database Design, in: Database
    Programming & Design, 9. Jg., Heft 6, 1996, S. 33 - 37

Burdett, John; Singh, Sanjay (2004): Challenges and Lessons Learned from Real-
    Time Data Warehousing, in: Business Intelligence Journal, 9. Jg.,
    Heft 4, 2004, S. 31 - 39

Busse von Colbe, Walther; Laßmann, Gert (1991): Betriebswirtschaftstheorie,
    Band I: Grundlagen, Produktions- und Kostentheorie, 5. Aufl., Ber-
    lin, Heidelberg 1991

Buytendijk, Frank A. (1995): OLAP: playing for keeps. Maintenance and control
    aspects of OLAP applications, White Paper, o. O. 1995, URL:
    http://www.xs4all.nl/ ~fab/olapkeep.zip, Abruf am 20.09.2002

Campbell, Richard (1996): Dealing with the Monday Morning Report Crunch, in:
    Databased Advisor, Heft 9, September 1996, S. 34 - 38

Campbell, Richard (1997): Reporting on Very Large Databases, in: Databased
    Advisor, Heft 3, März 1997, S. 44 - 45

Chamoni, Peter; Gluchowski, Peter (2000): On-Line Analytical Processing, in:
    Mucksch, Harry; Behme, Wolfgang (Hrsg., 2000): Das Data Ware-
    house-Konzept, 4. Aufl., Wiesbaden 2000, S. 333 - 376

Chamoni, Peter; Gluchowski, Peter (2006): Analytische Informationsysteme, Ein-
    ordnung und Überblick, in: Chamoni, Peter; Gluchowski, Peter
    (Hrsg., 2006): Analytische Informationssysteme. Business Intelli-
    gence-Technologien und -Anwendungen, 3. Aufl., Berlin u. a. 2006,
    S. 3 - 22

Chamoni, Peter; Gluchowski, Peter; Hahne, Michael (2005): Business Information
    Warehouse, Berlin u. a. 2005

Chamoni, Peter; Stock, Steffen (1998): Temporale Daten in Management Support
    Systemen, in: Wirtschaftsinformatik, 40. Jg., Heft 6, 1998, S. 513 -
    519

Chen, Peter P. (1976): The Entity-Relationship-Model - Towards a Unified View
    of Data, in: ACM Transactions on Database Systems, 1. Jg., Heft 1,
    1976, S. 9 - 36

Clausen, Nils (1998): OLAP - Multidimensionale Datenbanken: Produkte, Markt,
    Funktionsweise und Implementierung, Bonn u. a. 1998

Codd, Edgar F. (1970): A Relational Model for Large Shared Data Banks, in:
    Communications of the ACM, 13. Jg., Heft 6, Juni 1970, S. 377 -
    387

Codd, Edgar F. (1994): Werkzeuge für den Endanwender. Ein Dutzend Regeln klärt die Brauchbarkeit von Abfrage-Tools, in: Computerwoche, Heft 31, 5. August 1994, S. 33 - 35

Codd, Edgar F.; Codd, Sally B.; Salley, Clynch T. (1993): Providing OLAP (On-Line Analytical Processing) to User-Analysts: An IT-Mandate, White Paper, o. O. 1993, URL z. B. http:// dev.hyperion.com/ resource_library/ white_papers/ providing_olap_to_user_analysts.pdf, Abruf am 17.05.2007

Cognos (2007): Cognos 8 Business Intelligence, Google OneBox for Enterprise and Cognos 8 Go! Search, URL: http:// www.cognos.com/ products/ cognos8 businessintelligence/ product-images/ search-4.html, 01.01. 2007, Abruf am 03.03.2007

Conrad, Werner (2000): Qualitätsmanagement in Data Warehouse-Projekten - Methoden und Verfahren für die Projektpraxis, in: Mucksch, Harry; Behme, Wolfgang (Hrsg., 2000): Das Data Warehouse-Konzept, 4. Aufl., Wiesbaden 2000, S. 291 - 329

Cornelius, Martin (1991): Die Implementierung einer offenen Entwicklungs-umgebung für ein Executive-Informationssystem, in: Hummelten-berg, Wilhelm; Chamoni, Peter (Hrsg., 1991): Beilagen zur 2. DGOR-Fachtagung Planungssprachen und Führungsinforma-tionssysteme, 14./15. Februar 1991, Bad Homburg v. d. Höhe 1991

Dastani, Parsis (2001): Auswahl und Bedeutung von Hard- und Softwarekompo-nenten im Customer Relationship Management, in: Link, Jörg (Hrsg., 2001): Customer Relationship Management: Erfolgreiche Kundenbeziehungen durch integrierte Informationssysteme, Berlin u. a. 2001, S. 171 - 212

Davenport, Thomas H.; Prusak, Laurence (1999): Wenn Ihr Unternehmen wüsste, was es alles weiß...: Das Praxisbuch zum Wissensmanagement, 2. Aufl., Landsberg, Lech 1999

Degen, Horst (2006): Statistische Methoden zur visuellen Exploration mehrdi-mensionaler Daten, in: Chamoni, Peter; Gluchowski, Peter (Hrsg., 2006): Analytische Informationssysteme. Business Intelligence-Technologien und -Anwendungen, 3. Aufl., Berlin u. a. 2006, S. 305 - 326

Dinter, Barbara, Bucher, Tobias (2006): Business Performance Management, in: Chamoni, Peter; Gluchowski, Peter (Hrsg., 2006): Analytische In-formationssysteme. Business Intelligence-Technologien und -An-wendungen, 3. Aufl., Berlin u. a. 2006, S. 23 - 50

Disterer, Georg (2000): Individuelle und soziale Barrieren beim Aufbau von Wis-senssammlungen, in: Wirtschafsinformatik, 42. Jg., Nr. 6, 2000, S. 539 - 546

Dittmar, Carsten (1999): Erfolgsfaktoren für Data Warehouse-Projekte - eine Empirische Studie aus Sicht der Anwendungsunternehmen, Arbeitsbericht Nr. 78 des Instituts für Unternehmungsführung und Unternehmensforschung, Ruhr-Universität Bochum, Bochum 1999

Dittmar, Carsten (2000): Vom Data- zum Knowledge Warehouse, in: Computerwoche extra, Beilage zur Computerwoche, o. Jg., 16.06.2000, S. 14 - 17

Dittmar, Carsten (2004): Knowledge Warehouse: ein integrativer Ansatz des Organisationsgedächtnisses und die computergestützte Umsetzung auf Basis des Data Warehouse-Konzepts, Wiesbaden 2004

Düchting, Markus; Matz, Jürgen (2006): Business Warehouse basierte Konzernkonsolidierung - Grundlagen und Umsetzung anhand eines Implementierungsprojektes, in: Chamoni, Peter; Gluchowski, Peter (Hrsg., 2006): Analytische Informationssysteme. Business Intelligence-Technologien und -Anwendungen, 3. Aufl., Berlin u. a. 2006, S. 385 - 408

Düsing, Roland (2006): Knowledge Discovery in Databases - Begriff, Forschungsgebiet, Prozess und System, in: Chamoni, Peter; Gluchowski, Peter (Hrsg., 2006): Analytische Informationssysteme. Business Intelligence-Technologien und -Anwendungen, 3. Aufl., Berlin u. a. 2006, S. 241 - 262

Eck, Peter; Rose, Christian; Ouissi, Michael J. (2000): Integrationslösung am Beispiel der Aktiv Bau AG, in: Controlling, Heft 3, Februar 2000, S. 85 - 93

Eckerson, Wayne W. (2006): Performance Dashboards: Measuring, Monitoring, and Managing your Business, New Jersey 2006

Eckstein, Stefan; Johenneken, Jörn (2001): Intelligente Planung bei einem Telekommunikationsanbieter, in: HMD - Praxis der Wirtschaftsinformatik, 38. Jg., Heft 222, Dezember 2001, S. 95 - 104

Erler, Thomas (2000): Business Objects als Gestaltungskonzept strategischer Informationssystemplanung, Frankfurt u. a. 2000

Fayyad, Usama M.; Piatetsky-Shapiro, Gregory; Smyth, Padhraic (1996): From data mining to knowledge discovery: an overview, in: Fayyad, Usama M. u. a. (Hrsg., 1996): Advances in knowledge discovery and data mining, Menlo Park u. a. 1996, S. 1 - 34

Felden, Carsten (2006): Text Mining als Anwendungsbereich von Business Intelligence, in: Chamoni, Peter; Gluchowski, Peter (Hrsg., 2006): Analytische Informationssysteme. Business Intelligence-Technologien und -Anwendungen, 3. Aufl., Berlin u. a. 2006, 283 - 304

Ferstl, Otto; Sinz, Elmar (1993): Geschäftsprozeßmodellierung, in: Wirtschaftsinformatik, 35. Jg., Heft 6, 1993, S. 589 - 592

Few, Stephen (2006): Information Dashboard Design. The effective visual communication of data, Sebastopol 2006

Finkelstein, Richard (1995): MDD: Database Reaches the Next Dimension, in: Database Programming & Design, Heft 4, 1995, S. 27 - 38

Fleisch, Elgar (2003): Auf dem Weg zum Echtzeitunternehmen, in: Alt, Rainer; Oesterle, Hubert (Hrsg., 2003): Real-Time Business - Lösungen, Bausteine und Potentiale des Business Networkings, Berlin u. a. 2003, S. 3 - 18

Fochler, Klaus (2001): Die DV-technologische Integration der Kundenschnittstelle im Unternehmen, in: Link, Jörg (Hrsg., 2001): Customer Relationship Management: Erfolgreiche Kundenbeziehungen durch integrierte Informationssysteme, Berlin u. a. 2001, S. 139 - 169

Franconi, Enrico; Baader, Franz; Sattler, Ulrike; Vassiliasis, Panos (2000): Multidimensional Data Models and Aggregation, in: Jarke, Matthias; Lenzerini, Maurizio; Vassiliou, Yannis; Vassiliasis, Panos (Hrsg., 2000): Fundamentals of Data Warehouses, Berlin u. a. 2000, S. 87 - 105

Frank, Ulrich (2001): Knowledge Management Systems: Essential Requirements and Generic Design Patterns, in: Smari, Waleed W.; Melab, Nordine (Hrsg., 2001): Proceedings if the International Symposium on Information Systems and Engineering (ISE2001), Las Vegas 2001, S. 114 - 121

Frank, Ulrich; Schauer, Hanno (2001): Software für das Wissensmanagement, in: Das Wirtschaftsstudium (wisu), 30. Jg., Heft 5, 2001, S. 718 - 726

Franz, Klaus-Peter (2000): Corporate Governance, in: Dörner, Dietrich; Horvath, Peter; Kagermann, Henning (Hrsg., 2000): Praxis des Risikomanagements. Grundlagen, Kategorien, branchenspezifische und strukturelle Aspekte, Stuttgart 2000, S. 41 - 72

Fritsch, Wilhelm (1995): Eine Flut von Dokumenten muß täglich systematisch verwaltet werden. Dokumentenmanagement macht das vielzitierte papierlose Büro erst möglich, in: Computer Zeitung, Heft 11, 1995, S. 9

Fritz, Burkhard (1993): Controlling-Anforderungen an ein Führungsinformationssystem. Einführungsprozeß und Auswahlkriterien, in: Controlling, Heft 6, 1993, S. 328 - 339

Froitzheim, Ulf (1992): Angst vor Mitwissern, in: Wirtschaftswoche, Nr. 52, 18.12.1992, S. 58 - 60

Füsser, Karsten; Gleißner, Werner; Meier, Günter (1999): Risikomanagement (KonTraG) - Erfahrungen aus der Praxis, in: Der Betrieb, 52. Jg., Heft 15, April 1999, S. 753 - 758

Gabriel, Roland (1984): Konstruktionsprinzipien für Modell- und Methodenbanksysteme als universelle interaktive Planungssysteme und Anwendungen für ausgewählte Beispiele der praktischen computergestützten Entscheidungsfindung, Duisburg 1984

Gabriel, Roland (1992): Wissensbasierte Systeme in der betrieblichen Praxis, Hamburg, New York 1992

Gabriel, Roland; Beier, Dirk (2003): Informationsmanagement in Organisationen, Stuttgart 2003

Gabriel, Roland; Knittel, Friedrich; Taday, Holger; Reif-Mosel, Ane-Kristin (2002): Computergestützte Informations- und Kommunikationssysteme in der Unternehmung. Technologien, Anwendungen, Gestaltungskonzepte, 2. Aufl., Berlin u. a. 2002

Gabriel, Roland; Röhrs, Hans-Peter (1995): Datenbanksysteme. Konzeptionelle Datenmodellierung und Datenbankarchitekturen, 2. Aufl., Berlin u. a. 1995

Gabriel, Roland; Röhrs, Hans-Peter (2003): Gestaltung und Einsatz von Datenbanksystemen – Data Base Engineering und Datenbankarchitekturen, Berlin u. a. 2003

Gardner, Stephen R. (1998): Building the Data Warehouse, in: Communications of the ACM, 41. Jg., Nr. 9, 1998, S. 52 - 60

Gartner, Dana Marie (1997): Cashing in with Data Warehouses and the Web, in: Databased Advisor, Heft 2, Februar 1997, S. 60 - 63

Gebhardt, Günter; Mansch, Helmut (2001): Risikomanagement und Risikocontrolling in Industrie- und Handelsunternehmen, Düsseldorf 2001

Gehrke, Ulrich; Wendlandt, Birgit; Sommer, Thorsten (2006): SOA und BI im Volkswagen Konzern, Vortrag anlässlich der TDWI-Information Days 2006, Düsseldorf, Stuttgart, Wiesbaden, 28.-30. 11. 2006

Gemünden, Hans Georg (1993): Information: Bedarf, Analyse und Verhalten, in: Wittmann, Waldemar (Hrsg., 1993): Handwörterbuch der Betriebswirtschaft, 5. Aufl., Stuttgart 1993, Sp. 1725 - 1735

Gentsch, Peter (1999a): Wissen managen mit innovativer Informationstechnologie: Strategien - Werkzeuge - Praxisbeispiele, Wiesbaden 1999

Gentsch, Peter (1999b): Business Intelligence: Aus Daten systematisch Wissen entwickeln, in: Scheer, August-Wilhelm (Hrsg.): Electronic Business und Knowledge Management - Neue Dimensionen für den Unternehmungserfolg, 20. Saarbrücker Arbeitstagung 1999 für Industrie, Dienstleistung und Verwaltung, Heidelberg 1999, S. 167-195

Gerstl, Peter; Hertweck, Matthias; Kuhn, Birgit (2001): Text Mining: Grundlagen, Verfahren und Anwendungen, in: HMD - Praxis der Wirtschaftsinformatik, 38. Jg., Heft 222, Dezember 2001, S. 38 - 48

Gilliland, Steve (1996): SMP and MPP Servers and Database Computing, in: Databased Advisor, Heft 9, September 1996, S. 63 - 65

Gladen, Werner (2005): Performance Measurement. Controlling mit Kennzahlen, 3. Aufl., Wiesbaden 2005

Gluchowski, Peter (1993): Konzeption einer matrizenbasierten Planungssprache und Datenbank zur Erstellung betrieblicher Planungs- und Kontrollsysteme, Bochum 1993

Gluchowski, Peter (1998a): Analyseorientierte Datenbanksysteme, Lehrmaterialien im Studienfach Wirtschaftsinformatik, Ruhr-Universität Bochum, Nr. 28/98, Bochum 1998

Gluchowski, Peter (1998b): Antwortzeit als Erfolgsfaktor. Schnelle Zugriffe bei Analyse-Datenbanken, in: Datenbank Fokus, Heft 3, März 1998, S. 16 - 22

Gluchowski, Peter (2000): Den Surfern auf der Spur. Sinnvolle Analyse von Web-Log-Daten, in: Computerwoche extra, Beilage zur Computerwoche, 16. Juni 2000, S. 12 - 13

Gluchowski, Peter (2001): Business Intelligence. Konzepte, Technologien und Einsatzbereiche, in: HMD - Praxis der Wirtschaftsinformatik, 38. Jg., Heft 222, Dezember 2001, S. 5 - 15

Gluchowski, Peter; Chamoni, Peter (2006): Entwicklungslinien und Architekturkonzepte des On-Line Analytical Processing, in: Chamoni, Peter; Gluchowski, Peter (Hrsg., 2006): Analytische Informationssysteme. Business Intelligence-Technologien und -Anwendungen, 3. Aufl., Berlin u. a. 2006, S. 143 - 176

Gluchowski, Peter; Gabriel, Roland; Chamoni, Peter (1997): Management Support Systeme. Computergestützte Informationssysteme für Führungskräfte und Entscheidungsträger, Berlin u. a. 1997

Gluchowski, Peter; Kemper, Hans-Georg (2006): Quo Vadis Business Intelligence? Aktuelle Konzepte und Entwicklungstrends, in: BI-Spektrum, 1. Jg., Heft 1, 2006, S. 12 - 19

Gluchowski, Peter; Müller, Jochen (2000): Web-Log-Mining, in: IS-Report, 4. Jg., Heft 7, Juli 2000, S. 18 - 21

Gluchowski, Peter; Pastwa, Alexander (2006): Reporting-Standard vor dem Durchbruch - Details über Grundlagen, Bausteine, Erweiterungen und Potenziale der erhofften "Lingua Franca" des Finanz-Berichtswesens: XBRL, in: IS Report, Heft 1 + 2, 2006, S. 66 - 69

Golfarelli, Matteo; Maio, Dario; Rizzi, Stefano (1998): Conceptual Design of Data Warehouses from E/R Schemas, in: Proceedings of the Hawaii International Conference On System Sciences, 6. - 9. Januar 1998, Kona, Hawaii, URL: ftp://ftp-db.deis.unibo.it/ pub/ stefano/ hicss98.pdf, Abruf am 16.10.2002 (Seitenangaben beziehen sich auf die Online-Version)

Goltsche, Wolfgang (2006): COBIT kompakt und verständlich, Wiesbaden 2006

Gorry, G. Anthony; Scott Morton, Michael S. (1971): A Framework for Management Information Systems, in: Sloan Management Review, 13. Jg., Heft 1, 1971, S. 55 - 70

Grandy, Cheryl (2002): The Art of Indexing. Enhancing Data Retrieval for Databases, Documents and Flat Files, White Paper, Boulder o. J., URL: http://www.disc.com/artindex.html, Abruf am 20.05.2007

Gregorzik, Stefan (2002): Multidimensionales Knowledge Management, in: Hannig, Uwe (Hrsg., 2002): Knowledge Management und Business Intelligence, Berlin u. a. 2002, S. 43 - 51

Greschner, Jürgen; Zahn, Erich (1992): Strategischer Erfolgsfaktor Information, in: Krallmann, Hermann; Papke, Jörg; Rieger, Bodo (Hrsg., 1992): Rechnergestützte Werkzeuge für das Management. Grundlagen, Methoden, Anwendungen, Berlin 1992, S. 9 - 28

Griese, Joachim (1990): Ziele und Aufgaben des Informationsmanagements, in: Kurbel, Karl; Strunz, Horst (Hrsg., 1990): Handbuch Wirtschaftsinformatik, Stuttgart 1990, S. 643 - 651

Groffmann, Hans-Dieter (1992): Kooperatives Führungsinformationssystem: Grundlagen - Konzept - Prototyp, Wiesbaden 1992

Großmann, Friedhelm (1995): Management-Informationssysteme als Bestandteil ganzheitlicher Managementkompetenz, in: Hichert, Rolf; Moritz, Michael (Hrsg., 1995): Management-Informationssysteme, 2. Aufl., Berlin u. a. 1995, S. 13 - 23

Grothe, Martin (1999): Aufbau von Business Intelligence - Entwicklung einer softwaregestützten Controlling-Kompetenz bei o.tel.o, in: Kostenrechnungspraxis (krp), 43. Jg., Heft 3, 1999, S. 175 - 184

Grothe, Martin; Gentsch, Peter (2000): Business Intelligence. Aus Informationen Wettbewerbsvorteile gewinnen, München u. a. 2000

Gutenberg, Erich (1983): Grundlagen der Betriebswirtschaftslehre, Band 1: Die Produktion, 24. Aufl., Berlin u. a. 1979

Hackathorn, Richard (2003): Minimizing Action Distance, URL: http://www. tdan.com/ i025fe04.htm, 27.12.2003, Abruf am 20.05.2007

Hahn, Dietger (1992): Frühwarnsysteme, in: Krallmann, Hermann; Papke, Jörg; Rieger, Bodo (Hrsg., 1992): Rechnergestützte Werkzeuge für das Management. Grundlagen, Methoden, Anwendungen, Berlin 1992, S. 29 - 48

Hahn, Dietger; Krystek, Ulrich (2000): Früherkennungssysteme und KonTraG, in: Dörner, Dietrich; Horvath, Peter; Kagermann, Henning (Hrsg., 2000): Praxis des Risikomanagements: Grundlagen, Kategorien, branchenspezifische und strukturelle Aspekte, Stuttgart 2000, S. 73 - 97

Hahne, Michael (2002): Logische Modellierung mehrdimensionaler Datenbanksysteme, Wiesbaden 2002

Hahne, Michael (2006): Multidimensionale Datenmodellierung für analyseorientierte Informationssysteme, in: Chamoni, Peter; Gluchowski, Peter (Hrsg., 2006): Analytische Informationssysteme. Business Intelligence-Technologien und -Anwendungen, 3. Aufl., Berlin u. a. 2006, S. 177 - 206

Hammann, Peter (1969): Entscheidungsmodelle in der betriebswirtschaftlichen Theorie, in: ZfbF, 21. Jg., Heft 7, 1969, S. 457 - 467

Hammer, Richard M. (1995): Unternehmensplanung. Lehrbuch der Planung und strategischen Unternehmensführung, 6. Aufl., München u. a. 1995

Hannig, Uwe (2000): Business Intelligence als fester Teil der Unternehmensstrategie, in: Computerwoche, Heft 37, 15. September 2000, S. 9 - 10

Hannig, Uwe; Hahn, Andreas (2002): Der deutsche Markt für Data Warehousing und Business Intelligence, in: Hannig, Uwe (Hrsg., 2002): Knowledge Management und Business Intelligence, Berlin u. a. 2002, S. 219 - 228

Hansen, Hans Robert; Neumann, Gustaf (2005): Wirtschaftsinformatik 1 - Grundlagen und Anwendungen, 9. Aufl., Stuttgart 2005

Hansen, Morten T.; Nohria, Nitin; Tierney, Thomas (1999): Wie managen Sie das Wissen in Ihrem Unternehmen?, in: Harvard Business Manager, 21. Jg., Nr. 5, 1999, S. 85 - 96

Hansen, Wolf R. (1997): Vorgehensmodell zur Entwicklung einer Data Warehouse-Lösung, in: Mucksch, Harry; Behme, Wolfgang (Hrsg.): Das Data Warehouse-Konzept, 2. Aufl., Wiesbaden 1997, S. 311 - 349

Harms, Uwe (1996): Hauptsache skalierbar, in: Business Computing, Heft 4, 1996, S. 38 - 40

Hasenkamp, Ulrich; Kirn, Stefan; Syring, Michael (Hrsg., 1994): CSCW-Computer Supported Cooperative Work, Bonn u. a. 1994

Hasenkamp, Ulrich; Rosbach, Peter (1998): Wissensmanagement, in: Das Wirtschaftsstudium (wisu), 27. Jg., Heft 8-9, 1998, S. 956 - 963

Heck-Weinhart, Gertrud; Mutterer, Gabriele; Herrmann, Clemens; Rupprecht, Josef (2003): Entwicklung eines angepassten Vorgehensmodells für Data Warehouse-Projekte bei der W&W AG, in: von Maur, Eitel; Winter, Robert (Hrsg., 2003): Data Warehouse Management, Berlin u. a. 2003, S. 197 - 219

Heilmann, Heidi (1994): Workflow Management - Analyse, Verbesserung und Steuerung von Geschäftsprozessen, in: VOP - Verwaltungsführung, Organisation, Personal, Heft 1, 1994, S. 42 - 45

Heilmann, Heidi (1999): Wissensmanagement - ein neues Paradigma?, in: Praxis der Wirtschaftsinformatik (HMD), 36. Jg., Heft 208, 1999, S. 7 - 23

Heinrich, Lutz J. (2005): Informationsmanagement. Planung, Überwachung und Steuerung der Informationsinfrastruktur, 8. Aufl., München, Wien 2005

Heinz, Hubert (1992): Informationen vom und für den Markt, in: Office Management, Heft 11, 1992, S. 20 - 24

Henze, Joachim (1990): Personalwirtschaftslehre, 4. Aufl., Bern, Stuttgart 1990

Hermann, Thomas; Loser, Kai-Uwe (1998): Wissens-Management ist mehr als Informations-Management - Knowledge-Management Technologie und Architekturen, in: Computerwoche, 24. Jg., Nr. 9, 1998, S. 97 - 100

Hermanns, Arnold; Thurm, Manuela (2000): Customer Relationship Marketing. Die Wiederentdeckung des Kunden im Marketing, in: Controlling, Heft 10, Oktober 2000, S. 469 - 476

Hesse, Wolfgang; Merbeth, Günter; Frölich, Rainer (1992): Software-Entwicklung: Vorgehensmodelle, Projektführung, Produktverwaltung, München, Wien 1992

Hettich, Stefanie; Hippner, Hajo (2001): Assoziationsanalyse, in: Hippner, Hajo; Küsters, Ulrich L.; Meyer, Matthias; Wilde, Klaus D. (Hrsg., 2001): Handbuch Data Mining im Marketing - Knowledge Discovery in Marketing Databases, Braunschweig, Wiesbaden 2001, S. 427 - 463

Hettich, Stefanie; Hippner, Hajo; Wilde, Klaus D. (2000): Assoziationsanalyse, in: Das Wirtschaftsstudium (wisu), 29. Jg., Heft 7, 2000, S. 970 - 978

Hofacker, Ingo (1999): Systemunterstützung strategischer Entscheidungsprozesse, Wiesbaden 1999

Holten, Roland, Knackstedt, Ralf (1999): Fachkonzeption von Führungsinformationssystemen. Instanziierung eines FIS-Metamodells am Beispiel eines Einzelhandelsunternehmens, Arbeitsbericht des Instituts für Wirtschaftsinformatik, Westfälische Wilhelms-Universität Münster, Nr. 68, Mai 1999, URL: http://www.wi.uni-muenster.de/improot/is/pub_imperia/doc/585.pdf, Abruf am 20.05.2007

Holthuis, Jan (1998): Der Aufbau von Data Warehouse-Systemen. Konzeption, Datenmodellierung, Vorgehen, Wiesbaden 1998

Holthuis, Jan (2000): Grundüberlegungen für die Modellierung einer Data Warehouse-Datenbasis, in: Mucksch, Harry; Behme, Wolfgang (Hrsg., 2000): Das Data Warehouse-Konzept, 4. Aufl., Wiesbaden 2000, S. 149 - 188

Homburg, Christian (1998): Quantitative Betriebswirtschaftslehre. Entscheidungsunterstützung durch Modelle, 2. Aufl., Wiesbaden 1998

Hommelhoff, Peter; Mattheus, Daniela (2000): Gesetzliche Grundlagen: Deutschland und international, in: Dörner, Dietrich; Horvath, Peter; Kagermann, Henning (Hrsg., 2000): Praxis des Risikomanagements: Grundlagen, Kategorien, branchenspezifische und strukturelle Aspekte, Stuttgart 2000, S. 5 - 40

Hornung, Karlheinz, Reichmann, Thomas; Diederichs, Marc (1999): Risikomanagement - Konzeptionelle Ansätze zur pragmatischen Realisierung gesetzlicher Anforderungen, in: Controlling, Heft 7, Juli 1999, S. 317 - 325

Horvath, Peter (2006): Controlling, 10. Aufl., München 2006

Horvath, Peter; Gleich, Ronald (2000): Controlling als Teil des Risikomanagements, in: Dörner, Dietrich; Horvath, Peter; Kagermann, Henning (Hrsg., 2000): Praxis des Risikomanagements: Grundlagen, Kategorien, branchenspezifische und strukturelle Aspekte, Stuttgart 2000, S. 99 - 126

Horvath, Peter; Kaufmann, Lutz (1998): Balanced Scorecard - ein Werkzeug zur Umsetzung von Strategien, in: Harvard Business Manager, Heft 5, 1998, S. 39 - 48

Huber, Harald (1999): Innovative Technologien für das KM, in: Scheer, August-Wilhelm (Hrsg., 1999): Electronic Business und Knowledge Management - Neue Dimensionen für den Unternehmungserfolg, 20. Saarbrücker Arbeitstagung 1999 für Industrie, Dienstleistung und Verwaltung, Heidelberg 1999, S. 457 - 467

Huldi, Christian (1997): Database Marketing - Wunsch und Wirklichkeit, in: HMD - Theorie und Praxis der Wirtschaftsinformatik, 34. Jg., Heft 193, 1997, S. 25 - 41

Huldi, Christian; Staub, Felix (2002): Der Cube-Ansatz als effektives Instrument zur Qualifizierung von Kunde und Kundenbeziehung, in: Thexis. Fachzeitschrift für Marketing, 19. Jg., Heft 1, 2002, S. 54 - 58

Hummeltenberg, Wilhelm (1995): Realisierung von Management-Unterstützungssystemen mit Planungssprachen und Generatoren für Führungsinformationssysteme, in: Hichert, Rolf; Moritz, Michael (Hrsg., 1995): Management-Informationssysteme, 2. Aufl., Berlin u. a. 1995, S. 258 - 279

Hummeltenberg, Wilhelm (1998): Data Warehousing: Management des Produktionsfaktors Information - eine Idee und ihr Weg zum Kunden, in: Martin, Wolfgang (Hrsg., 1998): Data Warehousing, Bonn 1998, S. 41 - 71

Inmon, William H. (1996): Building the Data Warehouse, 2. Aufl., New York 1996

Inmon, William H. (2006): DW 2.0™ – The Architecture for the Next Generation of Data Warehouse, http://inmoncif.com/registration/news/dw2.php, 01.07.2006, Abruf am 20.05.2007

Inmon, William H.; Hackathorn, Richard D. (1994): Using the Data Warehouse, New York u. a. 1994

Jahnke, Bernd (1993): Einsatzkriterien, kritische Erfolgsfaktoren und Einführungsstrategien für Führungsinformationssysteme, in: Behme, Wolfgang; Schimmelpfeng, Katja (Hrsg., 1993): Führungsinformationssysteme. Neue Entwicklungstendenzen im EDV-gestützten Berichtswesen, Wiesbaden 1993, S. 29 - 43

Jahnke, Bernd; Groffmann, Hans-Dieter; Kruppa, Stephan (1996): On-Line Analytical Processing (OLAP), in: Wirtschaftsinformatik, 38. Jg., Heft 3, 1996, S. 321 - 324

Joswig, Dirk (1992): Das Controlling-Informationssystem CIS: Entwicklung - Einsatz in Unternehmen der Einzel- und Kleinserienfertigung - Integrationsfähigkeit hinsichtlich PPS-Systemen, Wiesbaden 1992

Jung, Reinhard; Winter, Robert (2000): Data Warehousing. Nutzungsaspekte, Referenzarchitektur und Vorgehensmodell, in: Jung, Reinhard; Winter, Robert (Hrsg., 2000): Data Warehousing Strategie, Berlin u. a. 2000, S. 3 - 20

Kahle, Ulrich; Hasler, Werner (2001): Informationsbedarf und Informationsbereitstellung im Rahmen von Customer Relationship Management-Projekten, in: Link, Jörg (Hrsg., 2001): Customer Relationship Management. Erfolgreiche Kundenbeziehungen durch integrierte Informationssysteme, Berlin u. a. 2001, S. 213 - 234

Kampffmeyer, Ulrich; Merkel, Barbara (1999): Dokumenten-Management: Grundlagen und Zukunft, 2. Aufl., Hamburg 1999

Kaplan, Robert S., Norton, David P. (1992): The Balanced Scorecard - Measures That Drive Performance, in: Harvard Business Review, 70. Jg., Heft 1, 1992, S. 71 - 79

Kaplan, Robert S., Norton, David P. (1993): Putting the Balanced Scorecard to Work, in: Harvard Business Review, 71. Jg., Heft 5, 1993, S. 134 - 147

Keen, Martin; Acharya, Ami; Bishop, Susan; Hopkins, Alan u. a. (2004): Patterns: Implementing an SOA using an Enterprise Service Bus, URL: http:// publib-b.boulder.ibm.com/ abstracts/ sg246346.html, 01.07. 2004, Abruf am 03.03.2006

Kehl, Roger E. (2000): Controlling mit Database Marketing. Effizienzmessung absatzpolitischer Instrumente, Ettlingen 2000

Kemper, Alfons; Eickler, Andre (2006): Datenbanksysteme. Eine Einführung, 6. Aufl., München, Wien 2006

Kemper, Hans-Georg (1998): Architektur und Gestaltung von Management-Unterstützungs-Systemen, Habilitationsschrift, Universität zu Köln, Wirtschafts- und Sozialwissenschaftliche Fakultät, Köln 1998

Kemper, Hans-Georg; Ballensiefen, Klaus (1993): Der Auswahlprozeß von Werkzeugen zum Aufbau von Führungsinformationssystemen: Ein Vorgehensmodell, in: Behme, Wolfgang; Schimmelpfeng, Katja (Hrsg., 1993): Führungsinformationssysteme. Neue Entwicklungstendenzen im EDV-gestützten Berichtswesen, Wiesbaden 1993, S. 17 - 28

Kemper, Hans-Georg; Finger, Ralf (2006): Transformation operativer Daten - Konzeptionelle Überlegungen zur Filterung, Harmonisierung, Verdichtung und Anreicherung operativer Datenbestände, in: Chamoni, Peter; Gluchowski, Peter (Hrsg., 2006): Analytische Informationssysteme. Business Intelligence-Technologien und -Anwendungen, 3. Aufl., Berlin u. a. 2006, S. 113 - 128

Kemper, Hans-Georg; Lee, Phil-Lip (2001): Business Intelligence - ein Wegweiser, in: Computerwoche, Heft 44, 2. November 2001, S. 54 - 55

Kemper, Hans-Georg; Mehanna, Walid; Unger, Carsten (2004): Business Intelligence - Grundlagen und praktische Anwendungen, Wiesbaden 2004

Keppel, Bernd; Müllenbach, Stefan; Wölkhammer, Markus (2001): Vorgehensmodelle im Bereich Data Warehouse: Das Evolutionary Data Warehouse Engineering (EDE), in: Schütte, Reinhard; Rotthowe, Thomas; Holten, Roland (Hrsg., 2001): Data Warehouse Managementhandbuch - Konzepte, Software, Erfahrungen, Berlin et al. 2001, S. 81 - 105

Kimball, Ralph (1996): The Data Warehouse Toolkit - Practical Techniques for Building Dimensional Data Warehouses, New York u. a. 1996

Kimball, Ralph; Reeves, Laura; Ross, Margy; Thornthwaite, Warren (1998): The Data Warehouse Lifecycle Toolkit - Expert Methods for Designing, Developing, and Deploying Data Warehouses, New York u. a. 1998

Kirsch, Werner (1974): Betriebswirtschaftslehre: Systeme, Entscheidungen, Methoden, Wiesbaden 1974

Kleinschmidt, Peter; Rank, Christian (2005): Relationale Datenbanksysteme. Eine praktische Einführung, 3. Aufl., Berlin u. a. 2005

Kless, Thomas (1998): Beherrschung der Unternehmensrisiken. Aufgaben und Prozesse eines Risikomanagements, in: Deutsches Steuerrecht, Heft 3, März 1998, S. 93 - 98

Knolmayer, Gerhard; Myrach, Thomas (1996): Zur Abbildung zeitbezogener Daten in betrieblichen Informationssystemen, in: Wirtschaftsinformatik, 38. Jg., Nr. 1, 1996, S. 63 - 73

Koch, Rembert (1994): Betriebliches Berichtswesen als Informations- und Steuerungsinstrument, Frankfurt am Main 1994

Koreimann, Dieter S. (1971): Methoden und Organisation von Management-Informations-Systemen, Berlin, New York 1971

Koreimann, Dieter S. (1999): Management, 7. Aufl., München 1999

Kornblum, Wolfgang (1994): Die Vision einer effizienten Unternehmenssteuerung auf der Basis innovativer Führungs-Informationssysteme, in: Dorn, Bernhard (Hrsg., 1994): Das informierte Management. Fakten und Signale für schnelle Entscheidungen, Berlin, Heidelberg u. a. 1994, S. 75 - 101

Korndörfer, Wolfgang (2003): Allgemeine Betriebswirtschaftslehre, 13. Aufl., Wiesbaden 2003

Kraemer, Wolfgang (1993): Effizientes Kostenmanagement. EDV-gestützte Datenanalyse und -interpretation durch den Controlling-Leitstand, Wiesbaden 1993

Krahl, Daniela; Windheuser, Ulrich; Zick, Friedrich-Karl (1998): Data Mining. Einsatz in der Praxis, Bonn u. a. 1998

Krallmann, Hermann; Rieger, Bodo (1987): Vom Decision Support System (DSS) zum Executive Support System (ESS), in: Handwörterbuch der modernen Datenverarbeitung (HMD), 24. Jg., Heft 138, 1987, S. 28 - 38

Krcmar, Helmut (1990): Groupware, in: Mertens, Peter (Hrsg., 1990): Lexikon der Wirtschaftsinformatik, Berlin 1990, S. 195 - 196

Krcmar, Helmut (2005): Informationsmanagement, 4. Aufl., Berlin, Heidelberg u. a. 2005

Krystek, Ulrich; Müller-Stewens, Günter (1993): Frühaufklärung für Unternehmen. Identifikation und Handhabung zukünftiger Chancen und Bedrohungen, Stuttgart 1993

Kuhn, Alfred (1990): Unternehmensführung, 2. Aufl., München 1990

Küpper, Hans-Ulrich (2005): Controlling. Konzeption, Aufgaben, Instrumente, 4. Aufl., Stuttgart 2005

Küpper, Willi; Lüder, Klaus; Streitferdt, Lothar (1975): Netzplantechnik, Würzburg, Wien 1975

Kurz, Andreas (1999): Data Warehousing Enabling Technology, Bonn 1999

Küspert, Klaus; Nowitzky, Jan (1999): Partitionierung von Datenbanktabellen, in: Informatik Spektrum, 22. Jg., Heft 2, April 1999, S. 146 - 147

Lachnit, Laurenz (1997): Frühwarnsysteme, in: Mertens, Peter u. a. (Hrsg., 1997): Lexikon der Wirtschaftsinformatik, 3. Aufl., Berlin 1987, S. 168 - 169

Lachnit, Laurenz; Müller, Stefan (2006): Unternehmenscontrolling. Managementunterstützung bei Erfolgs-, Finanz-, Risiko- und Erfolgspotenzialsteuerung, Wiesbaden 2006

Laudon, Kenneth C.; Laudon, Jane P.; Schoder, Detlef (2006): Wirtschaftsinformatik - Eine Einführung, München 2006

Lehmann, Peter (2001): Meta-Datenmanagement in Data-Warehouse-Systemen. Rekonstruierte Fachbegriffe als Grundlage einer konstruktiven, konzeptionellen Modellierung, Aachen 2001

Lehner, Franz (1993): Informatik-Strategien: Entwicklung, Einsatz und Erfahrungen, München, Wien 1993

Lehner, Franz (1995): Wirtschaftsinformatik : theoretische Grundlagen, München, Wien 1995

Lehner, Franz (2000): Organisational Memory: Konzepte und Systeme für das organisatorische Lernen und das Wissensmanagement, München, Wien 2000

Lehner, Franz (2001): Computergestütztes Wissensmanagement - Fortschritt durch Erkenntnisse über das organisatorische Gedächtnis?, in: Schreyögg, Georg (Hrsg., 2001): Wissen in Untenehmen - Konzepte, Maßnahmen, Methoden, Berlin 2001, S. 223 - 247

Leitner, Erich (1997): Schaufenster ins Data Warehouse, in: Client Server Computing, Heft 3, 1997, S. 41 - 46

Link, Jörg (2001): Grundlagen und Perspektiven des Customer Relationship Management, in: Link, Jörg (Hrsg., 2001): Customer Relationship Management: Erfolgreiche Kundenbeziehungen durch integrierte Informationssysteme, Berlin u. a. 2001, S. 1 - 34

Link, Jörg; Hildebrand, Volker G. (1997a): Integration des Database-Marketing und Computer Aided Selling (CAS) - der Weg zum Individual Marketing, in: HMD - Theorie und Praxis der Wirtschaftsinformatik, 34. Jg., Heft 193, 1997, S. 8 - 24

Link, Jörg; Hildebrand, Volker G. (1997b): Grundlagen des Database Marketing, in: Link, Jörg; Brändli, Dieter; Schleuning, Christian; Kehl, Roger E. (Hrsg., 1997): Handbuch Database Marketing, Ettlingen 1997, S. 15 - 36

Linthicum, David S. (1999): Enterprise Application Integration, Reading, MA u. a. 1999

Little, John D. C. (1970): Models and Managers: The Concept of a Decision Calculus, in: Management Science, 16. Jg., Heft 8, 1970, S. 466 - 485

Lix, Barbara (1992): Controlling und Informationsmanagement als Kernsysteme der Führungsteilsysteme im Unternehmen, in: Hichert, Rolf; Moritz, Michael (Hrsg., 1992): Management-Informationssysteme, Berlin u. a. 1992, S. 135 - 154

Lochte-Holtgreven, Martin (1996): Planungshilfe für das Management, in: Business Computing, Heft 4, 1996, S. 24 - 28

Lottenbach, David C. (2002): CRM als umfassender Wertschöpfungsansatz, in: Thexis. Fachzeitschrift für Marketing, 19. Jg., Heft 1, 2002, S. 32 - 36

Lück, Wolfgang (1998): Elemente eines Risiko-Managementsystems. Die Notwendigkeit eines Risiko-Managementsystems durch den Entwurf eines Gesetzes zur Kontrolle und Transparenz im Unternehmensbereich (KonTraG), in: Der Betrieb, Heft 1/2, September 1998, S. 8 - 14

Luconi, F.; Malone, T.; Scott Morton, M. (1986): Expert Systems: The Next Challenge for Managers, in: Information Management, Nr. 3, 1986, S. 6 - 15

Lühe, Markus von der (1997): Vom Database Marketing zum Data Mining. Neue Methoden der Zielgruppensegmentierung, in: HMD - Theorie und Praxis der Wirtschaftsinformatik, 34. Jg., Heft 193, 1997, S. 42 - 55

Lux, Thomas (2005): Intranet Engineering: Einsatzpotenziale und phasenorientierte Gestaltung eines sicheren Intranet in der Unternehmung, Wiesbaden 2005

Mag, Wolfgang (1977): Entscheidung und Information, München 1977

Mag, Wolfgang (1984): Planung, in: Baetge, Jörg (Hrsg., 1984): Vahlens Kompendium der Betriebswirtschaftslehre, Band 2, München 1984, S. 1 - 52

Mag, Wolfgang (1990): Grundzüge der Entscheidungstheorie, München 1990

Mag, Wolfgang (1992): Die Funktionserweiterung der Unternehmensführung, in: Wirtschaftswissenschaftliches Studium (WiSt), 21. Jg., Heft 2, 1992, S. 60 - 64

Mag, Wolfgang (1995): Unternehmungsplanung, München 1995

Maier, Ronald (2002): Knowledge Management Systems. Information and Communication - Technologies for Knowledge Management, Berlin u. a. 2002

Maier, Ronald; Hädrich, Thomas (2001): Modelle für die Erfolgsmessung von Wissensmanagementsystemen, in: Wirtschaftsinformatik, 43. Jg., Heft 5, 2001, S. 497 - 509.

Maier, Ronald; Klosa, Oliver (1999): Knowledge Management Systems '99: State-of-the-Art of the Use of Knowledge Management Systems, Forschungsbericht-Nr. 35, Schriftenreihe des Lehrstuhls für Wirtschaftsinformatik III, Universität Regensburg 1999

Martin, Thomas A.; Bär, Thomas (2002): Grundzüge des Risikomanagements nach KonTraG: Das Risikomanagementsystem zur Krisenfrüherkennung nach § 91 Abs. 2 AktG, München u. a. 2002

Martin, Wolfgang (Hrsg., 1997): Data Warehousing: Fortschritte des Informationsmanagements, Congressband VIII zur Online '97, Velbert 1997

Martin, Wolfgang; Maur, Eitel von (1997): Data Warehouse, in: Mertens, Peter u. a. (Hrsg., 1997): Lexikon der Wirtschaftsinformatik, Berlin u. a. 1997, S. 105 - 106

McClanahan, David R. (1997): Data Modeling for OLAP, in: Databased Advisor, Heft 3, März 1997, S. 66 - 70

Meier, Marco (2000): Integration externer Daten in Planungs- und Kontrollsysteme - Ein Redaktions-Leitstand für Informationen aus dem Internet, Wiesbaden 2000

Meier, Marco; Sinzig, Werner; Mertens, Peter (2003): SAP Strategic Enterprise Management/Business Analytics - Integration von strategischer und operativer Unternehmensführung, 2. Aufl., Berlin u. a. 2003

Mellis, Werner; Stelzer, Dirk (1999): Das Rätsel des prozeßorientierten Softwarequalitätsmanagement, in: Wirtschaftsinformatik, 41. Jg., Heft 1, 1999, S. 31 - 39

Mentrup, Anja; Bodo Rieger (2001): MSS und Wissensmanagement: Dimensionen und Perspektive der Integration, in: Stumme, Gerd u. a. (Hrsg., 2001): Professionelles Wissensmanagement - Erfahrungen und Visionen (WM'2001), 14.-16.3.01, Aachen 2001, S. 99 - 112

Mentzl, Ronald; Ludwig, Cornelia (1997): Das Data Warehouse als Bestandteil eines Database Marketing-Systems, in: Mucksch, Harry; Behme, Wolfgang (Hrsg., 1997): Das Data Warehouse-Konzept, 2. Aufl., Wiesbaden 1997, S. 469 - 484

Mertens, Peter (2002): Was ist Wirtschaftsinformatik?, in: Mertens, Peter u. a. (Hrsg., 2002): Studienführer Wirtschaftsinformatik, Braunschweig, Wiesbaden 2002

Mertens, Peter (2005): Integrierte Informationsverarbeitung, Bd. 1: Operative Systeme in der Industrie, 15. Aufl., Wiesbaden 2005

Mertens, Peter; Griese, Joachim (2002): Integrierte Informationsverarbeitung, Bd. 2: Planungs- und Kontrollsysteme in der Industrie, 9. Aufl., Wiesbaden 2002

Meta Group (2001): Der Markt für Knowledge Management in Deutschland - Eine alte Idee in neuer Aufmachung oder die Reinkarnation des Wissensmanagement, Ismaning 2001

Microsoft (2007): OLE DB for OLAP Overview , o. O. 2007, URL: http://msdn2. microsoft.com/en-us/library/ms714903.aspx, Abruf am 20.05.2007

Miksch, Katharina (1991): Management-Informationssysteme. Der Nutzen steckt im Detail, in: Diebold Management Report, Nr. 11, 1991, S. 12 - 16.

Minzberg, Henry (1992): The Myth of MIS, in: California Management Review, 15. Jg., Heft 1, 1972, S. 92 - 97

MIS AG (2003): Risiken erkennen - Chancen nutzen, o. O. 2003

Möllmann, Sybilla (1992): Executive Information Systems: Navigationsinstrumente zur Unternehmensführung, in: Zeitschrift für Organisation, Heft 6, 1992, S. 366 - 367

Mucksch, Harry; Behme, Wolfgang (2000): Das Data Warehouse-Konzept als Basis einer unternehmensweiten Informationslogistik, in: Mucksch, Harry; Behme, Wolfgang (Hrsg., 2000): Das Data Warehouse-Konzept, 4. Aufl., Wiesbaden 2000, S. 3 - 80

Mucksch, Harry; Holthuis, Jan; Reiser, Marcus (1996): Das Data Warehouse-Konzept - ein Überblick, in: Wirtschaftsinformatik, 38. Jg., Heft 4, 1996, S. 421 - 433

Müller, Ingo (1998): Wissensmanagement: Internet, Intranet und Groupware bieten gute Basis - Know-how ist kein persönliches Eigentum, in: Computerwoche focus, Blickpunkt Data Warehouse, o. Jg., Nr. 2, 1998, S. 12-14

Müller, Jochen (1999): Datenbeschaffung für das Data Warehouse, in: Chamoni, Peter; Gluchowski, Peter (Hrsg., 1999): Analytische Informationssysteme. Data Warehouse, On-Line Analytical Processing, Data Mining, 2. Aufl., Berlin u. a. 1999, S. 95 - 117

Müller, Jochen (2000): Transformation operativer Daten zur Nutzung im Data Warehouse, Wiesbaden 2000

Mußhoff, Heinz-Josef (1989): Decision Support Systems (DSS), in: Szyperski, Norbert, Winand, Udo (Hrsg., 1980): Grundbegriffe der Unternehmensplanung, Stuttgart 1980, Sp. 255 - 262

Nagel, Kurt (1988): Nutzen der Informationsverarbeitung, Methoden zur Bewertung von strategischen Wettbewerbsvorteilen, Produktivitätsverbesserungen und Kosteneinsparungen, München 1988

Neckel, Peter; Knobloch, Bernd (2005): Customer Relationship Management. Praktische Anwendungen des Data Mining im CRM, Heidelberg 2005

Nobs, Alexandre (1995): Führungsbedarfe des Managements in einer ständig sich wandelnden Umgebung, in: Hichert, Rolf; Moritz, Michael (Hrsg., 1995): Management-Informationssysteme, 2. Aufl., Berlin u. a. 1995, S. 43 - 58

Nonaka, Ikujiro (1991): The Knowledge-Creating Company - The best Japanes companies offer a guide to the organizational roles, structures, and practises that produce continuous innovation, in: Harvard Business Review, 69. Jg., Nr. 6, 1991, S. 96 - 104

Nonaka, Ikujiro; Takeuchi, Hirotaka (1997): Die Organisation des Wissens: Wie japanische Unternehmen eine brachliegende Ressource nutzbar machen, Frankfurt, New York 1997

North, Klaus (2002): Wissensorientierte Unternehmensführung: Wertschöpfung durch Wissen, 3. Aufl., Wiesbaden 2002

Nußdorfer, Richard (1996): Management der Vielfalt, in: Business Computing, Heft 4, 1996, S. 34 - 36

Nußdorfer, Richard (1998): Star-Schema. Das E/R-Modell steht auf dem Kopf, in: Datenbank Fokus, Heft 10, 1998, S. 22 - 28

Nußdorfer, Richard (1999): Moderne Technologie für leistungsfähige DW-Datenbanken, in: Chamoni, Peter; Gluchowski, Peter (Hrsg., 1999): Analytische Informationssysteme. Data Warehouse, On-Line Analytical Processing, Data Mining, 2. Aufl., Berlin u. a. 1999, S. 213 - 230

O. V. (1996): Virtuelles Data Warehousing. Schneller Datendurchgriff, in: Datenbank Fokus, Heft 2, Februar 1996, S. 34 - 36

Oehler, Carsten (2006): Corporate Performance Management mit Business Intelligence Werkzeugen, München, Wien 2006

O'Neil, Patrick E.; Quass, Dallan (1997): Improved Query Performance with Variant Indexes, SIGMOD Conference 1997, S. 38 - 49

Oracle (1997): Oracle Data Warehousing, Berkeley 1997

Palloks-Kahlen, Monika (2002): Kennzahlengestütztes Kundenbindungsmanagement, in: Controlling, Heft 2, Februar 2002, S. 111 - 112

Paulk, Marc C.; Weber, Charles V.; Curtis, Bill; Chrissis, Mary Beth (1995): The Capability Maturity Model for Software. Guidelines for Improving the Software Process, Guidelines for Improving the Software Process, Reading, MA 1995

Pellens, Bernhard; Crasselt, Nils; Rockholz, Carsten (1998): Wertorientierte Entlohnungssysteme für Führungskräfte - Anforderungen und empirische Evidenz, in: Pellens, Bernhard (Hrsg., 1998): Unternehmenswertorientierte Entlohnungssysteme, Stuttgart 1998, S. 1 - 28

Pendse, Nigel; Creeth, Richard (1995): The OLAP-Report. Succeeding with On-Line Analytical Processing, o. O. 1995

Pernul, Günther; Unland, Rainer (2003): Datenbanken im Unternehmen. Analyse, Modellbildung und Einsatz, 2. Aufl., München, Wien 2003

Petersohn, Helge (2005): Data Mining. Verfahren, Prozesse, Anwendungsarchitektur, München 2005

Philippi, Joachim (2005): BI-Strategie: BI Service Management mit ITIL und Sourcing von BI-Lösungen, Vortrag anlässlich der TDWI-Jahrestagung 2005, München 13.06.2005

Picot, Arnold (1987): Bürokommunikation - Leitsätze für den Anwender, 3. Aufl., München 1987

Piechota, Sven (1993): Perspektiven für die DV-Unterstützung des Controlling mit Hilfe von Führungsinformationssystemen, in: Behme, Wolfgang; Schimmelpfeng, Katja (Hrsg., 1993): Führungsinformationssysteme. Neue Entwicklungstendenzen im EDV-gestützten Berichtswesen, Wiesbaden 1993, S. 83 - 103

Piemonte, Raffaele (1997): Intranet/Internet OLAP Tool in One, in: Databased Advisor, Heft 3, April 1997, S. 10 - 11

Poddig, Thorsten; Sidorovich, Irina (2001): Überblick, Einsatzmöglichkeiten und Anwendungsprobleme, in: Hippner, Hajo; Küsters, Ulrich L.; Meyer, Matthias; Wilde, Klaus D. (Hrsg.): Handbuch Data Mining im Marketing: Knowledge Discovery in Marketing Databases, Braunschweig, Wiesbaden 2001, S. 363 - 402

Poe, Vidette; Reeves, Laura (1997): Aufbau eines Data Warehouse, München u. a. 1997

Polanyi, Michael (1985): Implizites Wissen, Frankfurt am Main 1985

Pomberger, Gustav; Blaschek, Günther (1993): Grundlagen des Software Engineering, München, Wien 1993

Porter, Michael E. (2004): Competitive Advantage, New York 2004

Probst, Gilbert J. B.; Raub, Steffen; Romhardt, Kai (1999): Wissen managen: wie Unternehmen ihre wertvollste Ressource optimal nutzen, 3. Aufl., Frankfurt am Main 1999

Quix, Christoph; Jarke Matthias (2000): Data Warehouse Practice: An Overview, in: Jarke, Matthias; Lenzerini, Maurizio; Vassiliou, Yannis; Vassiliasis, Panos (Hrsg., 2000): Fundamentals of Data Warehouses, Berlin u. a. 2000, S. 1 - 13

Radding, Allen (1995): Support Decision Makers with a Data Warehouse, in: Datamation, Heft 3, März 1995, S. 53 - 56

Raden, Neil (1996): Star Schema 101, White Paper, Archer Decision Sciences Inc., Santa Barbara 1996, URL: http://members.aol.com/nraden/str101.htm, Abruf am 20. September 2002

Rechkammer, Kuno (1999): Topmanagement-Modelle und Wissensmanagement, in: Schwaninger, Markus (Hrsg., 1999): Intelligente Organisationen: Konzepte für turbulente Zeiten auf der Grundlage von Systemtheorie und Kybernetik, Wissenschaftliche Jahrestagung der Gesellschaft für Wirtschafts- und Sozialkybernetik vom 2.-4.10.1997 in St. Gallen, Schweiz, Wirtschaftskybernetik und Systemanalyse: Band 19, Berlin 1999, S. 381 - 386

Reichmann, Thomas (2006): Controlling mit Kennzahlen und Managementberichten, 7. Aufl., München 2006

Reinecke, Sven; Sausen, Carsten (2002): CRM als Chance für das Marketing, in: Thexis. Fachzeitschrift für Marketing, 19. Jg., Heft 1, 2002, S. 2 - 5

Reinke, Helmut; Schuster, Helmut (1999): OLAP verstehen. OLAP-Technologie, Data Marts und Data Warehouse mit den Microsoft OLAP Services von Microsoft SQL Server 7.0, Unterschleißheim 1999

Rekugler, Helmut; Zimmermann, Hans G. (1994): Neuronale Netze in der Ökonomie, München 1994

Reuter, Andreas (1996): Das müssen Datenbanken im Data Warehouse leisten, in: Datenbank Fokus, Heft 2, Februar 1996, S. 28 - 33

Richter, Jan-Peter; Haller, Harald; Schrey, Peter (2005): Serviceorientierte Architektur, in: Informatik Spektrum, 28. Jg., Heft 5, 2005, S. 413 - 416

Richter, Manfred (1989): Personalführung im Betrieb, 2. Aufl., München, Wien 1989

Riempp, Gerold (2004): Integrierte Wissensmanagement-Systeme - Architektur und praktische Anwendung, Berlin u. a. 2004

Rockart, John (1980): Topmanager sollen ihren Datenbedarf selbst definieren, in: Harvard Manager - Informations- und Datentechnik, 1980, S. 9 - 22

Rockart, John F.; DeLong, David W. (1988): Executive Support Systems - The Emergence of Top Management Computer Use, Homewood (Ill.) 1988

Roti, Steve (1996): Indexing and Access Mechanisms, in: DBMS Online, Mai 1996, URL: http://www.dbmsmag.com/9605d15.html, Abruf am 20.05.2007

Rudolph, Bernd; Johanning, Lutz (2000): Entwicklungslinien im Risikomanagement, in: Johanning, Lutz; Rudolph, Bernd (Hrsg., 2000): Handbuch Risikomanagement, Band 1: Risikomanagement für Markt-, Kredit- und operative Risiken, Bad Soden 2000, S. 15 - 52

Rüttler, Martin (1991): Information als strategischer Erfolgsfaktor. Konzepte und Leitlinien für eine informationsorientierte Unternehmensführung, Berlin 1991

Sapia, Carsten (1999): On Modeling and Predicting Query Behaviour in OLAP Systems, in: Gatziu, Stella; Jeusfeld, Manfred; Staudt, Martin; Vassiliou, Yannis (Hrsg., 1999): Design and Management of Data Warehouses, International Workshop on Data Warehouse and Data Mining DMDW '99, Heidelberg, Germany, 14. - 15. Juni 1999, Proceedings, Heidelberg 1999, S. 2.1 - 2.10, URL: http://sunsite.infor matik.rwth-aachen.de/ Publications/ CEUR-WS/ Vol-19/ paper2. pdf, Abruf am 20.05.2007

Sapia, Carsten; Blaschka, Markus, Höfling, Gabi; Dinter, Barbara (1998): Extending the E/R Model for the Multidimensional Paradigm, in: Kambayashi, Yahiko; Lee, Dik Lun; Lim, Ee-Peng; Mohania, Mukesh; Masunaga, Yoshifumi (Hrsg., 1998): Advances in Database Technologies, International Workshop on Data Warehouse and Data Mining DWDM '98, 19. - 20. November 1998, Singapur, Proceedings, Berlin u. a. 1998, URL: http://www.forwiss.tu-muenchen.de/~sys tem42/ publications/ dwdm98.pdf, Abruf am 14.10.2002

Saylor, Michael; Bedell, Jeff; Rodenberger, Tim (1997): Optimizing Very Large Database Systems for Relational OLAP, in: Databased Advisor, Heft 3, März 1997, S. 39 - 43

Scalzo, Bert (1996): Improving Oracle Data Warehouse Performance via Partitioning, in: Oracle Magazine, 10. Jg., Heft 5, September/Oktober 1996, S. 67 - 70

Schanz (2000): Personalwirtschaftslehre, 3. Aufl., München 2000

Scharpf, Paul; Luz, Günther (2000): Risikomanagement. Bilanzierung und Aufsicht von Finanzderivaten, 2. Aufl., Stuttgart 2000

Scheer, August-Wilhelm (1990): EDV-orientierte Betriebswirtschaftslehre, Berlin u. a. 1990

Scheer, August-Wilhelm (1998): Wirtschaftsinformatik: Referenzmodelle für industrielle Geschäftsprozesse - Studienausgabe, 2. Aufl., Berlin, Heidelberg 1998

Schelp, Joachim (2000): Konzeptionelle Modellierung mehrdimensionaler Datenstrukturen analyseorientierter Informationssysteme, Wiesbaden 2000

Schieder, Christian (2006): Informationen ohne Fehler produzieren, in: BI-Spektrum, 1. Jg., Heft 3, 2006, S. 26 - 30

Schiemann, Ingo; Woltering, Ansgar (1994): Integrating Artficial Neural Nets in the CBR-Cycle - The TUB-JANUS Shell, Arbeitsberichte des Fachgebietes Systemanalyse und EDV, Technische Universität Berlin, Nr. RAP 4/94, Berlin 1994

Schierenbeck, Henner (1999): Ertragsorientiertes Bankmanagement, Band 2: Risiko-Controlling und Bilanzstruktur-Management, 6. Aufl., Wiesbaden 1999

Schindler, Martin (2001): Wissensmanagement in der Projektabwicklung: Grundlagen, Determinanten und Gestaltungskonzepte eines ganzheitlichen Projektwissensmanagements, 2. Aufl., Köln 2001

Schinzer, Heiko (1997): Database Marketing, in: Mertens, Peter u. a. (Hrsg., 1997): Lexikon der Wirtschaftsinformatik, Berlin u. a. 1997, S. 106 - 108

Schinzer, Heiko; Bange, Carsten (1999): Werkzeuge zum Aufbau analytischer Informationssysteme - Marktübersicht, in: Chamoni, Peter; Gluchowski, Peter (Hrsg., 1999): Analytische Informationssysteme. Data Warehouse, On-Line Analytical Processing, Data Mining, 2. Aufl., Berlin u. a. 1999, S. 45 - 74

Schinzer, Heiko; Bange, Carsten; Mertens, Holger (2000): Wachstum, Trends und gute Produkte, in: IS-Report, Heft 1, 2000, S. 10 - 17

Schirp, Gunnar (2001): Anforderungsanalyse im Data Warehouse-Projekt: Ein Erfahrungsbericht aus der Praxis, in: HMD - Praxis der Wirtschaftsinformatik, 38. Jg., Heft 222, Dezember 2001, S. 81 - 87

Schmelz, Jürgen (1995): Business Objects: Schaufenster zum Data Warehouse, in: IT-Management, Heft 3/4, 1995, S. 72 - 74

Schöneburg, Eberhard; Straub, Foland (1993): Zeitreihenanalyse und -prognose, in: Schöneburg, Eberhard (Hrsg., 1993): Industrielle Anwendung Neuronaler Netze, Bonn u. a. 1993, S. 247 - 282

Schommer, Christoph; Müller, Ulrike (2001): Data Mining im E-Commerce – ein Fallbeispiel zur erweiterten Logfile-Analyse, in: HMD - Praxis der Wirtschaftsinformatik, 38. Jg., Heft 222, Dezember 2001, S. 59 - 69

Schorb Peter (2006): Schnittstellen in das Data Warehouse, in: BI-Spektrum, 1. Jg., Heft 2, 2006, S. 16 - 20

Schulte-Zurhausen, Manfred (2005): Organisation, 4. Aufl., München 2005

Schulze, Klaus-Dieter; Dittmar, Carsten (2006): Business Intelligence Reifegradmodelle - Reifegradmodelle als methodische Grundlage für moderne Business Intelligence Achitekturen, in: Chamoni, Peter; Gluchowski, Peter (Hrsg., 2006): Analytische Informationssysteme. Business Intelligence-Technologien und -Anwendungen, 3. Aufl., Berlin u. a. 2006, S. 71 - 87

Schüppel, Jürgen (1996): Wissensmanagement: Organisatorisches Lernen im Spannungsfeld von Wissens- und Lernbarrieren, Wiesbaden 1996

Schütt, Peter (2000): Wissensmanagement: Mehrwert durch Wissen, Nutzenpotenziale ermitteln, Den Wissenstransfer organisieren, Niedernhausen 2000

Schwanitz, Johannes (2001): Analyse- und Steuerungsmöglichkeiten bei Kreditinstituten auf der Basis von Data Warehouse-Lösungen, in: Behme, Wolfgang; Mucksch, Harry (Hrsg., 2001): Data Warehousegestützte Anwendungen. Theorie und Praxiserfahrungen in verschiedenen Branchen, Wiesbaden 2001, S. 235 - 255

Schwarze, Jochen (2000): Einführung in die Wirtschaftsinformatik, 5. Aufl., Herne, Berlin 2000

Schweizer, Alex (1999): Data Mining, Data Warehousing. Datenschutzrechtliche Orientierungshilfen, Zürich 1999

Scott Morton, Michael S. (1983): State of the Art of Research in Management Support Systems, Massachusetts Institute of Technology, Center for Information Systems Research, Working Paper CISR , No. 107, o. O. 1983

Semen, Boris; Baumann, Susanne (1994): Anforderungen an ein ManagementUnterstützungssystem, in: Dorn, Bernhard (Hrsg., 1994): Das informierte Management. Fakten und Signale für schnelle Entscheidungen, Berlin, Heidelberg u. a. 1994, S. 37 - 59

Serwas, Gert; Wandt, Holger (2007): Ein Steward fürs Vertrauen, in: BISpektrum, 2. Jg., Heft 1, 2007, S. 10 - 13

Siegwart, Hans (1992): Kennzahlen für die Unternehmensführung, 4. Aufl., Bern u. a. 1992

Soeffky, Manfred (1998): Knowledge Dicovery und Data Mining zwischen Mythos, Anspruch und Wirklichkeit, in: Martin, Wolfgang (Hrsg., 1998): Data Warehousing: Steuern und Kontrollieren von Geschäftsprozessen, Congressband VIII, Online '98, Velbert 1998, S. C833.01 - C833.20

Soeffky, Manfred (1999): Ein weiteres Schlagwort der Informationstechnologie Knowledge Management, in: itFokus, Heft 2, 1999, S. 22 - 28

Spofford, George (2001): MDX Solutions, New York u. a. 2001

Sprague, Ralph; Carlson, Eric (1982): Building Effective Decision Support Systems, Englewood Cliffs, New York 1982

Staehle, Wolfgang H. (1999): Management: Eine verhaltenswissenschaftliche Perspektive, 8. Aufl., München 1999

Stahlknecht, Peter (1990): Management-Informationssysteme (MIS), in: Mertens, Peter (Hrsg., 1990): Lexikon der Wirtschaftsinformatik, Berlin 1990, S. 265 - 267

Stahlknecht, Peter; Hasenkamp, Ulrich (2005): Einführung in die Wirtschaftsinformatik, 11. Aufl., Berlin u. a 2005

Stauss, Bernd; Seidel, Wolfgang (2002): Customer Relationship Management (CRM) als Herausforderung für das Marketing, in: Thexis. Fachzeitschrift für Marketing, 19. Jg., Heft 1, 2002, S. 10 - 13

Steinmann, Horst; Schreyögg, Georg (2005): Management. Grundlagen der Unternehmensführung, 6. Aufl., Wiesbaden 2005

Stickel, Eberhard (1992): Eine Erweiterung des hedonistischen Verfahrens zur Ermittlung der Wirtschaftlichkeit des Einsatzes von Informationstechnik, in: Zeitschrift für Betriebswirtschaft (ZfB), Heft 7, 1992, S. 743 - 759

Steria Mummert Consulting AG (2006): Business Intelligence-Studie 2006, Hamburg 2006

Strauch, Bernhard; Winter, Robert (2002a): Stichwort "Business Intelligence", in: Bellmann, Matthias; Krcmar, Helmut; Sommerlatte, Tom (Hrsg., 2002), Praxishandbuch Wissensmanagement - Strategien, Methoden, Fallbeispiele, Düsseldorf 2002, S. 439 - 448

Strauch, Bernhard; Winter, Robert (2002b): Vorgehensmodell für die Informationsbedarfsanalyse im Data Warehousing, in: von Maur, Eitel; Winter, Robert (Hrsg., 2002): Vom Data Warehouse zum Corporate Knowledge Center, Heidelberg 2002, S. 359 - 378

Streubel, Frauke (1996): Theoretische Fundierung eines ganzheitlichen Informationsmanagements, Arbeitsbericht Nr. 96-21 des Lehrstuhls für Wirtschaftsinformatik, Ruhr-Universität Bochum 1996

Studer, Rudi; Schnurr, Hans-Peter; Nierlich, Andreas (2001): Semantik für die nächste Generation Wissensmanagement, 2001, http://www.knowtech.net/ foren.html, Abruf am 03.01.02

Suhr, Rini; Suhr, Roland (1993): Software Engineering. Technik und Methodik, München, Wien 1993

Sullivan, Dan (2001): Document Warehousing and Text Mining: Techniques for improving Business Operations, Marketing and Sales, New York 2001

Szyperski, Norbert (1978): Realisierung von Informationssystemen in deutschen Unternehmen, in: Müller-Merbach, Heiner (Hrsg., 1978): Quantitative Ansätze in der Betriebswirtschaftslehre, München 1978, S. 67 - 86

Szyperski, Norbert (1980): Informationsbedarf, in: Grochla, Erich (Hrsg., 1980): Handwörterbuch der Organisation, 2. Aufl., Stuttgart 1980, Sp. 904 - 913

Thomsen, Erik (1997): OLAP solutions: building multidimensional information systems, New York u. a. 1997

Tilemann, Thilo (1990): Planungssprachen, in: Mertens, Peter (Hrsg., 1990): Lexikon der Wirtschaftsinformatik, Berlin 1990, S. 330 - 332

Timmermann, Manfred (1975): Die Simulation eines integrierten Planungssystems - Kombination der Wert- und mengenmäßigen Planungsprozesse, in: Wild, Jürgen (Hrsg., 1975): Unternehmungsplanung, Reinbek 1975

Totok, Andreas (1998): Semantische Modellierung von multidimensionalen Datenstrukturen, Folien zum Vortrag auf dem 4. Workshop des GI-Arbeitskreises Multidimensionale Datenbanken am 27. April 1998 in Darmstadt, URL: http:// www. tu-bs. de/ institute/ wirtschaftswi/ controlling/ totok/ Totok_Vortrag_MDDB.pdf, Abruf am 20.09. 2002

Totok, Andreas (2000a): Grafische Notationen für die semantische multidimensionale Modellierung, in: Mucksch, Harry; Behme, Wolfgang (Hrsg., 2000): Das Data Warehouse-Konzept, 4. Aufl., Wiesbaden 2000, S. 189 - 214

Totok, Andreas (2000b): Modellierung von OLAP- und Data Warehouse-Systemen, Wiesbaden 2000

Totok, Andreas (2006); Entwicklung einer Business-Intelligence-Strategie, in: Chamoni, Peter; Gluchowski, Peter (Hrsg., 2006): Analytische Informationssysteme. Business Intelligence-Technologien und -Anwendungen, 3. Aufl., Berlin u. a. 2006, S. 51 - 70

Vaske, Heinrich (1996): Das Data-Warehouse trifft den Nerv des Unternehmens, in: Computerwoche, Heft 7, 16. Februar 1996, S. 7- 49

VDI (1992): VDI-Richtlinien, Bürokommunikation, VDI 5006, Verband Deutscher Ingenieure, Düsseldorf 1992

Vetter, Max (1993): Strategie der Anwendungssoftware-Entwicklung: Methoden, Techniken, Tools einer ganzheitlichen, objektorientierten Vorgehensweise, 3. Aufl., Stuttgart 1993

Vlamis, Dan (1996): Add New Dimensions to Your OLAP Applications, in: Database Advisor, Heft 12, Dezember 1996, S. 28 - 31

Wall, Friederike (1999): Planungs- und Kontrollsysteme. Informationstechnische Perspektiven für das Controlling, Wiesbaden 1999

Walterscheid, Heinz (1999): Systembewertung und Projektmanagement bei analytischen Informationssystemen, in: Chamoni, Peter; Gluchowski, Peter (Hrsg., 1999): Analytische Informationssysteme. Data Warehouse, On-Line Analytical Processing, Data Mining, 2. Aufl., Berlin u. a. 1999, S. 427 - 451

Watson, Hugh J. (1992): Executive Information Systems, Emergence Development Impact, New York u. a. 1992

Weber, Jürgen; Schäffer, Utz (2006): Einführung in das Controlling, 11. Aufl., Stuttgart 2006

Weggemann, Mathieu (1999): Wissensmanagement - Der richtige Umgang mit der wichtigsten Ressource des Unternehmens, Bonn 1999

Wenig, Joseph E.; Sannik, Gregory J. (1997): Critical Factors to Successful Data Warehouses, in: Databased Advisor, Heft 1, Januar 1997, S. 74 - 77

Werner, Fritz (1995): On-Line Analytical Processing: OLAP und die Dimension der Zeit, in: it Management, Heft 3 / 4, 1995, S. 43 - 45

Whitehorn, Mark; Whitehorn, Mary (1999): Business Intelligence. The IBM Solution, London u. a. 1999

Widom, Jennifer (1995): Research Problems in Data Warehousing, in: Proceedings of the 4th International Conference on Information and Knowledge Management (CIKM), November 1995, URL: http://www-db.stanford.edu/pub/papers/warehouse-research.ps, Abruf am 20.05.2007

Wiedemann, Herbert (1996): Mitarbeiter richtig führen, 4. Aufl., Ludwigshafen (Rhein) 1996

Wieken, John-Harry (1999): Der Weg zum Data Warehouse. Wettbewerbsvorteile durch strukturierte Unternehmensinformationen, München u. a. 1999

Wild, Jürgen (1982): Grundlagen der Unternehmungsplanung, 4. Aufl., Opladen 1982

Winter, Marcel; Herrmann, Clemens; Helfert, Markus (2003): Datenqualitätsmanagement für Data-Warehouse-Systeme - Technische und organisatorische Realisierung am Beispiel der Credit Suisse, in: von Maur, Eitel; Winter, Robert (Hrsg., 2003): Data Warehouse Management: Das St. Galler Konzept zur ganzheitlichen Gestaltung der Informationslogistik, Heidelberg 2003, S. 221 - 240

Witte, Thomas (1990): Simulationssprache, in: Mertens, Peter (Hrsg., 1990): Lexikon der Wirtschaftsinformatik, Berlin 1990, S. 385 - 386

Wolf, Thorsten; Decker, Stefan; Abecker, Andreas (1999): Unterstützung des Wissensmanagement durch Informations- und Kommunikationstechnologie, in: Scheer, August-Wilhelm; Nüttgens, Markus (Hrsg., 1999): Electronic Business Engineering: 4. Internationale Tagung Wirtschaftsinformatik, Heidelberg 1999, S. 745 - 766

Yamaguchi, Akira (1995): Management-Informationssysteme - Versuch einer Positionierung und Perspektiven für zukünftige Entwicklungen, in: Hichert, Rolf; Moritz, Michael (Hrsg., 1995): Management-Informationssysteme, 2. Aufl., Berlin u. a. 1995, S. 59 - 70

Yazdani, Sima; Wong, Shirley S. (1997): Data Warehousing with Oracle. An Administrator's Handbook, Upper Saddle River 1997

Zerdick, Axel; Picot, Arnold; Schrape, Klaus (2001): Die Internet-Ökonomie: Strategien für die digitale Wirtschaft, 3. Auflage, Berlin, Heidelberg u. a. 2001

Zimmermann, Hans-Jürgen (1971): Netzplantechnik, Berlin, New York 1971

Zipser, Andreas (2001): Business Intelligence im Customer Relationship Management. Die Relevanz von Daten und deren Analyse für profitable Kundenbeziehungen, in: Link, Jörg (Hrsg., 2001): Customer Relationship Management: Erfolgreiche Kundenbeziehungen durch integrierte Informationssysteme, Berlin u. a. 2001, S. 35 - 57

Abbildungs- und Tabellenverzeichnis

Abkürzungsverzeichnis

4GL	4th Generation Programming Language
AI	Artificial Intelligence
ADAPT	Application Design for Analytical Processing Technologies
ARIS	Architektur integrierter Informationssysteme
API	Application Programming Interface
BAM	Business Activity Monitoring
BI	Business Intelligence
BIKOS	Büroinformations- und -kommunikationssystem
BLOB	Binary Large Objekt
BPR	Business Process Reengineering
BR	Business Reengineering
BSC	Balanced Scorecard
CART	Classification And Regression Trees
CASE	Computer Aided Software Engineering
CCS	Common Communication Support
CIE	Computer Integrated Enterprise
CIM	Computer Integrated Manufacturing
CIO	Computer Integrated Office
CIS	Chefinformationssystem
CHAID	Chi-square Automatic Interaction Detectors
CMM	Capability Maturity Model
CORBA	Common Object Request Broker Architecture
CPI	Common Programming Interface
CRM	Customer Relationship Management
CSCW	Computer Supported Cooperative Work
CSF	Critical Success Factor
CTQ	Citical to Quality Characteristic
CUA	Common User Access
CUI	Common User Interface
DB	Datenbank
DDL	Data Definition Language
DM	Data Mining
DML	Data Manipulation Language
DMS	Dokumenten Management System
DSS	Decision Support System

DT	Dimensionstabelle
DV	Datenverarbeitung
DW	Data Warehouse
EAI	Enterprise Application Integration
ECA	Event, Condition, Action
EDA	Event-Driven Architecture
EDV	Elektronische Datenverarbeitung
EIS	Executive Information System
EII	Enterprise Information Integration
EMS	Electronic Meeting System
ERP	Enterprise Resource Planning
ESS	Executive Support System
ETL	Extraktion, Transformation, Laden
EUS	Entscheidungsunterstützungssystem
FASMI	Fast Analysis of Shared Multidimensional Information
FIS	Führungsinformationssystem
FT	Faktentabelle
FTP	File Transfer Protocol
FuE	Forschung und Entwicklung
GAN	Global Area Network
GDSS	Group Decision Support System
GEUS	Gruppen-Entscheidungsunterstützungssystem
ID	Identifyer
IDV	Individuelle Datenverarbeitung
IP	Internet Protocol
IS	Informationssystemen
ISDN	Integrated Services Digital Network
IT	Informationstechnologie
IuK	Information und Kommunikation
ITIL	Information Technology Infrastructure Library
IV	Informationsverarbeitung
KBDSS	Knowledge Based Decision Support System
KDD	Knowledge Discovery in Databases
KEF	Kritischer Erfolgsfaktor
KI	Künstliche Intelligenz
KM	Knowledge Management
KPI	Key Performance Indicator

KS	Knowledge System
LAN	Local Area Network
LS	Language System
MAIS	Marketinginformationssystem
MDB	Multidimensionale Datenbank
MDX	Multidimensional Expressions
MHS	Message Handling System
MIS	Management Information System
MPP	Massively-Parallel-Systems
MQE	Managed Query Environment
MSS	Management Support System
MTTR	Mean Time to Repair
MUS	Managementunterstützungssystem
ODBC	Open Data Base Connectivity
ODS	Operational Data Store
OLAP	On-Line Analytical Processing
OLCP	On-Line Complex Processing
OLTP	On-Line Transaction Processing
OR	Operations Research
PIM	Personal Information Management
POC	Proof of Concept
POS	Point of Sale
PPM	Process Performance Management
PPS	Problem Processing System
ROI	Return on Investment
ROLAP	Relational On-Line Analytical Processing
RID	Row-Identifier
SCM	Supply Chain Management
SDSS	Spezifisches Decision Support System
SLA	Service Level Agreement
SMC	Symmetric-Multiprocessing-Cluster
SMP	Symmetric-Multiprocessing
SOA	Service Orientierte Architektur
SOM	Semantische Objektmodellierung
SQL	Structured Query Language
TCP	Transmission Control Protocol
TK	Telekommunikation

TQM	Total Quality Management
UC	Underpinning Contract
VIS	Vorstandsinformationssystem
VOC	Voice-of-the-Customer
WBEUS	Wissensbasiertes Entscheidungsunterstützungssystem
WBS	Wissensbasiertes System
WFMS	Workflow Management System
WM	Wissensmanagement
WWW	World Wide Web
XML	eXtensible Markup Language
XBRL	eXtensible Business Reporting Language
XPS	Expertensystem

Stichwortverzeichnis

Knowledge Networks for Business Growth

A. Back, E. Enkel, G.. Krogh (Eds.)

Knowledge management can support strategic goals as the improvement of efficiency, the minimization of risk and an increase in innovation, but also has inherent potentials which have not been leveraged yet. This book contains three case studies which illustrate the idea of knowledge networks for growth; step-by-step methodology showing how to build up and maintain these networks; and templates to adapt networks for the reader's company or specific business needs.

2007, XII, 226 p., 28 illus., Hardcover
ISBN 13 ▶ 978-3-540-33072-1
▶ € 49,95 | £38.50

E-Content

Technologies and Perspectives for the European Market

P.A. Bruck, A. Buch-holz, Z. Karssen, A. Zerfass (Eds.)

Technologies develop rapidly and reach hurricane levels of velocity but quality E-Content and innovative applications lag behind.
This book addresses the question of how content industries change within a digital environment and what role information and communication technologies play in transforming the competitive landscape. The authors argue that post-industrial societies tend to pay substantial amounts for equipment and gadgets but invest far too little in the quality of the content. Much effort is and has to be spent on the enhancement of E-Content.

2005, XII, 244 p., 24 illus., Hardcover
ISBN 13 ▶ 978-3-540-25093-7
▶ € 64,95 | £50.00

The Information Society in an Enlarged Europe

S. Dutta, A. De Meyer, A. Jain, G. Richter (Eds.)

Based upon detailed data collection and rigorous analysis, this work presents a benchmarking study of the 10 new member states and 3 candidate countries of the European Union as compared to the 15 incumbent countries with respect to the development of their information societies. Using a framework based on the Europe 2005 benchmarking framework, the 28 EU members and candidate countries are ranked according to their level of information society development, and then classified into 4 categories. The results presented are of importance to all managers and companies doing business in the IT sector in the European Union.

2006, XIV, 290 p., 44 illus., Hardcover
ISBN 13 ▶ 978-3-540-26221-3
▶ € 44,95 | £34.50

Information Systems Outsourcing

Enduring Themes, New Perspectives and Global Challenges

R. Hirschheim, A. Heinzl, J. Dibbern (Eds.)

This book attempts to synthesize what is known about IS outsourcing by dividing the subject in six interrelated parts: determinants of outsourcing, relationship issues, user experiences, vendor and individual perspectives, application service providing, and offshoring. The book is of interest to all academics and students in Information Systems as well as corporate executives and professionals who seek a more profound analysis and understanding of the underlying factors and mechanisms of outsourcing.

2nd ed., 2006, X, 704 p., 55 illus., Hardcover
ISBN 13 ▶ 978-3-540-34875-7
▶ € 99,95 | £77.00

Global RFID

The Value of the EPCglobal Network for Supply Chain Management

E.W. Schuster, S.J. Allen, D.L. Brock

This book explores the essentials of RFID and the EPCglobal Network from the perspective of a practitioner that needs to make business decisions concerning the adoption of the technology. It uses a supply chain management standpoint with emphasis on case studies and new thinking about the subject. This technology holds great promise for transforming business through the use of low-cost, radio frequency identification (RFID) tags to improve information flow and productivity.

2007, XXVI, 310 p., 33 illus., Hardcover
ISBN 13 ▶ 978-3-540-35654-7
▶ € 49,95 | £38.50

Real Optimization with SAP® APO

J. Kallrath, T.I. Maindl

This book describes and demonstrates how SAP® APO can be used to tackle real optimization problems arising in industry. In a unique combination it deals with the aspects of model-building as well with the implementation in commercial supply chain management software, SAP APO being a typical example of an advanced planning system (APS).
The authors address readers involved in optimization projects in which SAP and, particularly, SAP APO are implemented in companies.

2006, XXVI, 321 p., 73 illus., Hardcover
ISBN 13 ▶ 978-3-540-22561-4
▶ € 64,95 | £50.00

 **Springer** **springer.de**

Reliable and up-to-date: OR from Springer

Complex Scheduling

P. Brucker, S. Knust

This book presents models and algorithms for complex scheduling problems. Besides resource-constrained project scheduling problems with applications also job-shop problems with flexible machines, transportation or limited buffers are discussed. Discrete optimization methods like linear and integer programming, constraint propagation techniques, shortest path and network flow algorithms, branch-and-bound methods, local search and genetic algorithms, and dynamic programming are presented.

2006. X, 284 p. 135 illus. (GOR-Publications) Hardcover
ISBN 3-540-29545-3 ▶ * € 85,55 | sFr 135,50

Operational Freight Carrier Planning

Basic Concepts, Optimization Models and Advanced Memetic Algorithms

J. Schönberger

The modern freight carrier business requires a sophisticated automatic decision support in order to ensure the efficiency and reliability and therefore the survival of transport service providers. This book addresses these challenges and provides generic decision models for the short-term operations planning as well as advanced metaheuristics to obtain efficient operation plans.

2005. X, 164 p. 43 illus. (GOR-Publications) Hardcover
ISBN 3-540-25318-1 ▶ * € 74,85 | sFr 123,50

Resource Allocation in Project Management

C. Schwindt

The book is devoted to structural issues, algorithms, and applications of resource allocation problems in project management. Special emphasis is given to a unifying framework within which a large variety of project scheduling problems can be treated. Those problems involve general temporal constraints among project activities, different types of scarce resources, and a broad class of regular and nonregular objective functions ranging from time-based and financial to resource levelling functions.

2005. X, 193 p. 13 illus. (GOR-Publications) Hardcover
ISBN 3-540-25410-2 ▶ * € 80,20 | sFr 127,00

Entscheidungsverfahren für komplexe Probleme

Ein heuristischer Ansatz

R. Grünig, R. Kühn

Das Treffen von Entscheidungen von großer Tragweite bildet die wichtigste Aufgabe von Führungskräften. Es handelt sich dabei um eine schwierige Aufgabe, weil die bedeutsamen Entscheidungen meist auch komplex sind. Das vorliegende Buch stellt ein Entscheidungsverfahren vor, mit dessen Hilfe komplexe Probleme schrittweise bearbeitet werden können. Die Ausführungen legen im Vergleich zu anderen Texten zur Entscheidungsmethodik großes Gewicht auf die Problemanalyse, die Variantenentwicklung und die Erarbeitung der Entscheidungsmatrix.

Aus dem Inhalt ▶ Entscheidungsprobleme und Entscheidungsverfahren: Entscheidungsprobleme; Ziel- und Problemdeckungssysteme als Voraussetzungen für die Entdeckung von Entscheidungsproblemen; Rationales Entscheiden; Entscheidungsverfahren ▶ Ein allgemeines heuristisches Entscheidungsverfahren: Das Entscheidungsverfahren im Überblick; Die Problemdeckung und -analyse; Variantenerarbeitung und -bewertung; Bildung der Gesamtkonsequenzen der Lösungsvarianten und Entscheidung; Fallbeispiel zur Anwendung des Verfahrens ▶ Sonderprobleme und Ansätze zu ihrer Lösung: Entscheidungssequenzen; Informationsbeschaffungsentscheidungen; Kollektiventscheidungen.

2., überarb. Aufl. 2006. XX, 281 S., 110 Abb. Geb.
ISBN 3-540-29582-8 ▶ € 39,95 | sFr 68,00

Optimierungssysteme

Modelle, Verfahren, Software, Anwendungen

L. Suhl, T. Mellouli

Das Buch konzentriert sich methodisch auf den praxisrelevanten Bereich der linearen und gemischt-ganzzahligen Optimierung sowie auf weitere bewährte Methodiken, wie heuristische Verfahren und Simulation. Neben der Aufführung wichtiger Modelleigenschaften und Lösungsmethoden werden Techniken der Modellierung praktischer Aufgabenstellungen besprochen, insbesondere unter Verwendung diskreter, logischer Variablen. Dadurch können vielfältige betriebswirtschaftliche Entscheidungen in einer Form dargestellt werden, die einem Standardoptimierer zugänglich ist. Wichtige Netzwerkmodelle, wie kürzeste Wege, Flussmodelle mit minimalen Kosten sowie Tourenplanungs- und Standortplanungsmodelle werden zusammen mit Anwendungen in der Transportlogistik im Personen- und Güterverkehr diskutiert.

Aus dem Inhalt ▶ Optimierungssysteme als Bestandteil von OR/MS ▶ Lineare Optimierungsmodelle ▶ Software zur Lösung und Modellierung ▶ Modellierungstechniken für Optimierungsaufgaben ▶ Netzwerkorientierte Optimierungsmodelle ▶ Lösung gemischt-ganzzahliger Optimierungsmodelle ▶ Tourenplanung.

2006. XVI, 306 S. 113 Abb. (Springer-Lehrbuch) Brosch.
ISBN 3-540-26119-2 ▶ € 24,95 | sFr 42,50

Bei Fragen oder Bestellung wenden Sie sich bitte an ▶ Springer Distribution Center GmbH, Haberstr. 7, 69126 Heidelberg ▶ **Telefon:** +49 (0) 6221-345-4301
▶ **Fax:** +49 (0) 6221-345-4229 ▶ **Email:** SDC-bookorder@springer.com ▶ Die €-Preise für Bücher sind gültig in Deutschland und enthalten 7% MwSt. ▶ Preisänderungen und Irrtümer vorbehalten. ▶ *Unverbindliche Preisempfehlung ▶ Springer-Verlag GmbH, Handelsregistersitz: Berlin-Charlottenburg, HR B 91022. Geschäftsführer: Haank, Mos, Gebauer, Hendriks

Druck: Krips bv, Meppel, Niederlande
Verarbeitung: Stürtz, Würzburg, Deutschland